일반물리 이해

김상곤 지음

book Lab

머리말

물리학을 공부하는 것은 축구를 관람하는 것에 비유된다.
언뜻 보기에는 선수들이 아무런 규칙도 없이 이리저리 뛰어다니는 것 같지만, 그 경기의 규칙을 알고 나면 훨씬 재미있는 것은 물론, 더 나아가 경기의 오묘함까지 느낄 수 있다. 물리학도 바로 이와 마찬가지이다. 물리는 대자연이 펼치는 운동 경기이고, 거기에도 규칙이 있다. 더 정확히 말하자면 규칙이 있어 보인다. 따라서, 그 규칙을 알고 자연을 대하면, 대자연의 화음을 더 잘 감상할 수가 있다. 그런데 그 규칙을 어떻게 알아낼 수 있을까? 이에 대한 대답으로는 여러 가지가 있겠지만, 한 가지 확실한 것은 우리가 자연이 펼치는 경기에 직접 뛰어든다면, 그 규칙들을 훨씬 잘 알아내고 이해할 수 있을 것이라는 사실이다.

본 교재는 대학물리학과 현대물리학 일부 강의내용을 정리하여 물리학의 원리와 기본 개념을 설명하였고, 문제 풀이 방법론을 제시하였다. 또한, 이를 의학 입문검사(MEET), 치의학 입문검사(DEET), 그리고 약학대학 입문자격 시험(PEET) 문제들에 적용하여 학생들에게 동기를 부여하고 물리개념과 원리 이해를 돕고자 하였다.

2013년 6월
김상곤

contens

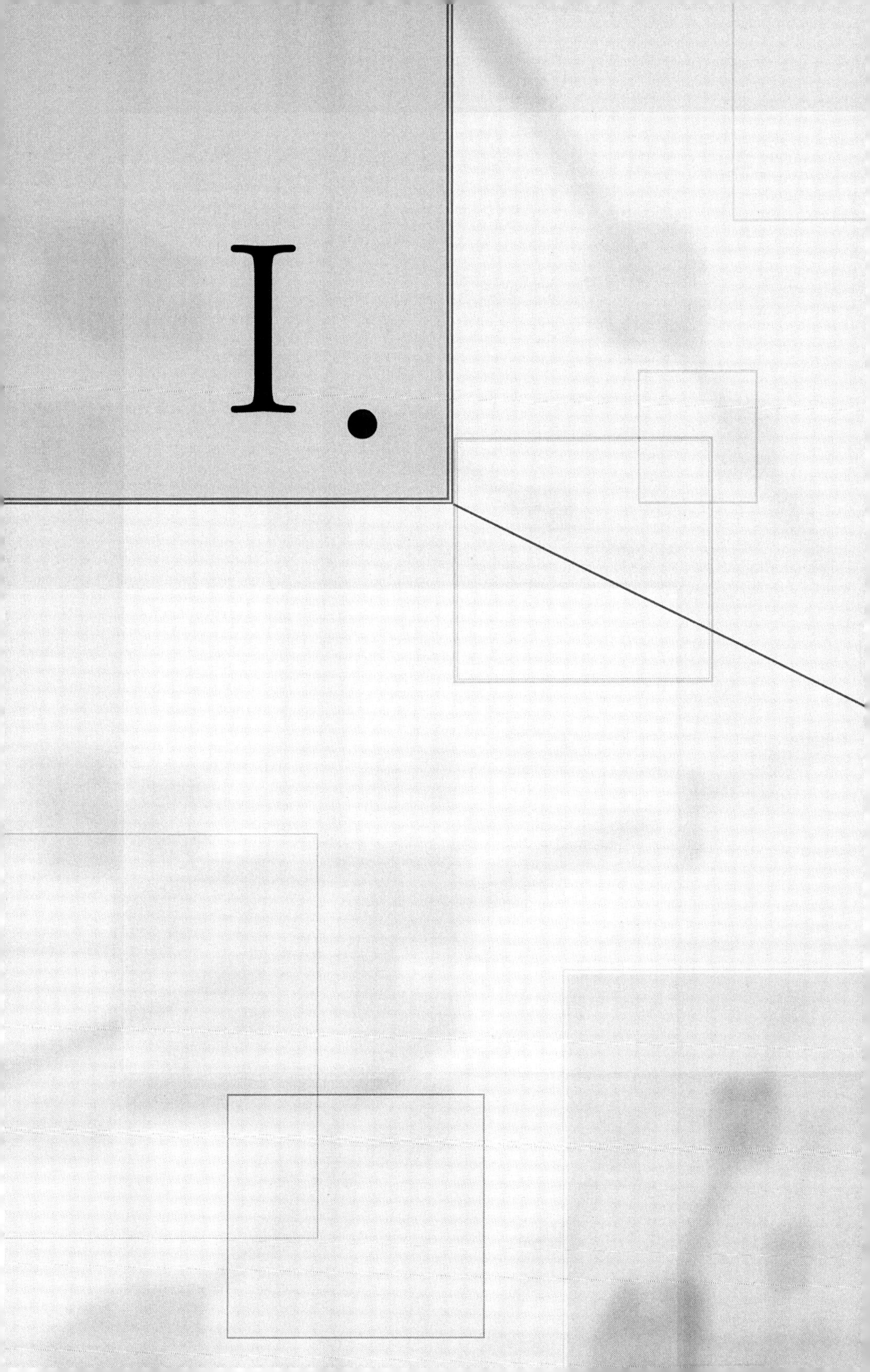

I.

역학 1

1장 / 측정

1-1 측정

☐ 단위: 다른 물리량과 비교하기 위한 기준으로 표준을 정하는 것이다.

1-2 국제단위계

☐ 국제표준계는 SI 단위 또는 미터계라 부른다.

[표 1] 7개의 기본단위

물리량	이름	표시기호
길이	미터(meter)	m
질량	킬로그램(kilogram)	kg
시간	초(second)	s
전류	암페어(ampere)	A
열역학적 온도	칼빈(Kelvin)	K
물질의 양	몰(mole)	mol
밝기의 정도	칸델라(candela)	cd

1-3 미터계 표준

☐ MKS 단위계: m, kg, s 단위들, CGS 단위계: cm, g, s 단위들, 그리고 영국의 단위계: ft(피트), lb(파운드), s 단위들로 사용한다.

1-4 단위 전환

◻ 접두사의 사용: 물리량이 매우 크거나, 매우 작은 경우 접두사를 사용.

[표 2] 접두사

십멱수	접두어	기호	십멱수	접두어	기호
10^{12}	tera-	T	10^{-12}	pico-	p
10^{9}	giga-	G	10^{-9}	nano-	n
10^{6}	mega-	M	10^{-6}	micro-	μ
10^{3}	kilo-	k	10^{-3}	milli-	m
10^{2}	hecto-	h	10^{-2}	centi-	c

1-5 유효 숫자

◻ 유효 숫자: 과학적 정확도를 높이기 위해서 또는 실제값에 접근하기 위해서 참값에 가깝게 표시하는 것을 나타내는 숫자.

$\dfrac{1.0}{3.0} = \dfrac{1.00}{3.00}$ 그러나 유효숫자를 고려하면 $\dfrac{1.0}{3.0} \neq \dfrac{1.00}{3.00}$ 이다.

1) 0이 아닌 정수는 모두 유효숫자

   예) 7.5×10^{6} → 유효숫자 (2개), 7.500×10^{6} → 유효숫자(4개)

   예) 1 → 유효숫자(1개), 12 → 유효숫자 (2개)

2) 0이 유효숫자일 때

   예) 120.0 → 유효숫자 (4개), 120.00 → 유효숫자 (5개)

3) 0이 유효숫자 아닐 때

   예) 1보다 작은 수: 0.01 → 유효숫자 (1개),

   예) 0.003 → 유효숫자 (1개), 0.012 → 유효숫자 (2개)

4) 사칙연산에서 유효숫자의 표현: 먼저 계산한 다음 가장 작은 유효숫자에 맞춘다.

■ 과학적 표기: 10 의 거듭제곱

a) 유효숫자 표기: 0.00254 → 2.54×10^{-3}, 0.02540 → 2.540×10^{-2}

[표 3] 사칙연산

덧셈과 뺄셈	$(a{\times}10^m) \pm (b{\times}10^m) = (a \pm b) \times 10^m$
곱셈	$(a{\times}10^n)\,(b{\times}10^m) = (a \bullet b) \times 10^{n+m}$
나눗셈	$\dfrac{a \times 10^n}{b \times 10^m} = \dfrac{a}{b} \times 10^{n-m}$
거듭제곱	$(a{\times}10^n)^m = a^m \times 10^{n \times m}$

수식요약

유효숫자

1) 0 이 아닌 정수는 모두 유효숫자

예) 7.5×10^6 → 유효숫자 (2 개), 7.500×10^6 → 유효숫자(4 개)

2) 0 이 유효숫자일 때

예) 120.0 → 유효숫자 (4 개), 120.00 → 유효숫자(5 개)

3) 0 이 유효숫자 아닐 때

예) 0.01 → 유효숫자 (1 개), 0.012 → 유효숫자(2 개)

4) 사칙연산에서 유효숫자의 표현: 먼저 계산한 다음 가장 작은 유효숫자에 맞춘다.

(기본 문제) 다음 [보기]의 유효숫자 표기 중 옳은 것을 모두 고른 것은?

[보 기]

ㄱ. 1.234+5.6=6.834 의 유효숫자 표기는 6.8 이다.

ㄴ. 12.34-5.6=6.74 의 유효숫자 표기는 6.7 이다.

ㄷ. 1.234×5.6=6.9104 의 유효숫자 표기는 6.9 이다.

ㄹ. 12.34÷5.6789=2.1729560 의 유효숫자 표기는 2.173 이다.

① ㄱ, ㄴ, ㄹ   ② ㄱ, ㄹ   ③ ㄴ, ㄹ

④ ㄱ, ㄴ, ㄹ   ⑤ ㄱ, ㄴ, ㄷ, ㄹ

해설 (ㄱ) 최소 유효숫자는 2 개, (ㄴ) 최소 유효숫자는 2 개, (ㄷ) 최소 유효숫자는 2 개, 그리고 (ㄹ)의 최소 유효숫자는 4 개이다. 연산계산은 최소 유효숫자에 맞춘다.

답 (5)

1-1. (2005 MEET/DEET) 구면계를 이용하여 볼록 거울의 곡률 반경 R을 구할 때의 식은 $R = \dfrac{a^2}{6h} + \dfrac{h}{2}$ 로 주어진다. 다음은 어떤 볼록 거울에 대하여 a 와 h 의 측정값을 평균값과 표준오차로 나타낸 것이다.

$$a = 60.00 \pm 0.009\,\text{mm}, \quad h = 3.000 \pm 0.002\,\text{mm}$$

이 때, 오차 전파의 방법으로 R 의 표준오차를 계사한 값은 0.6320 이었다. 이 볼록 거울의 곡률반경 R 을 평균값과 표준오차로 가장 바르게 나타낸 것은?(단, a 와 h 의 측정값은 서로 영향을 주지 않는다.)

① 201.500 ± 0.632 mm   ② 201.500 ± 0.63 mm

③ 201.50 ± 0.632 mm   ④ 201.50 ± 0.63 mm

⑤ 201.5 ± 0.6 mm

해설   1-1. 유효숫자

a=60.00±0.09mm 은 평균값은 유효숫자 (4 개), 표준오차는 유효숫자 (1 개), h =3.000 ± 0.003 mm 은 평균값은 유효숫자 (4 개), 표준오차의 유효숫자 (1 개) 사칙연산을 한 경우 가장 작은 유효숫자에 맞추므로 평균값의 유효숫자는 4 개이고 표준오자의 유효숫지는 1 게이디. 띠리서

$$R = \frac{a^2}{6h} + \frac{h}{2} = \frac{(60.00)^2}{6 \times (3.000)} + \frac{(3.000)}{2} = 200 + \frac{3}{2} = 201.5$$

또한 표준오차는 유효숫자 1 개인 0.6 이다.

답 (5)

2장 / 일, 이차원 운동

2-1 직선운동

2-1-1 속도와 가속도

□ 위치: 변위(Δx: displacement), 거리($|\Delta x|$: distance)

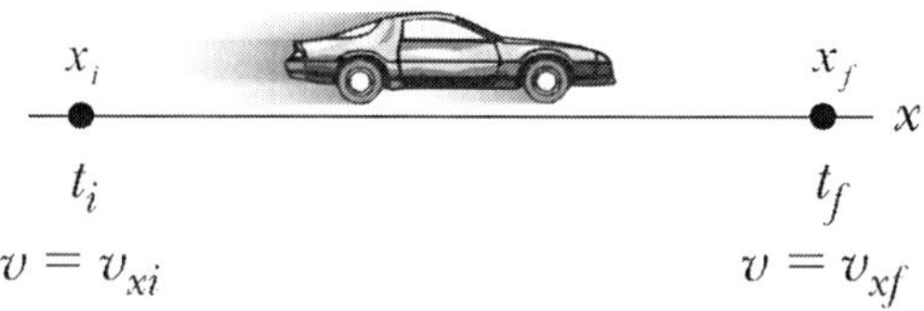

[그림 2-1] 일차원 운동: 속도에 대한 설명

□ 속도: 질점의 위치에 시간에 대한 변화율 [m/s]. 벡터량

– 평균속도: 그림 2-1 에서 입자가 시간간격 $\Delta t = t_f - t_i$, 사이에 위치 x_i 에서 위치 x_f 로 이동했을 때 속도

$$\text{속도} = \frac{\text{변위}}{\text{시간}} \rightarrow \boxed{\bar{v} = \frac{\Delta x}{\Delta t} = \frac{x_f - x_i}{t_f - t_i}}$$

– 순간속도: 시간간격 Δt 가 0 으로 접근 할 때의 평균속도.

$$\boxed{v = \lim_{\Delta t \to 0} \frac{\Delta x}{\Delta t} = \frac{dx}{dt}}$$

– 평균속력: 운동방향에 무관하게 움직인 전체 거리를 시간 변화량으로 나눈 값으로 스칼라량이다.

$$\text{속력} = \frac{\text{길이}}{\text{시간}} \rightarrow \boxed{\bar{s} = \frac{\text{총길이}}{\Delta t}}$$

■ 가속도

- 평균가속도: 시간 간격 Δt 사이에 일어난 속도의 변화를 시간 간격의 비.

$$\text{가속도} = \frac{\text{속도의변화율}}{\text{시간}} \rightarrow \boxed{\bar{a} = \frac{v_{xf} - v_{xi}}{t_f - t_i} = \frac{\Delta v}{\Delta t}}$$

- 순간가속도 (또는 가속도): 속도 변화의 비.

$$\boxed{a = \lim_{\Delta t \to 0} \frac{\Delta v}{\Delta t} = \frac{dv}{dt} = \frac{d^2 x}{dt^2}}$$

2-1-2 등가속도 운동

가속도가 일정한 운동. 입자는 입자가 움직이는 경로에 관계없이 일정한 비율로 가속된다.

(a) 가속도 공식 : a = 상수,

(b) 속도 공식: $\boxed{v = v_o + at}$, 평균속도 $\bar{v} = \frac{v_o + v}{2}$

(c) 거리 공식: $\boxed{x = x_o + v_o t + \frac{1}{2}at^2}$

(증명) $x - x_o = \bar{v}t = \left(\frac{v_o + v}{2}\right)t = \frac{v_0 + (v_o + at)}{2}t = v_0 t + \frac{1}{2}at^2$

(d) 속도와 가속도 공식: $\boxed{v^2 - v_o^2 = 2a(x - x_o)}$

(증명) $x - x_o = \bar{v}t = \left(\frac{v_o + v}{2}\right)\left(\frac{v - v_o}{a}\right) \quad \Leftarrow \bar{v} = \frac{v_o + v}{2}, t = \frac{v - v_o}{a}$

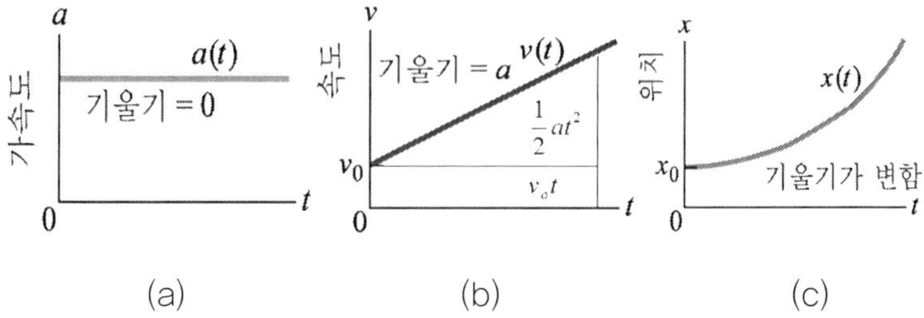

[그림 2-2] (a) 가속도와 시간의 그래프, (b) 속도와 시간의 그래프, 속도와 시간의 그래프의 아래 면적이 거리이고, (c) 위치와 시간의 그래프

2-2 이차원 운동

2-2-1 평면 운동

☐ 2 차원 운동: x-축 운동과 y-축 운동 각각으로 나타낼 수 있다.

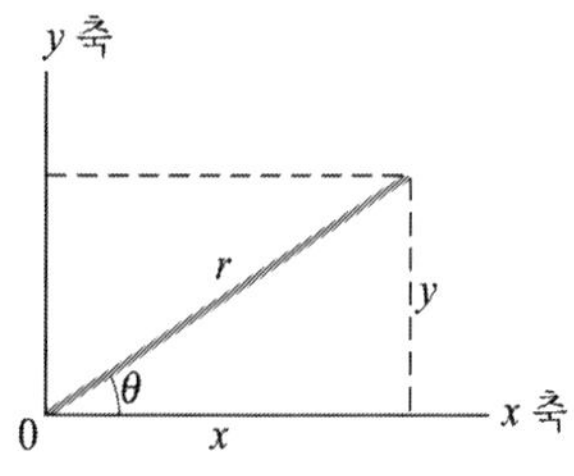

점(x, y)의 거리: $\vec{r} = x\hat{i} + y\hat{j}$,
여기서 $x = r\,cos\,\theta$, $y = y\,sin\,\theta$
크기와 각도:
$r = \sqrt{x^2 + y^2}$, $\theta = tan^{-1}(y/x)$

[그림 2-3] 질점 P 에 대한 성분

점(x, y)의 속도: $\vec{v} = v_x\hat{i} + v_y\hat{j} = \frac{\partial x}{\partial t}i + \frac{\partial y}{\partial t}\hat{j}$

점(x, y)의 가속도: $\vec{a} = a_x\hat{i} + a_y\hat{j} = \frac{\partial v_x}{\partial t}\hat{i} + \frac{\partial v_y}{\partial t}\hat{j} = \frac{\partial^2 x}{\partial t^2}\hat{i} + \frac{\partial^2 y}{\partial t^2}\hat{j}$

2-2-2 포물선 운동

◻ 포물선 운동: 초속도 v_0 로 쏘아 올린 자유낙하 가속도 g 를 갖는 입자의 운동. 수평과 수직성분으로 나누어 분석한다. 수평방향: 등속도 운동 $a_x = 0$, 수직방향: 등가속도 운동 $a_y = -g$, $g = 9.8 m / s^2$

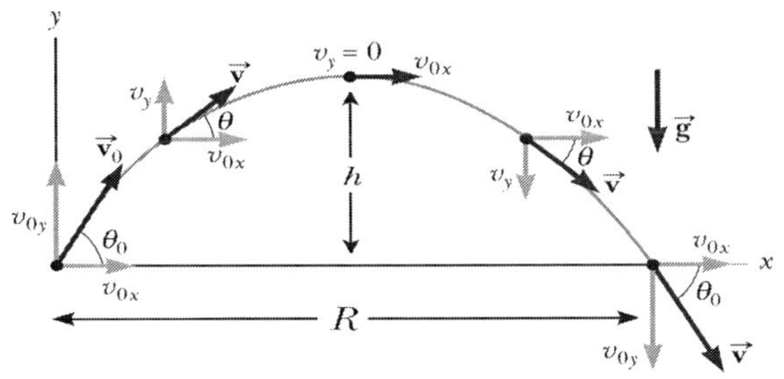

[그림 2-4] 포물선 운동

$$v_x = v_o \cos\theta , \quad v_x = \frac{dx}{dt} \rightarrow x = \int v_x dt = (v_o \cos\theta)t \quad -(1)$$

$$v_y = v_o \sin\theta - gt , \quad -(2)$$

$$v_y = \frac{dy}{dt} \rightarrow y = \int v_y dt$$

$$y = (v_o \sin\theta)t - \frac{1}{2}gt^2 = (v_o \sin\theta)\frac{x}{v_o \cos\theta} - \frac{1}{2}g(\frac{x}{v_o \cos\theta})^2$$

$$= -\frac{g}{2(v_o \cos\theta)^2}x^2 + (\tan\theta)x$$

a) 최고점의 높이: $v_y = 0$, 식(2)에서 $t = \dfrac{v_o \sin\theta}{g}$

$$y = (v_o \sin\theta)t - \frac{1}{2}gt^2 = (v_o \sin\theta)\frac{v_o \sin\theta}{g} - \frac{1}{2}g\left(\frac{v_o \sin\theta}{g}\right)^2 = \frac{(v_o \sin\theta)^2}{2g}$$

b) 수평 거리:

$$R = (v_o \cos\theta)\left(2\frac{v_o \sin\theta}{g}\right) = \frac{v_o}{g}(2\sin\theta\cos\theta) = \frac{v_o^2 \sin(2\theta)}{g} ,$$

최대거리는 $\theta = \dfrac{\pi}{4}$ 일 때 $R_{max} = \dfrac{v_o^2}{g}$ 이다.

2-2-3 등속력 원운동

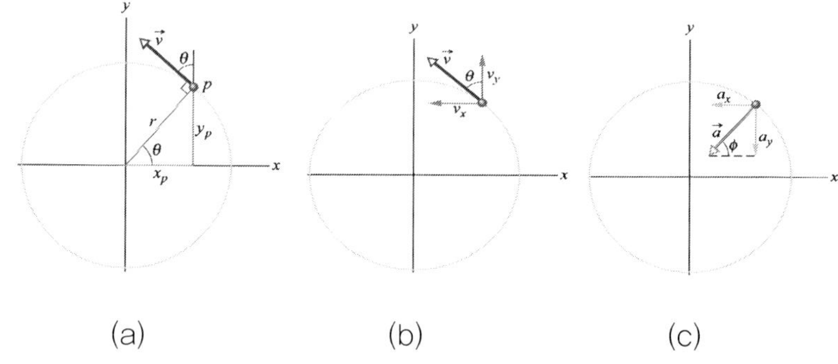

(a)　　　　　　　　　　(b)　　　　　　　　　　(c)

[그림 2-5] 등속 원운동: (a) 거리, (b) 속도, (c) 가속도

$$\boxed{a = \frac{v^2}{r}}\ \text{(구심가속도)},\quad T = \frac{2\pi r}{v}\ \text{(주기)}$$

(증명) 그림 2-5(a) 에서 거리 r 은

$$y_P = r\sin\theta,\ x_P = r\cos\theta\quad -(1)$$

그림 2-5(b) 에서 속도는 $\vec{v} = \left(-v\sin\theta\right)\hat{i} + \left(v\cos\theta\right)\hat{j}\quad -(2)$

$$\vec{v} = \left(-\frac{vy_P}{r}\right)\hat{i} + \left(\frac{vx_P}{r}\right)\hat{j}\ \leftarrow \text{식}(1)\quad -(3)$$

$$\vec{v} = v_x i + v_y j\ \text{ 여기서 } v_x = -v\sin\theta,\ v_y = v\cos\theta\quad -(4)$$

그림 2-5(c) 에서 가속도는 식(3) 에서

$$\vec{a} = \frac{d\vec{v}}{dt} = \left(-\frac{v}{r}\frac{dy_P}{dt}\right)\hat{i} + \left(\frac{v}{r}\frac{dx_P}{dt}\right)\hat{j} == \left(-\frac{v}{r}v_y\right)\hat{i} + \left(\frac{v}{r}v_x\right)\hat{j},$$

$$\vec{a} = \left(-\frac{v^2}{r}\cos\theta\right)\hat{i} + \left(-\frac{v^2}{r}\sin\theta\right)\hat{j}\ \leftarrow\ \text{식}(4)$$

크기 $a = \sqrt{a_x^2 + a_y^2} = \frac{v^2}{r}\sqrt{\left(\cos\theta\right)^2 + \left(\sin\theta\right)^2} = \frac{v^2}{r},$

각도 $\tan\phi = \dfrac{a_y}{a_x} = \dfrac{-\left(v^2/r\right)\sin\theta}{-\left(v^2/r\right)\cos\theta} = \tan\theta$

2-2-4 이차원 상대속도

◼ 일정한 속도로 움직이는 A 계에 대한 B 계에서 관찰

$$\vec{v}_{BA} = 상수 \, , \quad \boxed{\vec{r}_{PA} = \vec{r}_{PB} + \vec{r}_{BA}}$$

$$\vec{v}_{PA} = \frac{d\vec{r}_{PA}}{dt} = \frac{d\vec{r}_{PB}}{dt} + \frac{d\vec{r}_{BA}}{dt}$$

$$\rightarrow \vec{v}_{PA} = \vec{v}_{PB} + \vec{v}_{BA}$$

$$\vec{a}_{PA} = \frac{d\vec{v}_{PB}}{dt} + \frac{d\vec{v}_{BA}}{dt} = \vec{a}_{PB}$$

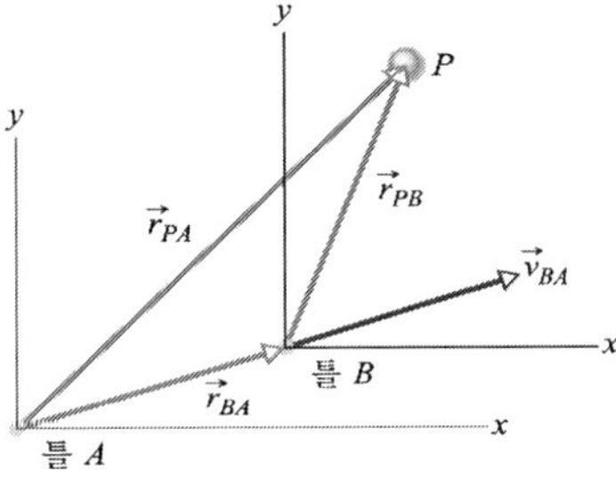

[그림 2-6] 상대속도

★(1) 등가속운동 구하기★
[1 단계] 발사점을 원점을 x-축, y-축으로 정하고 초기속도를 x 성분과 y 성분으로 나눈다.

[2 단계] 3 개 물리량의 x 성분과 y 성분을 구한다.

물리량	x 성분	y 성분
초기위치	0	0
초기속도	$+v_o \cos\theta$	$+v_o \sin\theta$
가속도	0	$-g$

[3 단계] 등속도 운동 (x 축), 등가속도 운동 (y 축) 공식에 [2 단계]의 초기 값들을 적용하여 문제에 맞는 등가속도 공식 (가속도, 속도, 위치공식)을 만든다.

가속도: $a_x = 0$, $a_y = -g$

속도: $v_x = v_o \cos\theta + 0 \cdot t$, $v_y = v_o \sin\theta + (-g)t$

위치: $x = 0 + v_o \cos\theta \cdot t + \frac{1}{2}\cdot 0 \cdot t^2 = (v_0 \cos\theta)t$

$y = 0 + v_o \sin\theta \cdot t + \frac{1}{2}\cdot(-g)\cdot t^2 = (v_0 \sin\theta)t - \frac{1}{2}gt^2$

속도와 가속도

평균 속도 $\bar{v} = \dfrac{\Delta x}{\Delta t} = \dfrac{x_1 - x_o}{t_1 - t_o}$, 순간속도 $v = \dfrac{dx}{dt}$

평균 속력 $\bar{s} = \dfrac{\text{총길이}}{\Delta t}$

평균 가속도 $\bar{a} = \dfrac{v_2 - v_1}{t_2 - t_1} = \dfrac{\Delta v}{\Delta t}$, 순간 가속도 $a = \dfrac{dv}{dt} = \dfrac{d^2 x}{dt^2}$

등가속도 운동

$a =$ 상수, $\ v = v_o + at$, $\ x = x_o + v_o t + \dfrac{1}{2} at^2$

$v^2 - v_o^2 = 2a(x - x_o)$

포물선 운동:

x축 등속운동	y축 등가속도 운동
$v_x = v_{0x}$	$a = -g$
$v_x = v_0 \cos\theta$	$v_y - v_0 \sin\theta = -gt$
$x - x_0 = v_0 \cos\theta\, t$	$y - y_0 = v_0 \sin\theta\, t - (1/2)gt^2$

최고점 도달 시간: $t = \dfrac{v_o \sin\theta}{g}$

최고점 높이: $y = \dfrac{(v_o \sin\theta)^2}{2g}$, 최대수평거리 : $R = \dfrac{v_o^2 \sin(2\theta)}{g}$

등속력 원운동 가속도 $a = \dfrac{v^2}{r}$

이차원 상대속도

거리 $\vec{r}_{PA} = \vec{r}_{PB} + \vec{r}_{BA}$, 속도 $\vec{v}_{PA} = \vec{v}_{PB} + \vec{v}_{BA}$, 가속도 $\vec{a}_{PA} = \vec{a}_{PB}$

2-1. 질량이 5 kg 인 공을 100 m 높이에서 연직 아래 방향으로 $20\,m/s$ 의 속력으로 던졌다. 이후 공에 가해지는 힘(F)과 공의 속력(v) 사이의 관계를 그래프로 그려보고 아래와 같았다.

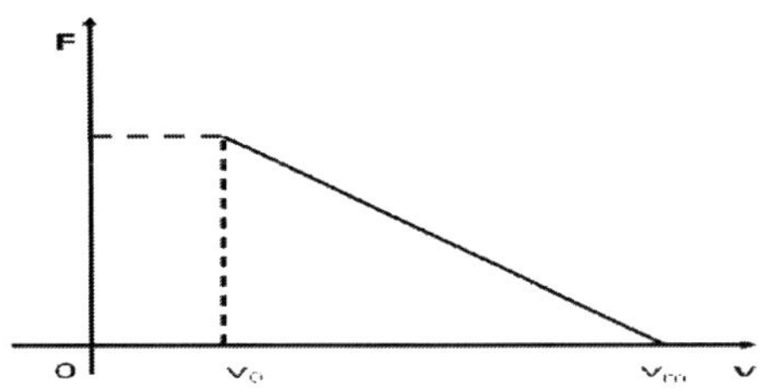

다음 [보기]에서 이 공의 운동에 대한 설명 중에서 옳은 것을 모두 고르시오. (단. 중력가속도는 $g = 10\,m/s^2$ 이라고 한다.)

[보 기]

ㄱ. 그래프에서 $v_0 = 20\,m/s$ 이다.

ㄴ. 공의 가속도는 시간에 비례하여 작아지고 있다.

ㄷ. 공이 땅에 닿을 때의 속력은 $v = v_m$ 이다.

ㄹ. 그래프에서 마찰에 의한 에너지 손실률이 가장 높은 곳은 $v = v_m$ 일 때이다.

① ㄱ, ㄴ　　　② ㄱ, ㄴ, ㄷ　　　③ ㄱ, ㄷ, ㄹ
④ ㄴ, ㄷ, ㄹ　　　⑤ ㄱ, ㄴ, ㄷ, ㄹ

(ㄱ) 공기저항이 있는 힘과 속도의 그래피의 곡선은 $\vec{F} = mg - k\vec{v}$, k 은 기울기이다. 처음 속력이 일정할 때 힘이 최대였다. 초기 속력은 $v_0 = 20\,m/s$.

(ㄴ) $m\vec{a} = mg - k\vec{v} \;\rightarrow\; \vec{a} = g - \dfrac{k}{m}\vec{v}$ 에서 가속도는 시간과 무관하다.

(ㄷ) 땅에 닿을 때 가속도 ($\vec{a} = \vec{F}/m$) 가 0 이므로 힘은 0 이다. 그래프에서 힘은 0 일 때 속도는 $v = v_m$ 이다.

(ㄹ) 마찰력에 의한 에너지 손실률이 가장 큰 경우는 마찰력이 가장 큰 경우로 그래프에서 힘이 0 일 때가 마찰력이 가장 크다. 이때 속력은 $v = v_m$ 이다.

답 (3)

2-2 투수가 처음 속력 v_0 로 야구공을 연직 수직 방향 y 방향으로 던져 올렸다. 옳은 것을 모두 고른 것은?

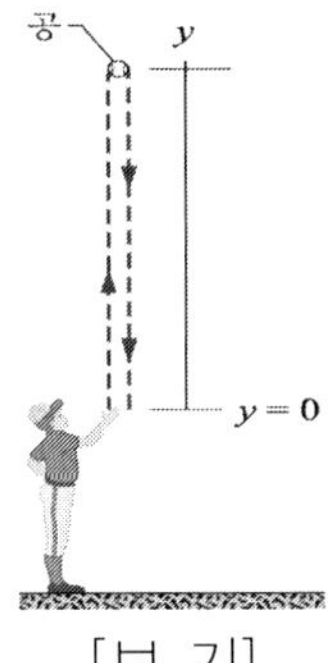

[보 기]

ㄱ. 최고점 도달 시간은 $t = \dfrac{v_0}{g}$ 이다.

ㄴ. 공이 도달하는 최고 높이는 $y = \dfrac{v_0^2}{2g}$.

ㄷ. 초기위치에 되돌아 왔을 때 시간 $t = \dfrac{2v_0}{g}$ 이고, 속도는 $-v_0$ 이다.

① ㄱ ② ㄱ, ㄴ ③ ㄱ, ㄷ ④ ㄴ, ㄷ ⑤ ㄱ, ㄴ,

★자유낙하 운동 구하기★

[1 단계] 발사점을 원점을 y축을 정하고, 초기속도의 y 성분을 구한다.

[2 단계] 3 개 물리량의 y 성분들을 구한다.

물리량	y 성분
초기위치	0
초기속도	$+ v_o \sin \theta$
가속도	$- g$

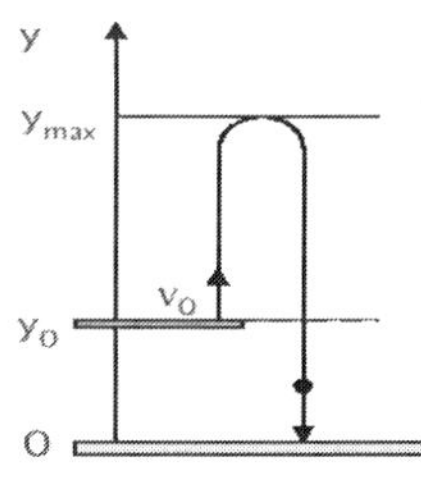

[3 단계] 등가속도운동 (y 축) 공식에 [2 단계]의 초기 값들을 적용하여 문제에 맞는 공식을 만든다. 자유낙하의 방정식은

$$v = v_o + at \;\rightarrow\; v = v_o - gt \quad -(1),$$

$$y = y_o + v_o t + \frac{1}{2} at^2 \;\rightarrow\; y - 0 = v_o t - 1/2 gt^2 \quad -(2),$$

$$v^2 - v_o^2 = 2a(y - y_o) \rightarrow v^2 = v_o^2 - 2g(y - 0) \quad -(3)$$

(ㄱ) 최고점에 도달하는 시간: 식(1) 에서

$$v = 0 \;\rightarrow\; 0 = v_o - gt \,, \quad \boxed{t = \frac{v_o}{g}}$$

(ㄴ) 공이 도달하는 최고 높이는 식(3) 에서 $\displaystyle y = \frac{v^2 - v_0^2}{-2g} = \frac{v_0^2}{2g}$

(ㄷ) 초기위치 (y_0) 에 되돌아 왔을 때 시간과 속도

식(2) 에서 $\displaystyle y = v_o t - \frac{1}{2} gt^2 \rightarrow 0 = \left(v_o - \frac{1}{2} gt \right) t \,, \; t = \frac{2v_o}{g}$

식(1) 에서 $\displaystyle v = v_o - gt = v_o - g \frac{2v_o}{g} = -v_o$

답 (5)

2-3. 지상에서 높이 50.0 m 의 건물의 옥상에서 돌을 처음 속도 $20\,m/s$ 로 수직 윗 방향으로 던진다. 돌은 건물 지붕 가장자리 바로 옆을 지나 아래로 떨어진다. 다음 〈보기〉의 설명에서 올바른 것을 고르시오. (단. 중력가속도는 $g=10\,m/s^2$ 이라고 한다. 공기 저항은 없다고 가정한다.)

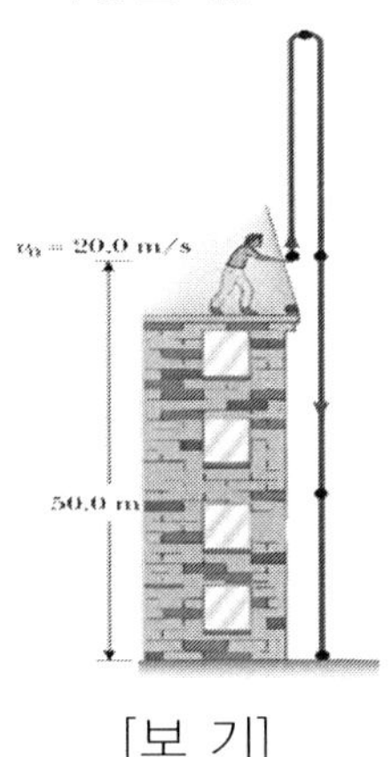

[보 기]

ㄱ. 돌맹이가 최고점에 도달한 시간은 2 초이다.

ㄴ. 옥상에서 돌멩이의 최대 높이는 70 m 이다.

ㄷ. 돌멩이가 처음의 위치로 되돌아왔을 때의 속도는 −15.0 m/s 이다.

① ㄱ   ② ㄴ   ③ ㄷ   ④ ㄱ, ㄴ   ⑤ ㄴ, ㄷ

★자유낙하 운동 구하기★

[1 단계] 발사점을 원점을 y축을 정하고, 초기속도의 y성분을 구한다.

[2 단계] 3 개 물리량의 y 성분들을 구한다.

물리량	y 성분
초기위치	50
초기속도	$+ v_o = 20 \, m/s$
가속도	$- g$

[3 단계] 등가속도 운동 (y 축) 공식에 [2 단계]의 초기 값들을 적용하여 문제에 맞는 공식을 만든다. 자유낙하의 방정식은

$$v = v_o + at \rightarrow v = 20 - gt \quad -(1),$$

$$y = y_o + v_o t + \frac{1}{2} at^2 \rightarrow y - 50 = 20t - \frac{1}{2} gt^2 \quad -(2),$$

$$v^2 - v_o^2 = 2a(y - y_o) \rightarrow v^2 = (20)^2 - 2g(y - y_o) \quad -(3)$$

(ㄱ) 식(1) 에서 최고점에서 $v = 0$ 이므로 $0 = 20 - 10t \rightarrow t = 2s$

(ㄴ) $t = 2s$ 일 때 식(2) 에서 최대거리는

$$y_{max} = 50 + 20 \times 2 - \frac{1}{2} \times 10 \times 2^2 = 70m$$

(ㄷ) $y = 50m$ 일 때 식(2) 에서

$$50 - 50 = 20t - \frac{1}{2} \times 10t^2 \rightarrow 0 = 20t - 5t^2 = t(20 - 5t)$$

$\therefore t = 4s$ 이고 이 때 속도는 식(1) 에서

$$v = 20 - 10t = 20 - 10 \times 4 = -20.0 \, m/s$$

답 (4)

2-4. (2013 PEET) 그림은 물체 A, B 가 지점 O 에서 같은 초기 속력 v_0 으로 던져진 후 포물선 운동을 하여 각각 지점 P, Q 를 지난 것을 나타낸 것이다. A 는 수평선에 대해 각 θ 만큼 위쪽 방향으로 던져졌고, B 는 수평방향으로 던져졌다. O 와 P 는 수평선 상에서 거리 L 만큼 떨어져 있고, Q 는 P 로부터 연직방향으로 거리 d 만큼 떨어져 있다.

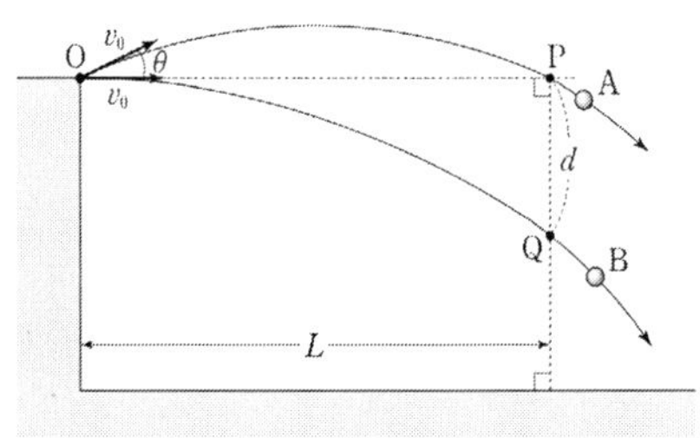

$\sin 2\theta$ 는? (단, 물체의 크기는 무시한다.) [6 점]

① $\dfrac{d}{4L}$ ② $\dfrac{d}{2L}$ ③ $\dfrac{d}{L}$ ④ $\dfrac{2d}{L}$ ⑤ $\dfrac{4d}{L}$

해설 2-4. 포물선 운동

★등가속도 운동 구하기★

[1 단계] 발사점을 원점으로 x 축과 y 축을 정하고, 초기속도를 x 성분과 y 성분으로 나눈다.

[2 단계] 3 개 물리량의 x 성분과 y 성분들을 구한다. 점 O 가 기준점이면,

물리량	A_x 성분	A_y 성분	B_x 성분	B_y 성분
초기위치	0	0	0	0
초기속도	$+v_o \cos\theta$	$+v_o \sin\theta$	$+v_o$	0
가속도	0	$-g$	0	$-g$

[3 단계] 등속운동 (x 축), 등가속도운동 (y 축) 공식에 [2 단계]의 초기 값들을 적용하여 문제에 맞는 공식 (가속도, 속도, 위치 공식)들을 만든다.

가속도: $a_{Ax} = 0$, $a_{Ay} = -g$, $a_{Bx} = 0$, $a_{By} = -g$

속도: $v_{xA} = v_o \cos\theta + 0 \cdot t = v_0 \cos\theta$ –(1), $v_{xB} = v_0$ –(2)

$v_{yA} = v_0 \sin\theta + (-g)t = v_0 \sin\theta - gt$ –(3), $v_{yB} = 0 + (-g)t = -gt$ –(4)

위치: $x_A = 0 + v_0 \cos\theta \cdot t = v_0 \cos\theta \cdot t$ –(5), $x_B = 0 + v_0 \cdot t = v_0 t$ –(6)

$$y_A = 0 + v_0 \sin\theta \cdot t + \frac{1}{2}(-g)t^2 = v_0 \sin\theta \cdot t - \frac{1}{2}gt^2 \ –(7)$$

$$y_B = 0 + 0 \cdot t + \frac{1}{2}(-g)t^2 = -\frac{1}{2}gt^2 \ –(8)$$

물체 A 가 P 점에 있을 때 $(L,0)$ 에 대해서

x 축: 식(5) 에서 $L = v_0 \cos\theta \cdot t \rightarrow t = \dfrac{L}{v_0 \cos\theta}$ –(9)

y 축: 식(7) 에서 $0 = v_0 \sin\theta \cdot t - \dfrac{1}{2}gt^2 \rightarrow v_0 \sin\theta \, t = \dfrac{1}{2}gt^2$

식(9)을 적용하여 $v_0 \sin\theta = \dfrac{1}{2}gt = \dfrac{1}{2}g\left(\dfrac{L}{v_0 \cos\theta}\right)$

$$\rightarrow 2\sin\theta\cos\theta = \sin(2\theta) = \frac{gL}{v_0^2} \ –(10)$$

B 경우 Q 점에 있을 때 $(L,-d)$ 대해서

x 축: 식(6) 에서 $x_A = L = v_0 t \rightarrow t = L/v_0$ –(11)

y 축: 식(8) 에서 $y_B = -d = -\dfrac{1}{2}gt^2 \rightarrow$ 식(11)에 의해 $d = \dfrac{1}{2}gt^2 = \dfrac{1}{2}g\left(\dfrac{L}{v_0}\right)^2$

$\rightarrow v_0^2 = g\dfrac{L^2}{2d}$ –(12), 식(10)를 식(12) 에 대입하면, $\sin(2\theta) = \dfrac{gL}{v_0^2} = gL\left(\dfrac{2d}{gL^2}\right) = \dfrac{2d}{L}$

답 (4)

2-5. (2007 MEET/DEET) 다음은 마찰이 없는 에어트랙 (air track)을 이용하여 뉴턴의 제 2 법칙을 확인하는 실험 과정과 결과의 일부이다.

[실험 과정]

(1) 그림과 같이 에어트랙이 수평이 되게 한 후 포토게이트 1, 포토게이트 2 를 설치한다. 두 포토게이트 사이의 거리 L 은 활차의 길이 d 에 비하여 충분히 크게 하고 L 과 d를 측정한다.

(2) 활차가 각 포토게이트를 통과하는 동안 발광부에서 니와 수광부로 들어가는 빛이 차단되는 시간 간격을 측정하도록 각 포토게이트를 설정한다.

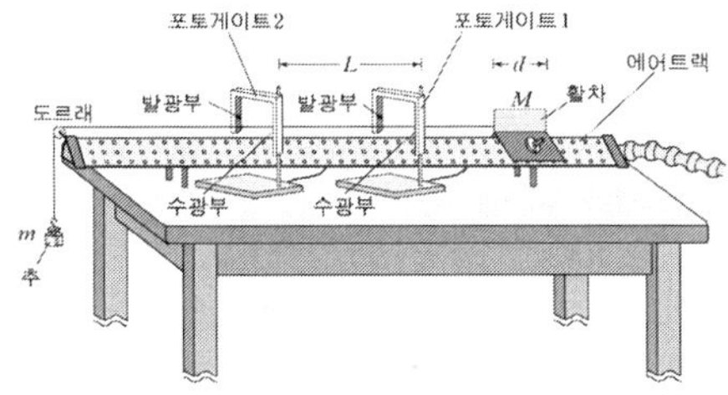

(3) 질량 m 인 추를 질량 M 인 활차와 실로 연결하여 그림과 같이 장치하고 활차를 가만히 놓아 출발시킨다.

(4) 활차가 포토게이트 1 을 지나면서 빛을 차단하는 시간 간격 Δt_1 을 측정한다. 같은 방법으로 활차가 포토게이트 2 를 지나면서 빛을 차단하는 시간 간격 Δt_2 를 측정한다.

(5) 포토게이트 1 과 포토게이트 2 위치에서의 활차의 속력 v_1 , v_2 를 각각 구하고 이를 순간 속력으로 간주하여 활차의 가속도 크기 a를 구한다.

[실험 결과]

측정값						계산값		
L (m)	d (m)	m (kg)	M (kg)	Δt_1 (s)	Δt_2 (s)	v_1 (m/s)	v_2 (m/s)	a (m/s^2)
0.50	0.10	0.40	0.20	0.037	0.027	(가)	3.7	(나)

실험 결과의 계산 값에서 (가)와 (나)를 구하는 식으로 가장 적절한 것을 바르게 짝지은 것은?

    (가)   (나)

① $L/\Delta t_1$, $v_2^2 - v_1^2/d$　② $L/\Delta t_1$, $v_2^2 + v_1^2/2d$　③ $d/\Delta t_1$, $v_2^2 + v_1^2/L$

④ $d/\Delta t_1$, $v_2^2 + v_1^2/2L$　⑤ $d/\Delta t_1$, $v_2^2 - v_1^2/2L$

포토케이트 1 에서 활차의 속도는 $v = \dfrac{d}{\Delta t_1}$ 이다. 여기서 Δt_1 은 포트게이트 1

을 활차가 지나면서 빛을 차단하는 시간 간격이고 d 는 활차의 길이이다.

활차의 가속도는 속도–가속도 등가속도 운동에서 $v_2^2 - v_1^2 = 2aL \;\rightarrow\; a = \dfrac{v_2^2 - v_1^2}{2L}$

이다.

답 (5)

2-6. (2011 PEET) 그림은 두 물체 A, B 가 반지름이 각각 r_0, $2r_0$ 인 원 궤도를 따라 등속 원운동을 하고 있는 것을 나타낸 것이다. A, B 는 질량과 속력이 모두 같다.

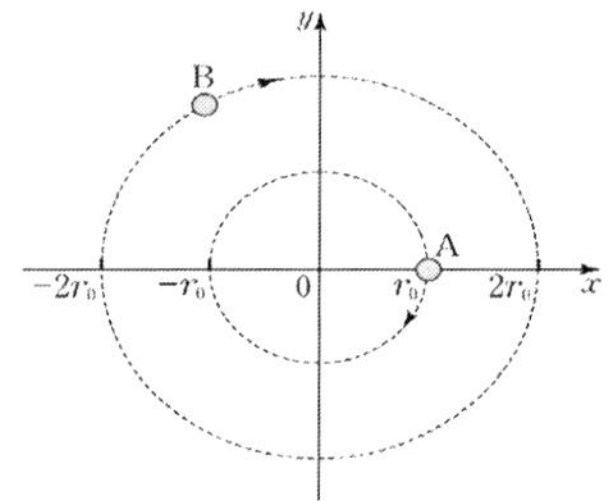

이에 대한 설명으로 옳은 것만을 [보기]에서 있는 대로 고른 것은? (단, 물체의 크기는 무시한다.)

[보 기]

ㄱ. $x = r_0$ 에서 A 의 가속도 방향은 $-x$ 방향이다.

ㄴ. A 의 가속도 크기는 B 의 가속도 크기보다 크다.

ㄷ. A 의 운동 에너지는 B 의 운동 에너지와 같다.

① ㄱ 　② ㄷ 　③ ㄱ, ㄴ 　④ ㄴ, ㄷ 　⑤ ㄱ, ㄴ, ㄷ

(ㄱ) 등속 원운동하는 물체의 가속도는 회전 원점방향으로 물체 A 의 운동방향은 $-x$ 방향이다.

(ㄴ) 등속 원운동의 가속도는 $a = \dfrac{v^2}{r}$ 에서 $r_A \langle r_B$ 이므로 $a_A \rangle a_B$ 이다.

(ㄷ) 운동에너지 $E = \dfrac{1}{2}mv^2$ 에서 $m_A = m_B$ 이고 $v_A = v_B$ 이므로 $\dfrac{1}{2}m_A v_A^2 = \dfrac{1}{2}m_B v_B^2 \rightarrow E_A = E_B$ 이다.

답 (5)

2-7. (2012 MEET/DEET) 그림은 지점 O 에서 같은 속력 v 로 던진 물체 A, B 가 포물선 운동을 하여 O 로부터 수평거리가 각각 2R, R 인 지점 P, Q 에 떨어진 것을 나타낸 것이다. A 와 B 는 수평면과 각각 45° 와 θ (> 45°)의 각으로 던져졌다. O, P, Q 는 수평면의 동일 직선상에 있다.

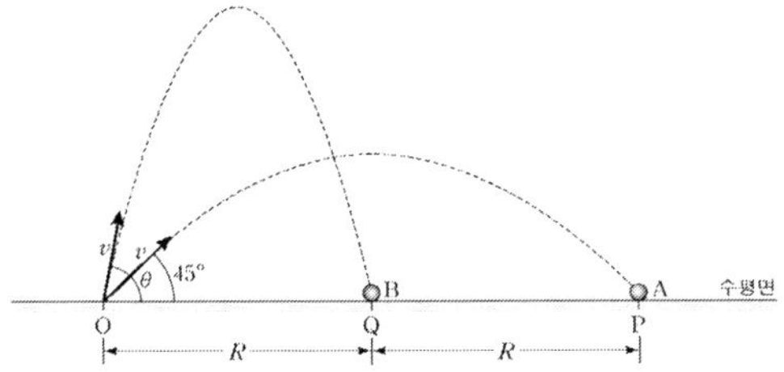

이에 대한 설명으로 옳은 것만을 [보기]에서 있는 대로 고른 것은? (단, 중력가속도는 g 이고, 물체의 크기는 무시한다.)

[보 기]

ㄱ. $R = \dfrac{v^2}{g}$ 이다.

ㄴ. $\theta = 75°$ 이다.

ㄷ. 수평면으로부터 최고점까지의 높이는 B 가 A 의 2 배이다.

① ㄱ   ② ㄴ   ③ ㄱ, ㄴ   ④ ㄱ, ㄷ   ⑤ ㄴ, ㄷ

★등가속도 운동 구하기★
[1 단계] 발사점을 원점으로 x 축과 y 축을 정하고, 초기속도를 x 성분과
y 성분으로 나눈다.
[2 단계] 3 개 물리량의 x 성분과 y 성분들을 구한다.

물리량	A_x 성분	A_y 성분	B_x 성분	B_y 성분
초기위치	0	0	0	0
초기속도	$v\cos 45°$	$v\sin 45°$	$v\cos\theta$	$v\sin\theta$
가속도	0	$-g$	0	$-g$

[3 단계] 등속운동 (x 축), 등가속도운동 (y 축) 공식에 [2 단계]의 초기 값들을
적용하여 문제에 맞는 공식 (가속도, 속도, 위치 공식)들을 만든다.

가속도: $a_{Ax} = 0$, $a_{Ay} = -g$, $a_{Bx} = 0$, $a_{By} = -g$

속도: $v_{xA} = v\cos 45° + 0 \cdot t = \dfrac{v}{\sqrt{2}}$ $-(1)$, $v_{xB} = v\cos\theta + 0 \cdot t = v\cos\theta$ $-(2)$

$$v_{yA} = v\sin 45° + (-g)t = \dfrac{v}{\sqrt{2}} - gt \quad -(3), \quad v_{yB} = v\sin\theta + (-g)t = v\sin\theta - gt \quad -(4)$$

위치: $x_A = 0 + \dfrac{v}{\sqrt{2}} \cdot t = \dfrac{v}{\sqrt{2}} \cdot t$ $-(5)$, $x_B = 0 + v\cos\theta \cdot t = v\cos\theta \cdot t$ $-(6)$

$$y_A = 0 + \dfrac{v}{\sqrt{2}} \cdot t + \dfrac{1}{2}(-g)t^2 = \dfrac{v}{\sqrt{2}} \cdot t - \dfrac{1}{2}gt^2 \quad -(7)$$

$$y_B = 0 + v\sin\theta \cdot t + \dfrac{1}{2}(-g)t^2 = v\sin\theta \cdot t - \dfrac{1}{2}gt^2 \quad -(8)$$

(ㄱ) 물체 A 가 최고 높이로 올라간 시간은 식(3) 에서 속도가 0 일때로

$0 = \dfrac{v}{\sqrt{2}} - gt \;\rightarrow\; t = \dfrac{v}{g\sqrt{2}}$ 이고, 물체가 떨어진 시간은 최고높이까지

시간의 2 배이므로 $t = \dfrac{\sqrt{2}v}{g}$ 이다. 식(5) 에서 $2R = \dfrac{v}{\sqrt{2}} \cdot t$

$\rightarrow\; R = \dfrac{v}{2\sqrt{2}} \cdot \left(\dfrac{\sqrt{2}v}{g}\right) = \dfrac{v^2}{2g}$ $-(9)$

(ㄴ) 물체 B 가 떨어진 시간은 식(4) 에서 최고높이 올라간 시간의 2 배이므로

$0 = v\sin\theta - gt \;\rightarrow\; t = \dfrac{v\sin\theta}{g}$ 에서 떨어진 시간은 $t = \dfrac{2v\sin\theta}{g}$ 이다.

식(6)에서 $R = v \cos \theta \cdot t = v \cos \theta \cdot \left(\dfrac{2v \sin \theta}{g} \right) = \dfrac{v^2 \sin(2\theta)}{g}$ 으로 식(9)를

적용하면 $\dfrac{v^2}{2g} = \dfrac{v^2 \sin(2\theta)}{g} \rightarrow \dfrac{1}{2} = \sin(2\theta)$ 이다. 문제에서 $\theta \rangle 45°$ 이므로

$2\theta = 150° \rightarrow \theta = 75°$ 이다.

(ㄷ) 물체 A 의 최고높이까지 시간은 $t = \dfrac{v}{g\sqrt{2}}$ 이고 물체 B 의 최고높이까지

시간은 $t = \dfrac{v \sin \theta}{g} = \dfrac{v \sin(75°)}{g}$ 이다. 식(7) 과 식(8)

$$y_A = \dfrac{v}{\sqrt{2}} \cdot t - \dfrac{1}{2} g t^2 = \dfrac{v}{\sqrt{2}} \cdot \left(\dfrac{v}{g\sqrt{2}} \right) - \dfrac{1}{2} g \left(\dfrac{v}{g\sqrt{2}} \right)^2 = \dfrac{v^2}{4g} \, ,$$

$$y_B = v \sin \theta \cdot t - \dfrac{1}{2} g t^2 = v \sin(75°) \cdot \left(\dfrac{v \sin(75°)}{g} \right) - \dfrac{1}{2} g \left(\dfrac{v \sin(75°)}{g} \right)^2 = \dfrac{1}{2} \dfrac{v \sin^2(75°)}{g}$$

으로 $2y_A = y_B$ 이라면, $\dfrac{v^2}{2g} \neq \dfrac{1}{2} \dfrac{v \sin^2(75°)}{g}$ 이므로 물체 A 의 최대높이

2 배가 아니다.

답 (2)

2-8. (2011 PEET) 그림과 같이 같은 높이에서 수평 거리 d 만큼 떨어져 있던 두 물체가 각각 $3v$ 와 v 의 속력으로 수평 방향으로 동시에 던져진다.

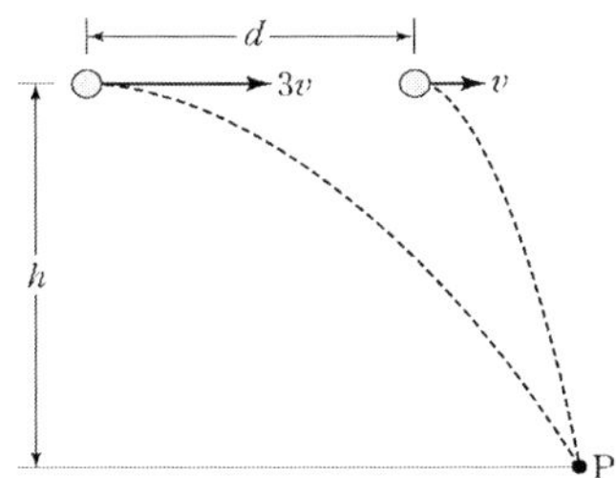

두 물체는 동일 연직면 상에서 포물선 운동을 하여 수직 거리 가 h 인 점 P 에서 충돌한다. h 는? (단, 중력 가속도는 g 이고, 물체의 크기는 무시한다.)

① $\dfrac{1}{2} \dfrac{gd^2}{v^2}$
② $\dfrac{1}{4} \dfrac{gd^2}{v^2}$
③ $\dfrac{1}{6} \dfrac{gd^2}{v^2}$
④ $\dfrac{1}{8} \dfrac{gd^2}{v^2}$
⑤ $\dfrac{1}{12} \dfrac{gd^2}{v^2}$

★등가속도 운동 구하기★

[1 단계] 발사점을 원점으로 x 축과 y 축을 정하고, 초기속도를 x 성분과 y 성분으로 나눈다.

[2 단계] 3 개 물리량의 x 성분과 y 성분을 구한다.

물리량	A_x 성분	A_y 성분	B_x 성분	B_y 성분
초기위치	0	0	d	0
초기속도	$+3v$	0	$+v$	0
가속도	0	$-g$	0	$-g$

[3 단계] 등속 운동(x축)과 등가속도 운동 (y축) 공식에 [2 단계]의 초기 값들을 적용하여 문제에 맞는 공식 (가속도, 속도, 위치 공식)을 만든다.

가속도: $a_{Ax} = 0$, $a_{Ay} = -g$, $a_{Bx} = 0$, $a_{By} = -g$

속도: $v_{Ax} = 3v + 0 \cdot t = 3v$ –(1), $v_{Ay} = 0 + (-g)t = -gt$ –(2)

$v_{Bx} = v + 0 \cdot t = v$ –(3), $v_{By} = 0 + (-g)t = -gt$ –(4)

위치: $x_A = 0 + 3v \cdot t + \dfrac{1}{2} \cdot 0 \cdot t^2 = 3vt$ –(5),

$$x_B = d + v \cdot t + \dfrac{1}{2} \cdot 0 \cdot t^2 = d + vt \text{ –(6)}$$

$$y_B = y_A = 0 + 0 \cdot t + \dfrac{1}{2} \cdot (-g) \cdot t^2 = -\dfrac{1}{2}gt^2 \text{ –(7)}$$

두 물체가 점 P 에서 충돌하므로 점 P 에서 시간은 같고 간 거리도 같다.

식(5) = 식(6) 이므로 $3vt = d + vt \rightarrow t = \dfrac{d}{2v}$,

점 P 의 y 축의 높이는 식(7) 에서 $h = \dfrac{1}{2}gt^2 = \dfrac{1}{2}g\left(\dfrac{d}{2v}\right)^2 = \dfrac{1}{8}g\dfrac{d^2}{v^2}$.

답 (4)

2-9. (2009 MEET/DEET) 그림은 수평면상의 지점 P 로부 터 거리가 각각 $2d$, d 인 지점에서 동일한 두 물체 A, B 를 각각 수평면에 대해 θ_A, θ_B 의 각으로 동시에 쏘아 올리는 것을 나타낸 것이다.

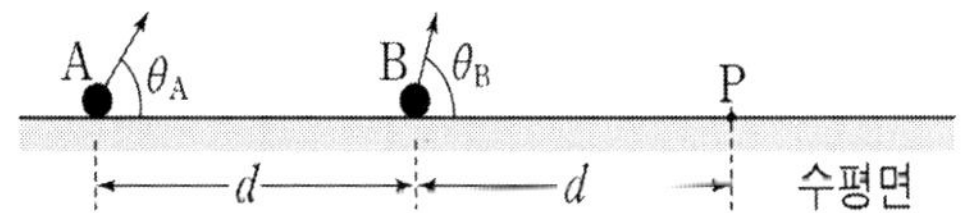

A, B 가 포물선 운동하여 P 에 동시에 떨어질 때, 이에 대한 설명으로 옳은 것만을 [보기] 에서 있는 대로 고른 것은? (단, 공기의 저항과 물체의 크기는 무시한다.)

[보 기]

ㄱ. 속도의 수평 성분 크기는 A 가 B 의 2 배이다.

ㄴ. 최고점에 도달하는데 걸리는 시간은 A 가 B 의 2 배이다.

ㄷ. $\tan\theta_B = 2\tan\theta_A$ 이다.

① ㄱ   ② ㄴ   ③ ㄱ, ㄴ   ④ ㄱ, ㄷ   ⑤ ㄴ, ㄷ

해설 2-9. 포물선 운동

★등가속도 운동 구하기★

[1 단계] 발사점을 원점으로 x 축과 y 축을 정하고, 초기속도를 x 성분과 y 성분으로 나눈다.

[2 단계] 3 개 눌리량의 x 성분과 y 성분들을 구한다. 점 O 가 기준점이면,

3 개 물리량	A_x 성분	A_y 성분	B_x 성분	B_y 성분
초기위치	0	0	0	d
초기속도	$v_0 \cos\theta_A$	$v_0 \sin\theta_A$	$v_0 \cos\theta_B$	$v_0 \sin\theta_B$
가속도	0	$-g$	0	$-g$

[3 단계] 등속 운동 (x 축)과 등가속도 운동 (y 축) 공식에 [2 단계]의 초기 값들을 적용하여 문제에 맞는 공식 (가속도, 속도, 위치 공식)들을 만든다.

가속도: $a_{Ax} = 0$, $a_{Ay} = -g$, $a_{Bx} = 0$, $a_{By} = -g$

속도: $v_{xA} = v_0 \cos\theta_A + 0 \cdot t = v_0 \cos\theta_A$ −(1),

$v_{xB} = v_0 \cos\theta_B + 0 \cdot t = v_0 \cos\theta_B$ −(2)

$v_{yA} = v_0 \sin\theta_A + (-g)t = v_0 \sin\theta_A - gt$ −(3),

$v_{yB} = v_0 \sin\theta_B + (-g)t = v_0 \sin\theta_B - gt$ −(4)

위치: $x_A = 0 + v_0 \cos\theta_A \cdot t = v_0 \cos\theta_A \cdot t$ −(5)

$x_B = d + v_0 \cos\theta_B \cdot t = d + v_0 \cos\theta_B \cdot t$ −(6)

$y_A = 0 + v_0 \sin\theta_A \cdot t + \frac{1}{2}(-g)t^2 = v_0 \sin\theta_A \cdot t - \frac{1}{2}gt^2$ −(7)

$y_B = 0 + v_0 \sin\theta_B \cdot t + \frac{1}{2}(-g)t^2 = v_0 \sin\theta_B \cdot t - \frac{1}{2}gt^2$ −(8)

(ㄱ) 떨어진 거리는 식(5) 에서 $x_A = 2d = v_0 \cos\theta_A \cdot t$,

식(6) 에서 $x_B = 2d = d + v_0 \cos\theta_B t$ 에서

$v_0 \cos\theta_A t = 2v_0 \cos\theta_B t$ −(9) $\rightarrow$ $v_{Ax} = 2v_{xB}$

(ㄴ) 떨어질 때 시간은 같으므로 최고점에 도달하는 시간은 같아야 한다.

(ㄷ) 최고높이에서 속도는 0 이다. 식(3)과 식(4) 에서

$0 = v_0 \sin\theta_A - gt$ −(10) $0 = v_0 \sin\theta_B - gt$ −(11)

식(10)와 식(11) 에서 $v_0 \sin\theta_A - gt = v_0 \sin\theta_B - gt$ 이므로

$v_0 \sin\theta_A = v_0 \sin\theta_B$ −(12)

식(12) / 식(9) $\rightarrow$ $\tan\theta_A = \frac{1}{2}\tan\theta_B$

답 (4)

2-10. (2010 MEET/DEET) 그림은 마찰이 없고 수평면에 대한 경사각이 일정한 빗면의 한 지점 O 에 있는 물체 A 와 지점 P 에 있는 물체 B 를 나타낸 것이다. P 는 O 로부터 수평 방향으로 거리 $2d$, 빗면 방향으로 거리 d 만큼 떨어진 지점이다. 서로를 향해 동시에 던져진 A, B 는 빗면 상에서 포물선 운동을 하여 O 로부터 수평 방향으로 d, 빗면 방향으로 h 만큼 떨어진 지점 Q 에서 충돌한다.

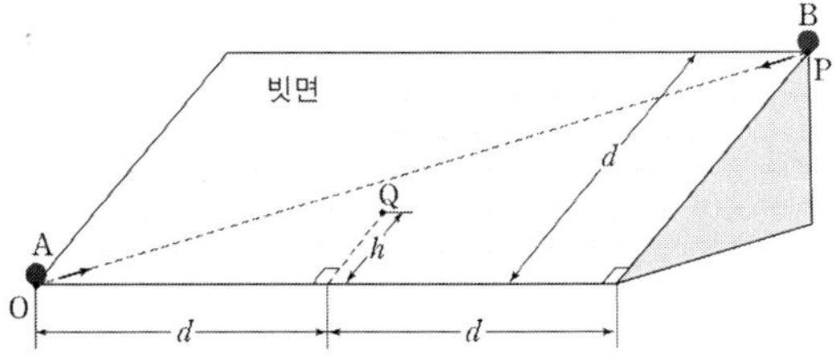

이에 대한 설명으로 옳은 것만을 [보기]에서 있는 대로 고른 것은? (단, 공기의 저항과 물체의 크기는 무시한다.)

[보 기]

ㄱ. 던져진 순간의 속력은 A 와 B 가 서로 같다.

ㄴ. Q 에서의 속력은 A 와 B 가 서로 같다.

ㄷ. $h = \dfrac{d}{2}$ 이다.

① ㄱ   ② ㄴ   ③ ㄷ   ④ ㄱ, ㄴ   ⑤ ㄴ, ㄷ

(ㄱ) 충돌하려면 같은 시간에 같은 위치에 있어야 한다. 문제는 3 차원 운동이지만 2 차원으로 투영하여 생각하면, 초기 y 축 높이는 서로 다르지만, x축 간 거리는 같다고 가정하면, x 축은 등속운동이므로

x 성분 거리: $|x_A| = |x_B| \rightarrow v_{0A} \cos \theta_A t = v_{0B} \cos \theta_B t$

수평면에 대해서 던진 각도가 같으면 초기 속력도 같다.

(ㄴ) Q 에서 속력은

x 성분: $v_{Ax} = v_{0A} \cos \theta_A$, $v_{Bx} = v_{0B} \cos \theta_B$ $-(1)$

수평면에 대해서 던진 각도가 같으면 속력의 x 성분은 같다. 속력의 y 성분을 비교하면, 초기 속도와 던진 각도가 같다면, A 는 처음높이를 지나기 전에 충돌하므로 처음속도보다 작고, B 는 처음높이를 지난 후에 충돌하므로 처음속도보다 크다. 따라서 충돌 후 속력은 $v_A < v_B$ 이다.

(ㄷ) $h = \dfrac{d}{2}$ 일 때 충돌하려면 물체 A 와 B 는 같은 속도, 같은 각도, 같은 평면상에서만 가능하다. Q 에서 충돌하였을 때, 초기속도는 같지만, A 는 던져진 위치보다 위로 올라간 상태이므로 처음속도보다 작고, B 는 던져진 위치보다 아래쪽이므로 처음 속력보다 크다. 따라서 충돌한 지점의 높이는 $\dfrac{d}{2}$ 보다 작다.

답 (1)

3장 / 힘과 운동

3-1 뉴턴의 제 1 법칙

◻ 역학적 관계: 힘이란 물체의 모양이나 운동 상태를 변화
시키는 원인이다.

힘의법칙

주위환경 -〉 힘 -〉 물체(질량) -〉 가속도

운동법칙

◻ 뉴턴의 운동 제 1 법칙-관성의 법칙 (law of inertia)
물체에 힘이 작용하지 않으면 물체의 속도는 변하지 않는다.
즉, 물체는 가속되지 않는다(관성).

3-2 뉴턴의 제 2 법칙

◻ 뉴턴의 운동 제 2 법칙: 물체에 작용하는 알짜 힘은 물체의
질량과 가속도의 곱과 같다 (힘과 가속도). $\boxed{\vec{F} = m\vec{a}}$

◻ 힘의 단위: 뉴턴(Newton) N = kg • m / s^2

◻ 힘의 합성: 물체에 작용하는 총 힘은 각 힘의 벡터 합과
같다.

3-3 뉴턴의 제 3 법칙 (작용과 반작용 법칙)

◻ 두 물체가 상호작용할 때 서로에게 작용하는 힘은 항상 크기가 같고 방향이 반대이다. 즉 B 가 C 에게 작용하는 힘은 C 가 B 에게 작용하는 힘과 같다. (고무공의 운동).

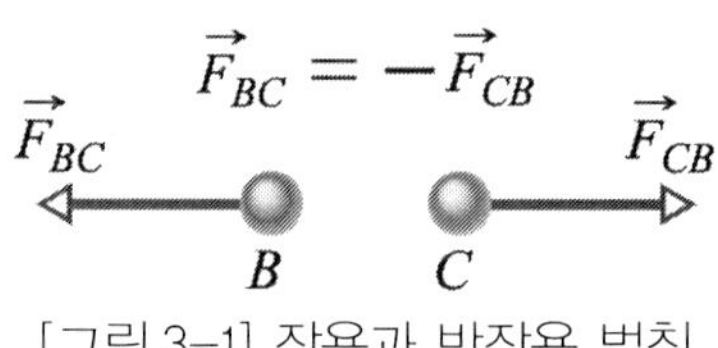

[그림 3-1] 작용과 반작용 법칙

3-4 여러 종류의 힘들

◻ 힘의 분류: 중력(10^{-38}), 전자기력(10^{-2}), 약한 핵력(10^{-3}), 강한 핵력 (1)

전자기력: 전하를 갖는 물체들 사이에 작용하는 힘,

강한 핵력: 양성자들 사이에 작용하는 힘,

약한 핵력: 베타 붕괴에 따른 힘.

◻ 중력(F_g): 질량을 갖는 물체들 사이에 작용하는 힘,

$F_g = mg$ (지구 표면에서)

◻ 무게(W): 그 물체에 작용하는 중력이다. 물체의 무게는 물체에 작용하는 중력의 크기와 같다.

$\vec{F} = m\vec{g} = \vec{W}$

◻ 수직힘 (또는 수직항력 F_N 또는 N): 물체가 표면에 놓였을 때 물체의 무게에 의해 표면은 변형이 되며, 표면은 직각인 수직힘 F_N (또는 N) 으로 물체를 밀어낸다.

◻ 마찰력: 접촉하고 있는 물체들 사이의 운동하려는 것을

방해하는 힘. 인접한 표면 사이에서 분자간 인력에 의해서 발생하며 접촉한 면 사이의 상대적 운동에 반대 방향으로 작용한다.

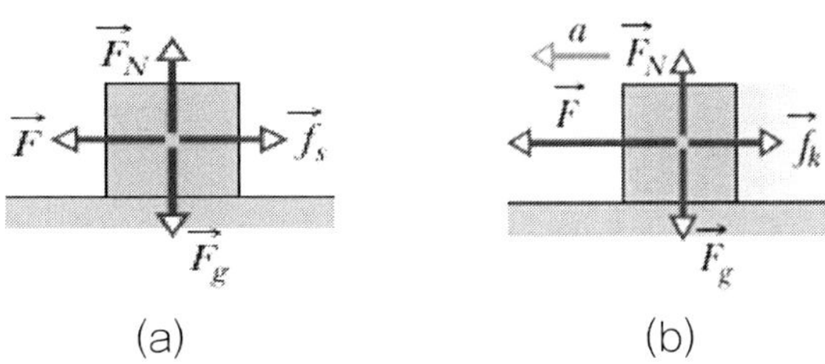

(a)   (b)

[그림 3-2] 마찰계수: (a) 정지마찰계수(f_s)
(b) 운동마찰력계수(f_k)

-정지마찰력 (f_s): 정지하고 있는 두 물체 사이에 작용하는 마찰력. 두 개의 접촉면이 서로에 대해 운동하지 않고 있을 때, 운동이 일어나지 않게 하는 힘.

$f_s \leq \mu_s F_N$, μ_s : 정지마찰 계수, F_N : 수직 항력

-운동마찰력 (f_k): 서로 상대적인 운동을 하는 표면간에 작용하는 마찰력. 두 개의 접촉면이 서로에 대해 움직이고 있을 때의 저항력.

$f_k \leq \mu_k F_N$, μ_k : 운동마찰 계수

◻ 장력 (tension):
밧줄이나 케이블처럼 유연한 물체에 의해
전달되는 힘. 그림 3-3 에서
장력은 $T = mg$.

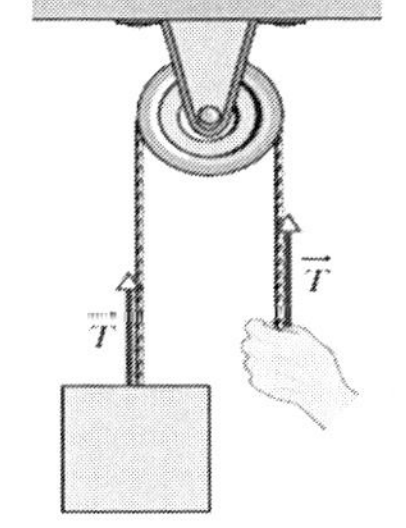

[그림3 3] 장력 그림

★(2) 운동방정식 (또는 힘의 평형식) 만들기★
[1 단계] 가속도 $\vec{a}$ 와 모든 힘들을 나타낸다.
[2 단계] 가속도를 기준으로 x 방향과 y 방향을 만들고, 다른 힘들을 x 방향과 y 방향으로 나눈다.
[3 단계] x 방향과 y 방향 운동방정식을 만든다. $\sum \vec{F}_x = ma_x$ 와 $\sum \vec{F}_y = ma_y$ 또는 힘의 평형식: $\sum \vec{F}_y = 0$ 와 $\sum \vec{F}_x = 0$.   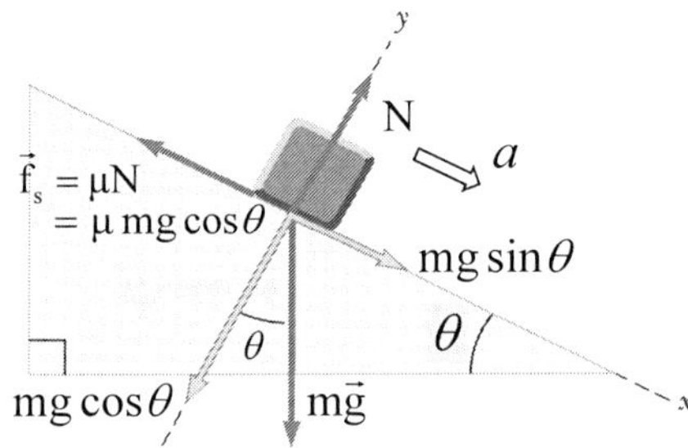   x 축: $ma = mg\sin\theta - \mu mg\cos\theta$,   y 축: $N = mg\cos\theta$

3-5 저항력 받는 운동

◻ 물체의 속도에 비례하는 저항력: $R = -b\vec{v}$

그림 3-4 에서 힘의 식은

$$mg - bv = ma = m\left(\frac{dv}{dt}\right) \rightarrow \frac{dv}{dt} = g - \frac{b}{m}v$$

$$\rightarrow \frac{dv}{v - \frac{m}{b}g} = -\frac{m}{b}dt \rightarrow \left[ln\left(v - \frac{m}{b}g\right)\right]_0^v = -\frac{m}{b}t$$

$$\rightarrow v - \frac{m}{b}g = -\frac{m}{b}ge^{-\frac{m}{b}t} \rightarrow v = \frac{mg}{b}(1 - e^{-bt/m}) = v_T(1 - e^{-t/\tau})$$

여기서 $v_T = \dfrac{mg}{b}$, $\tau = \dfrac{b}{m}$

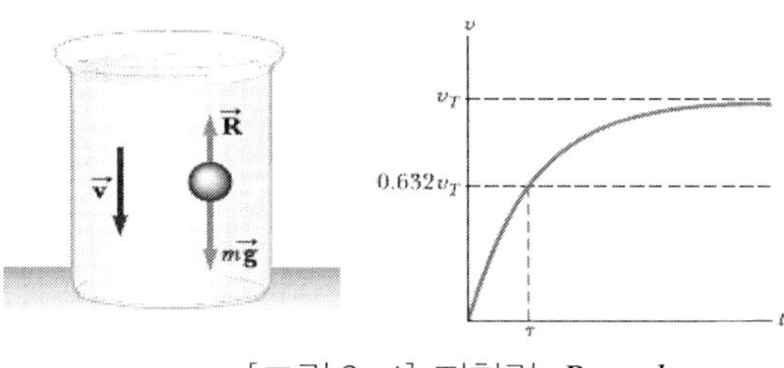

[그림 3-4] 저항력 $R = -bv$

■ 종단속도: a = 0 일 때 속도

$$mg - bv_T = 0 \;\rightarrow\; v_T = \frac{mg}{b}$$

3-6 뉴턴의 중력법칙

■ 만유인력 법칙: 우주에 있는 모든 물체는 그 물체와 다른 물체를 연결하는 선상에서 다른 물체들을 잡아 당긴다. 이 힘은 두 물체의 질량의 곱에 비례하고, 두 물체들 사이의 거리의 제곱에 반비례한다.

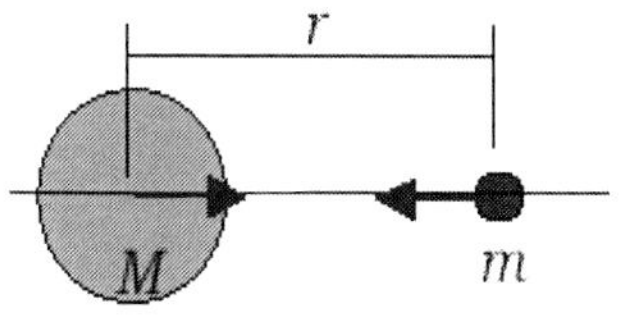

[그림 3-5] 만유인력 법칙

$$\boxed{\vec{F} = G\frac{mM}{r^2}},$$

r: 두 물체의 질량중심 사이의 거리, $G\left(=6.67\times10^{-11}\,N\cdot m^2/kg^2\right)$: 만유인력 상수

3-7 행성과 위성: Kepler 의 법칙

■ 제 1 법칙 (궤도법칙): 태양 주위의 각 행성의 궤도는 태양을 초점으로 하는 타원 궤도이다.

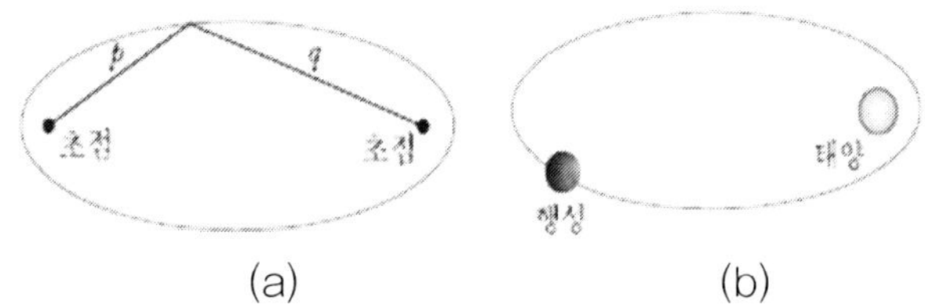

(a) (b)

[그림 3-6] 타원 궤도 (a) p + q 는 타원궤도 상의 모든 점에서 같다. (b) 태양계에서 행성의 타원궤도

■ 제 2 법칙 (면적법칙): 각 행성은 태양으로부터 행성까지 가상적으로 그은 선이 같은 시간 동안에 같은 면적을 쓸고 지나가도록 운동한다

$$L = rp_\perp = rmv_\perp = mr^2\omega = 일정$$

$$\frac{dA}{dt} = \lim_{\Delta t \to 0} \frac{\frac{1}{2}r^2 \Delta\theta}{\Delta t} = \frac{1}{2}r^2 \frac{d\theta}{dt} = \frac{L}{2m} = 일정$$

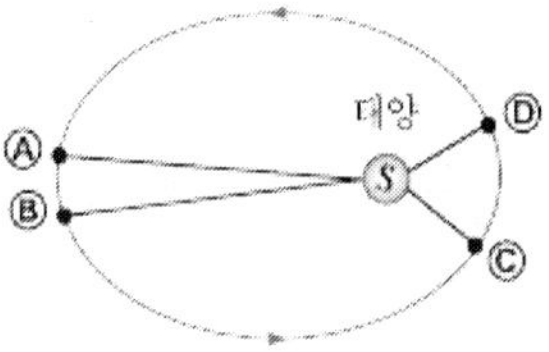

[그림 3-7] 타원궤도면적

■ 제 3 법칙 (주기법칙): 태양 주위의 어떤 두 행성의 주기 의 제곱의 비는 태양으로부터 두 행성들의 평균거리의 세 제곱의 비와 같다.

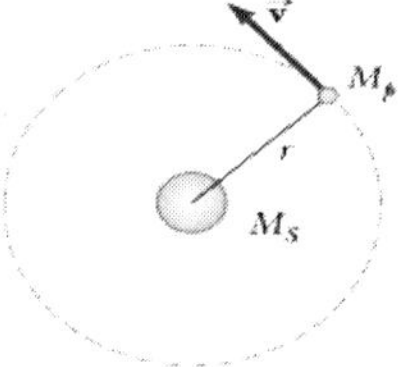

$$\frac{GM_S M_P}{r^2} = M_P \frac{v^2}{r} = M_P \omega^2 r = M_P r \left(\frac{2\pi}{T}\right)^2$$

$$\frac{GM_S}{r^2} = r\left(\frac{2\pi}{T}\right)^2 \rightarrow \boxed{T^2 = \left(\frac{4\pi^2}{GM_S}\right)r^3}, \quad \frac{T_1^2}{T_2^2} = \frac{r_1^3}{r_2^3}$$

[그림 3-8] 원궤도

<table>
<tr><td colspan="1" align="center">★(3) 진자운동 구하기★</td></tr>
<tr><td>

[1 단계] 회전중심, 반경 r, 속력 v (또는 각속도 $w = \dfrac{v}{r}$) 을 구한다. (또는 역학적 에너지 보존법칙을 이용한다.)

</td></tr>
<tr><td>

[2 단계] 원심력 또는 구심력 $mr\omega^2 = m\dfrac{v^2}{r}$ 을 나타낸다.

</td></tr>
<tr><td>

[3 단계] 물체에 운동하는 힘을 나타낸다. 반지름 방향에 운동방정식을 만든다.

$ma_{원심력} = \left(합력\right)$ 또는

$ma_{구심력} = \left(합력\right)$

$\rightarrow ma_{원심력} = T$

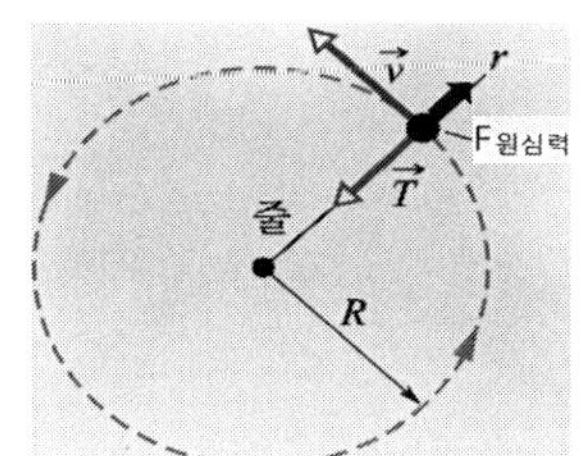

</td></tr>
</table>

수식요약

뉴턴의 운동법칙

제 1 법칙: 관성의 법칙,

제 2 법칙: 힘과 가속도법칙 $\vec{F} = m\vec{a}$,

제 3 법칙: 작용과 반작용 $\vec{F}_{12} = -\vec{F}_{21}$

여러 종류의 힘들

중력: $F_g = mg$ (지구 표면에서)

$\vec{F} = G\dfrac{mM}{r^2}$, r: 질량중심 사이의 거리,

$G = 6.67 \times 10^{-11}$ N·m^2 / kg^2: 만유인력 상수

무게: $\vec{W} = m\vec{g}$

마찰력: 정지마찰력 $f_s \leq \mu_s F_N$, μ_s: 정지마찰 계수,

F_N: 수직 항력, 운동마찰력 $f_k \leq \mu_k F_N$, μ_k: 운동마찰 계수

장력: 밧줄에 의해 전달되는 힘.

행성운동의 Kepler 법칙

제 1 법칙: 태양 주위의 각 행성의 궤도는 태양을 초점으로 하는 타원 궤도이다.

제 2 법칙: 각 행성은 태양으로부터 행성까지 가상적으로 그은 선이 같은 시간 동안에 같은 면적을 쓸고 지나가도록 운동한다. $\dfrac{dA}{dt}$ = 일정

제 3 법칙: 태양 주위의 어떤 두 행성간 주기의 제곱비는 태양으로부터 그 행성들까지의 평균거리의 세제곱비와 같다.

$$T^2 = \left(\frac{4\pi^2}{GM_s}\right)r^3$$

3-1. (2005 MEET/DEET 예비시험) 그림은 질량 m 인 추, 도르래, 줄로 구성된 기구로 골절상을 입은 환자의 다리를 고정시키고 있는 것을 나타낸다. 기구가 다리에 작용하는 힘 $\vec{F}_a$ 와 $\vec{F}_b$ 의 크기는? (단, 줄의 질량과 도르래의 마찰은 무시하고, 중력가속도는 g 이다.)

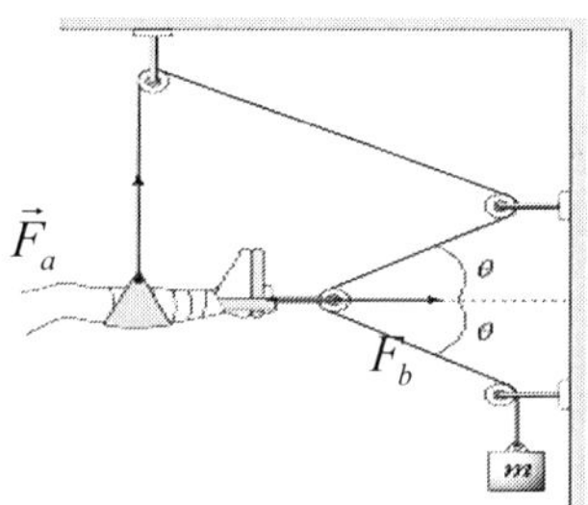

	$\vec{F}_a$의 크기	$\vec{F}_b$의 크기		$\vec{F}_a$의 크기	$\vec{F}_b$의 크기
①	mg	$2mg\cos\theta$	②	mg	$2mg\cos\theta$
③	$2mg\cos\theta$	$mg\sin\theta$	④	$2mg\sin\theta$	mg
⑤	$2mg\sin\theta$	$mg\cos\theta$			

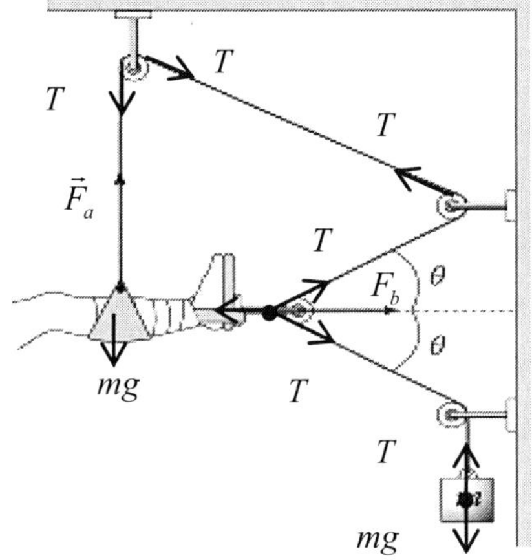

2차운동에서 힘을 x성분과 y성분으로 나눈다. 각 힘들을 나타내면,

$$T = mg \;\rightarrow\; \vec{F}_a = mg \,,\; \vec{F}_b = 2mg\cos\theta$$

답 (1)

3-2 m_1 과 m_2 ($> m_1$) 추를 갖는 도르래에서 줄의 질량은 무시할 때 두 물체가 줄로 연결된 상태로 운동한다.

질량 m_1 에 가속도 a_1 이고 장력은 T_1 그리고 질량 m_2 에 가속도는 a_2와 장력 T_2 이다. [보기]의 설명 중 옳은 것은?

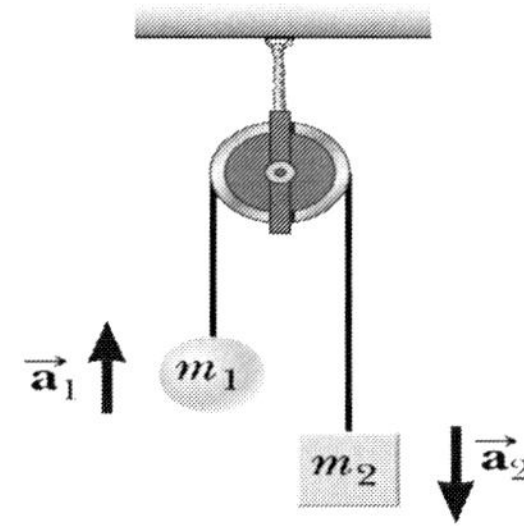

[보 기]

ㄱ. $a_1 = a_2$ 이고 $T_1 = T_2$ 이다.

ㄴ. 질량 m_1 에 가속도 $a_1 = \dfrac{m_2 - m_1}{m_2 + m_1} g$ 이다.

ㄷ. 질량 m_2 에 장력 $T_2 = \dfrac{2m_1 m_2}{m_2 + m_1} g$ 이다.

① ㄱ ② ㄱ, ㄴ ③ ㄱ, ㄷ ④ ㄴ, ㄷ ⑤ ㄱ, ㄴ, ㄷ

★운동방정식 만들기★

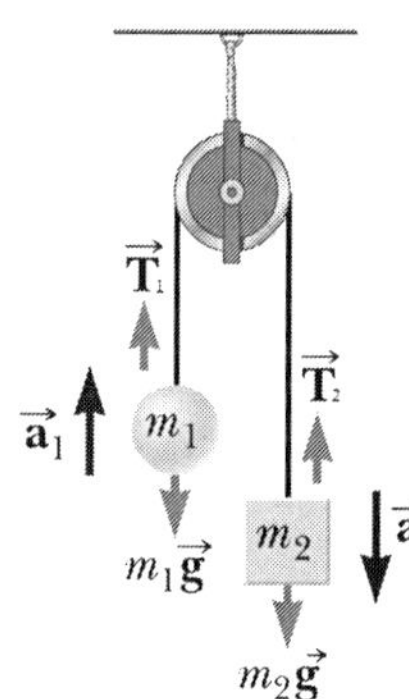

[1 단계] 가속도 $\vec{a}$ 와 모든 힘들을 나타낸다.

[2 단계] 가속도를 기준으로 x 방향과 y 방향을 만들고, 모든 힘들을 x 방향과 y 방향 힘들로 나눈다.

[3 단계] x 방향과 y 방향 운동방정식을 만든다.

$\sum \vec{F}_y = ma$: m_1 에 대하여

$m_1 a_1 = T_1 - m_1 g$, $-(1)$

m_2 에 대하여

$-m_2 a_2 = -m_2 g + T_2$ $-(2)$

(ㄱ) 줄이 한 개로 연결되어 있으므로 작용하는 가속도 $a_1 = a_2$ 고 장력 $T_1 = T_2$ 이다.

(ㄴ) $a_1 = a_2 = a$, $T_1 = T_2 = T$ 에서 식(1)은

$m_1 a = T - m_1 g$ $-(3)$, 식(2)는 $m_2 a = m_2 g - T$ $-(4)$

식(3) +식(4) 은 $a(m_1 + m_2) = m_2 g - m_1 g$

가속도는 $a = \dfrac{m_2 - m_1}{m_2 + m_1} g$ $-(5)$ 이다.

(ㄷ) 식(5)을 식(3)에 대입하면,

장력 $T = m_1 g + m_1 a = m_1 g + m_1 \left(\dfrac{m_2 - m_1}{m_2 + m_1} g \right) \rightarrow T = \dfrac{2 m_1 m_2}{m_2 + m_1} g$.

답 (5)

3-3 나무로 만든 수평한 실험대 위에서 그림과 같이 질량 m_1 인 나무토막에 질량 m_2 인 추를 실에 매달고, 나무토막이 움직이는지 실험하였다. (단, 실의 질량은 무시하고 도르래는 마찰이 없으며 중력 가속도는 g 이다.)

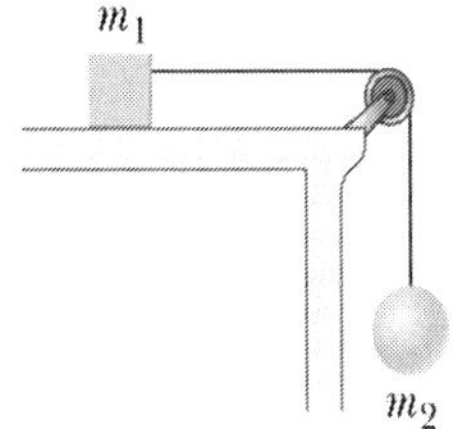

시험대와 나무 토막 사이의 정지 마찰계수는 0.6 일 때 [보기]의 각 경우에 대한 실험 결과로 옳은 것은?

[보 기]

ㄱ. m_1 을 m_2 의 2 배가 되게 하였다.

ㄴ. m_1 을 m_2 과 같게 하였다.

ㄷ. m_1 을 m_2 의 반으로 하였다.

① 세 경우 모두 움직인다.

② 세 경우 모두 움직이지 않았다.

③ (ㄱ)만 움직인다.

④ (ㄴ) 과 (ㄷ) 경우만 움직인다.

⑤ (ㄷ)만 움직인다.

★운동방정식 만들기★

[1 단계] 가속도 $\vec{a}$ 와 모든 힘들을 나타낸다.

[2 단계] 가속도를 기준으로 x 방향과 y 방향을 만들고, 모든 힘들을 x 방향과 y 방향의 힘들로 나눈다.

[3 단계] x 방향과 y 방향 운동방정식을 만든다.

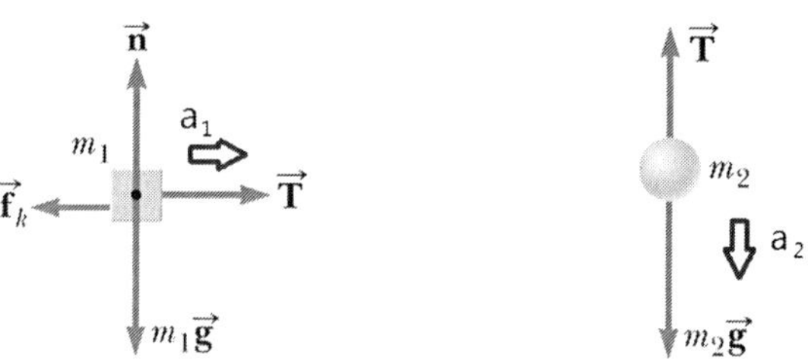

m_1 의 y-성분: $\sum F_y = n - m_1 g = 0$ −(1), n 은 수직항력이다.

식(1)을 이용하여 마찰력 $f_k = \mu_k n = \mu_k m_1 g$ −(2) 이다.

x−성분: $\sum F_x = T - f_k = m_1 a_1 \rightarrow T - \mu_k m_1 g = m_1 a_1$ −(3)

m_2 의 y-성분: $\sum F_y = -m_2 g + T = -m_2 a_2 \rightarrow m_2 a_2 = m_2 g - T$ −(4),

$a_2 = a_1 = a$ 이므로 식(3)은 $T - \mu_k m_1 g = m_1 a$ −(5),

식(4)는 $m_2 a = m_2 g - T$ −(6)

따라서 식(5) + 식(6)는 $m_2 g - \mu_k m_1 g = (m_1 + m_2) a$

(ㄱ) $m_2 g - 0.6(2m_2)g = (m_2 + 2m_2)a \rightarrow g - 1.2g = 3a$,

가속도 크기 $a < 0$ 로 m_2 는 움직이지 않는다.

(ㄴ) $m_2 g - 0.6(m_2)g = (m_2 + m_2)a \rightarrow g - 0.6g = 2a$, $a > 0$ 로 m_2 는 움직이지 않는다.

(ㄷ) $m_2 g - 0.6(0.5m_2)g = (m_2 + 0.5m_2)a \rightarrow g - 0.3g = 1.5a$, $a > 0$ 로 m_2 는 움직이지 않는다.

답 (4)

3-4. (2006 MEET/DEET) 그림은 줄다리기를 하는 두 사람 A 와 B 가 힘의 평형을 이루고 있는 모습을 나타낸 것이다. A 와 B 는 각각 힘 F_A 와 F_B 로 줄을 당기고 있고, 줄은 수평면과 평행하다.

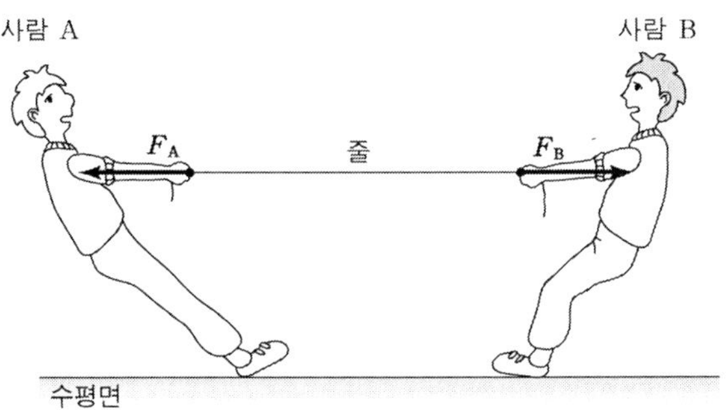

이에 대한 설명으로 옳은 것을 [보기]에서 모두 고른 것은? (단, 줄의 질량은 무시한다.)

[보 기]

ㄱ. F_A 와 F_B 의 크기는 같다.

ㄴ. 줄의 장력의 크기는 $|F_A|+|F_B|$ 이다.

ㄷ. A 와 수평면 사이의 마찰력과 B 와 수평면 사이의 마찰력은 크기가 같다.

① ㄱ   ② ㄴ   ③ ㄱ, ㄴ   ④ ㄱ, ㄷ   ⑤ ㄴ, ㄷ

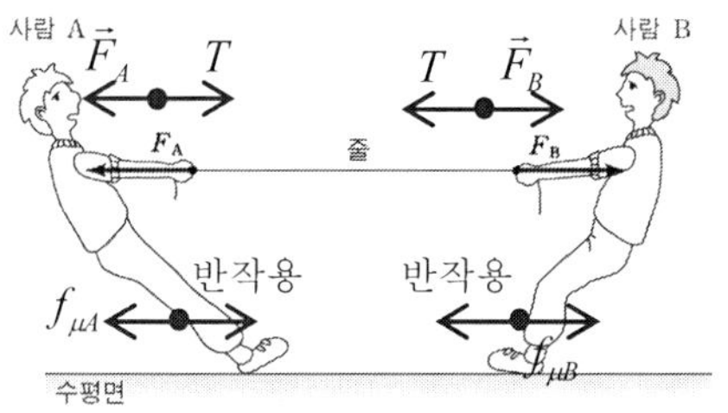

힘은 장력과 마찰력으로

(ㄱ) $\vec{F}_A = \vec{F}_B$ 이다

(ㄴ) 줄의 장력은 $T = \left| F_A \right| = \left| F_B \right|$

(ㄷ) 힘이 평형 하므로 마찰력도 평형하다. $f_{\mu A} = f_{\mu B}$

답 (4)

3-5. (2011 MEET/DEET) 그림과 같이 질량이 각각 $2m$, m 인 물체 A, B 가 천장에 매달린 도르래를 통해 A 가 B 위에 놓인 상태에서 수평면과 나란하게 평형을 유지하고 있다.

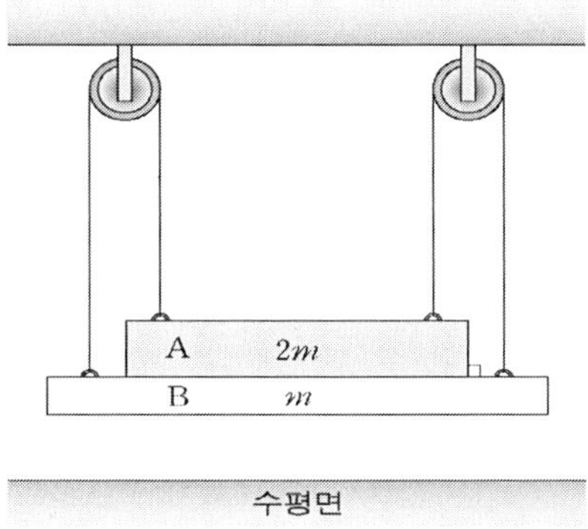

B 가 A 에 작용하는 수직 항력의 크기는? (단, 중력 가속도는 g 이고, 모든 마찰과 줄의 질량은 무시하며, 물체와 연결된 각각의 줄은 서로 평행하다.)

① $\dfrac{1}{4}mg$ ② $\dfrac{1}{2}mg$ ③ mg ④ $\dfrac{3}{2}mg$ ⑤ $2mg$

★힘의 평행식 만들기★

[1 단계] 모든 힘들을 나타낸다.

[2 단계] 모든 힘들을 x방향과 y 방향의 힘들로 나눈다.

물체가 수평면과 평행하게 놓여 있으므로 왼쪽과 오른쪽 도르래에서 줄에 걸린 장력이 서로 같다. 또한 물체 A 와 B 사이에는 서로 밀어내는 작용–반작용 힘인 수직항력 N 이 존재한다.

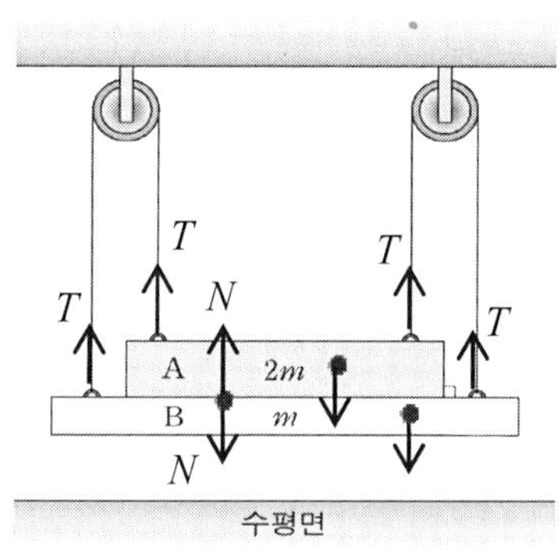

[3 단계] y 방향 힘의 평행식을 만든다. $\sum F_y = 0$

물체 A 에 대해 $2T + N - 2mg = 0$ –(1)

물체 B 에 대해 $2T - N - mg = 0$ –(2)

식(1)과 식(2)에서 T 를 제거하면 $N = \dfrac{1}{2}mg$

답 (2)

3-6. (2005 MEET/DEET) 그림은 질량이 m 인 물체가 공기 중에서 초기 속력 $v_0 = 0$ 으로 연직 방향으로 낙하하는 것을 나타낸 것이다. 낙하하는 동안 물체는 공기에 의한 저항력을 받는다. 저항력의 크기와 물체에 작용하는 중력의 크기가 같아지면 물체는 등속 운동을 하게 되며, 이 때 물체의 속력 v_C 를 종단 속력이라고 한다.

속력이 v 인 물체가 받는 공기 저항력의 크기가 kv 일 때, 물체의 운동에 대한 설명 중 옳은 것을 [보기] 에서 모두 고른 것은? (단, 중력가속도는 g 이며, k 는 상수이고, 물체의 회전은 무시한다.)

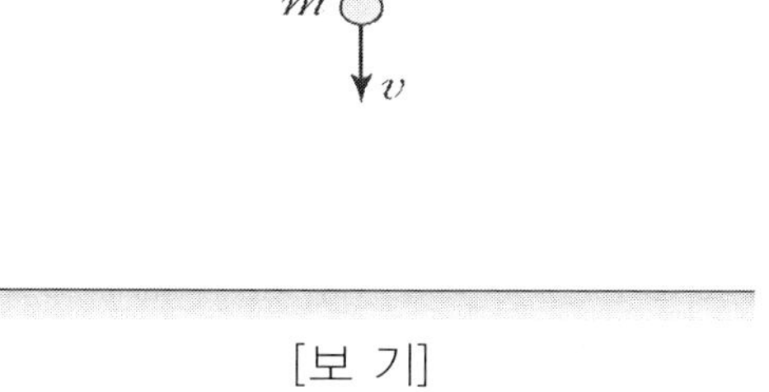

[보 기]

ㄱ. 이 물체의 가속도의 크기가 $\dfrac{g}{2}$ 가 되는 지점에서 속력은 $\dfrac{v_C}{2}$ 이다.

ㄴ. 이 물체의 속력 v 가 종단 속력에 도달하기 전까지, v 는 낙하 시간에 정비례한다.

ㄷ. k 가 일정할 때, 질량이 m 인 물체의 종단 속력은 질량이 $2m$ 인 물체의 종단 속력과 같다.

① ㄱ   ② ㄴ   ③ ㄱ, ㄴ   ④ ㄱ, ㄷ   ⑤ ㄴ, ㄷ

★운동방정식 만들기★

[1 단계] 가속도 $\vec{a}$ 와 모든 힘들을 나타낸다.

[2 단계] 가속도를 기준으로 x방향과 y방향을 만들고, 모든 힘들을 x방향과 y 방향의 힘들로 나눈다.

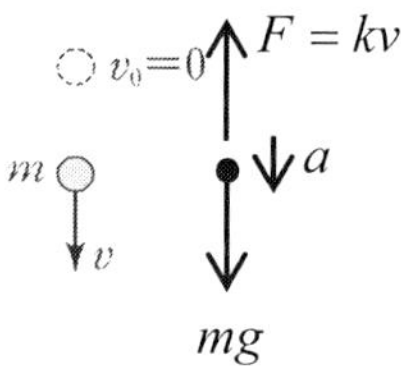

[3 단계] y 방향 운동방정식을 만든다.

$$\sum F_y = ma_y \;\rightarrow\; -mg + kv = -ma \quad -(1)$$

(ㄱ) 식(1) 에서 $mg - kv = ma = m\left(\dfrac{g}{2}\right)$ 에서 $v = \dfrac{mg}{2k}$ $-(2)$ 이다.

종단속도는 가속도가 0 일 때 이므로 $mg - kv_C = 0 \;\rightarrow\;$

$v_C = \dfrac{mg}{k}$ $--(2)$ 이다. 따라서 식(2)는 $v = \dfrac{mg}{2k} = \dfrac{1}{2}v_C$ 이다.

(ㄴ) 등가속도 운동의 속도는 $v = v_0 + at \;\rightarrow\; v = at = \left(g - \dfrac{k}{m}v\right)t$ 에서 속도는 시간에 단순 비례가 아니다.

(ㄷ) 식(2)에서 질량 m 일 때 종단속도는 $v_c = \dfrac{m}{k}g$ 이다. $m \rightarrow 2m$ 이면

$v_c' = \dfrac{2m}{k}g$ 로 질량이 m 일 때와 다르다.

답 (1)

3-7. (2012 PEET) 그림 (가) 와 (나) 는 마찰이 없는 수평면에 정지해 있던 질량 M 인 물체 A 위의 정 중앙에 (가) 에서는 질량 m 인 물체 B 를, (나) 에서는 질량 m 인 물체 C 를 가만히 올려놓고 수평으로 크기와 방향이 같은 힘 F 를 A 에 각각 작용하여, B 는 미끄러지지 않고 A 와 함께 운동하고 C 는 미끄러지며 A 위에서 운동하는 것을 나타낸 것이다.

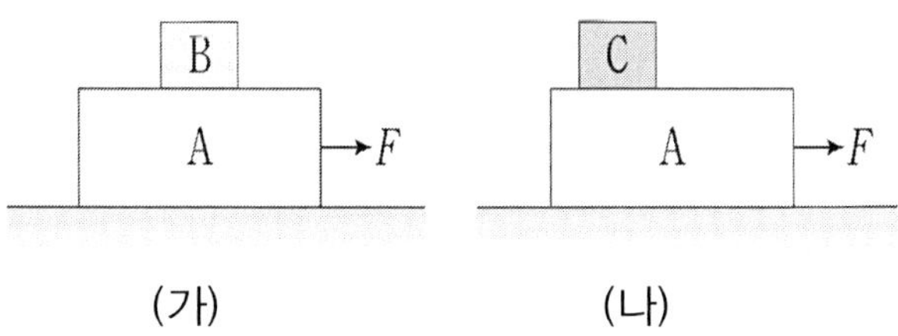

(가)   (나)

이에 대한 설명으로 옳은 것만을 [보기]에서 있는 대로 고른 것은? (단, 공기 저항은 무시하고, 물체 사이의 마찰 계수는 0 이 아니며 물체의 모든 점은 직선 운동한다.)

[보 기]

ㄱ. (가) 에서 B 에 작용하는 마찰력의 크기는 F 의 크기와 같다.
ㄴ. (나) 에서 C 에 작용하는 마찰력의 방향은 F 의 방향과 같다.
ㄷ. A 의 가속도의 크기는 (가) 에서가 (나) 에서 보다 크다.

① ㄱ   ② ㄴ   ③ ㄷ   ④ ㄱ, ㄴ   ⑤ ㄴ, ㄷ

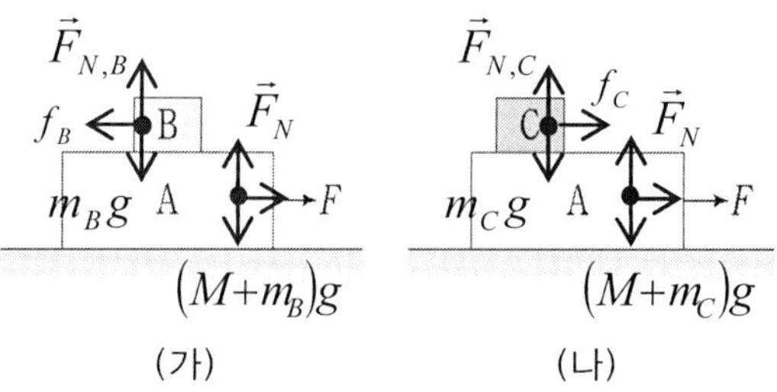

(가)   (나)

(ㄱ) (가)에서 B 의 마찰력의 크기는 $f_{S,B} = \mu m_B g$ 이고 작용하는 힘은 $\vec{F} = (M + m_B)a$ —(1) 로 서로 다르다.

(ㄴ) (나)에서 C 에 작용하는 마찰력은 방향은 물체는 F 방향의 반대편으로 미끄러지므로 마찰력의 방향은 힘 F 의 방향이다.

(ㄷ) (가)에서 A 의 가속도는 식(1)에서 $a = \dfrac{\vec{F}}{(M + m_B)}$ 이고 B의 가속도는

$a = \dfrac{\vec{F} + f_C}{(M + m_C)}$ 로 B 의 가속도가 A 의 가속도 보다 크다.

답 (2)

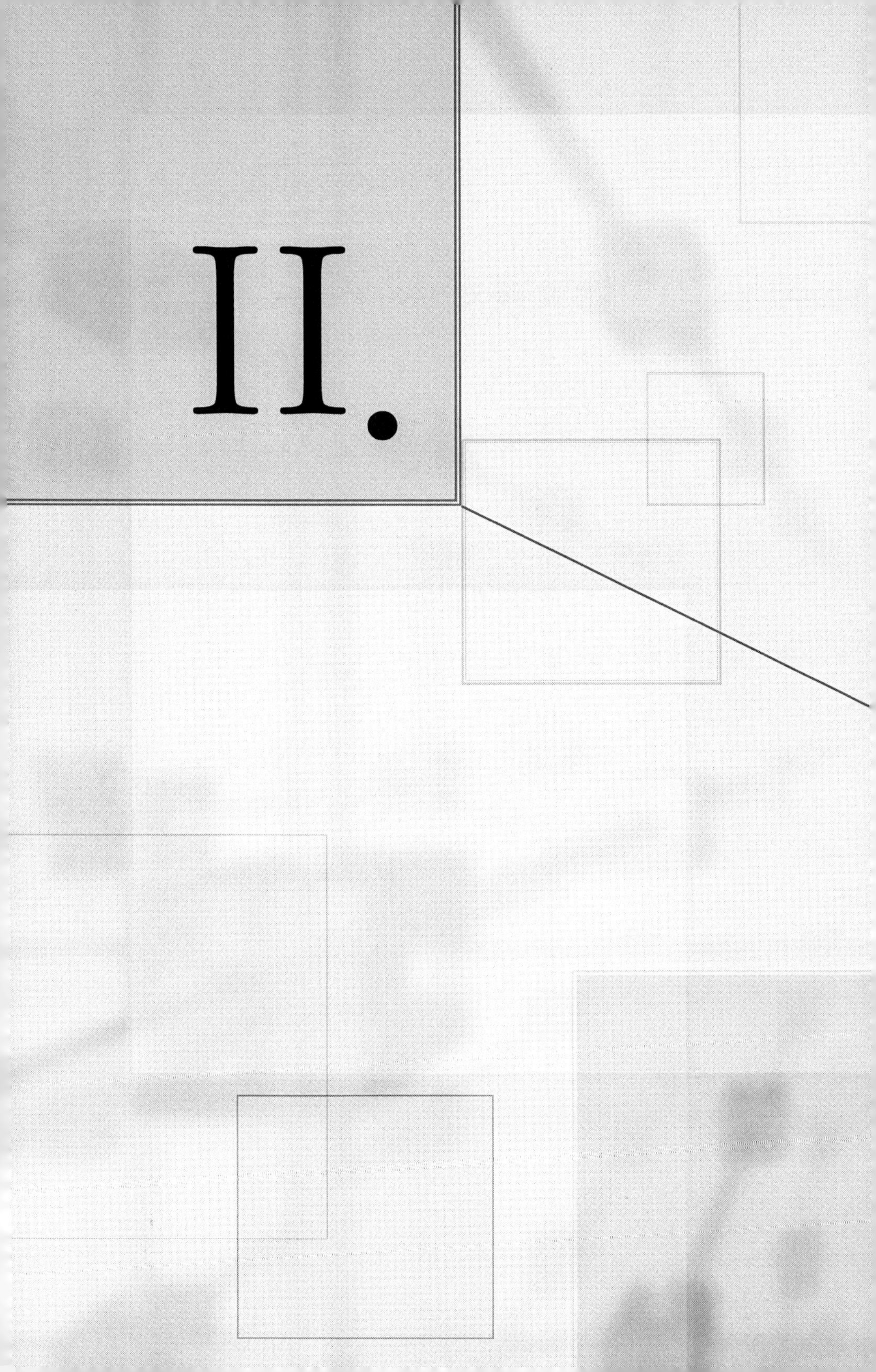

II.

역학 2

4장 / 일과 에너지 정리

4-1 운동에너지

■ 운동에너지: $\boxed{K = \dfrac{1}{2}mv^2}$

단위: 1 줄 (J: Joule) = 1 $N \bullet m$ = 1 $kg \bullet m^2 / s^2$,

1 cal = 4.186 $J \rightarrow$ 1 g 의 물은 1 °C 데우는 데 요구되는 열량.

4-2 일과 운동에너지

■ 일: 힘 ($\vec{F}$) 이 물체에 작용하여 물체를 s 만큼 움직였으면, 힘이 한 일

$$\boxed{W = \vec{F} \bullet \vec{S} = FS \cos \theta}$$

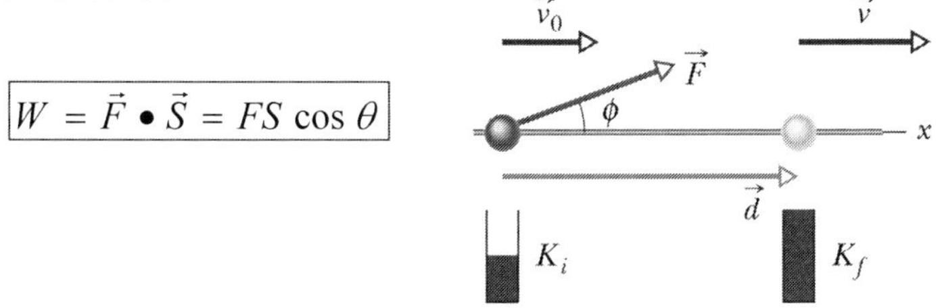

[그림 5-1] 일과 운동에너지

■ 일-에너지 정리: $\boxed{W = K - K_o = \Delta K}$:

(입자의 운동에너지변화) = (입자에 한 알짜일)

속도 v_0 로 움직이는 물체에 일정한 힘을 가하면, 힘 ($\vec{F}$) 이

한 일은

$$v^2 = v_0^2 + 2a_x d \ , \ \frac{1}{2}mv^2 = \frac{1}{2}mv_0^2 + ma_x d \to \frac{1}{2}mv^2 - \frac{1}{2}mv_0^2 = F_x d$$

운동에너지 $K = \frac{1}{2}mv^2$, $K_o = \frac{1}{2}mv_o^2$ 이다.

4-3 변화하는 힘에 의한 일

물체에 작용하는 힘이 일정하지 않은 경우, 힘이 한 일은
그래프에서 빗금 부분의 넓이와 같다.

$$W = \int F(x)dx = \int madx$$
$$= \int m\frac{dv}{dt}dx = \int mvdv$$
$$= \frac{1}{2}mv_f^2 - \frac{1}{2}mv_i^2$$

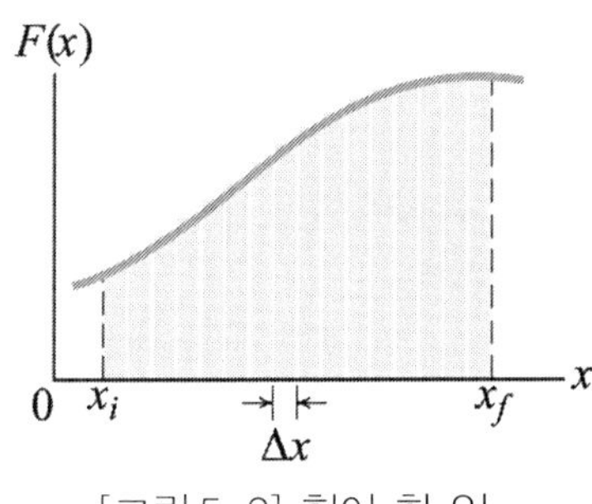

[그림 5-2] 힘이 한 일

4-4 일 률

■ 일률: 단위시간당 한 일의 양

평균일률: $P = \dfrac{\Delta W}{\Delta t}$,

순간일률: $P = \dfrac{dW}{dt} = \dfrac{d}{dt}\left(\vec{F} \bullet \vec{x}\right) = \vec{F} \bullet \dfrac{d\vec{x}}{dt} = \vec{F} \bullet \vec{v} = Fv cos\theta$,

일률의 단위 : 1 와트 (W : watt) = 1 J / s ,

  1 마력 (hp : horsepower) = 약 746 W

4-5 일과 위치에너지

■ 힘이 물체에 W 만큼의 일을 할 때 위치에너지의 변화 ΔU 는 힘이 한 일의 음의 값이다.

$$W = -\Delta U \rightarrow \boxed{\Delta U = -\int_{x_i}^{x_f} F(x)\,dx}$$

■ 보존력: 한일이 운동의 출발점과 종점에만 의존하며 운동경로에 무관한 중력과 같은 힘. 즉 보존력의 크기는 위치에만 의존한다. 예) 중력.

– 비보존력: 보존되지 않는 힘. 또는 일이 경로에 의존하는 힘, 계의 역학적 에너지를 증가 또는 감소 시킨다. 예) 마찰력.

4-6 위치에너지 구하기

■ 지표면 중력 위치에너지:

$$\Delta U = -\int_{y_i}^{y_f} (-mg)\,dy$$

$$= mg \int_{y_i}^{y_f} dy = \big[y\big]_{y_i}^{y_f}$$

$$\Delta U = mg(y_f - y_i) = mg\Delta r \,,$$

$\boxed{U(y) = mgy}$ (중력 위치에너지)

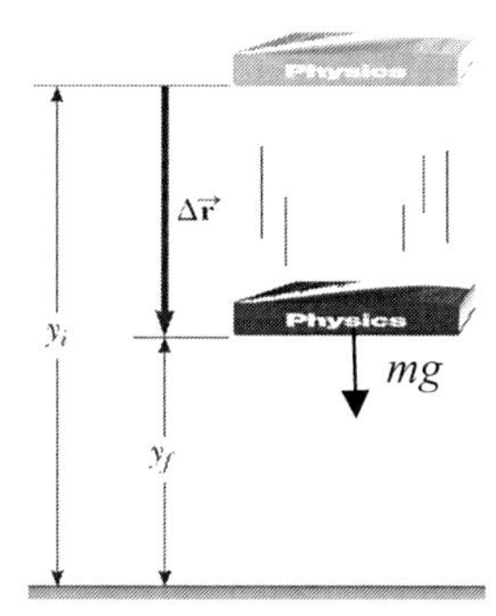

[그림 5-3] 지표면 중력 위치에너지

■ 중력 위치에너지: 거리가 r 인 곳에서 ∞ 인 곳까지 물체를 옮기는데 한 일

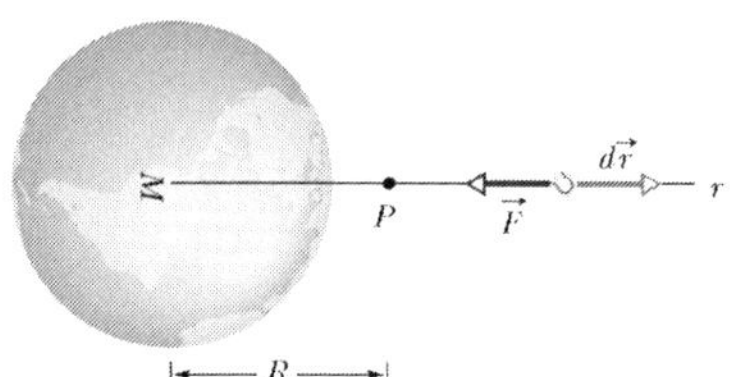
[그림 5-4] 중력 위치에너지

$$W = \int_R^\infty F \bullet dr = -\int_R^\infty G\frac{mM}{r^2}dr = GmM\left[\frac{1}{r}\right]_R^\infty = 0 - \frac{GmM}{R} = -\frac{GmM}{R}$$

$$W = -\Delta U = -\left(U_\infty - U\right) = U \ , \quad \boxed{W = U(r) = -\frac{GMm}{r}}$$

◻ 탄성 위치 에너지: 변형된 물체의 복원력 때문에 생기는 에너지.

용수철의 복원력: $\boxed{F = -kx}$, (후크의 법칙)

k : 용수철 상수, x : 변형된 길이

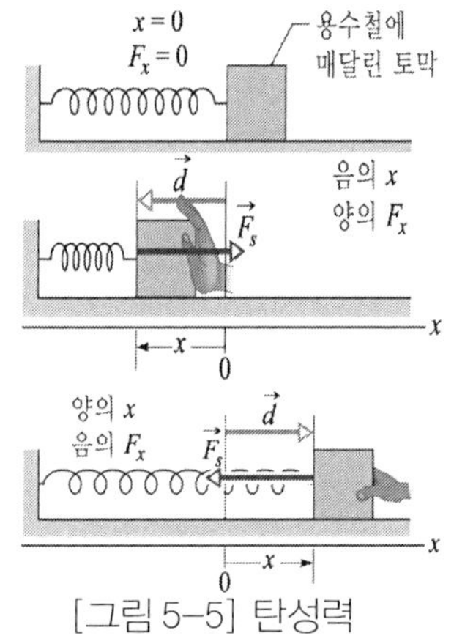

[그림 5-5] 탄성력

$$\Delta U = -\int_{x_i}^{x_f} F \bullet dr = -\int_{x_i}^{x_f}\left(-kx\right)dx$$

$$= \frac{1}{2}k\left[x^2\right]_{x_i}^{x_f} = \frac{1}{2}kx_f^2 - \frac{1}{2}kx_i^2$$

$$\boxed{U\left(x\right) = \frac{1}{2}kx^2}$$

(탄성 위치 에너지)

4-7 역학에너지 보존

$$W = -\Delta U \ , \quad W = \Delta K \ \rightarrow \ -\Delta U = \Delta K$$

$$E_{mec} = K + U \quad \text{(역학에너지)},$$

$$K_1 + U_1 = K_2 + U_2 \quad \text{(역학에너지 보존)}$$

■ 역학적 에너지: 질량이 m 인 물체가 질량 M 인 물체와 거리 r 만큼 떨어진 곳에서 속도 v 만큼 운동하고 있을 때의 역학적 에너지는

$$E = K + U = \frac{1}{2}mv^2 - G\frac{mM}{r}$$

■ 물체의 탈출속력

물체가 무한대에 도달할 때 나중 속력이 0 이라고 가정하면 지구로부터 거리가 무한대이므로 위치에너지도 0 이 된다.

$$E = \frac{1}{2}mv_{esc}^2 - G\frac{mM_E}{R_E} = 0 \rightarrow \frac{1}{2}mv_{esc}^2 = G\frac{mM_E}{R_E}$$

여기서 M_E: 지구의 질량, R_E: 지구의 반지름.

$$v_{esc} = \sqrt{\frac{2GM_E}{R_E}} \, , \text{ 실제로는 약 } 11.2 \ km \, / \, s \text{ 이다.}$$

■ 위성의 전체 역학적 에너지

$$G\frac{mM}{r^2} = m\frac{v^2}{r} \rightarrow K = \frac{1}{2}mv^2 = \frac{GMm}{2r} \, ,$$

$$E = K + U = \frac{GMm}{2r} - \frac{GmM}{r} = -\frac{GMm}{2r}$$

(원궤도)

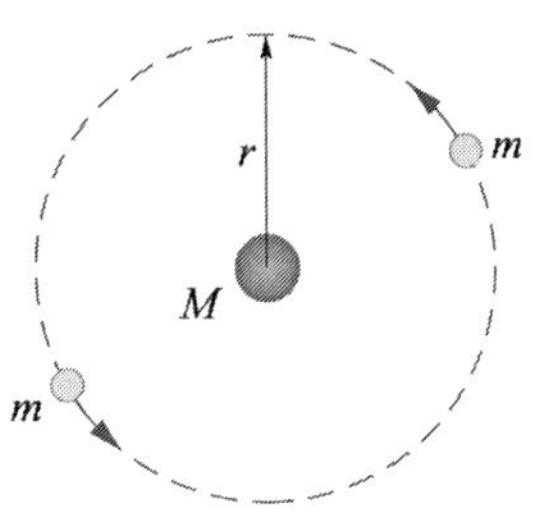

[그림5 6] 위성의 역학적 에너지

4-8 외부 힘이 계에 한 일

□ 쓸림 힘이 없을 때: $W = \Delta K + \Delta U = \Delta E_{mac}$

쓸림 힘이 없을 때 계에 한 일 = 역학에너지 변화

□ 쓸림 힘이 있을 때 등가속도 운동 예제:

$F - f_k = ma \quad -(1),$

등가속도 공식: $v^2 = v_o^2 + 2a \quad --(2)$

식$(2) \times \dfrac{1}{2}m \;\rightarrow\; \dfrac{1}{2}mv^2 - \dfrac{1}{2}mv_o^2 = ma \quad -(3)$

식(3)에 식(1)를 대입하면, $\dfrac{1}{2}mv^2 - \dfrac{1}{2}mv_o^2 = (F - f_k)d$

$\rightarrow \; Fd = \dfrac{1}{2}mv^2 - \dfrac{1}{2}mv_o^2 + f_k d = \Delta K + f_k d \rightarrow W = \Delta E_{mac} + \Delta E_{th}$

ΔE_{mac} : 역학적 에너지, ΔE_{th} : 열에너지

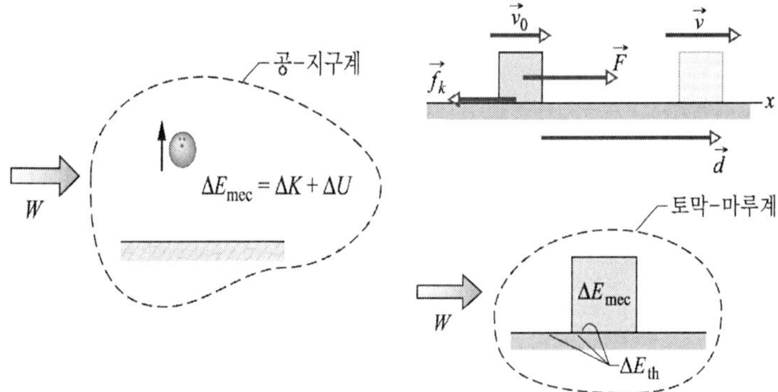

[그림 5-7] 쓸림힘이 없을 때   [그림 5-8] 쓸림힘이 있을 때

4-9 에너지 보존

□ 보존계: 쓸림 힘이 없을 때

$$W = \Delta K + \Delta U = \Delta E_{mac} \rightarrow \Delta U + \Delta K = 0 \ \ (\text{고립계})$$

$$U_f - U_i + K_f - K_i = 0 ,$$

$$\boxed{K_i + U_i = K_f + U_f} : \text{역학적 에너지 보존 법칙}$$

☐ 비보존계: 쓸림 힘이 있을 때

$$W = \Delta K = \Delta E_{mec} + \Delta E_{th} + \Delta E_{\text{int}}$$

$$\rightarrow \Delta E_{mec} + \Delta E_{th} + \Delta E_{\text{int}} = 0 \ \ (\text{고립계})$$

$$\Delta E_{th} : \text{열에너지}, \ \Delta E_{\text{int}} : \text{내부에너지}$$

$$\boxed{K_i + U_i + \Delta E_{th} = K_f + U_f} : \text{역학적 에너지 비 보존 법칙}$$

★(4) 에너지보존 방정식 만들기★

물체를 위로 던졌을 때 에너지 보존 방정식을 구하면,

등가속도 운동 공식: $v_2^2 - v_1^2 = 2a(h_2 - h_1)$

양변에 $\times \dfrac{1}{2}m$ 하면

$$\frac{1}{2}mv_2^2 - \frac{1}{2}mv_1^2 = ma(h_2 - h_1)$$

운동방정식 $ma = F - mg$ 을 대입하면

$$\frac{1}{2}mv_2^2 - \frac{1}{2}mv_1^2 = (F - mg)(h_2 - h_1)$$

$$\left(\frac{1}{2}mv_1^2 + mgh_1\right)_{운동전} + F(h_2 - h_1)_{운동중} = \left(\frac{1}{2}mv_2^2 + mgh_2\right)_{운동후}$$

[1 단계] 운동 전 역학적 에너지과 운동 중 비보존력 에너지를 구한나. (전체 에너지) = (역학적 에너지 + 비보존력 에너지), (역학적 에너지) = (운동에너지 + 위치에너지).

[2 단계] 운동 후 에너지를 구한다.

[3 단계] 운동 전과 운동 후 에너지 보존 법칙을 만든다.

역학적 에너지 보존 경우:

(역학적 에너지)$_{운동전}$ = (역학적 에너지)$_{운동후}$

역학적 에너지 비보존 경우: (역학적 에너지)$_{운동전}$ +

(비보존력 에너지)$_{운동중}$ = (역학적 에너지)$_{운동후}$

수식요약

일

$$W = \vec{F} \bullet \vec{S} = FS \cos \theta , \ 1 줄(J\text{: Joule}) = 1 \ N \bullet m$$

운동에너지 $K = \dfrac{1}{2}mv^2$

일–에너지 정리 $W = \dfrac{1}{2}mv^2 - \dfrac{1}{2}mv_o^2 \ \rightarrow \ \dfrac{1}{2}mv^2 - \dfrac{1}{2}mv_0^2 = F_x d$

일률: $P = \dfrac{\Delta W}{\Delta t}$, 단위: 1 와트 $(W) = 1 \ [J/s]$,

1 마력 $(hp : \text{horsepower})$ = 약 746 W.

위치 (퍼텐셜) 에너지

중력 퍼텐셜에너지: 지표면에서 $U(y) = mgy$,

중력 위치에너지: $U_g = -G\dfrac{m_1 m_2}{r}$,

r : 두 물체의 무게중심 사이의 거리,

G : 만유인력 상수 $6.67 \times 10^{11} \ Mm_2 / kg^2$.

탄성 퍼텐셜에너지: $U(x) = \dfrac{1}{2}kx^2$, k: 탄성계수

역학적 에너지: 역학적 에너지 = 운동에너지 + 위치에너지

역학적 에너지 보존

역학적 에너지 보존 법칙: $K_i + U_i = K_f + U_f$

역학적 에너지 비 보존 법칙: $K_i + U_i + \Delta E_{th} = K_f + U_f$

(기본 문제) 다음에서 질량 m 인 공이 지면에서 h 인 곳에서 바닥으로 떨어진다.

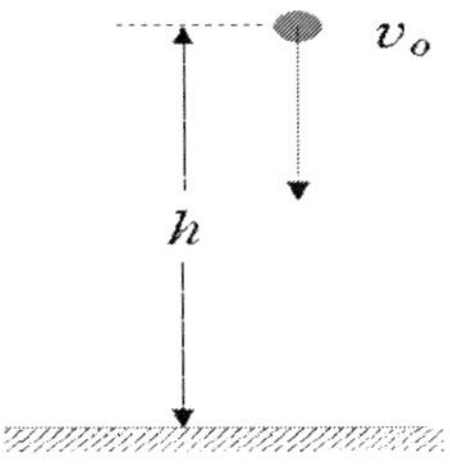

이에 대한 설명으로 옳은 것만을 [보기]에서 있는 대로 고른 것은? (단, 중력가속도는 g 이고, 공기 저항은 무시한다.)

[보 기]

ㄱ. 처음속력이 0 일 때 높이 y 에 도달할 때 속력은
$v_f = \sqrt{2g(h-y)}$ 이다.

ㄴ. 처음속력 v_0 을 갖은 때 높이 y 에 도달하는 속력은
$v_f = \sqrt{v_0^2 + 2g(h-y)}$ 이다.

ㄷ. 질량이 2 배면 떨어지는 속력도 2 배가 된다.

① ㄱ　　　② ㄴ　　　③ ㄷ　　　④ ㄱ, ㄴ　　　⑤ ㄱ, ㄷ

(ㄱ) 처음속력이 $v_0 = 0$ 일 때 높이 y에서 에너지 보존법칙

★에너지보존 방정식 만들기★

[1 단계] 운동 전 역학적 에너지과 운동 중 비보존력 에너지를 구한다.

$E_i = \dfrac{1}{2}mv_0^2 + mgh$, 비보존 에너지 = 0 이다.

[2 단계] 운동 후 에너지를 구한다.

$E_f = \dfrac{1}{2}mv_f^2 + mgy$

[3 단계] 운동 전과 운동 후 에너지 보존 법칙을 만든다.

$$\dfrac{1}{2}mv_0^2 + mgh = \dfrac{1}{2}mv_f^2 + mgy \quad \text{--(1)}$$

식(1) 에서 $v_0 = 0$ 일 때 $mgh = \dfrac{1}{2}mv_f^2 + mgy$ 으로

$$v_f^2 = 2g(h-y) \rightarrow v_f = \sqrt{2g(h-y)}$$

(ㄴ) 식(1) 에서 $\dfrac{1}{2}mv_0^2 + mgh = \dfrac{1}{2}mv_f^2 + mgy$ 으로

$$v_f^2 = v_0^2 + 2g(h-y) \rightarrow v_f = \sqrt{v_0^2 + 2g(h-y)}$$

(ㄷ) 속력은 질량에 무관하다.

답 (4)

4-1. (2007 MEET/DEET) 그림은 어떤 선형 고분자의 한 끝을 고정하고 다른 끝을 당길 때 선형 고분자의 늘어난 길이 x 에 대한 당기는 힘 F 의 크기를 나타낸 것이다. A, B, C 는 각각 x 의 구간을 나타낸다.

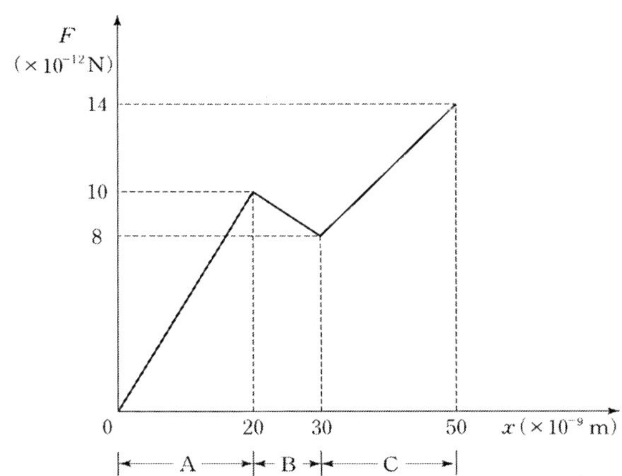

이에 대한 설명으로 옳은 것을 [보기]에서 모두 고른 것은?

[보 기]

ㄱ. A 에서 이 선형 고분자를 용수철로 간주한다면 용수철 상수는 $5\times10^{-4}\ N/m$ 이다.

ㄴ. B 에서 F는 음$(-)$의 일을 한다.

ㄷ. C 에서 F가 한 일은 1eV 보다 크다.

① ㄱ ② ㄴ ③ ㄱ. ㄴ ④ ㄱ, ㄷ ⑤ ㄴ, ㄷ

(ㄱ) A 에서 $F = -kx$ → $k = \dfrac{\Delta F}{\Delta x} = \dfrac{10 \times 10^{-12}}{20 \times 10^{-9}} = 5 \times 10^{-4}\,\dfrac{N}{m}$

(ㄴ) B 의 그래프 면적 〉 0 이므로 일 $W > 0$ 이다.

(ㄷ) C 에서 면적 계산

$$\left(6 \times 10^{-12}\right) \times \left(20 \times 10^{-9}\right) \times \dfrac{1}{2} + \left(8 \times 10^{-12}\right) \times \left(20 \times 10^{-9}\right)$$

$$= 2.2 \times 10^{-19}\,J > 1eV \;\leftarrow\; 1eV = 1.6 \times 10^{-19}\,J$$

답 (4)

4-2. (2013 MEET/DEET) 그림은 물체 A 를 수평면으로부 터 높이 h 인 지점에서 가만히 놓는 순간, 물체 B 를 수평 면에 대해 30° 의 각으로 속력 v_0 으로 던지는 것을 나타낸 것이다. A, B는 질량이 서로 같고, 수평면에 동시에 도달 한다.

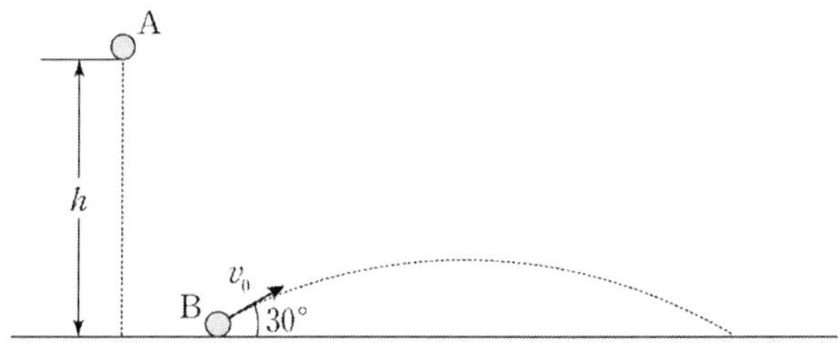

이에 대한 설명으로 옳은 것만을 [보기]에서 있는 대로 고른 것은? (단, 중력 가속도는 g 이고, 물체의 크기와 공기 저항은 무시한다.)

[보 기]

ㄱ. $v_0 = \sqrt{2gh}$ 이다.

ㄴ. 운동하는 동안 역학적 에너지는 A 와 B 가 서로 같다.

ㄷ. 수평면에 도달할 때의 속력은 A 가 B 보다 크다.

① ㄱ　　② ㄷ　　③ ㄱ, ㄴ　　④ ㄴ, ㄷ　　⑤ ㄱ, ㄴ, ㄷ

해설 4-2. 자유낙하, 포물선운동, 역학적 에너지

★등가속도 운동 구하기★

[1 단계] 발사점을 원점으로 x 축과 y 축을 정하고, 초기속도를 x 성분과 y 성분으로 나눈다.

[2 단계] 3 개 물리량의 x 성분과 y 성분들을 구한다.

물리량	A_x 성분	A_y 성분	B_x 성분	B_y 성분
초기위치	0	h	0	0
초기속도	0	0	$+ v_o \cos(30°)$	$+ v_o \sin(30°)$
가속도	0	$- g$	0	$- g$

[3단계] 등속도 운동 (x축)과 등가속도 운동(y축) 공식들에 [2단계] 초기값을 적용하여 t 초 후에 속도와 가속도를 구한다.

속도: $v_{xA} = 0$ –(1), $v_{yA} = 0 + (-g)t = -gt$ –(2),

$$v_{xB} = v_0 \cos(30°) + 0 \cdot t = v_0 \cos(30°)$$ –(3)

$$v_{yB} = v_0 \sin(30°) + (-g)t = v_0 \sin(30°) - gt$$ –(4),

위치: $x_A = 0$ –(5), $x_B = 0 + v_0 \cos(30°) \cdot t = v_0 \cos(30°) \cdot t$ –(6)

$$y_A = h + 0 \cdot t + \frac{1}{2}(-g)t^2 = h - \frac{1}{2}gt^2$$ –(7)

$$y_B = 0 + v_0 \sin(30°) \cdot t - \frac{1}{2}gt^2$$ –(8)

(ㄱ) A 와 B 가 수평면에 도달한 시간은 같으므로

A에 대해 식(7)에서 $h = \frac{1}{2}gt^2 \rightarrow t = \sqrt{\frac{2h}{g}}$ –(9)

B에 대해 최대높이 일 때 시간은 떨어진 시간의 1/2 배 이고 최대 높이에서

에서 $v = 0$ 이므로, 식(4)에서 $0 = \frac{1}{2}v_0 - g\left(\frac{t}{2}\right) \rightarrow t = \frac{v_0}{g}$ –(10)

식(9) 과 식(10) 에서 $\frac{v_0}{g} = \sqrt{\frac{2h}{g}} \rightarrow v_0 = \sqrt{2gh}$

(ㄴ) A 에서 역학적 에너지는 $E = K + U = 0 + mgh$ 이고 B 는

$$E = \frac{1}{2}mv_0^2 + 0 = mgh \leftarrow v_0 = \sqrt{2gh}$$

따라서 A 와 B 에서 역학적 에너지는 같다.

(ㄷ) 수평면에 도달할 때 속력은 A 에서 식(1)과 식(2) 에서

$$\vec{v}_A = 0i + (-gt)j = -g\frac{v_0}{g}j = -v_0 j, \ v_A = \sqrt{(-v_0)^2} \ \rightarrow \ v_A = v_0$$

B에서 식(3)과 식(4) 에서

$$\vec{v}_B = \left(\frac{\sqrt{3}}{2}v_0\right)i + \left(\frac{v_0}{2}-gt\right)j = \left(\frac{\sqrt{3}}{2}v_0\right)i + \left(\frac{v_0}{2}-g\frac{v_0}{g}\right)j = \left(\frac{\sqrt{3}}{2}v_0\right)i + \left(-\frac{v_0}{2}\right)j$$

$$v_B^2 = \left(\frac{\sqrt{3}}{2}v_0\right)^2 + \left(-\frac{v_0}{2}\right)^2 = v_0^2 \ \rightarrow \ v_B = v_0$$

따라서 $v_A = v_B$, 수평면에 도달 속력은 같다.

답 (3)

4-3. (2012 MEET/DEET) 그림 (가)는 용수철상수가 k 이고 길이가 ℓ 인 용수철이 수평면 상에 연직 방향으로 세워져 있는 것을 나타낸 것이다. 그림 (나)는 (가)의 용수철 위에 질량 M 인 물체가 놓여 정지해 있는 것을 나타낸 것이고, ℓ 은 용수철의 길이이다.

이에 대한 설명으로 옳은 것만을 [보기]에서 있는 대로 고른 것은? (단, 중력가속도는 g 이고, 용수철의 질량은 무시한다.)

[보 기]

ㄱ. 수평면이 용수철에 작용하는 힘의 크기는 Mg 이다.
ㄴ. 물체에 작용하는 중력과 수평면이 용수철에 작용하는 힘은 작용-반작용 관계에 있다.
ㄷ. $\ell_0 - \ell = 2\dfrac{Mg}{k}$ 이다

① ㄱ   ② ㄴ   ③ ㄷ   ④ ㄱ, ㄴ   ⑤ ㄱ, ㄷ

(ㄱ) 용수철에 작용하는 힘은 물체의 무게 Mg 이다.

(ㄴ) 물체에 작용하는 중력은 용수철에 작용하는 힘이고 이는 수평면의 반작용보다는 용수철의 복원력에 의해 진동한다.

(ㄷ) 물체의 작용하는 힘 = 탄성력 이므로

$$Mg = k\left(\ell_0 - \ell\right) \rightarrow \ell_0 - \ell = \frac{Mg}{k} \quad 이다.$$

답 (1)

4-4. 그림과 같이 반지름이 R 인 원형 트랙을 연직방향으로 설치하고, 질량 m 인 물체를 직선 트랙을 따라 운동시켰더니 최고점 B 를 지날 때 떨어지지 않고 트랙을 따라 계속 운동하였다.

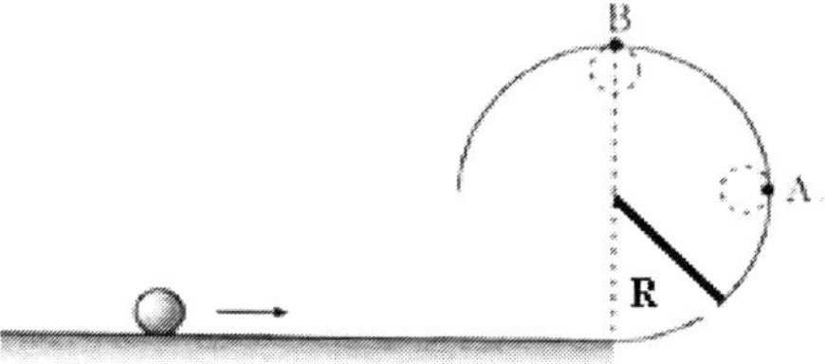

이에 대한 설명으로 옳은 것을 [보기] 에서 모두 고른 것은? (공의 크기와 모든 마찰은 무시한다.)

[보 기]

ㄱ. 점 B 에서 물체의 속력은 $v_B = \sqrt{Rg}$ 이상이다.

ㄴ. 점 A 에 까지만 물체가 올라가려면 트랙에 진입할 때 속력은 $v_0 = \sqrt{2Rg}$ 이다.

ㄷ. 원형 트랙에서 물체가 받은 알짜힘의 크기는 일정하고, 가속도의 방향은 원의 중심을 향한다.

① ㄱ   ② ㄴ   ③ ㄷ   ④ ㄱ, ㄴ   ⑤ ㄱ, ㄷ

(ㄱ) B 지점에서 원운동을 계속하기 위해서는 원심력이 중력보다 크거나 같아야 한다. 즉, $mg \le m\dfrac{v^2}{R} \rightarrow v_B \ge \sqrt{Rg}$ 이 되어야 한다.

(ㄴ) A 지점에 도달하기 위해서 $mgR = \dfrac{1}{2}mv_A^2 \rightarrow v_A = \sqrt{2gR}$

(ㄷ) 원궤도를 지날 때 받는 힘은 중력과 수직항력의 합인데, 수직항력의 크기와 방향이 변하므로 알짜 힘의 크기와 방향도 변한다. 따라서 가속도의 방향도 변한다.

답 (4)

4-5. (2012 MEET/DEET) 그림은 물체가 수평면 상에서 v_0 의 속력으로 미끄러져 반지름 R인 연직면 상의 반원 트랙을 따라 원운동을 한 후, 트랙의 끝점에서 수평 방향으로 운동하는 것을 나타낸 것이다. v_0 은 물체가 트랙의 끝점까지 원운동을 하기 위한 최소 속력이다.

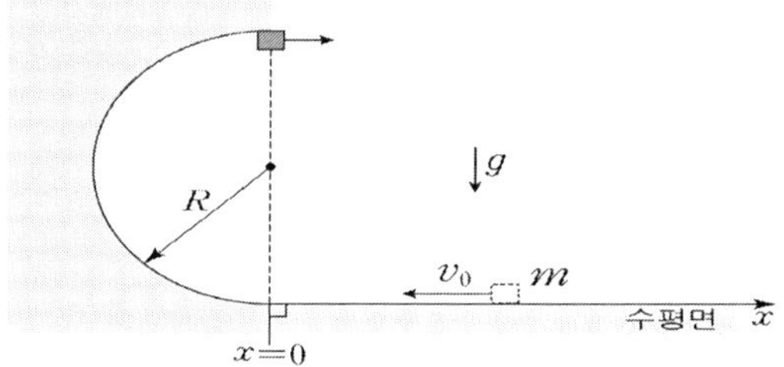

이에 대한 설명으로 옳은 것만을 [보기]에서 있는 대로 고른 것은? (단, 중력가속도는 g 이고, 물체의 크기, 공기 저항 및 모든 마찰은 무시한다.)

[보 기]

ㄱ. 반원 트랙의 끝점에서 트랙이 물체에 작용하는 힘은 0 이다.

ㄴ. $v_0 = 2\sqrt{Rg}$ 이다.

ㄷ. 물체는 수평면 상의 $x = 2R$ 인 지점에 떨어진다.

① ㄱ　　② ㄴ　　③ ㄱ, ㄷ　　④ ㄴ, ㄷ　　⑤ ㄱ, ㄴ, ㄷ

(ㄱ) 트랙의 끝점에서는 ★진자운동 만들기★

[1 단계] 회전중심에서 반경 R, 속력 v 이다.

[2 단계] 원심력 $F = m\dfrac{v^2}{R}$ 을 나타낸다.

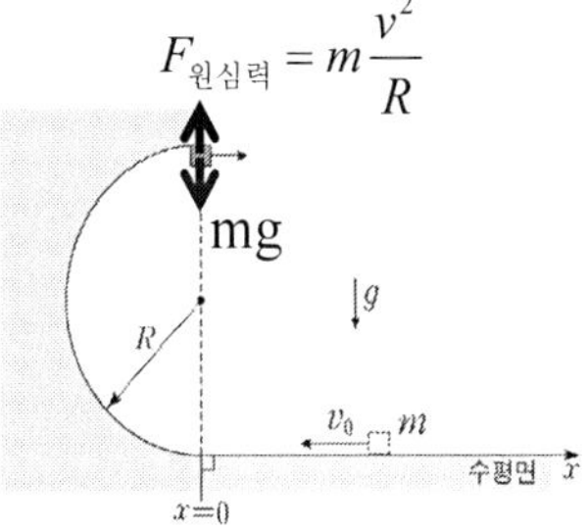

[3 단계] 물체에 운동하는 힘은 무게이다.

따라서 반지름 방향에 운동방정식은

무게 = 원심력 $\rightarrow$ $mg = mv^2/R$ 으로 힘들이 평행상태로 물체에 작용하는 힘은 0 이다.

(ㄴ) 트랙의 끝점에서 역학적 에너지는

★에너지보존 방정식 만들기 3 단계★

[1 단계] 운동 전 역학적 에너지를 구한다. (전체 운동에너지)= (운동에너지 + 회전운동에너지) 이다. (운동 중 비보존력 에너지 = 0) 이므로

$$E_i = K + K_{회전} + U = \frac{1}{2}mv_0^2 + \frac{1}{2}I\omega^2 + 0 \quad -(1),$$

[2 단계] 운동 후 에너지를 구한다.

$$E_f = K + U = \frac{1}{2}mv^2 + mg(2R) \quad -(2)$$

[3 단계] 운동 전과 운동 후 에너지 보존 법칙을 만든다. 식(1)과 식(2) 에서

$$\frac{1}{2}mv_0^2 + \frac{1}{2}I\omega^2 = mg(2R) + \frac{1}{2}mv^2 \rightarrow v_0 = \sqrt{4Rg + \frac{1}{m}I\omega^2 + v^2} \; .$$

따라서 $v_0 \neq 2\sqrt{Rg}$ 이다.

(ㄷ) 트랙의 끝점에서 물체의 운동은 등가속도 운동이다.

★ 등가속도 운동 구하기 ★

[1 단계] 발사점을 원점으로 x 축과 y 축을 정하고, 초기속도를 x 성분과 y 성분으로 나눈다.

[2 단계] 3 개 물리량의 x 성분과 y 성분을 구한다. 문제에서 트랙의 끝점에서

수평 방향으로 운동하므로 x 방향 물체의 속도는 $mg = m\dfrac{v^2}{R} \rightarrow v = \sqrt{Rg}$

이고, 트랙의 끝점에서 물체의 y 방향의 속도는 0 이다.

물리량	x 성분	y 성분
초기위치	0	$2R$
초기속도	$\sqrt{Rg}$	0
가속도	0	$-g$

[3단계] 등속운동 (x축)과 등가속도운동 (y축)의 공식에 [2단계]의 초기 값을 적용하여 t 초 후에 속도와 가속도를 구한다.

속도: $v_x = \sqrt{Rg}$ −(1), $v_y = 0 + (-g)t = -gt$ −(3),

위치: $x = 0 + \sqrt{Rg} \cdot t = \sqrt{Rg} \cdot t$ −(4)

$$y = 2R + 0 \cdot t + \frac{1}{2}(-g)t^2 = 2R - \frac{1}{2}gt^2 \ -(5)$$

식(5) 에서 떨어지는 시간은 $0 = 2R - \frac{1}{2}gt^2 \ \rightarrow \ 2R = \frac{1}{2}gt^2 \ \rightarrow \ t = \sqrt{\frac{4R}{g}}$

따라서 x 축 거리는 식(4)에서 $x = \sqrt{Rg} \cdot \sqrt{\frac{4R}{g}} = 2R$

답 (3)

4-6. (2010 MEET/DEET) 그림 (가) 질량이 같은 두 물체 A, B 가 용수철상수 k, 길이 a 인 용수철에 연결되어 마찰이 없는 수평면 위에 정지해 있는 것을 나타낸 것이다. 그림 (나)는 (가)의 용수철에 연결된 A, B 가 반지름 a 인 등속원운동 하는 것을 나타낸 것이다.

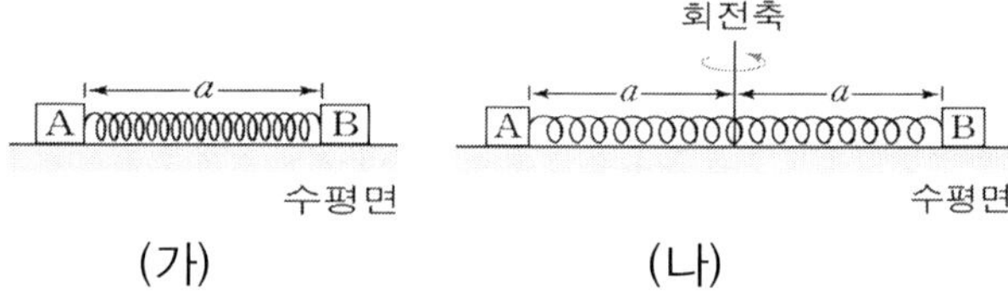

(나) 에서 A, B 의 회전 운동에너지의 합은? (단, 물체의 크기와 용수철의 질량은 무시한다.)

① $4ka^2$　　② $2ka^2$　　③ ka^2　　④ $\frac{1}{2}ka^2$　　⑤ $\frac{1}{4}ka^2$

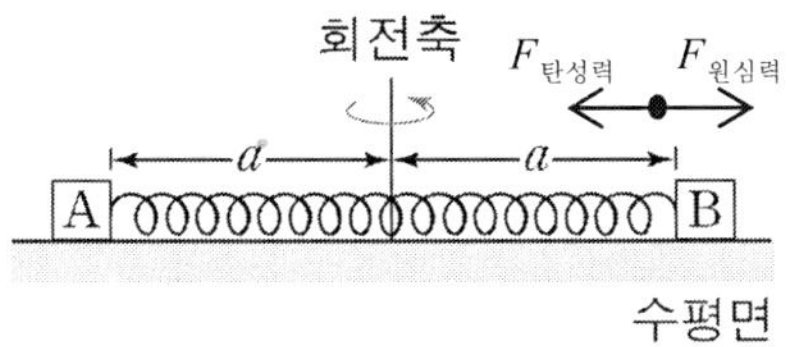

★진자운동 만들기★

[1 단계] 회전중심에서 반경 a, 속력 v 이다.

[2 단계] 구심력 $F = m\dfrac{v^2}{R}$ 을 그림에 나타낸다.

[3 단계] 물체에 운동하는 탄성력이다. 따라서 A 와 B 는 같은 질량이고,
회전하는 늘어난 길이 (총길이)는 $x = a$ 이므로 반지름 방향에 운동방정식은

탄성력 = 구심력 $\rightarrow$ $ka = m\dfrac{v^2}{a} \rightarrow v^2 = \dfrac{ka^2}{m}$

총 운동에너지 합은 $K = K_A + K_B = \dfrac{1}{2}mv^2 + \dfrac{1}{2}mv^2 = mv^2 = m\dfrac{ka^2}{m} = ka^2$

답 (3)

4-7. (2013 PEET) 그림은 경사각이 30° 인 경사면에서 질량이 m 인 물체를 가만히 놓았을 때 물체가 마찰이 없는 면과 마찰이 있는 면을 따라 운동하다가 정지한 것을 나타낸 것이다. 물체가 정지한 위치로부터 높이 h 인 지점 에서 물체가 출발하였고, 높이 $\dfrac{3}{4}h$ 인 지점에서 마찰면이 시작된다. 마찰면과 물체 사이의 운동 마찰 계수는 μ 이다.

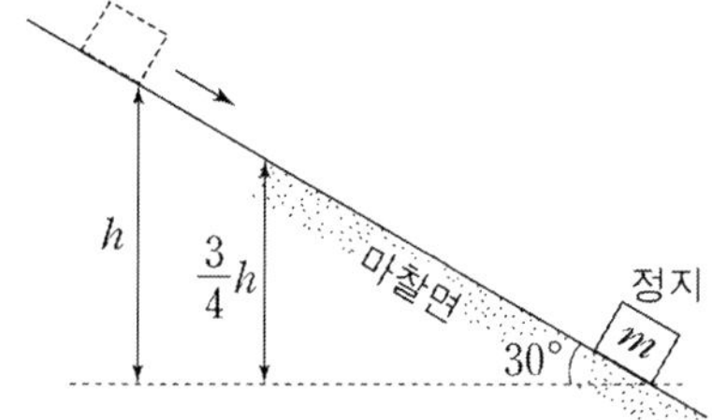

이에 대한 설명으로 옳은 것만을 [보기]에서 있는 대로 고른 것은? (단, 중력가속도는 g 이고, 물체의 크기와 공기 저항은 무시한다.) [4점]

[보 기]

ㄱ. 물체의 높이가 $\dfrac{3}{4}h$ 일 때, 물체의 운동 에너지는 $\dfrac{1}{4}mgh$ 이다.

ㄴ. 물체의 높이가 $\dfrac{1}{2}h$ 일 때, 물체의 속력이 최대이다.

ㄷ. $\mu = \dfrac{1}{3\sqrt{3}}$ 이다.

① ㄱ 　② ㄴ 　③ ㄷ 　④ ㄱ, ㄴ 　⑤ ㄴ, ㄷ

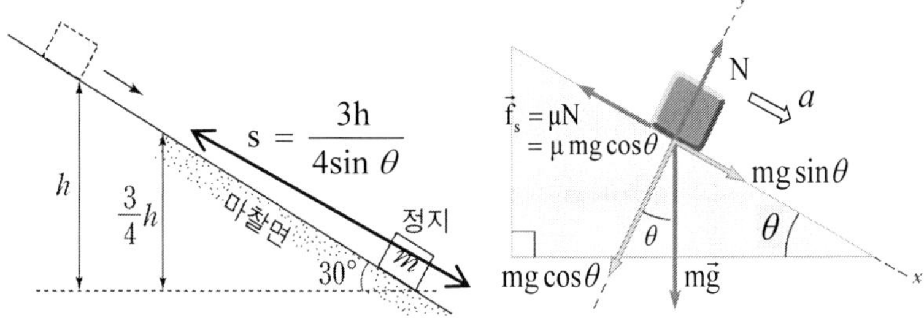

(ㄱ) ★ 에너지보존 방정식 만들기 ★

[1 단계] 운동 전 역학적 에너지과 운동 중 비보존력 에너지를 구한다.

$$E_i = K + U = 0 + mgh \quad -(1), \ (\text{비보존 에너지} = 0) \ \text{이다.}$$

[2 단계] 운동 후 에너지를 구한다.

$$E_f = \frac{1}{2}mv_f^2 + mgy$$

[3 단계] 운동 전과 운동 후 에너지 보존 법칙을 만든다.

$$mgh = \frac{1}{2}mv_f^2 + mgy \quad -(2)$$

물체의 높이가 $\dfrac{3}{4}h$ 일 때 에너지 보존법칙은 식(2) 에서

$$mgh = K + mg\frac{3}{4}h \ \rightarrow \ K = \frac{1}{4}mgh$$

(ㄴ) 마찰면에서 에너지 보존 법칙은 역학적 에너지 비보존 법칙이므로

[1 단계] 운동 전 역학적 에너지과 운동 중 비보존력 에너지를 구한다. 경사면의 마찰력은 $f = \mu mg \cos\theta$ 이고, 마찰거리 s 에 대하여, 마찰력은 물체의 운동방향에 반대이므로 마찰력이 한일은 $W = \vec{F}\cdot\vec{s} = -s\mu mg \cos\theta$ 이다. (운동 중 에너지 $= -s\mu mg \cos\theta$),

$$E_i = K + U + f\cdot\vec{s} = 0 + mgh - s\mu mg \cos\theta \quad -(3)$$

[2 단계] 운동 후 에너지를 구한다.

$$E_f = \frac{1}{2}mv_f^2 + mgy_f \quad -(4)$$

[3 단계] 운동 전과 운동 중 에너지는 운동후 에너지로 운동 후 에너지 보존 법칙을 만든다. 식(3)과 식(4)을 이용하여

$$mgh - s\mu mg\,cos\,\theta = \frac{1}{2}mv_f^2 + mgy_f \quad -(5)$$

여기서 $y_f < \frac{3}{4}h$, $s = \left(\frac{3}{4} - y_f\right)\dfrac{h}{sin\,\theta}$ 이다.

물체가 정지한 위치를 원점으로 $y_f = 0$ 일 때 $v_f = 0$ 으로 식(5)에서

$$mgh - \left(\frac{3}{4}\right)\frac{h}{sin\theta}\mu mg\,cos\,\theta = 0 \quad \rightarrow \quad \mu\,cot\,\theta = \frac{4}{3} \quad -(6)$$

식(6)을 이용하여 식(5)를 다시 쓰면,

$$\frac{1}{2}mv_f^2 = mgh - mgy_f - \left(\frac{3}{4} - y_f\right)\frac{h}{sin\theta}\mu mg\,cos\,\theta$$

$$= mgh - mgy_f - \left(\frac{3}{4} - y_f\right)mg\frac{4}{3}h$$

$$\frac{1}{2}v_f^2 = gh - gy_f - \left(\frac{3}{4} - y_f\right)g\frac{4}{3}h = \frac{1}{3}y_f g \quad -(7)$$

$y_f < \frac{3}{4}h$ 인 경우, 식(7)에서 y_f 가 최대이면 속력도 최대이다. 따라서

높이 $y = \frac{3}{4}h$ 일 때 속력은 최대이다.

(ㄷ) 식(6)에서 $\mu\,cot\,\theta = \frac{4}{3}$ $\rightarrow$ $\mu = \frac{4}{3}tan\left(30°\right) = \frac{4}{3\sqrt{3}}$

답 (1)

4-8. (2010 MEET/DEET) 그림 (가)는 벽에 고정된 용수 철에 연결된 물체 A 에 물체 B 를 접촉시켜 마찰이 없는 수평면 위에서 용수철을 압축시킨 모습을 나타낸 것이다. A, B 의 질량은 서로 같고 용수철 상수는 k 이며 평형 위치로부터 압축된 길이는 L 이다. 그림 (나)는 용수철을 압축시킨 힘을 제거한 직후부터 A 의 속도 v 를 시킨 t 에 따라 나타낸 것이다.

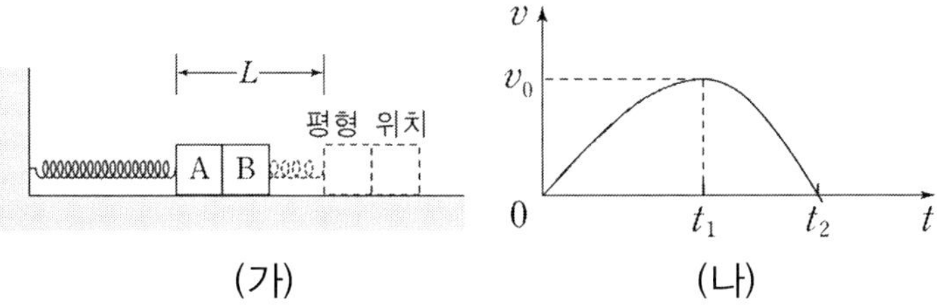

이에 대한 설명으로 옳은 것만을 [보기]에서 있는 대로 고른 것은? (단, 용수철의 질량, 물체의 크기, 공기의 저항은 무시한다.)

[보 기]

ㄱ. t_1 일 때 A 가 B 를 미는 힘의 크기는 0 이다.

ㄴ. t_1 일 때 A 의 운동에너지는 $\frac{1}{2}kL^2$ 이다.

ㄷ. t_2 일 때 평형 위치로부터 용수철이 늘어난 길이는 L 이다.

① ㄱ   ② ㄴ   ③ ㄷ   ④ ㄱ, ㄷ   ⑤ ㄴ, ㄷ

(ㄱ) 용수철을 압축했다 놓으면 용수철의 탄성력에 의해 A 와 B 의 속력이 증가한다. 용수철이 평형 위치에 있을 때, 즉, t_1 일 때 A 와 B 의 속력은 최대가 되고, 이때 고정된 A 는 B 에서 분리된다. 분리된 후 A 는 단진동을 하고 B 는 등속운동을 한다. t_1 에서 A 와 B 는 분리되므로 물체 A 가 물체 B 를 미는 힘의 크기는 0 이다.

(ㄴ) t_1 일 때 탄성퍼텐셜 에너지 $U_k = 0$ 이고 운동에너지 K 는 최대이다. 전체 늘어난 길이는 L 이고, (운동에너지 = 최대 탄성 퍼텐셜 에너지) 이다. 즉, A 와 B 의 운동에너지는 $K = \dfrac{1}{2}kL^2$ 이다. 따라서 A 의 운동에너지는

$$K = \dfrac{1}{4}kL^2$$ 이다.

(ㄷ) t_2 일 때는 탄성퍼텐셜 에너지 $U = \dfrac{1}{2}kx^2$ 는 t_1 에서 운동에너지

$K = \dfrac{1}{4}kL^2$ 이다. 따라서 t_2 일 때 (최대 탄성 위치에너지 = 최대 운동에너지) 이므로 $x = \dfrac{L}{\sqrt{2}}$ 이다.

답 (1)

4-9. 질량 m 인 물체가 마찰이 없는 수평면 위에 놓여 있고 용수철 상수은 k 이다. 물체는 용수철의 길이 x_i 만큼 줄어드는 위치까지 눌렀다가 발사되었다.

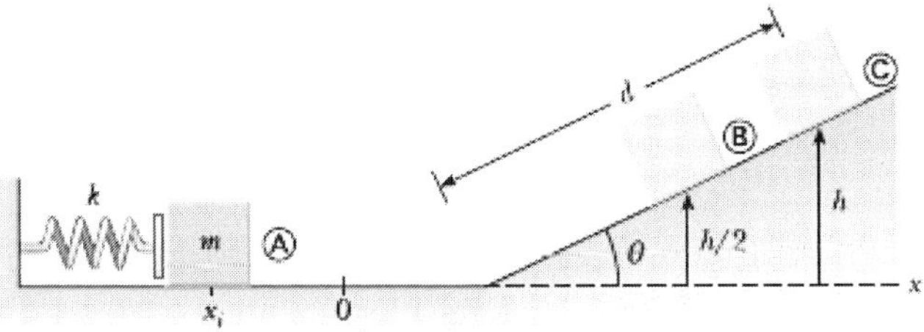

이에 대한 설명으로 옳은 것만을 [보기]에서 있는 대로 고른 것은? (단, 중력가속도는 g 이고, 경사면의 마찰은 무시한다.)

[보 기]

ㄱ. 경사각이 θ 인 경사면 위로 올라갈 수 있는 물체의 최대 이동거리 $d = \dfrac{kx_i^2}{mg\sin\theta}$ 이다.

ㄴ. 경사각이 θ 인 경사면 위로 올라갈 수 있는 물체의 최대 이동거리 $d = \dfrac{h}{\sin\theta}$ 이다. 여기서 h 는 최대 높이이다.

ㄷ. 최대높이 h 의 반이 되는 위치에서 물체의 속력은 $v_f = \sqrt{\dfrac{k}{m}x_i^2 - gh}$ 이다.

① ㄱ   ② ㄴ   ③ ㄷ   ④ ㄱ, ㄴ   ⑤ ㄱ, ㄴ, ㄷ

★에너지보존 방정식 만들기★

[1 단계] 운동 전 역학적 에너지과 운동 중 비보존력 에너지를 구한다. 비보존 에너지 = 0 이다.

$$E_i = \frac{1}{2}mv_i^2 + mgy_i + \frac{1}{2}kx_i^2 = \frac{1}{2}kx_i^2 \ , \ -(1)$$

[2 단계] 운동 후 에너지를 구한다.

$$E_f = \frac{1}{2}mv_f^2 + mgy_f = mgh \ -(2)$$

[3 단계] 운동 전과 운동 후 에너지 보존 법칙을 만든다.

식(1)과 식(2)에서 $\frac{1}{2}kx_i^2 = mgh$ $-(3)$

(ㄱ) 식(3) 에서 $\frac{1}{2}kx_i^2 = mgh = mgd\sin\theta$ $-(4)$ $\rightarrow$ $d = \dfrac{kx_i^2}{mg\sin\theta}$

(ㄴ) 식(4) 에서 $mgh = mgd\sin\theta \rightarrow d = \dfrac{h}{\sin\theta}$

(ㄷ) 최대높이 h 의 반이 되는 위치에서 물체의 속력은 식(2)에서

[2 단계] $y_f = \frac{1}{2}h$ 일 때 운동 후 에너지를 구한다.

$$E_f = \frac{1}{2}mv_f^2 + mgy_f = \frac{1}{2}mv_f^2 + mg\frac{h}{2} \ -(5)$$

[3 단계] 운동 전과 운동 후 에너지 보존 법칙을 만든다.

식(1)과 식(5)에서 $\frac{1}{2}kx_i^2 = \frac{1}{2}mv_f^2 + mg(\frac{1}{2}h)$ $-(6)$

식(6) 에서 $\dfrac{k}{m}x_i^2 = v_f^2 + gh \rightarrow v_f = \sqrt{\dfrac{k}{m}x_i^2 - gh}$

답 (5)

4-10. 질량이 m 인 음식물 상자기 마루 위를 v 의 속력으로 미끄러지고 있다. 그 후 상자가 용수철과 부딪혀서 순간적으로 멈출 때가지 용수철을 d 만큼 압축한다. 용수철이 압축되기 전까지의 경로에는 마찰력이 없지만 압축되는 동안에는 마찰력이 f_k 가 작용한다.

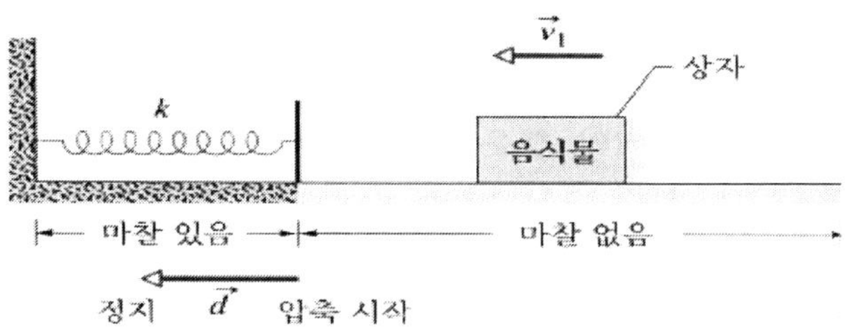

이에 대한 설명으로 옳은 것을 [보기]에서 모두 고른 것은?

[보 기]

ㄱ. 상자가 멈출 때까지 압축되는 거리 d 는
$kd^2 + 2f_k d - mv^2 = 0$ 의 해이다.

ㄴ. 마찰력이 없다면, 속도가 $2v$ 이면 압축되는 길이는 $2d$ 이다.

ㄷ. 마찰력이 없다면, 용수철을 반으로 잘라 반만 사용하면 압축되는 길이는 $x = \dfrac{d}{\sqrt{2}}$ 이다.

① ㄱ, ㄴ　② ㄱ　③ ㄴ　④ ㄴ, ㄷ　⑤ ㄱ, ㄴ, ㄷ

★에너지보존 방정식 만들기★

[1 단계] 운동 전 역학적 에너지과 운동 중 비보존력 에너지를 구한다. (비보존

에너지 $= -f_k d$), $E_i = \dfrac{1}{2}mv_i^2 - f_k d$ -(1)

[2 단계] 상자가 멈추었을 때 운동 후 에너지를 구한다.

$E_f = \dfrac{1}{2}kd^2$ -(2)

[3 단계] 운동 전과 운동 후 에너지 보존 법칙을 만든다.

식(1)과 식(2) 에서 $\dfrac{1}{2}mv_i^2 = \dfrac{1}{2}kd^2 + f_k d$ -(3)

(ㄱ) 식(3) 에서 $\dfrac{1}{2}mv_i^2 = \dfrac{1}{2}md^2 + f_k d \rightarrow kd^2 + 2f_k d - mv^2 = 0$

방정식의 해가 용수철의 줄어든 길이이다.

(ㄴ) 마찰력이 없으면 (비보존 에너지 = 0) 이므로 식(2) 에서

[1 단계] 운동 전 에너지를 구한다.

$E_f = \dfrac{1}{2}mv^2$ -(4)

[3 단계] 운동 전과 운동 후 에너지 보존 법칙을 만든다.

식(2)과 식(4) 에서 $\dfrac{1}{2}mv_i^2 = \dfrac{1}{2}kd^2$ -(5)

식(5) 에서 속도가 2 배가 되면 압축되는 길이도 2 배가 된다.

(ㄷ) 용수철 길이는 반으로 줄면 탄성계수가 2 배로 증가한다. 마찰력이 없으므로 식(5) 를 이용하면,

$\dfrac{1}{2}mv_i^2 = \dfrac{1}{2}(2k)x^2 \rightarrow x^2 = \dfrac{1}{2k}mv_i^2 = \dfrac{1}{2k}\left(kd^2\right) \rightarrow x = \dfrac{d}{\sqrt{2}}$

답 (5)

5장 / 질량중심과 선운동량

5-1 질량중심

□ 질량중심: 물체나 물체들로 이루어진 질량중심은 모든 질량이 그 점에 모여있고 외부 힘이 모두 그 점에 작용하는 것처럼 움직이는 특별한 점이다.

□ 질점이 직선상에 n 개 있을 경우 질량중심 (x_{CM}, y_{CM}, z_{CM})

$$x_{CM} = \frac{m_1 x_1 + m_2 x_2 + \ldots m_n x_n}{m_1 + m_2 + \ldots m_n} = \frac{\sum m_i x_i}{\sum m_i} = \frac{\sum m_i x_i}{M}$$

$$y_{CM} = \frac{1}{M} \sum_{i=1}^{n} m_i y_i , \quad z_{CM} = \frac{1}{M} \sum_{i=1}^{n} m_i z_i$$

5-2 입자계에 대한 Newton 의 제 2 법칙

□ 물체의 운동은 물체이 질량 중심적인 한 개의 실섬이 운동하는 것으로 생각할 수 있다. 그림의 질량중심 질점의 운동은

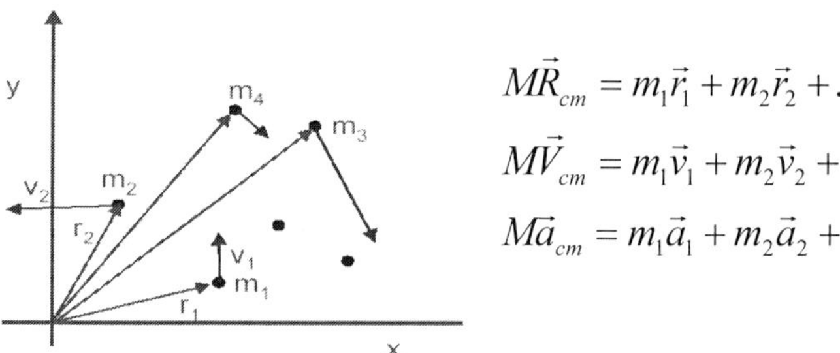

$$MR_{cm} = m_1\vec{r}_1 + m_2\vec{r}_2 + ..$$

$$M\vec{V}_{cm} = m_1\vec{v}_1 + m_2\vec{v}_2 + ..$$

$$M\vec{a}_{cm} = m_1\vec{a}_1 + m_2\vec{a}_2 + ..$$

[그림 5-1] 물체의 운동방향이
힘의 방향과 다른 경우

5-3 선운동량

■ 점의 선운동량:

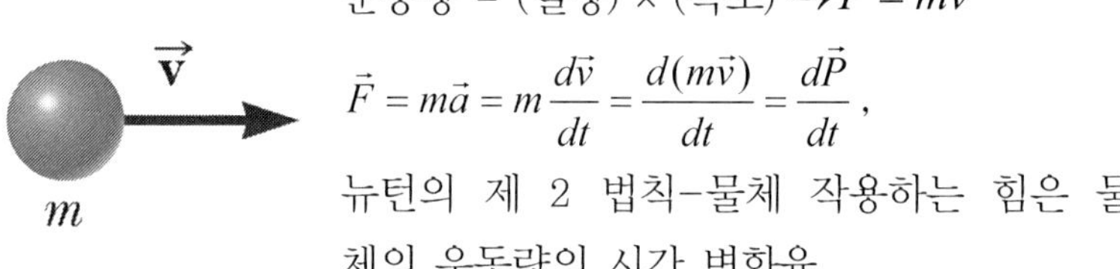

$$운동량 = (질량) \times (속도) \rightarrow \vec{P} = m\vec{v}$$

$$\vec{F} = m\vec{a} = m\frac{d\vec{v}}{dt} = \frac{d(m\vec{v})}{dt} = \frac{d\vec{P}}{dt},$$

뉴턴의 제 2 법칙-물체 작용하는 힘은 물
체의 운동량의 시간 변화율

[그림 5-2] 운동량

5-4 입자계의 선운동량

■ 입자계의 선운동량

$$\vec{P} = \vec{P}_1 + \vec{P}_2 + \vec{P}_3 + .. = m_1\vec{v}_1 + m_2\vec{v}_2 + .. = M\vec{v}_{cm},$$

$$\frac{d\vec{P}}{dt} = m_1\vec{a}_1 + m_2\vec{a}_2 + .. = \vec{F}_1 + \vec{F}_2 + .. = M\vec{a}_{cm}$$

5-5 충돌과 충격량

◻ 충격력 (impulsive force): 두 물체가 충돌하는 동안에 작용하는 힘. 계를 관찰하는 시간에 비해 극히 짧은 시간 동안만 작용하는 힘.

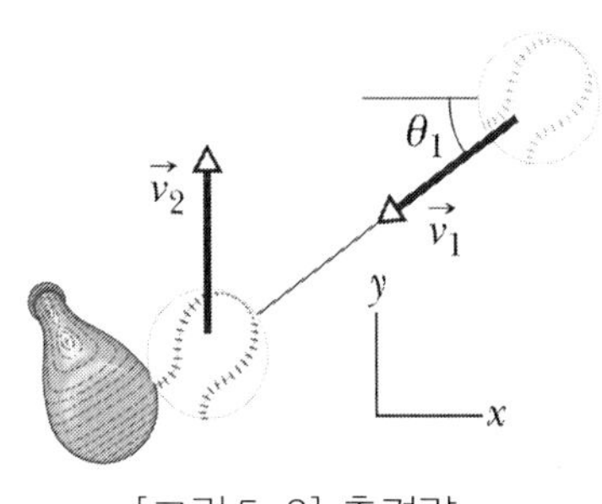

[그림 5-3] 충격량

힘의 법칙에서

$$\vec{F} = \frac{d\vec{P}}{dt} \rightarrow d\vec{P} = \vec{F}dt$$

$$\int_{P_i}^{P_f} d\vec{P} = \int_{i}^{f} \vec{F}dt = J$$

$$\boxed{\vec{P}_f - \vec{P}_i = \vec{J}}\ \text{(충격량)}$$

선운동량 충격량 정리

충격량인 볼의 운동량의 변화 ($\Delta\vec{P} = \vec{P}_f - \vec{P}_i$)와 베트 충격력과 시간의 곱 ($\vec{F}\cdot\Delta t$)은 같다.

◻ 단일 충돌: $J = \int_{i}^{f} \vec{F}(t)dt = \Delta P$, $\boxed{J = F_{ave}\Delta t}$,

F_{avg} : 충돌 힘의 평균크기, Δt : 충돌이 지속되는 시간.

5-6 선운동량 보존

◻ 운동량 보존: 닫힌 고립계의 충돌에서 각 물체의선 운동량은 변할 수 있으나 계의 총 운농량는 탄성, 비탄성 충돌에 상관없이 변하지 않는다.

$$\frac{d\vec{P}}{dt} = \vec{F}_{ext} \rightarrow \text{외력 } \vec{F}_{ext} - 0 \text{ 이면 } d\vec{P} - 0 \rightarrow \vec{P}_f = \vec{P}_i$$

5-7 충돌에서의 선운동량과 운동에너지

■ 탄성충돌: 충돌전후에 운동에너지가 변함이 없이 보존 된다.

■ 비탄성충돌: 운동에너지 일부가 열에너지, 소리 에너지로 빠져나가 운동 에너지가 보존되지 않는 경우.

5-8 일차원 비탄성 충돌

■ 일차원 충돌: 선운동량이 보존 된다.

(충돌전의 총운동량 $\vec{P}_i$) = (충돌후의 총운동량 $\vec{P}_f$)

$$\vec{P}_{1i} + \vec{P}_{2i} = \vec{P}_{1f} + \vec{P}_{2f} \;\rightarrow\; \boxed{m_1\vec{v}_{1i} + m_2\vec{v}_{2i} = m_1\vec{v}_{1f} + m_2\vec{v}_{2f}}$$

■ 완전비탄성 충돌

충돌 전에 질량 m_2 인 물체는 정지해 있고 질량 m_1 이 다가오고 있다. 충돌 후 붙어버린 두 물체는 v 의 속도로 함께 움직인다.

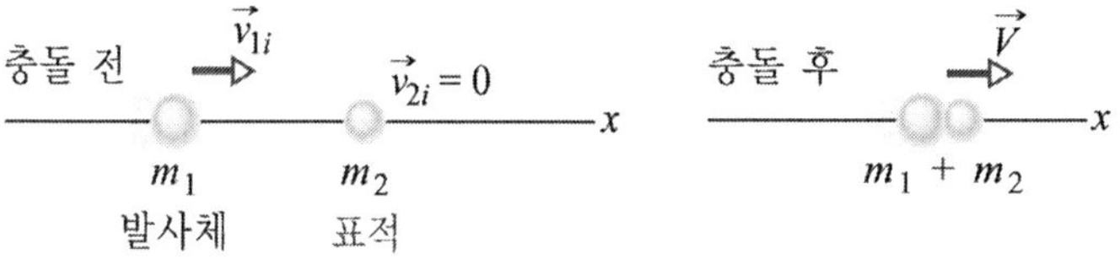

충돌 전 $\vec{v}_{1i}$ $\vec{v}_{2i} = 0$ x m_1 m_2 발사체 표적 충돌 후 $\vec{V}$ x $m_1 + m_2$

[그림 5-4] 완전 비탄성 충돌의 예 ($\vec{v}_{2i} = 0$)

$$m_1 v_{1i} = (m_1 + m_2)V \;\rightarrow\; 충돌후\ 속도 \;\boxed{V = \dfrac{m_1}{m_1 + m_2}v_{1i}}$$

5-9 일차원 탄성충돌

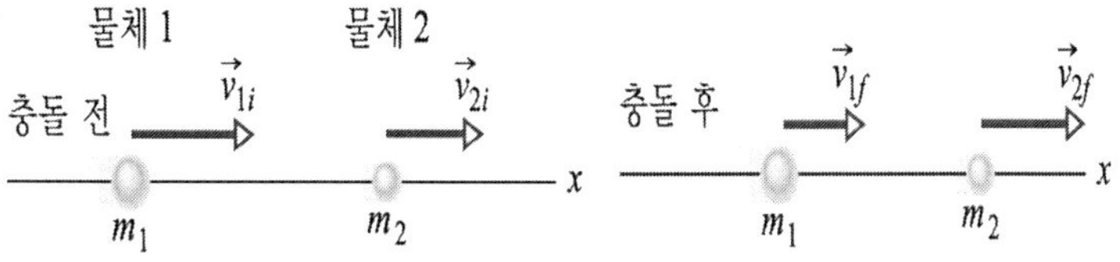

[그림 5-5] 완전 탄성 충돌

충돌 후 m_1 과 m_2 의 속도는 각각

$$v_{1f} = \left(\frac{m_1 - m_2}{m_1 + m_2}\right)v_{1i} + \left(\frac{2m_2}{m_1 + m_2}\right)v_{2i} \qquad v_{2f} = \left(\frac{2m_1}{m_1 + m_2}\right)v_{1i} + \left(\frac{m_2 - m_1}{m_1 + m_2}\right)v_{2i}$$

(증명) 그림 5-5 에서

운동량 보존 법칙: $m_1\vec{v}_{1i} + m_2\vec{v}_{2i} = m_1\vec{v}_{1f} + m_2\vec{v}_{2f}$ $-(1)$

운동 에너지의 보존 (탄성 충돌일 경우):

$$\frac{1}{2}m_1\vec{v}_{1i}^2 + \frac{1}{2}m_2\vec{v}_{2i}^2 = \frac{1}{2}m_1\vec{v}_{1f}^2 + \frac{1}{2}m_2\vec{v}_{2f}^2 \quad -(2)$$

식(1) 에서 $m_1(\vec{v}_{1i} - \vec{v}_{1f}) = m_2(\vec{v}_{2f} - \vec{v}_{2i})$ $-(3)$

식(2) 에서 $m_1(\vec{v}_{1i}^2 - \vec{v}_{1f}^2) = m_2(\vec{v}_{2f}^2 - \vec{v}_{2i}^2) \longrightarrow$

$$m_1\left(\vec{v}_{1i} - \vec{v}_{1f}\right)\left(\vec{v}_{1i} + \vec{v}_{1f}\right) = m_2\left(\vec{v}_{2f} - \vec{v}_{2i}\right)\left(\vec{v}_{2f} + \vec{v}_{2i}\right) \quad -(4)$$

식(4) / 식(3) 를 하면

$$\vec{v}_{1i} + \vec{v}_{1f} = \vec{v}_{2f} + \vec{v}_{2i} \;\rightarrow\; \vec{v}_{2f} = \vec{v}_{1i} + \vec{v}_{1f} - \vec{v}_{2i} \quad -(5)$$

식(5)를 식(3) 에 대입하면, $m_1\left(\vec{v}_{1i} - \vec{v}_{1f}\right) = m_2\left(\vec{v}_{1i} + \vec{v}_{1f} - \vec{v}_{2i} - \vec{v}_{2i}\right)$

$$\longrightarrow \left(m_1 + m_2\right)\vec{v}_{1f} = \left(m_1 - m_2\right)\vec{v}_{1i} + 2m_2\vec{v}_{2i}$$

$$\vec{v}_{1f} = \left(\frac{m_1 - m_2}{m_1 + m_2}\right)\vec{v}_{1i} + \left(\frac{2m_2}{m_1 + m_2}\right)\vec{v}_{2i} \quad -(6)$$

식(6)을 식(5)에 대입하면,

$$\vec{v}_{2f} = \vec{v}_{1i} - \vec{v}_{2i} + \left(\frac{m_1 - m_2}{m_1 + m_2}\right)\vec{v}_{1i} + \left(\frac{2m_2}{m_1 + m_2}\right)\vec{v}_{2i}$$

$$= \left(1 + \frac{m_1 - m_2}{m_1 + m_2} \right) \vec{v}_{1i} + \left(-1 + \frac{2m_2}{m_1 + m_2} \right) \vec{v}_{2i}$$

$$\boxed{\vec{v}_{2f} = \left(\frac{2m_1}{m_1 + m_2} \right) \vec{v}_{1i} + \left(\frac{m_2 - m_1}{m_1 + m_2} \right) \vec{v}_{2i}}$$

5-10 이차원 탄성충돌

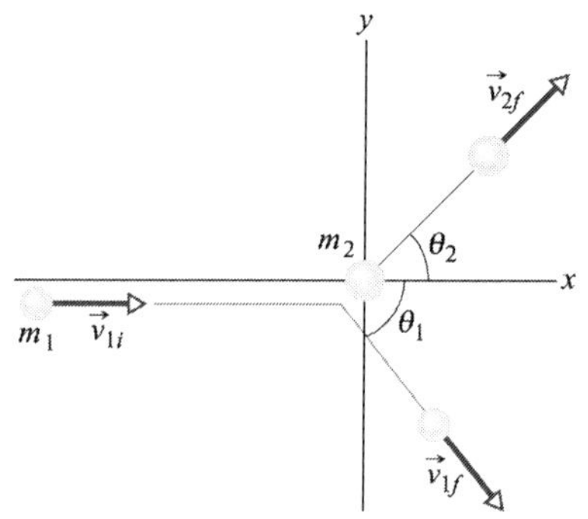

[그림 5-6] 이차원 탄성충돌의 예 ($\vec{v}_{2i} = 0$)

운동량 보존: $\vec{P}_{1i} + \vec{P}_{2i} = \vec{P}_{1f} + \vec{P}_{2f}$

그림 5-6 은 질량 m_2 의 속도 $\vec{v}_{2i} = 0$ 인 경우

x 성분: $m_1 v_{1i} = m_1 v_{1f} \cos\theta_1 + m_2 v_{2f} \cos\theta_2$ $-(7)$

y 성분: $0 = -m_1 v_{1f} \sin\theta_1 + m_2 v_{2f} \sin\theta_2$ $-(8)$

운동에너지 보존: $K_{1i} + K_{2i} = K_{1f} + K_{2f}$

$$\frac{1}{2} m_1 v_{1i}^2 + \frac{1}{2} m_2 v_{2i}^2 = \frac{1}{2} m_1 v_{1f}^2 + \frac{1}{2} m_2 v_{2f}^2 \longrightarrow$$

$$\frac{1}{2} m_1 v_{1i}^2 = \frac{1}{2} m_1 v_{1f}^2 + \frac{1}{2} m_2 v_{2f}^2 \quad -(9)$$

식(7), 식(8), 그리고 식(9)을 사용하여 v_{1f} 과 v_{2f} 를 구한다.

★(5) 충돌 구하기★

비탄성 충돌: 운동량 보존법칙

$$m_1 v_{1i} + m_2 v_{2i} = m_1 v_{1f} + m_2 v_{2f}$$

완전 비탄성충돌: 운동량 보존법칙 $v_{2i} = 0$

$$m_1 v_{1i} + 0 = (m_1 + m_2)v \rightarrow v = \frac{m_1}{m_1 + m_2} v_{1i}$$

완전 탄성 충돌: 운동량 보존과 운동에너지 보존

$$m_1 v_{1i} + m_2 v_{2i} = m_1 v_{1f} + m_2 v_{2f}$$

$$\frac{1}{2} m_1 v_{1i}^2 + \frac{1}{2} m_2 v_{2i}^2 = \frac{1}{2} m_1 v_{1f}^2 + \frac{1}{2} m_2 v_{2f}^2$$

충돌 후 속도

$$v_{1f} = \left(\frac{m_1 - m_2}{m_1 + m_2} \right) v_{1i} + \left(\frac{2m_2}{m_1 + m_2} \right) v_{2i}, \quad v_{2f} = \left(\frac{2m_1}{m_1 + m_2} \right) v_{1i} + \left(\frac{m_2 - m_1}{m_1 + m_2} \right) v_{2i}$$

수식요약

질량중심

$$x_{com} = \frac{1}{M} \sum_{i=1}^{n} m_i x_i , \quad y_{com} = \frac{1}{M} \sum_{i=1}^{n} m_i y_i , \quad y_{com} = \frac{1}{M} \sum_{i=1}^{n} m_i y_i$$

선운동량: $\vec{P} = m\vec{v}$, $\vec{F} = \dfrac{d\vec{P}}{dt}$

선운동량 – 충격량 정리: $d\vec{P} = \vec{F}dt \rightarrow \vec{P}_f - \vec{P}_i = \vec{J}$ (충격량)

충돌

완전비탄성 충돌: 충돌 후 두 물체가 붙어버린 $v_{2i} - 0$ 인 경우

$$m_1 v_{1i} + 0 = (m_1 + m_2)v \rightarrow v = \frac{m_1}{m_1 + m_2} v_{1i}$$

완전 탄성 충돌: 운동량 보존과 운동에너지 보존

$$m_1 v_{1i} + m_2 v_{2i} = m_1 v_{1f} + m_2 v_{2f} ,$$

$$\frac{1}{2} m_1 v_{1i}^2 + \frac{1}{2} m_2 v_{2i}^2 = \frac{1}{2} m_1 v_{1f}^2 + \frac{1}{2} m_2 v_{2f}^2$$

완전탄성 충돌 후 속도:

$$v_{1f} = \left(\frac{m_1 - m_2}{m_1 + m_2}\right) v_{1i} + \left(\frac{2m_2}{m_1 + m_2}\right) v_{2i} , \quad v_{2f} = \left(\frac{2m_1}{m_1 + m_2}\right) v_{1i} + \left(\frac{m_2 - m_1}{m_1 + m_2}\right) v_{2i}$$

(기본 문제) 두 공이 그림처럼 수직 줄에 매달려 서로 닿아 있다. 질량 m_1 인 공 1을 왼쪽으로 당겨서 높이 h_1 만큼 올 린 다음에 살짝 놓았다.

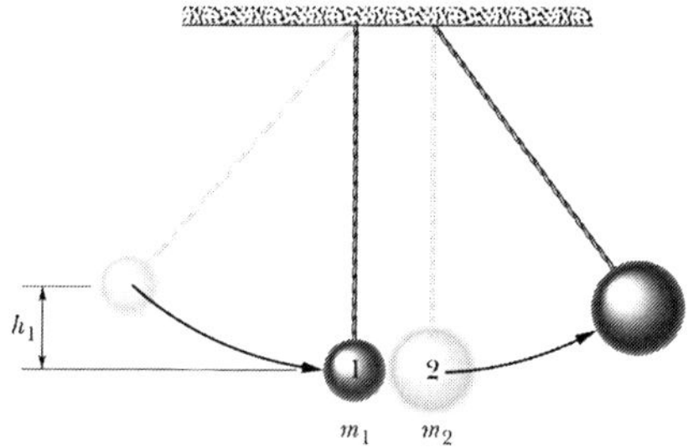

그 후 공 1 이 밑으로 내려와서 질량 m_2 인 공 2 와 탄성충돌을 한다. 충돌 직후 공1의 속도 v_{1f} 로 맞는 것은?

① $v_{1f} = \left(\dfrac{2m_2}{m_1 + m_2}\right)\sqrt{gh_1}$

② $v_{1f} = \left(\dfrac{m_1 + m_2}{m_1 + m_2}\right)\sqrt{2gh_1}$

③ $v_{1f} = \left(\dfrac{2m_2}{m_1 + m_2}\right)\sqrt{gh_1}$

④ $v_{1f} = \left(\dfrac{m_1 - m_2}{m_1 + m_2}\right)\sqrt{2gh_1}$

⑤ $v_{1f} = \left(\dfrac{2m_2}{m_1 + m_2}\right)\sqrt{gh_1}$

해설 질량 m_1 이 h_1 높이에서 밑으로 내려올 때 에너지 보존에 의해서

★에너지보존 방정식 만들기★

[1 단계] 운동 전 역학적 에너지과 운동 중 비보존력 에너지를 구한다.

$E_i = m_1 g h_1$, 비보존 에너지 = 0 이다.

[2 단계] 운동 후 에너지를 구한다. $E_f = \dfrac{1}{2} m v_f^2$

[3 단계] 운동 전과 운동 후 에너지 보존 법칙을 만든다.

$\dfrac{1}{2} m_1 v_f^2 = m_1 g h_1 \rightarrow v_f$ 은 충돌전 질량 m_1 의 충돌전 속도이므로

$v_f = v_{1i} = \sqrt{2 g h_1}$, 완전탄성충돌이므로 $v_{1f} = \left(\dfrac{m_1 - m_2}{m_1 + m_2} \right) v_{1i} + \left(\dfrac{2 m_2}{m_1 + m_2} \right) v_{2i}$ 식을

이용하여 충돌 전 m_2 의 초기속도 $\vec{v}_{2i} = 0$ 이므로

$v_{1f} = \left(\dfrac{m_1 - m_2}{m_1 + m_2} \right) v_{1i} = \left(\dfrac{m_1 - m_2}{m_1 + m_2} \right) \sqrt{2 g h_1}$

답 (4)

5-1. (2005 예비시험) 그림은 길이 ℓ 인 실에 매달려 정지해 있던 물체 A 에 수평으로 날아온 물체 B 가 충돌한 후 달라붙어 연직 평면에서 원운동을 계속하는 것을 나타낸 것이다.

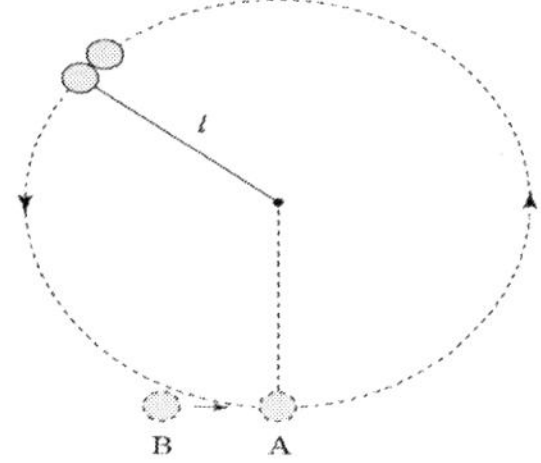

두 물체의 질량이 같을 때, 물체 B 가 충돌 직전 가져야 할 최소 속력은? (단, 물체의 크기, 실의 질량, 공기 저항은 무시하며, 중력가속도는 일정하다.)

① $\sqrt{16 g \ell}$ ② $\sqrt{18 g \ell}$ ③ $\sqrt{20 g \ell}$ ④ $\sqrt{22 g \ell}$ ⑤ $\sqrt{24 g \ell}$

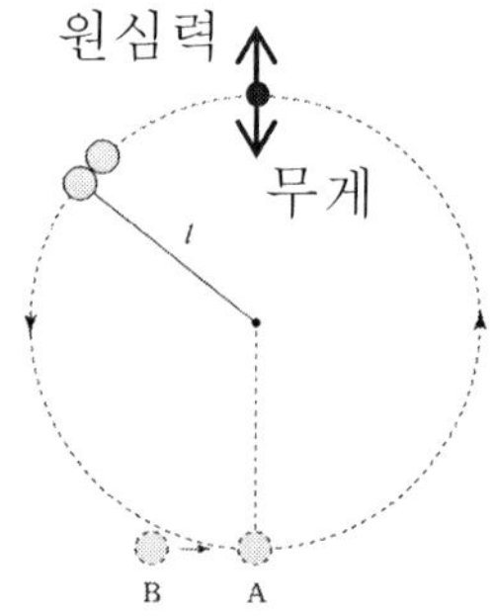

원궤도 아래에서 질량 m_A 와 질량 m_B 의 충돌은 완전비탄성 충돌으로

$m_B = m_A$ 을 이용하여 충돌 후 질량 m_A 와 질량 m_B 의 속력은

$$m_B v_B = (m_A + m_B)v \rightarrow v = \frac{1}{2}v_B \quad -(1)$$

원궤도를 돌기 위한 최고점에서 속력을 구하면,

무게 = 원심력 $\rightarrow (m_A + m_B)g = (m_A + m_B)\dfrac{v^2}{\ell}$

최고점에서 속력은 $v = \sqrt{gl} \quad -(2)$

역학적 에너지가 보존 법칙을 이용하여

(최고점) $E_{mec} = K + U = \dfrac{1}{2}(2m)v^2 + (2m)g(2\ell)$, 식(2)를 적용하여

$$E_{mec} = m\left(\sqrt{g\ell}\right)^2 + 4mg\ell = 5mg\ell \quad -(3)$$

(최저점) $E_{mec} = \dfrac{1}{2}(2m)v^2$, 식(1)을 적용하면,

$$E_{mec} = m\left(\frac{1}{2}v_B\right)^2 = \frac{1}{4}mv_B^2 \quad -(4)$$

식(3)과 식(4)에서 $5mg\ell = \dfrac{1}{4}mv_B^2 \rightarrow \sqrt{20g\ell}$

답 (3)

5-2. (2005 MEET/DEET) 다음은 2 차원 충돌장치를 이용 한 실험 과정과 그 결과를 나타낸 것이다.

[실험 과정]

(1) 그림과 같이 2 차원 충돌장치를 설치하고, 모눈종이 위에 수직기가 가리키는 지점을 O 로 표시한다.

(2) 레일에 출발점 표시를 하고, 입사구를 출발점에 가만히 놓아 모눈종이 위에 떨어지도록 한다. 이 때 떨어진 위치를 A 로 표시한다.

(3) 표적구 받침대를 입사구의 운동 경로에서 약간 오른쪽으로 벗어나게 한다.

(4) 입사구와 질량이 동일한 구를 표적구 받침대에 올려놓고, 입사구를 (2)에서 표시한 출발점에 가만히 놓아 표적구와 충돌시킨 후, 두 구가 모눈종이 위에 떨어지도록 한다. 이 때 입사구가 떨어진 위치를 A', 표적구가 떨어진 위치를 B 로 표시한다.

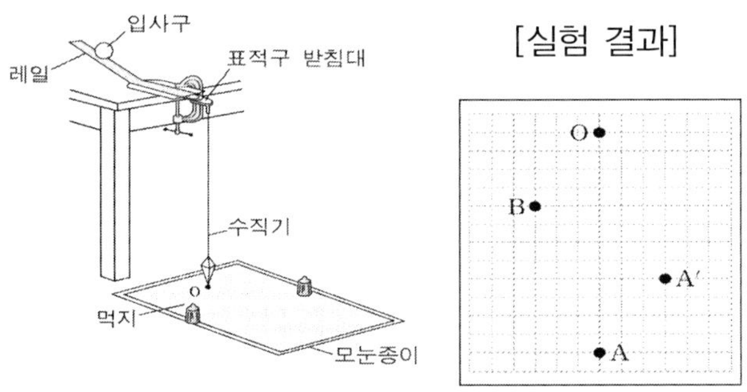

이 실험에서 측정한 충돌 전 입사구의 운동량의 크기가 0.036 kg ·m/s 이었다. 충돌 직후 표적구의 운동량의 크기 에 가장 가까운 값은?

① 0.005 kg · m/s　　② 0.010 kg · m/s

③ 0.015 kg · m/s　　④ 0.020 kg · m/s

⑤ 0.025 kg · m/s

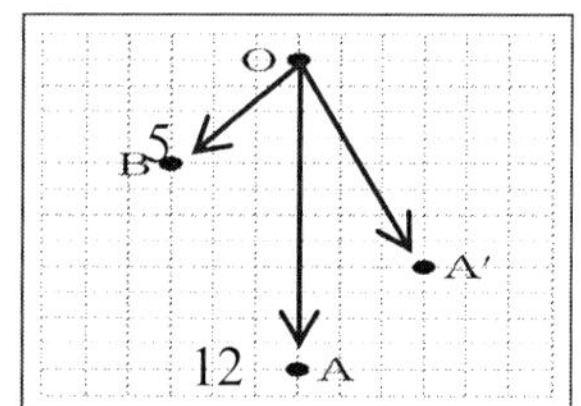

충돌전 A 의 거리는 12 칸이고 운동량은 0.036 kg · m/s 이다. 충돌에 의해
표적구 B 의 크기는

$$12칸 : 0.036 = 5 : x \rightarrow x = 0.036 \times \frac{5}{12} = 0.015$$

답 (3)

5-3. (2013 PEET) 그림은 마찰이 없는 수평면에서 질량이
m 인 물체 A, B 의 충돌 전 운동과 정지해 있는 영희, 영희에
대해서 일정한 속도 $\vec{v}_0$ 으로 차를 타고 이동하는 민수를
나타낸 것이다. 정지한 영희의 좌표계에서 기술하였을 때, A
와 B 의 속도는 충돌 전 각각 $\vec{v}_0$, $-\vec{v}_0$ 이며 A 와 B 는 탄성
충돌하고 충돌 전후 동일직선 상에서 운동한다.

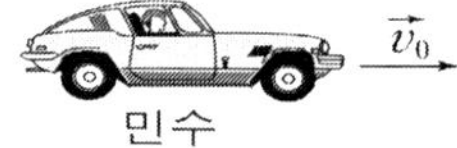

민수의 좌표계에서 A, B 의 운동에 대해 기술할 때, [보기]
에서 옳은 것만을 있는 대로 고른 것은? [5점]

[보 기]

ㄱ. 충돌 전 A 의 속력은 0 이다.

ㄴ. 충돌 후 A 와 B 의 운동량의 합의 크기는 0 이다.

ㄷ. A, B 는 탄성 충돌한다.

① ㄴ   ② ㄷ   ③ ㄱ, ㄴ   ④ ㄱ, ㄷ   ⑤ ㄴ, ㄷ

(ㄱ) 민수 좌표계에서 충돌전 속력 A = (민수의 속력) − (A 의 속력) = 0 이다.

(ㄴ) 민수 좌표계에서 B 의 속도는 $v_0 - (-v_0) = 2v_0$ 이므로

충돌 전 운동량의 합은 $0 - 2v_0 = -2v_0 m$ 로 0 이 아니다. 따라서 충돌 후 운동량도 $-2v_0 m$ 이다.

(ㄷ) 상대속도는 충돌 운동에너지 보존과 무관하므로 충돌 전후 운동에 너지는 보존된다. 따라서 A 와 B 는 탄성충돌을 한다.

답 (4)

5-4. (2012 PEET) 그림과 같이 마찰이 없는 수평인 xy 평면에서 $+x$ 방향으로 10 m/s 의 속력으로 운동하던 1 kg 의 물체 A가 정지해 있던 2 kg 의 물체 B 와 충돌한 후, A 와 B 는 각각 x 축과 30° 의 각을 이루며 운동하였다.

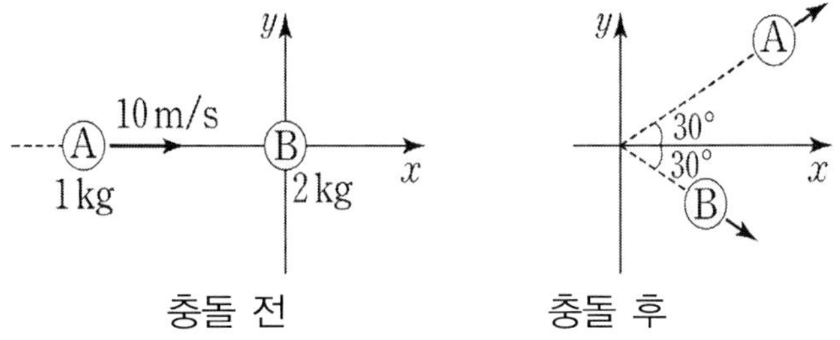

충돌 전 A 와 B 의 운동에너지 합을 $E_{전}$, 충돌 후 운동에너지 합을 $E_{후}$ 라 할 때, $E_{후}/E_{전}$ 는? (단, A, B 의 크기는 무시한다.)

① $\dfrac{1}{2}$　　② $\dfrac{\sqrt{3}}{3}$　　③ $\dfrac{\sqrt{2}}{2}$　　④ $\dfrac{\sqrt{3}}{2}$　　⑤ 1

운동량 보존법칙에 의해서 (충돌 전 운동량) = (충돌 후 운동량):

(y 성분) $0 = m_A v'_A \sin(30°) - m_B v'_B \sin(30°) \rightarrow$

$m_A v'_A \sin(30°) = m_B v'_B \sin(30°)$ −(1)

$m_A = 1\,kg$, $m_B = 2\,kg$ 을 이용하여 식(1) 에서 $v'_A = 2v'_B$ −(2)

(x 성분) $m_A v_A = m_A v'_A \cos(30°) + m_B v'_B \cos(30°)$, 식(2)를 적용하면

$$10 = (2v'_B)\left(\frac{\sqrt{3}}{2}\right) + 2v'_B\left(\frac{\sqrt{3}}{2}\right) = 2\sqrt{3}v'_B \rightarrow v'_B = \frac{5}{\sqrt{3}}$$ −(3)

(충돌 전) $E_{전} = \frac{1}{2}m_A(v_A)^2 = \frac{1}{2}\cdot 1\cdot(10)^2 = 50$

(충돌 후) 식(2)과 식(3) 에서 $v'_A = \frac{10}{\sqrt{3}}$, 따라서

$$E_{후} = \frac{1}{2}m_A(v'_A)^2 + \frac{1}{2}m_B(v'_B)^2 = \frac{1}{2}\cdot 1\cdot\left(\frac{10}{\sqrt{3}}\right)^2 + \frac{1}{2}\cdot 2\cdot\left(\frac{5}{\sqrt{3}}\right)^2$$

$$= \frac{50}{3} + \frac{25}{3} = \frac{75}{3} = 25 \cdot \text{ 따라서 } \frac{E_{후}}{E_{전}} = \frac{25}{50} = \frac{1}{2}$$

답 (1)

5-5. 그림 (가)와 같이 실에 매달린 물체 A 를 실험대 윗면
으로부터 높이 h' 인 곳에서 가만히 놓아, 실험대 위의 끝부분
에 정지해 있는 물체 B 와 정면 충돌시킨다. 그림 (나)는 충돌
후 A, B 의 운동을 나타낸 것이다. A 와 B 의 질량은 같고,
B 의 수직 낙하 거리와 수평 이동 거리는 각각 h' 이다.

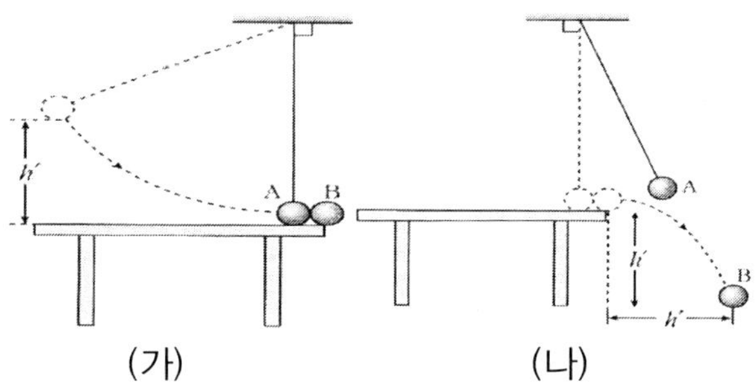

(단, 공기저항, 물체와 실험대 윗면 사이의 마찰력, 물체의 크기
는 무시하고 중력 가속도는 g 이다.) 충돌과정에 대한 설명으로
옳은 것을 [보기]에서 모두 고른 것은?

[보 기]

ㄱ. 충돌 직선 A 의 속력은 $\sqrt{2gh'}$ 이다.

ㄴ. 충돌 후 B 가 떨어지는 시간은 $t = \sqrt{2h'/g}$ 이다.

ㄷ. 충돌 전 A 의 운동에너지는 충돌 직후 B 의 운동에너지와
   같다.

① ㄱ   ② ㄴ   ③ ㄷ   ④ ㄱ, ㄴ   ⑤ ㄱ, ㄷ

(ㄱ) 역학적 에너지 보전에 의해서

★에너지보존 방정식 만들기★

[1 단계] 운동 전 역학적 에너지과 운동 중 비보존력 에너지를 구한다.

$E_i = m_A gh'$, 비보존 에너지 = 0 이다.

[2 단계] 운동 후 에너지를 구한다.

$$E_f = \frac{1}{2} m_A v_f^2$$

[3 단계] 운동 전과 운동 후 에너지 보존 법칙을 만든다.

$$\frac{1}{2} m_A v_f^2 = m_A gh_1 \;\rightarrow\; v_f$$ 은 충돌전 질량 m_A 의 충돌전 속도이므로

$$v_{Ai} = \sqrt{2gh'}$$

(ㄴ) B 가 떨어지는 시간은 자유낙하 시간이므로 등가속도 공식에서

$$h' = \frac{1}{2} gt^2$$ 에서 낙하시간은 $t = \sqrt{\dfrac{2h'}{g}}$ 이다.

(ㄷ) 탄성 충돌이라면, (충돌전 A 의 운동에너지) = (충돌후 A 의 운동에너지) + (충돌후 B 의 운동에너지) 이므로 (충돌전 A 의 운동에너지) 〉(충돌후 B 의 운동에너지) 이다.

답 (4)

5-6. (2009 MEET/DEET) 그림 (가)는 마찰이 없는 수평면 위에서 질량 m 인 물체 A 가 수직면에 고정된 용수철 상수 k 인 용수철을 함께 일정한 속도 v_0 로 운동하는 것을 나타낸 것이다. 그림 (나)는 A 가 용수철과 접촉하는 순간부터 용수철로부터 받는 힘의 크기 F 를 시간 t 에 따라 나타낸 것이다. A 는 용수철이 놓여 있는 직선상에서 운동한다.

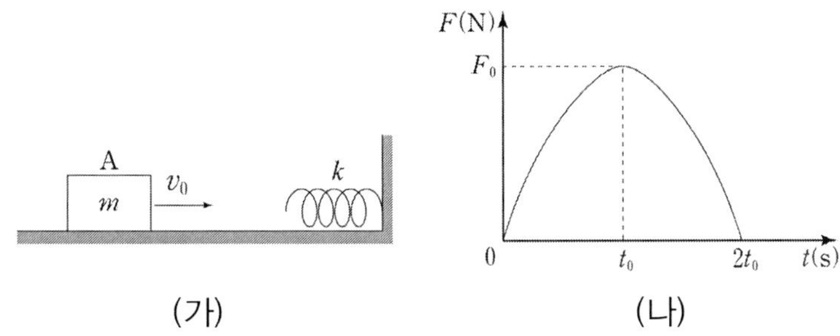

(가)   (나)

이에 대한 설명으로 옳은 것만을 [보기]에서 있는 대로 고른 것은? (단, 용수철은 후크의 법칙을 만족하여, 용수철의 질량과 공기의 저항은 무시한다.)

[보 기]

ㄱ. 시간 t_0 일 때 물체 A 의 속력은 0 이다.

ㄴ. 시간 t_0 일 때 용수철이 압축된 길이는 $v_0\sqrt{\dfrac{m}{k}}$ 이다.

ㄷ. (나)에서 시간 축과 곡선이 만드는 면적은 $2mv_0$ 이다.

① ㄴ　　② ㄷ　　③ ㄱ. ㄴ　　④ ㄱ, ㄷ　　⑤ ㄱ, ㄴ, ㄷ

해설 5-6. 용수철 – 탄성 충격량

탄성력은 $\vec{F} = -kx$, 탄성에너지 $U_s = \dfrac{1}{2}kx^2$ 이다.

(ㄱ) 그림 (나)에서 t_0 은 탄성력이 최대일 때로 용수철이 최대로 압축한 순간이므로 물체의 속력은 0 이다.

(ㄴ) t_0 은 최대압축될 때 시간이므로 이때 질량 m 의 운동에너지가 탄성위치에너지로 변한다.

$$\frac{1}{2}mv_0^2 = \frac{1}{2}kx^2 \rightarrow x = v_0\sqrt{\frac{m}{k}}$$

(ㄷ) 그래프의 면적은 충격량 $J = \int \vec{F} \cdot dt$ 이다. $\vec{F} = \dfrac{dP}{dt} \rightarrow dP = \vec{F} \cdot dt$ 에서 충격량 $J = \Delta P = P_f - P_i = mv_0 - (-mv_0) = 2mv_0$ 이다.

답 (5)

역학 2 107

5-7. (2006 MEET/DEET) 그림은 수평면 위에서 질량이 $2m$ 인 물체 A가 중심이 O 이고 반지름이 r 인 원궤도를 따라 일정한 속력 v 로 운동하고, 질량이 m 인 물체 B는 원궤도 위에 정지해 있는 모습을 모식적으로 나타낸 것이다.

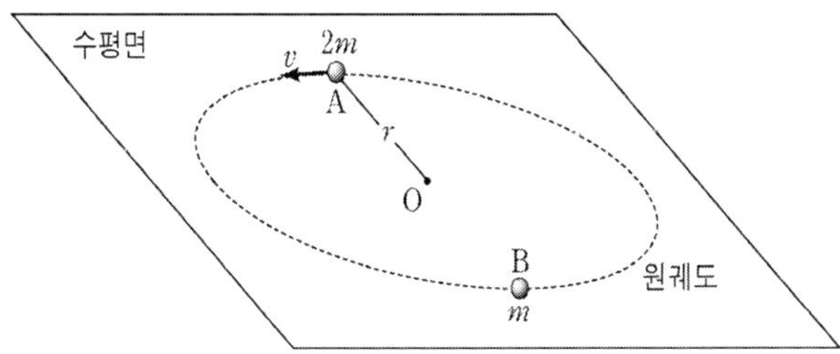

A와 B가 탄성 충돌한 후, 두 물체는 원궤도를 따라 운동한다. 이에 대한 설명으로 옳은 것을 [보기]에서 모두 고른 것은? (단, 물체의 크기와 모든 마찰은 무시한다.)

[보 기]

ㄱ. 첫 충돌 후 A와 B의 속력의 차의 크기는 v 이다.

ㄴ. 첫 충돌에서 두 번째 충돌까지 걸리는 시간은 $\dfrac{2\pi r}{v}$ 이다.

ㄷ. 첫 충돌에서 두 번째 충돌까지 A 가 O 를 중심으로 회전하는 각은 $120°$ 이다.

① ㄱ　　② ㄴ　　③ ㄱ, ㄴ　　④ ㄴ, ㄷ　　⑤ ㄱ, ㄴ, ㄷ

탄성충돌 후 속력 공식은

$$v_{1f} = \left(\frac{m_1 - m_2}{m_1 + m_2}\right)v_{1i} + \left(\frac{2m_2}{m_1 + m_2}\right)v_{2i} \quad -(1), \qquad v_{2f} = \left(\frac{2m_1}{m_1 + m_2}\right)v_{1i} + \left(\frac{m_2 - m_1}{m_1 + m_2}\right)v_{2i} \quad -(2)$$

이고 $m_1 = m_A = 2m$, $m_2 = m_B = m$, $v_{Ai} = v_{1i} = v$,

$v_{Bi} = v_{2i} = 0$.

(ㄱ) 충돌 후 A 의 속력은 식(1) 에서 $v_{Af} = \dfrac{(2m) - m}{(2m) + m}v = \dfrac{1}{3}v \quad -(3)$,

B 의 속력은 식(2) 에서 $v_{Bf} = \dfrac{2(2m)}{2m + m}v = \dfrac{4}{3}v \quad -(4)$,

식(3) 과 식(4)의 차이는 $\left|v_{Af} - v_{Bf}\right| = \left|\dfrac{1}{3}v - \dfrac{4}{3}v\right| = v$, 첫 충돌 후의 A 와 B 의

속력의 차이는 v 이다.

(ㄴ) 첫 충돌 후 B 의 속력이 A 의 속력보다 v 만큼 빠르므로 두번째 충돌을 위해서 B 는 먼저 한바퀴 앞질러 돌아야 한다. 첫 충돌에서 두번째 충돌위해 한바퀴 $(2\pi r)$ 도는 동안 걸린 시간은 $t = \dfrac{2\pi r}{v} \quad -(5)$ 이다.

(ㄷ) B 가 한바퀴 앞지르는 동안, A 의 첫 충돌 후 속력은 $v_{Af} = \dfrac{1}{3}v$ 이므로

A 가 간거리는 $S = \dfrac{1}{3}v \cdot t$, 식(5) 에서

$$S = \dfrac{1}{3}v \cdot \left(\dfrac{2\pi r}{v}\right) = \dfrac{2}{3}\pi r, \quad \text{각도로} \quad \dfrac{2}{3}\pi r \cdot \dfrac{360°}{2\pi r} = 120°$$

답 (5)

5-8. (2005 MEET/DEET) 그림은 수평면 위에서 속력 v로 등속 운동하던 물체 A가 수평면 위에 정지해 있던 질량이 같은 물체 B와 탄성 충돌하는 것을 나타낸 것이다. 충돌 직 후 A와 B는 충돌 전 A의 진행 방향과 각각 $30°$ 와 $60°$ 의 각으로 튕겨졌다. 그 후 A와 B는 곡면을 따라 올라가 다가 최고점에 도달한 후 내려온다.

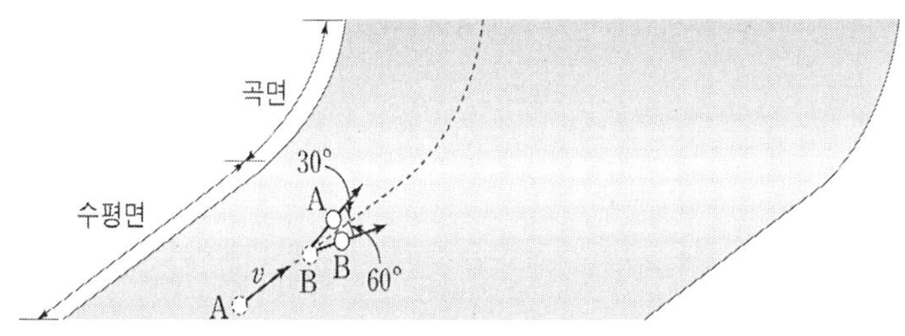

[보 기]

ㄱ. 충돌 직후 A 의 선운동량의 크기는 충돌 직후 B 의 선운동량의 크기보다 크다.

ㄴ. 충돌 직후 A 의 운동 에너지는 충돌 전 A 의 운동에너지보다 작다.

ㄷ. 충돌 직후 B 의 운동 에너지는 B 가 최고점에 도달하는 동안 전부 위치 에너지로 바뀌었다.

① ㄱ   ② ㄴ   ③ ㄷ   ④ ㄱ, ㄴ   ⑤ ㄴ, ㄷ

(ㄱ) 운동량 보존 법칙에서

수평면 방향은 $m_A v_{Ai} = m_A v_{Af} \cos 30° + m_B v_{Bf} \cos 60°$ —(1)

수평면에 수직면 방향은 $0 = m_A v_{Af} \sin 30° - m_B v_{Bf} \sin 60°$ —(2)

$m_A = m_B$ 이므로 식(2) 에서 $v_{Af} \dfrac{1}{2} = v_{Bf} \dfrac{\sqrt{3}}{2} \rightarrow v_{Af} = v_{Bf} \sqrt{3}$ —(3)

이므로 $mv_{Af} > mv_{Bf} \rightarrow p_{Af} > p_{Bf}$ 이다.

(ㄴ) 탄성 충돌이므로 (충돌전 A 의 운동에너지) = (충돌직후 A 의 운동에너지) + (충돌직후 B 의 운동에너지) 이므로 (충돌전 A 의 운동에너지) 〉(충돌직후 A 의 운동에너지) 이다.

(ㄷ) 충돌 후 B 가 최고점에서 B 의 수평속도가 있으므로 전부 위치에 너지로 변하지 않는다.

답 (4)

5-9. 그림 (가)는 마찰이 없는 수평면에서 두 물체가 같은 속력 v_0 으로 각각 $+x$ 방향과 $+y$ 방향으로 운동하는 모습을 나타낸 것이다. A, B는 점 O에서 충돌 후 그림 (나)와 같이 운동하였다.

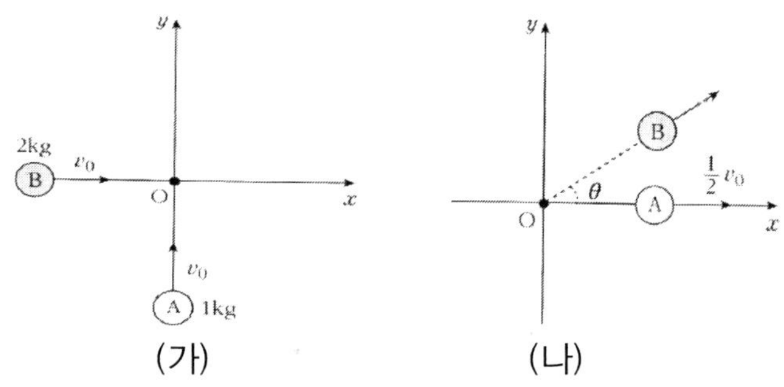

A, B 의 질량은 각각 1 kg, 2 kg 일 때, 이에 대한 설명으로 옳은 것을 [보기] 에서 모두 고른 것은? (단, 물체의 크기, 공기 저항은 무시한다.)

[보 기]

ㄱ. 충돌 전후에 x 축과 y 축의 운동량이 각각 보존된다.

ㄴ. $tan\,\theta = \dfrac{2}{3}$ 이다.

ㄷ. 충돌 후 물체 B 의 속도는 $\dfrac{\sqrt{13}}{2}v_0$ 이다.

① ㄱ　　② ㄷ　　③ ㄱ, ㄴ　　④ ㄱ, ㄷ　　⑤ ㄱ, ㄴ, ㄷ

(ㄱ) 충돌 전후에 x축, y축의 운동량이 각각 보존된다.

(ㄴ) 운동량 보존법칙에 의해서 충돌 전 운동량 = 충돌 후 운동량:

(y 성분) $m_A v_A = m_B v'_B \sin \theta \ \rightarrow \ v_0 = 2v'_B \sin \theta \ -(1)$

(x 성분) $m_B v_B = m_A v'_A + m_B v'_B \cos \theta$

$$\rightarrow \ 2v_0 = \frac{1}{2}v_0 + 2v'_B \cos \theta \ \rightarrow \ \frac{3}{2}v_0 = 2v'_B \cos \theta \ -(2)$$

식(1) / 식(2) 에서 $tan \theta = \dfrac{2}{3}$

(ㄷ) 충돌 전 운동에너지 = 충돌 후 운동에너지 에서

(충돌 전) $\dfrac{1}{2}m_A\left(v_A\right)^2 + \dfrac{1}{2}m_B\left(v_B\right)^2 = \dfrac{3}{2}v_0^2$

(충돌 후) $\dfrac{1}{2}m_A\left(v'_A\right)^2 + \dfrac{1}{2}m_B\left(v'_B\right)^2 \rightarrow \dfrac{1}{2}\left(\dfrac{v_0}{2}\right)^2 + \left(v'_B\right)^2$

따라서 $\dfrac{3}{2}v_0^2 = \dfrac{1}{8}v_0^2 + \left(v'_B\right)^2 \rightarrow \left(v'_B\right)^2 = \dfrac{11}{8}v_0^2$

$$\rightarrow \ v'_B = \sqrt{\dfrac{11}{8}}v_0$$

답 (3)

5-10. (2011 MEET/DEET) 다음은 마찰이 없는 에어트랙 (air track) 위에서 두 물체의 충돌에 관한 실험 과정과 결과의 일부이다

[실험 과정]

(1) 그림과 같이 빛가리개가 달린 활차 A 와 빛가리개가 없는 활차 B 를 충돌 후 붙어서 함께 운동하도록 수평인 에어트랙 위에 설치한다.

(2) A 와 B 의 질량과 빛가리개의 길이 d 를 측정한다.

(3) A 를 정지 상태에 있는 B 를 향해 출발시킨다.

(4) A 가 포토게이트 1 을 지나는 동안 빛이 차단되는 시간 Δt_1 을 측정한다.

(5) A 가 B 와 충돌한 후 붙어서 함께 운동할 때 A 가 포토 게이트 2를 지나는 동안 빛이 차단되는 시간 Δt_2 를 측정한다.

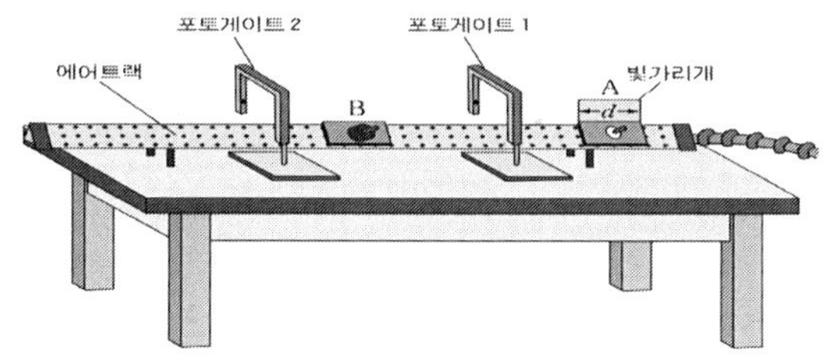

[실험 결과]

측정값				
A 의 질량(kg)	B 의 질량(kg)	d(m)	Δt_1 (s)	Δt_2 (s)
0.10	0.30	0.10	0.025	0.100

이 실험에 대한 설명으로 옳은 것만을 [보기]에서 있는 대로 고른 것은?

[보 기]

ㄱ. 충돌 직전 A 의 속력은 4.0 m/s 이다.

ㄴ. 충돌 직후 A 와 B 의 총 운동량의 크기는 0.4 kg.m/s 이다.

ㄷ. A 와 B 의 충돌 직전의 총 운동 에너지는 충돌 직후의 총 운동 에너지와 같다.

① ㄱ   ② ㄴ   ③ ㄷ   ④ ㄱ, ㄴ   ⑤ ㄱ, ㄴ, ㄷ

(ㄱ) 충돌직전 A 의 속력은 $v = \dfrac{d}{\Delta t_1} = \dfrac{0.1}{0.025} = 4\ m/s$

(ㄴ) 충돌직후 A 와 B 의 총 운동량의 크기는

$$(m_1 + m_2)v_2 = 0.4 \times \dfrac{0.1}{0.1} = 0.4\ kg \cdot m/s$$

(ㄷ) A 와 B 의 운동에너지는

(충돌전) $K_i = \dfrac{1}{2}m_A v_A^2 = \dfrac{1}{2} \times 0.1 \times (4)^2 = 0.8$

(충돌후) $K_f = \dfrac{1}{2}(m_A + m_B)v_2^2 = \dfrac{1}{2} \times 0.4 \times \left(\dfrac{0.1}{0.100}\right)^2 = 0.2$

따라서 직전과 직후의 운동에너지는 같지 않다.

답 (4)

6장 / 회전 운동

6-1 회전

6-1-1 회전 변수

□ 강체: 물체를 이루고 있는 구성부분 모두가 고정된 관계를 갖는 물체

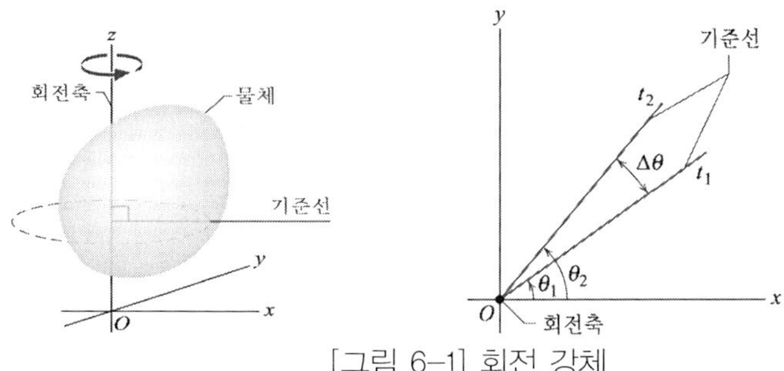

[그림 6-1] 회전 강체

□ 각위치: $\dfrac{s}{r} = \theta$: 라디안 (radian), 1 radian = 57.3°

□ 각변위: 반시계 방향은(+)로, 시계방향은(−), $\Delta\theta = \theta_2 - \theta_1$

□ 각속도 [rad/s]

평균각속도 $\omega_{avg} = \dfrac{\Delta\theta}{\Delta t} = \dfrac{\theta_2 - \theta_1}{t_2 - t_1}$, 순간 각속도 $\omega = \lim\limits_{\Delta t \to 0} \dfrac{\Delta\theta}{\Delta t} = \dfrac{d\theta}{dt}$

□ 평균 각가속도 $\alpha_{avg} = \dfrac{\omega_2 - \omega_1}{t_2 - t_1} = \dfrac{\Delta\omega}{\Delta t}$,

순간 각가속도 $\alpha = \lim\limits_{\Delta t \to 0} \dfrac{\Delta \omega}{\Delta t} = \dfrac{d\omega}{dt}$ $[\text{rad/s}^2]$

6-1-2 등각 가속도 회전

◻ 병진운동 (또는 선운동) 과 회전운동 물리량

$x \leftrightarrow \theta$, $v \leftrightarrow \omega$, $a \leftrightarrow \alpha$

선운동	회전운동
$\vec{v}_f = \vec{v}_i + \vec{a}t$	$\vec{\omega}_f = \vec{\omega}_i + \vec{\alpha}t$
$\vec{x}_f = \vec{x}_i + \vec{v}_i t + \dfrac{1}{2}\vec{a}t^2$	$\vec{\theta}_f = \vec{\theta}_i + \vec{\omega}_i t + \dfrac{1}{2}\vec{\alpha}t^2$
$2\vec{a}\left(\vec{x}_f - \vec{x}_i\right) = \vec{v}_f^2 - \vec{v}_i^2$	$2\vec{\alpha}\left(\vec{\theta}_f - \vec{\theta}_i\right) = \vec{\omega}_f^2 - \vec{\omega}_i^2$

6-1-3 선속도와 각변수 사이 관계

◻ 위치: $s = r\theta$, 회전축에서 거리에 따라 선형적으로 증가

◻ 입자의 속도: $\dfrac{ds}{dt} = r\dfrac{d\theta}{dt} \rightarrow \boxed{v = r\omega}$,

주기 $T = \dfrac{2\pi}{\omega}$: 1 회전에 소요되는 시간 $[\text{s}]$

진동수 $f = \dfrac{1}{T}$: 매초당 회전한 횟수 $[\text{rev/s}]$

◻ 가속도: $\dfrac{dv}{dt} = r\dfrac{d\omega}{dt} \rightarrow \boxed{a_t = r\alpha}$

6-1-4 회전 운동에너지

☐ 회전운동에너지

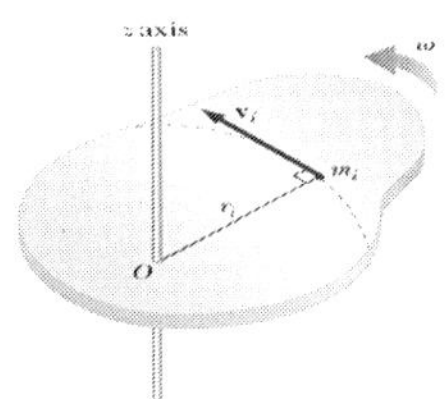

강체가 각속력 ω 로 고정된 z 축에 대해서 회전하는 경우

$$K_i = \frac{1}{2}m_i v_i^2 = \frac{1}{2}m_i (r_i \omega)^2 = \frac{1}{2}m_i r_i^2 \omega^2$$

$$K = \sum K_i = \frac{1}{2}\omega^2 \sum m_i r_i^2 = \frac{1}{2}I\omega^2 \ ,$$

[그림 6-2] 회전운동에너지

$$\boxed{I = \sum_i m_i r_i^2 \ \Rightarrow \ \lim_{\Delta m \to 0}\sum_i m_i r_i^2 = \int r^2 dm} \ : \ 회전 \ 관성$$

☐ 평행축 정리 (Parallel axis theorem) :

임의의 회전축에서 회전관성 $\boxed{I = I_{CM} + MD^2}$

I_{CM} : 질량중심에서 회전관성

M: 전체 질량, D: 질량중심에서 회전축까지 거리

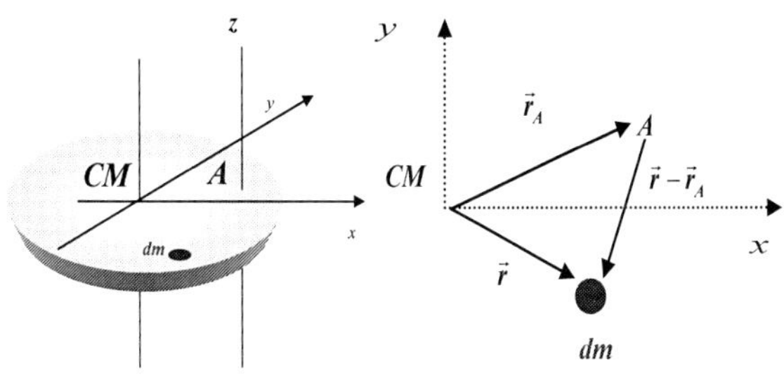

[그림 6-3] 평행축 정리

(증명) A 점에서 질량 dm 의 회전관성은

$dI_A = \left| r - r_A \right|^2 dm$ 에서 전체 관성회전은

$$I_A = \int |\vec{r} - \vec{r}_A|^2 \, dm = \int |(x - x_A)^2 + (y - y_A)^2| \, dm$$

$$= \int (x^2 + y^2)dm + \int (x_A^2 + y_A^2)dm - \int 2xx_A dm - \int 2yy_A dm$$

$$= \int r^2 dm + r_A^2 \int dm - 2x_A \int x dm - 2y_A \int y dm \quad -(1)$$

질량중심이 원점에 놓여 있기 때문에

$$x_{CM} = \frac{1}{M}\int x dm = 0 \rightarrow \int x dm = 0, \quad y_{CM} = \frac{1}{M}\int y dm = 0 \rightarrow \int y dm = 0,$$

따라서 식(1) 에서 $I_A = \int r^2 dm + r_A^2 \int dm = I_{CM} + Mr_A^2$

■ 회전관성: 질량이 M 일 때

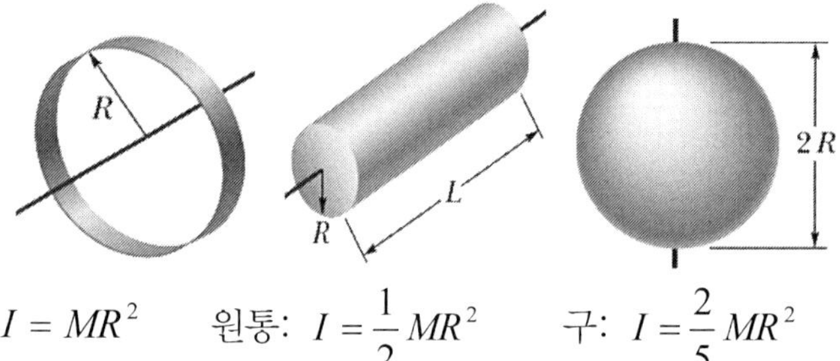

링: $I = MR^2$ 원통: $I = \dfrac{1}{2}MR^2$ 구: $I = \dfrac{2}{5}MR^2$

6-1-5 돌림힘

$$\vec{\tau} = \vec{r} \times \vec{F} = rF\sin\phi = rF_\perp \quad \leftarrow F_\perp = F\sin\theta$$

단위: [N•m], 방향: 반시계 방향(+), 시계 방향(−)

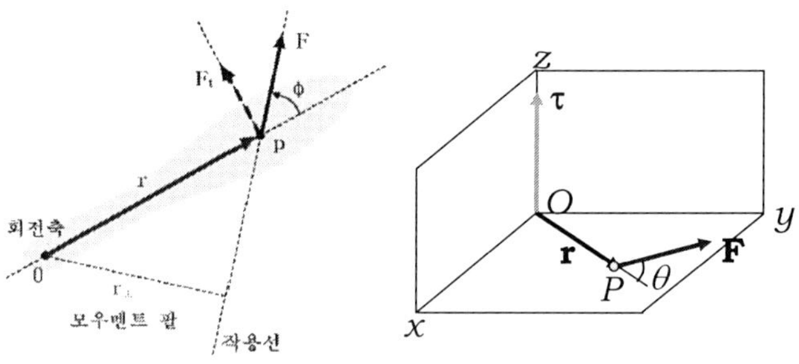

[그림 6-4] 돌림힘

6-2 회전운동

6-2-1 회전에 관한 Newton 의 제 2 법칙

$$\vec{F} = m\,\vec{a} \to F_\perp = m\,a_T = m(r\alpha) \leftarrow a_T = r\alpha ,$$

$$\vec{\tau} = rF_\perp = rm(r\alpha) = (mr^2)\alpha \to \boxed{\vec{\tau} = I\,\vec{\alpha}} ,$$

여기서 회전관성(moment of inertia) $I = mr^2$.

6-2-2 일과 회전 운동 에너지

◻ 일: 물체에 힘 F 가 가해져 $ds = rd\theta$ 만큼 움직였을 경우 힘 F 가 한 일

$$dW = \vec{F} \cdot d\vec{s} = Fds\cos\left(\frac{\pi}{2} - \phi\right)$$

$$= F\sin\phi(rd\theta) = \tau\,d\theta$$

$$\left(\because \vec{\tau} = \vec{r} \times \vec{F} = rF\sin\phi\right)$$

$$\boxed{W = \int_{\theta_1}^{\theta_2} \tau\,d\theta}$$

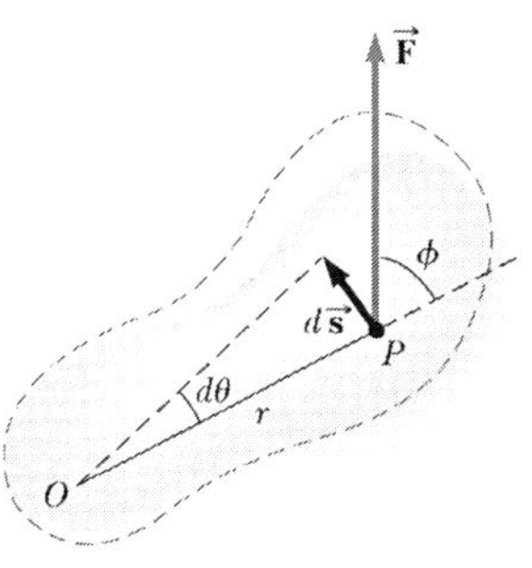

[그림 6-5] 일

◻ 일률: $P = \dfrac{dW}{dt} = \dfrac{\tau d\theta}{dt} = \tau\omega \iff P = Fv$

◻ 일과 에너지 정리

$$W = K_f - K_i = \frac{1}{2}mv_f^2 - \frac{1}{2}mv_i^2$$

$$= \frac{1}{2}m(r\omega_f)^2 - \frac{1}{2}m(r\omega_i)^2 = \frac{1}{2}(mr^2)\omega_f^2 - \frac{1}{2}(mr^2)\omega_i^2$$

$$= \frac{1}{2}I\omega_f^2 - \frac{1}{2}I\omega_i^2$$

6-2-3 각운동량

$$\vec{L} = \vec{r} \times \vec{p} = \vec{r} \times m\vec{v} = \vec{r} \times m(r\vec{\omega}) = mr^2\omega = I\omega \quad [\text{kg} \cdot \text{m/s}^2]$$

$$\frac{d\vec{L}}{dt} = \frac{d}{dt}(\vec{r} \times \vec{p}) = \vec{r} \times m\frac{d}{dt}v = \vec{r} \times \vec{F}_{ext} = \vec{\tau}_{ext}$$

$$\vec{\tau}_{ext} = 0 \;\rightarrow\; \vec{L} = constant \;;\; \text{각운동량 보존}$$

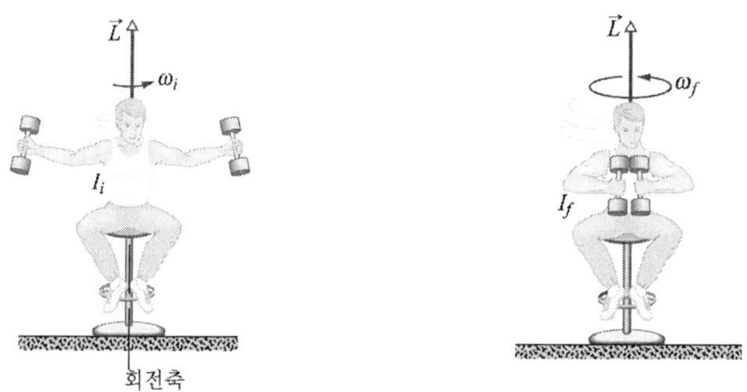

[그림 6-6] 각운동량 보존

물체에 작용하는 외력에 의한 회전력이 없으면 각운동량은
일정하게 유지

$$L = I_i \omega_i = I_f \omega_f \;\rightarrow\; \boxed{\omega_f = \frac{I_i}{I_f}\omega_i}$$

★(6) 관성모멘트가 있는 운동방정식 (또는 힘의 평형 방정식) 만들기★
[1 단계] 가속도 $\vec{a}$ 와 모든 힘들을 나타낸다.
[2 단계] 가속도를 기준으로 x 방향과 y 방향을 만들고, 다른 힘들을 x 방향과 y 방향들의 힘으로 나눈다.
[3 단계] x 방향과 y 방향 운동방정식: $$\sum \vec{F}_x = ma_x \;\text{와}\; \sum \vec{F}_y = ma_y$$ 또는 힘의 평형식: $$\sum \vec{F}_y = 0 \;\text{와}\; \sum \vec{F}_x = 0.$$

[4 단계] 회전 운동방정식을 만든다.

$\sum \vec{\tau} = I\alpha$, α 의 부호는 반시계 방향은 (+) 로

시계방향는 (−) 이다. 또는 돌림힘의 평형식 $\sum \vec{\tau} = 0$

수식요약

회전운동	병진운동
각속력 $\omega = \dfrac{d\theta}{dt}$	속력 $v = \dfrac{dx}{dt}$
각가속도 $a = \dfrac{d\omega}{dt}$	가속도 $a = \dfrac{dv}{dt}$
알짜토크 $\sum \tau = I\alpha$	알짜힘 $\sum F = ma$
등각 가속도 운동 $\alpha = $ 일정 $\omega_f = \omega_i + \alpha t$ $\theta_f = \theta_i + \omega t + \dfrac{1}{2}\alpha t^2$ $\omega_f^2 = \omega_i^2 + 2\alpha(\theta_f - \theta_i)$	등가속도 운동 $a = $ 일정 $v_f = v_i + at$ $x_f = x_i + v_i t + \dfrac{1}{2}at^2$ $v_f^2 = v_i^2 + 2a(x_f - x_i)$
일 $W = \displaystyle\int_{\theta_i}^{\theta_f} \tau \, d\theta$	일 $W = \displaystyle\int_{x_i}^{x_f} F \, dx$
회전운동에너지 $K = \dfrac{1}{2}I\omega^2$	병진운동에너지 $K = \dfrac{1}{2}mv^2$
일률 $P = \tau\omega$	일률 $P = Fv$
각운동량 $L = I\omega$	운동량 $p = mv$
알짜토크 $\sum \tau = \dfrac{dL}{dt}$	알짜힘 $\sum F = \dfrac{dp}{dt}$

6-1 (2013 MEET/DEET) 그림은 xy 평면에서 속도의 크기가 일정하게 증가하는 입자의 운동 경로를 나타낸 것이다. 점선은 경로상의 두 지점 A, B 에 접하는 원이며, 원의 중심은 O_A, O_B 이고 반지름은 r_A, r_B $(r_A > r_B)$ 이다.

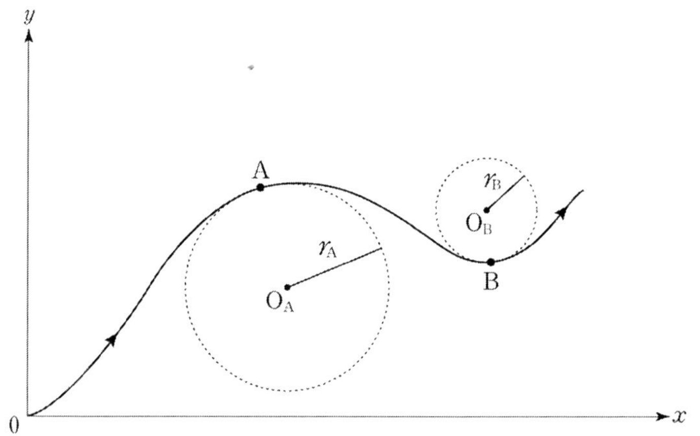

이에 대한 설명으로 옳은 것만을 [보기]에서 있는 대로 고른 것은? [2.5점]

[보 기]

ㄱ. A 에서 입자에 작용하는 접선 방향의 힘의 크기는 B 에서 보다 작다.

ㄴ. A 에서 입자의 가속도의 크기는 B 에서 보다 작다.

ㄷ. A 에서 입자에 작용하는 O_A 에 대한 토크의 크기는 B 에서 입자에 작용하는 O_B 에 대한 토크의 크기보다 크다.

① ㄱ   ② ㄴ   ③ ㄷ   ④ ㄱ, ㄴ   ⑤ ㄴ, ㄷ

(ㄱ) 운동경로 방향의 속도의 크기는 일정하게 증가하므로 운동경로의 가속도는 일정하다. 따라서 A 와 B 에서 접선 방향의 힘의 크기는 같다.

(ㄴ) A 와 B 에서 원운동에 대한 법선 방향 가속도를 비교 하면, $r_A > r_B$ 이므로 $a_A = \dfrac{v^2}{r_A} < a_B = \dfrac{v^2}{r_B}$ 이다.

(ㄷ) 돌림힘은 $\tau = \vec{r} \times \vec{F_A}$ 으로 접선방향의 힘이 작용한다. 접선방향의 힘은 속도의 크기가 일정하게 증가하므로 $\vec{F_A} = \vec{F_B}$ 이고 $r_A > r_B$ 이므로 $\tau_A = r_A F_B > \tau_B = r_B F_B$ 이다.

답 (5)

6-2 (2013 PEET) 그림은 질량이 m 인 물체 A, B가 수평면 대해 수직으로 세워진 원뿔의 마찰이 없는 안쪽 면에서 반지름 R_A 와 R_B 로 각각 등속원운동을 하고 있는 것을 나타낸 것이다. R_A 는 R_B 보다 크다.

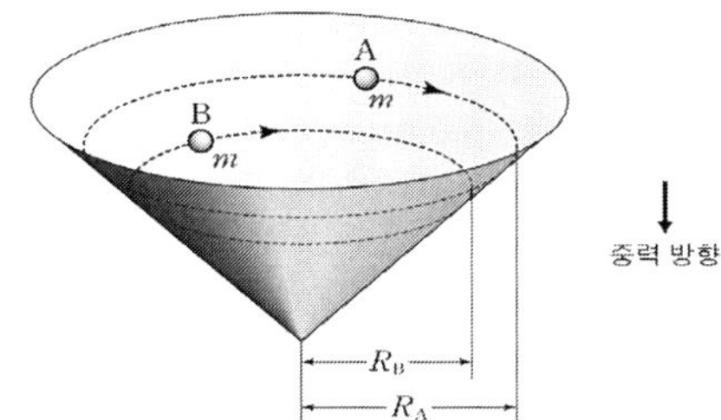

이에 대한 설명으로 옳은 것만을 [보기]에서 있는 대로 고른 것은? (단, 물체의 크기는 무시한다.) [5점]

[보 기]

ㄱ. 회전주기는 A 가 B 보다 크다.

ㄴ. 운동에너지는 A 가 B 보다 크다.

ㄷ. 각각의 원 궤도의 중심에 대한 각운동량의 크기는 A 가 B 보다 크다.

① ㄱ　　② ㄷ　　③ ㄱ, ㄴ　　④ ㄴ, ㄷ　　⑤ ㄱ, ㄴ, ㄷ

(ㄱ) 회전주기는 $T = \dfrac{S}{v} = \dfrac{2\pi R}{v}$ 로 물체 A 와 B 가 등속원 운동을 하고 속도는 $v_A = v_B$ 이고 $R_A > R_B$ 이므로 $T_A = \dfrac{2\pi R_A}{v} > T_B = \dfrac{2\pi R_B}{v}$ 이다.

(ㄴ) 회전운동에너지는

$$K = \frac{1}{2}I\omega^2 = \frac{1}{2}\left(mR^2\right)\left(\frac{v}{R}\right)^2 = \frac{1}{2}mRv^2 , \ R_A > R_B \ \text{이므로}$$

$$K_A = \frac{1}{2}mv^2 R_A > K_B = \frac{1}{2}mv^2 R_B \ \text{이다.}$$

(ㄷ) $L = R \times p = Rmv$, $R_A > R_B$ 이므로 $L_A = mvR_A > L_B = mvR_B$ 이다.

답 (5)

6-3 반지름 R , 질량 M 그리고 회전관성 I 인 바퀴가 마찰 없는 수평 축에 설치되어 있다. 바퀴에 감긴 가벼운 줄에 질량 m 인 물체가 달려 있다.

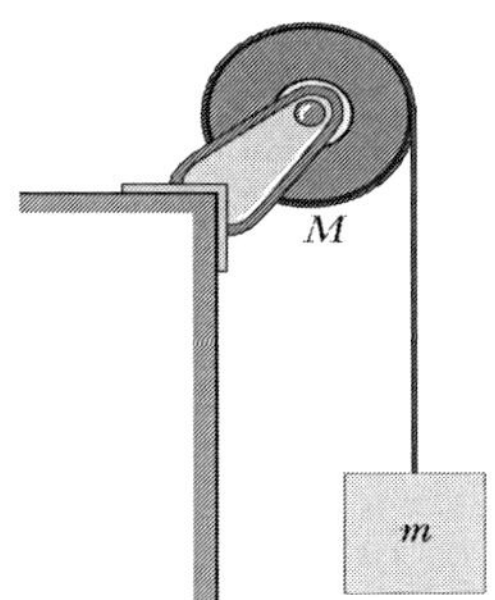

이에 대한 설명으로 옳은 것만을 [보기] 에서 있는 대로 고 른 것은? (단, 원판의 회전관성 $I = \frac{1}{2}MR^2$ 이고, g 는 중력 가속도 이다.)

[보 기]

ㄱ. 질량 m 의 가속도의 크기는 $a = \dfrac{2mg}{(M+2m)}$

ㄴ. 바퀴의 장력의 크기는 $T = \dfrac{1}{2}Ma$ 이다.

ㄷ. 바퀴의 각가속도의 크기는 $\alpha = \dfrac{2Rmg}{(M+2m)}$ 이다.

① ㄴ　　② ㄷ　　③ ㄱ. ㄴ　　④ ㄱ, ㄷ　　⑤ ㄱ, ㄴ, ㄷ

(ㄱ) 과 (ㄴ) (–) y 축 방향을 + 방향으로 보면,

★관성모멘트가 있는 운동방정식 만들기★

[1 단계] 가속도 $\vec{a}$ 와 모든 힘들을 나타낸다.

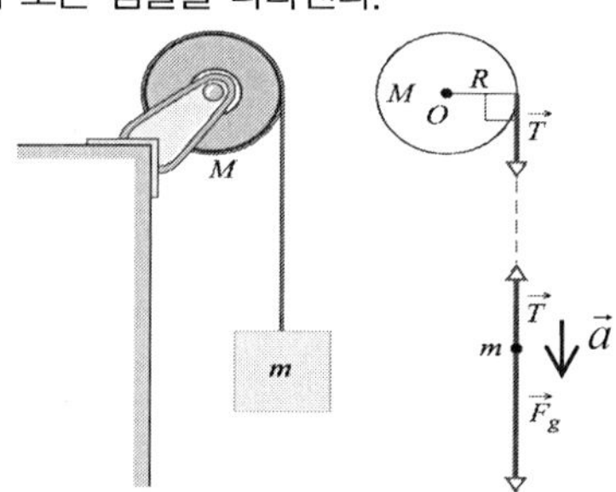

[2 단계] 가속도를 기준으로 x방향과 y방향을 만들고, 다른 힘들을 x방향과 y 방향들의 힘으로 나눈다.

[3 단계] x 방향과 y 방향 운동방정식:

질량 m: $\sum \vec{F}_y = ma_y \rightarrow -mg + T = -ma$ –(1)

[4 단계] 돌림힘 운동방정식을 만든다. α 의 부호는 시계방향은 (–) 이다.

도르레의 돌림힘은 $\sum \vec{\tau} = I\alpha \rightarrow -RT = -I\alpha$ –(2)

$I = \dfrac{1}{2}MR^2$ 이고 $a = R\alpha \rightarrow \alpha = \dfrac{a}{R}$ 을 이용하여 식(2) 에서

$T = \dfrac{1}{R}I\alpha = \dfrac{1}{R}\left(\dfrac{1}{2}MR^2\right)\left(\dfrac{a}{R}\right) \rightarrow T = \dfrac{1}{2}Ma$ 이다. 따라서 식(1) 에서

$a = g - \dfrac{T}{m} = g - \dfrac{1}{m}\left(\dfrac{1}{2}Ma\right) \rightarrow a\left(m + \dfrac{1}{2}M\right) = mg$

$\rightarrow a = g\dfrac{2m}{M + 2m}$ 이다.

(ㄷ) $\alpha = \dfrac{a}{R}$ 이므로 $\alpha = \dfrac{2mg}{R(M + 2m)}$ 이다.

답 (3)

6-4. (2008 MEET/DEET) 그림과 같이 균일한 원판 A 에 감긴 줄이 동일한 원판 B 에 걸쳐서 물체에 연결되어 있다. 물체가 낙하운동을 하면, A 와 B 는 각각 원판의 중심을 지나는 고정된 회전축을 중심으로 회전한다. A, B 의 관성모멘트는 서로 같고, 줄은 A, B 에서 미끄러지지 않는다.

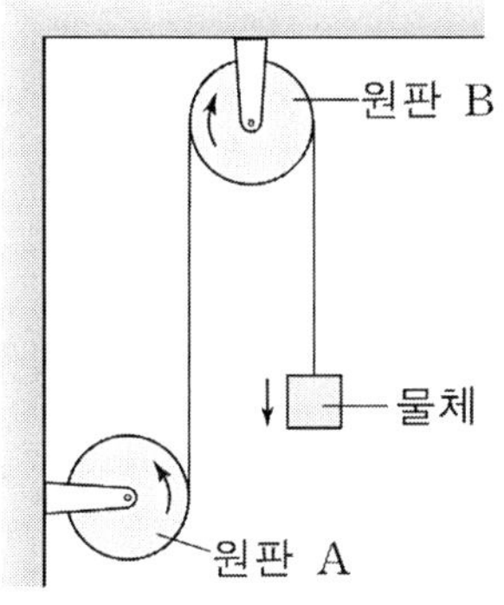

이에 대한 설명으로 옳은 것을 [보기] 에서 모두 고른 것은? (단, A, B 는 동일한 연직면상에 있고, 회전축과 원판 사이의 마찰, 줄의 질량, 공기 저항은 무시하며, 줄은 팽팽하게 유지되고, 중력가속도는 g 이다.)

[보 기]

ㄱ. 각가속도의 크기는 A 와 B 가 서로 같다.
ㄴ. 회전축에 대한 돌림힘 (토크)의 크기는 A 와 B 가 서로 같다.
ㄷ. 물체의 가속도는 g 이다.

① ㄱ　　② ㄷ　　③ ㄱ, ㄴ　　④ ㄴ, ㄷ　　⑤ ㄱ, ㄴ, ㄷ, ㄹ

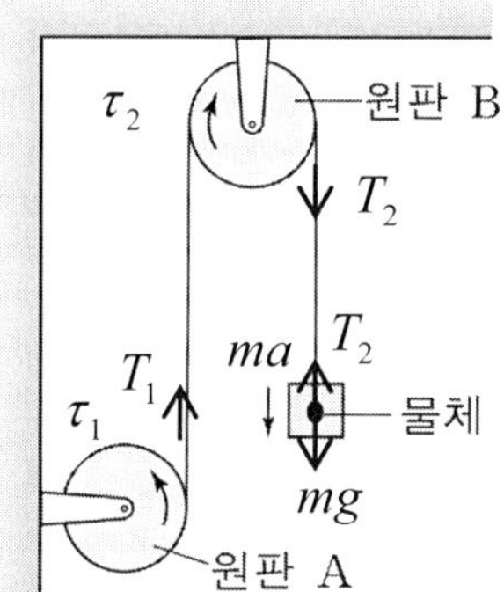

★관성모멘트가 있는 운동방정식 만들기★

[1 단계] 가속도 $\vec{a}$ 와 모든 힘들을 나타낸다.

[2 단계] 가속도를 기준으로 x방향과 y방향을 만들고, 다른 힘들을 x방향과 y 방향들의 힘으로 나눈다.

[3 단계] x 방향과 y 방향 운동방정식을 만든다.

질량 m : $\sum \vec{F}_y = ma_y$ →

원판 A: $T_1 = F$ −(1),   원판 B: $-mg + T_2 = -ma$ −(2)

[4 단계] 돌림힘 운동방정식을 만든다. α 의 부호는 시계방향는 (−) 이다.

도르레의 돌림힘은 $\sum \vec{\tau} = I\alpha$ →

$\tau_1 = T_1 R_1 = I_1 \alpha_1$ −(3), $\tau_2 = -R_2 T_2 = -I_2 \alpha_2$ −(4)

(ㄱ) 원판 A 와 원판 B 는 줄로 연결되고 미끄러지지 않고 회전하므로 원판 A 와 원판 B 의 각가속도와 각속도는 같다.

(ㄴ) 식(3) 와 식(4) 에서 $I_1 = I_2$ 이고 $\alpha_1 = \alpha_2$ 이므로 $|\tau_1| = |\tau_2|$ 이다.

(ㄷ) 물체의 가속도는 식(2) 에서 $a = g - \dfrac{T_2}{m}$ 대한 힘의 평형에서 물체의 가속도는 g 가 아니다.

답 (3)

6-5. (2008 MEET/DEET) 다음은 구의 역학적 에너지 보존에 대한 실험 과정의 일부를 나타낸 것이다.

[실험 과정]

(1) 그림과 같이 수평인 실험대 위에 경사진 궤도, 원형 궤도, 수평 궤도로 구성된 실험 장치를 설치한다.

(2) 경사진 궤도의 한 지점에 반지름 r, 질량 m 인 구를 가만히 놓아 경사진 궤도, 원형 궤도, 수평 궤도를 따라 순차적으로 운동하게 한다. 수평 궤도로부터 출발점까지의 높이를 변화시키면서 구가 최고점을 통과하여 원형 궤도를 따라 운동하는 최소 높이 h 를 찾는다.

(3) 높이 h 인 출발점에 구를 가만히 놓은 후, 수평 궤도를 떠나는 구의 속력 v 를 측정한다.

(4) 구가 폭이 좁은 궤도에서 미끄럼 없이 굴러 간다고 가정하고 에너지 보존 법칙을 이용하여 구한 의 이론값과 (3)에서 측정한 v 를 비교한다. 여기서 구의 중심을 지나는 회전축에 대한 관성모멘트는 $\dfrac{2}{5}mr^2$ 이다.

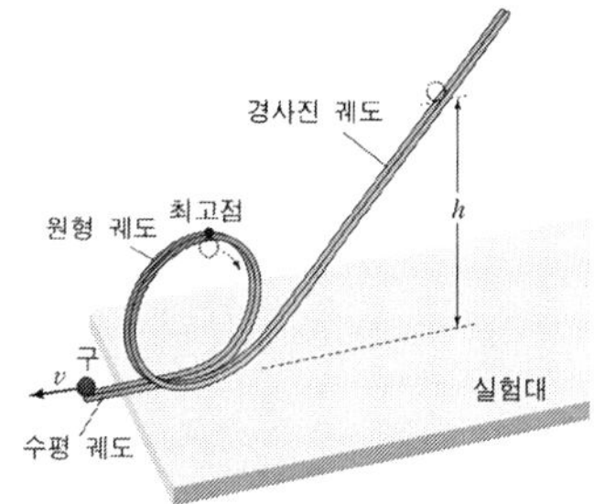

높이 h 에서 구를 가만히 놓았을 때, 원형 궤도의 최고점에서 구에 작용하는 구심력의 크기와 (4) 에서 구한 v 의 이론 값으로 가장 적절한 것은? (단, g 는 중력가속도이다.)

	구심력의 크기	v 의 이론값
①	0	$\sqrt{2gh}$
②	0	$\sqrt{\dfrac{10}{7}gh}$
③	0	$\sqrt{\dfrac{10}{9}gh}$
④	mg	$\sqrt{2gh}$
⑤	mg	$\sqrt{\dfrac{10}{7}gh}$

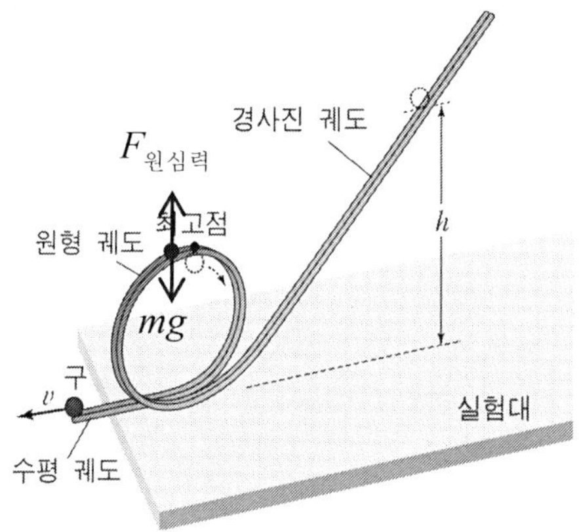

최고점에서 원심력 = 구심력, 구심력 = mg.

★ 에너지보존 방정식 만들기 ★

[1 단계] 운동 전 역학적 에너지를 구한다. $E_i = mgh$

[2 단계] 운동 후 에너지를 구한다. 수평궤도에서

$$E_f = \frac{1}{2}mv^2 + \frac{1}{2}I\omega^2$$

[3 단계] 운동 전과 운동 후 에너지 보존 법칙을 만든다.

$$mgh = \frac{1}{2}mv^2 + \frac{1}{2}I\omega^2 \quad -(1)$$

$v = r\omega$ 을 이용하여 $\dfrac{1}{2}I\omega^2 = \dfrac{1}{2}\left(\dfrac{2}{5}mr^2\right)\left(\dfrac{v}{r}\right)^2$

식(1)에 의해서 $gh = \dfrac{7}{10}v^2 \rightarrow v = \sqrt{\dfrac{10}{7}gh}$

답 (5)

6-6. (2011 PEET) 다음은 강체의 관성 모멘트를 측정하는 실험 과정을 나타낸 것이다.

[실험 과정]

(1) 그림과 같이 관성 모멘트 측정 장치를 설치한다.

(2) 회전축에 감긴 줄에 질량 m 인 추를 매단 후 추를 임의의 기준점에 있게 한다.

(3) 추를 낙하시켜 낙하 거리가 h 가 될 때까지 경과한 시간 t 를 측정한다.

(4) ___(가)___ 의 반지름 R 를 측정한다.

(5) 식 (나)를 사용하여 회전축의 관성 모멘트 I_0 을 구한다.

(6) 회전축과 원판의 중심축을 맞추어 고정시킨 후 과정 (2)와 (3)을 반복하고, 식 (나)를 사용하여 관성 모멘트 I_1 을 구한다.

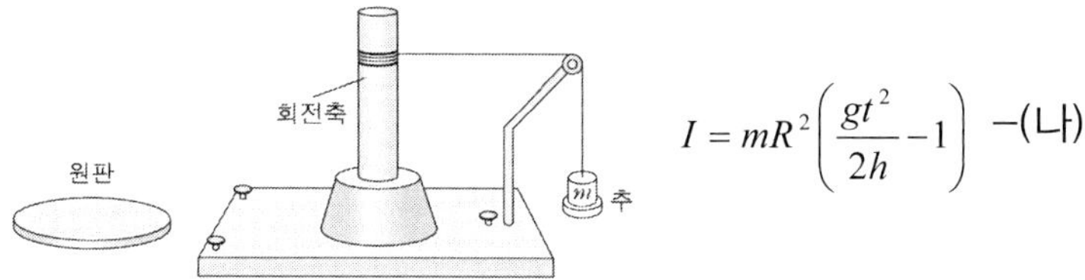

$$I = mR^2\left(\frac{gt^2}{2h} - 1\right) \;-(나)$$

이에 대한 설명으로 옳은 것만을 [보기]에서 있는 대로 고른 것은? (단, g 는 중력 가속도이다.)

[보 기]

ㄱ. 과정 (3)에서 추는 자유 낙하를 한다.
ㄴ. 과정 (4)의 (가)는 회전축이다.
ㄷ. 중심축에 대한 원판의 관성 모멘트는 $I_1 - I_0$ 이다.

① ㄱ   ② ㄴ   ③ ㄷ   ④ ㄴ, ㄷ   ⑤ ㄱ, ㄴ, ㄷ

(ㄱ) 자유낙하는 물체의 가속도 $\vec{a} = -g$ 이다.

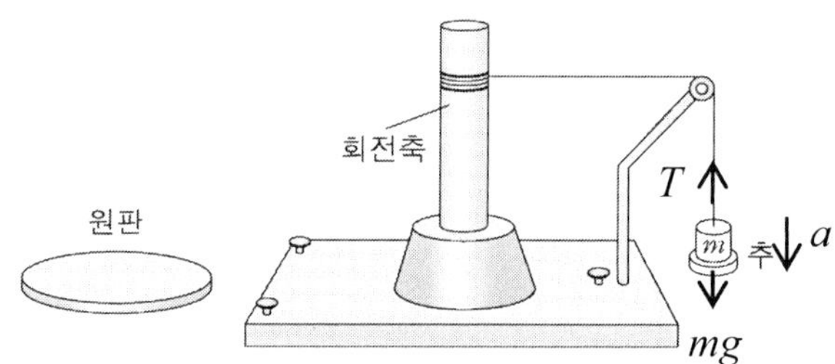

그림에서 회전축의 관성이 있으므로 운동방정식은

$$\sum F_i = ma \;\rightarrow\; T - mg = ma \;\rightarrow\; a \neq g \;\text{이다.}$$

(ㄴ) 관성모멘트 $I = \sum mR^2$ 이므로 반지름 R 은 회전축의 반지름이다.

(ㄷ) 원판의 관성모멘트는 원판이 있을 때 I_1 과 없을 때 I_0 의 관성모멘트의 차이 $I_1 - I_0$ 이다.

답 (4)

6-7. (2009 MEET/DEET) 그림은 중심을 지나는 고정된 회전축에 대해 일정한 각속도로 수평하게 회전하던 원반 위에 질량 m 인 동일한 두 물체가 정지 상태에서 자유 낙하하여 원반에 붙어 함께 회전하는 것을 나타낸 것이다. 두 물체는 회전축에 대해 대칭인 두 지점에서 동시에 낙하하였다.

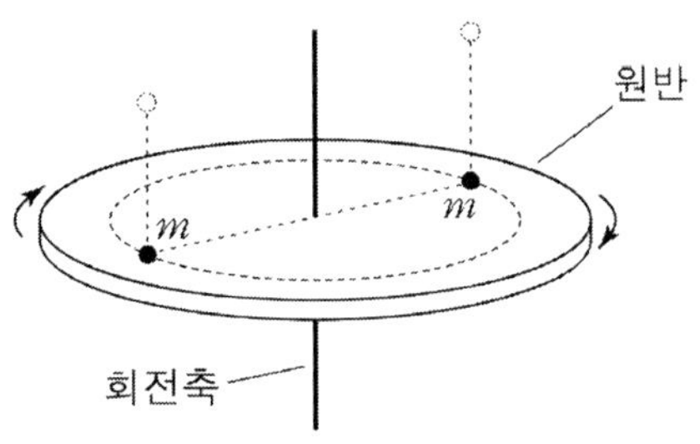

두 물체가 붙은 원반에 대한 설명으로 옳은 것만을 [보기]에서 있는 대로 고른 것은? (단, 물체의 부피는 무시한다.)

[보 기]

ㄱ. 회전축에 대한 관성모멘트는 두 물체가 붙기 전의 원반의 관성모멘트보다 크다.
ㄴ. 각속도는 두 물체가 돌기 전의 원반의 각속도보다 작다.
ㄷ. 회전운동 에너지는 두 물체가 돌기 전의 원반의 회전운동 에너지보다 크다.

① ㄴ　　② ㄷ　　③ ㄱ. ㄴ　　④ ㄱ, ㄷ　　⑤ ㄱ, ㄴ, ㄷ

(ㄱ) 관성모멘트는 $I = \sum m_i r_i^2$ 에서 두 물체가 붙기 전 질량 (M) 의 관성모멘트 (I_i) 와 두 물체가 붙은 후 질량 $(M + 2m)$ 의 관성모멘트 (I_f) 크기를 비교하면 $I_i < I_f$ 이다.

(ㄴ) 각운동량 $L = I\omega$ 은 보존되므로 $I_i \omega_i = I_f \omega_f$ 에서 $I_i < I_f$ 이므 로 $\omega_i > \omega_f$ 이다.

(ㄷ) 회전운동에너지 $K = \dfrac{1}{2} I \omega^2 = \dfrac{L^2}{2I}$ 에서 $L = $ 일정 하므로 $I_i < I_f \rightarrow K_i > K_f$ 이다.

답 (3)

6-8. (2005 MEET/DEET) 그림은 오토바이가 수평면과의 θ_0 의 각을 이루는 빗면으로 이루어진 도약대에서 뛰어 오르는 모습을 나타낸 것이다. 공중에서 가속 핸들을 조작해서 뒷바퀴의 각속도의 크기를 증가시켰더니, 이 효과에 의해 오토바이의 두 바퀴 축을 연결하는 선이 수평면과 이루는 각 θ_0 가 증가하였다.

이에 대한 설명 중 옳은 것을 [보기]에서 모두 고른 것은? (단, 오토바이 바퀴의 각속도 방향은 변하지 않으며 운전자는 가속 핸들과 브레이크 조작 외에 아무 동작도 하지 않는다.)

[보 기]

ㄱ. 공기 저항이 없다면 이와 같은 현상은 발생하지 않는다.
ㄴ. 운전자의 몸무게가 클수록 그 효과에 의해 θ 는 더 빨리 커진다.
ㄷ. 도약 후 공중에서 브레이크를 사용하여 뒷바퀴의 회전을 멈추게 한다면 그 효과에 의해 θ 는 줄어든다.

① ㄱ　　　② ㄴ　　　③ ㄷ　　　④ ㄱ, ㄴ　　　⑤ ㄴ, ㄷ

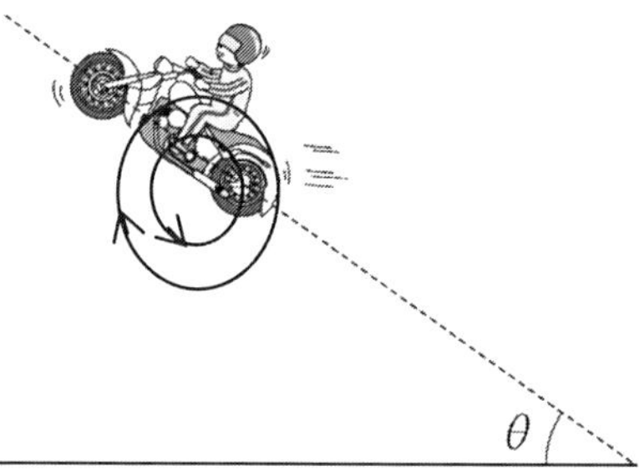

(ㄱ) 공중에 떠 있는 오토바이의 각운동량은 일정하게 보존된다. 즉, 오토바이 뒷바퀴의 각속도를 반시계방향으로 증가시키면 오토바이 전체가 시계방향으로 회전하게 된다. 공기저항과 관련이 없다.

(ㄴ) 각운동량 $L = I\omega$ 에서 각운동량은 보존되므로 $I\omega = \left(mr^2\right)\omega =$ 일정 , 따라서 m 이 증가하면 ω 은 감소한다.

(ㄷ) 각운동량 $L = r \times p = rm\omega$ 와 $\omega = rv$ 에서 속도가 감소하면 각속도가 감소하므로 각도 θ 가 줄어든다.

답 (3)

6-9. (2005 MEET/DEET) 그림 (가)는 반지름이 a 인 원통의 양쪽에 반지름이 b 인 동일한 원통 두 개를 중심축이 일치하도록 연결하여 만든 질량이 3 kg 인 물체를 나타낸 것이다. 이 물체를 마찰이 있는 수평면 위에 놓고, 반지름이 a 인 원통의 중앙에 감긴 실의 한쪽 끝을 물체의 중심축과 수직 방향으로 크기가 2 N 인 힘으로 잡아당기고 있다. 이 힘의 방향과 수평면 사이의 각은 60° 이다.

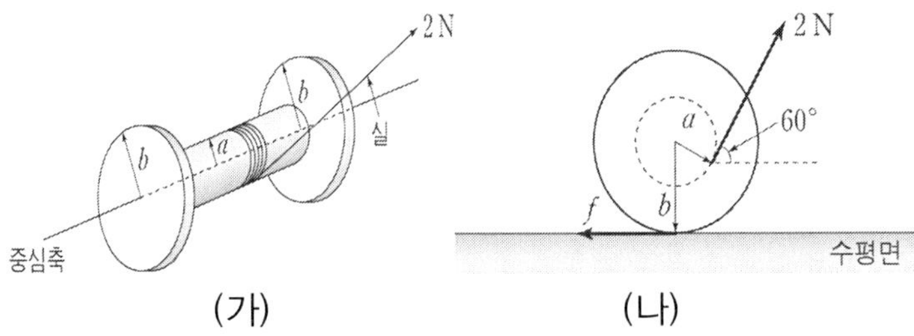

그림 (나)는 이 물체의 측면도를 나타낸 것이고, f 는 물체와 수평면 사이의 마찰력의 크기이다. 이 물체가 회전 하지 않고 정지해 있다면, a 와 b 사이의 관계를 옳게 나타낸 것은? (단, 물체의 밀도는 균일하고 실의 질량은 무시한다.)

① $b = 3a$ ② $b = 2a$ ③ $b = \sqrt{3}a$

④ $b = \sqrt{2}a$ b ⑤ $b = \dfrac{2}{\sqrt{3}}a$

★관성모멘트가 있는 평형방정식 만들기★

[1 단계] 가속도 $\vec{a}$ 와 모든 힘들을 나타낸다.

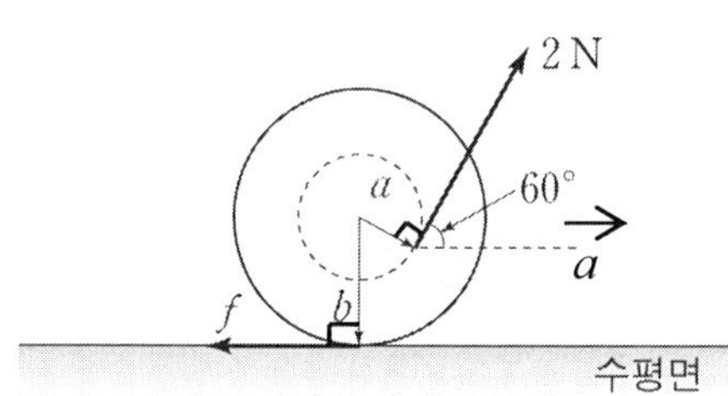

[2 단계] 가속도를 기준으로 x방향과 y방향을 만들고, 다른 힘들을 x방향과 y 방향들의 힘으로 나눈다.

[3 단계] x 방향과 y 방향 힘의 평형 방정식을 만든다.

$$\sum \vec{F}_y = 0 \rightarrow -f + 2\cos 60° = 0 \rightarrow f = 2\cos 60° = \frac{2}{2} = 1 \quad -(1)$$

[4 단계] 돌림힘의 평형방정식을 만든다. α 의 부호는 시계방향는 (−) 이다.

돌림힘의 평형식은 $\sum \vec{\tau} = 0 \rightarrow$

$$\sum \vec{\tau} = \tau_a - \tau_b = 2 \times a - b \times f = 2a - bf = 0 \quad -(2)$$

식(1)을 식(2)에 대입하면, $2a = b$

답 (2)

6-10. (2012 PEET) 그림과 같이 질량이 각각 m, $2m$ 인 물체 A 와 B 를 원형 도르래 P, Q 를 통해 줄로 연결하였다. P 는 반지름이 r 이고 도르래의 회전축에 대한 관성 모멘트 I_P 가 mr^2 이며, Q 는 반지름이 $2r$ 이고 도르래의 회전축에 대한 관성 모멘트 I_Q 가 $2mr^2$ 이다. A 를 잡고 있다가 가만히 놓았더니 A, B 는 각각 등가속도 운동을 하였다. 줄은 도르래에서 미끄러지지 않고 P, Q 를 회전시킨다.

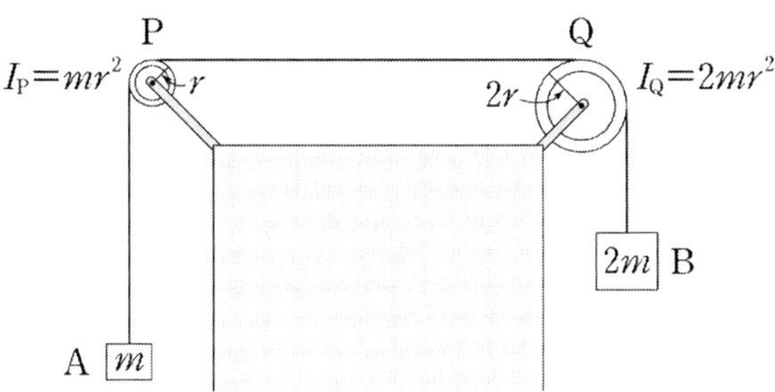

이 운동에 대한 설명으로 옳은 것만을 [보기]에서 있는 대로 고른 것은? (단, 중력가속도는 g 이고, 줄의 질량, 도르래와 도르래의 축과의 마찰, 공기 저항은 무시한다.)

[보 기]

ㄱ. 줄이 A 를 당기는 힘의 크기는 줄이 B 를 당기는 힘의 크기와 서로 같다.

ㄴ. 각가속도의 크기는 P 가 Q 의 2 배이다.

ㄷ. B 의 가속도의 크기는 $\dfrac{2}{9}g$ 이다.

① ㄱ   ② ㄴ   ③ ㄱ, ㄴ   ④ ㄴ, ㄷ   ⑤ ㄱ, ㄴ, ㄷ

★관성모멘트가 있는 운동방정식 만들기★

[1 단계] 가속도 $\vec{a}$ 와 모든 힘들을 나타낸다.

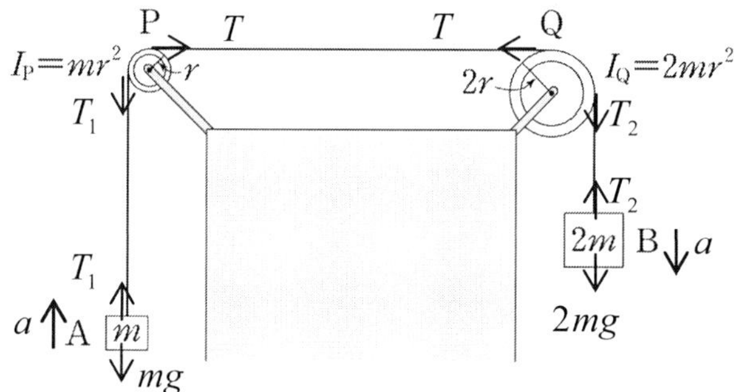

[2 단계] 가속도를 기준으로 x방향과 y방향을 만들고, 다른 힘들을 x방향과 y 방향들의 힘으로 나눈다. [3 단계] x 방향과 y 방향 운동방정식을 만든다.

질량 m : $\sum \vec{F}_y = ma_y$ →

질량 A: $T_1 - mg = ma$ −(1),   질량 B: $-2mg + T_2 = -2ma$ −(2)

[4 단계] 돌림힘 운동방정식을 만든다. α 의 부호는 시계방향는 (−) 이다.

도르레의 돌림힘은 $\sum \vec{\tau} = I\alpha$ →

P: $\tau_P = I_P\left(\dfrac{a}{r}\right) = (T - T_1)r$ −(3),   Q: $\tau_Q = -I_Q\left(\dfrac{a}{2r}\right) = -(T_2 - T)2r$ −(4)

(ㄱ) 도르레의 관성이 작용하므로 A 에서 장력과 B 에서 장력은 같지 않다.

(ㄴ) P 의 각가속도는 $\alpha = \dfrac{a}{r}$ 이고 Q 의 각속도는 $\alpha = \dfrac{a}{2r}$ 이므로 P 의 각속도는 Q의 각가속도의 2 배이다.

(ㄷ) B 의 가속도는 구하기위해서 식(3) × 2 + 식(4) 을 하면

$$\frac{a}{r}\left(2I_P + \frac{I_Q}{2}\right) = (T_2 - T_1)2r \quad -(5),$$

식(5) 에 식(1) 과 식(2) 를 적용하고, $I_P = mr^2$, $I_Q = 2mr^2$,

$$\frac{a}{r}\left[2(mr^2) + \frac{1}{2}(2mr^2)\right] = \left[(2mg - 2ma) - (ma + mg)\right]2r = 0$$

$$\rightarrow \frac{a}{r}(3mr^2) = (mg - 3ma)2r \rightarrow 3a = 2g - 6a \rightarrow a = \frac{2}{9}g$$

답 (4)

III.

유체역학과 열역학

7장 유체역학

8장 진동, 파동 그리고 음파

8-1 진동

8-2 파동

8-3 음파

8-4 중첩과 정상파

9장 열역학 법칙

9-1 온도

9-2 열역학 제1법칙

9-3 기체 운동방정식

9-4 열역학 제2법칙

7장 / 유체 역학

7-1 밀도와 압력

◻ 유체 (fluid): 액체, 기체로 흐를 수 있는 물질

−밀도: 단위 부피당 질량

$$\text{밀도} = \frac{\text{질량}}{\text{부피}} \;\rightarrow\; \rho = \frac{\Delta m}{\Delta V} \rightarrow \rho = \frac{m}{V} \quad (\text{균일한 밀도})\; [\text{Kg} / \text{m}^2]$$

−압력: 단위 면적당 받는 힘.

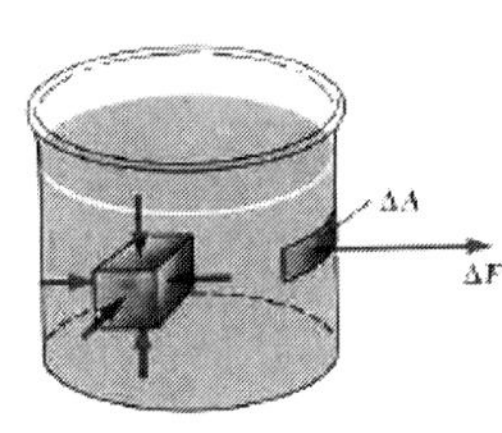

$$\text{압력} = \frac{\text{힘}}{\text{면적}} \;\rightarrow\; P = \frac{\Delta F}{\Delta A} \;\rightarrow\; \boxed{P = \frac{F}{A}}$$

F: 면적에 수직으로 작용하는 힘

단위: 파스칼(Pa) = N / m^2

$$1\,atm = 1.01 \times 10^5\,Pa$$

[그림 7-1] 압력

$$= 760\,torr = 14.7\,lb/in^3$$

7-2 정지해 있는 유체

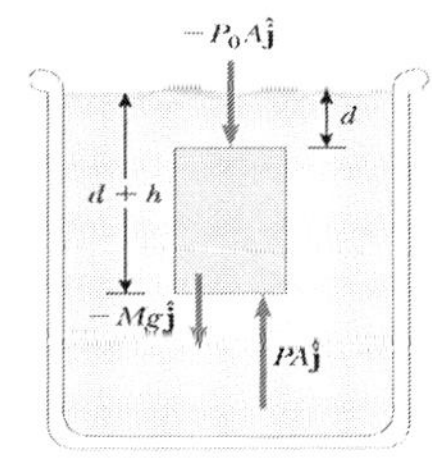

[그림 7-2] 정지한 유체

용기 바닥 면이 받는 힘

$$W = mg = \rho V g$$

용기 바닥 면에 미치는 압력

$$P = \frac{F}{A} = \frac{\rho V g}{A} = \frac{\rho (Ah)g}{A} = \rho g h$$

유체의 윗면이 받는 압력을 고려한 경우 $\boxed{P = P_o + \rho gh}$

7-3 파스칼(Pascal)의 원리

❏ 파스칼의 원리: 갇혀 있는 비압축성 유체에 가해진 압력은 유체의 모든 부분과 유체를 담고 있는 그릇의 모든 부분에 똑같이 전달된다.

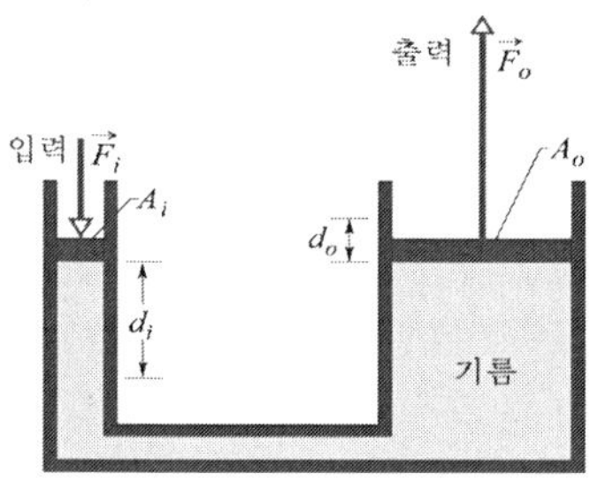

[그림 7-3] 파스칼 원리

$$P = \frac{F_i}{A_i} = \frac{F_o}{A_o} \, ,$$

$$\boxed{F_o = F_i \frac{A_o}{A_i} = F_i \frac{d_i}{d_o}}$$

$\leftarrow \ A_i d_i = A_0 d_0$

들어간부피 = 나온부피

7-4 아르키메데스(Archimedes)의 원리

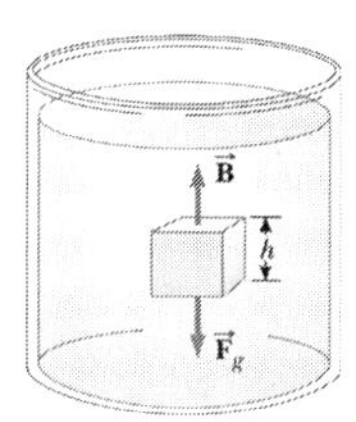

어떤 물체의 전부 또는 일부가 유체에 잠기 게 되면 잠긴 물체가 밀어낸 유체의 무게 $m_f g$ 와 같은 크기의 부력이 위쪽으로 작용 한다.

부력의 크기: $\vec{B} = m_f g$, $\boxed{\vec{B} = \vec{F}_g} \rightarrow m_f g = mg$

[그림 7-4] 부력

7-5 이상유체의 운동

❏ 이상유체: 정상흐름, 비압축성, 비점성 흐름, 비맴돌이 흐름
❏ 유선: 유체 내의 입자의 경로,

유체의 속도: 유선의 접선 방향

★(7) 부력 있는 운동방정식
(또는 힘의 평형 방정식) 만들기★

[1단계] 가속도 $\vec{a}$ 와 모든 힘들을 나타낸다.

[2 단계] 가속도를 기준으로 x 방향과 y 방향을 만들고, 다른 힘들을 x 방향과 y 방향들의 힘으로 나눈다.

[3 단계] x 방향과 y 방향에 운동방정식을 만든다.

부력 B 에서 $\sum \vec{F}_x = ma_x$ 와 $\sum \vec{F}_y + B = ma_y$

또는 힘의 평형식: $\sum \vec{F}_y + B = 0$ 와 $\sum \vec{F}_x = 0$.

7-6 연속 방정식

◻ 연속 방정식

Δt 초 동안 A_1 과 A_2 단면을 통과한 유체의 부피에 대하여

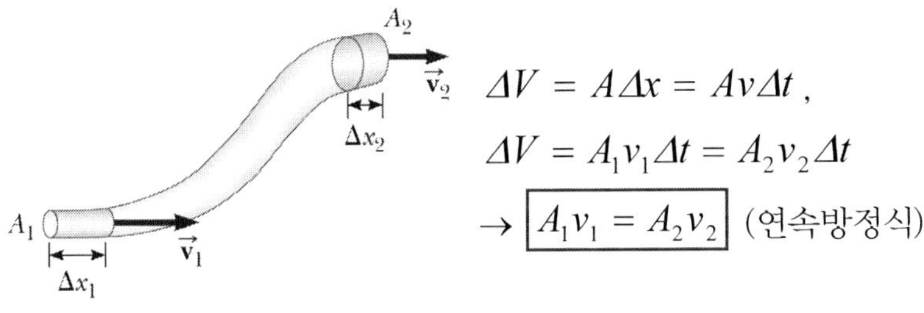

$$\Delta V = A \Delta x = Av \Delta t ,$$

$$\Delta V = A_1 v_1 \Delta t = A_2 v_2 \Delta t$$

$$\rightarrow \boxed{A_1 v_1 = A_2 v_2} \ (연속방정식)$$

[그림 7-5] 연속방정식

◻ 흐름율: 부피의 흐름율은 면직 A 를 지나 한 지점을 통과하여 흘러가는 단위 시간당 부피

부피 흐름률: $R_V = \dfrac{V}{t} - \dfrac{Ad}{t} - A\vec{v} = 일정$,

질량흐름률: $R_m = \dfrac{m}{t} = \dfrac{\rho V}{t} = \rho R_V = \rho A \vec{v} = $ 일정

7-7 베르누이 (Bernoulli) 의 방정식

$$\boxed{P + \frac{1}{2}\rho V^2 + \rho gy = \text{상수}} \quad \text{(Bernoulli's equation)}$$

$$P_1 + \frac{1}{2}\rho V_1^2 + \rho gy_1 = P_2 + \frac{1}{2}\rho V_2^2 + \rho gy_2$$

(증명) 일-에너지 정리에 의하여 계의 운동에너지 변화는 외부에서 계에 해준 일과 같다.

$$W = \Delta K \leftarrow W = W_g + W_P, \ (W_g : \text{중력이 한일}, \ W_P : \text{압력이 한 일})$$

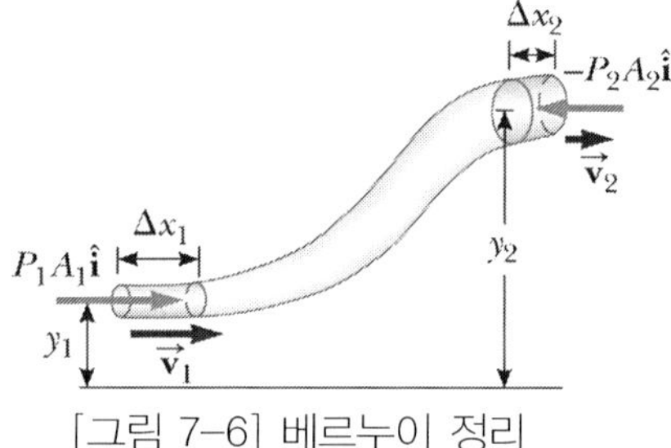

[그림 7-6] 베르누이 정리

(1) 운동에너지의 변화 $\Delta K = \dfrac{1}{2}\Delta mv_2^2 - \dfrac{1}{2}\Delta mv_1^2 = \dfrac{1}{2}\rho\Delta V\left(v_2^2 - v_1^2\right)$

(2) 위치 에너지: 중력이 한일

$$W_g = -gm\left(y_2 - y_1\right) = -g\rho\Delta V\left(y_2 - y_1\right)$$

(3) 압력에 의한 힘이 한 일 $W_1 = F_1\Delta x_1 = P_1 A_1 \Delta x_1 = P_1\Delta V$,

$$W_2 = -F_2\Delta x_2 = -P_2 A_2 \Delta x_2 = -P_2\Delta V_2$$

$$W_P = W_1 + W_2 = P_1 A_1 \Delta x_1 - P_2 A_2 \Delta x_2 = -\left(P_2 - P_1\right)\Delta V$$

$$W_g + W_P = \Delta K \to \ -g\rho\Delta V(y_2 - y_1) - (P_2 - P_1)\Delta V = \frac{1}{2}\rho\Delta V(v_2^2 - v_1^2)$$

$$\therefore \boxed{P_1 + \frac{1}{2}\rho v_1^2 + \rho gy_1 = P_2 + \frac{1}{2}\rho v_2^2 + \rho gy_2}$$

★(8) 베르누이 방정식 만들기★

운동 전과 운동 후 베르누이 방정식을 만든다.

$$P_1 + \frac{1}{2}\rho v_1^2 + \rho g y_1 = P_2 + \frac{1}{2}\rho v_2^2 + \rho g y_2$$

수식요약

압력

$P = \dfrac{F}{A}$, 단위: 파스칼(Pa) = N / m^2

정지한 유체압력: $P = P_o + \rho g h$

파스칼의 원리

갇혀 있는 비압축성 유체에 가해진 압력은 유체의 모든 부분과 유체를 담고 있는 그릇의 모든 부분에 똑같이 전달된다.

아르키메데스의 원리

부력 (잠긴 물체가 밀어낸 유체) = 물체의 무게

$\vec{B} = \vec{F}_g \rightarrow m_f g = mg$

연속 방정식

$A_1 v_1 = A_2 v_2$, A : 유체관의 단면적, v : 유체속도

베르누이 방정식

$$P_1 + \frac{1}{2}\rho v_1^2 + \rho g y_1 = P_2 + \frac{1}{2}\rho v_2^2 + \rho g y_2$$

7-1. (2010 MEET/DEET) 그림 (가)는 밀도가 균일한 직육면체 나무도막 M 을 밀도가 ρ_A 로 균일한 액체 A 에 넣었 을 때 나무도막 부피의 7/9 이 A 에 잠긴 것을 (나)는 M 을 밀도가 ρ_B 로 균일한 액체 B 에 넣었을 때 나무도막 부피의 5/8 가 B 에 잠긴 것을 나타낸 것이다.

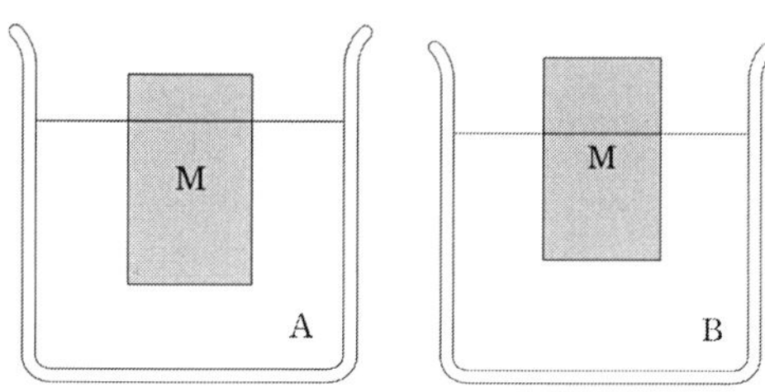

$\dfrac{\rho_A}{\rho_B}$ 는? (단, A, B 를 흡수하지 않는다.)

① $\dfrac{11}{77}$　　② $\dfrac{16}{27}$　　③ $\dfrac{45}{56}$　　④ $\dfrac{56}{45}$　　⑤ $\dfrac{27}{16}$

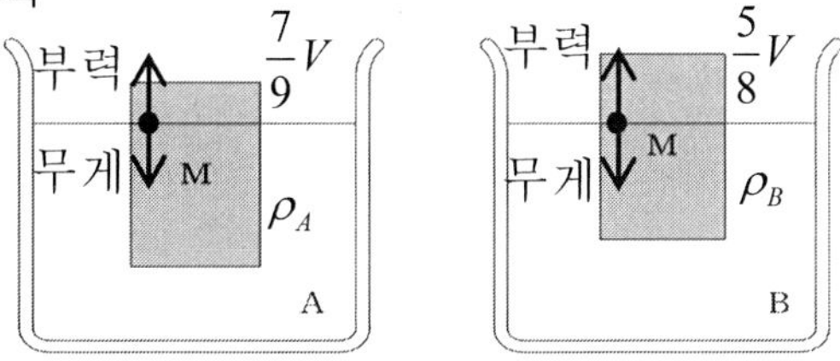

밀도는 $\rho = \dfrac{m}{V} \rightarrow m = \rho V$ 이고 무게 = 부력 이므로

액체 A 에서 $mg = \rho_A V\left(\dfrac{7}{9}\right)g$, 액체 B 에서 $mg = \rho_B V\left(\dfrac{5}{8}\right)g$,

$$\rho_A V\left(\dfrac{7}{9}\right)g = \rho_B V\left(\dfrac{5}{8}\right)g \rightarrow \dfrac{\rho_A}{\rho_B} = \left(\dfrac{5}{8}\right)\Big/\left(\dfrac{7}{9}\right) = \dfrac{45}{56}$$

답 (3)

7-2. (2006 MEET/DEET) 그림은 물체가 풍선에 매달려 액체 속에 뜬 채로 정지해 있는 모습을 나타낸 것이다. 물체와 풍선의 부피는 각각 V와 $5V$이다.

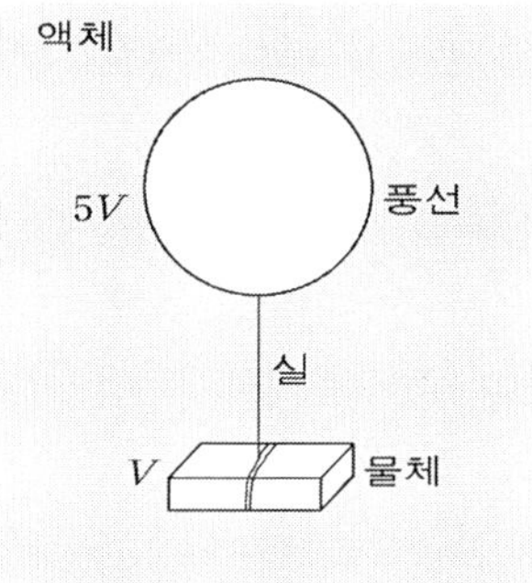

물체와 풍선 사이의 실을 끊은 직후 물체의 가속도는? (단, 액체의 점성, 풍선의 질량, 풍선 속 공기의 질량, 실의 질량은 모두 무시하고, 중력가속도는 g이며, 액체의 밀도는 균일하다.)

① $\dfrac{1}{6}\,\mathrm{g}$　　② $\dfrac{1}{5}\,\mathrm{g}$　　③ $\dfrac{1}{4}\,\mathrm{g}$　　④ $\dfrac{4}{5}\,\mathrm{g}$　　⑤ $\dfrac{5}{6}\,\mathrm{g}$

★부력 있는 평형 방정식 만들기★

물체와 풍선 사이에 실을 끊은 직후

[1 단계] 가속도 $\vec{a}$ 와 모든 힘들을 나타낸다.

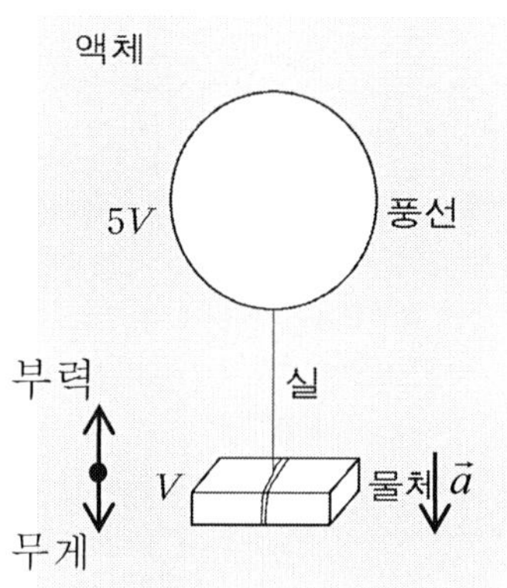

[2 단계] 가속도를 기준으로 x방향과 y방향을 만들고, 다른 힘들을 x방 향과 y 방향들의 힘으로 나눈다.

[3 단계] x 방향과 y 방향에 운동방정식을 만든다. 물체와 풍선 사이의 실을 끊은 직후, $\sum \vec{F}_y + B = ma_y \;\rightarrow\; -mg + B_{물체} = -ma$ —(1)

여기서 B 는 부력이다. 액체에서 물체가 정지했을 때 힘의 평형식을 구하면,

힘의 평형식: $\sum \vec{F}_y + B = 0 \;\rightarrow\; -mg + B_{풍선} + B_{물체} = 0$,

$\rightarrow\; mg = \rho_{액체}\, g(V + 5V) \;\rightarrow\; \rho_{액체} = \dfrac{m}{6V}$ —(2) 식(2)에서 물체의 부력은

$B_{부력} = \rho_{액체}\, gV = \dfrac{m}{6V}\, gV = \dfrac{1}{6} mg$ —(3)

식(3)을 식(1)에 대입하면 $mg - \dfrac{1}{6} mg = ma \rightarrow a = \dfrac{5}{6} g$

답 (5)

7-3. (2007 MEET/DEET) 그림은 유압장치를 이용하여 물체 D 에 힘을 작용하는 것을 나타낸 것이다. 피스톤 A 를 미는 힘은 10 N 이며, 이 힘이 서로 연결된 두 실린더 내부의 비압축성 유체에 미치는 압력은 피스톤 B 에 힘을 작용한다. B 는 고정된 회전축을 중심으로 돌 수 있는 강체 C 의 끝부분은 D 를 민다. A, B 의 단면적은 각각 10 cm^2, 100 cm^2 이고 유압 장치와 모든 물체는 힘의 평형을 이루고 정지 상태에 있다.

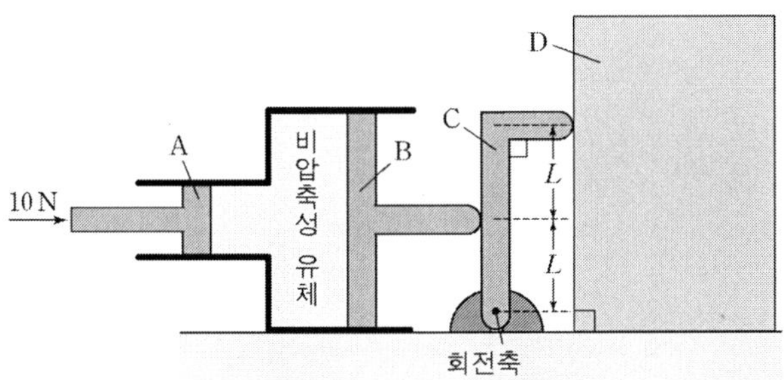

이에 대한 설명으로 옳은 것을 [보기]에서 있는 대로 고른 것은? (단, 실린더는 고정되어 있으며, 유체에 미치는 중력의 영향, C 의 질량과 굵기, 실린더 내부 및 회전축의 마찰, 유체의 점성, 모든 변형은 무시한다.)

[보 기]

ㄱ. B 가 C 를 미치는 힘은 100 N 이다.
ㄴ. 회전축에 대한 C 에 작용하는 돌림힘(토크)의 합은 0 이다.
ㄷ. C 가 D 를 미는 힘은 200 N 이다.

① ㄴ　　② ㄷ　　③ ㄱ, ㄴ　　④ ㄱ, ㄷ　　⑤ ㄱ, ㄴ, ㄷ

(ㄱ) 파스칼 원리에서 $P = \dfrac{F_A}{A} = \dfrac{F_B}{B} \rightarrow \dfrac{10}{10cm^2} = \dfrac{F_B}{100cm^2} \rightarrow F_B = 100\,N$

(ㄴ) 유압장치와 모든 물체는 힘의 평형을 이루어 정지 상태에 있으므로
★관성모멘트가 있는 힘의 평형 방정식 만들기★

[1 단계] 가속도 $\vec{a} = 0$ 이므로 모든 힘들을 나타낸다.

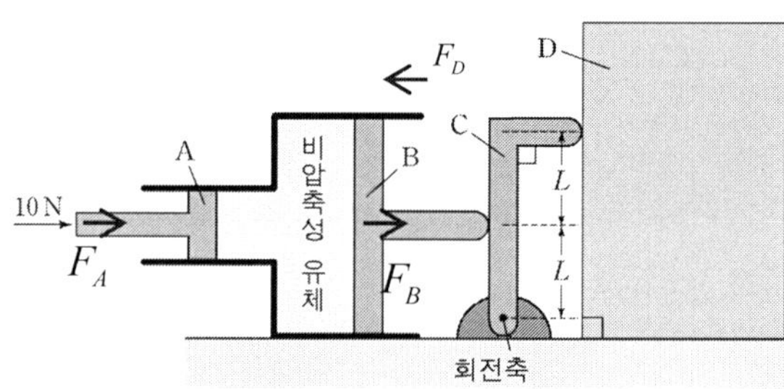

[2 단계] 힘들을 x방향과 y 방향의 힘으로 나눈다.
[3 단계] x 방향과 y 방향에 운동방정식을 만든다.
힘의 평형식: $\sum \vec{F}_y = 0$ 와 $\sum \vec{F}_x = 0$.
[4 단계] 회전 운동방정식을 만든다. 물체는 힘이 평형이고 정지 상태 이므로
돌림힘의 평형식 $\sum \vec{\tau} = 0$ ―(1) 따라서 C 에 작용하는 토크의 합은 0 이 다.

(ㄷ) 힘의 평형에서 C 에 작용되는 힘 F_B 는 시계방향으로 회전하면 작용과
반작용 법칙에 의해서 D 는 반시계 방향으로 회전한다. 식(1)에서

$$\sum \vec{\tau} = 0 \rightarrow F_B \times L - F_D \times 2L = 0 \rightarrow F_D = \frac{1}{2} F_B = 50\ N$$

D 가 C 를 미는 힘과 C 가 D 를 미는 힘의 작용-반작용의 관계로 같으므로
C 가 D 를 미는 힘도 50 N 이다.

답 (3)

7-4. (2011 PEET) 그림 (가)는 밀도가 일정한 물체가 실에 묶
여 액체에 완전히 잠긴 것을 나타낸 것이다. 그림 (나)는 실이
끊어진 후 물체가 액체의 표면으로 떠올라 정지해 있 는 것을
나타낸 것이다.

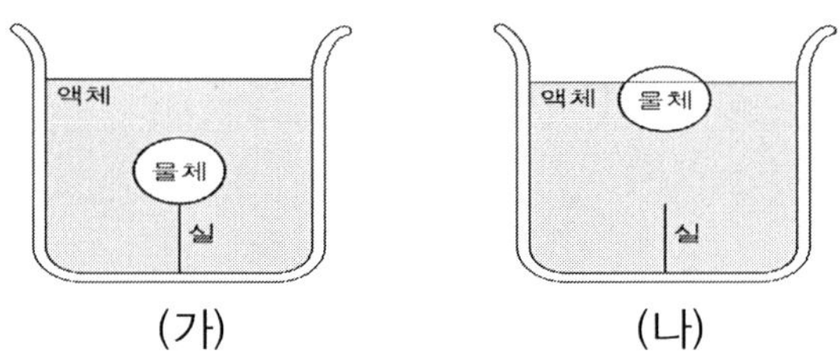

이에 대한 설명으로 옳은 것만을 [보기]에서 있는 대로 고른
것은? (단, 액체의 밀도는 일정하다.)

[보 기]

ㄱ. 물체의 밀도는 액체의 밀도보다 작다.
ㄴ. (가)에서 물체에 작용하는 부력과 중력은 크기가 같다.
ㄷ. (가)에서 물체에 작용하는 부력은 (나)에서 물체에
   작용하는 부력보다 크다. .

① ㄱ   ② ㄷ   ③ ㄱ, ㄴ   ④ ㄱ, ㄷ   ⑤ ㄴ, ㄷ

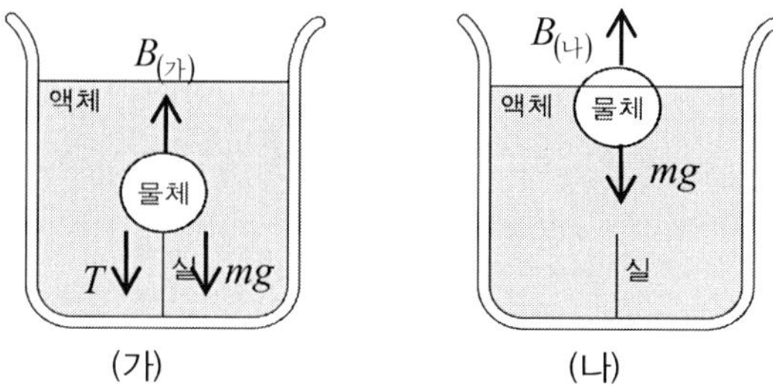

(ㄱ) (나) 에서 물체는 액체의 표면에 있으므로 부력 $B_{(나)} = mg$ −(1)

식(1)에서 $\rho_{액체} V_{잠긴부피}\, g = \rho_{물체} V_{물체}\, g$ 이므로 $V_{잠긴부피} < V_{물체} \rightarrow \rho_{액체} > \rho_{물체}$ 이다.

(ㄴ) (가) 에서 물체에 작용하는 실의 장력이 있으므로 부력과 중력은 같지 않다. $+ B_{(가)} - mg - T = 0 \rightarrow B_{(가)} = mg + T$ −(2)

(ㄷ) (ㄱ) 에 작용하는 부력은 식(2) 에서 실의 장력 와 물체의 무게의 합 이고 (나)에서 부력은 식(1) 에서 물체의 무게이므로 (가)의 물체에 작용하는 부력이 (나) 보다 더 크다. 즉 $B_{(가)} = B_{(나)}$ 이다.

답 (4)

7-5. (2009 MEET/DEET) 그림과 같이 추가 놓여 있는 비압축적 액체 내에 질량 m, 부피 V_1 인 물체가 부피 V_2 인 풍선에 매달려 정지해 있다.

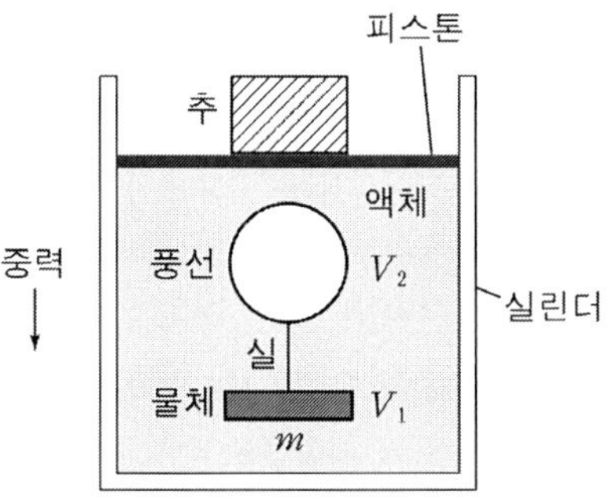

이에 대한 설명으로 옳은 것만을 [보기]에서 있는 대로 고른 것은? (단, 피스톤과 실린더 사이의 마찰, 액체의 점성, 풍선의 질량, 풍선 속 기체의 질량, 실의 질량은 모두 무시하고, 액체의 밀도는 균일하다.)

[보 기]

ㄱ. 액체의 밀도는 $\dfrac{m}{V_2}$ 보다 크다.

ㄴ. 물체를 아래쪽으로 당겨 정지 상태에서 놓으면 물체는 위쪽으로 움직인다.

ㄷ. 추를 하나 더 올려 놓으면 물체는 아래쪽으로 움직인다.

① ㄱ   ② ㄷ   ③ ㄱ, ㄴ   ④ ㄴ, ㄷ   ⑤ ㄱ, ㄴ, ㄷ

(ㄱ) ★부력 있는 평형 방정식 만들기★
[1 단계] 가속도 $\vec{a} = 0$ 이고 모든 힘들을 나타낸다.

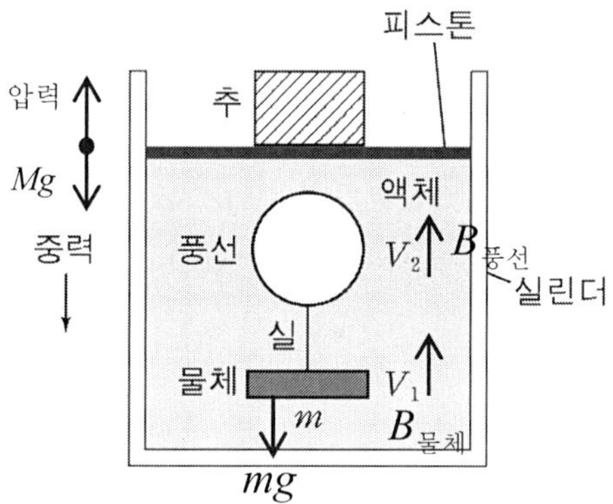

[2 단계] 힘들을 x 방향과 y 방향들의 힘으로 나눈다.
[3 단계] x 방향과 y 방향에 힘의 평형 방정식을 만든다. 부력 B 에 대해
힘의 평형식: $\sum \vec{F}_y + B = 0 \rightarrow -mg + B_{풍선} + B_{물체} = 0$

$$\rightarrow mg = \rho_{액체}(V_2 + V_1)g$$

따라서 액체의 밀도 $\rho_{액체} = \dfrac{m}{V_2 + V_1} < \dfrac{m}{V_2}$ 이다.

(ㄴ) 물체를 아래로 당기면 깊이가 깊어지고 액체의 압력이 증가하므로 풍선의
부피는 감소한다. 따라서 풍선의 부력이 작아지므로 물체는 아래로 내려간다.

(ㄷ) 추를 하나 더 올려 놓으면 액체의 압력이 증가하므로 풍선의 부피가
감소한다. 따라서 물체는 아래로 내려간다.

답 (2)

7-6. (2011 MEET/DEET) 그림은 액체 속에서 반지름이 R 인 구형 물체가 정지 상태에서 연직 방향으로 낙하하여 충분한 시간이 경과한 후 일정한 속력 v_T 에 도달한 모습을 나타낸 것이다. 물체와 액체의 밀도는 각각 ρ 와 ρ_F 로 일정하다. 이 물체의 속력이 v 일 때, 물체가 받는 액체에 의한 저항력의 크기는 bRv 이다.

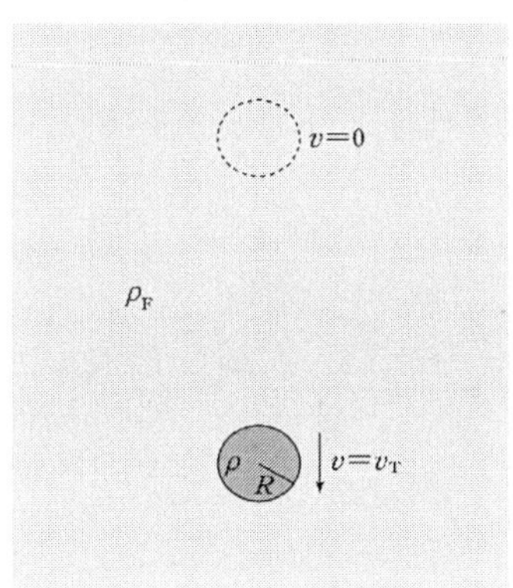

이에 대한 설명으로 옳은 것만을 [보기]에서 있는 대로 고른 것은? (단, b 는 양의 상수이고 중력 가속도는 g 이다.)

[보 기]

ㄱ. 출발하는 순간 물체의 가속도 크기는 $\dfrac{(\rho-\rho_F)g}{\rho}$ 이다.

ㄴ. 속력이 v_T 일 때, 물체에 작용하는 부력의 크기는 물체에 작용하는 중력의 크기와 같다.

ㄷ. v_T 는 R^2 에 비례한다.

① ㄱ　　② ㄴ　　③ ㄱ, ㄷ　　④ ㄴ, ㄷ　　⑤ ㄱ, ㄴ, ㄷ

(ㄱ) 출발하는 순간에 가속도를 구하기 위해서

★부력 있는 평형 방정식 만들기★

[1 단계] 그림 (가)에서 가속도 $\vec{a}$ 와 모든 힘들을 나타낸다. 출발 순간에 물체가 받는 액체에 의한 저항력은 0 이다.

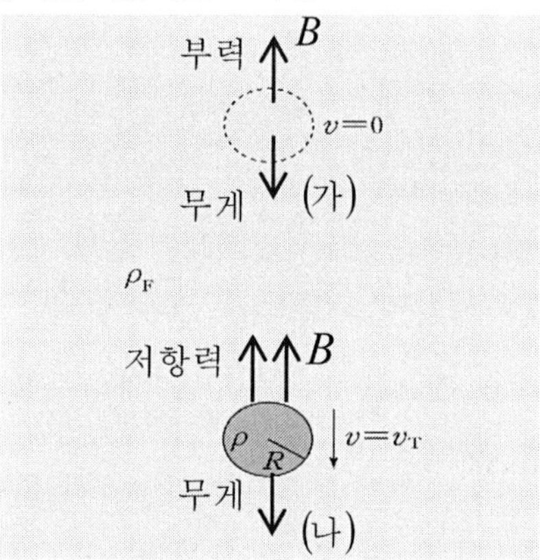

[2 단계] 가속도를 기준으로 x방향과 y방향을 만들고, 다른 힘들을 x방향과 y 방향의 힘으로 분석한다.

[3 단계] x 방향과 y 방향 운동방정식을 만든다. 부력 B 에 대해

$$\sum \vec{F}_y + B = ma_y \;\to\; -mg + B = -ma \quad -(1)$$

식(1)에서 $(\rho V)g - (\rho_F V)g = (\rho V)a \;\to\; a = \dfrac{(\rho - \rho_F)g}{\rho}$

(ㄴ) 물체 속력이 v_T 일 때는 가속도 $\vec{a} = 0$ 이다.

★부력 있는 평형 방정식 만들기★

[1 단계] 그림 (나)에서 가속도 $\vec{a} = 0$ 이고 모든 힘들을 나타낸다.

[2 단계] 힘들을 x방향과 y 방향의 힘으로 나눈다.

[3 단계] x 방향과 y 방향에 힘의 평형 방정식을 만든다. 부력 B 에 대한

힘의 평형식: $\sum \vec{F}_y + B = 0 \;\to\; -mg + F_{저항력} + B = 0 \quad -(2)$

$\to B = mg - F_{저항력}$

따라서 물체에 작용하는 부력의 크기는 물체에 작용하는 중력의 크기와 아니다.

(ㄷ) 식(2) 에서 $-(\rho V)g + bRv_T + (\rho_F V)g = 0$ −(3)

구형 물체의 부피는 $V = \dfrac{4}{3}\pi R^3$ 이므로 식(3)는

$$bRv_T = Vg(\rho - \rho_F)g \;\rightarrow\; v_T = \frac{1}{bR}\left(\frac{4}{3}\pi R^3\right)(\rho - \rho_F)g$$

$$\rightarrow\; v_T = \frac{4\pi R^2}{3b}(\rho - \rho_F)g \;\text{ 로 } v_T \text{ 속도는 반지름 제곱에 비례한다.}$$

답 (3)

7-7. (2005 예비시험) 그림은 정맥 주사를 맞고 있는 모습을 모식적으로 나타낸 것이다. 주사 바늘로부터 밀도가 $1100\,kg/m^3$ 인 주사액 윗면까지의 높이는 h 이고, 정맥의 혈압은 대기압보다 $2200\ N/m^2$ 만큼 높다.

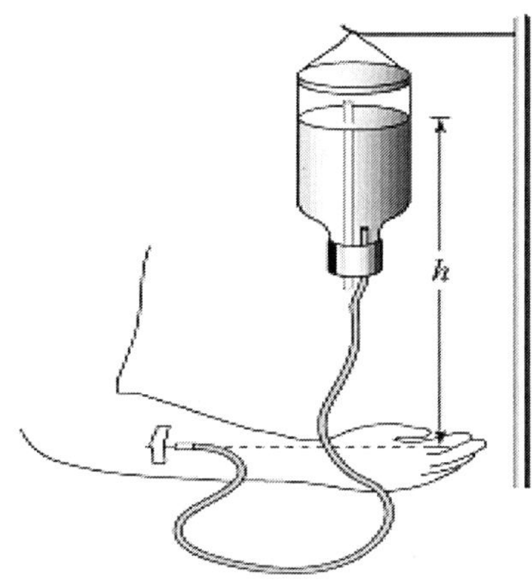

주사액이 0.2 m/s 의 속력으로 정맥 속으로 주입되고 있을 때 높이 h 에 가장 가까운 값은? (단, 중력가속도는 9.8 m/s^2 이고, 병 속의 공간은 대기압으로 유지되며, 주사액의 점성을 무시한다.)

① 0.15 m　② 0.20 m　③ 0.25 m　④ 0.30 m　⑤ 0.35 m

밀도 $\rho = 1100\,kg/m^3$
대기압 $P_2 = P_0 + 2200\,N/m^3$
속도 $v_2 = 0.2\,m/s$

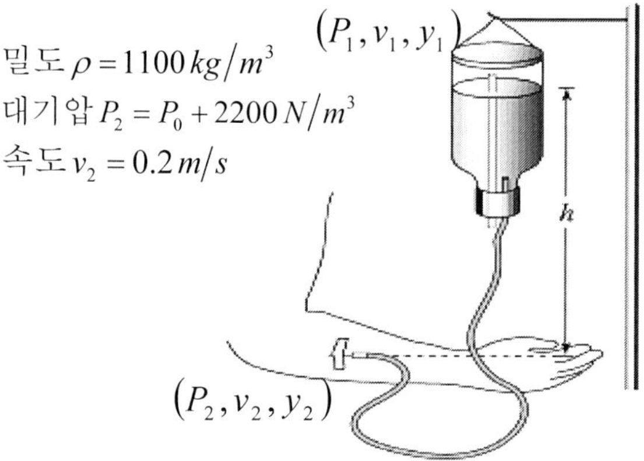

★베르누이 방정식 만들기★

$$P_1 + \frac{1}{2}\rho v_1^2 + \rho g y_1 = P_2 + \frac{1}{2}\rho v_2^2 + \rho g y_2 \quad -(1)$$

운동전과 운동후 베르누이 방정식에서

$P_1 = P_0$, $v_1 = 0$, $y_1 = h$, $y_2 = 0$ 이므로 식(1) 에서

$$P_0 + \rho g h = P_2 + \frac{1}{2}\rho v_2^2$$

$\rightarrow\ P_0 + 1100 \times 9.8 \times h = (P_0 + 2200) + \frac{1}{2} \times 1100 \times 0.2^2$

$\rightarrow\ h = 0.2\,m$

답 (2)

7-8. (2012 MEET/DEET) 다음은 물체의 비중을 측정하는 실험 과정을 나타낸 것이다.

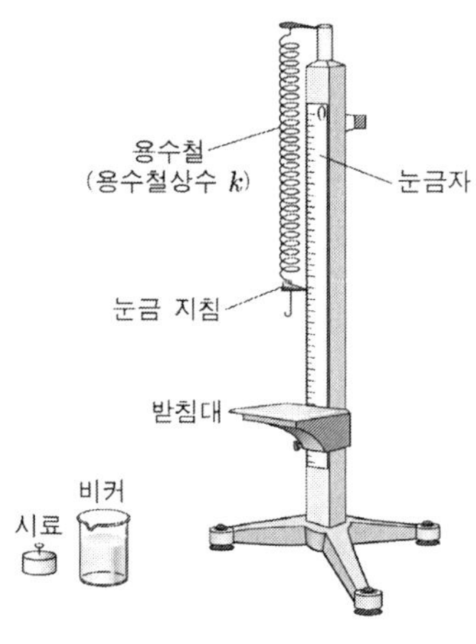

[실험 과정]

(1) 그림과 같이 비중 측정 장치를 설치한다.

(2) 용수철에 시료를 달지 않았을 때, 용수철의 눈금 지침이 가 리키는 눈금 n_0 을 읽는다.

(3) 용수철에 시료를 달았을 때, 지침이 가리키는 눈금 n_1 을 읽는다.

(4) 비커 속의 물의 온도 T를 측 정한 후, 비커를 받침대 위에 올려 놓는다.

(5) 용수철에 시료를 달고 받침대를 올려 시료가 물에 완전히 잠기게 한 후, 지침이 가리키는 눈금 n_2 를 읽는다.

(6) n_0 , n_1 , n_2 및 온도에서 물의 비중 S_T 를 사용하여 시료의 비중 S 를 계산한다.

이에 대한 설명으로 옳은 것만을 [보기]에서 있는 대로 고른 것은?

[보 기]

ㄱ. 시료에 작용하는 부력의 크기는 $k(n_1 - n_2)$ 이다.

ㄴ. 과정 (6)에서, $S = \dfrac{n_1 - n_0}{n_1 - n_2} S_T$ 이다.

ㄷ. 시료와 재질은 같고 부피는 2 배인 다른 시료로 측정하면, 비중은 $2S$ 이다.

① ㄱ   ② ㄴ   ③ ㄷ   ④ ㄱ, ㄴ   ⑤ ㄴ, ㄷ

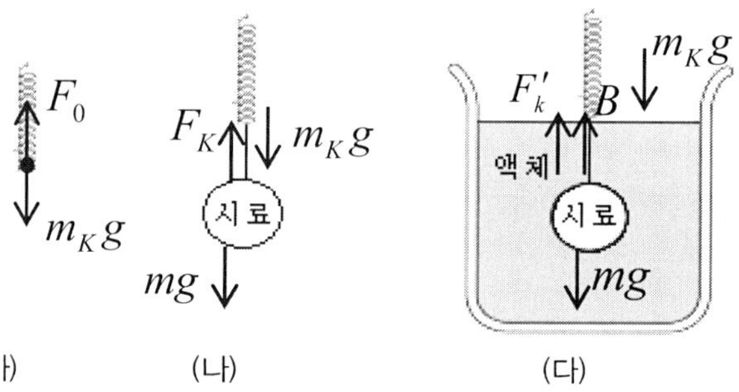

(ㄱ) ★ 부력 있는 평형 방정식 만들기 ★

[1 단계] 가속도 $\vec{a} = 0$ 이고 모든 힘들을 표기한다.

[2 단계] 힘들을 x와 y 방향들의 힘으로 분석한다.

[3 단계] x 방향과 y 방향에 힘의 평형 방정식은 그림 (가) 에서

$$\sum \vec{F}_y = 0 \; \rightarrow \; -m_K g + F_0 = 0 \; -(1)$$

여기서 용수철의 질량 m_K 이고 $F_0 = kn_0$ 이다. 그림 (나)에서

$$\sum \vec{F}_y = 0 \; \rightarrow \; -m_K g - mg + F_K = 0 \; -(2)$$

여기서 $F_K = kn_1$ 이다. 그림 (다)에서 힘의 평형식:

$$\sum \vec{F}_y + B = 0 \; \rightarrow \; -m_K g - mg + F_K' + B = 0 \; -(3)$$

여기서 액체에서 탄성력 $F_K' = kn_2$ 이다. 식(3)에 식(2)를 대입하면

$$B = F_K - F_K' = k\left(n_1 - n_2\right) \; -(4),$$

(ㄴ) 식(2)에 식(1)을 대입하면, $mg = F_K - F_0 = k\left(n_1 - n_0\right) \; -(5)$

물체의 비중(S)은 밀도(ρ) × 중력(g) 이므로 $mg = \left(\rho V\right)g = SV \; -(6)$

식(5) 와 식(6) 에서 $k\left(n_1 - n_0\right) = SV \; -(7)$, 식(4) 에서

$B = m_W g = \rho_W V g = S_T V \; -(8)$ 여기서 S_T 은 물의 비중이다. 식(8) 과

식(4) 에서 $k\left(n_1 - n_2\right) = S_T V \; -(9)$, 식(7)에서 V 를 구하여 식(9) 에 대입하면,

$$k\left(n_1 - n_2\right) = S_T V = \frac{k\left(n_1 - n_0\right)}{S}S_T \; \rightarrow \; S = \frac{n_1 - n_0}{n_1 - n_2}S_T \; \text{이다.}$$

(ㄷ) 비중은 밀도와 중력의 곱이므로 밀도와 중력의 변화가 없으면 비중은
일정하다.

답 (4)

7-9. (2012 PEET) 그림은 밀도가 ρ 인 액체가 담긴 통에서 수면으로부터 깊이 h 인 곳에 있는 작은 구멍으로 액체 가 속력 v 로 흘러나오는 것을 모식적으로 나타낸 것 이다. 수면과 구멍 밖에서 대기의 압력은 같다. 표는 다른 조건은 그대로 두고 ρ 와 h 를 변화시킨 세 경우 A, B, C 에 대한 v 를 나타낸 것이다.

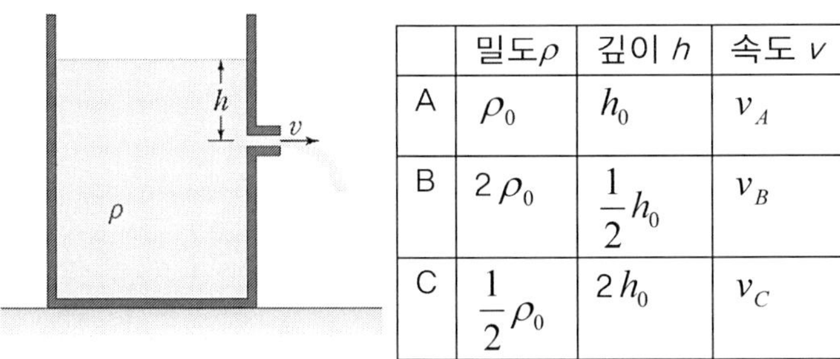

	밀도 ρ	깊이 h	속도 v
A	ρ_0	h_0	v_A
B	$2\rho_0$	$\frac{1}{2}h_0$	v_B
C	$\frac{1}{2}\rho_0$	$2h_0$	v_C

v_A , v_B , v_C 의 크기를 비교한 것으로 옳은 것은? (단, 액체는 이상유체이고 액체와 통 사이의 마찰은 없으며, 구멍의 지름은 통의 지름보다 아주 작다.)

① $v_A = v_B = v_C$ ② $v_A < v_B < v_C$ ③ $v_B < v_A < v_C$

④ $v_C < v_A < v_B$ ⑤ $v_C < v_B < v_A$

$$(P_1, v_1, y_1)$$

$$(P_2, v_2, y_2)$$

★베르누이 방정식 만들기★

운동전과 운동후 베르누이 방정식을 만든다.

$$P_1 + \frac{1}{2}\rho v_1^2 + \rho g y_1 = P_2 + \frac{1}{2}\rho v_2^2 + \rho g y_2 \;\rightarrow\; P_1 = P_0,\; v_1 = 0,\; y_1 - y_2 = h,$$

$$P_0 + \rho g y_1 = P_2 + \frac{1}{2}\rho v^2 + \rho g y_2$$

속도 $v = \sqrt{\dfrac{2(P_0 - P_2)}{\rho} + 2gh}$ 이다. 세 경우에서

A: $v_A = \sqrt{\dfrac{2(P_0 - P_2)}{\rho_0} + 2gh_0}$,

B: $v_B = \sqrt{\dfrac{2(P_0 - P_2)}{2\rho_0} + 2g\left(\dfrac{1}{2}h_0\right)} = \sqrt{\dfrac{P_0 - P_2}{\rho_0} + gh_0}$

C: $v_A = \sqrt{\dfrac{4(P_0 - P_2)}{\rho_0} + 4gh_0}$

따라서 $v_B < v_A < v_C$

답 (3)

7-10. (2013 PEET) 그림은 누워있는 환자가 정맥주사를 맞고 있는 것을 나타낸 것이다. 주사액의 밀도는 ρ, 주사액의 윗면과 주삿 바늘의 높이 차이는 h 이다. 혈관에 꽂힌 주삿바늘 내부의 압력은 일정하고 대기압보다 ΔP 만큼 크다.

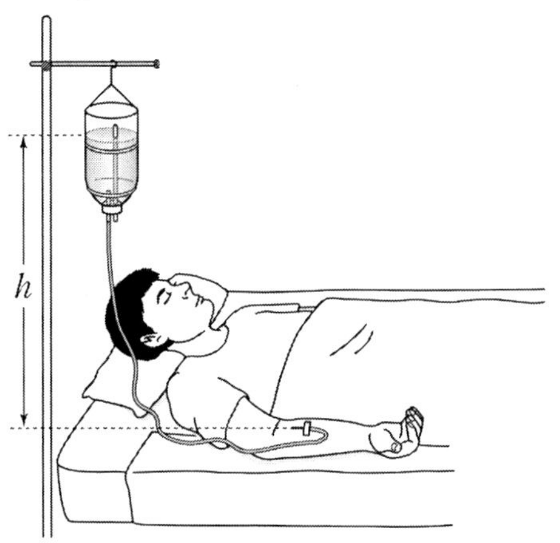

주사액이 주삿바늘 내부에서 v 의 속력으로 정맥 속으로 주입되고 있을 때, 이에 대한 설명으로 옳은 것만을 [보기]에서 있는 대로 고른 것은? (단, 병 속의 공기의 압력은 대기압으로 유지되고, 주사액은 이상유체로 가정한다.) [5 점]

[보 기]

ㄱ. 다른 조건은 그대로 두고 h 를 크게 하면, v 는 커진다.
ㄴ. 다른 조건은 그대로 두고 ρ 를 크게 하면, v 는 커진다.
ㄷ. 다른 조건은 그대로 두고 ΔP 를 크게 하면, v 는 작아진다.

① ㄱ   ② ㄴ   ③ ㄱ, ㄷ   ④ ㄴ, ㄷ   ⑤ ㄱ, ㄴ, ㄷ

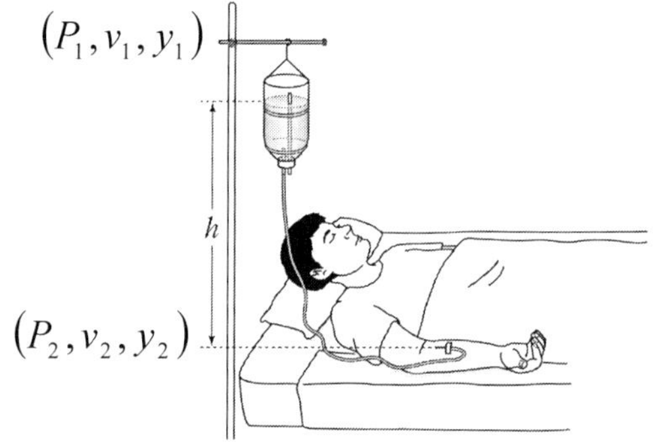

★베르누이 방정식 만들기★

운동전과 운동후 베르누이 방정식을 만든다.

$$P_1 + \frac{1}{2}\rho v_1^2 + \rho g y_1 = P_2 + \frac{1}{2}\rho v_2^2 + \rho g y_2 \ \rightarrow\ P_1 = P_0,\ v_1 = 0,\ y_1 - y_2 = h,$$

$$P_0 + \rho g y_1 = P_2 + \frac{1}{2}\rho v_2^2 + \rho g y_2 \ \rightarrow\ 속도 \ \ v_2 = \sqrt{\frac{2(P_0 - P_2)}{\rho} + 2gh} \ \ -(1) \ 이다.$$

(ㄱ) 식(1) 에서 h 가 증가하고 다른 조건이 일정하면 v 가 증가한다.

(ㄴ) 식(1) 에서 ρ 가 증가하면 v 는 감소한다.

(ㄷ) 식(1) 에서 ΔP 가 증가하면 v 가 증가한다.

답 (1)

7-11. (2013 MEET/DEET) 그림과 같이 이상 유체가 관 속의 영역 Ⅰ, Ⅱ, Ⅲ을 정상 흐름으로 통과하고 있다. Ⅰ, Ⅱ, Ⅲ 에서 관의 단면적은 A_1 , A_2 , A_3 ($A_1 > A_2 > A_3$) 이고, 유체의 속력은 v_1 , v_2 , v_3 이며, 압력은 P_1 , P_2 , P_3 이다. Ⅰ과 Ⅱ, Ⅰ과 Ⅲ 의 관의 높이 차는 h 이다.

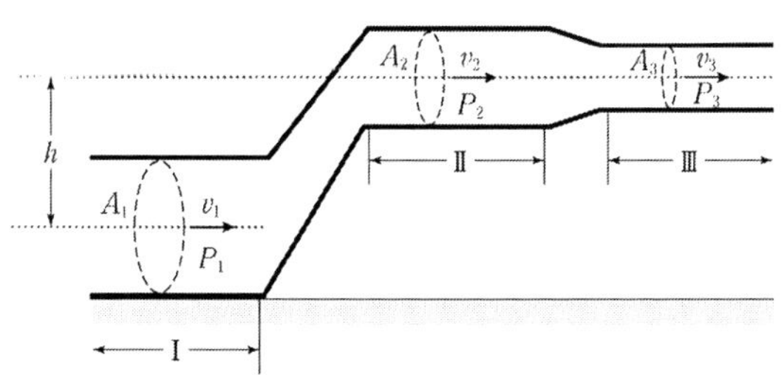

이에 대한 설명으로 옳은 것만을 [보기]에서 있는 대로 고른 것은?

[보 기]

ㄱ. $v_1 < v_2$ 이다.

ㄴ. h 가 클수록 v_2 는 작아진다.

ㄷ. $P_2 < P_3$ 이다.

① ㄱ   ② ㄷ   ③ ㄱ, ㄴ   ④ ㄴ, ㄷ   ⑤ ㄱ, ㄴ, ㄷ

($\lnot$) 연속방정식 $A_1 v_1 = A_2 v_2$ 에서 $A_1 > A_2$ 이므로 $v_1 < v_2$ 이다.

($\llcorner$) I 와 II 에 대한 ★베르누이 방정식 만들기★

운동전과 운동후 베르누이 방정식을 만든다.

$$P_1 + \frac{1}{2}\rho v_1^2 + \rho g y_1 = P_2 + \frac{1}{2}\rho v_2^2 + \rho g y_2 \;\rightarrow\; y_2 - y_1 = h \;\text{ 에서}$$

$$P_1 + \frac{1}{2}\rho v_1^2 = P_2 + \frac{1}{2}\rho v_2^2 + \rho g h$$

속도 $v_2 = \sqrt{\dfrac{2(P_1 - P_2)}{\rho} + v_1^2 - 2gh}$ $-$(1) 이다.

h 가 크면 압력 P_2 가 감소 하므로 식(1)로 v_2 감소 여부가 불확실하다.

($\sqsubset$) II 와 III 에 대한 ★베르누이 방정식 만들기★

운동전과 운동후 베르누이 방정식을 만든다.

$$P_2 + \frac{1}{2}\rho v_2^2 + \rho g y_2 = P_3 + \frac{1}{2}\rho v_3^2 + \rho g y_3 \;\rightarrow\; y_2 = y_3 \;\text{ 이므로}$$

$$P_2 + \frac{1}{2}\rho v_2^2 = P_3 + \frac{1}{2}\rho v_3^2 \;\;-(2) \text{ 이다.}$$

연속방정식 $A_2 v_2 = A_3 v_3$ 에서 $A_2 > A_3$ 이므로 $v_2 < v_3$ 이다.

따라서 식(2) 에서 $P_2 > P_3$ 가 된다.

답 (1)

III

8장 / 진동, 파동 그리고 음파

- · 8-1 진동
- · 8-2 파동
- · 8-3 음파
- · 8-4 중첩과 정상파

8-1 진동

8-1-1 용수철에 연결된 물체의 운동

□ 단순 조화 운동하는 입자

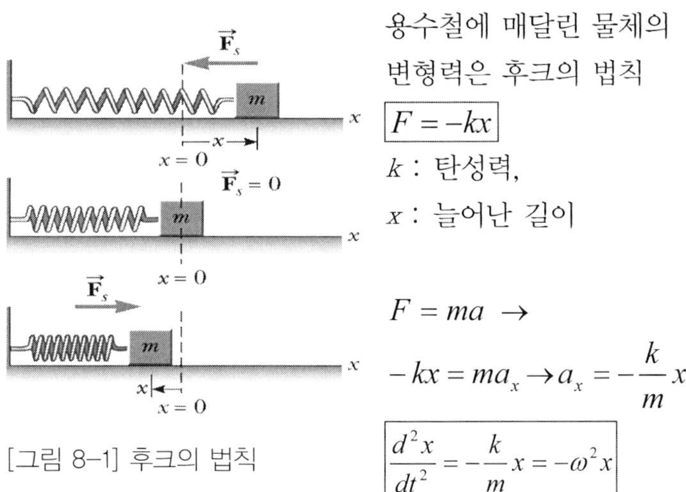

[그림 8-1] 후크의 법칙

용수철에 매달린 물체의 변형력은 후크의 법칙

$$\boxed{F = -kx}$$

k : 탄성력,

x : 늘어난 길이

$$F = ma \;\rightarrow$$

$$-kx = ma_x \rightarrow a_x = -\frac{k}{m}x$$

$$\boxed{\frac{d^2 x}{dt^2} = -\frac{k}{m}x = -\omega^2 x}$$

방정식의 해:

각진동수: $\omega = \sqrt{\dfrac{k}{m}}$,

주기: $\boxed{T = \dfrac{2\pi}{\omega} = 2\pi\sqrt{\dfrac{m}{k}}}$

★(9) 단진동 구하기★

[1 단계] [그림 8-1]에서 x 축의 원점과 양의 방향 확인.

[2 단계] [그림 8-1]에서 진동중심 ($x = 0$) 과 최대 진폭.

[3 단계] 좌표 x 에 대해서 운동방정식을 만든다.

$$\sum \vec{F}_x = ma_x \;\rightarrow\; -k(x - 0) = ma \;\rightarrow\; -kx = ma$$

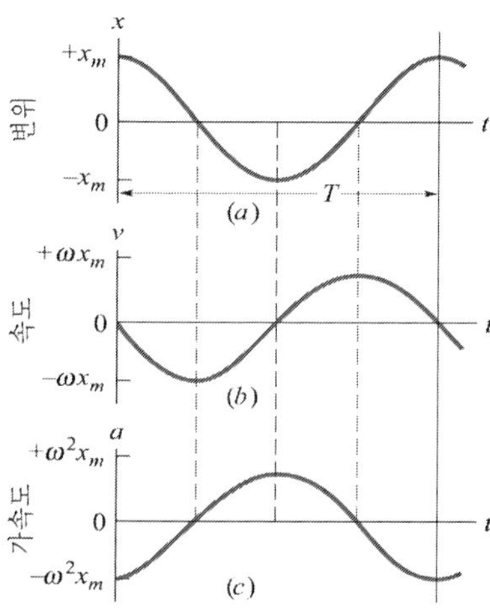

$$x(t) = x_m \cos(\omega t + \phi)$$

$$v = \frac{dx}{dt} = -\omega x_m \sin(\omega t + \phi)$$

$$v_{\max} = \omega x_m = \sqrt{\frac{k}{m}}\, x_m$$

$$a = \frac{dv}{dt} = -\omega^2 x_m \cos(\omega t + \phi)$$

$$\boxed{a = -\omega^2 x}$$

$$a_{\max} = \omega^2 x_m = \frac{k}{m} x_m$$

[그림 8-2] (a) 거리, (b) 속력,
그리고 (c) 가속도

8-1-2 단조화 진동자의 에너지

◻ 위치에너지:

$$U(x) = -\int_0^x F \cdot dx = -\int_0^x (-kx)dx = \frac{1}{2}kx^2 = \frac{1}{2}kx_m^2 \cos^2(\omega t + \phi)$$

운동에너지:

$$K = \frac{1}{2}mv^2 = \frac{1}{2}m\omega^2 x_m^2 \sin^2(\omega t + \phi) = \frac{1}{2}kx_m^2 \sin^2(\omega t + \phi)$$

■ 총역학적 에너지:

$$E = K + U = \frac{1}{2}mv^2 + \frac{1}{2}kx^2$$

$$= \frac{1}{2}kx_m^2 \sin^2(\omega t + \phi) + \frac{1}{2}kx_m^2 \cos^2(\omega t + \phi) = \frac{1}{2}kx_m^2$$

$$v = \pm\sqrt{\frac{k}{m}\left(x_m^2 - x^2\right)}$$

8-1-3 단조화 운동

■ 비틀림 진자

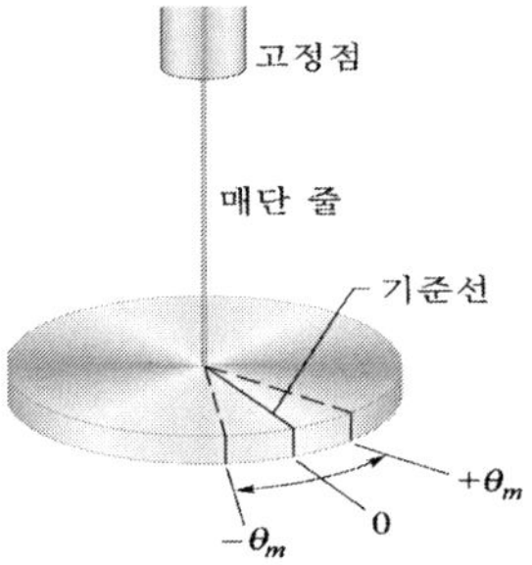

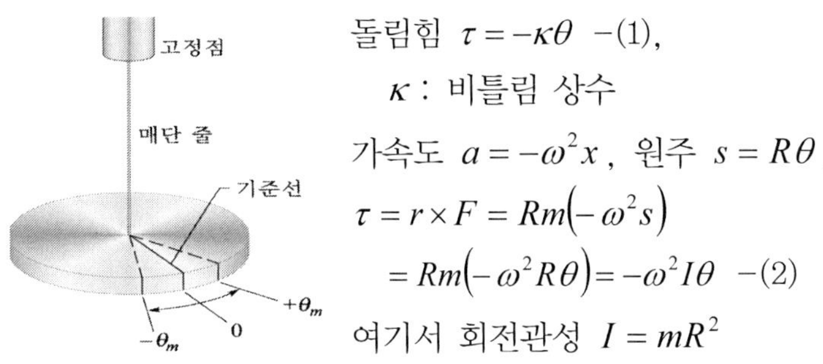

돌림힘 $\tau = -\kappa\theta$ −(1),

κ : 비틀림 상수

가속도 $a = -\omega^2 x$, 원주 $s = R\theta$,

$\tau = r \times F = Rm\left(-\omega^2 s\right)$

$= Rm\left(-\omega^2 R\theta\right) = -\omega^2 I\theta$ −(2)

여기서 회전관성 $I = mR^2$

[그림 8-3] 비틀림 진자

식(1)과 식(2)를 비교하면 $\omega^2 = \frac{\kappa}{I}$, $\boxed{T = \frac{2\pi}{\omega} = 2\pi\sqrt{\frac{I}{\kappa}}}$

■ 단진자

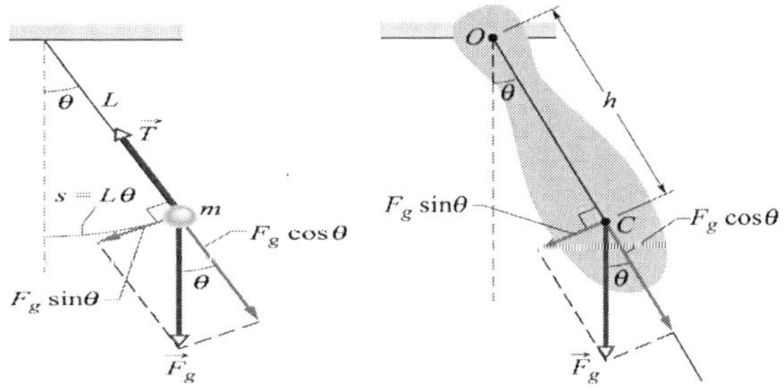

(가) (나)

[그림 8-4] (가) 단진자 와 (나) 물리진자

진자 복원력: $F = -mg \sin\theta \approx -mg\theta = -mg\dfrac{s}{L}$, 또한 $F = -ks$

에서 $k = \dfrac{mg}{L} \rightarrow \omega = \sqrt{\dfrac{k}{m}} = \sqrt{\dfrac{g}{L}} \rightarrow \boxed{T = 2\pi\sqrt{\dfrac{L}{g}}}$ (단진자, 작은진폭)

□ 물리진자 복원력

$$\tau = -L\left(F_g \sin\theta\right), \ \tau = I\alpha \ \rightarrow \ \alpha = -\dfrac{mgL \sin\theta}{I}, \ \sin\theta \approx \theta \text{ 에서}$$

$$\alpha = -\dfrac{mgL}{I}\theta \ -(3), \ \alpha = \dfrac{a}{R} = \dfrac{-\omega^2 x}{R} = \dfrac{-\omega^2 R\theta}{R} = -\omega^2\theta -(4)$$

식(3)과 식(4) 에서

$$\omega = \sqrt{\dfrac{mgL}{I}} \ \rightarrow \ \boxed{T = \dfrac{2\pi}{\omega} = 2\pi\sqrt{\dfrac{I}{mgL}}}, \ \text{관성모멘트} \ I = mL^2$$

8-2 파동

8-2-1 파도의 유형

□ 역동적 파동: 수면파, 음파, 지진파 등으로 매질이 있다.

전자기파: 가시광선 (빛), 자외선, 라디오파 등으로 매질이 필요 없이 빛의 속도 (c = 299,792,485 m/s) 로 전파된다.

물질파: 전자, 양성자, 기타 기본입자나 원자 및 분자의 진행파.

8-2-2 가로파동과 세로파동

□ 가로파동 (횡파): 파동의 진행방향과 매질의 진동 방향이 수직인 파동.

□ 세로파동 (종파): 파동의 진행방향과 매질의 진동 방향이 같은 파동.

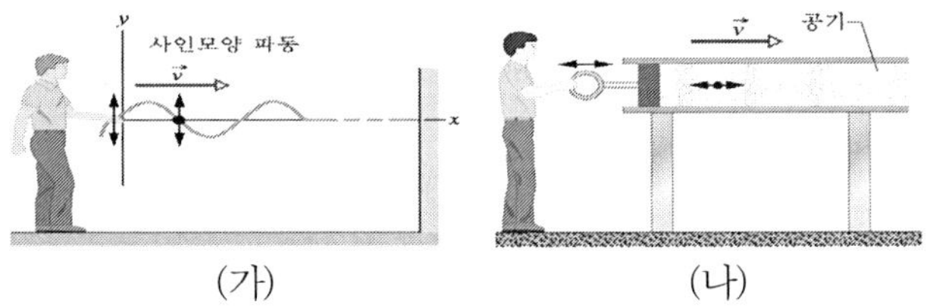

[그림 8-5] (가) 가로파동과 (나) 세로파동: 횡파는 y 축이 수직인 매질 변위이고 종파는 y 축이 평행한 매질의 압력이나 변위이다

8-2-3 파장과 진동수, 속도

☐ 파장 (λ): 파동 위의 한 점에서 같은 형태의 파동이 반복되는 점까지의 길이. 가로파동의 파동함수

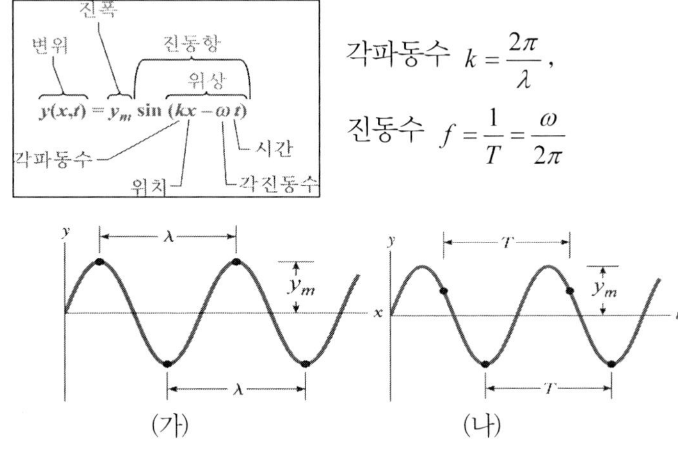

각파동수 $k = \dfrac{2\pi}{\lambda}$,

진동수 $f = \dfrac{1}{T} = \dfrac{\omega}{2\pi}$

[그림 8-6] 파동: (가) 파장 λ 는 한 주기 동안 간 거리, (나) 주기 T 는 한 파동이 걸리는 시간(초)

☐ 진행파동의 속도

$$kx - \omega t = 상수 \;\rightarrow\; k\dfrac{dx}{dt} - \omega = 0, \;\; 속력 \;\boxed{v = \dfrac{\omega}{k} = \dfrac{\lambda}{T} = \lambda f}$$

8-2-4 줄에 생긴 파동의 속력

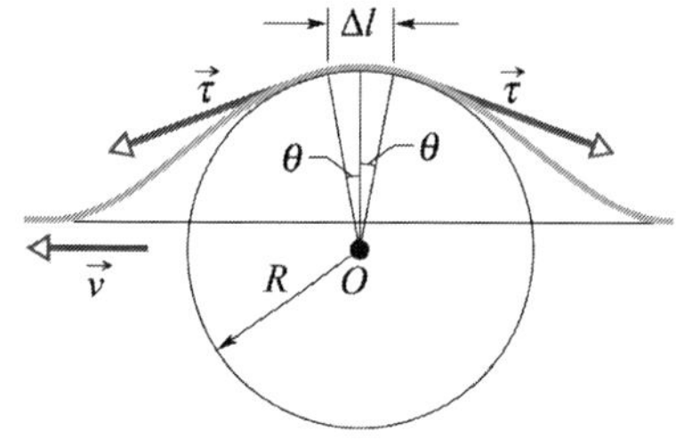

[그림 8-7] 줄의 속력

줄의 장력 τ 에 대해서

$$F = 2(\tau \sin \theta),$$

$$\approx \tau(2\theta) = \tau \frac{\Delta \ell}{R} \quad -(5)$$

$$\Delta m = \mu \Delta \ell \ ,$$

$$\mu: \text{줄의 길이당 질량}$$

가속도 $a = \dfrac{v^2}{R}$ 이용, $F = ma = (\mu \Delta \ell)\dfrac{v^2}{R} \quad -(6)$

식(5)와 식(6) 에서 $\boxed{v = \sqrt{\dfrac{\tau}{\mu}}}$ (속력)

8-2-5 줄에서 사인형 파동의 에너지 전달률

매질을 통해 진행하는 파동은 에너지를 전달한다.

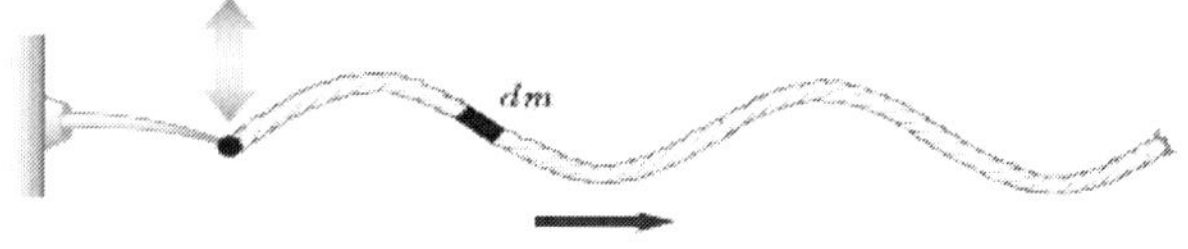

[그림 8-8] 파동의 에너지 전달률

$$dK = \frac{1}{2}(\Delta m)v_y^2 = \frac{1}{2}(\mu dx)v_y^2 ,$$

$$dK = \frac{1}{2}\mu[-\omega x_m \cos(kx - \omega t)]^2 dx = \frac{1}{2}\mu\omega^2 x_m^2 \cos^2(kx - \omega t)dx$$

$$K_\lambda = \int dK = \int_0^\lambda \frac{1}{2}\mu\omega^2 x_m^2 \cos^2(kx)dx = \frac{1}{2}\mu\omega^2 x_m^2 \int_0^\lambda \cos^2(kx)dx$$

$$= \frac{1}{2}\mu\omega^2 x_m^2 \int_0^\lambda \left\{ \frac{1}{2} + \frac{\cos(2kx)}{2} \right\}dx = \frac{1}{2}\mu\omega^2 x_m^2 \left[\frac{1}{2}x + \frac{\sin(2kx)}{4k} \right]_0^\lambda$$

$$= \frac{1}{2}\mu\omega^2 x_m^2 \left[\frac{1}{2}\lambda \right] = \frac{1}{4}\mu\omega^2 x_m^2 \lambda \quad -(7)$$

평형 상태로부터의 변위와 이웃하는 성분으로부터의 복원력
으로 인해서 위치 에너지를 갖는다.

$$dU = \frac{1}{2}kx^2 = \frac{1}{2}\left(\Delta m\omega^2\right)x^2 = \frac{1}{2}(\mu dx)x_m^2\cos^2(kx-\omega t)$$

$$U_\lambda = \int dU = \int_0^\lambda \frac{1}{2}\mu x_m^2 \cos^2(kx)dx = \frac{1}{2}\mu x_m^2\left[\frac{1}{2}\lambda\right] = \frac{1}{4}\mu\omega^2 x_m^2\lambda \quad -(8)$$

식(7)과 식(8) 에서 $E_\lambda = U_\lambda + K_\lambda = \dfrac{1}{2}\mu\omega^2 x_m^2\lambda$

에너지 전달률 $\mathrm{P} = \dfrac{\Delta E}{\Delta t} = \dfrac{E_\lambda}{T} = \dfrac{1}{2}\mu\omega^2 x_m^2\left(\dfrac{\lambda}{T}\right)$,

$$\boxed{\mathrm{P} = \frac{1}{2}\mu\omega^2 x_m^2 v}$$ μ: 줄의 길이당 질량, v: 줄의 속도, x_m : 진폭

8-3 음파

8-3-1 음파

음파는 음원으로부터 외부로 물질의 요동이 전파되는 것으로
피스톤 운동과 같이 공기의 밀(압축)한 부분과 소 (낮은
압력)한 부분이 생겨, 종파(세로파동)인 압력파로서 이동한다.

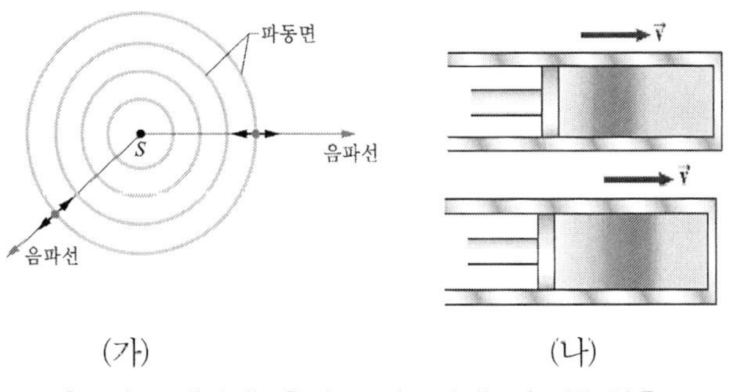

[그림 8-9] (가) 음파 그리고 (나) 피스톤 압축

8-3-2 소리의 속도

◻ 팽팽한 줄에서의 가로파동의 속도

줄의 파동의 속도 $v = \sqrt{\dfrac{\tau}{\mu}} = \sqrt{\dfrac{\text{탄성적특성}}{\text{관성적특성}}}$ →소리의 속도 $\boxed{v = \sqrt{\dfrac{B}{\rho}}}$,

매질의 체적탄성률 $B = -\dfrac{\Delta P}{\Delta V/V}$, ρ : 밀도, P : 기체의 압력,

◻ 탄성 변화나 운동의 변화에 대한 매질의 저항만이 파동 속도에 영향을 준다.

8-3-3 주기적 음파

◻ 변위와 압력

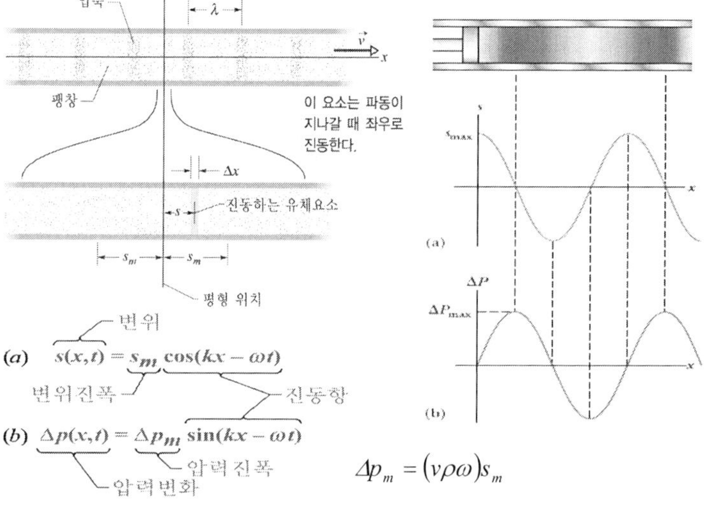

[그림 8-10] 주기적 음파

◻ 음파세기: 줄에서의 에너지 전달률에 대한 식을 이용하여 음파의 한 파장 내에 있는 운동에너지를 표현하면

$$K_\lambda = \frac{1}{4}\mu\omega^2 A^2\lambda = \frac{1}{4}(\rho A)\omega^2 s_{max}^2\lambda$$

한 파장에 대한 전체 위치 에너지는 전체 운동 에너지와 같은

값을 갖으로, $E_\lambda = K_\lambda + U_\lambda = \dfrac{1}{2}(\rho A)\omega^2 s_{max}^2 \lambda$

에너지 전달률 $\mathcal{P} = \dfrac{E_\lambda}{T} = \dfrac{1}{2}(\rho A)\omega^2 s_{max}^2 \left(\dfrac{\lambda}{T}\right) = \dfrac{1}{2}\rho A v \omega^2 s_{max}^2$

음파세기 $I = \dfrac{일률}{면적} = \dfrac{\mathcal{P}}{A} = \dfrac{1}{2}\rho v(\omega s_{max})^2$,

ρ : 매질의 밀도, ω : 각진동수, s_{max} : 변위 진폭

□ 소리준위: 데시벨 척도

$\beta = 10\log_{10}\left(\dfrac{I}{I_0}\right)$, 단위: $[dB]$

기준세기 $I_0 = 10^{-12}\,W/m^2$ 은 소리의 진동수 1000 Hz 에서 정상인 청력을 가진 사람이 감지할 수 있는 가장 낮은 세기.

8-3-4 도플러 효과

□ 도플러 효과 (doppler effect): 소리샘이나 검출기의 운동 때문에 관찰되는 소리의 진동수 변화

$$\boxed{f' = \left(\dfrac{v + v_D}{v - v_s}\right)f}$$

f : 방출되는 진동수,
f' : 검출되는 진동수, v : 공기에서 음속,
v_D : 공기에 대한 검출기의 상대속도,
v_S : 공기에 대한 소리샘의 상대속도

공식에 관측자나 음원이 서로 가까워지는 경우 속도들의 부호는 양(+), 서로 멀어지는 경우 속도들의 부호는 음(−)의 값을 대입한다.

8-4 중첩과 정상파

8-4-1 중첩과 간섭

■ 중첩: 파동의 합성파동은 각 파동의 대수적인 합이다. 중첩되는 파동은 각 파도의 진행을 방해하지 않는다.

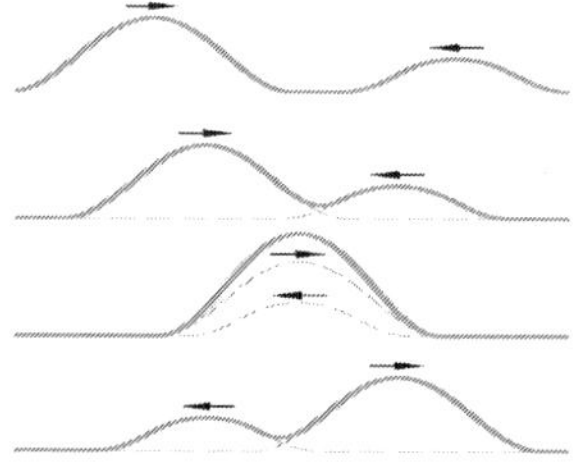

$$y'(x,t) = y_1(x,t) + y_2(x,t)$$

[그림 8-11] 중첩원리

■ 파동의 간섭: 같은 진폭과 파장을 가진 두 사인모양 파동이 줄을 따라 같은 방향으로 진행한다면,

$$y_1(x,t) = y_m \sin(kx - \omega t) , \quad y_2(x,t) = y_m \sin(kx - \omega t + \phi)$$

$$\sin \alpha + \sin \beta = 2 \sin \frac{1}{2}(\alpha + \beta) \cos \frac{1}{2}(\alpha - \beta) \quad -(9) \text{ 따라서}$$

$$y'(x,t) = y_1(x,t) + y_2(x,t) = \left[2 y_m \cos \frac{1}{2}\phi \right] \sin \left(kx - \omega t + \frac{1}{2}\phi \right)$$

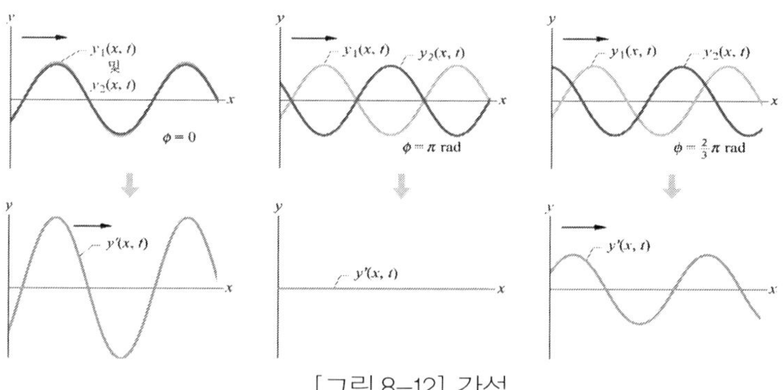

[그림 8-12] 간섭

8-4-2 정지파와 공명

◘ 정지파: 두 파동이 서로간의 간섭은 정지파인 경우,

$y_1(x,t) = y_m \sin(kx - \omega t)$, $y_2(x,t) = y_m \sin(kx + \omega t)$

식(9) 에 의해 $y'(x,t) = y_1(x,t) + y_2(x,t) = [2y_m \sin kx]\cos\omega t$,

$\sin(kx) = 0 \rightarrow kx = n\pi \rightarrow x = n\pi \frac{\lambda}{2\pi} = n\frac{\lambda}{2}$ (마디),

$|\sin(kx)| = 1 \rightarrow kx = \left(n + \frac{1}{2}\right)\pi$ (배)

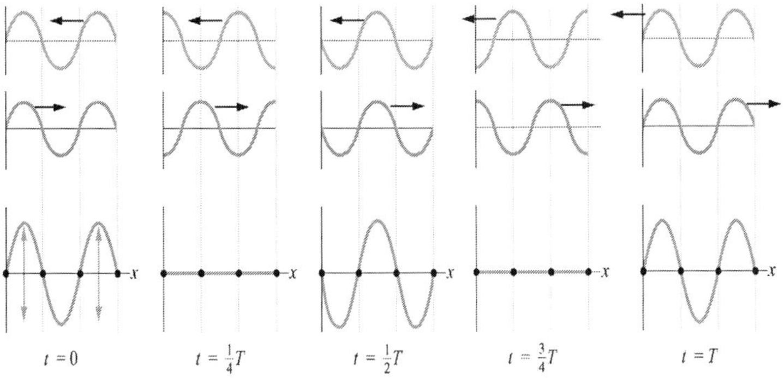

[그림 8-13] 중첩

◘ 공명: 두 줄이 고정된 팽팽한 줄에서 두 진행파동의 간섭 이 배와 마디를 갖는 정지파 (또는 진동 모드)를 만드는 상태.

8-4-3 양쪽 끝이 고정된 줄에서의 정상파 (공명)

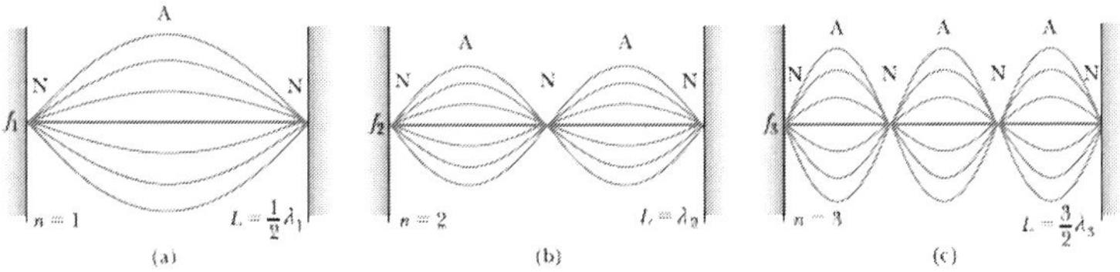

[그림 8-14] 공명

$\lambda = \frac{2L}{n}$ $(n = 1, 2, 3 ..)$, 공명주파수 $\boxed{f = \frac{v}{\lambda} = n\frac{v}{2L}}$

8-4-4 공기관에서 정상파 (공명)

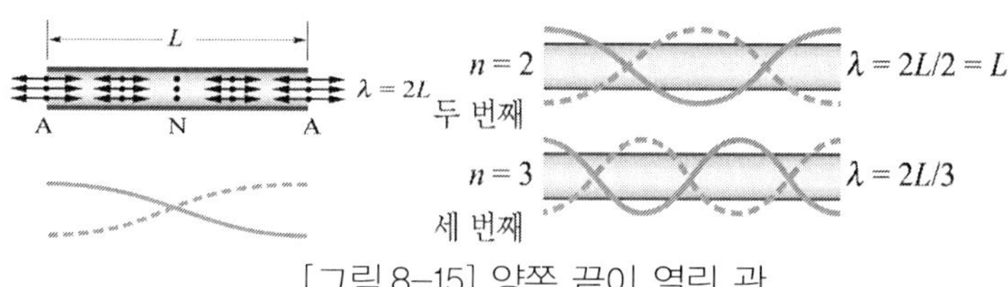

[그림 8-15] 양쪽 끝이 열린 관

■ 양쪽 끝이 열린 관에서 공명진동수. $\boxed{f = n\dfrac{v}{2L}}$, $n = 1, 2, 3$

첫번째 배음: $\lambda_1 = 2L$, $f_1 = \dfrac{v}{\lambda_1} = \dfrac{v}{2L}$

두번째 배음: $\lambda_2 = L$, $f_2 = \dfrac{v}{\lambda_2} = \dfrac{v}{L}$,

■ 한쪽 끝이 막힌 관의 공명진동수. $\boxed{f = n\dfrac{v}{4L}}$, $n = 1, 3, 5$

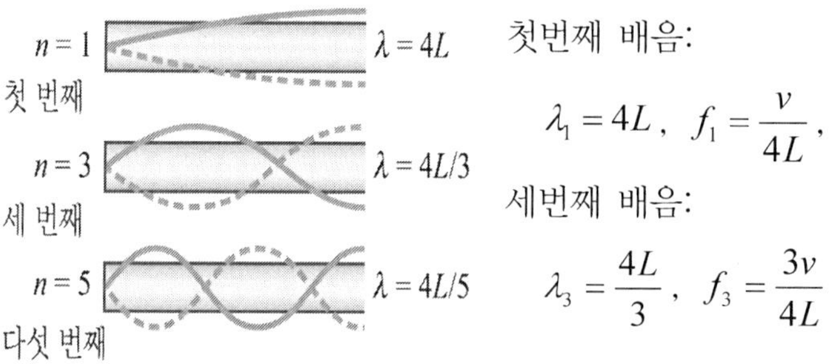

첫번째 배음:

$$\lambda_1 = 4L,\quad f_1 = \dfrac{v}{4L},$$

세번째 배음:

$$\lambda_3 = \dfrac{4L}{3},\quad f_3 = \dfrac{3v}{4L}$$

[그림 8-16] 한쪽 끝이 막힌 관

8-4-5 맥놀이

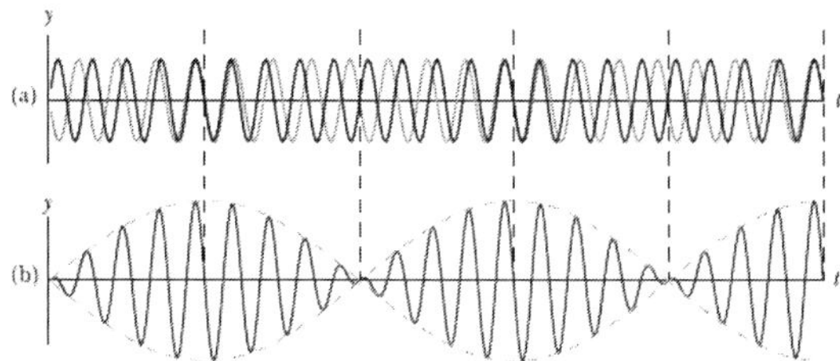

[그림 8-17] 맥놀이는 서로 약간 다른 진동수를 갖은 두 피동의 결합으로 형성된다. (a) 각각의 파동, (b) 합성 파동. 점선으로 표시된 포락선의 파동은 결합된 음의 맥놀이를 나타낸다.

- ◻ 맥놀이(beating): 진동수가 약간 다른 두 파동의 중첩에 의해 한 점에서 진폭이 주기적으로 변화하는 것.

$$s_1 = s_m \cos \omega_1 t \ , \quad s_2 = s_m \cos \omega_2 t \ , \quad \omega = 2\pi f \ ,$$

$$\cos a + \cos b = 2 \cos\left(\frac{a-b}{2} \right) \cos\left(\frac{a+b}{2} \right) \quad \text{을 이용하여}$$

$$s(t) = s_1 + s_2 = \left[2 s_m \cos 2\pi \left(\frac{f_1 - f_2}{2} \right) t \right] \cos 2\pi \left(\frac{f_1 + f_2}{2} \right) t$$

- ◻ 맥놀이 진동수: 합성파동 진폭의 진동수의 2 배의 진동수.

$$f_{beat} = 2 \times \frac{|f_1 - f_2|}{2} = |f_1 - f_2|$$

수식요약

용수철의 진동

운동방정식

$$\frac{d^2 x}{dt^2} = -\frac{k}{m} x = -\omega^2 x \qquad x(t) = A \cos(\omega t + \phi)$$

각진동수 $\omega = \sqrt{\dfrac{k}{m}}$, 주기 $T = \dfrac{2\pi}{\omega} = 2\pi\sqrt{\dfrac{m}{k}}$,

단조화 운동

비틀림진자: $T = 2\pi\sqrt{\dfrac{I}{\kappa}}$, κ : 비틀림 상수, I : 회전 관성

단순진자: $T = 2\pi\sqrt{\dfrac{L}{g}}$, 물리진자: $T = 2\pi\sqrt{\dfrac{I}{mgL}}$

줄의 파동 속력 $v = \sqrt{\dfrac{\tau}{\mu}}$, τ: 줄의 장력, μ: 줄의길이당 질량

도플러 효과

$f' = \left(\dfrac{v + v_D}{v - v_s}\right)f$, f : 방출되는 진동수, f' : 검출되는 진동수,

v : 공기에서 음속, v_D : 공기에 대한 검출기의 상대속도,

v_S : 공기에 대한 소리샘의 상대속도

관측자나 음원이 서로 가까워지는 경우 속도들의 부호는 양(+),
서로 멀어지는 경우 속도들의 부호는 음(−)의 값을 대입한다.

사인파의 정지파

$$y_1(x,t) = y_m \sin(kx - \omega t) , \quad y_2(x,t) = y_m \sin(kx + \omega t)$$

$$y'(x,t) = y_1(x,t) + y_2(x,t) = \left[2y_m \sin kx\right]\cos \omega t ,$$

공명 진동수

양쪽 끝이 고정된 또는 열린 관: $f = n\dfrac{v}{2L}$, $n = 1, 2, 3 \ldots$

한쪽 끝이 막힌 관: $f = n\dfrac{v}{4L}$, $n = 1, 3, 5 \ldots$

파동의 중첩

$$s(t) = s_1 + s_2 = s_m \cos \omega_1 + s_m \cos \omega_2$$

$$= \left[2s_m \cos 2\pi\left(\dfrac{f_1 - f_2}{2}\right)t\right]\cos 2\pi\left(\dfrac{f_1 + f_2}{2}\right)t$$

맥놀이 진동수 $\quad f_{beat} = |f_1 - f_2|$

8-1. (2011 PEET) 그림 (가)는 위치가 고정된 두 음원 A, B 로부터 같은 거리만큼 떨어져 고정되어 있는 음파 측정기를 나타낸 것이다. A, B 에서 발생하는 음파의 진폭은 서로 같고 일정하다. 그림 (나)는 A, B 에서 발생하는 음파의 진동 수를 시간에 따라 나타낸 것이다.

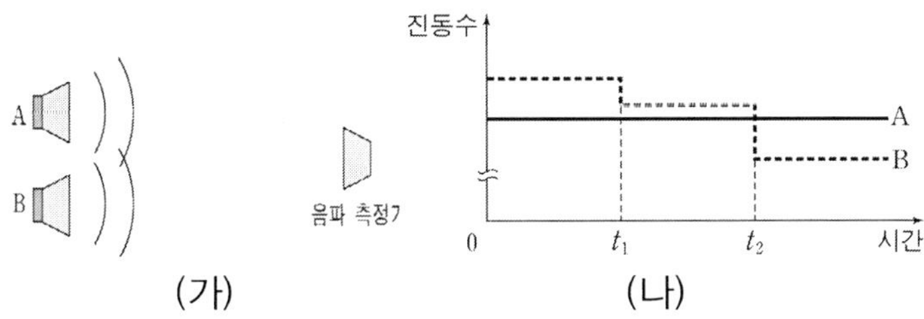

음파 측정기에 측정된 음파의 맥놀이 진동수를 시간에 따라 나타낸 그래프의 개형으로 가장 적절한 것은?

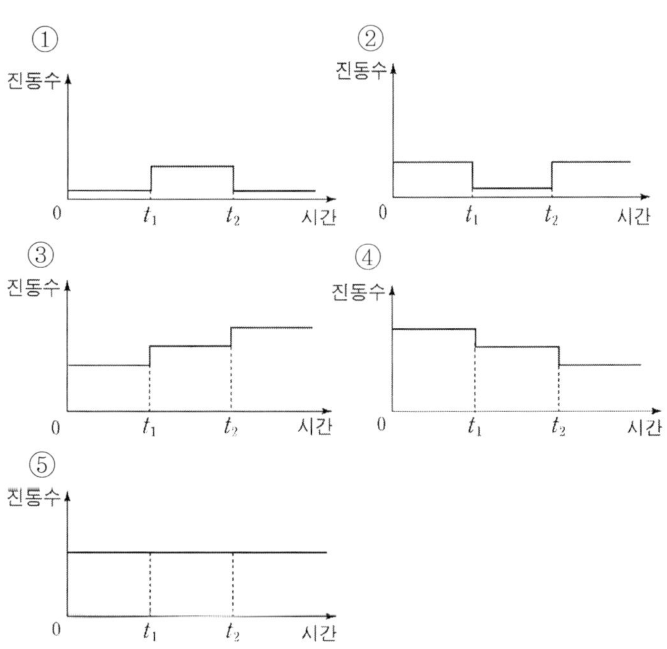

맥놀이 진동수는 $f = |f_A - f_B|$ 이므로 시간에 대한 음파의 진동수에서

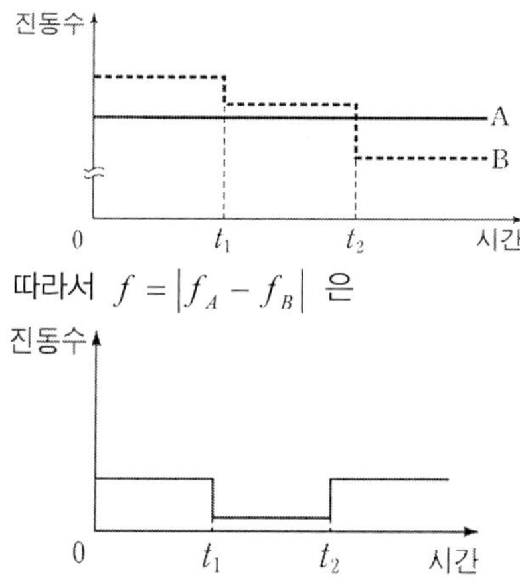

따라서 $f = |f_A - f_B|$ 은

답 (2)

8-2. (2006 MEET/DEET) 그림은 길이가 100 cm 인 줄의 양 끝이 벽에 고정되어 있는 것을 나타낸 것이다. $x = 50$ cm 인 위치에 고정대를 설치하여 줄을 고정시킬 때 양쪽 줄 각각의 기본 진동수는 모두 f_0 이다.

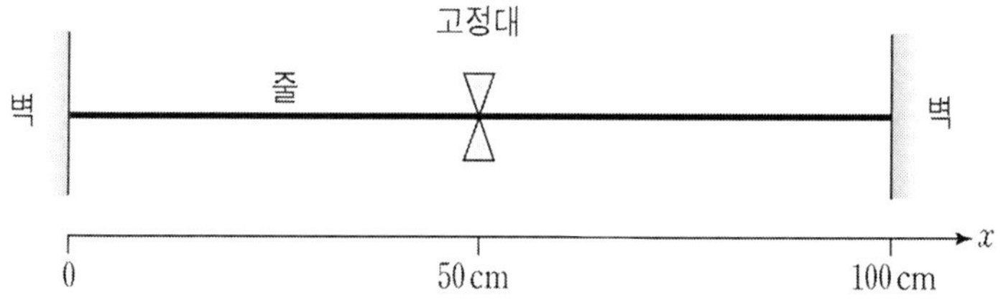

고정대를 $x = 51$ cm 인 위치로 이동시킨 후 양쪽 줄을 각각의 기본 진동수로 진동시켰더니 맥놀이 진동수가 10 Hz 이었다. f_0 에 가장 가까운 값은? (단, 줄의 장력은 일정하 다.)

① 50 Hz ② 100 Hz ③ 125 Hz ④ 250 Hz ⑤ 500 Hz

 8-2. 맥놀이 현상, 현의 진동

벽과 고정대 사이에 양쪽이 끝이 고정된 줄의 파장은

$$\lambda = \frac{2L}{n} \ (n = 1, 2, 3 \,..),\ 공명주파수\ f = \frac{v}{\lambda} = n\frac{v}{2L}\ 이다.$$

고정대가 $x = 50$ cm 일 때 기본 진동수 $(n = 1)$ 에서 기본 진동수는

$$f_0 = \frac{v_{소리}}{2L} = \frac{v_{소리}}{2(0.5m)} = v_{소리}$$

고정대가 $x = 51$ cm 일 때 기본진동수는 $f_1 = \frac{v_{소리}}{2L} = \frac{f_0}{2(0.51m)} = \frac{f_0}{1.02}$,

반대편 $x = 49$ cm 일 때 기본진동수는 $f_2 = \frac{v_{소리}}{2L} = \frac{f_0}{2(0.49m)} = \frac{f_0}{0.98}$

맥놀이 진동수는 $\Delta f = |f_1 - f_2| = 10\,Hz$ →

$$10 = |f_1 - f_2| = \left|\frac{f_0}{1.02} - \frac{f_0}{0.98}\right| = \frac{0.04\,f_0}{1.02 \times 0.98}\ →\ f_0 = 249.9\,Hz$$

답 (4)

8-3. (2012 PEET) 그림은 수면상의 두 점 S₁, S₂ 에서 위상차 ϕ 로 발생시킨 두 수면파의 어느 순간의 모습을 모식적으로 나타낸 것이다. 두 수면파는 동일한 진폭과 진동수로 발생되고 서로 같은 속력으로 진행한다. 점 P 는 S₁ 과 S₂ 에서 거리가 같은 공간 상에 고정된 점이다. 표는 다른 조건은 그대로 두고 ϕ 를 변화시킨 세 경우, P에서 중첩된 수면파의 최대변위의 크기를 나타낸 것이다.

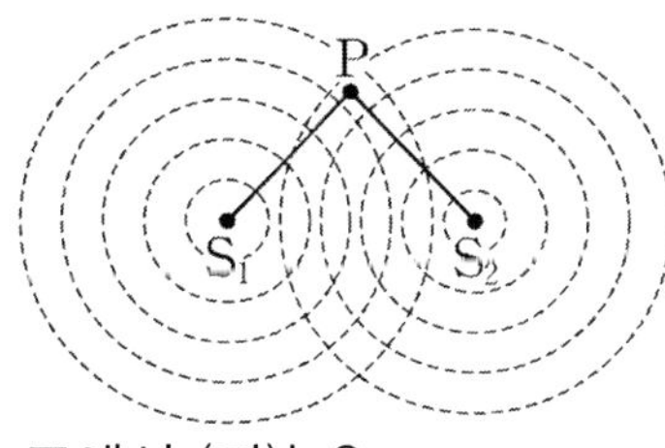

위상차 ϕ	최대 변위의 크기
0	$2A_0$
$\pi/2$	(가)
π	0

표에서 (가)는?

① $\frac{1}{2}A_0$ ② A_0 ③ $\frac{2}{\sqrt{3}}A_0$ ④ $\sqrt{2}A_0$ ⑤ $\sqrt{3}A_0$

수면파는 동일한 진폭과 진동수를 갖고 같은 속력을 진행

$$y_1(x,t) = A_0 \sin(kx - wt), \quad y_2(x,t) = A_0 \sin(kx - wt + \phi)$$

두 수면파의 파의 합은 $\sin\alpha + \sin\beta = 2\sin\frac{1}{2}(\alpha + \beta)\cos\frac{1}{2}(\alpha - \beta)$ 이용하여

$$y(x,t) = y_1(x,t) + y_2(x,t) = \left[2A_0\cos\frac{1}{2}\phi\right]\sin\left(kx - \omega t + \frac{1}{2}\phi\right)$$

따라서 $\phi = \dfrac{\pi}{2}$ 일 때 진폭은 $2A_0\cos\left(\dfrac{1}{2}\cdot\dfrac{\pi}{2}\right) = 2A_0\dfrac{1}{\sqrt{2}} = \sqrt{2}A_0$

답 (4)

8-4. (2013 MEET/DEET) 그림 (가)와 (나)는 길이가 $3L$ 인 용수철을 잘라 만든 두 용수철의 한 쪽 끝에 질량이 같은 물체 A, B를 연결한 모습을 나타낸 것이다. A, B 에 동시에 같은 힘을 가하며 용수철을 서서히 압축시키다가 동시에 힘을 제거했더니 A, B가 단진동을 하였다. A 의 진폭은 A_0 이고, 주기는 T_0 이다.

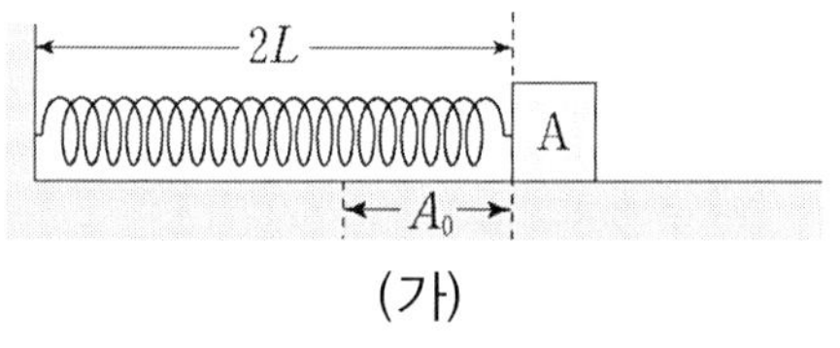

(가)

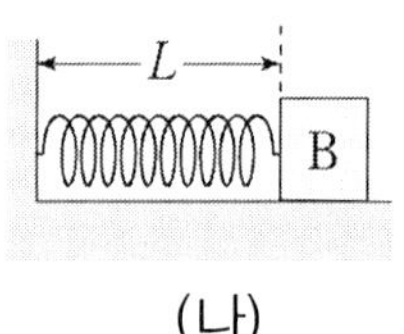

(나)

B 의 진폭과 주기로 옳은 것은?

① $\dfrac{A_0}{2}$, $\dfrac{T_0}{\sqrt{2}}$　　　② $\dfrac{A_0}{2}$, $\sqrt{2}T_0$　　　③ A_0 , $\dfrac{T_0}{\sqrt{2}}$

④ A_0 , T_0　　　⑤ A_0 , $\sqrt{2}T_0$

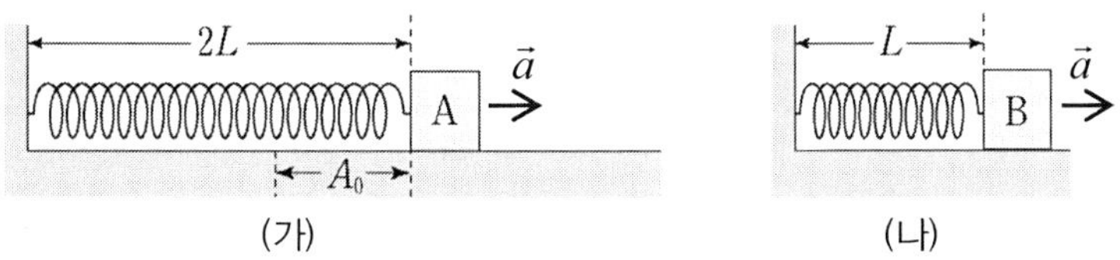

★단진동 구하기★

[1 단계] 그림 (가) 에서 x 축의 원점과 양의 방향 확인.

[2 단계] 그림 (가) 에서 진동 중심 ($x = 0$) 과 최대 진폭은 A_0 .

[3 단계] 좌표 x 에 대해서 운동방정식을 만든다.

$$\sum \vec{F}_x = ma_x \rightarrow -k(x-0) = ma \rightarrow a = -\frac{k}{m}x \ -(1) \ 이다.$$

단진동의 가속도는 $a = -\omega^2 x$ −(2) 이므로 식(1) 과 식(2) 에서

$$T_0 = \frac{2\pi}{\omega_0} = 2\pi\sqrt{\frac{m}{k_0}} \ -(2) \ 이다.$$

B 의 용수철 길이는 A 의 용수철 길이의 $\dfrac{1}{2}$ 배로 진폭은 용수철의 길이에

비례하므로 B 의 진폭은 A_0 이면 B 의 진폭은 $\dfrac{A_0}{2}$ 이다. A 에서 탄성력은

$F_A = -k_0 x$, B 에서 $F_B = -k\left(\dfrac{1}{2}x\right)$ 이다. 같은 힘이 작용하므로 $F_A = F_B \rightarrow$

$2k_0 = k$ 이다. 따라서 A 에서 용수철의 주기는 식(2) 로 $T_0 = 2\pi\sqrt{\dfrac{m}{k_0}}$,

B 에서 주기 $T = 2\pi\sqrt{\dfrac{m}{k}} = 2\pi\sqrt{\dfrac{m}{2k_0}} = \dfrac{1}{\sqrt{2}}T_0$ 이다.

답 (1)

8-5. (2013 PEET) 그림 (가)는 정지해 있는 음원에서 발생하는 음파의 파면을 모식적으로 나타낸 것이다. 이 음파의 파장은 λ_0 이고 진동수는 f_0 이고 속력은 v_0 이다. 그림 (나) 는 정지해 있는 관측자를 향해 (가)와 동일한 음원이 일정한 속력 v_s 로 다가올 때, 음파의 파면을 모식적으로 나타낸 것이다. (나)에서 관측자가 관측하는 음파의 파장과 진동 수는 각각 λ 와 f 이다.

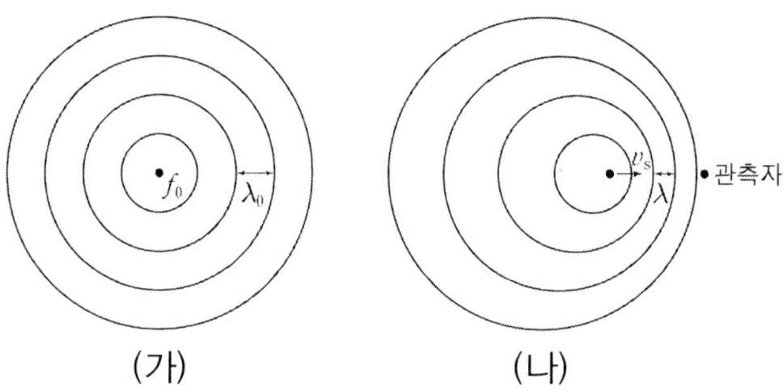

(가)   (나)

이에 대한 설명으로 옳은 것만을 [보기] 에서 있는 대로 고른 것은? (단, 매질과 관측자는 정지해 있고, 음파의 속력은 일정하다.) [4점]

[보 기]

ㄱ. (가) 에서 음파의 주기는 $\dfrac{\lambda_0}{v_0}$ 과 같다.

ㄴ. (나) 에서 $\lambda = \lambda_0 - \dfrac{v_s}{f_0}$ 이다.

ㄷ. (나) 에서 $f = \dfrac{v_0 + v_s}{v_0} f_0$ 이다.

① ㄴ   ② ㄷ   ③ ㄱ, ㄴ   ④ ㄴ, ㄷ   ⑤ ㄱ, ㄴ, ㄷ

(ㄱ) (가) 에서 파장 $\lambda_0 = T_0 v_0$ → 주기 $T_0 = \dfrac{\lambda_0}{v_0}$ 이다.

(ㄴ)과 (ㄷ) (나) 에서 도플러 효과 $f' = \left(\dfrac{v + v_D}{v - v_s}\right) f$ 에서 $f' = f$,

$f = f_0$, $v = v_0$, $v_D = 0$ 일 때 $f = \left(\dfrac{v_0}{v_0 - v_s}\right) f_0$ 이다.

$$\lambda = T v_0 = \dfrac{v_0}{f} = \left(\dfrac{v_0 - v_s}{v_0}\right)\dfrac{1}{f_0} v_0 = \dfrac{v_0}{f_0} - \dfrac{v_s}{f_0} = \lambda_0 - \dfrac{v_s}{f_0}$$

답 (3)

8-6. (2012 MEET/DEET) 그림 (가)는 공기 중에 있는 한쪽이 닫힌 길이 L 인 관에 형성 되는 정상파의 한 예를 나타낸 것이다. 그림 (나)는 (가)의 관에 형성되는 정상파의 진동수를 갖는 두 음파가 중첩된 파동을 나타낸 것이고, T 는 맥놀이 주기이며, 공기 중에서 음파의 속력은 v 이다.

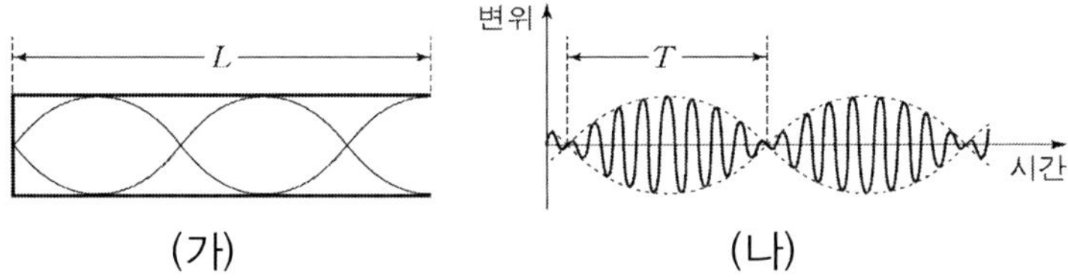

이에 대한 설명으로 옳은 것만을 [보기]에서 있는 대로 고른 것은?

[보 기]

ㄱ. (가)의 관에 형성되는 정상파의 기본 진동수는 $\dfrac{v}{4L}$ 이다.

ㄴ. T 의 최대값은 $\dfrac{4L}{v}$ 이다.

ㄷ. 맥놀이 진동수의 최소값은 $\dfrac{v}{2L}$ 이다.

① ㄴ   ② ㄷ   ③ ㄱ, ㄴ   ④ ㄱ, ㄷ   ⑤ ㄱ, ㄴ, ㄷ

한쪽 끝이 닫힌 관의 파장은 $\lambda = \dfrac{4L}{n}$ 이고 공명주파수는 $f = \dfrac{v}{\lambda} = n\dfrac{v}{4L}$ −(1) ,

$n = 1,2,3\ldots$ 이다.

(ㄱ) 기본 진동수 ($n = 1$) 는 $\lambda = 4L$ 이고, 식(1) 에서 기본진동수는 $f = \dfrac{v}{4L}$

이다.

(ㄴ) T는 맥놀이 주기로 2 개 파의 중첩으로 주기 $T\left(=\dfrac{1}{f}\right)$ 의 최대값은 진동수

f 가 최소 일때로 맥놀이 진동수의 최소값은 식(1) 에서

$$\Delta f = \left|f_1 - f_2\right| = \left|n_1\dfrac{v}{4L} - n_2\dfrac{v}{4L}\right| = \dfrac{v}{4L}\left|n_1 - n_2\right|, \quad n_1, n_2 = 1, 3, 5\ldots$$

Δf 가 최소가 되는 값은 $\left|n_1 - n_2\right| = 2$ 로 $\Delta f = \dfrac{v}{2L}$ −(2) 이다. 따라서

맥놀이 주기의 최대값은 $T = \dfrac{2L}{v}$ 이다.

(ㄷ) 맥놀이 진동수의 최소값은 식(2) 에서 $\Delta f = \dfrac{v}{2L}$ 이다.

답 (4)

III

8-7. (2005 예비시험) 다음은 보다 (Borda) 진자의 진동을
이용하여 중력 가속도를 측정하는 실험 과정의 일부를 나타낸
것이다.

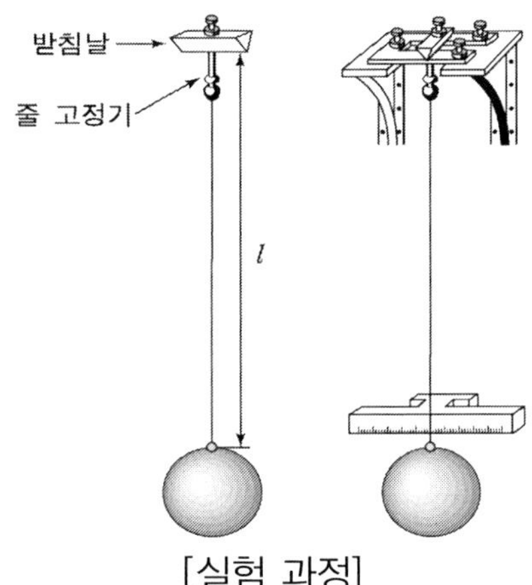

[실험 과정]

(1) 금속구를 줄에 매단 후 정지 상태가 되도록 한다.
(2) 받침날에서 금속구까지의 거리 l을 측정한다.
(3) 금속구를 옆으로 약간 당긴 후 정지 상태에서 놓는다.

중력가속도를 구하기 위해서 측정해야 하는 물리량을 [보
기]에서 모두 고른 것은? (단, 받침날, 줄 고정기, 줄의 질량은
무시한다.)

[보 기]

ㄱ. 금속구의 질량   ㄴ. 진동 주기   ㄷ. 금속구의 반지름

① ㄴ   ② ㄱ, ㄴ   ③ ㄱ, ㄷ   ④ ㄴ, ㄷ   ⑤ ㄱ, ㄴ, ㄷ

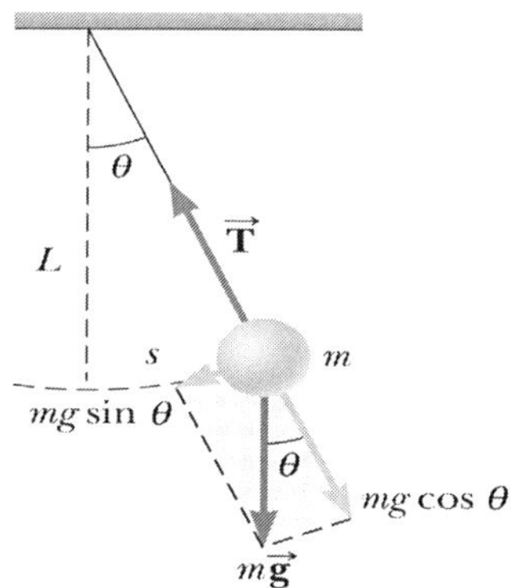

단진자의 주기는

$$T = \frac{2\pi}{\omega} = 2\pi\sqrt{\frac{I}{mgL}} \;\rightarrow\; g = \frac{(2\pi)^2}{T^2}\frac{I}{mL} \;-(1),\; L = l + r,$$

관성모멘트 $I = I_{cm} + h^2 M \rightarrow I = \frac{2}{5}mr^2 + m(l+r)^2$

식(1) 에서 $g = \frac{(2\pi)^2}{T^2 m(\ell + r)}\left[\frac{2}{5}mr^2 + m(l+r)^2\right]$

$$\rightarrow\; g = \frac{(2\pi)^2}{T^2}\left[\frac{2}{5}\frac{r^2}{l+r} + (l+r)\right]$$

답 (4)

8-8. (2011 MEET/DEET) 그림은 반지름이 R 인 균일한 원판이 고정된 회전축에 대해 단진동하는 것을 나타낸 것이다. 회전축은 원판에 수직이고, d 는 원판의 질량 중심 과 회전축 사이의 거리이다. 표는 반지름이 R로 같은 세 원판 A, B, C 의 질량과 d를 나타낸 것이다.

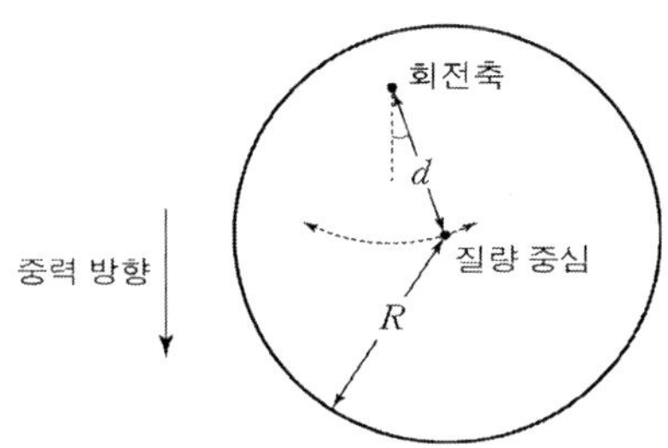

원판	질량	d
A	m	$(3/4)R$
B	m	$(1/2)R$
C	$2m$	$(3/4)R$

단진동하는 A, B, C 에 대한 설명으로 옳은 것만을 [보기] 에서 있는 대로 고른 것은?

[보 기]

ㄱ. A 가 단진동하는 동안 A 에 작용하는 회전축에 대한 돌림힘 (토크)의 크기는 일정하다.
ㄴ. 회전축에 대한 관성 모멘트는 A 가 B 보다 크다.
ㄷ. A 와 C 의 단진동 주기는 서로 같다.

① ㄱ   ② ㄷ   ③ ㄷ   ④ ㄱ, ㄷ   ⑤ ㄴ, ㄷ

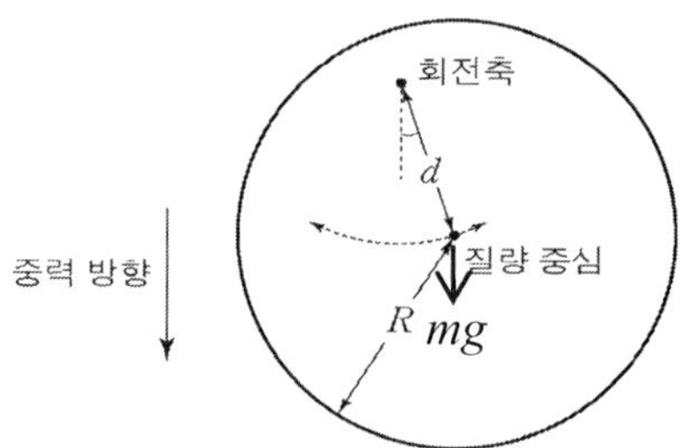

(ㄱ) 각운동량은 일정하지만 토크는 $\tau = F \times r = mg \times d \sin \theta$ 에서 F 와 r 사이각 θ 가 다르므로 일정하지 않다.

(ㄴ) A와 B의 관성모멘트 $I = I_{cm} + MR^2 \rightarrow$

$I_A = I_0 + m\dfrac{3}{4}R^2$, $I_B = I_0 + m\dfrac{1}{2}R^2$ 으로 $I_A > I_B$ 이다.

(ㄷ) 물리진자의 단진동의 주기는

$$T = 2\pi\sqrt{\dfrac{I}{mgL}} \rightarrow T = 2\pi\sqrt{\dfrac{I}{mgd}} = 2\pi\sqrt{\dfrac{I_0 + md^2}{mgd}}$$

원판의 관성 모멘트는 $I_0 = \dfrac{1}{2}mR^2$ 로

$$T = 2\pi\sqrt{\dfrac{I_0 + md^2}{mgd}} = 2\pi\sqrt{\dfrac{\dfrac{1}{2}mR^2 + md^2}{mgd}} = 2\pi\sqrt{\dfrac{R^2 + d^2}{2gd}}$$

로 주기는 질량에 무관하고 길이 d 가 같으면 같다.

답 (5)

8-9. (2010 MEET/DEET) 그림 (가) 동일 직선 상에서 위치가 고정된 음원과 운동하는 음파 측정기를 나타낸 것이다. 그림 (나)는 (가)에서 음파 측정기로 측정된 진동 수를 시간에 따라 나타낸 것이다. 음원에서 발생하는 음파의 진동수는 f_0 이다.

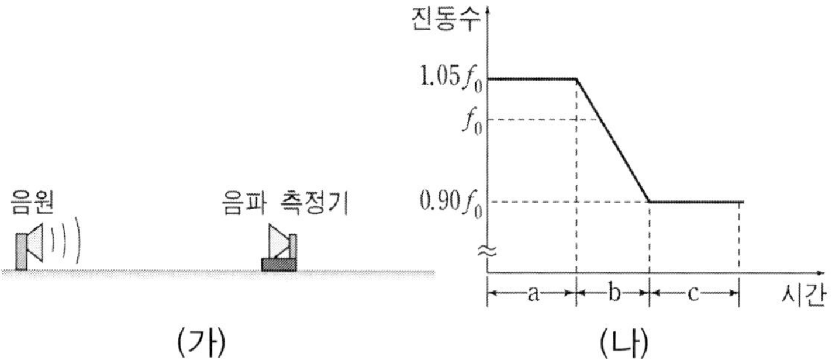

음파 측정기의 운동에 대한 설명으로 옳은 것만을 [보기] 에서 있는 대로 고른 것은? (단, 매질은 균일하고 음원에 대해 정지해 있다.)

[보 기]

ㄱ. 구간 a 에서 음원으로부터 멀어지는 방향으로 운동한다.

ㄴ. 구간 b 에서 등속운동을 한다.

ㄷ. 속력은 구간 a 보다 구간 c 에서 빠르다.

① ㄴ   ② ㄷ   ③ ㄱ, ㄴ   ④ ㄱ, ㄷ   ⑤ ㄴ, ㄷ

도플러 효과 공식은 $v_S = 0$ 이므로

$$f' = \left(\frac{v + v_D}{v - v_s}\right)f \;\rightarrow\; f' = \left(\frac{v + v_D}{v}\right)f \;\;-(1)$$

v_D 와 v_S 에 대한 부호는 속도의 방향에 의존한다. 관측자나 음원이 서로 가까워지는 경우 양(+), 서로 멀어지는 경우 음(−)의 값이다.

(ㄱ) 구간 a 에서 진동수가 증가하므로 식(1) 에서 음파 측정기의 속도는 (+) 방향으로 음원에 다가간다.

(ㄴ) 구간 b 에서 진동수가 f_0 보다 컸다가 작아진다. 즉, 음파 측정기가 음 원 쪽으로 오다가 달아난다는 뜻으로 식(1) 에서 음파 측정기의 속도가 변한다.

(ㄷ) 구간 a 와 구간 c 에서 진동수는

구간 a 에서 $1.05 f_0 = \left(\dfrac{v + v_a}{v}\right)f_0 \;\rightarrow\; 1.05 = \left(\dfrac{v + v_a}{v}\right) \;\rightarrow\; 1.05v = v + v_a$

$\rightarrow\; v_a = 0.05v$

구간 c 에서 $0.9 f_0 = f_0\left(\dfrac{v - v_c}{v}\right) \;\rightarrow\; 0.9 = \left(\dfrac{v - v_c}{v}\right)$

$0.9v = v - v_c \;\rightarrow\; v_c = 0.1v$, 따라서 $v_a < v_c$ 이다.

답 (2)

8-10. (2005 MEET/DEET) 그림은 수평인 도로 위에서 움직이고 있는 자동차와 자동차 뒤쪽 도로 위에 정지해 있는 영희를 나타낸 것이다. 이 자동차는 멀리 떨어져 있는 벽을 향해 속력인 등속 운동을 한다.

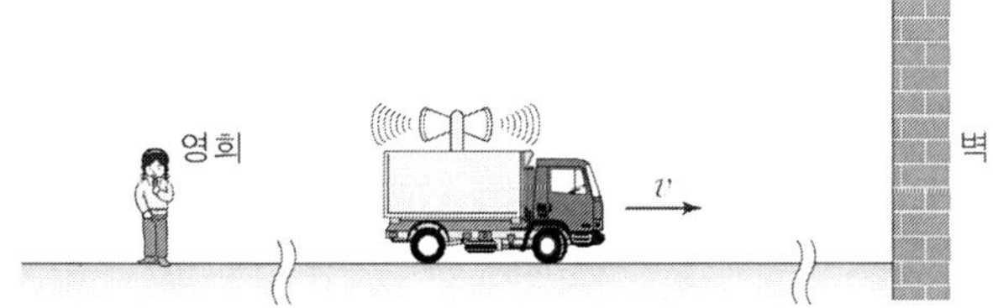

이 자동차 위에 설치된 스피커는 자동차의 앞뒤 방향으로 200Hz 의 음파를 방출하고 있다. 자동차 뒤쪽으로 향하는 음파와 벽에서 반사된 음파가 만드는 2Hz 의 맥놀이를 영희가 듣는다.

아래 [표]는 스피커가 방출하는 음파의 진동수, 자동차의 속력과 진행방향이 위의 상황과 다른 세 가지 경우를 나타낸 것이다. 이 때, 자동차는 영희와 벽 사이에서 등속 운동한다.

	스피커가 방출하는 음파의 진동수	자동차의 속력	자동차의 진행 방향
ㄱ	200Hz	$2v$	벽을 향해
ㄴ	200Hz	v	영희를 향해
ㄷ	300Hz	v	벽을 향해

정지해 있는 영희가 듣는 맥놀이 진동수가 2Hz 보다 큰 경우를 [표]에서 모두 고른 것은? (단, 음속은 일정하며 스피커는 단일 진동수의 음파를 방출한다.)

① ㄴ ② ㄱ, ㄴ ③ ㄱ, ㄷ ④ ㄴ, ㄷ ⑤ ㄱ, ㄴ, ㄷ

도플러 효과 공식에서 공기에서 음속 $v = v_{음속}$, 검출기인 영희의 속도 $v_D = 0$, 음원의 속도 $v_S = v$ 로

$$f' = \left(\frac{v + v_D}{v - v_s}\right)f \;\rightarrow\; f' = \left(\frac{v_{음속}}{v_{음속} - v}\right)f \;-(1)$$

v_S 에 대한 부호는 속도의 방향에 의존한다. 관측자나 음원이 서로 가까워지는 경우 양(+), 서로 멀어지는 경우 음(−)의 값이다. 자동차가 벽을 향해 달릴 때,

영희가 직접 듣는 주파수 $f_1 = f_0\left(\dfrac{v_{음속}}{v_{음속} - (-v)}\right) = f_0\left(\dfrac{v_{음속}}{v_{음속} + v}\right)$,

벽에 반사된 음파의 주파수 $f_2 = f_0\left(\dfrac{v_{음속}}{v_{음속} - (+v)}\right) = f_0\left(\dfrac{v_{음속}}{v_{음속} - v}\right)$

맥놀이 주파수는 2Hz 이므로

$$f = |f_1 - f_2| = f_0\left|\frac{v_{음속}}{v_{음속} + v} - \frac{v_{음속}}{v_{음속} - v}\right| = f_0\left|\frac{-2v_{음파}v}{v_{음파}^2 - v^2}\right| = 2Hz$$

(ㄱ) $v_S = 2v$ 일 때 $\left|v_{음파}^2 - (2v)^2\right| < \left|v_{음파}^2 - v^2\right|$ 이므로

$$f_{(ㄱ)} = f_0\left|\frac{-2v_{음파}(2v)}{v_{음파}^2 - (2v)^2}\right| > f_0\left|\frac{-2v_{음파}v}{v_{음파}^2 - v^2}\right| = 2Hz \;\rightarrow\; f_{(ㄱ)} > 2Hz$$

(ㄴ) $v_S = v$ 이고 자동차가 영희를 향할 때

$$f_{(ㄴ)} = |f_1 - f_2| = f_0\left|\frac{v_{음속}}{v_{음속} - v} - \frac{v_{음속}}{v_{음속} + v}\right| = f_0\left|\frac{-2v_{음파}v}{v_{음파}^2 - v^2}\right| = 2Hz$$

(ㄷ) $v_S = v$ 이고 $f_0 = 300$ Hz 이면

$$f_{(ㄷ)} = 300\left|\frac{-2v_{음파}v}{v_{음파}^2 - v^2}\right| > 200\left|\frac{-2v_{음파}v}{v_{음파}^2 - v^2}\right| = 2Hz \;\rightarrow\; f_{(ㄷ)} > 2Hz$$

답 (3)

8-11. (2007 MEET/DEET) 그림은 가스 불꽃과 음파 반사판을 이용하여 음파의 진동수를 측정한 장치를 나타낸 것이다. 단일 진동수의 음파를 발생하는 장치와 반사판의 위치는 고정하고, 가스 불꽃을 음파발생장치 쪽으로 서서히 이동시키면서 가스 불꽃의 모양 변화를 관찰하여 공기 진동의 진폭이 최소인 곳을 찾았다. 그 결과 반사판으로부 터의 거리가 3.2, 6.4, 9.6, 12.8, 16.0 cm인 곳에서 공기 진동의 진폭이 최소였다.

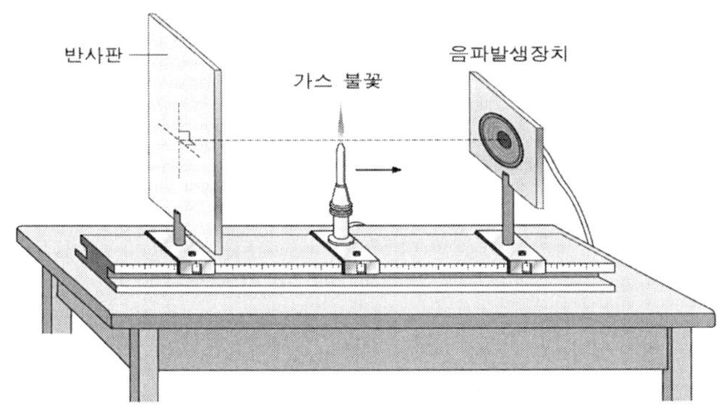

이 실험에서 음속이 340 m/s 이었을 때 음파발생 장치에서 나온 음파의 진동수에 가장 가까운 값은?

① 4100Hz ② 5300Hz ③ 6500Hz ④ 7700Hz ⑤ 8900Hz

반사파와 음파 발생장치 사이에 정상파가 다음과 같이 생성된다.

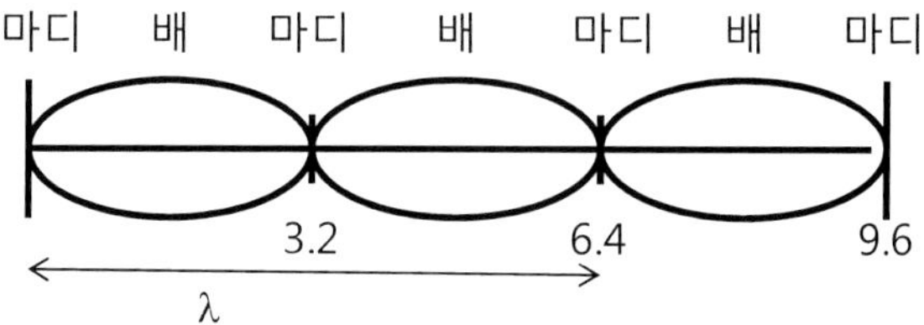

그림은 파동의 행태를 나타낸 것으로 파장 $\lambda = 6.4\,cm$ 이고 음속

$v = 340\,m/s$ 이므로 $v = \dfrac{\lambda}{T} = \lambda \cdot f \;\rightarrow\; 340\,m/s = \left(6.4 \times 10^{-2}\right) \cdot f$

$\quad \rightarrow f = 5312.5\,Hz$

답 (2)

III

8-12. (2013 PEET) 그림은 진폭은 같고 진동수는 서로 다른 사인형 진행파 y_1 , y_2 가 같은 방향으로 진행하여 중첩한 파동의 변위를 고정된 위치에서 시간에 따라 나타낸 것이다. y_1 , y_2 의 진행 속력은 10 m/s 로 같고, y_1 의 진동 수는 20 Hz 이다.

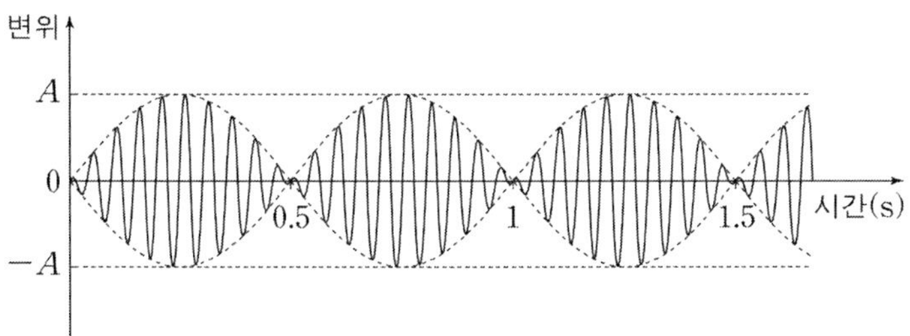

이에 대한 설명으로 옳은 것만을 [보기]에서 있는 대로 고른 것은? [5점]

[보 기]

ㄱ. y_1 의 진폭은 A 이다.

ㄴ. y_1 의 파장은 0.5 m 이다.

ㄷ. y_1 의 진동수는 19 Hz 이다.

① ㄱ　　② ㄴ　　③ ㄱ, ㄷ　　④ ㄴ, ㄷ　　⑤ ㄱ, ㄴ, ㄷ

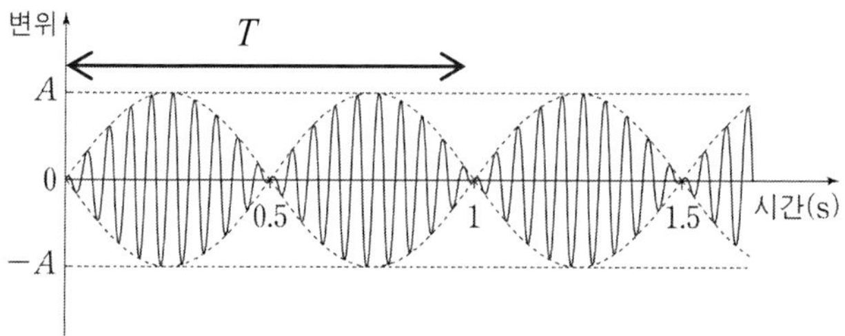

두개 파의 형태는 $y_1 = y_m \cos \omega_1 t$, $y_2 = y_m \cos \omega_2 t$, $\omega = 2\pi f$,

공식 $\cos a + \cos b = 2 \cos\left(\dfrac{a-b}{2}\right) \cos\left(\dfrac{a+b}{2}\right)$ 을 이용하여,

합성파는 $y(t) = y_1 + y_2 = (2 y_m \cos \omega' t) \cos \omega t$ 이다.

여기서 $\omega' = \dfrac{1}{2}(\omega_1 - \omega_2)$, $\omega = \dfrac{1}{2}(\omega_1 + \omega_2)$ 이다.

(ㄱ) 진폭 A 은 y_1 과 y_2 의 합성파동의 진폭이다.

(ㄴ) y_1 의 파장은 $\lambda_1 = v_1 \cdot T_1 = v_1 \cdot \dfrac{1}{f} = \dfrac{10\,m/s}{20\,Hz} = 0.5\,m$ 이다.

(ㄷ) 합성주기는 $\omega' = \dfrac{1}{2}(\omega_1 - \omega_2) \rightarrow f' = \dfrac{1}{2}(f_1 - f_2)$, $\omega = 2\pi f$

합성주기는 그림에서 중첩파의 주기는 $T = 1s$ 이므로 중첩파의 진동수는

$f' = 1 Hz$ 이다. $f_1 = 20 Hz$ 이므로 $1 = \dfrac{1}{2}(20 - f_2) \rightarrow f_2 = 18 Hz$ 이다.

답 (2)

8-13. (2012 PEET) 그림은 시간 $t = 0$ 인 순간 길이가 L 인 양 끝이 열린 관에서 제2 조화모드의 관 내부 공기 압력을 관 내부의 위치에 따라 나타낸 것이다. 관의 제2 조화모드 공명진동수는 f 이다.

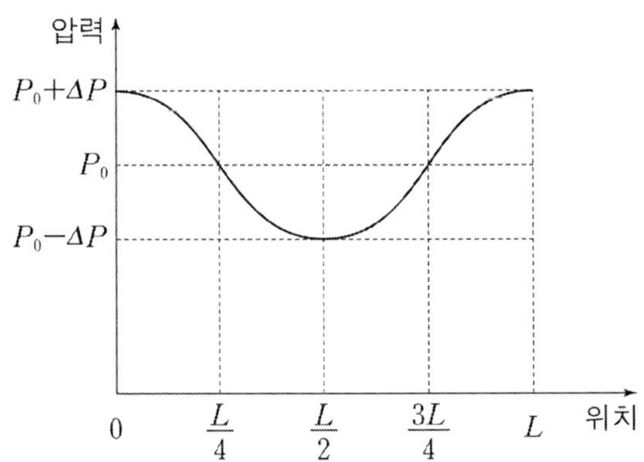

이에 대한 설명으로 옳은 것만을 [보기]에서 있는 대로 고른 것은? (단, 관의 끝 보정은 무시한다.)

[보 기]

ㄱ. 관 내부에서 음파의 파장은 L 이다.

ㄴ. 관 내부에서 음파의 속력은 $f \cdot L$ 이다.

ㄷ. $t = \dfrac{1}{2f}$ 에 관 내부 공기 압력이 가장 높은 위치는 $\dfrac{L}{2}$ 이다.

① ㄱ   ② ㄷ   ③ ㄱ, ㄴ   ④ ㄴ, ㄷ   ⑤ ㄱ, ㄴ, ㄷ

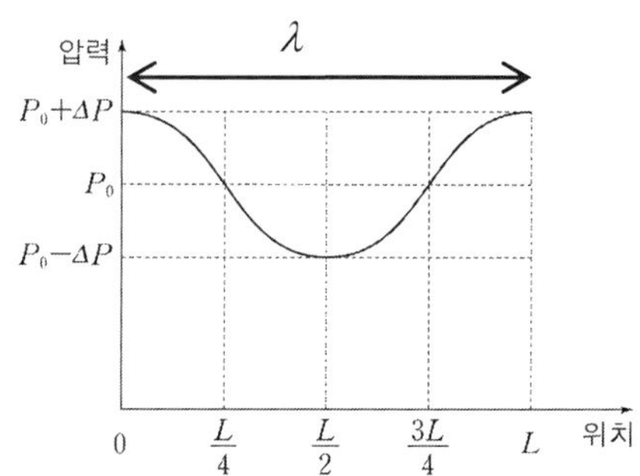

(ㄱ) 음파는 공기의 압력으로 전달되므로 공기 압력의 진행은 음파의 진행이다. 따라서 그림에서 공기의 파장은 $\lambda = L$ 이다.

(ㄴ) $v = \dfrac{\lambda}{T} = \lambda \cdot f = f \cdot L$ 이다.

(ㄷ) 열린 관에서 파형의 처음과 끝이 압력이 최대가 되므로, $t = \dfrac{1}{2f}$ 일 때 압력이 가장 높은 위치는 $s = v \cdot t = f L \cdot \left(\dfrac{1}{2f} \right) = \dfrac{L}{2}$ 이다.

답 (5)

9장 / 열역학 법칙

9-1 온도

9-1-1 온도의 정의

◻ 온도의 단위:

켈빈(Kelvin) $T(K) = T(^{o}C) + 273.15(^{o}C)$

섭씨(Celsius) $T(^{o}C) = \dfrac{5}{9}\left[T(^{o}F) - 32\right],$

화씨(Fahrenheit) $T(^{o}F) = \dfrac{9}{5}\left[T(^{o}C)\right] + 32,$

◻ 열평형: 열접촉이 있는 어떤 두 계의 온도가 같아 더 이상의 변화가 일어나지 않는 상태.

◻ 열역학 제 0 법칙: A 와 B 두 계가 서로 열평형에 있고 또한 B 와 C 계가 열평형에 있을 때, A 와 C 도 열평형에 있다.

9-1-2 온도와 열

◻ 열은 온도차에 의해서만 전달되는 에너지이다.

1 cal (= 4.2 J): 물 1g 을 1 °C 올리는 데 필요한 에너지 양

9-1-3 열용량과 비열

◻ 열용량 (C): 열량 $Q = C\Delta T = C\left(T_{f} - T_{i}\right).$

"

◻ 비열 (c): 단위 질량 당 열용량, $c = \dfrac{C}{m}$

열량 $Q = mc\Delta T \rightarrow \boxed{c = \dfrac{Q}{m\Delta T}}$, 단위: J / kg • K ,

◻ 몰비열: 몰당 열용량, 1 몰(mol)은 Avogadro 수

$N_A = 6.02 \times 10^{23}$ $(mol)^{-1}$ 개 입자들이 들어있는 물질의 양.

◻ 열량 보존의 법칙

질량 m_1 , 온도 T_1 , 비열이 c_1 인 물체와 질량이 m_2 , 비열이 c_2 , 온도 T_2 인 물체가 접촉하여 온도 T 에서 열평형 상태이면,

$\boxed{c_1 m_1 (T - T_1) = c_2 m_2 (T_2 - T)}$, $T_2 > T_1$

9-1-4 열현상

◻ 전도(conduction): 열에 의해 에너지가 전달되는 과정.

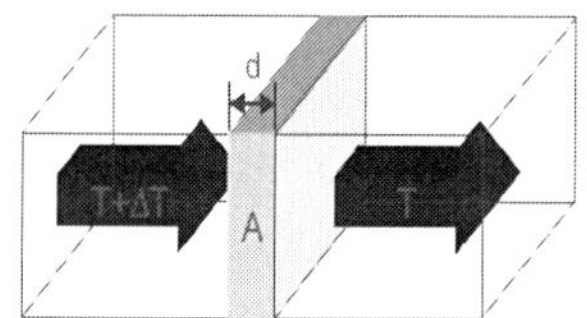

[그림 9-1] 전도도

단위 시간당 흐르는 열량:

$$\boxed{\dfrac{Q}{t} = kA\dfrac{\Delta T}{d}}$$

k : 물질의 열전도도,

A: 물체의 표면적, d: 물체의 두께

◻ 대류(convection): 유체의 순환운동과 같은 물질의 거시적인 이동에 의한 열전달.

◻ 복사(radiation): 전자기파로 에너지 전달 현상. 전자기파가 방출되거나 흡수될 때 발생.

복사율 $\boxed{\dfrac{Q}{t} = \sigma\, eAT^4}$: Stefan–Boltzmann 복사 법칙

σ: 5.67×10^{-8} J / s · m^2 · K^4 : Stefan–Blotzmann 상수,

A: 물체의 표면적, T: Kelvin 단위의 절대온도,

e: 물체의 방출률 (emissivity), $e = 1$ 이상적인 질흑색의 복사체, $e = 0$ 완벽한 반사체.

◻ 열팽창: 온도에 따라 물체의 크기가 변하는 것.

고체의 열팽창: $\boxed{\Delta l = l_o \alpha \, \Delta T} \to l = l_o(1 + \alpha \, \Delta T)$,

넓이 열팽창: $\boxed{\Delta A = A_o \gamma \, \Delta T} \to A = A_o(1 + \gamma \Delta T)$,

부피 열팽창: $\boxed{\Delta V = V_o \beta \, \Delta T} \to V = V_o(1 + \beta \Delta T)$,

l_o : 원래의 길이, Δl : 변형된 길이, ΔT: 온도의 변화,

α: 선팽창 계수, 넓이팽창 계수 $\gamma = 2\alpha$, 부피팽창 계수 $\beta = 3\alpha$

9-2 열역학 제 1 법칙

9-2-1 열과 일

◻ 기체가 하는 일:

$$dW = \mathbf{F} \cdot d\mathbf{r} = -F\mathbf{j} \cdot dy\mathbf{j}$$
$$= -Fdy = -PAdy$$

$$dW = -PdV \to \boxed{W = -\int_{V_i}^{V_f} PdV}$$

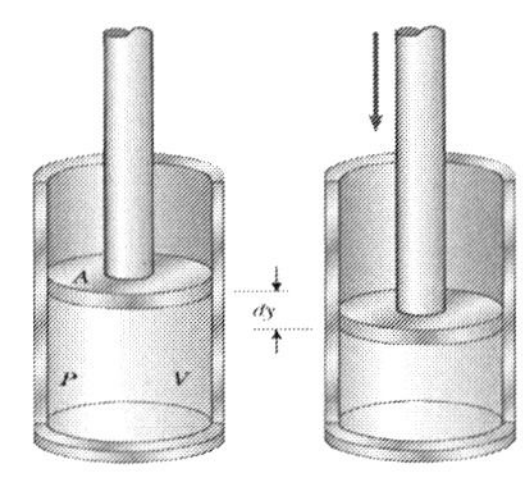

[그림 9-2] 기체의 일

일은 열역학적 과정에서 $P\text{-}V$ 곡선의 면적으로 표현된다.
열역학적 과정의 경로에 따라 달라질 수 있다.

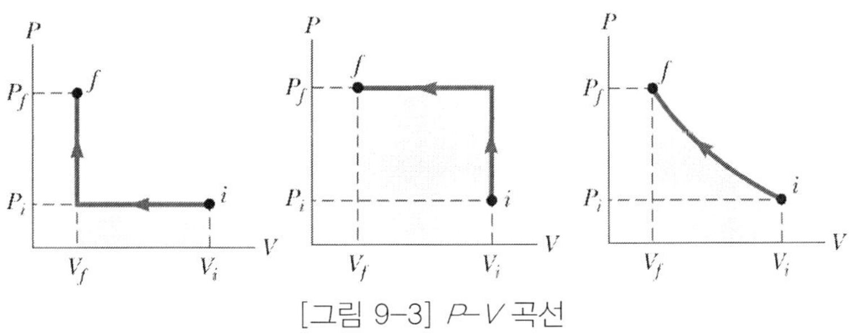

[그림 9-3] $P\text{-}V$ 곡선

9-2-2 열역학 제1법칙 (에너지 보존법칙)

□ 열역학 제 1 법칙: 계의 내부에너지는 열(Q)과 일(W)의 합
이다. $\boxed{\Delta U (= U_2 - U_1) = Q + W}$

ΔU: 계의 내부 에너지 U 의 변화. 내부에너지 계를 구성하는
원자들과 분자들의 운동 및 위치 에너지 합.

Q: 계에 전달된 알짜 일. 열-온도 차에 의해 전달되는 에너지.

W: 계가 한 알짜 일. 일-힘을 작용하여 어떤 거리를 움직이는
동안 전달되는 에너지.

□ 열역학 제1법칙의 응용

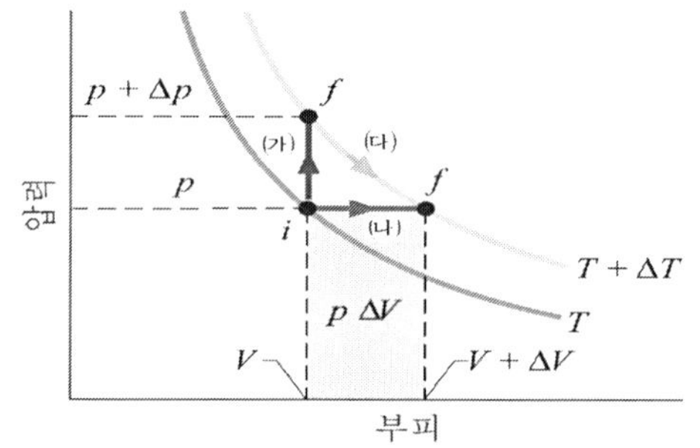

[그림 9-4] 압력-부피 곡선

(1) 등적 변화 ($\Delta V = 0 \rightarrow W = -P\Delta V = 0$): 직선 (가)로
내부에너지의 변화 $\Delta U = Q$

(2) 등압 변화 ($\Delta P = 0$): 직선 (나)로 $\Delta V \neq 0$, $\Delta U = Q + W$
그리고 $W = -P(V_f - V_i)$

(3) 등온 변화($\Delta T = 0 \rightarrow$ 이상기체 내부에너지 $\Delta U = 0$): 직선
(다)로 $\Delta U = Q + W \rightarrow Q = -W$, 이상기체의 등온 팽창은

$$W = -\int_{V_i}^{V_f} P dV = -\int_{V_i}^{V_f} \frac{nRT}{V} dV = -nRT \ln V \Big|_{V_i}^{V_f} = nRT(\ln V_i - \ln V_f)$$

$$\rightarrow \boxed{W = nRT \ln\left(\frac{V_i}{V_f}\right)}$$

(4) 단열 변화($Q = 0$): 내부에너지 변화 $\Delta U = W$

– 단열 압축: $\Delta V < 0 \rightarrow \Delta U = -P\Delta V > 0$,

– 단열 팽창: $\Delta V > 0 \rightarrow \Delta U = -P\Delta V < 0$

(5) 단열 자유 팽창($Q = 0$ 와 $W = 0$): $\Delta U = 0$

9-3 기체 운동방정식

9-3-1 기체의 운동량

□ 샤를의 법칙: 압력이 일정하면 모든 기체의 부피는 온도가 1 ℃ 상승할 때마다 0 ℃ 일 때의 부피의 $\dfrac{1}{273}$ 씩 증가한다.

– 보일의 법칙: $V \cdot P = $ 일정 ,

  1 기압(atm) = 76 cm Hg

– 보일–샤를의법칙:

$$\frac{P_o V_o}{T_o} = \frac{PV}{T} = 일정$$

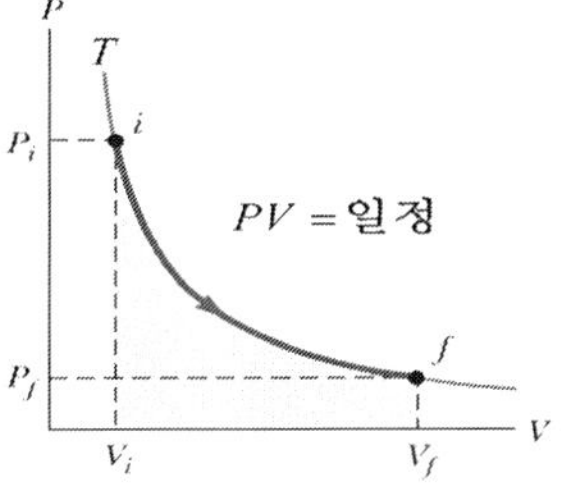

[그림 9-5] 압력과 온도에 부피 변화

□ 이상기체 상태 방정식: $\dfrac{PV}{T} = $ 상수 $\rightarrow$ $\boxed{PV = NkT}$,

  P: 기체 내에서의 절대압력, V: 기체의 부피, T: 절대온도,

  N: 기체의 분자수, k: 볼쯔만 상수 ($= 1.38 \times 10^{-23}$ J / K)

– 몰(mol)을 사용한 이상기체 방정식

$$\boxed{PV = NkT = \frac{N}{N_A} N_A kT = nRT} \leftarrow R = N_A k ,\ \frac{N}{N_A} = n$$

  n: 기체의 몰 수, N_A: 아보가드로 수 ($6.02 \times 10^{23}\ (mol)^{-1}$)

  보편기체상수: $R = N_A k = 8.31$ J / mol · K

9-3-2 기체 운동론

◼ 분자가 단단한 벽에 충돌할 때,

$$PV = \frac{1}{3} Nm\,\bar{v}^2,$$ P: 압력, V: 용기 안에 기체의 부피.

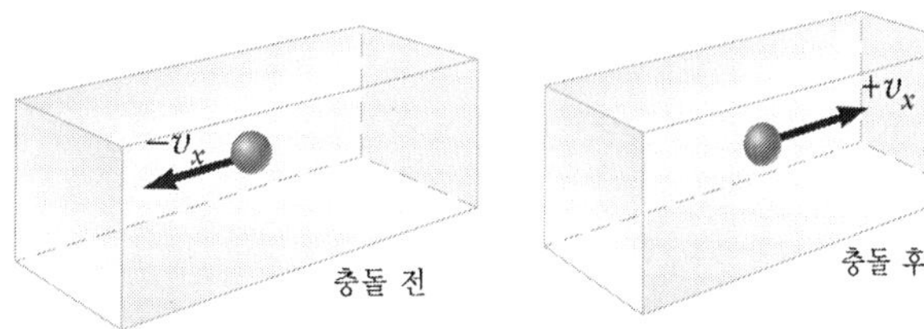

[그림 9-6] 기체분자의 충돌

(증명) 입자 한 개가 벽에 준 충격량:

$$\Delta P = mv_x - (-mv_x) = 2m\vec{v}_x$$

입자 한 개가 왕복하는데 걸리는 시간: $\Delta t = \dfrac{2L}{v_x}$

입자 한 개가 벽에 미치는 평균 힘: $F = \dfrac{\Delta P}{\Delta t} = \dfrac{mv_x^2}{L}$

제곱평균 제곱근 속력: $\bar{v}^2 = v_x^2 + v_y^2 + v_z^2 = 3v_x^2$

벽이 받는 총 힘: $F = \dfrac{\Delta P}{\Delta t} \;\rightarrow\; F = \dfrac{Nmv_x^2}{L} = \dfrac{Nm\bar{v}^2}{3L}$

벽에 미치는 압력: 상자 속의 입자 수가 N 일 때,

$$P = \frac{F}{L^2} = \frac{Nm\bar{v}^2}{3L} \bullet \frac{1}{L^2} = \frac{1}{3}\frac{Nm\bar{v}^2}{V} \;\rightarrow\; PV = \frac{1}{3}Nm\bar{v}^2$$

◼ 열에너지: 분자의 평균 운동에너지

$$\bar{E}_K = \frac{1}{2}m\bar{v}^2 = \frac{3}{2}kT \;\leftarrow\; \frac{1}{3}Nm\bar{v}^2 = NkT \;,\; m\bar{v}^2 = 3kT \;,$$

− 기체에서의 분자의 평균 속력: $V_{rms} = \sqrt{\bar{v}^2} = \sqrt{\dfrac{3kT}{m}}$

9-3-3 이상 기체의 몰 비율

◪ 이상 기체의 내부 에너지

단원자 기체인 경우에는 병진 운동 에너지가 유일한 형태의
에너지로 N 개 단원자의 평균 내부에너지는

$$U = \overline{E}_K = \frac{3}{2} NkT = \frac{3}{2} nRT \,, \; n: \text{기체의 몰수 } (= \frac{N}{N_A}).$$

◪ 몰비열: 기체 1 mol 의 온도를 1 K 높이는데 필요한 열량.

– 정적 몰비열 (C_V): 부피가
일정할 때 $(i \rightarrow f)$, $W = 0$ 로

$$Q = \Delta U = \frac{3}{2} nRT = nC_V T$$

$$\rightarrow C_V = \frac{3}{2} R \quad \text{(단원자 기체)}$$

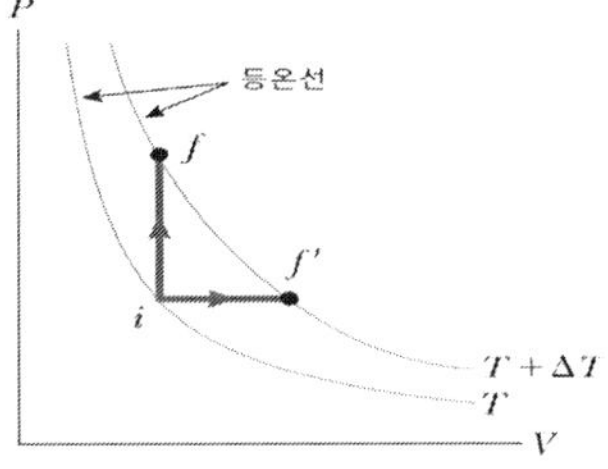

[그림 9-7] 등압과정과 등적과정

– 정압 몰비열 (C_P): 압력이 일정할 때 $(i \rightarrow f')$,

$$Q = nC_P \Delta T \,, \quad \Delta U = Q + W = nC_P \Delta T + (-P\Delta V) \quad -(1)$$

내부 에너지는 온도만의 함수이므로 $\Delta U = nC_V \Delta T \quad -(2)$

$$PV = nRT \; \rightarrow \; P\Delta V + V\Delta P = nR\Delta T = P\Delta V \; -(3)$$

식(2) 과 식(3) 를 식(1) 에 대입하면,

$$\Delta U = nC_P \Delta T + (-P\Delta V) \rightarrow nC_V \Delta T = nC_P \Delta T - nR\Delta T$$

$$\rightarrow C_P = C_V + R = \frac{3}{2} R + R = \frac{5}{2} R \quad \text{(단원자 기체)}$$

9-3-4 이상 기체의 단열 과정

단열 과정 $(Q - 0)$ 에서 $dU = nC_V dT = -PdV$

$$\rightarrow \quad dT = -\frac{P}{nC_V}\,dV$$

이상기체 방정식 $\quad PV = nRT$

$$\rightarrow \quad PdV + VdP = nRdT$$

$$PdV + VdP = -\frac{R}{C_V}\,PdV$$

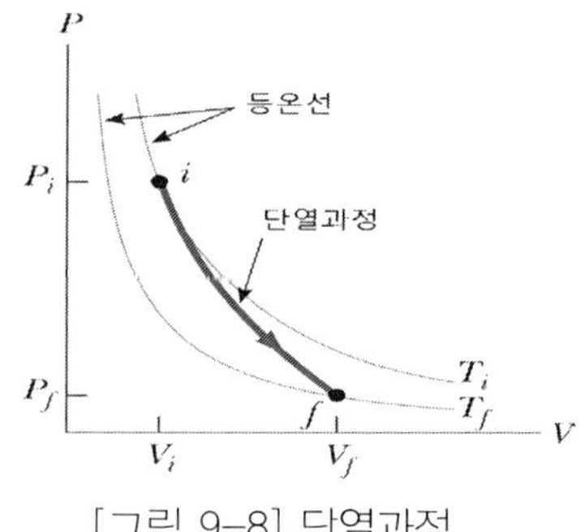

[그림 9-8] 단열과정

$$\frac{dV}{V} + \frac{dP}{P} = -\left(\frac{C_P - C_V}{C_V}\right)\frac{dV}{V} = (1-\gamma)\frac{dV}{V}, \quad \text{여기서} \quad \gamma = \frac{C_p}{C_v}$$

$$\frac{dP}{P} + \gamma\frac{dV}{V} = 0 \rightarrow lnP + \gamma lnV = \text{상수} \rightarrow \boxed{PV^{\gamma} = \text{상수}}$$

$$PV = nRT \rightarrow P = \frac{nRT}{V} \quad \text{에서} \quad \boxed{TV^{\gamma-1} = \text{상수}}$$

9-4 열역학 제 2 법칙

9-4-1 엔트로피 변화

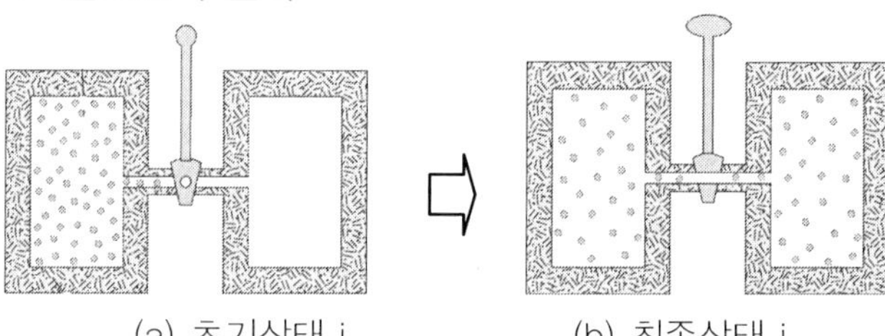

(a) 초기상태 i   (b) 최종상태 j

[그림 9-9] 엔트로피 변화

$$\text{엔트로피 변화} \quad \boxed{\Delta S = S_f - S_i = \int_i^f \frac{dQ}{T}}$$

9-4-2 열역학 제2법칙

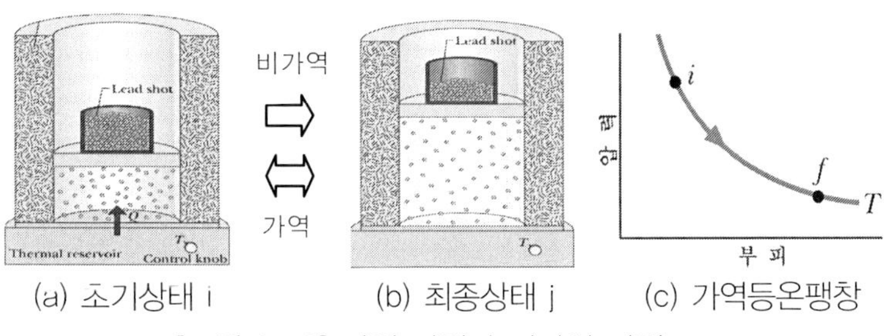

[그림 9-10] 가역 과정과 비가역 과정

■ 닫힌계의 비가역 과정: (a) 과정 → (b) 과정, 온도를 일정하게 유지하기 위해서는 열 Q가 기체에 전달되어야 한다.

$$\Delta S = S_f - S_i = \int_i^f \frac{Q}{T} > 0 \ \rightarrow \ \Delta S_{tatal} > 0$$

■ 가역과정: (b) 과정 ↔ (a) 과정

$$\Delta S_{gas} = -\frac{|Q|}{T} \ (\text{방출}) \ , \ \ \Delta S_{res} = \frac{|Q|}{T} \ (\text{흡수})$$

$$\Delta S_{tatal} = \Delta S_{res} + \Delta S_{gas} = 0$$

즉, 닫힌 계의 비가역 과정 (반대방향은 일어날 수 없다) 에서 엔트로피는 증가하여 가역과정에서는 일정하다. 즉 엔트로피는 결코 감소하지 않는다. $\Delta S \geq 0$ (열역학 제2법칙)

9-4-3 미시적인 크기에서의 엔트로피

■ 미시적 크기에서 엔트로피 $\Delta S = nR \ln \dfrac{V_f}{V_i} \ \rightarrow \ \boxed{S = k_B \ln W}$

9-4-4 열기관

◻ 카르노 (carnot) 기관의 효율

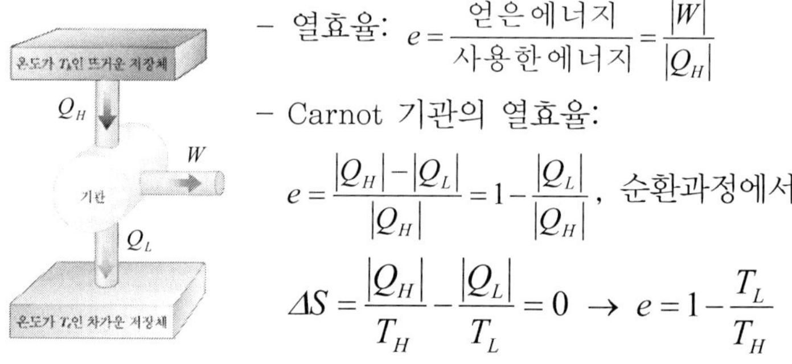

– 열효율: $e = \dfrac{\text{얻은에너지}}{\text{사용한에너지}} = \dfrac{|W|}{|Q_H|}$

– Carnot 기관의 열효율:

$$e = \frac{|Q_H| - |Q_L|}{|Q_H|} = 1 - \frac{|Q_L|}{|Q_H|}, \quad \text{순환과정에서}$$

$$\Delta S = \frac{|Q_H|}{T_H} - \frac{|Q_L|}{T_L} = 0 \;\rightarrow\; e = 1 - \frac{T_L}{T_H}$$

[그림 9–11] 열기관

수식요약

온도

절대온도 $T(K) = T(^oF) + 273.5(^oC)$

섭씨 $T(^oC) = \dfrac{5}{9}\left[T(^oF) - 32\right]$, 화씨 $T(^oF) = \dfrac{9}{5}\left[T(^oC)\right] + 32$

비열 $c = \dfrac{Q}{m\Delta T}$, Q: 주어진 열량, m: 질량, ΔT: 온도변화.

전도 단위 시간당 흐르는 열량: $\dfrac{Q}{t} = kA\dfrac{\Delta T}{d}$

열팽창

길이 $\ell = \ell_o(1 + \alpha\,\Delta T)$, 선팽창 계수 α

넓이 $A = A_o(1 + \gamma\Delta T)$, 넓이팽창 계수 $\gamma = 2\alpha$

부피 $V = V_o(1 + \beta\Delta T)$, 부피팽창 계수 $\beta = 3\alpha$

복사율 $\dfrac{Q}{t} = \sigma eAT^4$, T: Kelvin 단위의 절대온도,

A: 물체의 표면적, $\sigma = 5.67 \times 10^{-8}$ J / s $\cdot$ m^2 $\cdot$ K^4 : Stefan–

Blotzmann 상수, e: 물체의 방출률 ($e = 1$ 이상적인 복사체,

$e = 0$ 완벽한 반사체)

기체 운동론

분자의 평균 운동에너지

$$PV = \frac{1}{3}Nm\overline{v}^2 \rightarrow \overline{E}_K = \frac{1}{2}m\overline{v}^2 = \frac{3}{2}kT = \frac{3}{2}\frac{PV}{N}$$

분자의 평균 속력: $V_{rms} = \sqrt{\overline{v}^2} = \sqrt{\frac{3kT}{m}}$

분자의 내부에너지: N개 단원자의 평균 내부에너지는

$$E_{int} = \frac{3}{2}NkT = \frac{3}{2}nRT$$

정적 몰비열: $C_v = \frac{3}{2}R$, 정압 몰비열: $C_P = \frac{5}{2}R$

단열과정: $PV^\gamma = 상수$, $TV^{\gamma-1} = 상수$

열역학 법칙

– 열역학 제1법칙 (에너지 보존법칙) $\Delta U = Q + W$

ΔU: 계의 내부 에너지 변화, Q: 계에 전달된 알짜 일,

계 $W = -\int_{V_i}^{V_f} PdV$: 계가 한 알짜 일.

– 열역학 제 2 법칙: 어떠한 계도 처음 상태로 돌아가는 순환 과정에서 열 저장체로부터 열을 받아 완전히 일로 전환하는 것은 불가능하다.

$$엔트로피 \quad \Delta S = S_f - S_i = \int^f \frac{dQ}{T} \geq 0$$

열기관

열 효율 $e = \dfrac{얻은에너지}{사용한에너지} = \dfrac{|W|}{|Q_H|}$,

카르노 기관효율 $e = \dfrac{W}{|Q_H|} = \dfrac{|Q_H| - |Q_L|}{|Q_H|} = 1 - \dfrac{|Q_L|}{|Q_H|} = 1 - \dfrac{T_L}{T_L}$

9-1. (2005 MEET/DEET) 그림은 어떤 열기관을 모식적으로 나타낸 것이다. 이 열기관은 온도가 600 K 인 열원 A 로부터 500 J 의 열을 흡수하여 200 J 의 일을 하고, 온도가 300 K 인 열원 B 로 300 J 의 열을 방출한다.

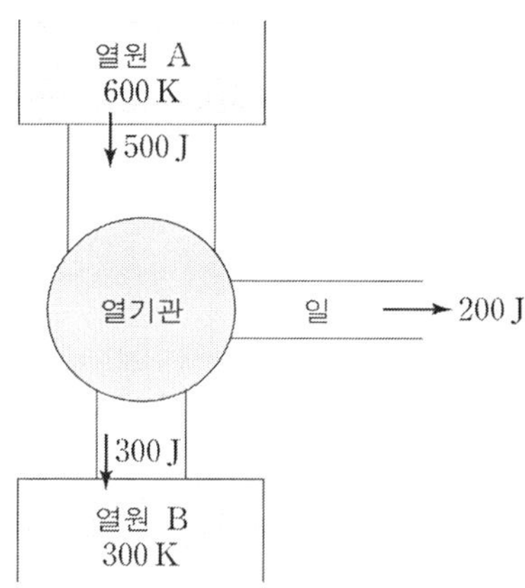

이 과정에 대한 [보기]의 설명 중 옳은 것을 모두 고른 것은?

[보 기]

ㄱ. 이 열기관의 열효율은 40%이다.

ㄴ. 열원 A 와 열원 B 의 엔트로피 변화량의 합은 0 이다.

ㄷ. 열원 A 와 열원 B 사이에서 작동하는 카르노 기관이 500 J 의 열을 흡수하면 240 J 의 일을 한다.

① ㄱ   ② ㄴ   ③ ㄷ   ④ ㄱ, ㄴ   ⑤ ㄴ, ㄷ

 9-1. 열기관

(ㄱ) 열기관의 효율은 흡수한 열량에 대한 외부에서 한 일의 비이다. 즉,

$$\text{열효율}(e) = \frac{\text{일}(W)}{\text{열량}(Q)} = \frac{200}{500} = 0.4$$, 열효율은 40 % 이다.

(ㄴ) 엔트로피의 변화 $$\Delta S = \Delta S_H + \Delta S_L = \frac{|Q|}{T_H} - \frac{|Q|}{T_L} = \frac{300}{300} - \frac{500}{600} > 0$$

즉, 엔트로피는 증가한다.

(ㄷ) 카르노 기관의 열휴율은

$$e = \frac{T_H - T_L}{T_H} = \frac{600 - 300}{600} = 0.5$$, 한 일 $W = 500 \times 0.5 = 250\,J$

답 (1)

9-2. (2009 MEET/DEET) 그림은 실외온도가 0 °C 인 어느 겨울날에 난방기를 이용하여 실내 온도를 20 °C 로 유지하는 건물을 나타낸 것이다.

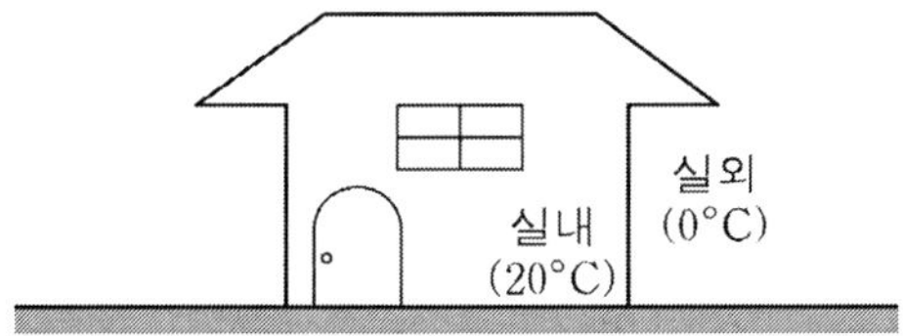

난방기가 작동을 멈추어 실내 온도가 내려가는 동안, 이에 대한 설명으로 옳은 것만을 [보기]에서 있는 대로 고른 것은? (단, 모든 열역학적 과정은 준정적으로 일어난다.)

[보 기]

ㄱ. 건물 내부의 엔트로피는 감소한다.
ㄴ. 건물 내부와 외부의 엔트로피 종합은 변화가 없다.
ㄷ. 단위 시간당 벽을 통과하는 열량은 감소한다.

① ㄴ   ② ㄷ   ③ ㄱ, ㄴ   ④ ㄱ, ㄷ   ⑤ ㄱ, ㄴ, ㄷ

 9-2. 엔트로피와 열량보존 법칙

엔트로피 $\Delta S = \Delta Q / T$ 에서 열을 흡수하면 엔트로피는 증가하고, 열을 방출하면 엔트로피는 감소한다. 자연에서는 엔트로피는 항상 증가한다.

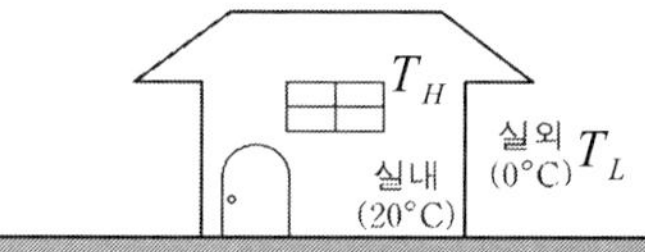

(ㄱ) 건물의 온도가 높으므로 열은 건물에서 외부로 이동한다. 건물내에서 열이 빠져나가야 하므로 건물 내부의 엔트로피는 감소한다.

(ㄴ) 열역학 제2법칙은 닫힌 계에서 비가역 과정이 일어나면 계의 엔트로피 S 는 항상 증가하므로 전체 과정은 항상 엔트로피가 증가한다.

(ㄷ) 열이동이 일어날 때 온도차가 크면 단위시간당 열량 $\dfrac{\Delta Q}{\Delta t} = \dfrac{kA}{d}\left(T_H - T_L\right)$

으로 시간이 지날수록 내부와 외부의 온도차가 줄어들게 되므로 단위 시간 동안 통과하는 열량도 감소한다.

답 (4)

9-3. (2013 MEET/DEET) 그림과 같이 부피가 같은 단열된 용기 A, B 에 단원자 분자 이상 기체가 들어 있다. A 와 B 의 기체의 압력은 P, $2P$ 이고 온도는 T, $2T$ 이다.

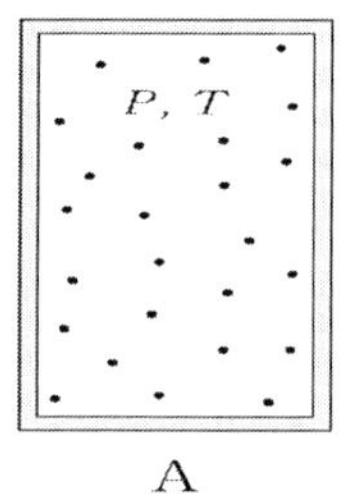

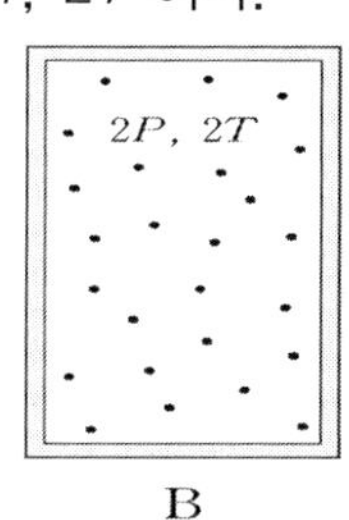

A 와 B 의 기체 분자의 평균 운동 에너지를 각각 E_A, E_B 라 할 때, $\dfrac{E_A}{E_B}$ 는? [1.5점]

① $\dfrac{1}{2}$　　　② $\dfrac{1}{\sqrt{2}}$　　　③ 1　　　④ $\sqrt{2}$　　　⑤ 2

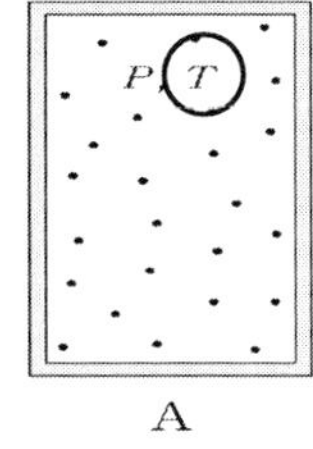
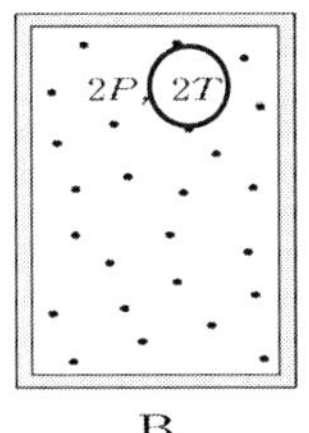

A   B

이상기체의 평균 운동에너지는

$$\overline{E}_K = \frac{1}{2}m\overline{v}^2 = \frac{3}{2}kT = \frac{3}{2}\frac{PV}{N} \rightarrow E_A = \frac{3}{2}kT \ , \ E_A = \frac{3}{2}k(2T)$$

$$\rightarrow \frac{E_A}{E_B} = \frac{1}{2} \ \text{이다.}$$

답 (1)

9-4. (2012 PEET) 그림은 단열 용기 속에 있는 단원자 이상 기체가 단열판에 의해서 나눠진 것을 모식적으로 나타낸 것이다. 양쪽 기체의 부피, 온도, 입자수는 각각 V, T, N 과 $2V$, $3T$, $5N$ 이다.

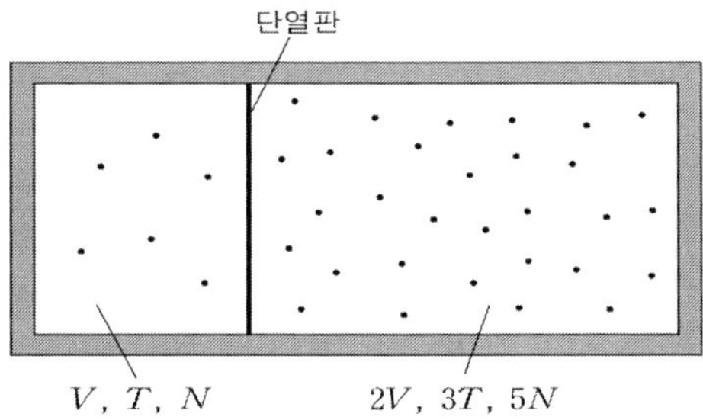

단열판이 제거된 후 기체가 평형 상태에 도달했을 때, 기체의 압력은? (단, 볼츠만 상수는 k 이고, 단열판의 부피와 단열판을 제거할 때의 열 출입은 무시한다.)

① $\dfrac{10}{3}\dfrac{NkT}{V}$ ② $\dfrac{11}{3}\dfrac{NkT}{V}$ ③ $\dfrac{13}{3}\dfrac{NkT}{V}$ ④ $\dfrac{14}{3}\dfrac{NkT}{V}$ ⑤ $\dfrac{16}{3}\dfrac{NkT}{V}$

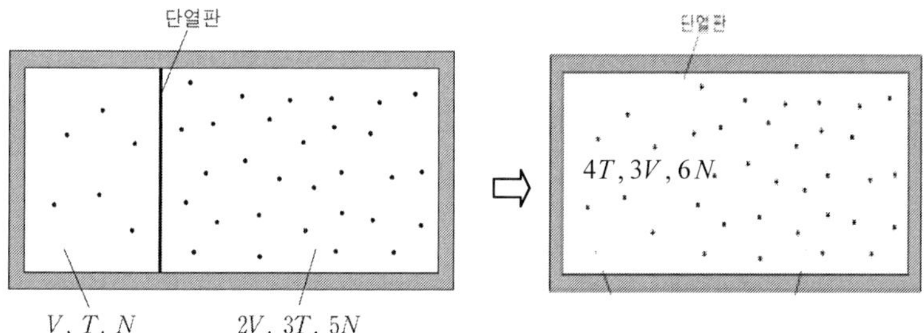

(단열판을 제거하기 내부에너지)=(단열판을 제거한 뒤 내부에너지)

내부에너지 $U = \dfrac{3}{2}NkT$ 에서

$$\frac{3}{2}NRT + \frac{3}{2}(5N)k(3T) = \frac{3}{2}(6N)kT' \;\rightarrow\; 16T = 6T'$$

$$\rightarrow T' = \frac{8}{3}T = 1.5T$$

$$PV = NkT \;\rightarrow\; P(3V) = (6N)kT' = 6Nk\,\frac{8T}{3} = 16NkT$$

$$\rightarrow P = 16NkT\,\frac{1}{3V}$$

답 (5)

III

9-5. (2005 예비시험) 그림은 두 가지 물질 (가)와 (나)를 접합하여 만든 건물 벽 단면의 일부를 모식적으로 나타낸 것이다. A, B, C 는 각 경계면을 표시하며, 실내 온도와 외부 온도는 각각 30 ℃ 와 0 ℃ 로 유지된다.

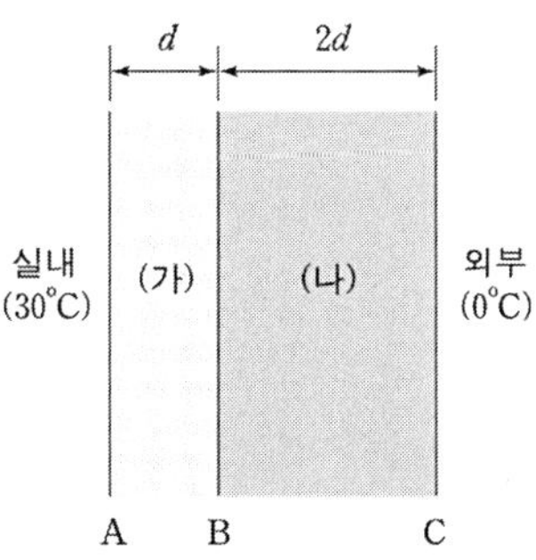

(가)와 (나)의 두께는 각각 $2d$ 이고, 열전도도는 (가)가 (나)의 2 배라고 할 때, [보기]의 설명 중 옳은 것을 모두 고른 것은? (단, 단위 시간당 전달되는 열량은 두 지점의 온도 차에 비례하고 거리에 반비례한다.)

[보 기]

ㄱ. 단위 시간당 면 A 를 통과하는 열량은 면 C 를 통과하는 열량보다 크다.

ㄴ. 면 A, B 사이의 온도 차는 면 B, C 사이의 온도 차보다 작다.

ㄷ. 면 B 에서의 온도는 25 ℃ 이다.

① ㄱ   ② ㄴ   ③ ㄱ, ㄴ   ④ ㄴ, ㄷ   ⑤ ㄱ, ㄴ, ㄷ

열전도 공식: $\dfrac{Q}{\Delta t} = kA\dfrac{\Delta T}{d}$, k: 물질의 열전도도, A: 물체의 면적,

d: 물체의 두께

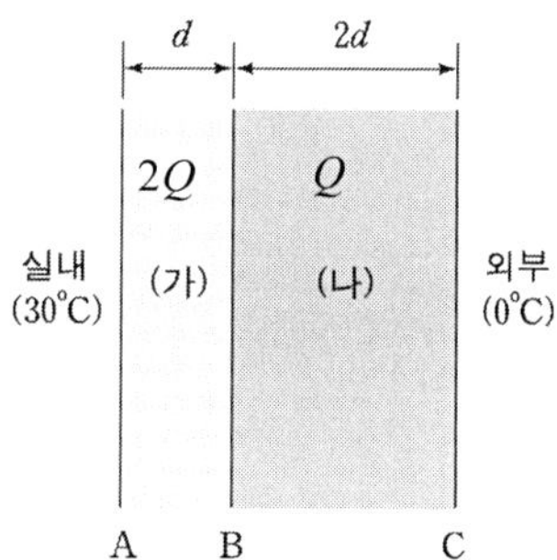

(ㄱ) 열량보존의 법칙에 의해서 단위 면적당 면 A를 통과하는 열량은 면 C를 통과하는 열량은 같다.

(ㄴ) B 에서 온도는

$$\left. \begin{array}{l} \dfrac{Q}{\Delta t} = 2kA\dfrac{(30 - T)}{d} \\[2mm] \dfrac{Q}{\Delta t} = kA\dfrac{(T - 0)}{d} \end{array} \right\} \quad 2kA\dfrac{(30 - T)}{d} = kA\dfrac{(T - 0)}{d} \rightarrow T = 24°C$$

면 A, B 사이의 온도 차는 30 ℃ – 24 ℃ = 8 ℃, 면 B, C 사이의 온도 차는 24 ℃ – 0 ℃ = 24 ℃ 로 B, C 사이의 온도가 크다.

(ㄷ) B 에서 온도는 (ㄴ) 에서 24 ℃ 이다.

답 (2)

9-6. (2010 MEET/DEET) 그림은 부피 V, 부피 팽창 계수 β, 온도 20 ℃ 인 금속과 단열 용기에 담긴 온도 40 ℃ 인 액체를 나타낸 것이다. 금속의 질량과 액체의 질량은 같고, 액체의 비열은 금속 비열의 4 배이다. 금속을 액체를 넣은 후 금속과 액체가 온도 T 에서 열평형 상태가 되었을 때, 금속의 부피와 금속의 엔트로피의 변화량은 각각 ΔV, ΔS 이다.

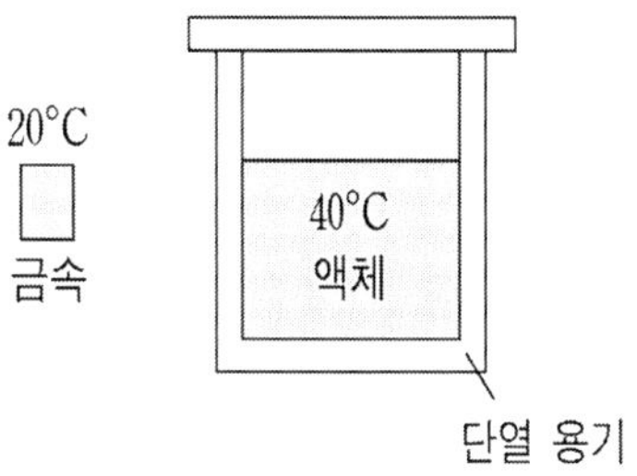

이에 대한 설명으로 옳은 것만을 [보기] 에서 있는 대로 고른 것은? (단, 비열과 부피 팽창 계수의 온도에 따라 변화와 공기의 열역학적 변화는 무시한다.)

[보 기]

ㄱ. $T = 36\,℃$ 이다. ㄴ. $\dfrac{\Delta V}{V} = 16\,\beta$ 이다. ㄷ. $\Delta S > 0$ 이다.

① ㄱ   ② ㄷ   ③ ㄱ, ㄷ   ④ ㄱ, ㄴ   ⑤ ㄱ, ㄴ, ㄷ

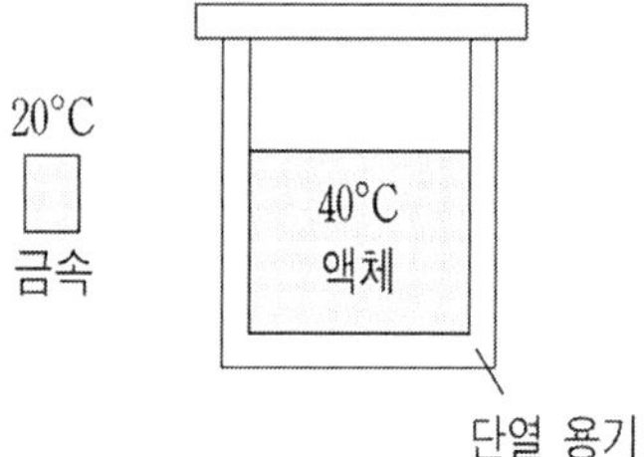

(ㄱ) 열량보존의 법칙

(금속이 얻은 열량) = (액체가 잃은 열량)

$$c_1 m_1 \left(T - T_1\right) = c_2 m_2 \left(T_2 - T\right) \to c_2 = 4c_1 , \ m_1 = m_2 ,$$

$$T_1 = 20°C , \ T_2 = 40°C \ \to \left(T - 20\right) = 4\left(40 - T\right)$$

$$\to 5T = 180 \ \to \ T = 36 \ °C$$

(ㄴ) 부피의 열평창에서 $\Delta T = \beta V \, \Delta T$, β : 부피 팽창 계수

$$\frac{\Delta V}{V} = \beta \, \Delta T \ \to \ \frac{\Delta V}{V} = \beta \left(36 - 20\right) = 16\beta$$

(ㄷ) 금속은 열을 흡수하였으므로 열역학 제2 법칙에 의해서 $\Delta S > 0$ 이다.

답 (5)

9-7. (2013 PEET) 그림 (가)는 금속 구슬 A 가 금속 원형 고리 B 의 중앙에 얹혀있는 모습을 나타낸 것이다. A 의 온도는 A 이고 반지름이 r_A 이며, B 의 온도는 T_B 이고 안쪽과 바깥쪽 반지름은 각각 r_B 와 R_B 이다. 그림 (나)는 (가) 에서 외부환경에 열을 잃지 않고 A 와 B 사이에만 열이 이동하여 A 의 반지름과 B 의 안쪽 반지름이 r' 으로 같아져 A 가 B 를 통과하는 것을 나타낸 것이다. 이 때, A 와 B 의 온도는 T' 으로 같고, B 의 바깥쪽 반지름은 R'_B 이다. A 와 B의 질량은 같고, A 와 B 의 재질의 특성은 표와 같다.

	선팽창 계수	비열
A	α_A	c_A
B	α_B	c_B

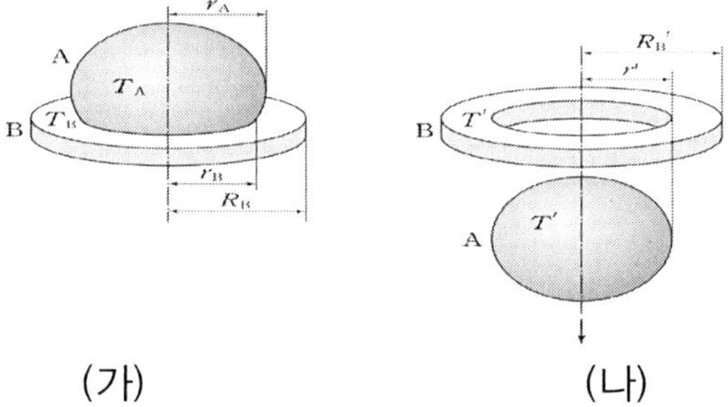

(가)   (나)

이에 대한 설명으로 옳은 것만을 [보기]에서 있는 대로 모두 고른 것은? (단, 매순간 A 와 B 의 온도는 각각 균일하며, A 와 B 사이의 마찰은 무시한다.) [5점]

[보 기]

ㄱ. $R_B - r_B < R'_B - r'$

ㄴ. $c_A(T_A - T') = c_B(T' - T_B)$

ㄷ. $r_A + r_A\alpha_A(T_A - T') = r_B + r_B\alpha_B(T' - T_B)$

① ㄱ　② ㄷ　③ ㄱ, ㄴ　④ ㄴ, ㄷ　⑤ ㄱ, ㄴ, ㄷ

길이 $l = l_o (1 + \alpha \Delta T)$, α: 선팽창 계수

넓이 $A = A_o (1 + \gamma \Delta T)$, 넓이팽창 계수 $\gamma = 2\alpha$

부피 $V = V_o (1 + \beta \Delta T)$, 부피팽창 계수 $\beta = 3\alpha$

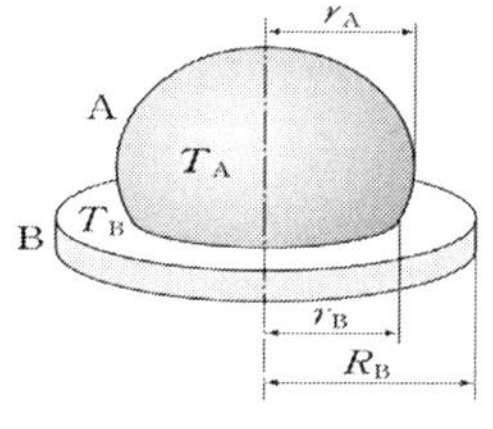

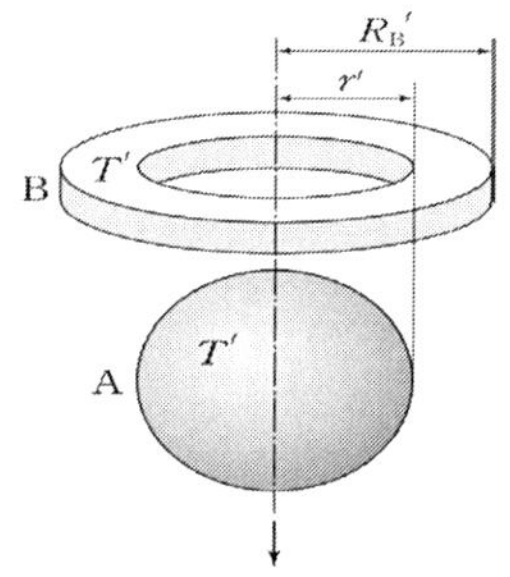

(ㄱ) 길이팽창으로 가정하면 $\ell = R_B' - r'$ 은 $\ell = \ell_o (1 + \alpha \Delta T)$ 이므로

$\ell_0 = R_B - r_B < \ell = R_B' - r'$ 이다.

(ㄴ) 열량보존의 법칙에서 (금속 A 가 잃은 열량) = (금속 B 가 얻은 열량)

$c_A m_A (T_A - T') = c_B m_B (T' - T_B) \rightarrow m_A = m_B$ 이므로

$c_A (T_A - T') = c_B (T' - T_B)$ 이다.

(ㄷ) 금속 구슬의 열팽창은

$$V = V_o (1 + \beta \Delta T) \rightarrow \frac{3}{4} \pi (r_A')^3 = \frac{3}{4} \pi (r_A)^3 [1 + 3\alpha_A (T_A - T')]$$

$$\rightarrow (r_A')^3 = (r_A)^3 [1 + 3\alpha_A (T_A - T')]$$ 이다

답 (3)

9-8. (2008 MEET/DEET) 그림과 같이 지면에 놓여 있는 동일한 실린더 A, B 의 피스톤이 도르래에 걸쳐 있는 줄로 각각 동일한 물체와 연결되어 있다. 각 물체는 밀도가, ρ_1, ρ_2 인 액체에 각각 잠겨 정지해 있다. A, B 에는 같은 몰수, 같은 온도의 이상기체가 들어 있고, 피스톤의 질량은 서로 같다. A 에서 이상기체의 부피는 B 에서보다 크다.

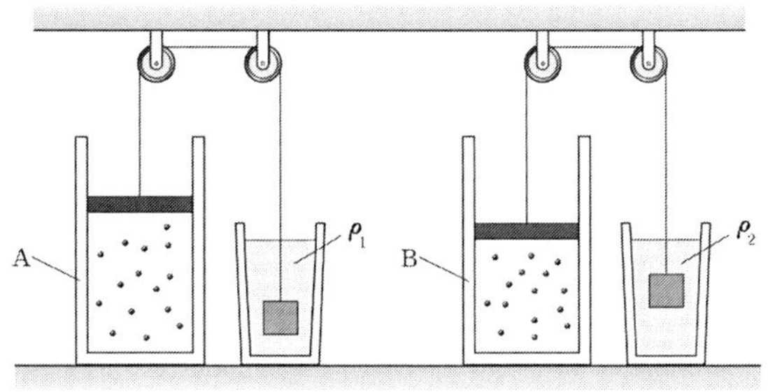

이에 대한 설명으로 옳은 것을 [보기]에서 모두 고른 것은? (단, 줄의 질량과 모든 마찰은 무시하고, 줄은 팽팽하게 유지된다.)

[보 기]

ㄱ. A 에서 이상기체의 압력은 B 에서보다 작다.
ㄴ. A 의 피스톤에 연결된 줄의 장력은 B 의 피스톤에 연결된 줄의 장력보다 크다.
ㄷ. ρ_1 은 ρ_2 보다 작다.

① ㄱ   ② ㄷ   ③ ㄱ, ㄴ   ④ ㄴ, ㄷ   ⑤ ㄱ, ㄴ, ㄷ

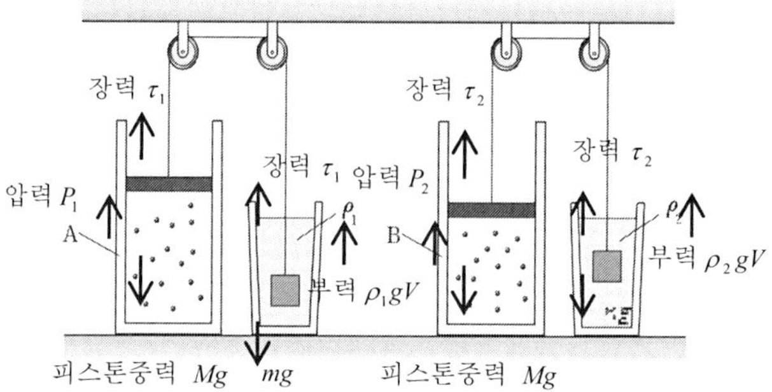

(ㄱ) 이상기체 상태방정식에서 $PV = nRT \rightarrow$

$P_1 V_1 = nRT_1$, $P_2 V_2 = nRT_2$ 에서 부피 $V_1 > V_2$ $\rightarrow$ 압력 $P_1 < P_2$

(ㄴ) 피스톤 질량 M 에서 $Mg = P_1 A + \tau_1$, $Mg = P_2 A + \tau_2$ 에서 압력 $P_1 < P_2$ $\rightarrow$ 장력 $\tau_1 > \tau_2$ 이다.

(ㄷ) 물체에서 힘의 평형에 대해 $mg = \rho_1 gV + \tau_1$, $mg = \rho_2 gV + \tau_2$ 에서 장력 $\tau_1 > \tau_2$ $\rightarrow$ 밀도 $\rho_1 < \rho_2$ 이다.

답 (5)

9-9. (2006 MEET/DEET) 그림은 단열재로 만들어진 상자의
두 공간 A 와 B 에 각각 1 몰의 이상기체가 들어 있는 것을
나타낸 것이다. A 와 B 는 금속판과 단열판에 의해 나뉘어져
있다. A 와 B 의 부피는 각각 V 와 $2V$, 온도는 각각 T 와 $2T$
이다.

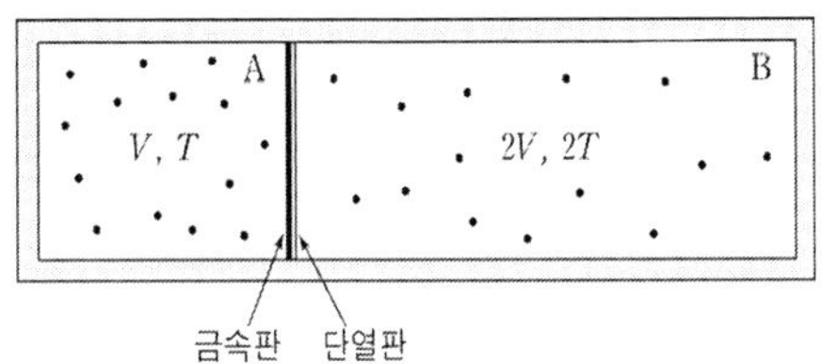

금속판은 남겨 두고 단열판을 제거하여 A 와 B 가 부피의 변화
없이 동일한 온도가 될 때, 이에 대한 설명으로 옳은 것을
[보기]에서 모두 고른 것은? (단, 금속판과 단열판의 부피는
무시한다.)

[보 기]

ㄱ. A 와 B 는 온도가 1.5 T 인 열적 평형 상태에 도달한다.
ㄴ. 온도가 변하는 동안 A 의 압력은 감소한다.
ㄷ. 온도가 변하는 동안 B 에 있는 이상기체의 엔트로피는
   항상 증가한다.

① ㄱ   ② ㄴ   ③ ㄱ, ㄴ   ④ ㄴ, ㄷ   ⑤ ㄱ, ㄴ, ㄷ

해설 9-9. 이상 기체의 열의 이동

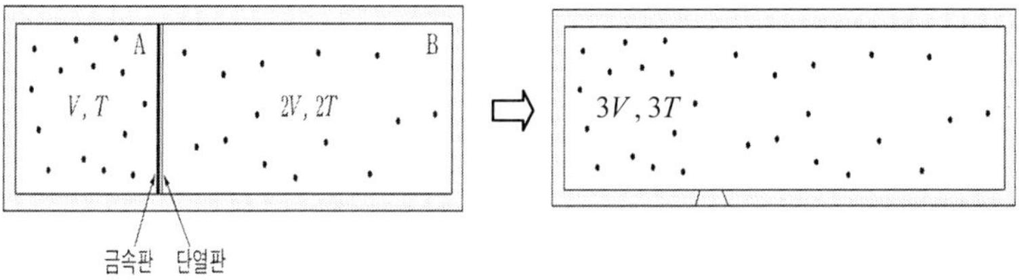

(ㄱ) 내부에너지는 보존된다. 즉, (단열판을 제거하기 전 AB 의 내부에너지) = (단열판을 제거한 뒤 AB 의 내부에너지), 내부에너지 $U = \frac{3}{2}nRT$ 에서

$$\frac{3}{2}(1)R(T)+\frac{3}{2}(1)R(2T)=\frac{3}{2}(2)RT' \rightarrow 3T = 2T' \rightarrow T' = \frac{3}{2}T = 1.5T$$

(ㄴ) A 에서 $PV = nRT \rightarrow V =$ 일정, T 가 증가 → P 가 증가

(ㄷ) B 에서는 온도가 감소 ($2T \rightarrow 1.5T$) 하므로 엔트로피의 감소 →

$\Delta S_B = -\frac{\Delta Q}{2T}$, 이상기체 A 의 온도가 증가하므로 A 의 엔트로피는 증가 →

$\Delta S_A = \frac{\Delta Q}{T}$, 따라서 A 와 B 의 전체적인 엔트로피는 증가한다.

→ $\Delta S_A + \Delta S_B = \frac{\Delta Q}{T} - \frac{\Delta Q}{2T} = \frac{\Delta Q}{2T}$ 이다.

답 (1)

9-10. (2012 PEET) 그림 (가)는 얇은 판에 의해서 부피가 같은 A 와 B 두 부분으로 나누어진 상자에 평형 상태의 이상기체가 A에 들어 있고 B는 비어 있는 모습을 나타낸 것이다. 그림 (나)는 (가)에서 판을 제거한 후 기체가 자유 팽창하여 평형 상태에 도달한 모습을 나타낸 것이다. (가)의 기체의 온도가 T_0 일 때, (가)에서 (나)로 가는 과정에서 기체의 엔트로피 변화량 은 ΔS_0 이다.

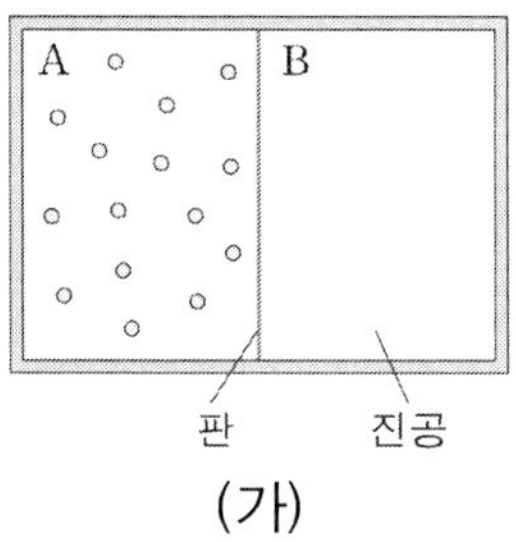

(가)

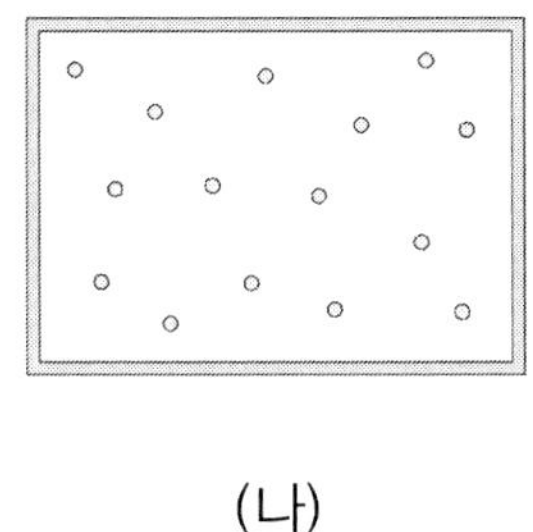
(나)

이에 대한 설명으로 옳은 것만을 [보기]에서 있는 대로 고른 것은? (단, 판과 상자 벽은 기체와 열 교환이 없고, 판을 제거 하는 동안 기체에 해 준 일은 없다.)

[보 기]

ㄱ. (가)와 (나)에서 기체의 온도는 같다.
ㄴ. (가)와 (나)에서 기체의 압력은 같다.
ㄷ. (나)의 기체의 온도가 $2T_0$ 이면 (가)에서 (나)로 가는 과정 에서 기체의 엔트로피 변화량은 ΔS_0 이다.

① ㄱ　　　② ㄴ　　　③ ㄷ　　　④ ㄱ, ㄷ　　　⑤ ㄴ, ㄷ

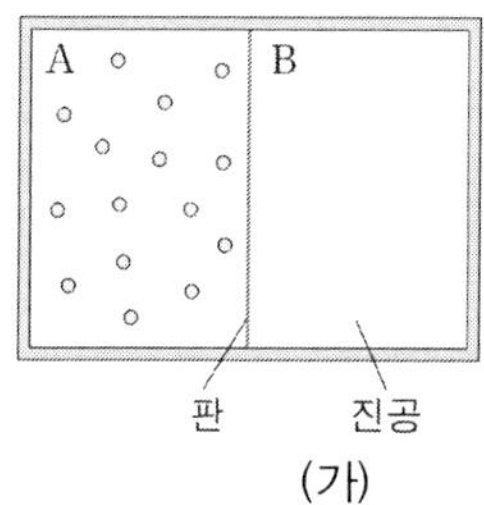
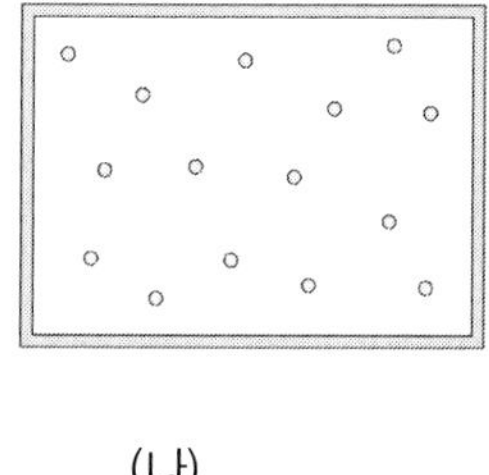

(ㄱ) 단열 자유팽창이면 열전달이 없다. 따라서 온도의 변화는 없다.

(ㄴ) $PV = NkT$ 에서 그림 (가) 에서 $P_1 V = NkT$ 이고 그림(나) 에서 $P_2 (2V) = NkT$ 에서 $P_1 \neq P_2$ 이다.

(ㄷ) 그림 (가) 의 온도가 T_0 일 때 $\Delta S_0 = \dfrac{Q}{T_0}$ 이고 온도가 $2T_0$ 이면

$$\Delta S = \frac{Q}{2T_0} = \frac{1}{2} \Delta S_0$$ 이다.

답 (1)

9–11. (2006 MEET/DEET) 그림은 부피가 V인 실린더 내부에 1 몰의 이상기체가 들어 있고, 피스톤 위의 수조에 물이 들어 있는 것을 나타낸 것이다. 실린더는 수평면 위에 놓여 있고, 면적이 A 인 피스톤은 정지 상태에 있다.

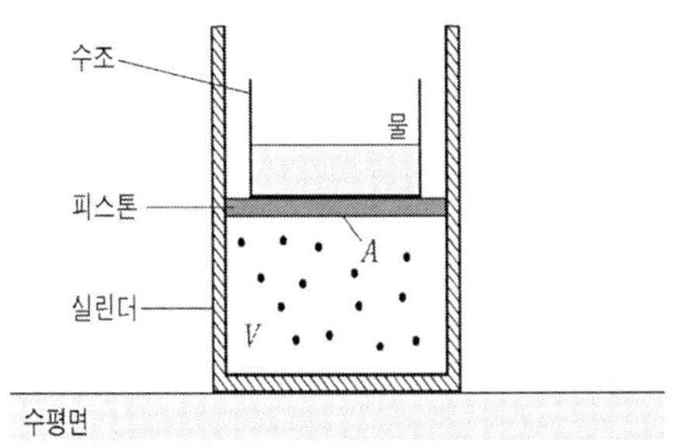

이상기체가 들어 있는 실린더 내부의 온도를 ΔT 만큼 증가시키는 동시에 수조에 담긴 물의 질량을 ΔM 만큼 증가시킬 때, V 를 일정하게 유지하기 위한 $\dfrac{\Delta M}{\Delta T}$ 은? (단, 실린더와 피스톤은 단열재로 만들어져 있고, 실린더와 피스톤 사이의 마찰은 무시하며, 외부 기압은 일정하다. 중력가속도는 g , 기체상수는 R 이다.)

① $\dfrac{RA}{2gV}$ ② $\dfrac{RA}{gV}$ ③ $\dfrac{3RA}{2V}$ ④ $\dfrac{RA}{A^2}$ ⑤ $\dfrac{3RA}{A^2}$

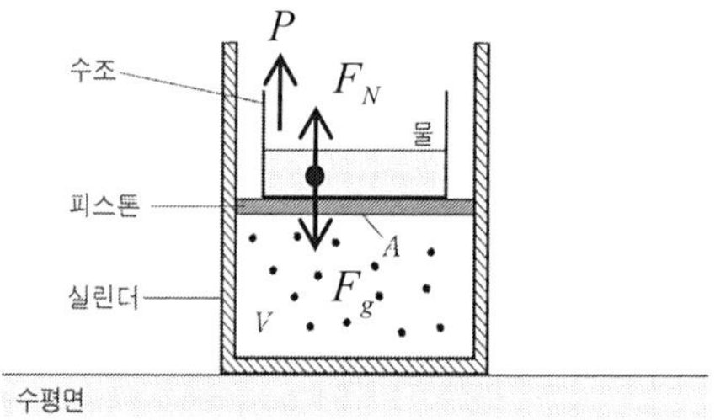

피스톤은 정지상태에서 $\Delta F_g = \Delta M \cdot g$, $\Delta F_N = \Delta P \cdot A$,

$\Delta F_g = \Delta F_N \rightarrow \Delta M \cdot g = \Delta P \cdot A$ $-(1)$

실린더 부피 에서 $PV = nRT$ 에서 $n = 1$ 몰에서 $PV = RT$,

부피 V 가 일정할 때, $\Delta PV = R\Delta T$ $-(2)$

식(1)과 식(2) 에서

$$\rightarrow \Delta M \cdot g = \Delta P \cdot A = \frac{A(R\Delta T)}{V} \rightarrow \frac{\Delta M}{\Delta T} = \frac{AR}{gV}$$

답 (2)

9-12, (2012 MEET/DEET) 그림 (가)는 질량 M 인 모래가 놓인 단열 실린더 내의 단원자 분자 이상기체가 단열 피스톤 1 과 2 에 의해 A, B 로 나뉘어져 있는 것을 나타낸 것이다. 이상기체는 평형 상태에 있고, A 와 B 의 부피는 각각 2V, V 이며, 절대 온도는 각각 3T, T 이다. 그림 (나)는 (가)의 피스톤 1 위에 놓인 모래를 서서히 증가시켜 질량이 2M 이 되었을 때 이상기체가 평형 상태에 있는 것을 나타낸 것이다.

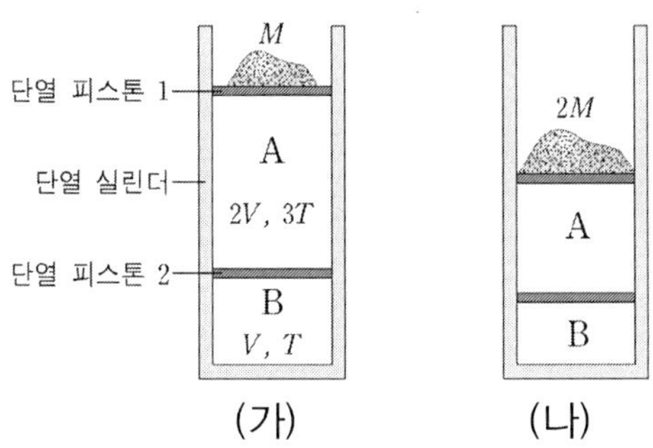

이에 대한 설명으로 옳은 것만을 [보기]에서 있는 대로 고른 것은? (단, 피스톤의 질량, 실린더와 피스톤 사이의 마찰은 무시한다.)

[보 기]

ㄱ. (가) 에서 기체 분자 수는 A 가 B 보다 크다.
ㄴ. (나) 에서 A 와 B 의 부피 비는 2 : 1 이다.
ㄷ. (가) → (나) 과정에서 내부에너지 변화량은 B 가 A 보다 크다.

① ㄴ　　② ㄷ　　③ ㄱ, ㄴ　　④ ㄱ, ㄷ　　⑤ ㄴ, ㄷ

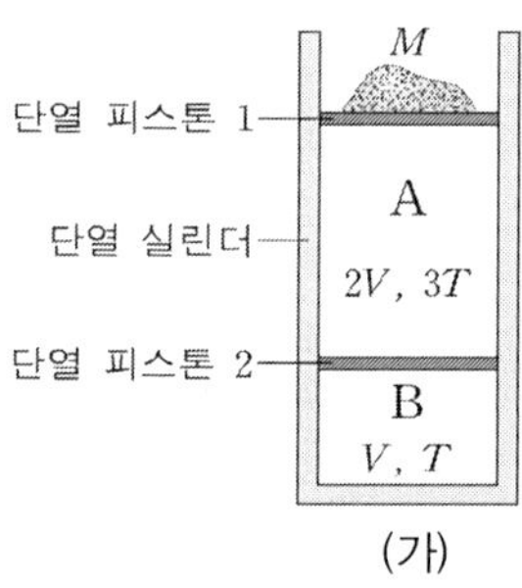

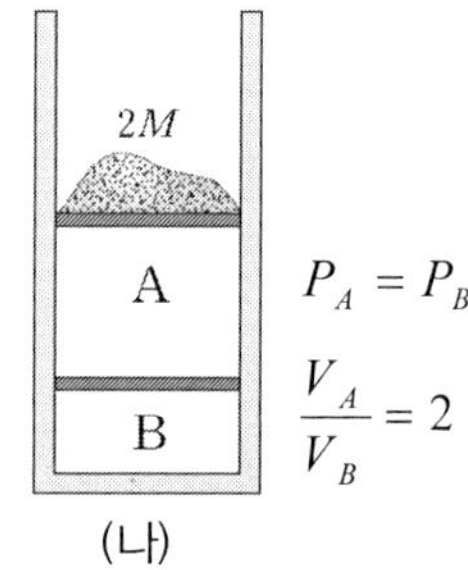

(ㄱ) 이상기체 상태방정식 $PV = NkT \rightarrow N = \dfrac{PV}{kT}$ 에서

그림 (가) 에서 $N_A = \dfrac{P_A(2V)}{k(3T)}$ 이고 $N_B = \dfrac{P_B V}{kT}$ 이다. 압력 $P_A = P_B$ 이면,

$N_A < N_B$ 이다.

(ㄴ) 그림 (나)에서 압력이 변하여도 A 가 받는 압력과 B 가 받는 압력이 같으므로 $PV = NkT$ 에서 A 와 B의 부피의 변화율은 일정하다. 즉, A 부피: B 부피 = 2 : 1 이다.

(ㄷ) N 개 단원자 분자의 내부에너지는

$U = \dfrac{3}{2}NkT = \dfrac{3}{2}PV$ 이고 (가) → (나) 에서 A 와 B의 압력의 변화율도 같고 부피의 변화율도 같으므로 내부에너지 변화가 없다.

답 (1)

9-13. (2011 MEET/DEET) 그림과 같이 부피가 V, $2V$ 인 용기 A, B 에 동일한 단원자 이상 기체의 분자가 각각 N, $2N$ 개씩 들어 있다. A, B 내부의 압력은 p 로 서로 같다.

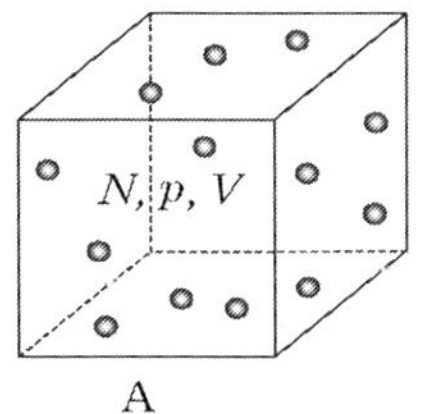

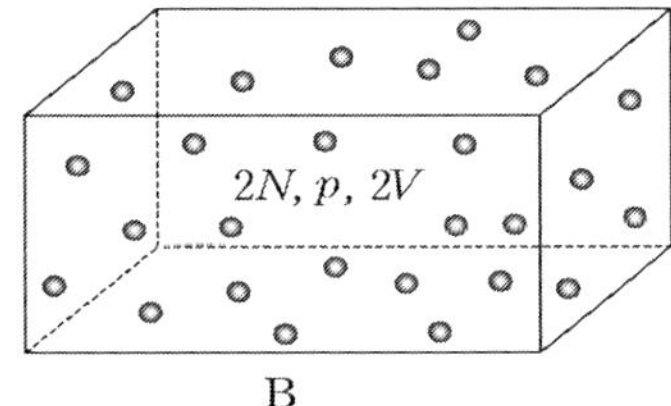

A, B 의 기체의 물리량이 같은 것만을 [보기]에서 있는 대로 고른 것은?

[보 기]

ㄱ. 온도

ㄴ. 내부 에너지

ㄷ. 기체 분자의 제곱 평균 제곱근 (root-mean-square) 속력

① ㄱ   ② ㄴ   ③ ㄱ, ㄷ   ④ ㄴ, ㄷ   ⑤ ㄱ, ㄴ, ㄷ

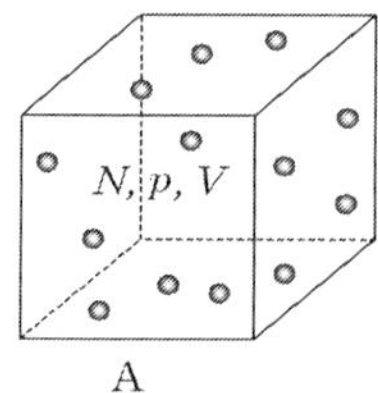
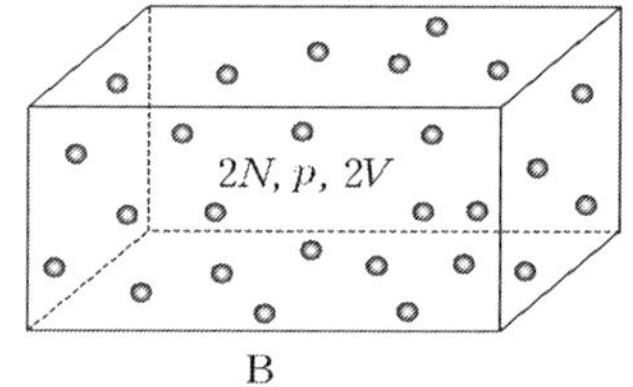

(ㄱ) A 기체에서 $pV = NkT_A$, B 기체에서 $p(2V) = (2N)kT_B$ 로 A 와 B 에서 온도는 $T_A = T_B$ 이다.

(ㄴ) 단원자 분자 내부에너지는 각각

$$U = \frac{3}{2}NkT \ \rightarrow \ U_A = \frac{3}{2}NkT \ , \ U_B = \frac{3}{2}N(2N)kT \ \rightarrow \ U_A < U_B \ \text{이다.}$$

(ㄷ) 기체 분자의 제곱 평균 제곱근 속력은 단원자 분자 한개에 대해 $\frac{3}{2}kT = \frac{1}{2}mv^2$ 을 $v_m = \sqrt{\dfrac{3kT}{m}}$ 로 온도에 의존한다. A 와 B 에서 T 온도와 질량 m 이 같으므로 A 와 B 의 속력은 같다. $v_{m_A} = v_{m_B}$ 이다.

답 (3)

9-14. (2013 PEET) 그림 (가)는 절대온도가 T_0 이고 부피가 V_0 인 단원자 이상기체 1 몰이 실린더 안에 있는 것을 나타낸 것이다. 그림 (나)는 (가) 에서 외부 압력을 P_0 으로 일정하게 유지한 채 서서히 열을 가하여 기체의 부피가 $2V_0$ 이 된 것을 나타낸 것이다.

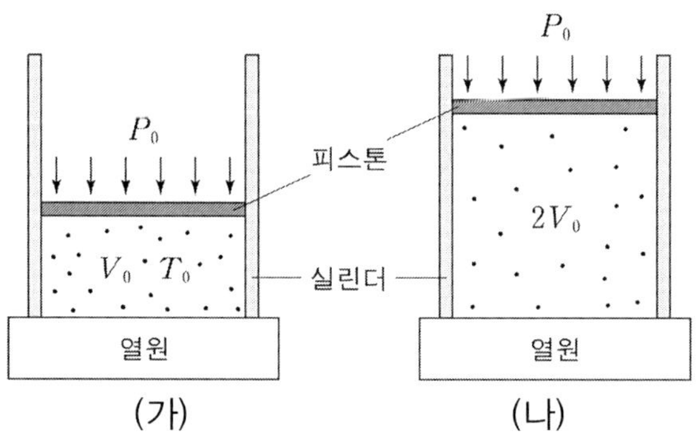

(가) → (나) 과정에 대한 설명으로 옳은 것만을 [보기]에서 있는 대로 고른 것은? (단, 기체상수는 R 이고, 피스톤과 실린더 사이의 마찰은 없다.) [5점]

[보 기]

ㄱ. 기체가 외부에 한 일은 $RT_0 \ln 2$ 이다.

ㄴ. 기체 분자의 평균 운동에너지는 2배가 된다.

ㄷ. 기체의 엔트로피는 변하지 않는다.

① ㄱ　　② ㄴ　　③ ㄱ, ㄴ　　④ ㄱ, ㄷ　　⑤ ㄴ, ㄷ

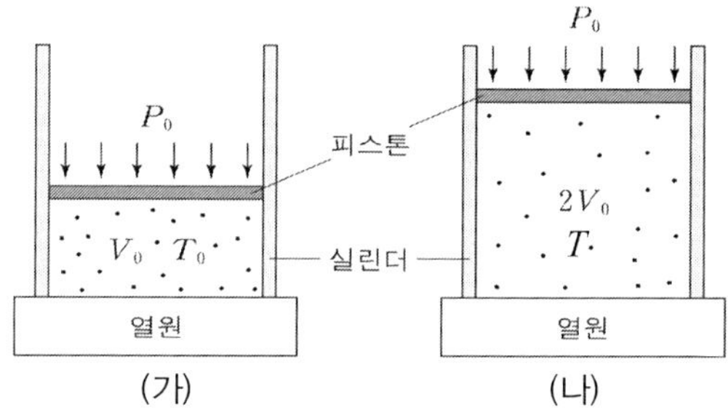

(ㄱ) 등온팽창인 경우에는 한 일은

$$W = -\int_{V_i}^{V_f} PdV = -\int_{V_i}^{V_f} \frac{nRT}{V}dV = nRTln\left(\frac{V_i}{V_f}\right) \text{ 이고 문제에서}$$

$n = 1$, $V_i = V_0$, $V_f = 2V_0$ 이므로 $W = -RT_0 ln2$ 이다. 그러나 열원으로 온도의 증가가 예상되므로 등온팽창이 아니다.

(ㄴ) 기체 분자의 평균 운동에너지는

$$\overline{E}_K = \frac{1}{2}m\overline{v}^2 = \frac{3}{2}kT = \frac{3}{2}\frac{PV}{N} \text{ 이므로 내부 압력 } P \text{ 와 분자 개수 } N \text{ 이}$$

일정하면, $\overline{K}_0 = \frac{3}{2}\frac{PV_0}{N}$, $\overline{K} = \frac{3}{2}\frac{P(2V_0)}{N} \rightarrow \overline{K} = 2\overline{K}_0$ 이다.

(ㄷ) 열원에 의해 온도가 증가하므로 그림 (가) 에서 기체의 엔트로피는 $S_0 = \dfrac{Q}{T_0}$ 이고, 그림 (나) 에서 온도가 $T\,(\rangle\,T_0)$ 이면 $S = \dfrac{Q}{T}$ 로 엔트로피가 변한다.

답 (2)

9-15. (2013 MEET/DEET) 그림 (가)는 압력 P_0, 부피 V_0 인 이상 기체가 들어 있는 실린더를 나타낸 것이다. 그림 (나)는 (가)의 기체에 열을 서서히 가해 부피를 $2V_0$ 으로 팽창시킨 것을, (다)는 (나)의 상태에서 피스톤에 힘을 가해 기체의 부피를 V_0 으로 압축시킨 것을 나타낸 것이다.

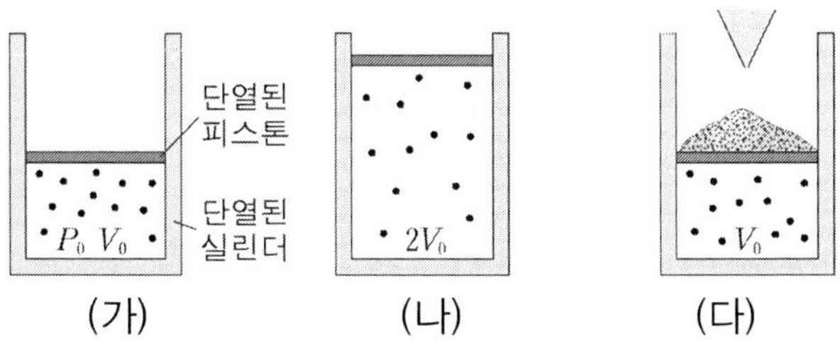

(가) → (나) → (다) 과정에서 기체의 압력과 부피의 관계를 가장 적절하게 나타낸 것은? (단, 그래프의 점선 곡선들은 등온 곡선이고, 실린더와 피스톤 사이의 마찰은 무시한다.)

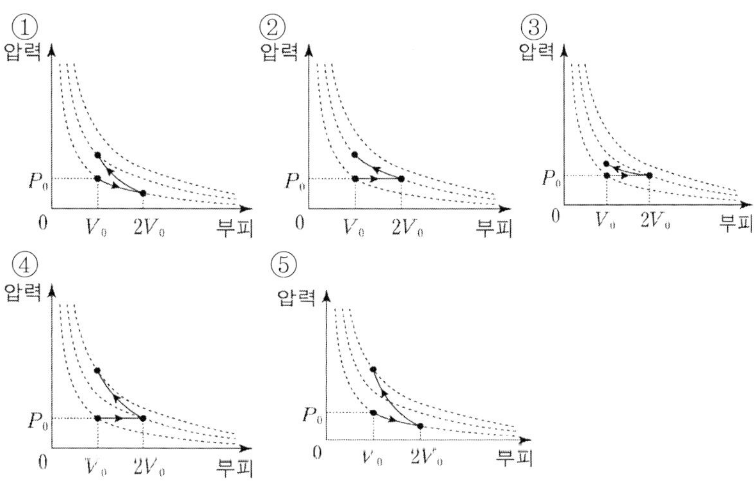

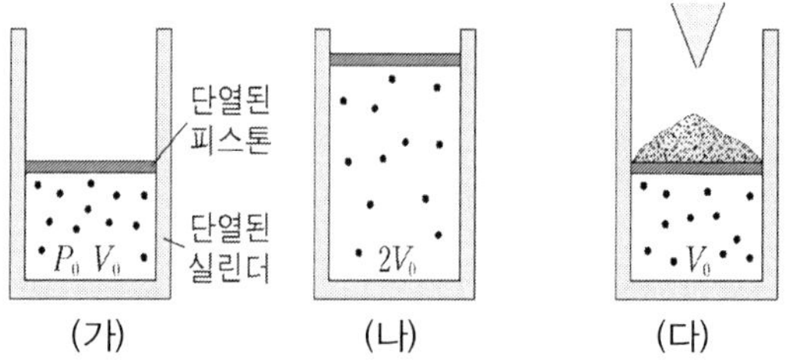

(가) → (나) 과정은 열을 가하여 온도증가로 부피가 증가, 또는 단열과정으로 부피가 증가, 외부 압력은 일정하므로 답은

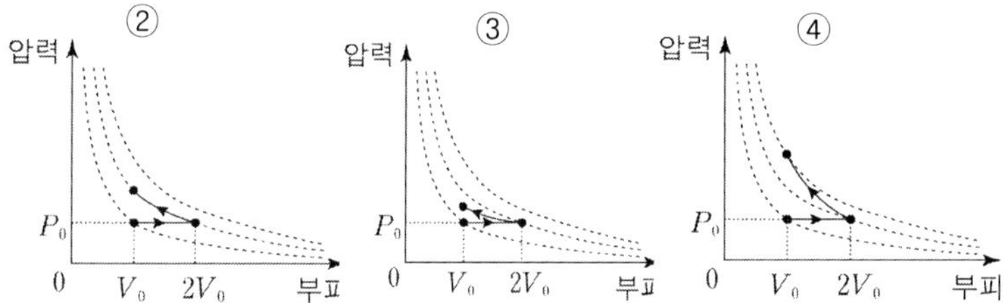

(나) → (다) 과정은 압력을 가하여 부피를 감소, 열에너지 전달이 일어나지 않는 과정이므로 단열과정이다. 그림 ④ 가 답이다.

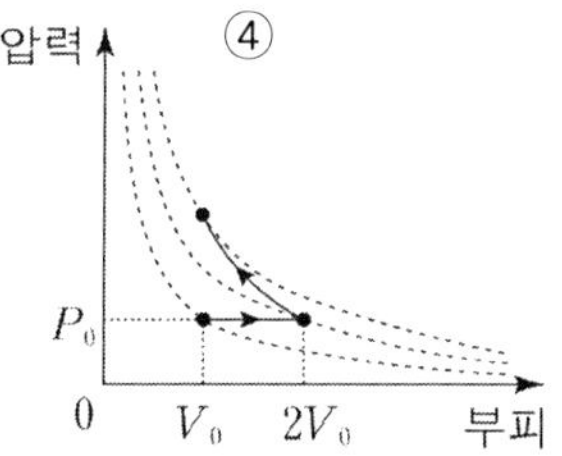

답 (4)

9-16. (2009 MEET/DEET) 그림은 1몰의 이상기체가 상태 a → b → c 로 변하는 열역학적 과정에서 압력 P 와 부피 V 사이의 관계를 나타내는 그래프이다.

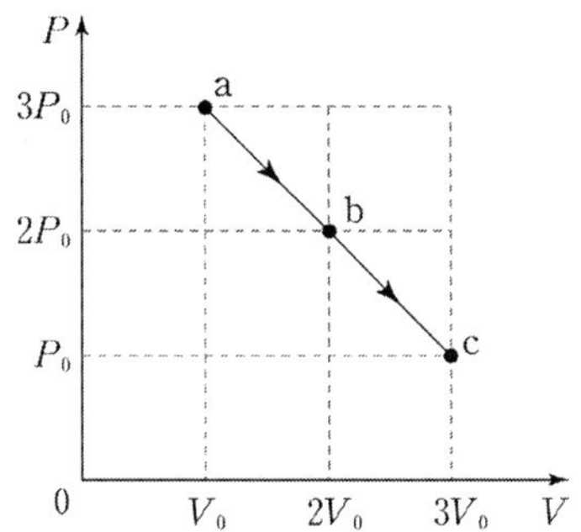

이에 대한 설명으로 옳은 것만을 [보기]에서 있는 대로 고른 것은?

[보 기]

ㄱ. a 와 c 에서 이상기체의 온도는 서로 같다.

ㄴ. a → c 과정에서 이상기체의 내부에너지는 b 에서 가장 크다.

ㄷ. a → b 과정에서 이상기체의 외부로부터 받은 열은 $\frac{5}{2}P_0 V_0$ 이다.

① ㄱ   ② ㄷ   ③ ㄱ, ㄴ   ④ ㄴ, ㄷ   ⑤ ㄱ, ㄴ, ㄷ

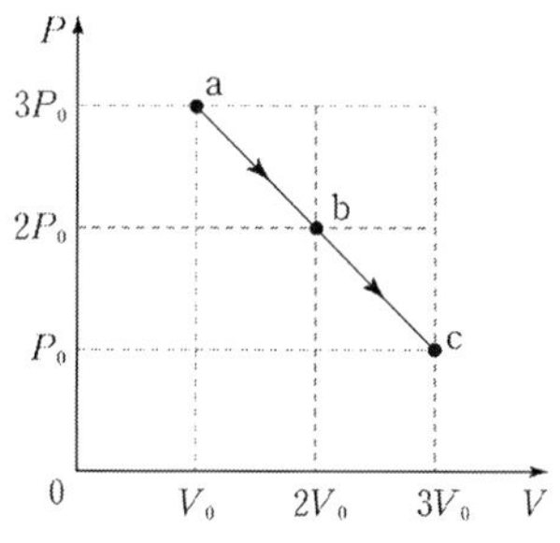

(ㄱ) 이상기체 상태방정식 $PV = nRT$ 에서 a 에서
$(3P_0)V_0 = nRT_a$, b 에서 $(2P_0)(2V_0) = nRT_b$, c 에서 $P_0(3V_0) = nRT_c$ 에서
$T_b > T_a = T_c$ 이다.

(ㄴ) 이상기체 내부에너지는 $U = \dfrac{3}{2}NkT$ 에서 온도에 비례한다.

$T_b > T_a = T_c$ 이므로 $U_b > U_a = U_c$ 이다.

(ㄷ) a → b 과정에서 기체의 부피가 팽창하면서 온도가 변하므로 기체가 받은
열은 $Q = \Delta U - W$ 이다. 한일은 $W = -PV$ 에서 그래프의 면적이므로
$W_{ab} = -\dfrac{5}{2}P_0V_0$ 이므로 열량 $Q = \Delta U + \dfrac{5}{2}P_0V_0$, 따라서 외부로 받은 열은

$\dfrac{5}{2}P_0V_0$ 이다.

답 (5)

9-17. (2007 MEET/DEET) 그림은 온도 단위가 Z 인 어떤 온도 체계에 따라 0 °Z 에서 30 °Z 까지 피스톤으로 밀폐된 두 실린더에 각각 담겨져 있는 이상 기체 A, B 의 부피를 나타낸 것이다. A, B 의 압력은 일정하게 유지되며 서로 같다.

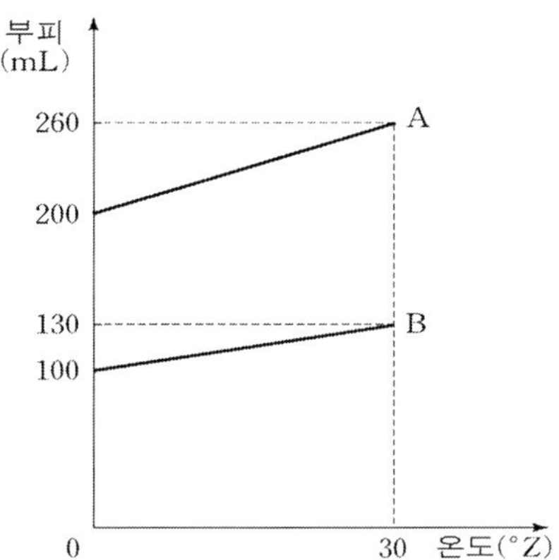

이에 대한 설명으로 옳은 것을 [보기]에서 모두 고른 것은?
(단, 1 °Z 온도 변화를 나타내는 눈금의 크기는 일정하다.)

[보 기]

ㄱ. A 의 몰수는 B 의 몰수의 2 배이다.

ㄴ. 절대온도 0 K 는 −100° Z 에 해당한다.

ㄷ. 100 °Z 에서 B 의 부피는 $200\,m\ell$ 가 된다.

① ㄱ   ② ㄴ   ③ ㄱ, ㄴ   ④ ㄴ, ㄷ   ⑤ ㄱ, ㄴ, ㄷ

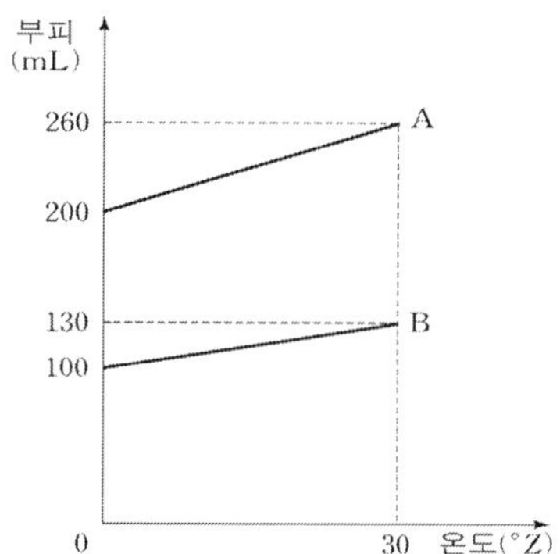

(ㄱ) $PV = nRT$ 이고 압력이 같으면, $P\Delta V = nR\Delta T$ 이고 그래프는

$$\frac{\Delta V}{\Delta T} = \frac{nR}{P} \;\rightarrow\; n_A = \frac{\Delta V}{\Delta T}\frac{P}{R} = \frac{260}{30}\frac{P}{R} \cdot\; n_B = \frac{\Delta V}{\Delta T}\frac{P}{R} = \frac{130}{30}\frac{P}{R} \;\rightarrow\; \frac{n_A}{n_B} = 2$$

$$\rightarrow\; n_A = 2n_B$$

(ㄴ) $PV = nRT$ 에서 절대온도 (0° K) 는 이론상 이상기체의 부피가 $V = 0$
일 때 온도이다. $V = 100 \rightarrow T = 0° Z$ 이고 $V = 0$ 일 때 T 를 구한다.

B 에서 $\dfrac{\Delta V}{\Delta T} = \dfrac{30}{30} = 1$ 이므로 $\Delta V = \Delta T \;\rightarrow\; (100 - 0) = (0 - T)$

$$\rightarrow\; T = -100 \;°Z \;\text{이다.}$$

(ㄷ) B 에서 $T = 0\;°Z \rightarrow V = 100\,m\ell$ 이므로 $T = 100°\,Z$ 일 때 부피는
$$\Delta V = \Delta T \;\rightarrow\; (100 - 0) = (V - 100) \;\rightarrow\; V = 200\,m\ell \;\text{이다.}$$

답 (5)

9-18. (2012 PEET) 그림은 일정량의 단원자 이상기체의
상태가 A → B → C→ A 를 따라 변화할 때 압력과 부피의
관계를 나타낸 것이다. A → B 는 정압과정, B → C 는 등온
과정, C → A 는 정적 과정이다.

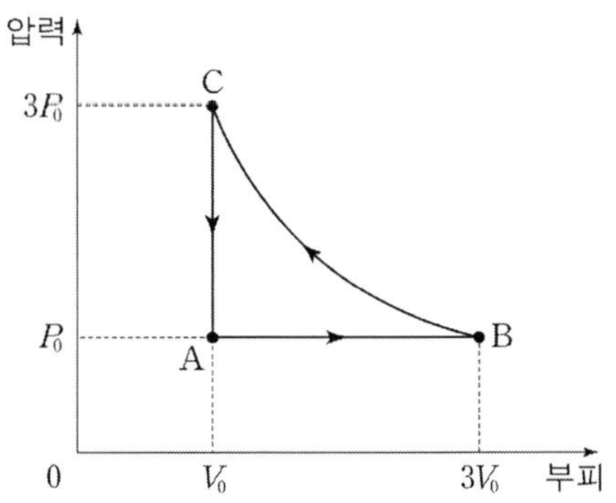

이에 대한 설명으로 옳은 것만을 [보기]에서 있는 대로 고른
것은?

[보 기]

ㄱ. A → B 과정에서 기체가 외부에 한 일은 A → B 과정에서
   기체가 흡수한 열량의 40 % 이다.

ㄴ. B → C 과정에서 기체가 방출한 열량은 $(3\ln 3)P_0V_0$ 이다.

ㄷ. A → B → C 과정에서 기체의 내부에너지 증가량은
   $3P_0V_0$ 이다.

① ㄱ   ② ㄴ   ③ ㄱ, ㄷ   ④ ㄴ, ㄷ   ⑤ ㄱ, ㄴ, ㄷ

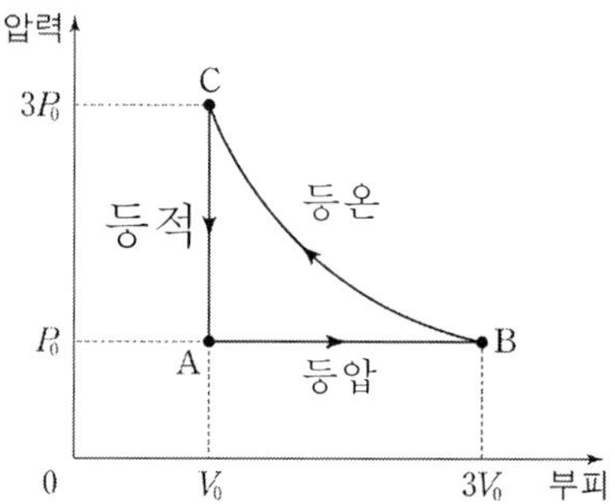

(ㄱ) A → B 등압 과정에서 한 일 $W_{AB} = -P\Delta V = -P_0(2V_0)$,

내부에너지 $\Delta U_{AB} = \dfrac{3}{2}nR\,\Delta T = \dfrac{3}{2}nR\left(\dfrac{2P_0V_0}{nR}\right) = 3P_0V_0$ $-(1)$

열량은 $Q_{AB} = \Delta U_{AB} - W_{AB} = 3P_0V_0 - (-2P_0V_0) = 5P_0V_0$ 이다.

따라서 $\dfrac{W_{AB}}{Q_{AB}} = -2\dfrac{P_0V_0}{5P_0V_0} = -0.4$ 로 기체가 흡수열량은 40% 이다.

(ㄴ) B → C 등온 과정에서 내부에너지 $\Delta U_{BC} = nC_v\Delta T = 0$ $-(2)$ 이므로

$Q_{BC} = -W_{Bc}$ 이다. 한일은 $W_{BC} = -nRT_C \ln\left(\dfrac{V_C}{V_B}\right) = -nRT_C \ln\left(\dfrac{1}{3}\right) = nRT_C \ln 3$

C 에서 온도는 $PV = nRT \rightarrow T_C = \dfrac{(3P_0)V_0}{nR}$ 이므로

$W_{BC} = nRT_C \ln 3 = (P_0V_0)3\ln 3 \rightarrow Q_{BC} = -W_{Bc} = -(3\ln 3)P_0V_0$ 이다.

(ㄷ) A → B → C 과정에서 내부에너지 변화는 식(1)과 식(2)에서

$\Delta U = \Delta U_{AB} + \Delta U_{BC} = 3P_0V_0 + 0 = 3P_0V_0$

답 (5)

9-19. (2008 MEET/DEET) 그림은 1 몰의 이상기체의 상태가 A → B → C → A 를 따라 변화할 때 부피와 압력의 관계를 나타낸 것이다. A → B 는 등압과정, B → C 는 단열과정, C → A 는 등온과정이다. A, B 에서의 부피는 각각 V_0, $2V_0$, 이고, A 에서의 온도는 T_0 이다.

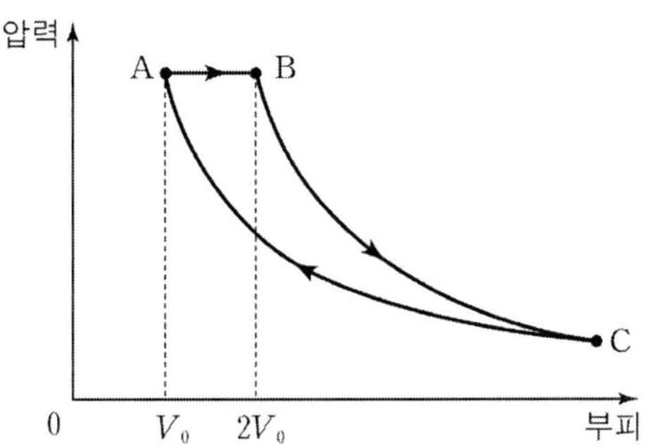

이에 대한 설명으로 옳은 것을 [보기]에서 모두 고른 것은? (단, R 는 기체상수이고, T_0 은 절대온도이다.)

[보 기]

ㄱ. B 에서의 온도는 $2T_0$ 이다.

ㄴ. A → B 과정에서 기체는 열을 흡수한다.

ㄷ. B → C 과정에서 기체가 외부에 한 일은 $\dfrac{5}{3}RT_0$ 이다.

① ㄱ　　② ㄴ　　③ ㄷ　　④ ㄱ, ㄴ　　⑤ ㄱ, ㄴ, ㄷ

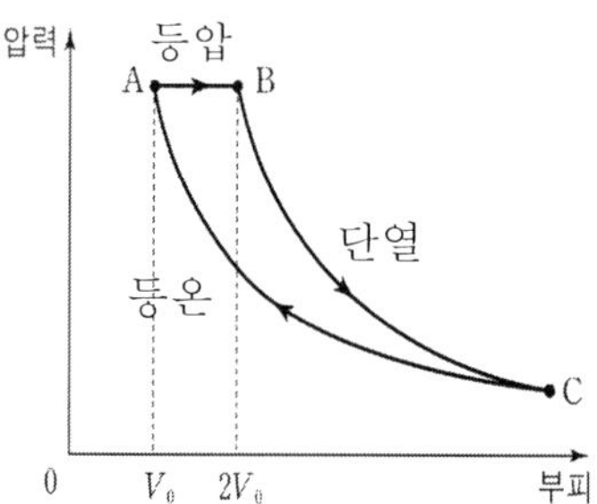

(ㄱ) $PV = nRT$ 에서 A 점: $PV_0 = (1)RT_A$, B 점: $P(2V_0) = (1)RT_B$
따라서 $T_B = 2T_A = 2T_0$ 이다.

(ㄴ) 기체는 A → B 과정에서 같은 압력에서 온도가 증가하고 기체가 팽창하므로 열을 흡수한다.

(ㄷ) B → C 과정은 단열팽창 과정 ($Q_{BC} = 0$) 이다.
내부에너지 $\Delta U_{BC} = Q_{BC} + W_{BC} \rightarrow \Delta U_{BC} = W_{BC}$ 이다.
내부에너지는 $\Delta U = nC_V \Delta T = (1)C_V(2T_0 - T_0) = C_V T_0$ 따라서
한 일은 $W_{BC} = C_V T_0$ 이다. 단원자 분자에서 $W_{BC} = \dfrac{3}{2}RT_0$,

이원자 분자일 때 $W_{BC} = \dfrac{5}{2}RT_0$,

삼원자 분자일 때 $W_{BC} = \dfrac{6}{2}RT_0$ 이다.

답 (4)

9-20. (2011 PEET) 그림 (가)는 한 순환 과정 동안 열기관이 고온 열원에서 열량 Q_H 를 받아 일 W 를 하고 저온 열원으로 열량 Q_L 을 내보내는 것을 나타낸 것이다. 그림 (나)는 이 과정에서 이상 기체의 상태를 온도 T 와 엔트로피 S 로 나타낸 그래프이다. A → B 와 C → D 는 등온 과정이며, B → C 와 D → A 는 단열과정이다.

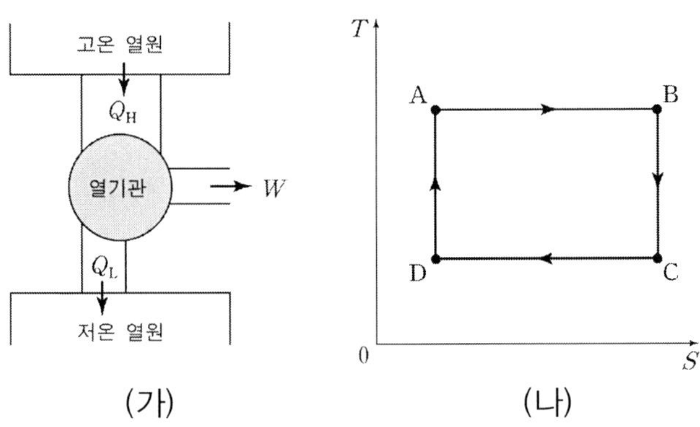

이에 대한 설명으로 옳은 것을 [보기] 에서 모두 고른 것은?

[보 기]

ㄱ. A → B 과정에서 기체가 한 일은 Q_H 와 같다.

ㄴ. B 와 C 에서 기체의 내부 에너지는 서로 같다.

ㄷ. (나)의 직사각형 면적은 W 와 같다.

① ㄱ   ② ㄴ   ③ ㄱ, ㄷ   ④ ㄴ, ㄷ   ⑤ ㄱ, ㄴ, ㄷ

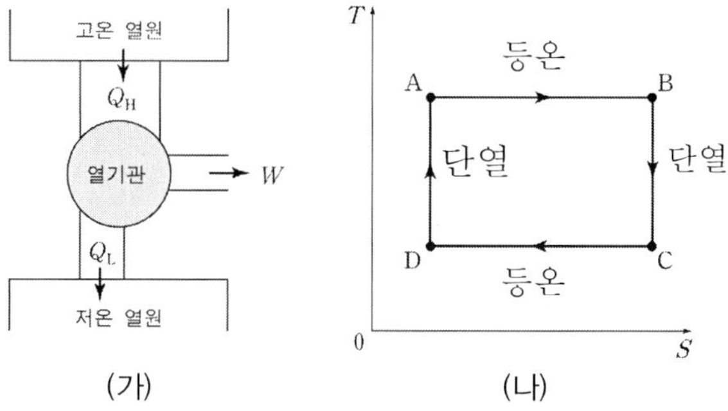

(ㄱ) A → B 과정은 등온과정이므로 $Q_L = 0$ 로

$Q_H = Q_L + W \rightarrow Q_H = W$ 이다.

(ㄴ) B → C 과정은 단열과정으로 $Q = 0$ 이다. 내부에너지 변화는
$\Delta U = Q + W \rightarrow \Delta U = W$ 따라서 한 일이 있으면 $\Delta U \neq 0$ 로 B와 C에서
기체의 내부 에너지는 서로 같지 않다.

(ㄷ) 그림 (나) 에서 원래 위치에 왔을 때 순환과정의 내부에너지 변화량은
$\Delta U_{total} = 0 \rightarrow \Delta U_{total} = Q + W \rightarrow Q = -W$ 로 그래프의 면적은
$\Delta S \cdot T = Q = -W$ 이므로 Q는 계에 전달되는 알짜 일이다.

답 (3)

9-21. (2011 MEET/DEET) 그림 (가)는 일정량의 이상 기체가
A → B → C → D → A 를 따라 순환하는 열역학적
과정에서 기체의 상태를 압력 p 와 부피 V 로 나타낸 그래
프이다. A → B 와 C → D 는 등온 과정이고, B → C 와 D
→ A 는 단열 과정이다. 그림 (나)는 (가)의 과정에서 기체의
상태를 엔트로피 S 와 온도 T 로 나타낸 그래프이다.

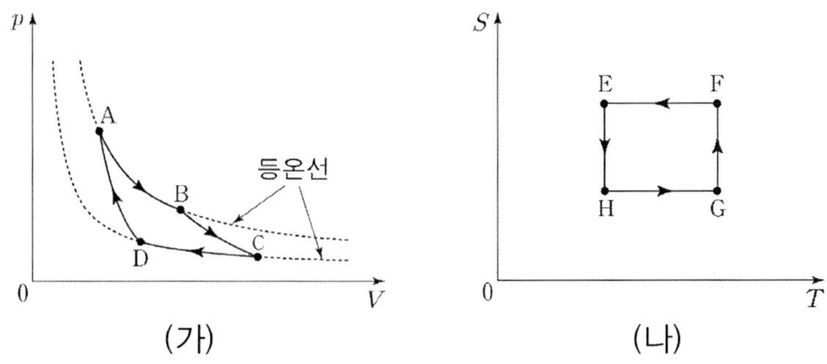

이에 대한 설명으로 옳은 것만을 [보기]에서 있는 대로 고른
것은?

[보 기]

ㄱ. (가)의 B → C 과정은 (나)의 F → E 과정에 해당한다.
ㄴ. (나)의 H → G 과정에서 기체는 팽창한다.
ㄷ. (나)의 G → F 과정에서 흡수한 열량은 E → H 과정에서
   방출한 열량과 같다.

① ㄱ   ② ㄴ   ③ ㄱ, ㄷ   ④ ㄴ, ㄷ   ⑤ ㄱ, ㄴ, ㄷ

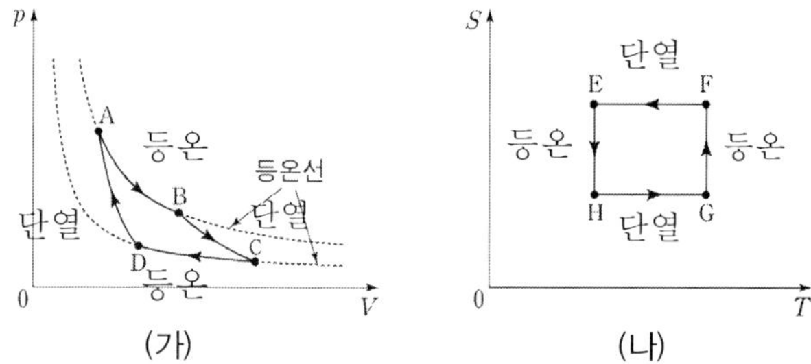

그림 (가) 에서 A → B 과정은 등온과정으로 기체가 팽창하므로 열을 흡수하고, B → C 과정은 단열과정으로 온도가 감소한다. C → D 과정은 등온과정으로 기체가 압축하므로 열을 방출해야 한다. D → A 과정은 단열과정으로 온도가 증가한다. 그림 (나) 에서 열역학적 과정이 온도 T 가 일정하거나 열량 Q 의 변화가 없다면, $\Delta S = \int^f \dfrac{dQ}{T} = \dfrac{\Delta Q}{T}$ 이다.

(ㄱ) 그림 (가) B → C 은 단열팽창과정으로 $Q = 0$ 이고 $\Delta V > 0$ 이므로 내부에너지 $\Delta U = Q + W = 0 - P\Delta V < 0$ 로 내부에너지 공식 $U = \dfrac{3}{2}nRT$ 에서 $T < 0$ 경우이다. 즉, 온도의 감소이다. 따라서 그림 (나) S-T 그래프에서는 F → E 과정이다.

(ㄴ) 그림 (나)의 H → G 과정은 F → E 과정의 반대과정이므로 단열 압축과정이다.

(ㄷ) $\Delta S = \dfrac{Q}{T}$ 에서 $\Delta S_{G-F} = \Delta S_{E-H} \rightarrow \dfrac{Q_1}{T_1} = \dfrac{Q_2}{T_2}$ 에서 $T_1 \neq T_2$ 이면 $Q_1 \neq Q_2$ 이다.

답 (1)

9-22. (2012 MEET/DEET) 그림은 어느 열기관의 순환 과정을 온도-엔트로피 (T-S) 도표로 나타낸 것이다. a → b 과정과 c → d 과정에서 기체의 엔트로피는 일정하고, b → c 과정과 d → a 과정에서 기체의 부피는 일정하다.

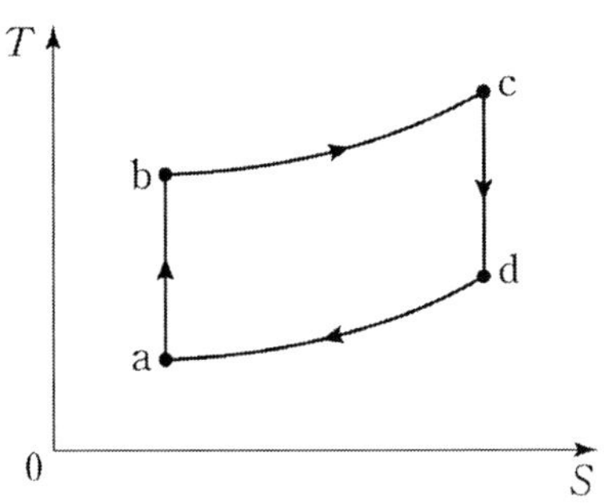

이 열기관의 순환 과정에 대한 설명으로 옳은 것만을 [보기]에서 있는 대로 고른 것은? (단, 기체는 이상기체이다.)

[보 기]

ㄱ. a → b 과정에서 기체의 부피는 증가한다.

ㄴ. b → c 과정에서 기체의 내부에너지는 증가한다.

ㄷ. 폐곡선 내부의 면적은 한 순환 과정 동안 기체가 외부에 한 알짜 일과 같다.

① ㄱ ② ㄷ ③ ㄱ, ㄴ ④ ㄴ, ㄷ ⑤ ㄱ, ㄴ, ㄷ

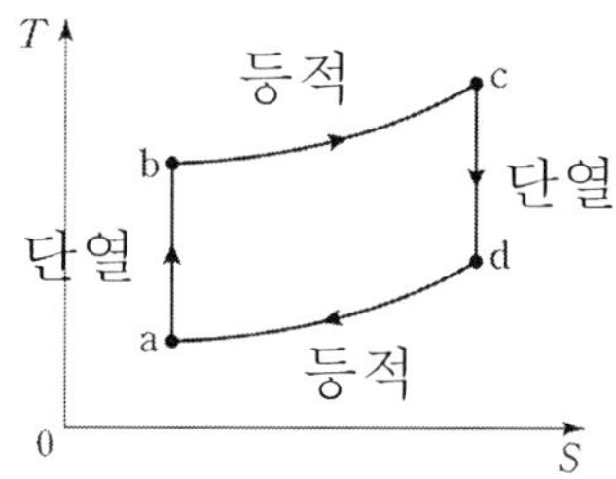

(ㄱ) $a \rightarrow b$ 과정은 $\Delta S = 0$ 이므로 열역학 제2법칙에서 $\Delta S = \dfrac{Q}{T} \rightarrow Q = 0$ 이다. $\Delta U = Q + W = 0 + W = -P\Delta V$ 에서 부피는 감소한다.

(ㄴ) $b \rightarrow c$ 에서 온도의 변화보다는 엔트로피의 증가가 크므로 Q 가 증가 $\Delta U = Q + W$ 에서 내부에너지가 증가한다.

(ㄷ) 그림에서 원래 위치에 왔을 때 순환과정의 내부에너지 변화량은 $\Delta U_{total} = 0 \rightarrow \Delta U_{total} = Q + W \rightarrow Q = -W$ 로 그래프의 면적은 $\Delta S \cdot T = Q = -W$ 이므로 Q 는 계에 전달되는 알짜 일이다.

답 (4)

9-23. (2010 MEET/DEET) 그림은 1 몰의 이상기체가 상태 A → B → C → D → A 를 따라 순환하는 열역학적 과정에서 압력 P 와 부피 V 사이의 관계를 나타낸 그래프이다. A → B 는 등압과정, C → D 는 등적 과정, B → C 와 D → A 는 등온 과정이다.

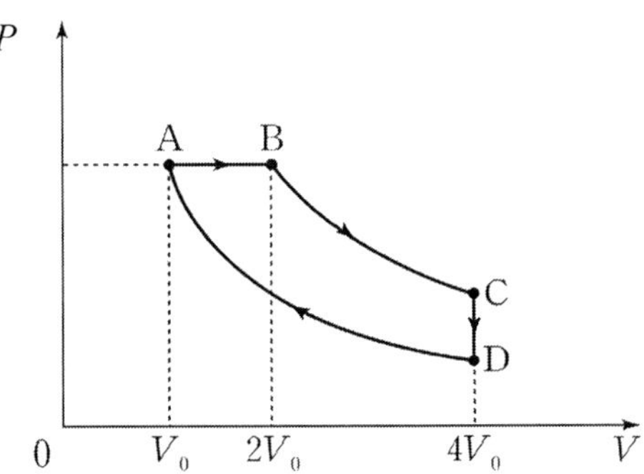

A → B → C → D → A 의 과정 동안 기체가 한 일?

① $P_0 V_0 \ln 2$ ② $P_0 V_0$ ③ $2P_0 V_0 \ln 2$

④ $2P_0 V_0$ ⑤ $3P_0 V_0 \ln 2$

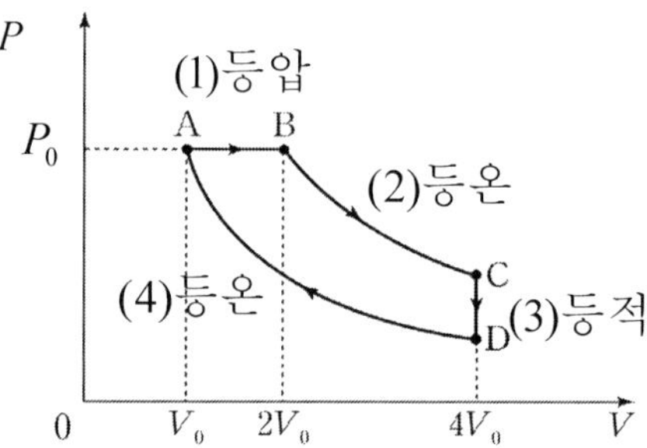

기체가 한일은 P–V 그래프에서 면적이다. 따라서

(1) A → B 등압 과정에서 한일은 $W_{AB} = -P\Delta V = -P_0(2V_0 - V_0) = -P_0 V_0$ 이다.

(2) B → C 등온 과정에서 한일은 이상기체 상태방정식 $PV = nRT$ 이고

$$W_{BC} = -\int_{V_i}^{V_f} PdV = -\int_{V_i}^{V_f} \frac{nRT}{V} dV = -nRT \, ln\frac{V_f}{V_i} = -nRT_B \, ln\left(\frac{4V_0}{2V_0}\right)$$

$$= -2P_0 V_0 \, ln2 \,, \text{ 여기서 } P_0(2V_0) = nRT_B$$

(3) C → D 는 등적 과정으로 $\Delta V = 0 \rightarrow W_{CD} = 0$ 이다.

(4) D → A 등온 과정으로 한일은 $P_0 V_0 = nRT_A$ 을 이용하여,

$$W = -nRTln \, \frac{V_f}{V_i} = -nRT_A ln\left(\frac{V_0}{4V_0}\right) = 2P_0 V_0 ln2$$

전체 한 일은 $W = -P_0 V_0 - 2P_0 V_0 \, ln2 + 2P_0 V_0 \, ln2 = -P_0 V_0$ 이다. 기체가
한일을 (+) 로 계산하면 $W = P_0 V_0$ 이다.

답 (2)

9-24. (2013 PEET) 그림은 일정량의 단원자 이상기체의 상태가 A → B → C → D → A 를 따라 변화할 때 압력과 부피의 관계를 나타낸 것이다. A → B 와 C → D 는 등적과정이고, B → C 와 D → A 는 단열과정이다. 이 기체의 등압 몰 비열을 등적 몰 비열로 나눈 값 γ 는 $\frac{5}{3}$ 이다.

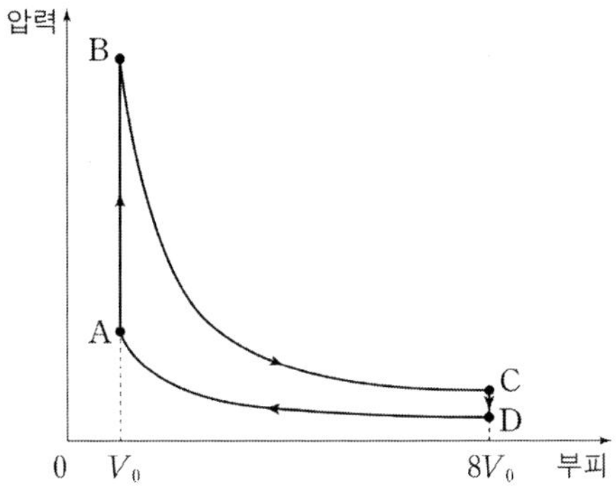

이에 대한 설명으로 옳은 것만을 [보기]에서 있는 대로 고른 것은? [6점]

[보 기]

ㄱ. 기체의 절대온도는 A 에서가 D 에서의 4 배이다.

ㄴ. 기체가 A→B 과정에서 흡수한 열량은 C→D 과정에서 방출한 열량의 2 배 이다.

ㄷ. 이 순환과정으로 작동하는 열기관의 열효율은 75 % 이다.

① ㄱ   ② ㄷ   ③ ㄱ, ㄴ   ④ ㄱ, ㄷ   ⑤ ㄴ, ㄷ

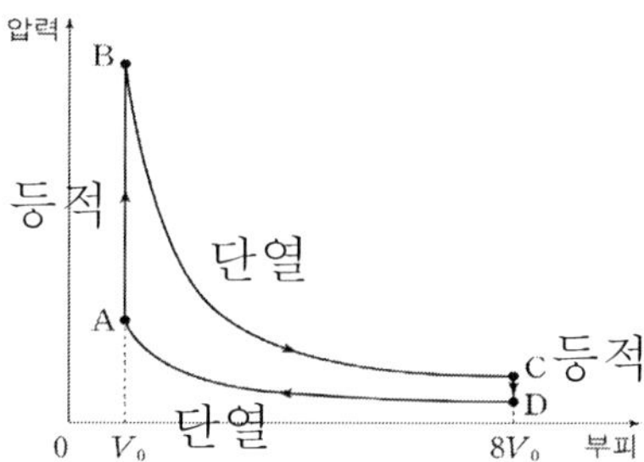

(ㄱ) 단열과정에서 $T_1 V_1^{\gamma-1} = T_2 V_2^{\gamma-1}$ 에서 $\gamma = \dfrac{5}{3}$, $V_1 = V_0$, $V_2 = 8V_0$

이므로 $T_1 = T_2 \left(\dfrac{8V_0}{V_0} \right)^{\frac{5}{3}-1} = T_2 (8)^{\frac{2}{3}} = 4T_2$

(ㄴ) A → B 와 C → D 은 등적과정으로 한일 W = 0 으로
$\Delta U = Q + W = Q$ 이다.

$$\Delta U_{AB} = \frac{3}{2} nR(T_B - T_A) , \quad \Delta U_{CD} = \frac{3}{2} nR(T_D - T_C)$$

$$\frac{Q_{AB}}{Q_{CD}} = \frac{\dfrac{3}{2} nR(T_B - T_A)}{\dfrac{3}{2} nR(T_D - T_C)} = \frac{T_B - T_A}{T_D - T_C} = \frac{4T_C - 4T_D}{T_D - T_C} = -4$$

따라서 4 배 차이가 난다.

(ㄷ) A → B → C → D 순환과정에서 열효율은

$$e = \frac{\text{얻은 에너지}}{\text{사용한 에너지}} = \frac{\left| W_{eng} \right|}{\left| Q_{AB} \right|} = 1 - \frac{\left| Q_{CD} \right|}{\left| Q_{AB} \right|} = 1 - \frac{1}{4} = \frac{3}{4} = 0.75$$

W_{eng} 은 알짜 일로 그림에서 경로와 둘러싸인 면적이다. 열효율은 75% 이다.

답 (4)

IV.

전기와 자기

10장 전기

11장 전기회로

12장 자기

13장 직류 전류와 교류 전류

10장 / 전기

10-1 쿨롱 법칙

10-1-1 전하

☐ 전하(charge): 전기적 특성을 나타내는 기본 물리량, 대전체가 띠고 있는 전자로 그 양은 전하량 (전기량)이라 한다.

원자 = 원자핵 + 전자, 원자핵 = 양성자 + 중성자

양성자: 양(+)전하의 기본 입자, 전자: 음(−)전하의 기본 입자

☐ 정전기력 (또는 전기력): 전하들 사이의 힘(정성적 관계)

− 부호가 같은 전하 사이: 서로 반발,

　부호가 다른 전하 사이: 서로 끌어 당김.

− 정전기학 (electrostatics): 순간적으로 정지해 있는 전하들
　에 의해 일어나는 전기현상.

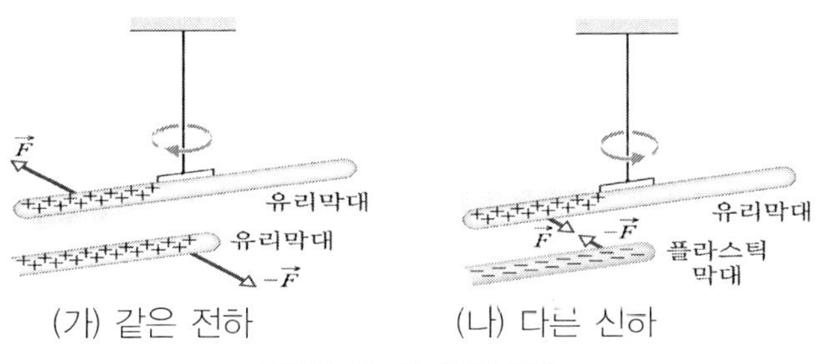

[그림 10-1] 정전기력

10-1-2 도체와 절연체

■ 도체 (conductor): 전자가 자유로이 이동 가능 (자유전자),
저항이 어느 정도 있음. 예) 금속

-부도체, 또는 절연체 (insulator): 전자들이 각 원자에 구속
  예) 유리, 플라스틱

-반도체 (semiconductor): 온도, 불순물에 따라 도체특성 변화
  예) 실리콘, 게르마늄

-초전도체 (superconductor): 저항이 없음.

10-1-3 쿨롱(Coulomb) 의 법칙

■ 쿨롱의 법칙: 정전기적 힘의 법칙

힘의크기: $F \propto qQ$ 또는 $F \propto \dfrac{1}{r^2}$, $F \propto \dfrac{qQ}{r^2} \rightarrow F = k\dfrac{qQ}{r^2}$

$$F = \frac{1}{4\pi\varepsilon_o}\left(\frac{q_1 q_2}{r^2}\right)$$

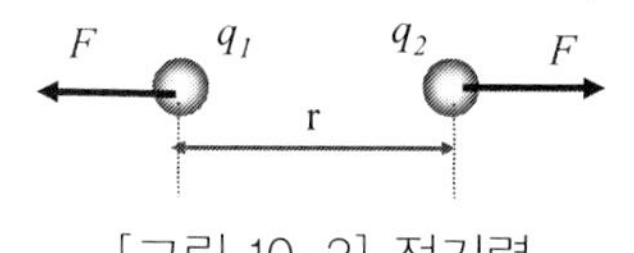

[그림 10-2] 전기력

전류: $i = \dfrac{dq}{dt}$,

단위 $[A] = [C]/[s]$

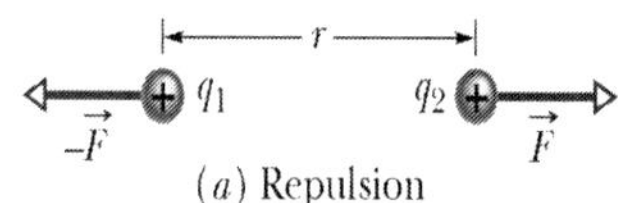

- 진공의 유전률 상수

$$\varepsilon_0 = 8.85 \times 10^{-12}\, C^2/\left(N \cdot m^2\right)$$

$$k = \frac{1}{4\pi\varepsilon_o} \cong 9 \times 10^9\, N \cdot m^2/C^2$$

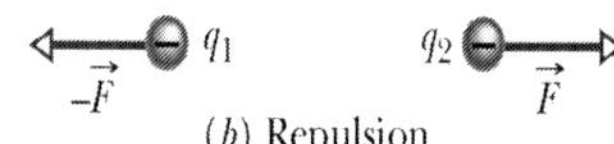

[그림 10-3] 전기력의 인력과
청력

◻ 중첩의 원리 (principle of superposition)

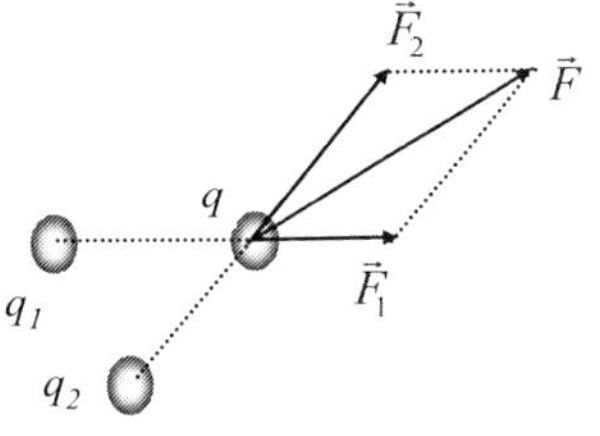

$$\vec{F} = \vec{F}_1 + \vec{F}_2 + \vec{F}_3 + \cdots = \sum_i \vec{F}_i$$

[그림 10-4] 전기력의 중첩

10-1-4 전하의 양자화

전하는 불연속적인 입자인 원자나 분자로 구성, 모든 전하는 기본전하의 정수 배 $q = ne$ (n = ±1, ±2, ±3, ...)

입자	기호	전하량	질량 (kg)
양성자	p	+e	1.6726×10^{-27}
중성자	n	0	1.6759×10^{-27}
전자	e	−e	9.1100×10^{-31}

$e = 1.60219 \times 10^{-19} \, C$

10-1-5 전하의 보존

− 양전하나 음전하가 생기는 것은 전하의 생성이 아니라 전하의 이동, 즉 전기적 중성이 깨지며 한 물체에서 다른 물체로 전하가 이동

− 고립계의 총전하량 보존

$e^+ + e^- \rightarrow \gamma + \gamma$ (소멸과정),

$\gamma \rightarrow e^+ + e^-$ (쌍생성)

[그림 10-5] 감마선에서
입자쌍이 생성

10-2 전기장

10-2-1 전기장 (Electric Fields)

◻ 전기장: 단위전하당 받는 힘, 또는 크기가 1 인 시험전하 $+q$ 가 받는 힘

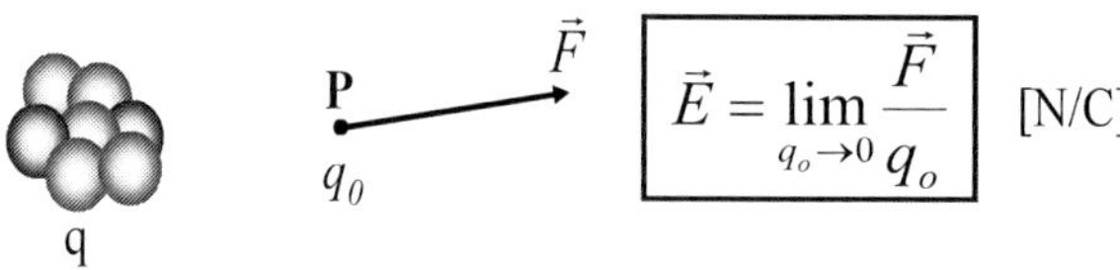

$$\vec{E} = \lim_{q_o \to 0} \frac{\vec{F}}{q_o} \quad [\text{N/C}]$$

[그림 10-6] 전기장

10-2-2 전기장선

◻ 전기장을 시각화 하는 개념

− 전기장선은 양전하에서 시작하여 음전하에서 끝나며, 고립된 양 전하인 경우에는 무한히 뻗어 나간다.

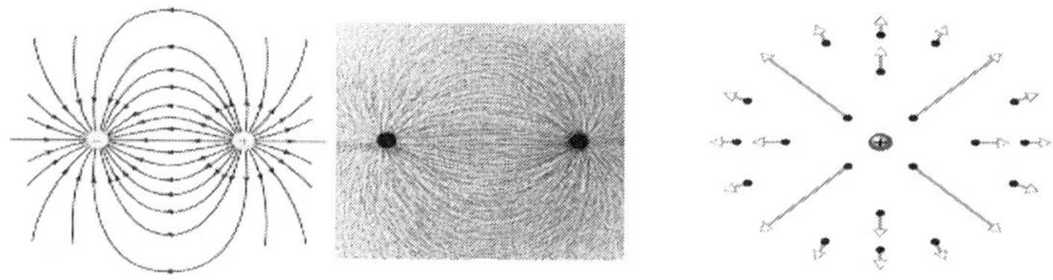

[그림 10-7] 전기장선

10-2-3 점전하가 만드는 전기장

◻ 전기장:
$$E = \frac{F}{q_0} = \frac{1}{4\pi\varepsilon_o}\frac{q}{r^2}$$

$$\leftarrow F = \frac{1}{4\pi\varepsilon_o}\frac{|q||q_0|}{r^2}$$

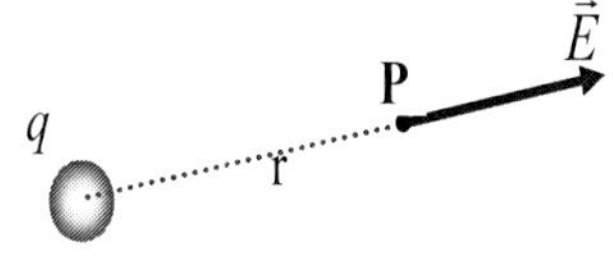

◻ 여러 개의 전하   [그림 10-8] 점전하의 전기장

$$\vec{E} = \vec{E}_1 + \vec{E}_2 + \cdots + \vec{E}_n = \sum \vec{E}_i \quad \text{여기서} \quad \vec{E}_i = \frac{kQ_i}{r_i^{\,2}}\hat{r}_i$$

★(10) 전기력 (또는 자기장) 구하기★

[1 단계] 그림에서 중심점을 선택하고 벡터 전기력 (또는 자기장)을 그린다.

[2 단계] 각 x 성분과 y 성분을 구한다.

[3 단계] 중첩 원리에 의해서 각 성분별로 합산하여 단위 표기법으로 나타낸다.

$$F_x = \sum F_{x,i} \quad \text{와} \quad F_y = \sum F_{y,i} \quad \text{또는} \quad (E_x = \sum E_{x,i} \quad \text{와}$$

$$E_y = \sum E_{y,i})$$

10-2-4 연속적인 전하 분포에 의한 전기장

$$\Delta \vec{E} = k_e \frac{\Delta q}{r^2}\hat{\mathbf{r}} \rightarrow \vec{E} \approx k_e \sum_i \frac{\Delta q_i}{r_i^2}\hat{\mathbf{r}}_i$$

$$\vec{E} = k_e \lim_{\Delta q \to 0} \sum_i \frac{\Delta q_i}{r_i^2}\hat{\mathbf{r}}_i = k_e \int \frac{dq}{r^2}\hat{\mathbf{r}}$$

여기서 $dq = \rho dV$, ρ: 부피전하밀도,

$dq = \sigma dA$, σ: 면적전하밀도,

$dq = \lambda d\ell$, ℓ : 길이전하밀도

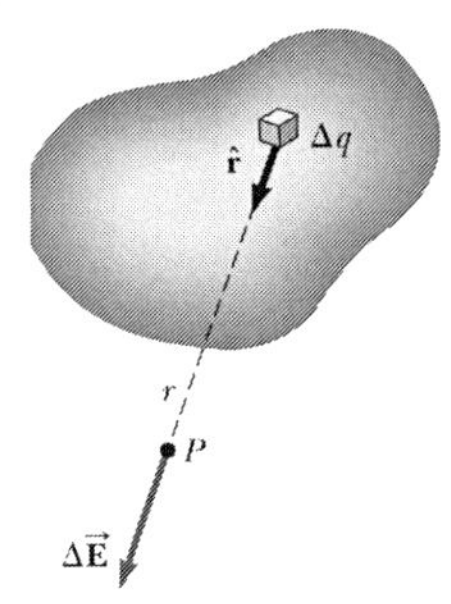

[그림 10-9] 연속체 전기장

10-2-5 전기쌍극자가 만드는 전기장

◻ 전기쌍극자 (electric dipole)

$$E = E_{(+)} - E_{(-)} = \frac{1}{4\pi\varepsilon_o}\frac{q}{r_{(+)}^2} - \frac{1}{4\pi\varepsilon_o}\frac{q}{r_{(-)}^2}$$

$$= \frac{1}{4\pi\varepsilon_o}\frac{q}{(z-(1/2)d)^2} - \frac{1}{4\pi\varepsilon_o}\frac{q}{(z+(1/2)d)^2}$$

$$= \frac{q}{4\pi\varepsilon_o z^2}\left[\left(1-\frac{d}{2z}\right)^{-2} - \left(1+\frac{d}{2z}\right)^{-2}\right]$$

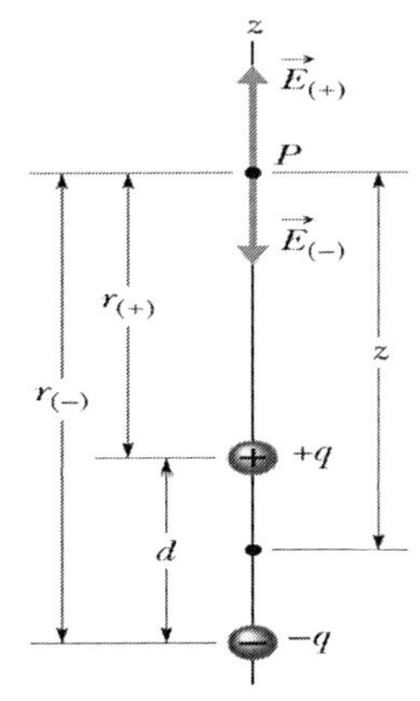

[그림 10-10] 전기쌍극자

$$= \frac{1}{4\pi\varepsilon_o z^2}\left[\left(1+\frac{d}{z}+\cdots\right)-\left(1-\frac{d}{z}+\cdots\right)\right] \quad \leftarrow \ (1+x)^n = 1+nx+..$$

$$\boxed{\vec{E} = \frac{1}{2\pi\varepsilon_o}\frac{qd}{z^3}\hat{k} = \frac{1}{2\pi\varepsilon_o}\frac{p}{z^3}\hat{k}} \quad \text{(전기쌍극자)}$$

10-2-6 선전하가 만드는 전기장

◻ 균일한 양의 선전하밀도 λ 를 갖는 반지름 R 의 얇은 고리
면에서 중심축 z 만큼 떨어진 P 점에서 전기장은

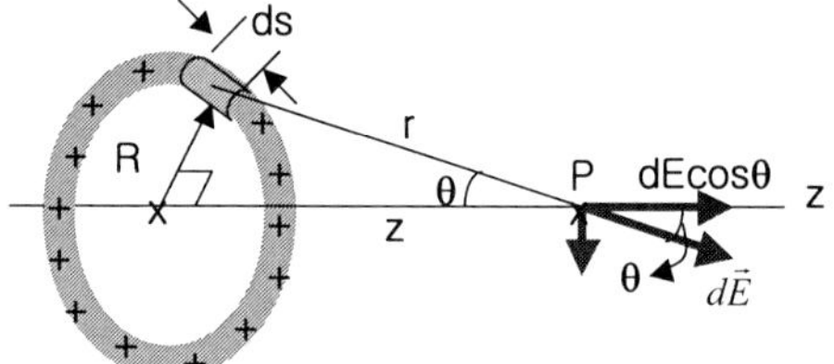

[그림 10-11] 고리의 전기장

미분요소의 전하는 $dq = \lambda ds$ 로

$$dE = \frac{1}{4\pi\varepsilon_o}\frac{dq}{r^2} = \frac{1}{4\pi\varepsilon_o}\frac{\lambda\,ds}{r^2} = \frac{1}{4\pi\varepsilon_o}\frac{\lambda\,ds}{(z^2+R^2)}$$

미세전자장의 수직 성분들의 합은 상쇄되고 평행한 성분들만

남는다. $\ dE\cos\theta = \dfrac{1}{4\pi\varepsilon_o}\dfrac{z\lambda\,ds}{(z^2+R^2)^{3/2}} \quad \leftarrow \ \cos\theta = \dfrac{z}{(z^2+R^2)^{1/2}}$

$$\vec{E} = \int dE\cos\theta = \frac{1}{4\pi\varepsilon_o}\frac{z\lambda}{(z^2+R^2)^{3/2}}\int_0^{2\pi R}ds = \frac{z\lambda(2\pi R)}{4\pi\varepsilon_0(z^2+R^2)^{3/2}}$$

고리의 총 전하 $q = \int\lambda ds = \lambda(2\pi R)$ 이므로

$$\boxed{\vec{E} = \frac{1}{4\pi\varepsilon_o}\frac{qz}{(z^2+R^2)^{3/2}}} \quad \text{(대전된 고리)},$$

$z \gg R$, $\ \vec{E} = \dfrac{1}{4\pi\varepsilon_o}\dfrac{q}{z^2}$ (멀리 떨어신거리에서 대전된 고리)

10-2-7 전기장 안의 쌍극자

◻ 균일한 장에서 회전력: 전기쌍극자가 균일한 전기장 내에 놓여 있는 경우

$$\vec{\tau} = Fx\sin\theta + F(d-x)\sin\theta$$
$$= Fd\sin\theta = pE\sin\theta$$

여기서 $p = qd$.

크기: $|\vec{\tau}| = qdE\sin\theta$,

방향: $\otimes$, $\boxed{\vec{\tau} = \vec{p}\times\vec{E}}$

시계방향이므로 $\vec{\tau} = -pE\sin\theta$

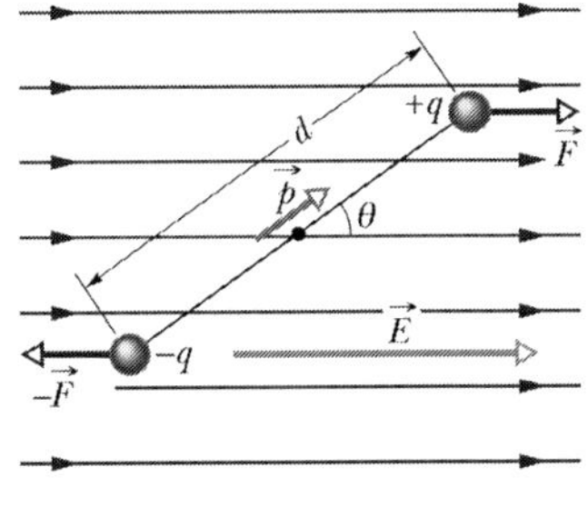

[그림 10-12] 전기장 안에 전기쌍극자

◻ 전기쌍극자의 퍼텐셜 에너지

– 쌍극자가 전기장 방향으로 정렬 → 쌍극자를 돌리기 위한 일

$$U = -W = \int_{90^o}^{\theta} \tau\, d\theta = \int_{90^o}^{\theta} pE\sin\theta\, d\theta = -pE\cos\theta$$

– 외부에서 행해진 일: 전위(전기 퍼텐셜) 에너지로 저장

$$U = -pE\cos\theta = -\vec{p}\cdot\vec{E} \quad (\text{쌍극자의 퍼텐셜 에너지})$$

10-3 가우스 법칙

10-3-1 가우스(Gauss)의 법칙

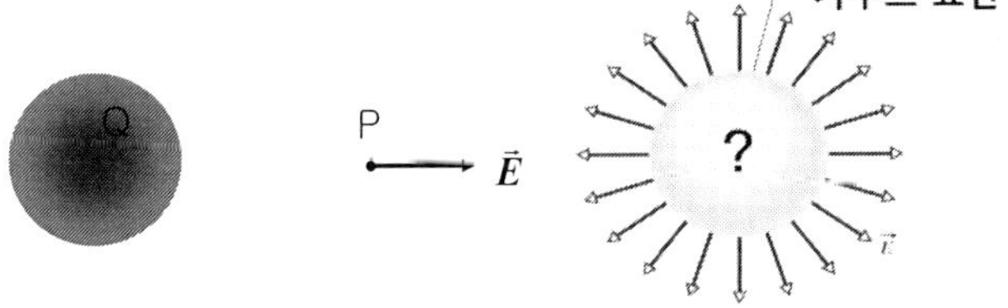

[그림 10 13] 전기장 다발

❏ 가우스 면을 통과하는 전기장의 다발 Φ 은 가우스 면 내부에 들어있는 알짜 전하량 q 에 비례한다. $\varepsilon_0 \Phi = q_{enc}$, 폐곡면에서 전기다발 (선속)은 $\Phi = \int \vec{E} \bullet d\vec{A}$

→ 가우스 법칙 $\boxed{\varepsilon_0 \oint \vec{E} \cdot d\vec{A} = q_{enc}}$, $d\vec{A}$: 곡면에 수직한 방향,

유전상수 $\varepsilon_0 = 8.85 \times 10^{-12} C^2 / (N \cdot m^2)$.

– 알짜 전하: (+) → 전기장 선은 바깥쪽 방향, (–) → 전기장선은 안쪽 방향

– 대칭성을 갖은 경우 단순화된 가우스(Gauss) 법칙을 사용.

– 가우스 면은 가상의 폐곡면으로 공, 원통, 또는 다른 대칭의 형태로 그려진다

❏ 4 개의 가우스(Gauss) 면

– S_1: 면 위의 모든 점들에서 전기장은 외부로 향함

– S_2: 면 위의 모든 점들에서 전기장은 내부로 향함

– S_3: 전기장 다발 = 0 ($q = 0$)

– S_4: 전기장 다발 = 0

$(q_{net} = q - q = 0)$

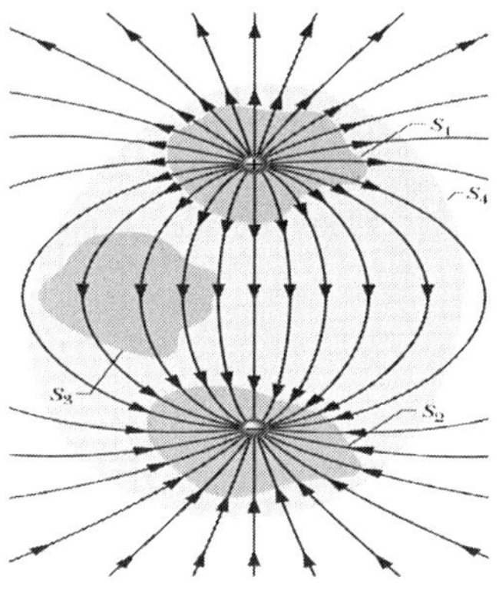

[그림 10–14] 4 개 가우스면

★(11) 가우스 법칙을 이용하여 전기장 구하기★
[1 단계] 가우면을 그린다.
[2 단계] 가우스 각면에 $\vec{E} \cdot d\vec{A} = E(dA)\cos\theta$ 을 구한다.
[3 단계] 가우스 곡면의 전하를 구한다.
[4 단계] $\varepsilon_0 \oint \vec{E} \cdot d\vec{A} = q_{enc}$ 에서 $\vec{E}$ 을 계산한다.

10-3-2 가우스의 법칙과 쿨롱의 법칙

◻ 가우스 법칙 ≡ 쿨롱 법칙

$$\varepsilon_0 \oint \vec{E} \cdot d\vec{A} = \varepsilon_0 \oint E\,dA = \varepsilon_0 E \oint dA = q_{enc}$$

$$\rightarrow \varepsilon_0 E(4\pi r^2) = q$$

$$\boxed{\vec{E} = \frac{q}{4\pi\varepsilon_0}\frac{1}{r^2}}\ ,\ \ \text{방향: } d\vec{A} \ \text{와 같은 방향}$$

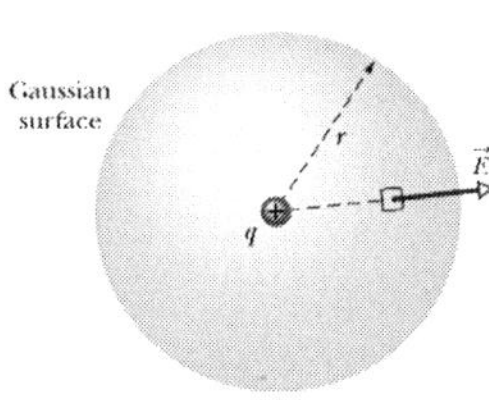

[그림 10-15] 가우스 면

10-3-3 가우스 법칙의 응용: 원통대칭

◻ 선전하 밀도: λ

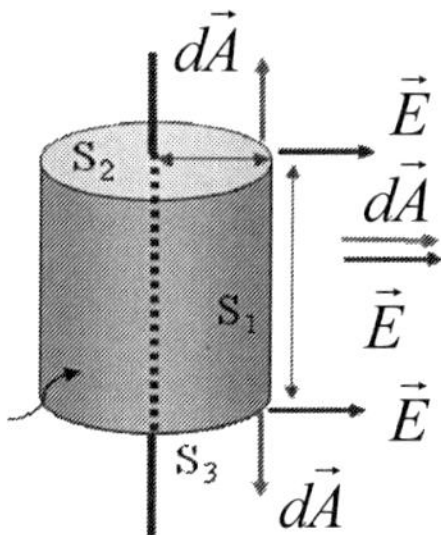

[그림 10-16] 선전하

S_1의 둥근면 $\vec{E} \,/\!/\, d\vec{A}$ ($\vec{E}$ 는 일정)

S_2와 S_3의 양쪽면 $\vec{E} \perp d\vec{A}$

$$\varepsilon_0 \oint_S \vec{E} \cdot d\vec{A} = q \rightarrow \varepsilon_0 \int_{\text{옆면}} E\,dA$$

$$= \varepsilon_0 E 2\pi r h = \lambda h$$

$$\boxed{E = \frac{1}{2\pi\varepsilon_0}\frac{\lambda}{r}}$$

◻ 면전하 밀도: σ

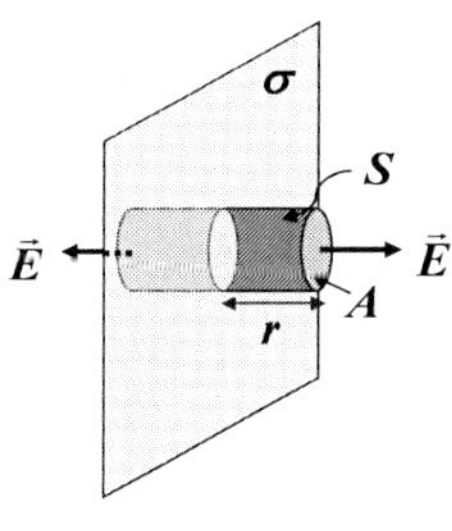

[그림 10-17] 면전하

[균일하게 대전된 무한히 넓은 평면]

S 의 둥근면 $\vec{E} \perp d\vec{A}$

S 의 양쪽면 $\vec{E} \,/\!/\, d\vec{A}$ ($\vec{E}$ 는 일정)

$$\varepsilon_0 \oint_S \vec{E} \cdot d\vec{A} = q \rightarrow \varepsilon_0 \int_{\text{양쪽면}} E\,dA$$

$$= \varepsilon_0 (EA + EA) = q = \sigma A$$

$$\boxed{E = \frac{\sigma}{2\varepsilon_0}}$$

10-4 전위 (전기 퍼텐셜)

10-4-1 전위 (전기 퍼텐셜) 에너지
◻ 전기 포텐셜에너지(U)는 입자들 사이에 정전기력이 작용할 때, 정전기력이 입자에 한일 W. $\Delta U = U_f - U_i = -W$

10-4-2 전위 (전기 퍼텐셜)
단위 전하당 퍼텐셜 에너지의 변화, 근원 전하에 의해 형성된 전기장에만 의존.

$$V = \frac{U}{q} \text{ , 단위: 볼트 } [V] = \frac{[J]}{[C]}$$

– 임의의 두 점 사이 전기 퍼텐셜차

$$\boxed{\Delta V = V_f - V_i = \frac{\Delta U}{q} = -\frac{W}{q}} \quad \text{(퍼텐셜차의 정의),}$$

$$\boxed{V = -\frac{W_\infty}{q}} \quad \text{(퍼텐셜의 정의)}$$

전기장의 단위 $[E] = \dfrac{N}{C} = \left(\dfrac{N}{C}\right)\left(\dfrac{V \cdot C}{J}\right)\left(\dfrac{J}{N \cdot m}\right) = \dfrac{[V]}{[m]}$

입자의 에너지 단위

$$eV = e(V) = (1.6 \times 10^{-19}\ C)\left(\frac{J}{C}\right) = 1.6 \times 10^{-19}\ J$$

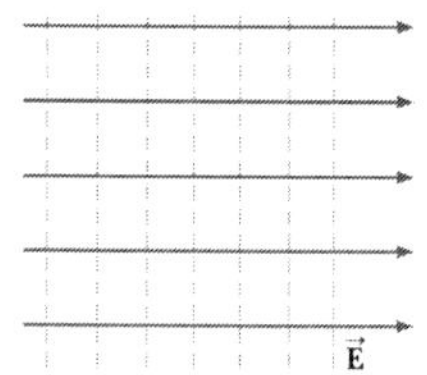
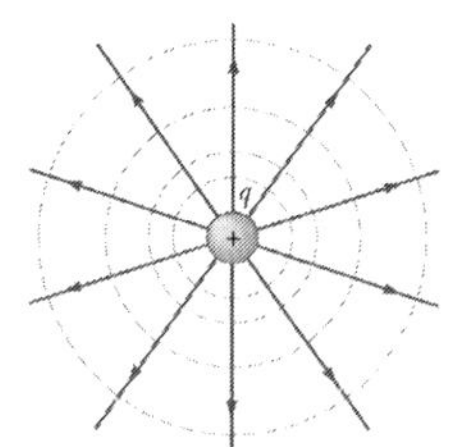
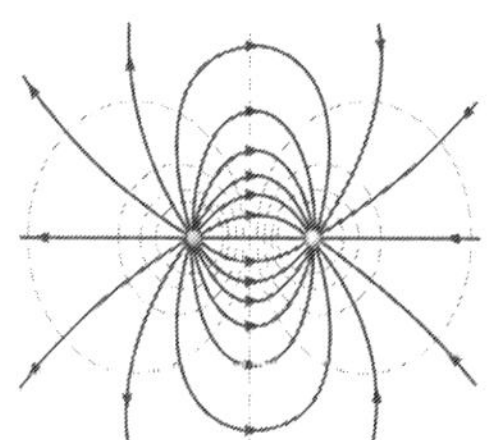

[그림 10-18] 등퍼텐셜면

10-4-3 등 퍼텐셜면

전기 포텐셜이 모두 같은 점들로 이루어진 면

– 등포텐셜면에서 운동하는 전하의 일: $V_i = V_f \rightarrow W = 0$

10-4-4 전기장에서 전위 구하기

◻ 균일하지 않은 전기장에서 i 에서 f 로 움직이는 시험전하가
미소변위에 대하여

$$dW = \vec{F} \cdot d\vec{s} \, , \ \ dW = q_0 \vec{E} \cdot d\vec{s}$$

$$\rightarrow W = q_0 \int^f \vec{E} \cdot d\vec{s}$$

$$V_f - V_i = -\frac{W}{q_0} = -\int^f \vec{E} \cdot d\vec{s}$$

$$(\because W = -\Delta U) \, , \ \boxed{V = -\int^f \vec{E} \cdot d\vec{s}}$$

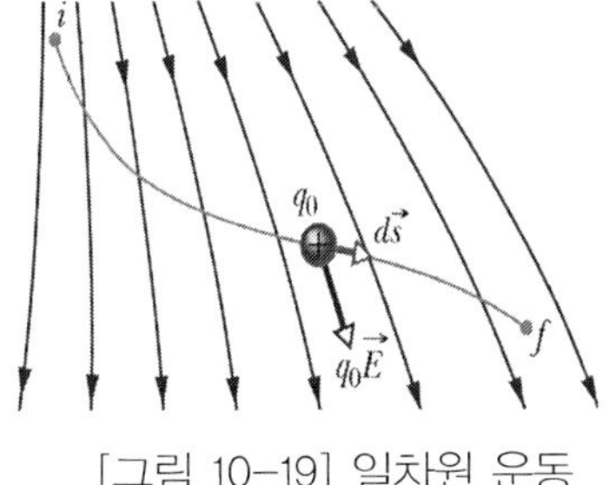

[그림 10-19] 일차원 운동

◻ 퍼텐셜에서 전기장 구하기

양의 시험전하 q_0 가 인접한 등포텐셜면에서 미소변위 $d\vec{s}$
이동시 전기장이 시험전하에 한 일: $-q_0 dV$

$$dW = q_0 \vec{E} \cdot d\vec{s} \ \rightarrow \ -q_0 dV = q_0 \vec{E} \cdot d\vec{s} \ \rightarrow \ \boxed{\vec{E}_s = -\frac{\partial \vec{V}}{\partial s}}$$

10-4-5 점전하 계의 전기퍼텐셜 에너지

$$\Delta U = U_f - U_i = -W \ \rightarrow \ U(r = \infty) - U(r) = -U$$

$$\boxed{U = W = q_2 V = \frac{1}{4\pi\varepsilon_0}\frac{q_1 q_2}{r}}$$

10-4-6 점전하가 만드는 전위 (전기 포텐셜)

P 점에서 무한대까지 움직이는 양의 시험전하 q_0 의 지름방향의

직선운동은 $\vec{E} \cdot d\vec{s} = E_r\, dr$, $\vec{E} = E_r \hat{r} = \dfrac{kq}{r^2} \hat{r}$,

$\Delta V = V_f - V_i = -\displaystyle\int \vec{E} \cdot d\vec{s}$

$V_f = 0$ (무한대), $V_i = V$ (위치 r),

$0 - V = -\displaystyle\int_r^\infty E_r\, dr = -\displaystyle\int_r^\infty \dfrac{kq}{r^2}\, dr$

$= -\left[-\dfrac{kq}{r} \right]_r^\infty = kq\left(0 - \dfrac{1}{r} \right)$

$$\boxed{\; V = \dfrac{1}{4\pi\varepsilon_0} \dfrac{q}{r} \;}$$

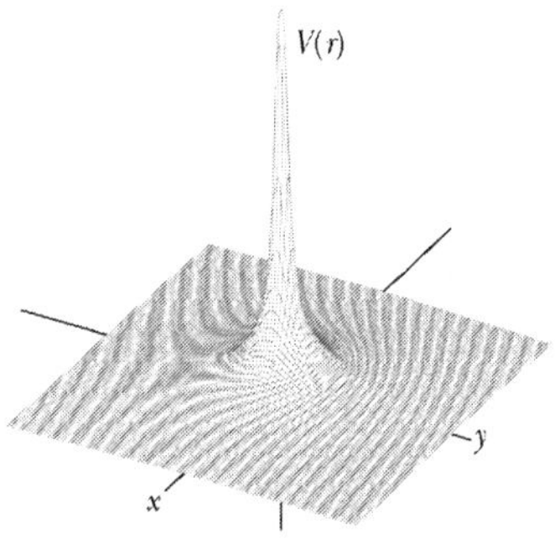

[그림 10–20] 전기 퍼텐셜

IV

10-4-7 점전하 무리가 만드는 포텐셜

중첩의 원리에 의한 대수합

$$V = \sum_{i=1}^{n} V_i = \dfrac{1}{4\pi\varepsilon_0} \sum_{i=1}^{n} \dfrac{q_i}{r_i} \quad (\text{n 개의 점전하})$$

10-4-8 연속적인 전하분포에 의한 전위

$$dV = k_e \dfrac{dq}{r} \;\rightarrow\; \boxed{\; V = k_e \displaystyle\int \dfrac{dq}{r} \;}$$

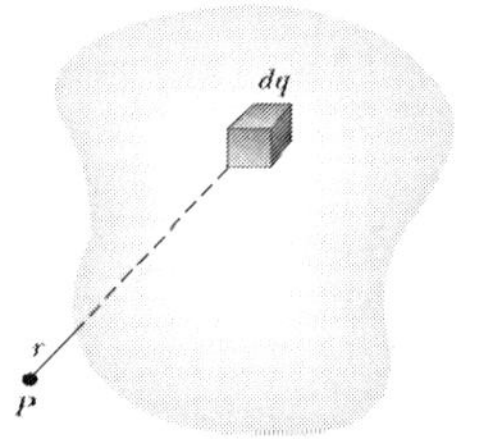

[그림 10–21] 연속적 전하의 전위

10-4-9 전기쌍극자가 만드는 퍼텐셜

중첩의 원리에 의하여

$$V = \sum_{i=1}^{2} V_i = V_{(+)} + V_{(-)} = \frac{1}{4\pi\varepsilon_0}\left(\frac{q}{r_{(+)}} + \frac{-q}{r_{(-)}}\right) = \frac{q}{4\pi\varepsilon_0}\frac{r_{(-)} - r_{(+)}}{r_{(-)}r_{(+)}}$$

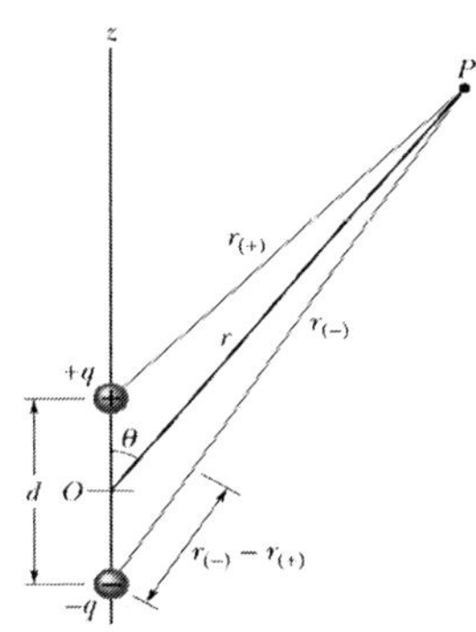

[그림 10-22] 전기쌍극자

$$r \gg d,\ r_{(-)} - r_{(+)} \approx d\cos\theta,\ \ r_{(-)}r_{(+)} \approx r^2$$

$$V = \frac{q}{4\pi\varepsilon_0}\frac{d\cos\theta}{r^2}$$

$$= \frac{1}{4\pi\varepsilon_0}\frac{p\cos\theta}{r^2} \quad \text{(전기 쌍극자)}$$

전기쌍극자 모멘트 $p = qd$

10-4-10 연속적인 전하분포가 만드는 퍼텐셜: 선전하

$$dq = \lambda\,dx,$$

$$dV = \frac{1}{4\pi\varepsilon_o}\frac{dq}{r}$$

$$= \frac{1}{4\pi\varepsilon_0}\frac{\lambda dx}{(x^2 + d^2)^{1/2}}$$

$$V = \int dV\,dx$$

$$= \int_0^L \frac{1}{4\pi\varepsilon_0}\frac{\lambda}{(x^2 + d^2)^{1/2}}$$

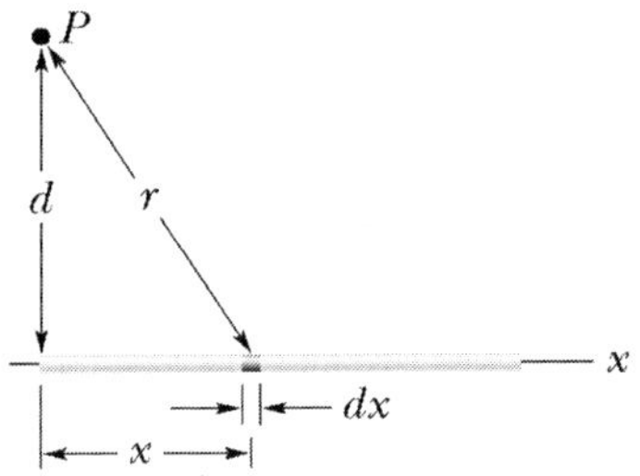

[그림 10-23] 선전하

$$= \frac{\lambda}{4\pi\varepsilon_0}\int\frac{dx}{(x^2 + d^2)^{1/2}} = \frac{\lambda}{4\pi\varepsilon_0}\Big[\ln(x + (x^2 + d^2)^{1/2})\Big]_0^L$$

$$= \frac{\lambda}{4\pi\varepsilon_0}\Big[\ln(L + (L^2 + d^2)^{1/2}) - \ln d\Big]$$

쿨롱의 법칙

크기 $F = \dfrac{1}{4\pi\varepsilon_o}\dfrac{|q_1||q_2|}{r^2}$,

방향 +q 와 −q 은 인력방향, +q 와 +q 은 청력방향

전기장

크기 $E = \dfrac{F}{q_0} = \dfrac{1}{4\pi\varepsilon_o}\dfrac{|q|}{r^2}$, 방향: 전기력 방향

연속전하 공식: $\vec{E} = k_e \displaystyle\int \dfrac{dq}{r^2}\hat{r}$

가우스 법칙 $\varepsilon_0 \displaystyle\oint \vec{E}\cdot d\vec{A} = q_{enc}$

전위(전기 퍼텐셜)

$V = \dfrac{U}{q}$, 단위: [V] = [J] / [C]

점전하 경우: 전기페턴셜 $V = \dfrac{1}{4\pi\varepsilon_0}\dfrac{q}{r}$

연속전하 공식: $V = k_e \displaystyle\int \dfrac{dq}{r}$

전기장을 이용하여 전위 구하기: $V = -\displaystyle\int^f \vec{E}\cdot d\vec{s} \ \leftrightarrow\ E_s = -\dfrac{\partial V}{\partial s}$

$\vec{E} = \left(-\dfrac{\partial V}{\partial x}\right)\hat{i} + \left(-\dfrac{\partial V}{\partial y}\right)\hat{j} + \left(-\dfrac{\partial V}{\partial z}\right)\hat{k}$

전기퍼텐셜 에너지 $U = q_2 V = \dfrac{1}{4\pi\varepsilon_0}\dfrac{q_1 q_2}{r}$

(기본 문제) 양전하 Q 로 대전된 반지름이 a 인 부도체 구가, $-2Q$ 로 대전되어 있는 안쪽 반지름이 b 이고 바깥쪽 반지름이 c 인 도체 구 껍질의 중심에 위치하고 있다.

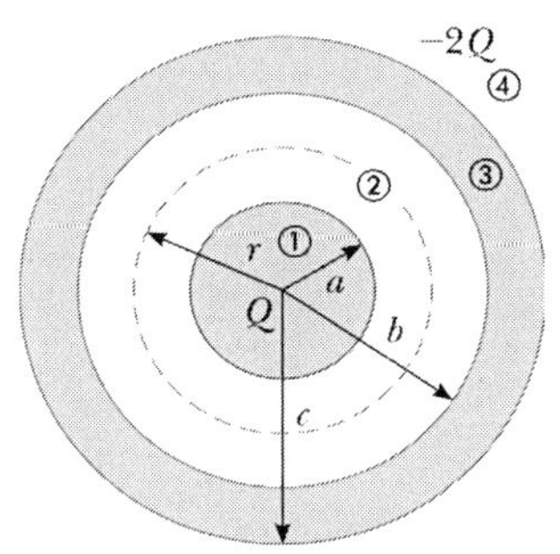

전기장의 세기를 중심축으로부터 거리에 따라 나타낸 그래프의 개형으로 적절한 것은?

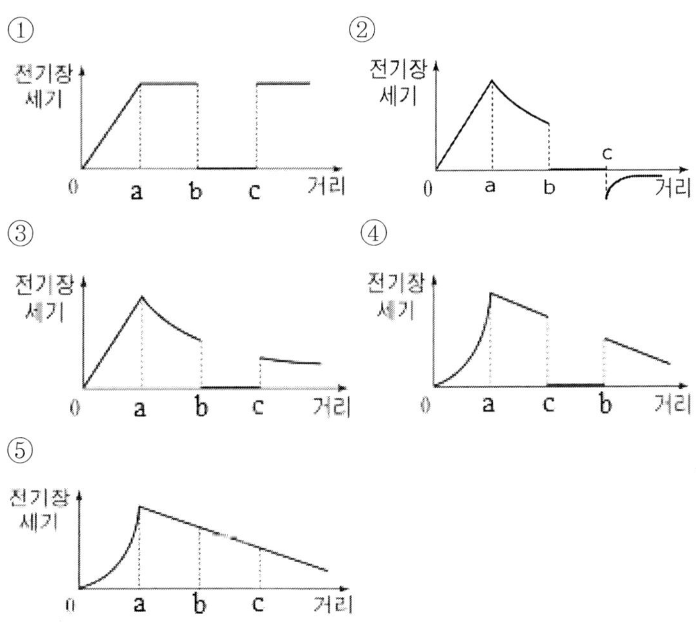

해설 가우스 법칙

(i) $r\langle a$ 에서,

★가우스 법칙을 이용하여 전기장 구하기★

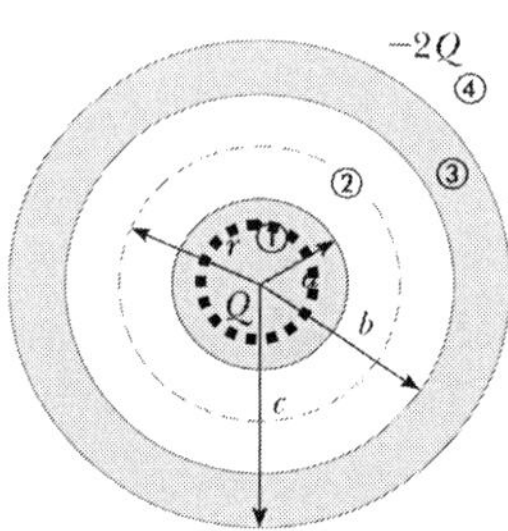

[1 단계] 가우면을 그린다.

[2 단계] 가우스 각면에

$$\vec{E} \cdot d\vec{A} = E(dA)cos\,\theta \ \text{을 구한다.}$$

$$cos(0°) = 1 \ \text{에서} \ \vec{E} \cdot d\vec{A} = E(dA).$$

[3 단계] 가우스 곡면의 전하를 구한다.

$$q_{enc} = \rho V' = \rho\left(\frac{4}{3}\pi r^3\right)$$

[4 단계] $\varepsilon_0 \oint \vec{E} \cdot d\vec{A} = q_{enc}$ 에서 $\vec{E}$ 을 계산한다.

$$\oint \vec{E} \cdot d\vec{A} = E\oint dA = E\left(4\pi r^2\right) = \frac{q_{enc}}{\varepsilon_0} \ \rightarrow \ E = \frac{q_{in}}{4\pi\varepsilon_0 r^2} = \frac{\rho\left(\frac{4}{3}\pi r^3\right)}{4\pi\varepsilon_0 r^2} = \frac{\rho}{3\varepsilon_0}r$$

$$E = \frac{\left(Q/\frac{4}{3}\pi a^3\right)}{3(1/4\pi k_e)}r = k_e\frac{Q}{a^3}r \ \rightarrow \ E_1 = k_e\frac{Q}{a^3}r \quad (r\langle a)$$

(ii) $a\langle r\langle b$ 에서

★가우스 법칙을 이용하여 전기장 구하기★

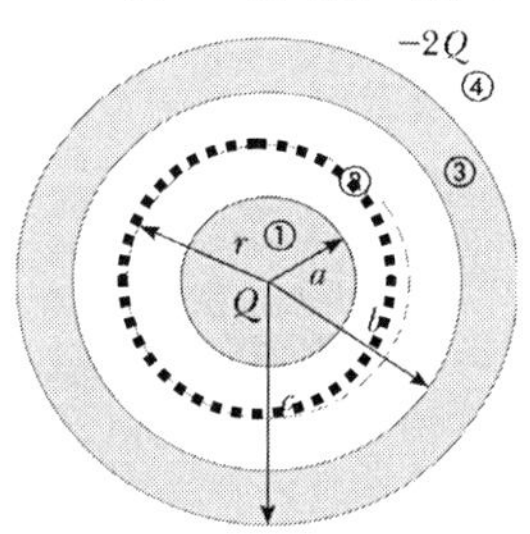

[1 단계] 가우면을 그린다.

[2 단계] 가우스 각면에

$$\vec{E} \cdot d\vec{A} = E(dA)cos\,\theta \ \text{을 구한다.}$$

$$cos(0°) = 1 \ \text{에서} \ \vec{E} \cdot d\vec{A} = E(dA).$$

[3 단계] 가우스곡면의 전하를 구한다. $q_{enc} = Q$

[4 단계] $\varepsilon_0 \oint \vec{E} \cdot d\vec{A} = q_{enc}$ 에서 $\vec{E}$ 을 계산한다.

$$\oint \vec{E} \cdot d\vec{A} = E\oint dA = E\left(4\pi r^2\right) = \frac{Q}{\varepsilon_0} \ \rightarrow \ E_2 = k_e\frac{Q}{r^2} \quad (a\langle r\langle b)$$

IV

(iii) $b\langle r\langle c$ 에서

★가우스 법칙을 이용하여 전기장 구하기★

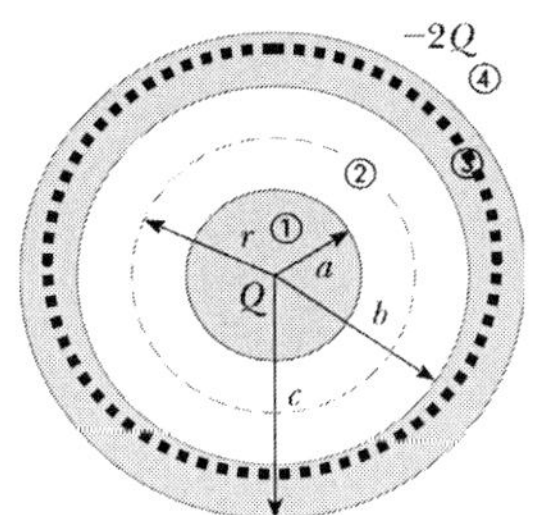

[1 단계] 가우면을 그린다.

[2 단계] 가우스 각면에

$$\vec{E} \cdot d\vec{A} = E(dA)cos\,\theta \text{ 을 구한다.}$$

$$cos(0°) = 1 \text{ 에서 } \vec{E} \cdot d\vec{A} = E(dA).$$

[3 단계] 가우스 곡면의 전하를 구한다. 정전 평형 상태의 도체 내부 진기장은 0 이므로

(가우스 법칙을 사용해도 가우스면 내부의 알짜 전하량은 0) $q_{enc} = 0$. 즉,

$$q_{enc} = q_{sphere} + q_{inner} \,, \quad q_{inner} = q_{enc} - q_{sphere} = 0 - Q = -Q$$

[4 단계] $\varepsilon_0 \oint \vec{E} \cdot d\vec{A} = q_{enc}$ 에서 $\vec{E}$ 을 계산한다.

$$\varepsilon_0 \oint \vec{E} \cdot d\vec{A} = 0 \;\rightarrow\; E_3 = 0 \quad (b\langle r\langle c)$$

(iv) $r\rangle c$ 에서

★가우스 법칙을 이용하여 전기장 구하기★

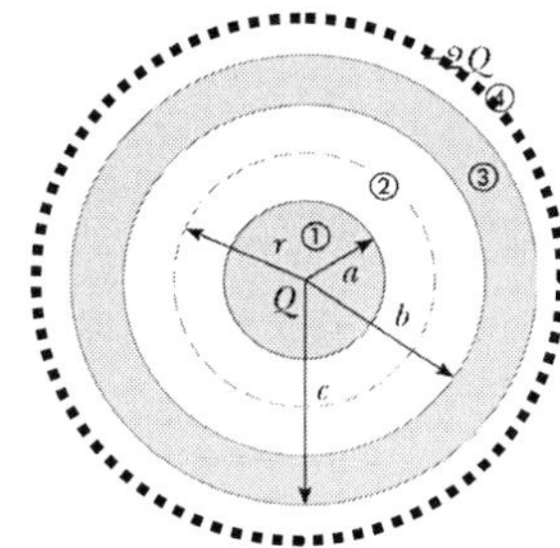

[1 단계] 가우면을 그린다.

[2 단계] 가우스 각면에

$$\vec{E} \cdot d\vec{A} = E(dA)cos\,\theta \text{ 을 구한다.}$$

$$cos(0°) = 1 \text{ 에서 } \vec{E} \cdot d\vec{A} = E(dA).$$

[3 단계] 가우스 곡면의 전하를 구한다.

$$q_{enc} = Q - 2Q = -Q$$

[4 단계] $\varepsilon_0 \oint \vec{E} \cdot d\vec{A} = q_{enc}$ 에서 $\vec{E}$ 을 계산한나.

$$\varepsilon_0 \oint \vec{E} \cdot d\vec{A} = -Q \;\rightarrow\; E_4 = -k_e \frac{Q}{r^2} \quad (r > c)$$

답 (?)

10-2. (2005 MEET/DEET) 그림 (가)는 전기장 E 가 어떤 폐곡면의 면적 요소 ΔA 의 법선과 θ 의 각을 이루며 그 폐곡면을 통과하는 모습을 나타낸 것이다. ΔA 의 법선 방향은 폐곡면의 내부에서 외부로 나가는 방향이다. 이때, 이 면적 요소를 통과하는 전기 선속은 $E \Delta A \cos \theta$ 가 된다. 그림 (나)는 전하가 $+q$ 인 4개의 양전하와 $-q$ 인 1개의 음전하가 땅콩 모양으로 생긴 폐곡면의 내부에 3개, 외부에 2개 분포해 있는 모습을 나타낸 것이다.

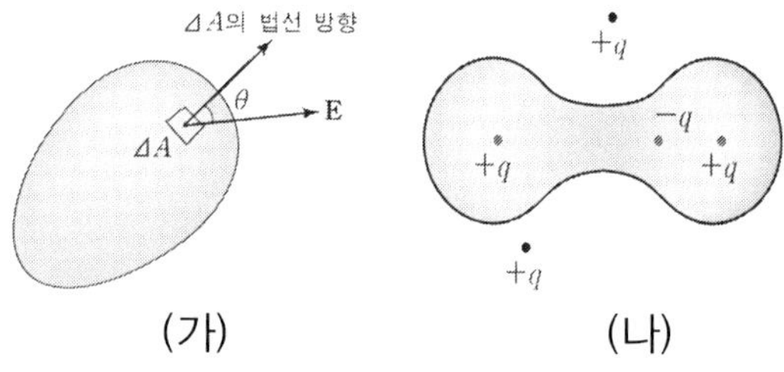

이 땅콩 모양의 폐곡면을 통과하는 전기선속의 총합은? (단, 그림 (나) 에서 공간의 유전율은 ε 이고, 국제표준 단위 (SI 단위)를 사용한다.)

① $\dfrac{q}{3\varepsilon}$ ② $\dfrac{q}{\varepsilon}$ ③ $\dfrac{3q}{2\varepsilon}$ ④ $\dfrac{5q}{3\varepsilon}$ ⑤ $\dfrac{3q}{\varepsilon}$

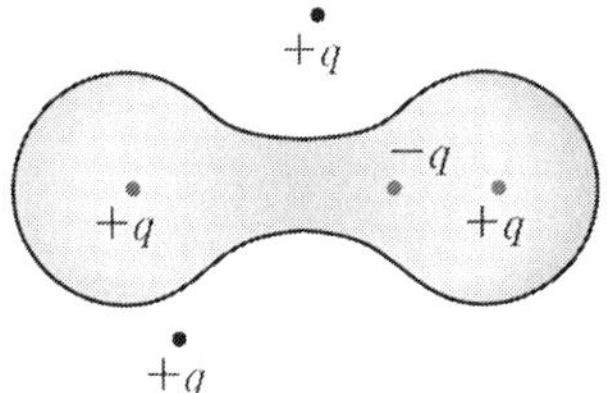

폐곡면에서 전기선속은 $\Phi = \int \vec{E} \bullet d\vec{A}$ 이고 가우스 법칙

$$\varepsilon_0 \int \vec{E} \bullet d\vec{A} = q_{enc} \;\; \rightarrow \;\; \varepsilon_0 \Phi = q_{enc}$$

$q_{enc} = 2q - q = q$ 에서 전기선속 $\Phi = \dfrac{q}{\varepsilon_0}$ 이다.

답 (2)

10-3. (2011 PEET) 그림은 전하량이 각각 Q, $2Q$, $3Q$, $4Q$, $5Q$, $6Q$ 인 양(+)의 점전하 여섯 개가 반지름이 R 인 원 둘레에 같은 간격으로 놓여 고정되어 있는 것을 나타낸 것이다.

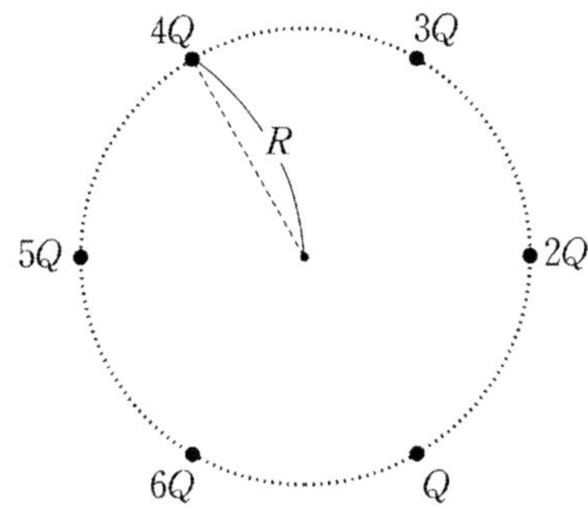

원의 중심에서 전기장의 세기는? (단, 이 공간의 유전율은 ε 이다.)

① $\dfrac{1}{2\pi\varepsilon}\dfrac{Q}{R^2}$ ② $\dfrac{3}{2\pi\varepsilon}\dfrac{Q}{R^2}$ ③ $\dfrac{5}{2\pi\varepsilon}\dfrac{Q}{R^2}$ ④ $\dfrac{7}{2\pi\varepsilon}\dfrac{Q}{R^2}$ ⑤ $\dfrac{9}{2\pi\varepsilon}\dfrac{Q}{R^2}$

★자기장 구하기★

[1 단계] 그림에서 중심점을 선택하고 벡터 자기장을 그린다.

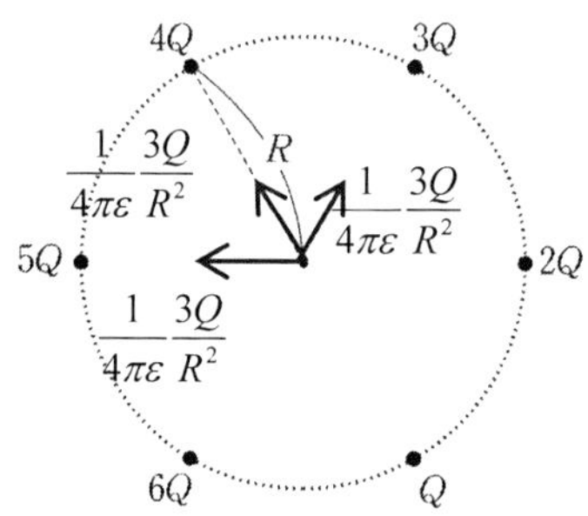

[2 단계] 각 x 성분과 y 성분을 구한다.

[3 단계] 중첩 원리에 의해서 각 성분별로 합산하여 단위 표기법으로 나타낸다.

$$E_x = \sum E_{x,i} = -k_e \frac{3Q}{R^2} - k_e \frac{3Q}{R^2} \cos\left(60°\right) + k_e \frac{3Q}{R^2} \cos\left(60°\right) = -k_e \frac{3Q}{R^2}$$

$$E_y = \sum E_{y,i} = k_e \frac{3Q}{R^2} \sin\left(60°\right) + k_e \frac{3Q}{R^2} \sin\left(60°\right) = k_e \frac{6Q}{R^2} \sin\left(60°\right)$$

$$E = \sqrt{E_x^2 + E_y^2} = \sqrt{\left(k_e \frac{3Q}{R^2}\right)^2 + \left(k_e \frac{6Q}{R^2} \sin\left(60°\right)\right)^2}$$

$$= k_e \frac{3Q}{R^2} \sqrt{1 + 4\left(\frac{\sqrt{3}}{2}\right)^2} = k_e \frac{6Q}{R^2} = \frac{3}{2\pi\varepsilon} \frac{Q}{R^2}$$

답 (2)

10-4. (2006 MEET/DEET) 그림은 두 도체구가 실로 연결되어 천장에 매달린 채 정지해 있는 것을 나타낸 것이다. 두 도체구의 질량은 모두 m 이고, 전하량은 각각 $+Q$ 와 $-Q$ 이다. 두 도체구 중심 사이의 거리는 L 이다.

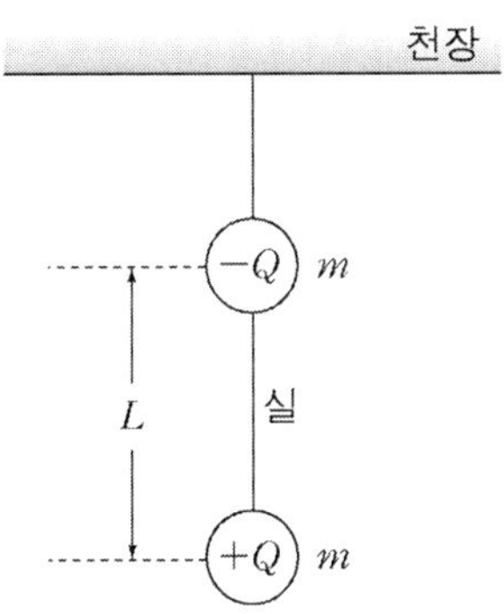

두 도체구 사이의 실에 작용하는 장력이 0 일 때 Q의 값은?
(단, L 은 두 도체구의 반지름보다 매우 크고, 천장에 의한 전기력과 실의 질량은 무시한다. 중력가속도는 g, 공기의 유전율 ε 이다.)

① $L\sqrt{\pi\varepsilon mg}$ ② $L\sqrt{2\pi\varepsilon mg}$ ③ $L\sqrt{4\pi\varepsilon mg}$

④ $L\sqrt{8\pi\varepsilon mg}$ ⑤ $L\sqrt{16\pi\varepsilon mg}$

★힘의 평형식 만들기★

[1 단계] 그림에 $+Q$ 에 작용하는 힘들은 표기한다.

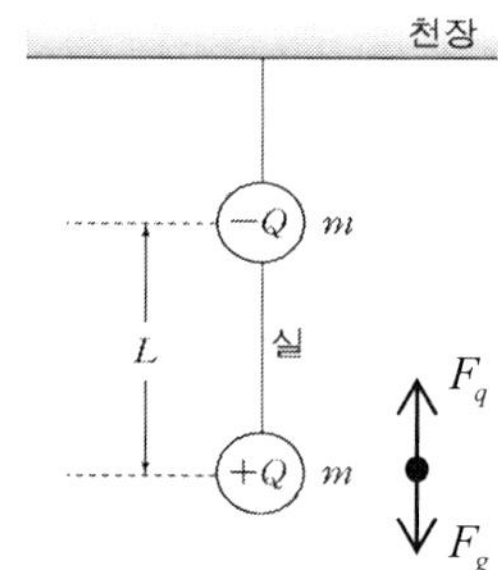

[2 단계] x와 y 방향들의 힘으로 분석한다.

[3 단계] x 방향과 y 방향에 힘의 평형식: $\sum F_y = 0$

$$\rightarrow \sum F_y = F_q - mg = 0 \ -(1)$$

전기력 $F_q = \dfrac{1}{4\pi\varepsilon_0} \dfrac{Q_1 Q_2}{r^2} = \dfrac{1}{4\pi\varepsilon_0} \dfrac{Q^2}{L^2}$

중력 $F_g = mg$ (장력 $T = 0$ 이므로 $+Q$ 에 걸리는 질량은 m 이다.)

식(1) 에서 $F_q - mg = \dfrac{1}{4\pi\varepsilon_0} \dfrac{Q^2}{L^2} - mg = 0 \ \rightarrow \ Q^2 = mg\left(4\pi\varepsilon_0\right)L^2$

답 (3)

IV

10-5. (2007 MEET/DEET) 그림은 일직선 상의 위치 x 에 따른 전위(전기 퍼텐셜) $V = bx^2$ 을 나타낸 것이다. 질량이 m 이고 전하량이 q 인 입자를 $x = A$ 인 위치에 가만히 놓으면 이 입자는 V 에 의하여 일직선 상에서 단조화 진동한다.

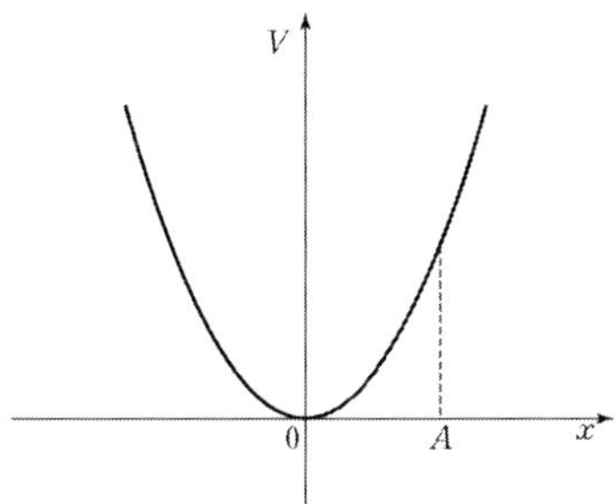

이 입자의 진동 주기는? (단, b 는 상수이며, 입자에 의한 V의 변화와 전자기파 발생은 무시한다.)

① $2\pi\sqrt{\dfrac{2mA}{qb}}$ ② $2\pi\sqrt{\dfrac{mA}{qb}}$ ③ $2\pi\sqrt{\dfrac{2m}{qb}}$

④ $2\pi\sqrt{\dfrac{m}{qb}}$ ⑤ $2\pi\sqrt{\dfrac{m}{2qb}}$

입자에 작용하는 힘과 전기장 관계는 $\vec{F} = q\vec{E}$, 전기장과 전기퍼텐셜 관계는

$E_x = -\dfrac{\partial V}{\partial x}$ 이므로 $\vec{F} = q\vec{E} = -q\dfrac{dV}{dx} = -q\dfrac{d}{dx}\left(bx^2\right) = -q2bx$ —(1)

따라서 $\vec{F} = m\ddot{x}$ 을 적용하여 식(1)은 $\ddot{x} = -\dfrac{q}{m}2bx$ 으로

해가 $x = A\sin(\omega t)$ 형태 이다. 여기서 $\omega^2 = \dfrac{2qb}{m}$ 이므로

주기 $T = \dfrac{2\pi}{\omega} = 2\pi\sqrt{\dfrac{m}{2qb}}$ 이다.

답 (5)

10-6. (2012 PEET) 그림은 단위 부피당 전하량이 각각 ρ_A , ρ_B 로 균일한 구 A 와 B 가 중심 사이의 거리가 $7r$ 만큼 떨어져 고정되어 있는 것을 나타낸 것이다. A 와 B 의 반지름은 각각 $2r$, r 이다. 점 p 는 A, B 의 중심을 지나는 직선 위에 있고 A 의 중심으로부터 r 만큼 떨어져 있다.

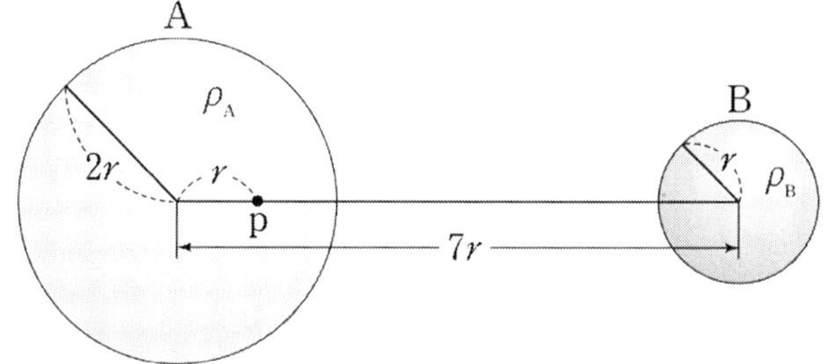

P 에서의 전기장이 0 일 때, $\dfrac{\rho_B}{\rho_A}$ 는? (단, A 와 B 를 포함한 모든 공간의 유전율은 ε_0 이다.)

① 4   ② 9   ③ 16   ④ 25   ⑤ 36

P 점에서 알짜 전기장은 0 이므로 P 점에서 A 와 B 에 대한 전기장의 크기는

$$E_B = E_B \;\rightarrow\; \frac{1}{4\pi\varepsilon_0}\frac{\rho_B\left(3/4\right)\pi r^2}{\left(6r\right)^2} = \frac{1}{4\pi\varepsilon_0}\frac{\rho_A\left(3/4\right)\pi r^2}{r^2} \;\rightarrow\; \frac{\rho_B}{\rho_A}=36$$

답 (5)

10-7. (2011 MEET/DEET) 그림과 같이 전하량 q 인 점전하가 있는 공간 A 와 빈 공간 B 가 도체 내부에 고립되어 있다. 폐곡면 S_A, S_B 는 각각 A, B 와 도체의 경계면이고, 폐곡면 S 는 도체의 바깥 표면이다. 도체에는 알짜 전하가 없다.

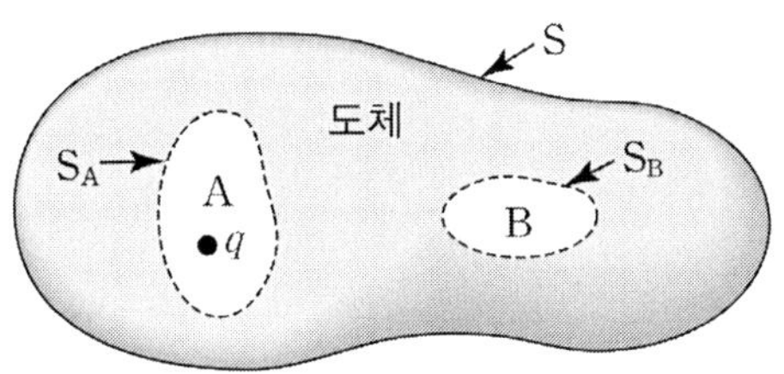

이에 대한 설명으로 옳은 것만을 [보기]에서 있는 대로 고른 것은? (단, 도체와 점전하는 절연되어 있다.)

[보 기]

ㄱ. S_A 에 분포하는 전하량은 $-q$ 이다.
ㄴ. S_B 에 분포하는 전하량은 q 이다.
ㄷ. S 에 분포하는 전하량은 $-q$ 이다.

① ㄱ   ② ㄷ   ③ ㄱ, ㄴ   ④ ㄱ, ㄷ   ⑤ ㄴ, ㄷ

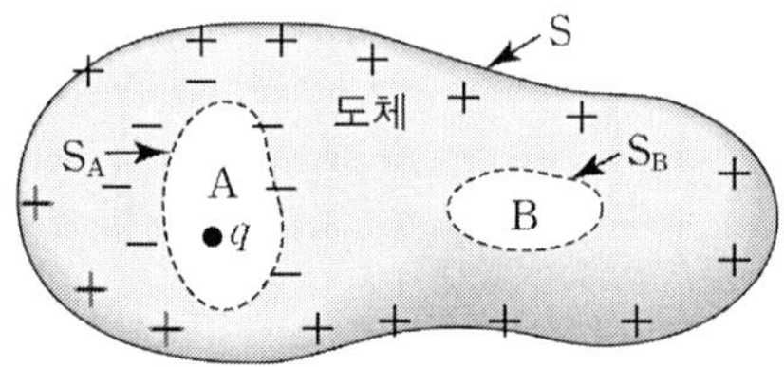

(ㄱ) S_A 는 도체 내부이므로 알짜 전하가 없다. 가우스면 S_A 에 포함한 전하는 $+q$ 이므로 가우스면 S_A 에 분포하는 전하가 $-q$ 이어야 한다.

(ㄴ) S_B 안에는 전하가 없으므로 분포하는 전하가 없다.

(ㄷ) S 에는 내부 전하 $+q$ 있으므로 S 표면에 분포하는 전하량은 $+q$ 가 되어야 한다.

답 (1)

10-8. (2013 MEET/DEET) 그림과 같이 세 전하 q_0, q_1, q_2 가 폐곡면 S_0, S_1, S_2 안에 놓여 있다. S_0, S_1, S_2 를 통과하는 알짜 전기 선속은 각각 Φ_0, $-2\Phi_0$, 0 이다.

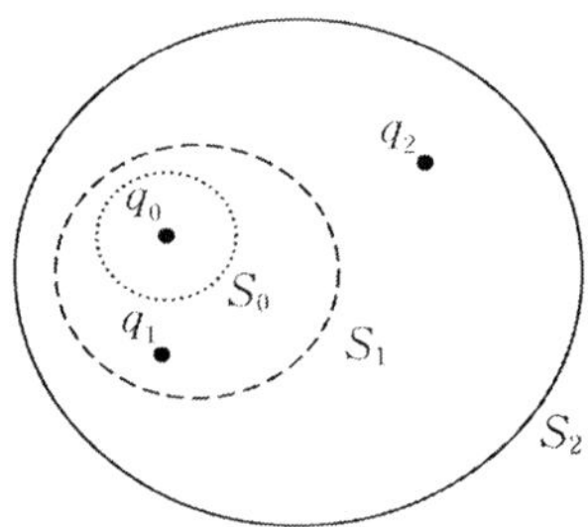

$\dfrac{q_2}{q_1}$ 는?

① $-\dfrac{3}{2}$ 　　② $-\dfrac{2}{3}$ 　　③ $\dfrac{1}{2}$ 　　④ $\dfrac{2}{3}$ 　　⑤ $\dfrac{3}{2}$

가우스면 S_0 에서 $\varepsilon_0 \oint \vec{E} \cdot d\vec{A}_1 = q_0 \;\rightarrow\; \varepsilon_0 \Phi_0 = q_0$ –(1)

가우스면 S_1 에서 $\varepsilon_0 \oint \vec{E} \cdot d\vec{A}_2 = q_0 + q_1$

$\quad \rightarrow \varepsilon_0 \left(-2\Phi_0 \right) = q_0 + q_1$ –(2)

가우스면 S_2 에서 $\varepsilon_0 \oint \vec{E} \cdot d\vec{A}_2 = q_0 + q_1 + q_2$

$\quad \rightarrow 0 = q_0 + q_1 + q_2$ –(3)

식(1) 과 식(2) 에서 $-2q_0 = q_0 + q_1 \;\rightarrow\; q_0 = -\dfrac{q_1}{3}$ –(4)

식(3) 에 식(4) 를 대입하면, $-\dfrac{q_1}{3} + q_1 + q_2 = 0 \;\rightarrow\; \dfrac{2}{3}q_1 + q_2 = 0$

$\rightarrow \dfrac{q_2}{q_1} = -\dfrac{2}{3}$

답 (2)

10-9. (2009 MEET/DEET) 그림과 같이 면전하밀도 $+\sigma$ 로 균일하게 대전된 무한평면과 면전하 밀도 $-\sigma$ 로 균일하게 대전된 반지름 d 인 구 껍질이 고정되어 있다. 점 P 는 무한평면으로부터 d, 구 껍질의 중심으로부터 $2d$ 만큼 떨어져 있다.

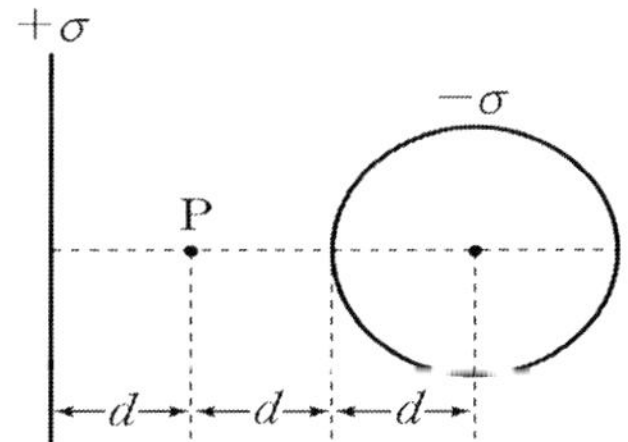

점 P 에서 전기장의 세기는? (단, 공간의 유전율은 ε 이다.)

① $\dfrac{\sigma}{4\varepsilon}$ ② $\dfrac{3\sigma}{4\varepsilon}$ ③ $\dfrac{5\sigma}{4\varepsilon}$ ④ $\dfrac{7\sigma}{4\varepsilon}$ ⑤ $\dfrac{9\sigma}{4\varepsilon}$

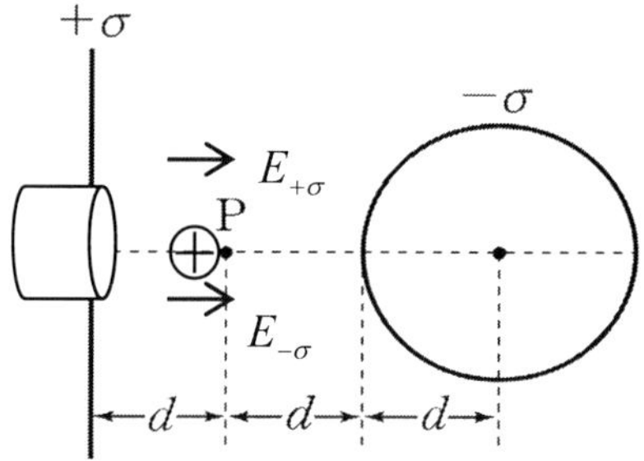

P점 전기장 $E = E_{+\sigma}$ (면전하에 의한 전기장)$+ E_{-\sigma}$ (구껍질에 의한 전기 장).

(i) 면전하의 전기장 $E_{+\sigma}$ 은

$$Q = \sigma A = \varepsilon_0 \oint_S \vec{E} \cdot d\vec{a} = \varepsilon_0 \int_{양쪽면} E\, da = \varepsilon_0 \left(EA + EA \right) = 2\varepsilon_0 EA$$

따라서 $E_{+\sigma} = \dfrac{\sigma}{2\varepsilon_0}$ 이다.

(ii) 구껍질에 의한 전기장 $E_{-\sigma}$ 은

$$Q = \varepsilon_0 \oint_S \vec{E} \cdot d\vec{a} = \varepsilon_0 E \oint_S da = \varepsilon_0 E \left(4\pi r^2 \right) \rightarrow E_{-\sigma} = \frac{1}{4\pi\varepsilon_0} \frac{Q}{r^2}$$

$$\rightarrow E_{-\sigma} = \frac{1}{4\pi\varepsilon_0} \frac{\sigma\left(4\pi d^2\right)}{(2d)^2} = \frac{\sigma}{4\varepsilon_0} \ ,$$

따라서 $E = E_{+\sigma} + E_{-\sigma} = \dfrac{\sigma}{2\varepsilon_0} + \dfrac{\sigma}{4\varepsilon_0} = \dfrac{3\sigma}{4\varepsilon_0}$ 이다.

답 (2)

10-10. (2013 PEET) 그림은 선 전하 밀도가 각각 $+\lambda$, $-\lambda$ 인 두 개의 무한 선형 대전체가 각각 점 $(-d, 0, 0)$ 과 점 $(d, 0, 0)$ 을 지나며 z 축과 평행하게 고정된 것을 나타낸 것이다. 점 P 의 좌표는 $(0, d, 0)$ 이다.

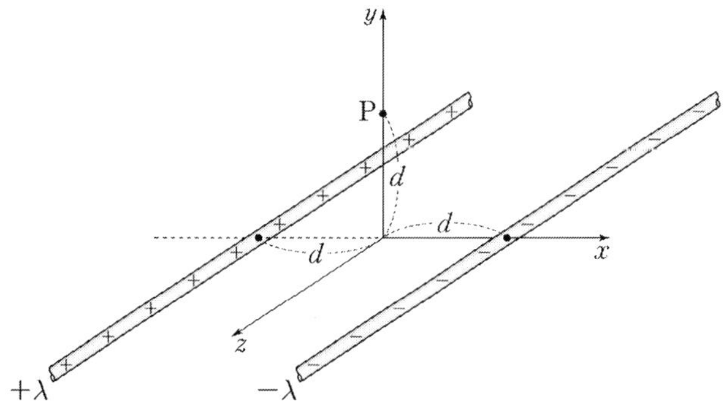

P 에서 전기장은? (단, 진공의 유전율은 ε_0 이고 x 는 x 축 방향의 단위 벡터이다.) [5점]

① $\dfrac{\lambda}{2\pi\varepsilon_0 d}\hat{x}$ ② $-\dfrac{\lambda}{2\pi\varepsilon_0 d}\hat{x}$ ③ $\dfrac{\lambda}{\pi\varepsilon_0 d}\hat{x}$ ④ $-\dfrac{\lambda}{\pi\varepsilon_0 d}\hat{x}$ ⑤ 0

한 개 막대에 대한 전기장은 가우스 법칙에 의해서

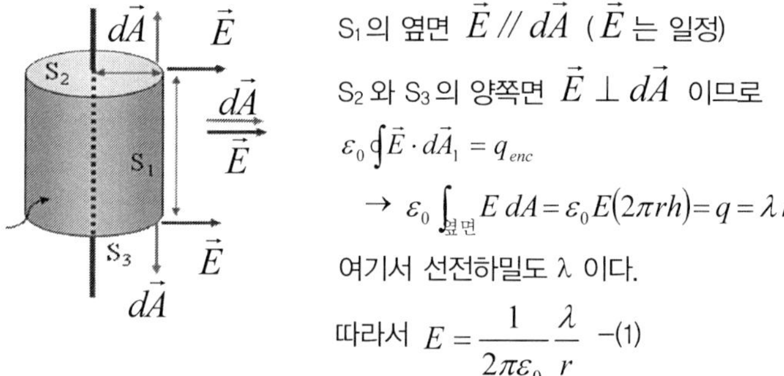

S_1의 옆면 $\vec{E} \, /\!/ \, d\vec{A}$ ($\vec{E}$ 는 일정)

S_2 와 S_3 의 양쪽면 $\vec{E} \perp d\vec{A}$ 이므로

$$\varepsilon_0 \oint \vec{E} \cdot d\vec{A}_1 = q_{enc}$$

$$\rightarrow \varepsilon_0 \int_{옆면} E \, dA = \varepsilon_0 E(2\pi rh) = q = \lambda h$$

여기서 선전하밀도 λ 이다.

따라서 $E = \dfrac{1}{2\pi\varepsilon_0} \dfrac{\lambda}{r}$ —(1)

★전기장 구하기★

[1 단계] 그림에서 P 점에서 벡터 전기장을 그린다.

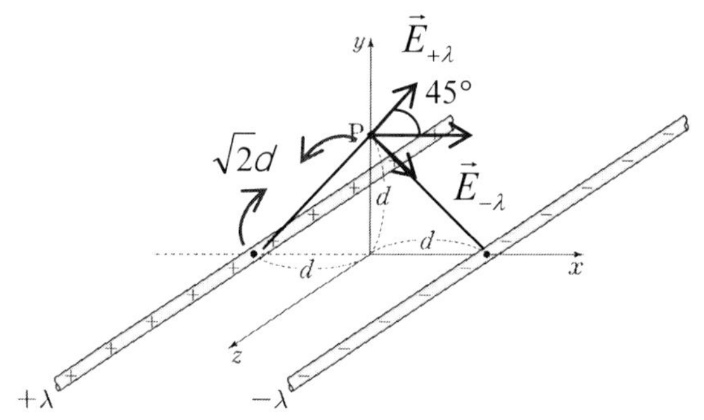

[2 단계] 각 x 성분과 y 성분을 구한다.

[3 단계] 중첩 원리에 의해서 각 성분별로 합산하여 단위 표기법으로 나타낸다.

$E_y = \sum E_{y,i} = 0$, 식(1)을 적용하면,

$$E_x = \sum E_{x,i} = E_{+\lambda} \cos\left(45°\right) + E_{-\lambda} \cos\left(45°\right)$$

$$= 2 \frac{1}{2\pi\varepsilon_0} \frac{|\lambda|}{\sqrt{2}d} \frac{1}{\sqrt{2}} = \frac{1}{2\pi\varepsilon_0} \frac{\lambda}{d}$$

답 (1)

10-11. (2005 MEET/DEET) 그림 (가)는 전기쌍극자를 나타낸
것이다. 여기에서 전기쌍극자 중심으로부터의 거리가 r 이고
전기쌍극자 방향과의 각이 θ 인 곳에서의 전위 $V(r,\theta)$ 는 r 이
전기쌍극자의 크기에 비하여 매우 클 때, r^2 에 반비례하고
$\cos\theta$ 에 비례한다.

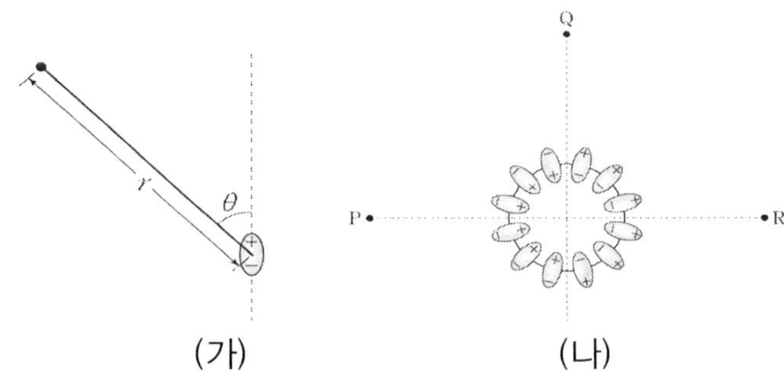

(가)   (나)

그림 (나)는 평면에 있는 동일한 전기쌍극자들이 같은 간격으로
배열되어 있는 것을 나타낸 것이다. 이 때 전기쌍극자의 중심은
원 둘레 위에 있다. 원의 중심으로부터 같은 거리에 있는 세 점
P, Q, R 중에서 전위가 높은 곳부터 낮은 곳으로 순서대로
바르게 나열한 것은? (단, 그림 (나)에서 두 점선은 서로 수직
이며 원의 중심을 지난다.)

① P, Q, R ② Q, P, R ③ Q, R, P ④ R, P, Q ⑤ R, Q, P

전기쌍극자에 대한 전위는 $V = k_e \dfrac{qd\cos\theta}{r^2}$ 이다. 전하량 q 와 각도 θ 에 따라 변한다.

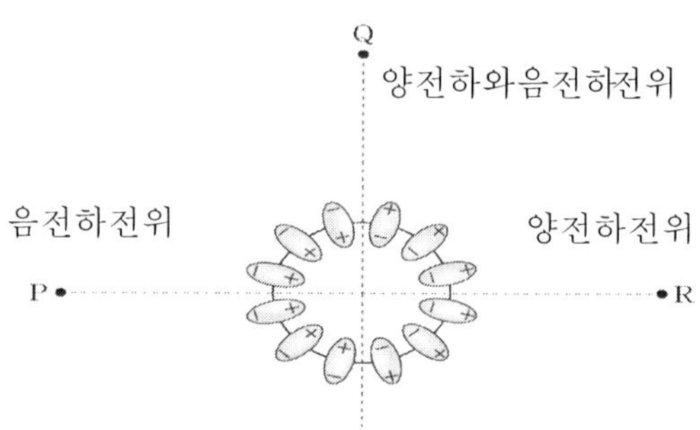

R 점에서 전위는 $V = \sum k_e \dfrac{qd\cos\theta}{r^2} = k_e \dfrac{qd\cos\theta}{r^2} + \cdots$

P 점에서 전위는 $V = \sum k_e \dfrac{qd\cos\theta}{r^2} = k_e \dfrac{-qd\cos\theta}{r^2} + \cdots$

Q 점에서 전위는 $V = \sum k_e \dfrac{qd\cos\theta}{r^2} = k_e \dfrac{qd\cos\theta}{r^2} + k_e \dfrac{-qd\cos\theta}{r^2} \cdots = 0$

따라서 $V_R > V_Q > V_P$ 따라서 $R > Q > P$ 이다.

답 (5)

IV

10-12. (2010 MEET/DEET) 그림은 반지름 d 인 속이 찬 원통 A 와 안쪽 반지름 $2d$, 바깥쪽 반지름 $3d$ 인 두꺼운 원통 껍질 B 의 단면을 나타낸 것이다. A 와 B 는 중심축이 일치하고 길이가 무한하다. A의 부피 전하 밀도는 균일하고, B 는 알짜 전하가 없는 도체이다.

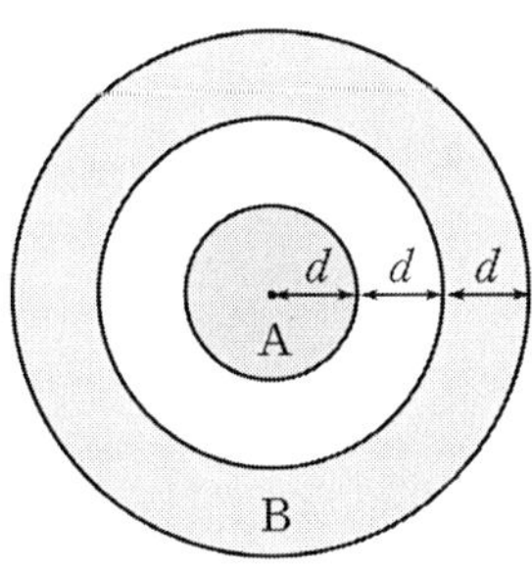

전기장의 세기를 중심축으로부터 거리에 따라 나타낸 그래프의 개형으로 적절한 것은? (단, A, B 를 제외한 공간은 진공이다.)

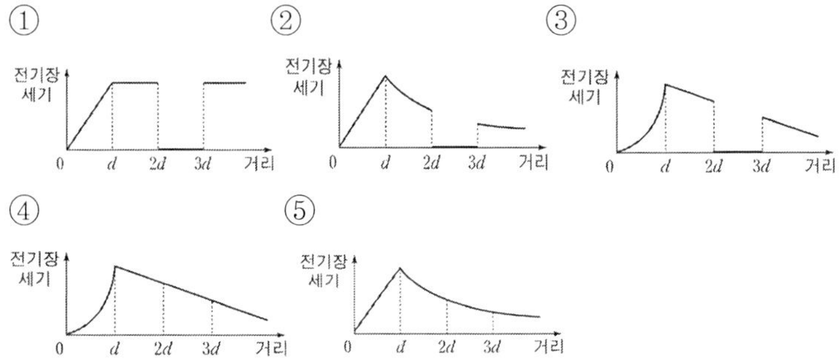

해설 10-12. 전기장, 가우스법칙

원통 A 에서 전기장을 가우스 법칙으로 구하면,

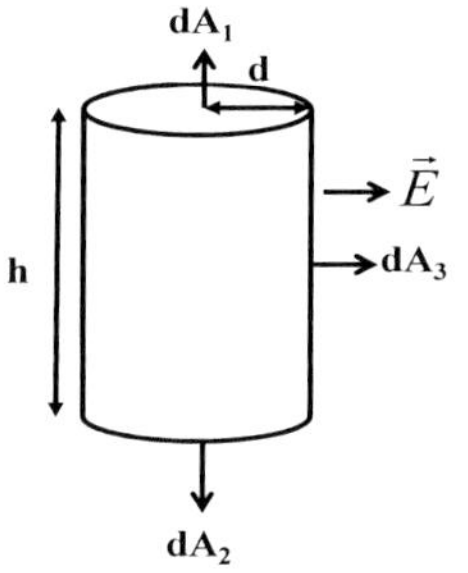

$\varepsilon_0 \int \vec{E} \cdot d\vec{A} = Q$, $r > d$ 에서

$\varepsilon_0 \left[\int_{A_1} + \int_{A_2} + \int_{A_3} \right] = Q$에서

$\vec{E} \perp d\vec{A}$ 이므로 적분값 $\int_{A_1} = 0, \int_{A_2} = 0$,

$\varepsilon_0 \int E \cdot dA = \varepsilon_0 E(2\pi rh) = \lambda h$,

λ 은 선전하밀도이다.

$$E = \frac{1}{2\pi\varepsilon_0}\frac{\lambda}{r} \propto \frac{1}{r},\ r > d$$

(a) $r < d$ 에서 전하밀도는 같으므로

$$\lambda = \frac{Q}{\pi d^2 h} = \frac{q'}{\pi r^2 h} \rightarrow q' = Q\left(\frac{r}{a}\right)^2,$$

$$\varepsilon_0 \int \vec{E} \cdot d\vec{A} = q' \rightarrow \varepsilon_0 E(2\pi rh) = q'$$

$$E = \frac{1}{2\pi\varepsilon_0}\frac{q'}{rh} = \frac{1}{2\pi\varepsilon_0}\frac{1}{rh}Q\left(\frac{r}{a}\right)^3 \rightarrow E = \left(\frac{1}{2\pi\varepsilon_0}\frac{\lambda}{d^2}\right)r \propto r$$

(b) $d < r < 2d$, $\varepsilon_0 E(2\pi rh) = \lambda h \rightarrow E \propto \frac{1}{r}$

(c) $2d < r < 3d$, B 에는 알짜전하가 없으므로 $E = 0$ 이다.

(d) $3d < r$, B 의 알짜 전하는 0 이므로 A 의 전하만 적용한다.

$$\varepsilon_0 E(2\pi rh) = \lambda h \rightarrow E \propto \frac{1}{r}$$

답 (2)

10-13. (2012 MEET/DEET) 그림과 같이 균일하게 대전된 무한히 넓고 얇은 두 평행 대전판 사이에 무한히 넓은 도체판이 대전판과 평행하게 고정되어 있다. 도체판의 알짜 전하량은 0 이고, 두 대전판 사이의 거리는 4ℓ 이며, 도체판의 두께는 ℓ 이다. 양(+)의 대전판에서 전위는 V_0 이고, σ 는 면전하 밀도이다.

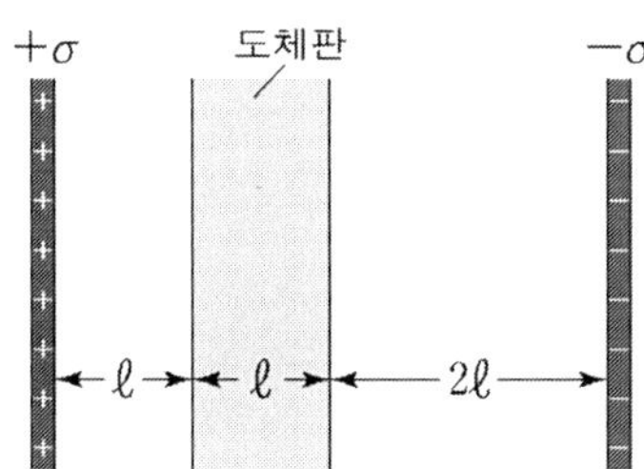

양(+)의 대전판으로부터 거리에 따른 전위를 나타낸 그래프로 가장 적절한 것은? (단, 세로축의 눈금들은 등간격이다.)

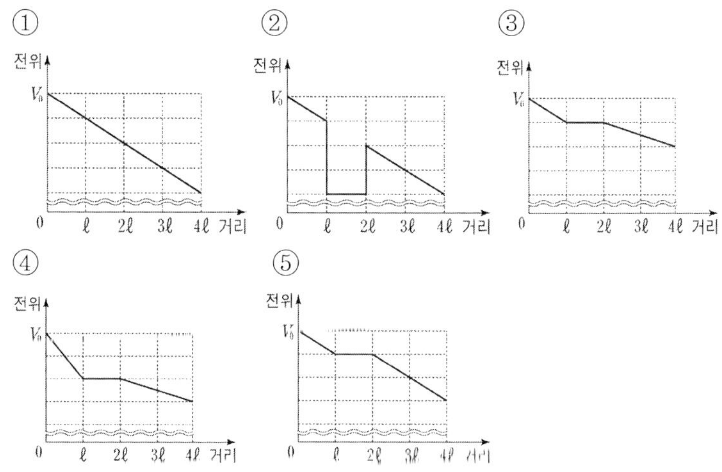

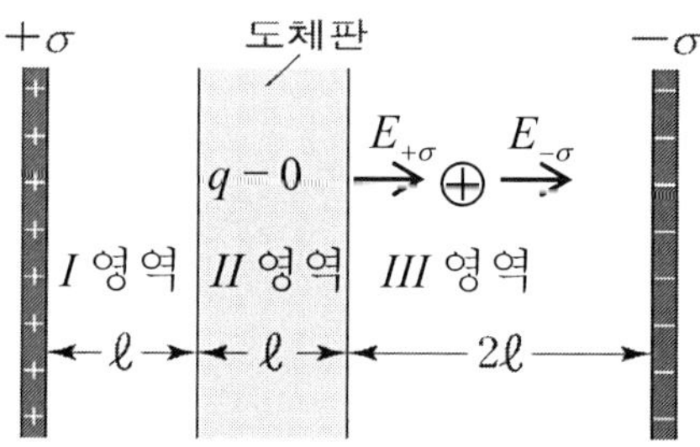

한 개 대전판에서 전기장은 $E = \dfrac{\sigma}{2\varepsilon_0}$ 이므로

두개 대전판 사이에 전기장은 $E = \dfrac{\sigma}{2\varepsilon_0} + \dfrac{\sigma}{2\varepsilon_0} = \dfrac{\sigma}{\varepsilon_0}$ 이고

대전판 밖에서는 전기장은 $E = 0$ 이다. 전위는 $V = \int \vec{E} \cdot \vec{d\ell}$ 에서

$$V_0 = E(4\ell) = \dfrac{\sigma}{\varepsilon_0}(4\ell)$$

따라서 대전판 안에 거리에 대한 전위는 $V = \dfrac{\sigma}{\varepsilon_0}(4\ell - x)$.

도체판 안에서 전기장은 0 이므로 $E_x = -\dfrac{\partial V}{\partial x} \rightarrow V = $ 상수 이다.

영역 I: $V = \dfrac{\sigma}{\varepsilon_0}(4\ell - x)$, 영역 II: $V = \dfrac{\sigma}{\varepsilon_0}(4\ell - \ell) = \dfrac{\sigma}{\varepsilon_0}(3\ell)$,

영역 III: $V = \dfrac{\sigma}{\varepsilon_0}(3\ell - x)$

답 (5)

11장 전기회로

· 11-1 전기용량 · 11-2 옴의 법칙
· 11-3 회로 법칙

11-1 전기용량

11-1-1 전기용량

■ 축전기(capacitor): 전기장의 형태로 전기 퍼텐셜 에너지를 저장하는 창고.

■ 전기용량(capacitance): 볼트 당 저장된 전하량. 즉, 단위 전위당 대전되는 전하량

$Q \propto V \quad Q = CV \rightarrow \boxed{C = \frac{Q}{V}}$

단위: 패럿 $[F] = \frac{[C]}{[V]}$

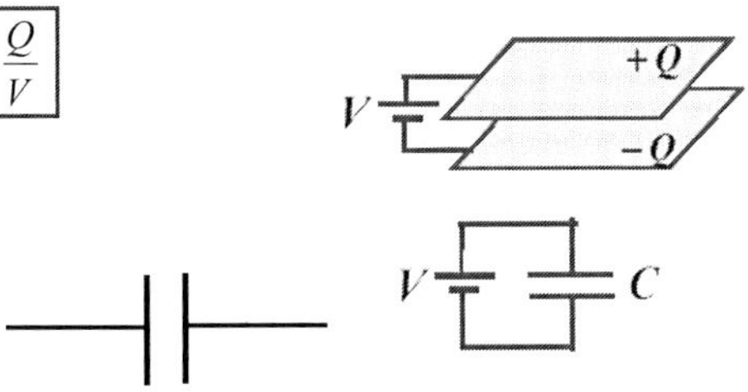

[그림 11-1] 전기용량 심볼

11-1-2 전기용량 계산하기

■ 평행판 축전기

가우스 법칙 $\varepsilon_o \oint \vec{E} \bullet d\vec{A} = q \rightarrow Q = \varepsilon_o EA$,

$V_f - V_i = -\int_i^f \vec{E} \cdot d\vec{s} \rightarrow V = \int_0^d Eds = Ed$,

$C = \frac{Q}{V} = \frac{Q}{Ed} = \frac{Q\varepsilon_0 A}{Qd} = \frac{\varepsilon_0 A}{d}$, $\varepsilon_0 = 8.85 \times 10^{-12}\ F/m$

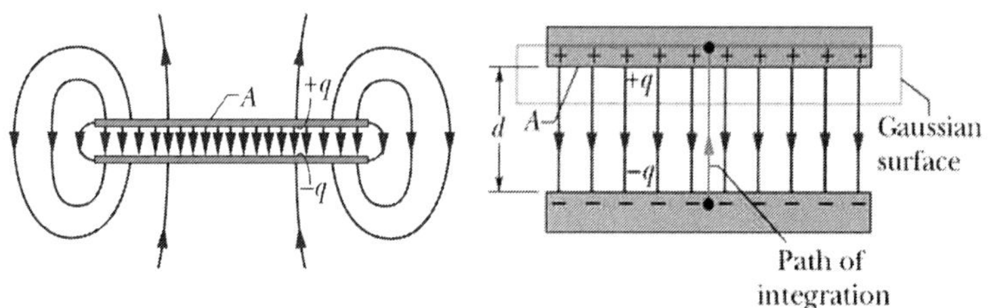

[그림 11-2] 평행판 축전기

11-1-3 축전기의 연결

□ 병렬연결

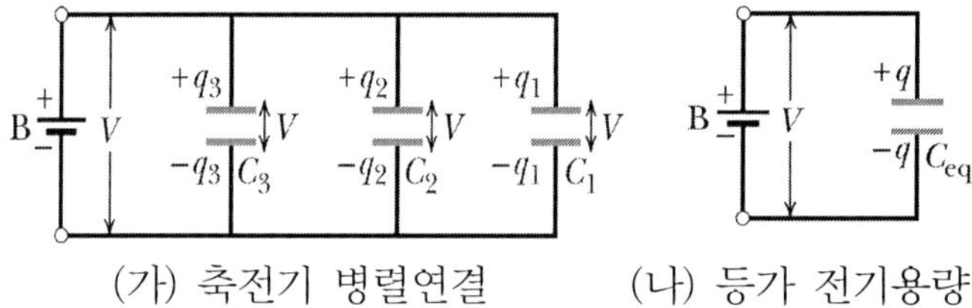

(가) 축전기 병렬연결   (나) 등가 전기용량

[그림 11-3] 축전기 병렬연결

$$V = V_1 = V_2 = V_3 , \quad Q = Q_1 + Q_2 + Q_3 = (C_1 + C_2 + C_3)V = C_{eq}V ,$$

$$C_{eq} = C_1 + C_2 + C_3 \rightarrow \boxed{C_{eq} = \sum C_i} \text{ (등가 전기용량)}$$

□ 직렬연결

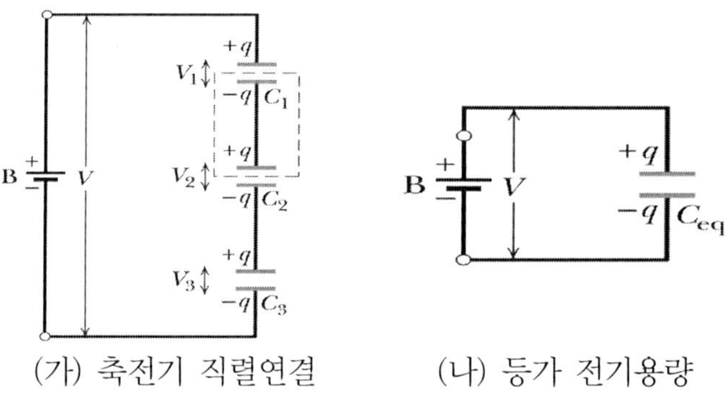

(가) 축전기 직렬연결   (나) 등가 전기용량

[그림 11-4] 축전기 직렬연결

$$V = V_1 + V_2 + V_3, \quad Q = Q_1 = Q_2 = Q_3,$$

$$\frac{1}{C_{eq}} = \frac{1}{C_1} + \frac{1}{C_2} + \frac{1}{C_3}, \quad \frac{Q}{C_{eq}} = \frac{Q}{C_1} + \frac{Q}{C_2} + \frac{Q}{C_3} \rightarrow \boxed{\frac{1}{C_{eq}} = \sum \frac{1}{C_i}}$$

★(12) 축전기 구하기★

[1 단계] 각 축전기의 전기용량 C 을 정하고, 전위 V 을 정한다. 높은 전위는 부호를 (+) 로 낮은 전위는 부호를 (−) 로 정한다.

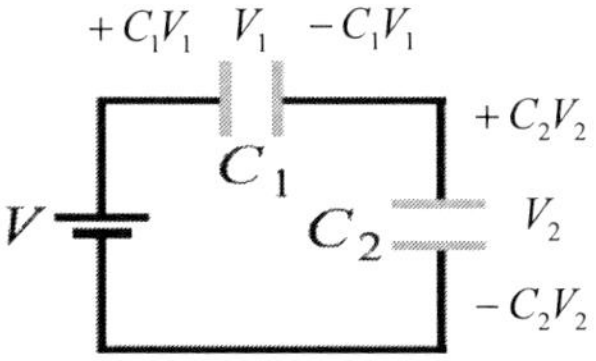

[2 단계] 각 닫힌 회로에 대해 전위의 합은 0 이다. 전위을 합하는 방향이 전위가 낮은 방향이면 전위의 부호를 (+) 로 높은 방향이면 (−) 로 정한다.

$$\left(+V_1\right) + \left(+V_2\right) + \left(-V_0\right) = 0 \quad -(1)$$

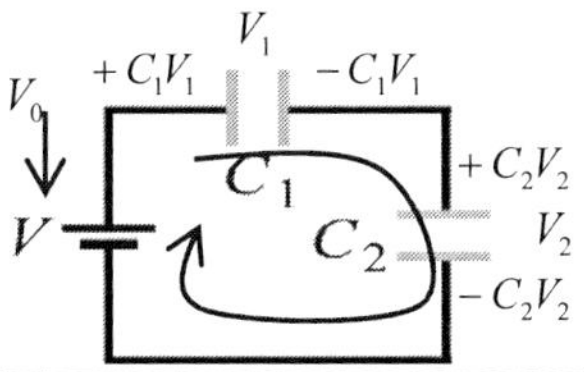

[3 단계] 회로의 독립된 극판 부분에 대해서
(이전 전체 전기용량) = (이후 전체 전기용량) 이다.

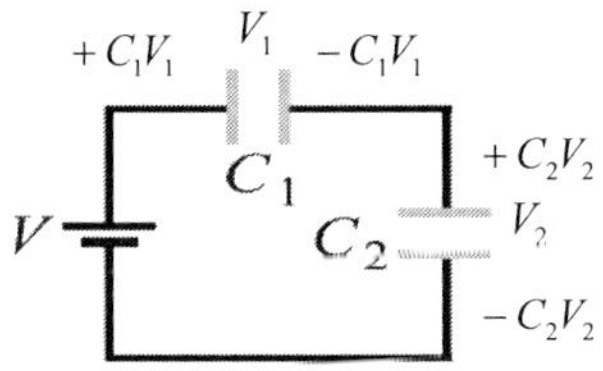

$$0 = -C_1 V_1 + C_2 V_2 \quad -(2)$$

식(1)을 식(2)에 대입하면,

$$0 = -C_1 V_1 + C_2 \left(V_0 - V_1\right)$$

$$V_1 = \frac{C_2}{C_1 + C_2} V_0, \quad V_2 = \frac{C_1}{C_1 + C_2} V_0$$

11-1-4 저장된 에너지

◻ 축전기의 경우

$$dU = V(q)dq = \frac{q}{C}dq$$

$$U = \int_0^q \frac{q}{C}dq = \frac{1}{2}\frac{q^2}{C} = \frac{1}{2}CV^2$$

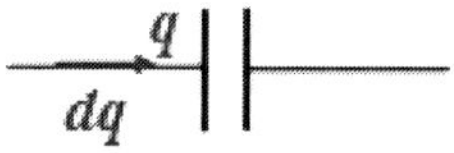

[그림 11-5] 축전기

◻ 에너지 밀도 (평행판 축전기)

$$U_E = \frac{1}{2}CV^2 = \frac{1}{2}\frac{\varepsilon_0 A}{d}(Ed)^2 = \frac{1}{2}\varepsilon_0 E^2(Ad) \ \leftarrow\ V = Ed\ ,\ C = \frac{\varepsilon_0 A}{d}$$

$$u_E = \frac{U_E}{Ad} = \frac{1}{2}\varepsilon_0 E^2$$

11-1-5 유전체를 넣은 축전기

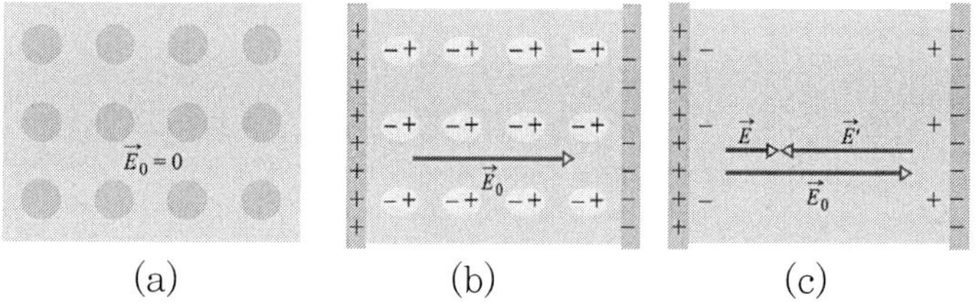

[그림 11-6] 유전체를 넣은 축전기 경우: (a) 비극성 유전체 판, (b) 외부전기장 $\vec{E}_0$ 있을 때, (c) 정렬된 원자들의 장 $\vec{E}'$

유전체(dielectric)의 효과는 유전체가 없을 때에 비하여 전기장을 약화시킨다. κ : 유전상수(dielectric constant)

$$\vec{E} = \vec{E}_0 - \vec{E}_i = \frac{\vec{E}_0}{\kappa}\ ,\ \ V = Ed = \frac{V_o}{\kappa}\ ,\ \ C_o = \frac{Q}{V_o} = \frac{Q}{E_o d}\ ,$$

$$C = \frac{Q}{V} = \kappa\frac{Q}{V_o} = \kappa C_o$$

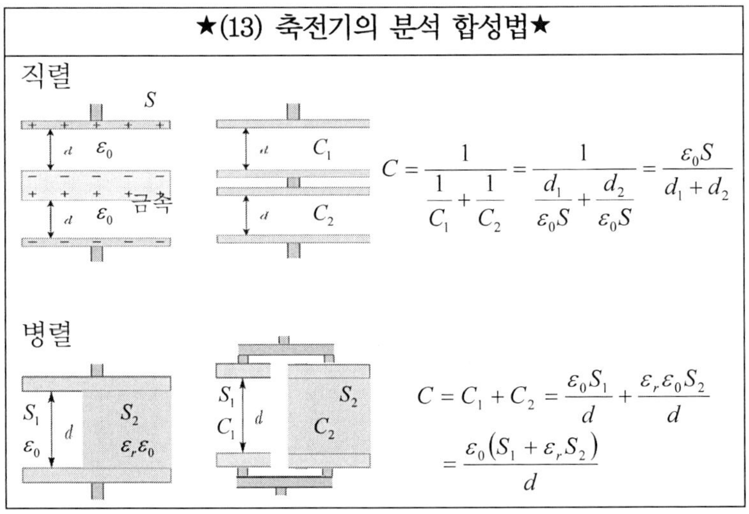

11-2 옴의 법칙

11-2-1 전류

□ 전류: 단위시간에 단면을 통과하는 전하량. 시간 Δt 동안 단면 A 를 통과하는 전하량 Δq

전류: $i = \dfrac{\Delta q}{\Delta t}$, 순간전류: $i = \dfrac{dq}{dt}$

단위: 암페어 $[A] = \dfrac{[C]}{[s]}$

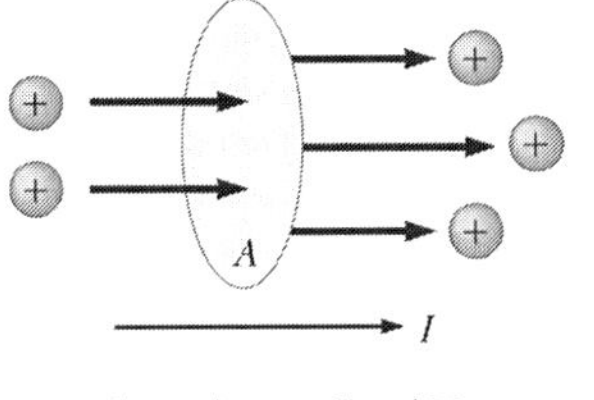

[그림 11-7] 전류

□ 선류의 방향: 양의 전류 전하가 흐르는 방향, 전자장의 방향으로 이동한다.

11-2-2 전류밀도

◻ 전류밀도: 단위 면적당 전류

$$i = \int J dA = J \int dA = JA \;\rightarrow\; J = \frac{i}{A}\,[\mathrm{A/m^2}]$$

◻ 유동속력 (또는 이동속도): 자유 전자들의 평균속도.

길이 L 안에 있는 총전하는

$$Q = qN = q(n\Delta V) = nq(AL) = (nAL)q,\quad L = v_d \Delta t$$

$$i = \frac{Q}{t} = \frac{nALq}{L/v_d} = nAqv_d \qquad \boxed{\vec{J} = nq\vec{v}_d}$$

AL: 토막 부분의 체적, v_d : 유동속력, n: 갯수밀도($\#\,/\,\mathrm{m^3}$)

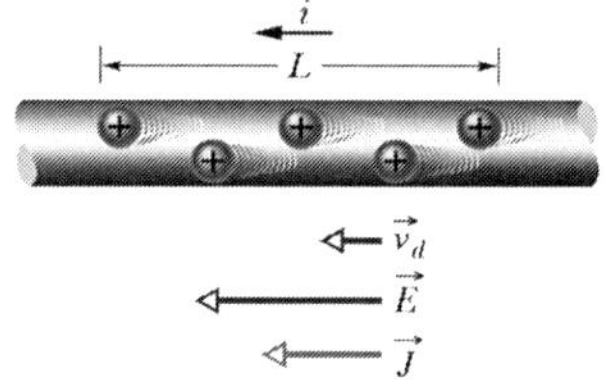

[그림 11-8] 전하의 유동속도

11-2-3 저항과 비저항

◻ 저항: 두 점 사이 퍼텐셜차 V 를 걸 때 전류 I 를 측정할 때 전류를 다르게 만드는 도체의 특성.

저항 $R = \dfrac{V}{i}$,

단위: $[\Omega] = \dfrac{[V]}{[A]}$

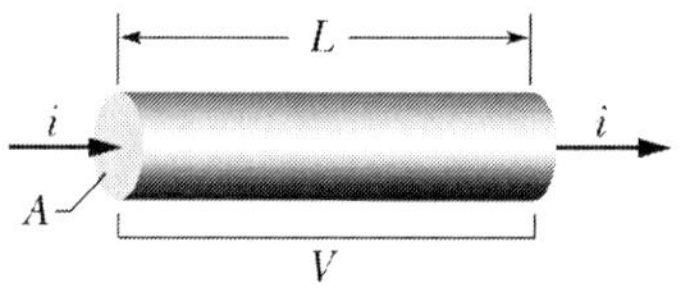

[그림 11-9] 전압과 전류

◻ 비저항 (ρ)

저항은 특정한 물체의 특성이고, 비저항은 물체를 구성하는 물질의 특성. ρ: 비저항 [$\Omega\cdot$cm], σ: 전기전도도

$$\vec{v}_d \propto \vec{E}, \quad \vec{J} = nq\vec{v}_d \rightarrow \vec{J} \propto \vec{E}, \quad \vec{J} = \frac{1}{\rho}\vec{E} = \sigma\vec{E}$$

$$E = \frac{V}{L}, \quad J = \frac{i}{A} \rightarrow \rho = \frac{E}{J} = \frac{V/L}{i/A} \rightarrow \boxed{R = \rho\frac{L}{A}}$$

11-2-4 옴 (Ohm)의 법칙

◻ 옴 (Ohm)의 법칙

전류는 전압 차이에 비례한다.

$$V = I \cdot R \quad (\Rightarrow \vec{E} = \rho\vec{J})$$

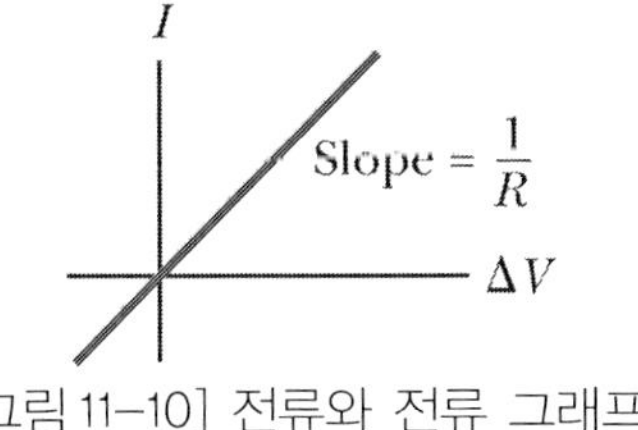

[그림 11-10] 전류와 전류 그래프

11-2-5 전기회로의 일률

◻ 전력 (P): 전류가 단위 시간당 하는 일의 양. 전기에너지의 일률. 전기에너지는

$$dU = dq \cdot V = I \cdot dt \cdot V \quad \leftarrow I = \frac{dq}{dt},$$

$$\rightarrow \text{일률 } P = \frac{dU}{dt} = V \cdot I = I^2 R = \frac{V^2}{R}, \quad \text{단위: 와트 } [W] = \frac{[J]}{[s]}.$$

◻ 전력량 (W): 일정한 기간 동안 사용한 전기 에너지의 총량.

$$W = P \cdot t \ [J]$$

11-3 회로이론

11-3-1 기전력 장치 (전압원)

◻ 전하를 일정하게 유지시키기 위한 일종의 전하 펌프, 전기 위치에너지 (전위)를 높어주는 장치

예) 화학 → 전지, 연료전지, 복사 → 태양전지

■ 기전력 (전압)

– 전하가 폐회로를 흐를 때 기전력 장치에 의해 단위 전하당
하여진 일

$$\varepsilon = \frac{dW}{dq} \quad [\text{J/C, V}]$$

– 이상적인 기전력 장치:
　내부저항이 없는 장치.

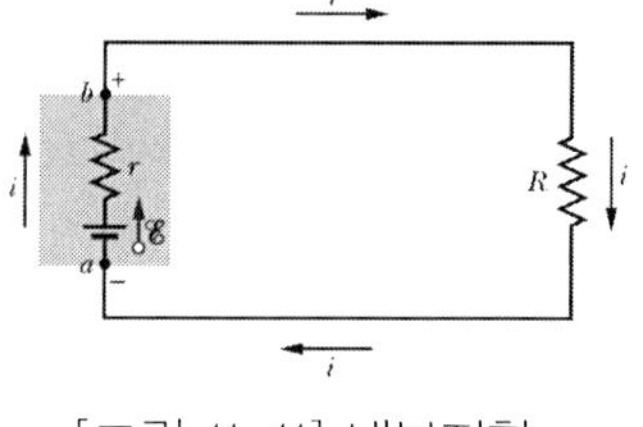

[그림 11-11] 내부저항

■ 내부저항:

실제 기전력 장치(건전지)에는 내부 저항 존재

11-3-2 저항기의 직렬 및 병렬연결
■ 저항의 직렬연결

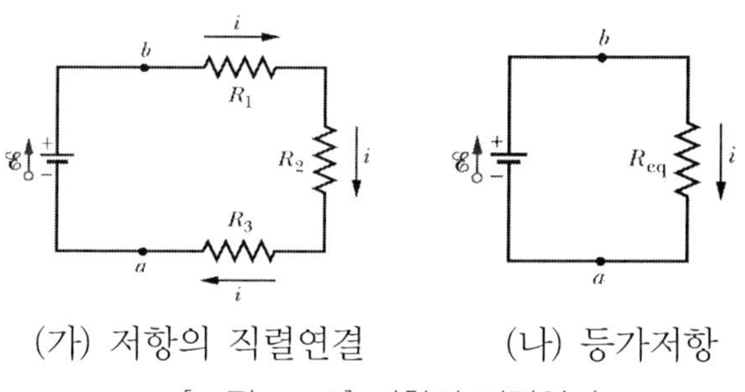

(가) 저항의 직렬연결　　　(나) 등가저항

[그림 11-12] 저항의 직렬연결

$$V_1 = i \cdot R_1, \quad V_2 = i \cdot R_2, \quad V_3 = i \cdot R_3$$

$$V = V_1 + V_2 + V_3 = i \cdot (R_1 + R_2 + R_3) = i \cdot R_{eq} \quad \boxed{R_{eq} = \sum_{j=1}^{n} R_j}$$

◘ 저항의 병렬연결

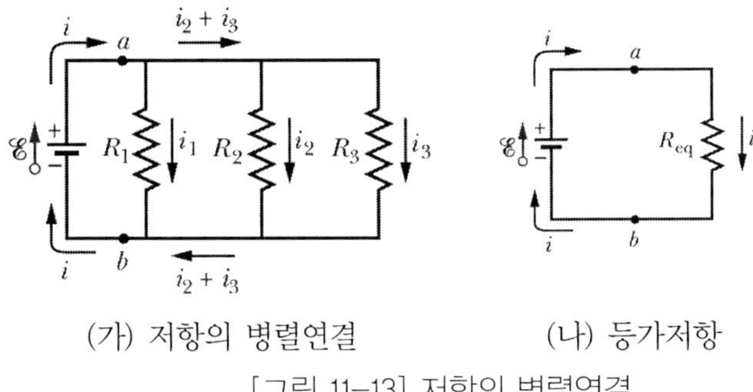

[그림 11-13] 저항의 병렬연결

$$i_1 = \frac{V}{R_1} \,, \quad i_2 = \frac{V}{R_2} \,, \quad i_3 = \frac{V}{R_3}$$

$$i = i_1 + i_2 + i_3 = V \cdot \left(\frac{1}{R_1} + \frac{1}{R_2} + \frac{1}{R_3}\right) = \frac{V}{R_{eq}} \,, \quad \boxed{\frac{1}{R_{eq}} = \sum_{j=1}^{n} \frac{1}{R_j}}$$

11-3-3 키르히호프(Kirchhohh)의 법칙

◘ 키르히호프의 전류법칙(분기점 법칙(Junction rule)): 모든 분기점에서 전류의 합은 영이다(전하 보존).

$$\sum_{junction} I = 0$$

◘ 키르히호프의 전압법칙(고리 법칙(Loop rule)): 모든 닫힌 회로에서 각 소자를 지나갈 때 전위차의 합은 영이다 (에너지 보존).

$$\sum_{closed\ loop} \Delta V = 0$$

★(14) 직류회로 구하기★

[1 단계] 각 저항에 전류를 정한다 (옴의 법칙을 이용).
키르히호프의 전류법칙을 이용 전류 방정식을 만든다.

$$\sum_{junction} I = 0$$ 접점으로 들어오는 전류의 부호는 (+),
나가는 전류의 부호는 (−) 로 정한다.

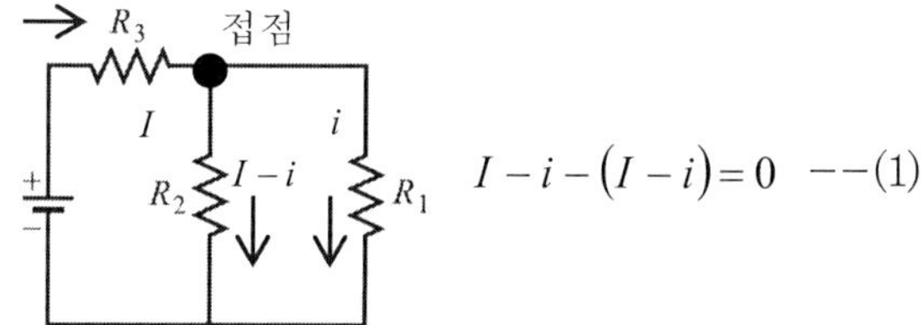

$$I - i - (I - i) = 0 \quad --(1)$$

[2 단계] 각 닫힌 회로에 대해 키르히호프의 전압법칙을
적용하여 전압 방정식을 만든다.

$$\sum_{closed\ loop} \Delta V = 0$$ 처음 전압원의 부호는 (−) 로, 2 번째
전압원은 처음과 같은 방향이면 전압의
부호를 (−) 로, 다른 방향이면 (+) 로 정한다.

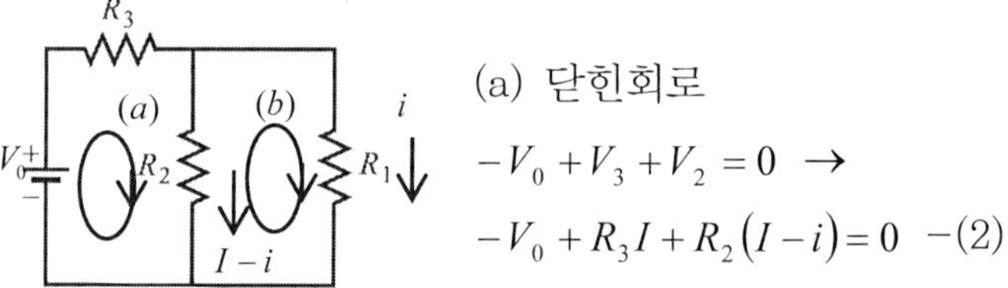

(a) 닫힌회로

$$-V_0 + V_3 + V_2 = 0 \rightarrow$$
$$-V_0 + R_3 I + R_2(I - i) = 0 \quad -(2)$$

(b) 닫힌회로 $V_2 + V_1 = 0 \rightarrow R_2(I - i) - iR_1 = 0 \ -(3)$
식(2) 에 식(3) 을 대입하면,

$$\rightarrow I = \frac{(R_1 + R_2)V_0}{R_1 R_2 + R_2 R_3 + R_3 R_1}, \quad i = \frac{R_2 V_0}{R_1 R_2 + R_2 R_3 + R_3 R_1}$$

전기용량

전하량 $Q = CV$

평행판 축전기의 전기용량 $C = \dfrac{\varepsilon_0 A}{d}$

축전기의 저장된 에너지 $U = \dfrac{1}{2}CV^2$

전위 $V = Ed$

축전기의 등가저항

병렬연결: $C_{eq} = \sum C_i$, 직렬연결: $\dfrac{1}{C_{eq}} = \sum \dfrac{1}{C_i}$

유전체를 넣은 축전기 $\vec{E} = \dfrac{\vec{E}_0}{\kappa}$, $C = \kappa C_o$ κ: 유전상수

옴의법칙

전류 $I = \dfrac{dq}{dt}$, 전류밀도 $J = \dfrac{I}{A}$, $\vec{J} = nq\vec{v}_d$, $\vec{v}_d$: 유동속도

저항 $R = \dfrac{V}{I}$, $R = \rho \dfrac{l}{A}$, ρ: 비저항

전력

전력 $P = \dfrac{V^2}{R}$, 전력량 $W = Pt$

저항의 등가저항

직렬연결: $R_{eq} = \displaystyle\sum_{j=1}^{n} R_j$, 병렬연결: $\dfrac{1}{R_{eq}} = \displaystyle\sum_{i=1}^{n} \dfrac{1}{R_j}$

키르히호프의 법칙

전류법칙: $\displaystyle\sum_{junction} I = 0$, 전압법칙: $\displaystyle\sum_{closed\ loop} \Delta V = 0$

(기본 문제) 그림은 저항 값이 $R_1 = 20\ \Omega$, $R_2 = 20\ \Omega$, $R_3 = 30\ \Omega$, $R_4 = 8\ \Omega$, 그리고 기전력은 12 V 로 구성된 회로를 나타낸 것이다.

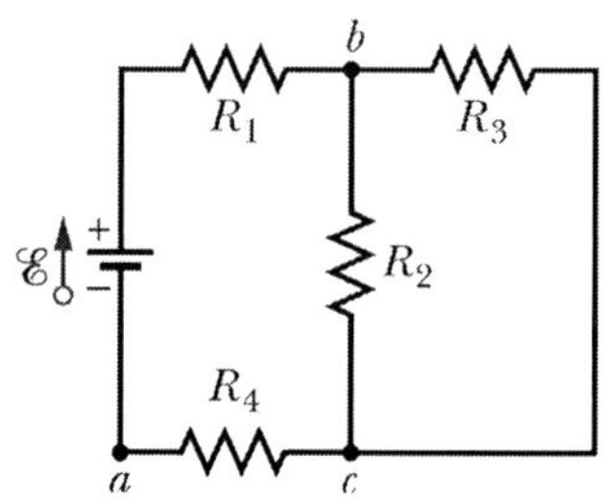

이 회로에 대한 설명으로 옳은 것만을 [보기]에서 있는 대로 고른 것은? (단, 전지의 내부 저항은 무시한다.)

[보 기]

ㄱ. R_1 에 흐르는 전류의 세기는 R_2 보다 0.12A 크다.

ㄴ. R_2 와 R_3 전류의 세기의 차이는 0.04A 이다.

ㄷ. R_3 에 흐르는 전류의 세기는 R_1 보다 0.18A 작다.

① ㄴ　　② ㄷ　　③ ㄱ, ㄴ　　④ ㄱ, ㄷ　　⑤ ㄱ, ㄴ, ㄷ

★직류회로 구하기★

[1 단계] 각 저항에 전류를 정한다 (옴의 법칙을 이용). 키르히 호프의 전류 법칙을 이용 전류 방정식을 만든다.

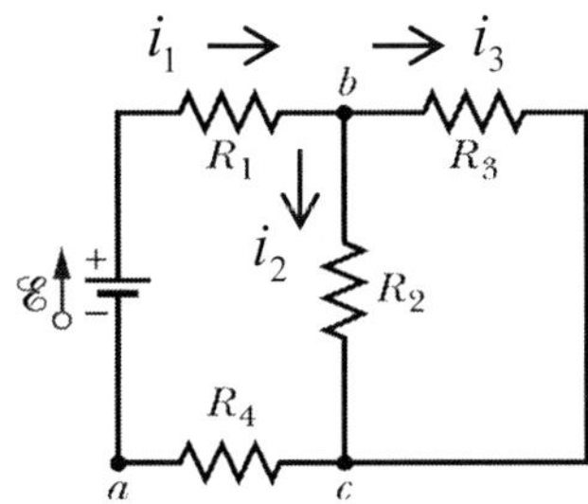

점 b 에서 $\sum I = i_1 - i_2 - i_3 = 0$ —(1)

[2 단계] 각 닫힌 회로에 대해 키르히호프의 전압법칙을 적용하여 전압 방정식을 만든다.

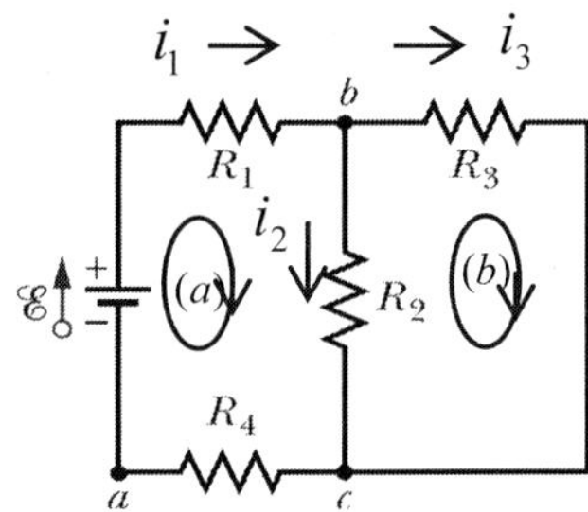

(a)의 닫힌회로에서

$$-\varepsilon + V_1 + V_2 + V_4 = 0 \;\rightarrow\; -12 + 20i_1 + 20i_2 + 8i_1 = 0$$

$$\rightarrow\; -12 + 28i_1 + 20i_2 = 0 \;\text{—(2)}$$

(b) 의 닫힌회로에서

$$V_2 + V_3 = 0 \;\rightarrow\; -R_2 i_2 + R_3 i_3 = 0 \;\rightarrow\; 20i_2 = 30i_3 \;\text{—(3)}$$

식(1) 에 식(3)을 대입하면, $i_1 - i_2 - \dfrac{2}{3} i_2 = 0 \;\rightarrow\; i_1 - \dfrac{5}{3} i_2 = 0$ —(4)

식(2)에 식(4)를 대입하면 $12 + 28i_1 + 20\left(\dfrac{3}{5}\right)i_1 = 0$

$$\rightarrow -12 + 40i_1 = 0 \quad \rightarrow \quad i_1 = \frac{12}{40} = \frac{3}{10} = 0.3\,[A] \quad -(5)$$

식(5) 을 식(4) 에 대입하면, $i_2 = \frac{3}{5}i_1 = \frac{3}{5} \times 0.3 = 0.18\,[A] \quad -(6)$

식(6) 을 식(3) 에 대입하면, $i_3 = \frac{2}{3}i_2 = 0.12\,[A]$

(ㄱ) $i_1 - i_2 = 0.3 - 0.18 = 0.12\,[A]$,

(ㄴ) $i_2 - i_3 = 0.18 - 0.12 = 0.06\,[A]$

(ㄷ) $i_3 - i_1 = 0.12 - 0.3 = -0.18\,[A]$

답 (4)

11-1. (2005 예비시험 MEET/DEET) 그림은 최대 허용 전류가 4 *mA* 이고 내부저항이 36Ω 인 전류계와 저항을 연결하는 방법을 나타낸 것이다.

(가)

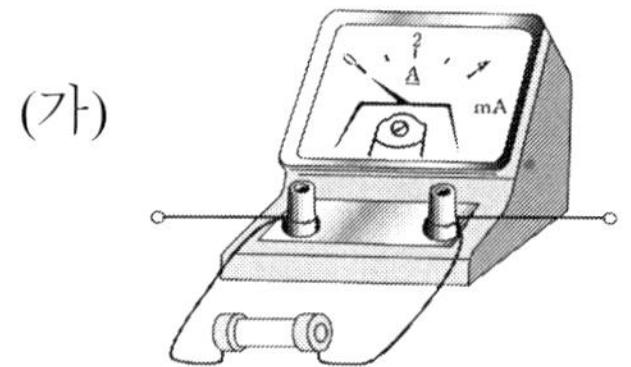

(나)

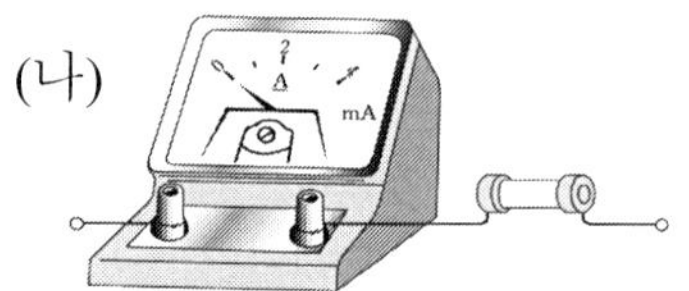

이 전류계와 저항을 이용하여 100 *mA* 의 전류까지 측정하려고 할 때, 필요한 저항과 연결 방법을 바르게 짝지은 것은?

저항	연결 방법	저항	연결 방법
① 1.5Ω	(가)	② 3Ω	(가)
③ 3Ω	(나)	④ 4Ω	(가)
⑤ 4Ω	(나)		

전체 회로에 100 mA 의 전류가 흐르게 되었을 때, 전류계에는 4 mA 의 전류만 흐르고 나머지 96 mA 의 전류는 전류계를 지나지 않아야 전류계가 파괴되지 않는다. 따라서 연결방법은 (가) 이다.

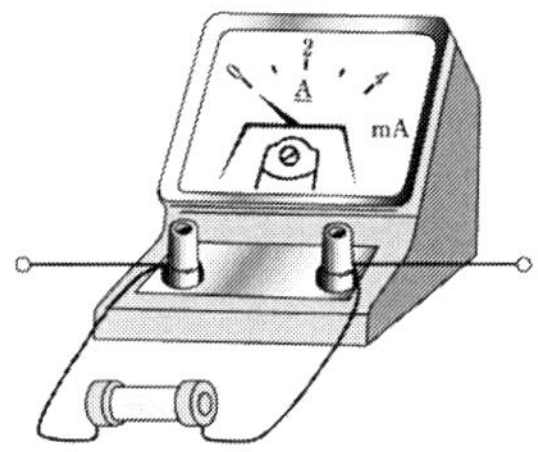

전류계에 걸린 전압과 저항에 걸린 전압이 같으므로

$$V = I \cdot R = 4\,mA \times 36\,\Omega = 96\,mA \times R \;\rightarrow\; R = \frac{4 \times 36}{96} = 1.5\,\Omega$$

답 (1)

11-2. 저항 R_1, R_2, R_3 에 흐르는 전류의 세기는 각각 I_1 , I_2 , I_3 이다.

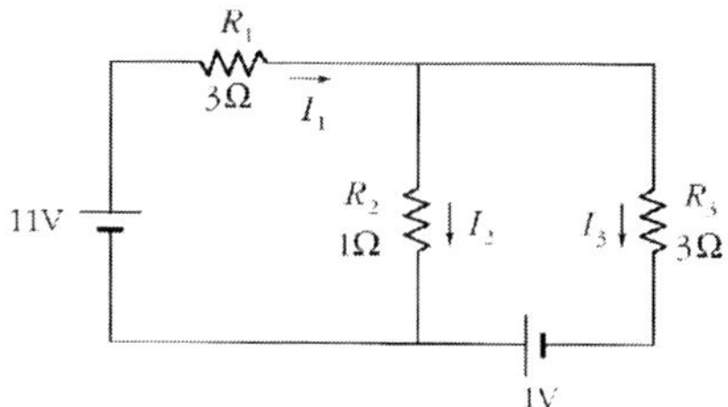

이 회로에 대한 설명으로 옳은 것을 [보기]에서 모두 고른 것은? (단, 전기의 내부 저항은 무시한다.)

[보 기]

ㄱ. $I_3 = 1 A$ 이다.

ㄴ. R_2 의 양단에 걸린 전압은 R_1 의 양단에 걸린 전압보다 크다.

ㄷ. R_2 에서 소비되는 전력은 $P_2 = 4 W$ 이다.

① ㄴ　② ㄴ　③ ㄱ, ㄷ　④ ㄱ, ㄴ　⑤ ㄱ, ㄴ, ㄷ

★직류회로 구하기★

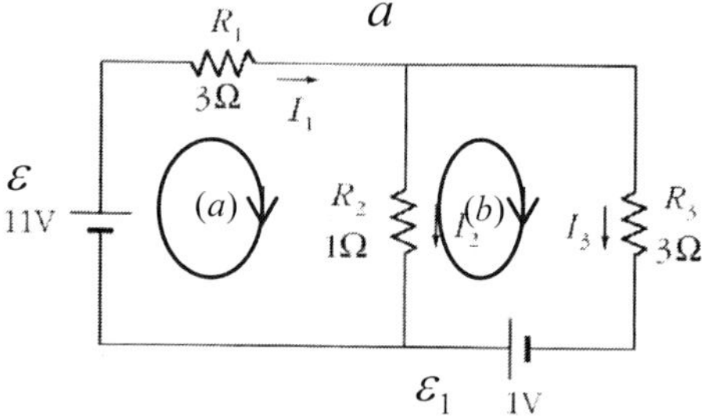

[1단계] 각 저항에 전류를 정한다 (옴의 법칙을 이용). 키르히 호프의
전류법칙을 이용 전류 방정식을 만든다.

점 a 에서 $\sum I = I_1 - I_2 - I_3 = 0 \rightarrow I_1 = I_2 + I_3$ $-(1)$

[2단계] 각 닫힌 회로에 대해 키르히호프의 전압법칙을 적용하여 전압 방정
식을 만든다.

(a)의 닫힌회로 $\sum V = -\mathcal{E} + V_1 + V_2 = 0 \rightarrow 11 = 3I_1 + I_2$ $-(2)$

(b)의 닫힌회로 $\sum V = -\mathcal{E}_1 + V_2 + V_3 = 0 \rightarrow 1 = -I_2 + 3I_3$ $-(3)$

식(1)을 식(2)에 대입하면, $11 = 4I_2 + 3I_3$ $-(4)$

식(3) $-$ 식(4) $\rightarrow -10 = -5I_2 \rightarrow I_2 = 2[A]$ $-(5)$

식(5)을 식(4)에 대입하면 $I_3 = 1[A]$ $-(6)$ 식(1)에 식(5)와 식(6)을 $I_1 = 3[A]$

(ㄱ) 식(6)에 $I_3 = 1[A]$

(ㄴ) R_1 의 전압은 $V_1 = R_1 I_1 = 3 \times 3 = 9[V]$,

R_2 의 전압은 $V_2 = R_2 I_2 = 1 \times 2 = 2[V]$ 따라서 $V_2 < V_1$ 이다.

(ㄷ) R_2 의 전력은 $P_2 = I_2{}^2 R_2 = (2)^2 1 = 4[W]$

답 (3)

11-3. (2006 MEET/DEET) 그림은 미지 전지의 기전력 ε_x 를 측정 하기 위한 전위차계의 회로도를 나타낸 것이다. 두 점 A 와 B 사이에는 굵기가 일정하고 길이가 100 cm 인 저항이 연결되어 있다. ε_S 는 표준전지의 기전력, V 는 ε_S 와 ε_x 보다 큰 전압이고, G 는 검류계, S 는 전환스위치, H 는 검침봉의 위치이다.

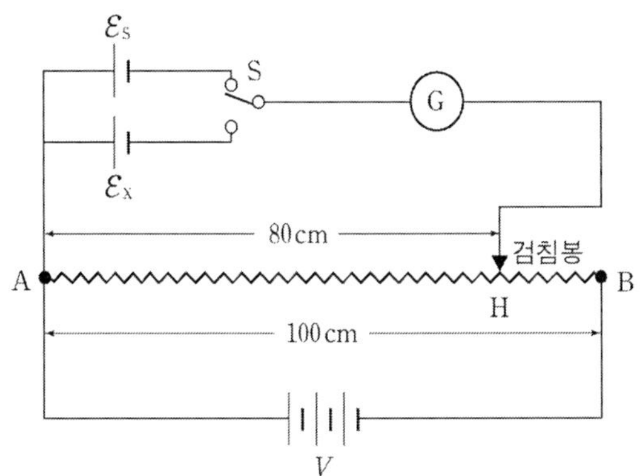

S 를 표준전지에 연결하고 H 를 조절하여 G 의 값이 0 이 되었을 때 A 와 H 사이의 길이가 80 cm 이었으며, S 를 미지 전지에 연결 하였을 때, G 의 값이 0 이 되는 A 와 H 사이의 길이는 40 cm 이었다. ε_x 의 값은?

① $0.4\varepsilon_S$　　② $0.5\varepsilon_S$　　③ $1.2\varepsilon_S$　　④ $2.0\varepsilon_S$　　⑤ $3.0\varepsilon_S$

검류계 G 의 값이 0 이라는 것은 ε_S 나 ε_x 와 두점 A 와 H 사이의 전위차가 같다는 것을 의미한다. A 와 H 사이의 전위차는 저항의 길이에 비례한다.

$$\varepsilon_S = I \cdot R_{80} , \ \varepsilon_x = I \cdot R_{40} \rightarrow \frac{\varepsilon_x}{R_{80}} = \frac{\varepsilon_z}{R_{40}}$$

$$\varepsilon_x = \frac{R_{40}}{R_{80}} \varepsilon_S = \frac{\ell_{40}}{\ell_{80}} \varepsilon_S = \frac{40}{80} \varepsilon_S = 0.5 \varepsilon_S \ \leftarrow R = \rho \frac{\ell}{A}$$

답 (2)

11-4. (2013 MEET/DEET) 그림 (가)는 두 도체판의 면적이 같고 간격이 d 로 같은 평행판 축전기 A, B 를 직류 전원에 연결한 것을 나타낸 것이다. A, B 에 채워진 유전체의 유전율은 ε_A, ε_B 이다. 그림 (나)는 A, B 에 충전된 전하량을 가해준 전압에 따라 나타낸 것이다.

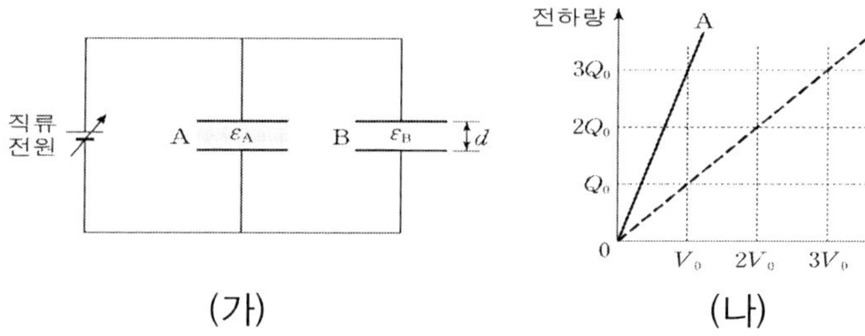

(가)   (나)

이에 대한 설명으로 옳은 것만을 [보기]에서 있는 대로 고른 것은?

[보 기]

ㄱ. $\varepsilon_A > \varepsilon_B$ 이다.

ㄴ. 전압이 V_0 일 때, A 에 저장된 에너지는 B 보다 크다.

ㄷ. B 의 판의 간격을 $\dfrac{d}{3}$ 로 줄이면 A 와 B 의 전기 용량은 같아진다.

① ㄴ   ② ㄷ   ③ ㄱ, ㄴ   ④ ㄱ, ㄷ   ⑤ ㄱ, ㄴ, ㄷ

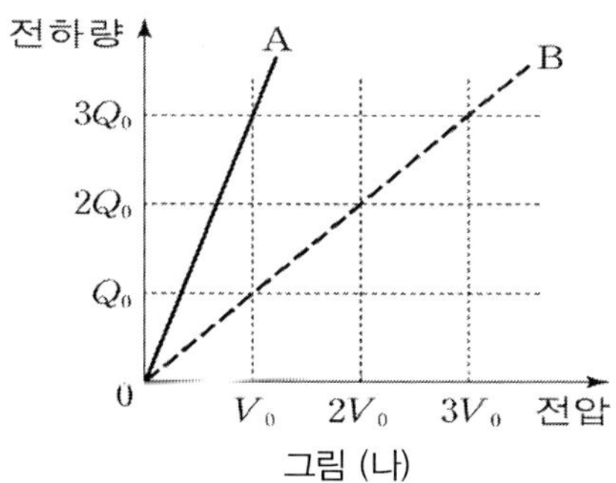

그림 (나)

(ㄱ) 전하량 $Q = CV$ 로 그림 (나)의 그래프의 기울기는 전기용량 C 이다.

$$C_A = \frac{3Q_0}{V_0}, \quad C_B = \frac{3Q_0}{3V_0} = \frac{Q_0}{V_0} \quad \text{이다.}$$

평행판 축전기의 전기용량은 $C = \varepsilon \dfrac{A}{d} \;\rightarrow\; \varepsilon = C \dfrac{d}{A}$

$$\rightarrow \; \varepsilon_A = \left(\frac{3Q_0}{V_0}\right)\frac{d}{A} \; > \; \varepsilon_B = \left(\frac{Q_0}{V_0}\right)\frac{d}{A} \quad -(1)$$

(ㄴ) 평행판 축전기에 에너지는 $U_E = \dfrac{1}{2}CV^2$ 이고 전압이 V_0 일 때

$$U_A = \frac{1}{2}C_A V_0^2, \quad U_A = \frac{1}{2}C_B V_0^2 \quad \text{에서} \quad C_A > C_B \;\rightarrow\; U_A > U_B \quad \text{이다.}$$

(ㄷ) 식(1) 에서 $\varepsilon_A = 3\varepsilon_B$ 이고 B 판의 간격을 $\dfrac{d}{3}$ 으로 줄이면,

$$C'_B = \varepsilon_B \frac{3A}{d} = \varepsilon_A \frac{A}{d} = C_A \quad \text{이다.}$$

답 (5)

11-5. (2011 MEET/DEET)

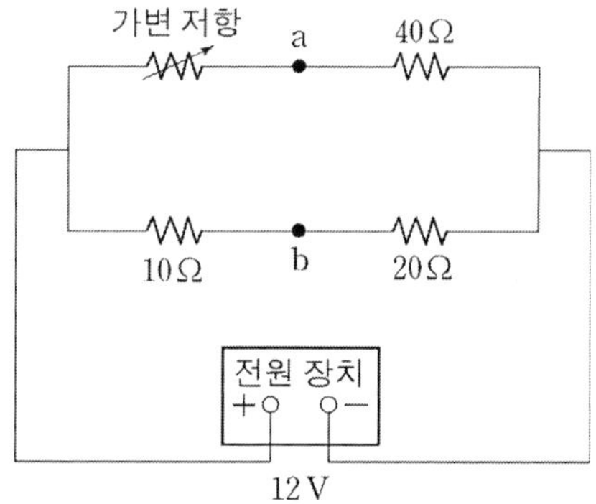

그림은 전압이 12 V 로 일정한 전원 장치에 저항 값이 10 Ω, 20 Ω, 40 Ω 인 저항과 가변 저항을 연결한 회로를 나타낸 것이다. 점 a, b 에서의 전위를 각각 V_a, V_b 라 할 때, 두 점 사이의 전위차는 $V_{ab} = V_a - V_b$ 이다.

V_{ab} 를 가변 저항의 저항값 R 에 따라 나타낸 그래프의 개형으로 가장 적절한 것은?

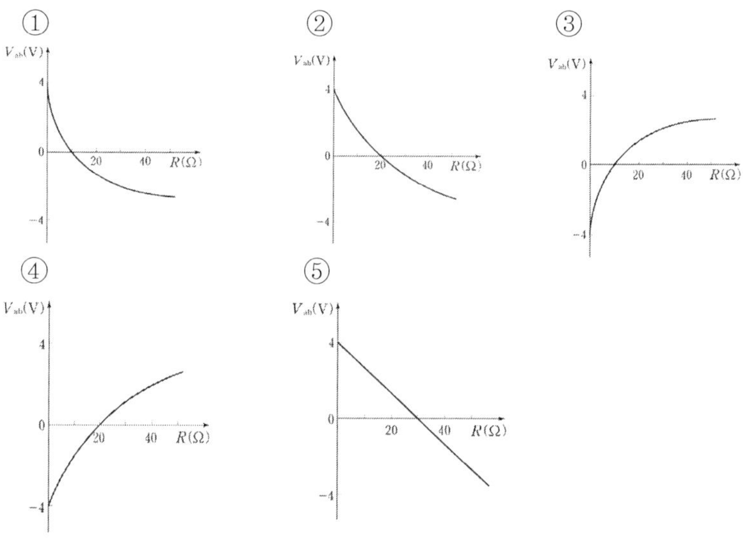

병렬회로에서 $30 \times I_b = 12 \rightarrow I_b = \dfrac{12}{30} = \dfrac{2}{5}$ 이고

$(R + 40) \times I_a = 12 \rightarrow I_b = \dfrac{12}{(R + 40)}$

V_b 는 $20\ \Omega$ 에 걸리는 전압이므로 $V_b = 20 \times \dfrac{2}{5} = 8V$

V_a 는 $40\ \Omega$ 에 걸리는 전압이므로 $I_b = 40 \times \dfrac{12}{(R + 40)}$,

따라서 $V_{ab} = V_a - V_b = \dfrac{480}{(R + 40)} - 8$ 이다. $R = 0$ 일 때 $V_{ab} = 4$ 이고

$V_{ab} = 0$ 일 때 $\dfrac{480}{(R + 40)} = 8 \rightarrow 60 = R + 40 \rightarrow R = 20\ \Omega$

답 (2)

11-6. (2012 PEET) 그림은 저항 값이 $2\ \Omega$ 으로 같은 5개의 저항과 기전력이 $12\ V$ 로 같은 두 개의 전지로 구성된 회로를 나타낸 것이다.

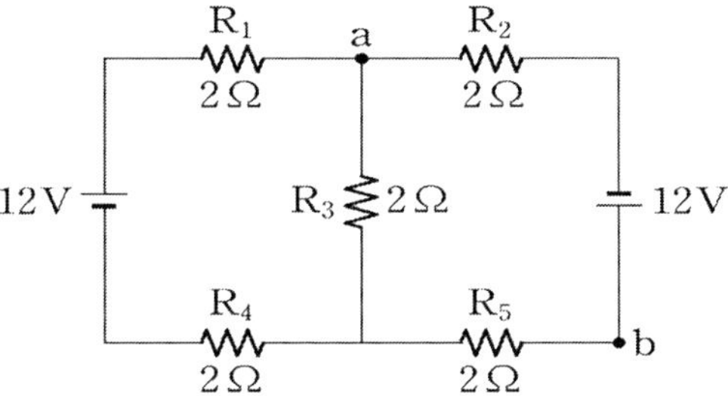

이 회로에 대한 설명으로 옳은 것만을 [보기]에서 있는 대로 고른 것은? (단, 전지의 내부 저항은 무시한다.)

[보 기]

ㄱ. R_1 과 R_5 에 흐르는 전류의 세기는 서로 같다.

ㄴ. 전위는 a 점이 b 점보다 $6\ V$ 낮다.

ㄷ. R_3 에서 소비되는 전력은 $2\ W$ 이다.

① ㄴ　　② ㄷ　　③ ㄱ, ㄴ　　④ ㄱ, ㄷ　　⑤ ㄱ, ㄴ, ㄷ

★직류회로 구하기★

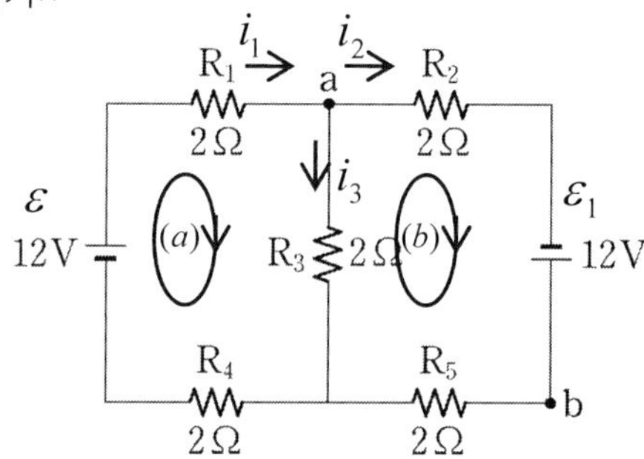

[1 단계] 각 저항에 전류를 정한다 (옴의 법칙을 이용). 키르히 호프의
전류법칙을 이용 전류 방정식을 만든다.

점 a 에서 $\sum I = i_1 - i_2 - i_3 = 0 \to i_1 = i_2 + i_3$ —(1)

[2 단계] 각 닫힌 회로에 대해 키르히호프의 전압법칙을 적용하여 전압
방정식을 만든다. R_1 과 R_4 와 R_2 와 R_5 은 한 선으로 각각 같은 전류가 흐른다.

(a)의 닫힌회로 $\sum V = -\varepsilon + V_1 + V_3 + V_4 = 0$

$\to 12 = 2i_1 + 2i_3 + 2i_1 = 4i_1 + 2i_3$ —(2)

(b)의 닫힌회로 $\sum V = -\varepsilon_1 + V_2 + V_3 + V_5 = 0$

$\to 12 = 2i_2 + 2i_2 - 2i_3 = 4i_2 - 2i_3$ —(3)

식(1)에 식(2)을 대입하면 $12 = 4i_2 + 6i_3$ ——(4)

식(3) – 식(4) $\to 0 = -8i_3 \to i_3 = 0$ —(5)

따라서 식(5)에 식(4)를 대입하면, $12 = 4i_2 \to i_2 = 3\left[A\right]$ —(6)

식(5)와 식(6)을 식(1)에 대입하면, $i_1 = 3\left[A\right]$ —(7)

(ㄱ) 식(7) 과 식(6) 에서 R_1 과 R_5 에 전류의 크기는 같다.

(ㄴ) 전원 $12V$ 는 전류를 결정하고, 전원(+)에 있는 V_b 가 V_a 보다 크므로
$V_b - V_a = 2\left[\Omega\right] \times 3\left[A\right] = 6\left[V\right]$ 이다.

(ㄷ) R_3 에 전류가 0 이므로 소비되는 전력은 없다.

답 (3)

11-7. (2005 예비시험 MEET/DEET) 그림은 전지, 축전기, 스위치, 저항과로 구성된 회로를 나타낸 것이다. 스위치를 닫아 충분한 시간 동안 축전기를 충전시킨 후, 다시 스위치를 열어 방전시킨다.

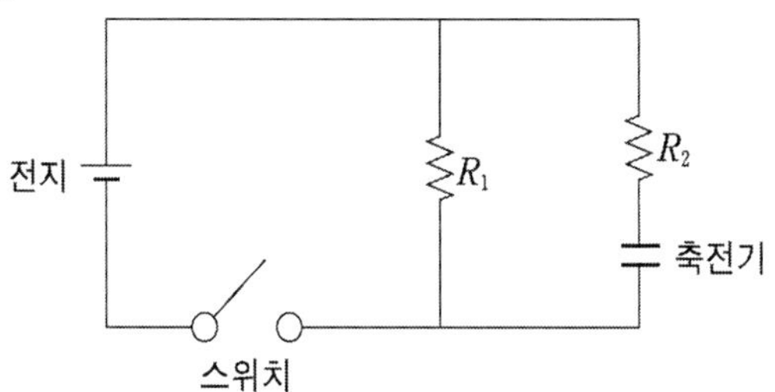

이 과정에 대한 [보기]의 설명 중 옳은 것을 모두 고른 것은?

[보 기]

ㄱ. 축전기가 충전되는 동안 R_1에 흐르는 전류는 증가한다.

ㄴ. 축전기가 충전되는 동안 R_2에 걸리는 전압은 증가한다.

ㄷ. 완전히 충전된 축전기 양단의 전압은 R_1에 걸리는 전압과 같다.

ㄹ. 축전기가 방전되는 동안 R_2에 걸리는 전압은 감소한다.

① ㄴ　②ㄷ　③ㄷ, ㄹ　④ㄱ, ㄴ, ㄹ　⑤ㄱ, ㄷ, ㄹ

(ㄱ) 전지의 내부저항이 0 이면, 축전기가 충전되는 동안 단자 전압은 기전력 ε 을 유지하여 R_1에 흐르는 전류는 $I = \dfrac{\varepsilon}{R_1}$ 으로 일정하다.

(ㄴ) 충전시 축전기 전압이 전지전압이 되므로 (전기의 전압 = R_2 의 전압 + 축전기 전압) 에서 충전시 축전기의 전압이 증가하므로 R_2의 전압은 감소한다.

(ㄷ) 완전히 충전된 상태에서 R_2 에 흐르는 전류는 0 이므로 R_2 에 전압도 0 이다. (전지의 전압 = R_2 의 전압 + 축전기의 전압) 에서 (전기의 전압 = 축전기의 전압) 에서 (전기의 전압 = R_1의 전압) 이므로 축전기의 전압은 R_1의 전압이다.

(ㄹ) 방전시 축전기 전압은 $V_C = \dfrac{Q}{C}$ 에서 Q 가 감소하므로 V_C 가 감소한다.

방전시 축전기에 전류는 $I = \dfrac{V_C}{R_1 + R_2}$ 에서 V_C 가 감소하면 R_2 의 전류 I 가 감소하고 R_2의 전압이 감소한다.

답 (3)

IV

11-8. (2013 PEET) 그림은 전압이 일정한 전원 장치, 저항 값이 같은 저항 6 개, 스위치로 구성한 회로와 회로 상의 점 a, b 를 나타낸 것이다.

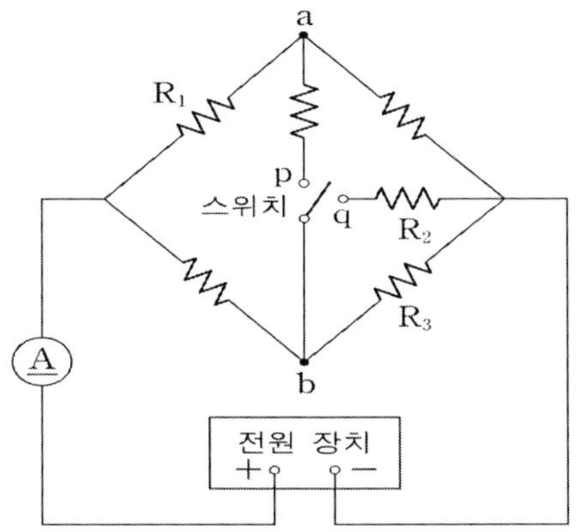

이에 대한 설명으로 옳은 것만을 [보기]에서 있는 대로 고른 것은? [5점]

[보 기]

ㄱ. 스위치가 p 에 연결되었을 때, a 의 전위는 b 의 전위보다 높다.

ㄴ. 전류계에 흐르는 전류의 세기는 스위치가 p 에 연결되었을 때가 스위치가 q 에 연결되었을 때보다 작다.

ㄷ. 스위치가 q 에 연결되었을 때, R_2 와 R_3 에서 소비되는 전력의 합은 R_1 에서 소비되는 전력보다 크다.

① ㄴ　　② ㄷ　　③ ㄱ, ㄴ　　④ ㄱ, ㄷ　　⑤ ㄴ, ㄷ

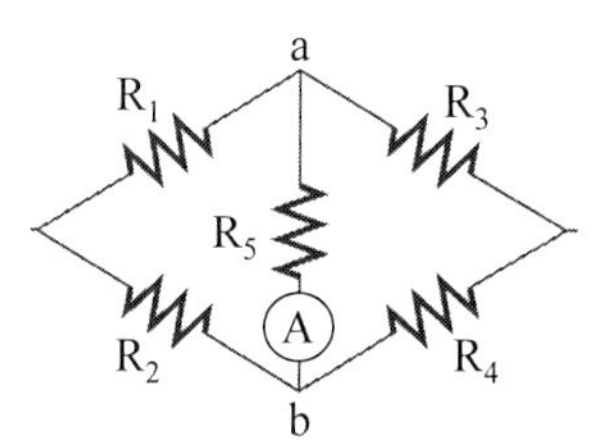

$V_1 = I_1 R_1$ 이고 $V_2 = I_2 R_2$ 이고 $V_1 = V_2$ 일 때 ab 에 전류가 흐르지 않는다. $V_3 = I_1 R_3$ 이고 $V_4 = I_2 R_4$ 이고 $V_3 = V_4$ 이어야 ab 에 전류가 흐르지 않는다.

$$V_1 \times V_4 = V_2 \times V_3$$

$$\rightarrow R_1 \times R_4 = R_2 \times R_3 \text{ 이다.}$$

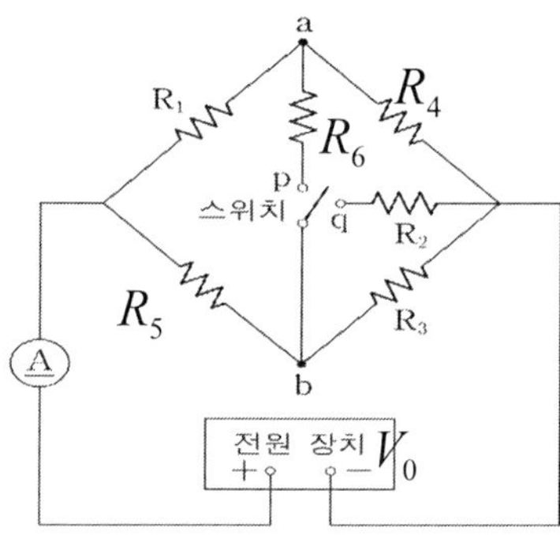

(ㄱ) 스위치 p 를 연결했을 때, 모든 저항이 같으므로 대각선의 저항끼리 곱의 값은 서로 같아, 휘스톤 브리지 회로가 형성된다. 따라서 R_6 에 흐르는 전류가 0 이 되어 전위차가 0 이다. 따라서 a 와 b 의 전위들은 같다.

(ㄴ) (i) 스위치 p 를 연결했을 때 스위치에 흐르는 전류는 없으므로 2 개의 저항이 병렬연결 형태이다. 등가저항은

$$\frac{1}{R_{eq}} = \frac{1}{2R} + \frac{1}{2R} \rightarrow R_{eq} = R \text{ 이다. 따라서 전류계에 전류는 } I_p = \frac{V_0}{R} \text{ 이다.}$$

(ii) 스위치 q 를 연결했을 때 R_2 와 R_3 는 병렬연결로 등가저항은

$$\frac{1}{R_{2,3}} = \frac{1}{R} + \frac{1}{R} \ \rightarrow\ R_{2,3} = \frac{R}{2}$$ 이고

R_1 과 R_4 은 직렬연결로 등가저항은 $R_{1,4} = 2R$ 이고

R_5, R_2, R_3 의 등가저항은 $R_{5,2,3} = R_5 + R_{2,3} = R + \dfrac{R}{2} = \dfrac{3R}{2}$,

따라서 전체 저항은 $R_{1,4}$ 과 $R_{5,2,3}$ 은 병렬연결로 등가저항은

$$\frac{1}{R_{eq}} = \frac{1}{R_{1,4}} + \frac{1}{R_{5,2,3}} = \frac{1}{2R} + \frac{2}{3R} = \frac{7}{6R} \ \rightarrow\ R_{eq} = \frac{6R}{7}$$ 이다.

전류계에 전류는 $I_q = \dfrac{7V_0}{6R}$ 이다. 즉, $I_p = \dfrac{V_0}{R} < I_q = \dfrac{7V_0}{6R}$ 이다.

(ㄷ) 스위치 q 를 연결했을 때 R_1 에 전류는 $I_1(2R) = V_0 \ \rightarrow\ I_1 = \dfrac{V_0}{2R}$ 이다.

전력은 $P_1 = I_1^2 R = \left(\dfrac{V_0}{2R}\right)^2 R = \dfrac{1}{4}\dfrac{V_0^{\,2}}{R}$ 이다. R_2 와 R_3 에 흐르는 전류는

$$I_5 R_{5,2,3} = I_5\left(R + \frac{R}{2}\right) = V_0 \ \rightarrow\ I_5 = \frac{2V_0}{3R}$$ 로 R_2 와 R_3 에 각각 흐르는

전류는 $I_2 = I_3 = \dfrac{2V_0}{3R} \times \dfrac{1}{2} = \dfrac{V_0}{3R}$ 이다. 전력의 합은

$$P_{2,3} = P_2 + P_3 = I_2^2 R + I_3^2 R = 2\left(\frac{V_0}{3R}\right)^2 R = \frac{2}{9}\frac{V_0^{\,2}}{R} \ ,$$

따라서 $P_1 = \dfrac{1}{4}\dfrac{V_0^{\,2}}{R} > P_{2,3} = \dfrac{2}{9}\dfrac{V_0^{\,2}}{R}$

답 (1)

12장 / 자기

12-1 자기력

12-1-1 자기장 $\vec{B}$ 의 정의

■ 자기장의 정의

– 자기장 $\vec{B}$: 움직이는 단위전하가 받는 수직 힘과 관계.

자기력 $F_B \propto q$, v, $\sin\theta$, $\rightarrow$ $\boxed{F_B = qvB\sin\theta}$

$\rightarrow$ $\boxed{\vec{F}_B = q\,\vec{v}\times\vec{B}}$: 세기가 B 인
자기장내에서 속력 v 로 운동하고
있는 전하 q 에 작용하는 자기력 크기

단위: 테슬러 $[T] = \dfrac{[N]}{[C]\cdot[m/s]} = \dfrac{[N]}{[A]\cdot[m]}$,

가우스 $[G] = 10^{-4}[T]$.

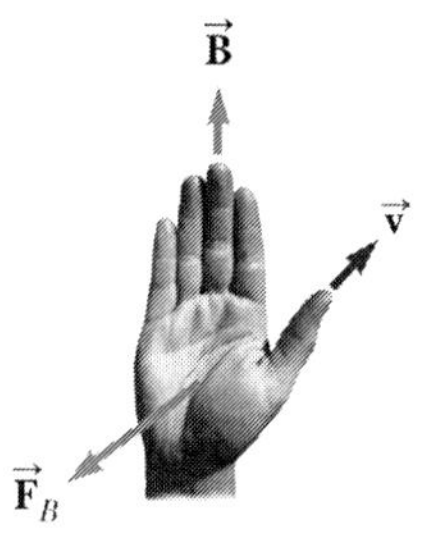

[그림 12-1] 오른손법칙

■ 자기장선:
자기장선 위의 한 점에서 접선 방향은
자기장 방향 이다. 자기장선 사이 간격은
자기장의 크기 이다.
– 다른 극 사이는 인력, 같은 극 사이는
  척력

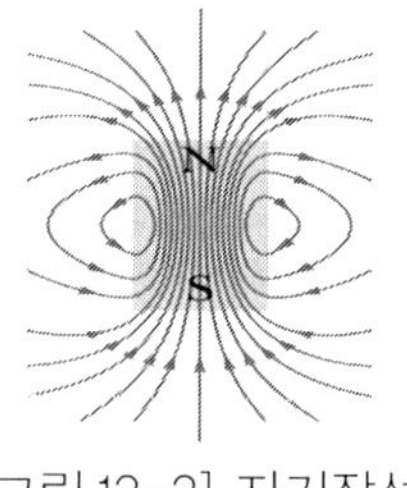

[그림 12-2] 자기장선

12-1-2 균일한 자기장 내에서 대전 입자의 운동

◪ 자기력은 운동방향에 수직하게 작용하므로, 양전하의 운동 방향을 편향시켜서 원운동을 하게 한다.

$$F_B = qvB = \frac{mv^2}{r} \;\rightarrow\; r = \frac{mv}{qB}$$

각속력: $\omega = \dfrac{v}{r} = \dfrac{qB}{m}$

주기: $T = \dfrac{2\pi r}{v} = \dfrac{2\pi}{\omega} = \dfrac{2\pi m}{qB}$

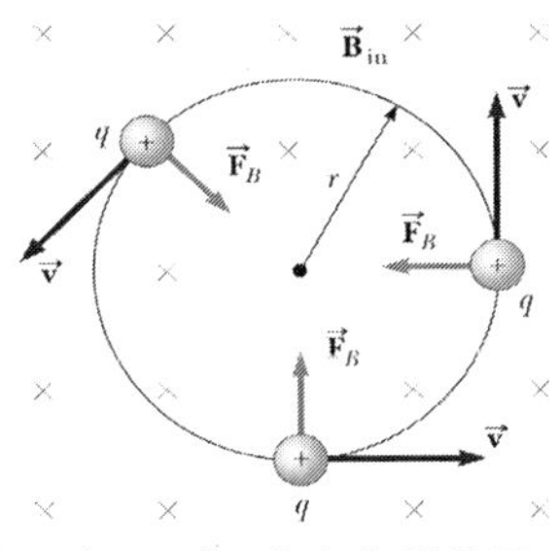

[그림 12–3] 전하의 원운동

◪ 전기장과 자기장이 모두 존재하는 영역에서 운동하는 대전 입자가 받는 힘을 로렌츠 힘(Lorentz force) 이라고 한다.

$$\vec{F}_B = q\vec{E} + q\vec{v} \times \vec{B}$$

12-1-3 홀 (hall) 효과

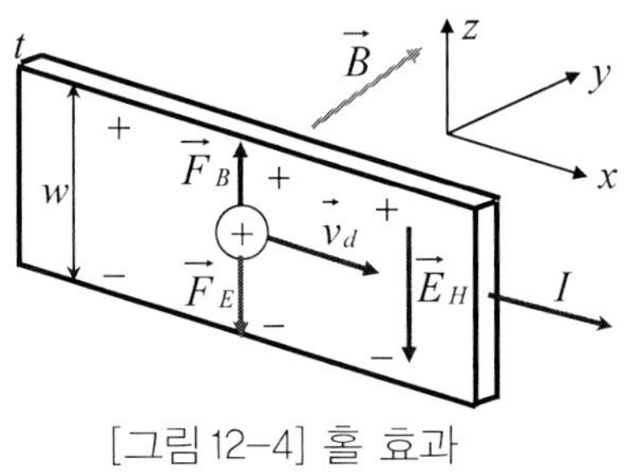

[그림 12–4] 홀 효과

자기장 안에 납작한 도체를 지나 운동하는 전하들에서 전하에 작용하는 자기력 $\vec{F}_B$ 과 같은 크기 전기력 $\vec{F}_E$ 이 발생한다.

◪ 반도체 타입 구분: 자기장내의 운동하는 전하에

$-$ 전기력 $\vec{F}_B = q\vec{v} \times \vec{B} = qv_d B\hat{k} \rightarrow$ 전하의 분리 $\rightarrow$

홀 전기장 E_H 형성 $\rightarrow$ 홀 전위 $V_H = E_H \cdot w$ 형성.

$- \; V_H > 0, \; V_H < 0$ 로 반도체 n–타입, p–타입 구분.

◻ 전하 운반자 밀도 n 측정

평형상태: $\vec{F}_E = -\vec{F}_B \ \rightarrow \ eE = ev_d B \ \rightarrow \ v_d = \dfrac{E}{B}$

$v_d = \dfrac{J}{ne} = \dfrac{I}{neA} \rightarrow n = \dfrac{I}{v_d eA} = \dfrac{BI}{V_H te} \leftarrow A = t \cdot w, \ V_H = E_H \cdot w$

12-1-4 전류가 흐르는 도선에 작용하는 자기력

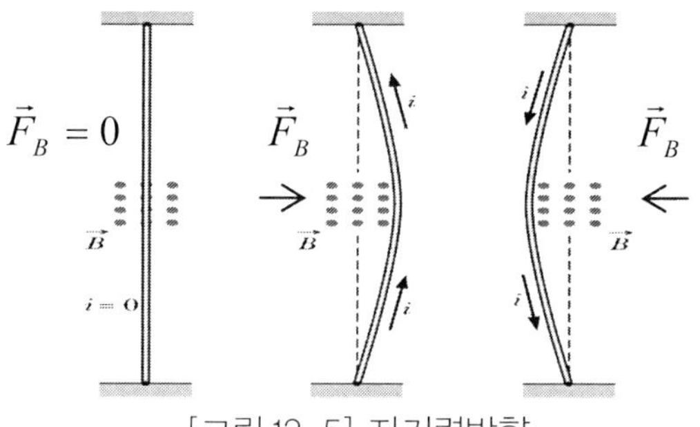

[그림 12–5] 자기력방향

◻ 자기장내의 도선: 자기장 $\vec{B}$ 는 나오는 방향 $\odot$, $I \neq 0$ 이면 전하의 속도 v_d 존재 $\rightarrow \vec{F} \neq 0$ 이다.

– 자기력: $\boxed{\vec{F}_B = i\vec{L} \times \vec{B}}$

시간 t 동안 x–y 평면을 지나는 전하량은 $q = i \cdot t = i\dfrac{L}{v_d}$,

$F_B = qv_d B \sin\phi = i\dfrac{L}{v_d} v_d B \sin 90^o = i\,L\,B$

– 도선이 직선이 아니거나 자기장이
　균일하지 않은 경우

$\boxed{d\vec{F}_B = i\,d\vec{L} \times \vec{B}}$

(선류에 작용하는 힘)

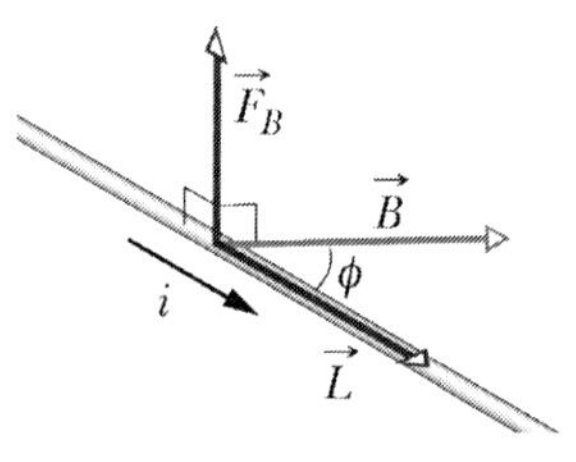

[그림 12–6] 전류와
자기장의 각도 ϕ

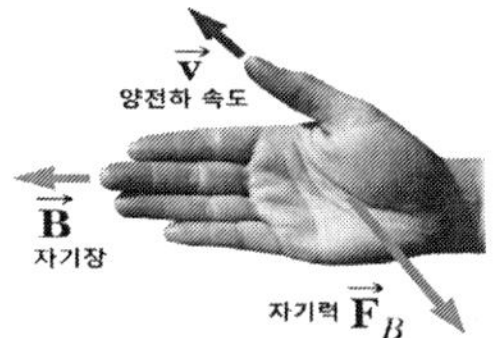

움직이는 전하입자가 받는 힘

$$\vec{F}_B = q\vec{v} \times \vec{B} = qvB\sin\theta$$

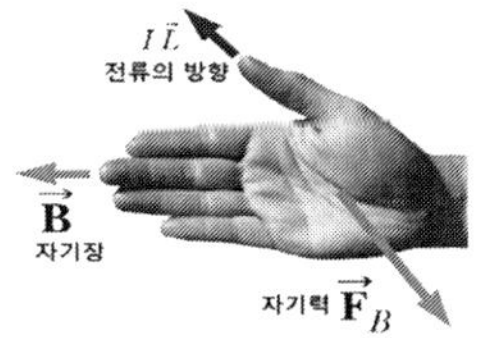

전류가 받는 힘 $\vec{F}_B = I\vec{L} \times \vec{B}$

12-2 전류가 만드는 자기장

12-2-1 전류가 만든 자기장 구하기

□ 비오-사브로(Biot–Savart) 법칙:
도선 주위 점 P 에서 자기장 자기장

$$dB = \frac{\mu_0}{4\pi}\frac{ids}{r^2}\sin\theta$$

$$\mu_0 = 4\pi \times 10^{-7}\,\text{T}\cdot\text{m/A} \approx 1.26 \times 10^{-6}\,\text{T}\cdot\text{m/A}$$

(진공의 투과율)

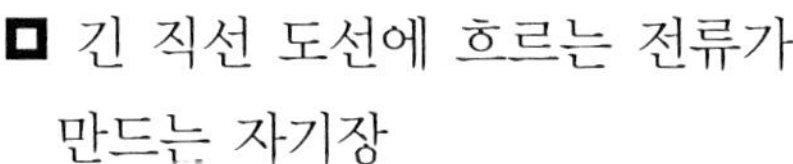

[그림 12–7] 자기장 계산

$$\boxed{d\vec{B} = \frac{\mu_0}{4\pi}\frac{id\vec{s} \times \hat{r}}{r^2}}\quad (\text{Biot–Savart 법칙})$$

□ 긴 직선 도선에 흐르는 전류가
   만드는 자기장
– P 점에서 전체 자기장

$$B = 2\int_0^\infty dB = \frac{\mu_0 i}{2\pi}\int_0^\infty \frac{\sin\theta\, ds}{r^2}$$

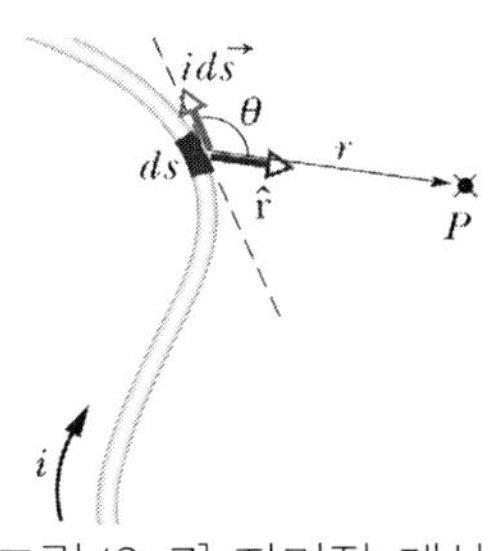

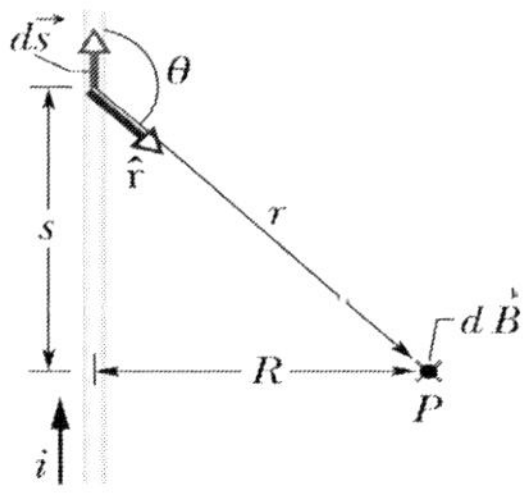

[그림 12–8] 도선의 자기장

$$\left(r = \sqrt{s^2 + R^2}, \sin\theta = \sin(\pi - \theta) = \frac{R}{\sqrt{s^2 + R^2}} \right)$$

$$B = \frac{\mu_0 \, i}{2\pi} \int_0^\infty \frac{R\,ds}{(s^2 + R^2)^{3/2}} = \frac{\mu_0 \, i}{2\pi R} \left[\frac{s}{(s^2 + R^2)^{1/2}} \right]_0^\infty = \frac{\mu_0 \, i}{2\pi R}$$

$$\leftarrow \int \frac{dx}{\left(x^2 + a^2\right)^{3/2}} = \frac{x}{a^2 \left(x^2 + a^2\right)^{1/2}} \quad \text{을 적용}$$

$$\boxed{B = \frac{\mu_0 i}{2\pi R}} \quad \leftrightarrow \quad \boxed{E = \frac{\lambda}{2\pi\varepsilon_0 R}}$$

– 자기장 방향: 오른손 법칙

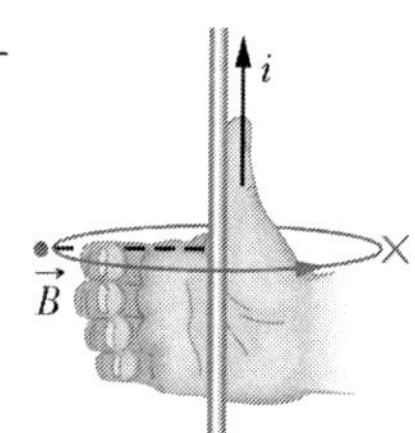

[그림 12–9] 자기장 방향

□ 원호 모양의 도선에 흐르는
전류가 만드는 자기장: 점 O 에서

$$d\vec{B} = \frac{\mu_0}{4\pi} \frac{i\,d\vec{s} \times \hat{r}}{r^2} = \frac{\mu_0}{4\pi} \frac{i\,ds\,\sin 90^\circ}{a^2}$$

$$= \frac{\mu_0}{4\pi} \frac{i\,ds}{a^2}$$

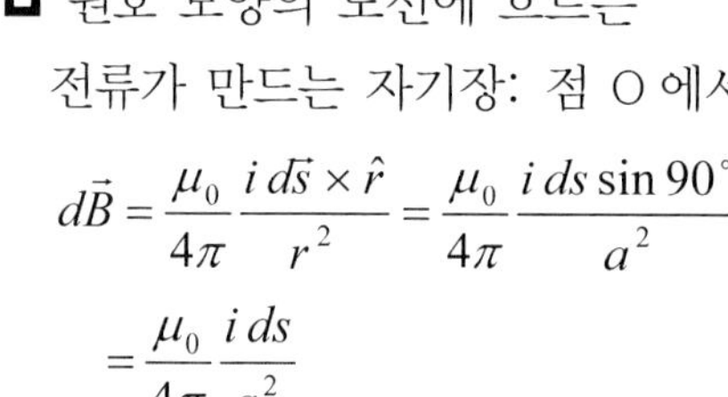

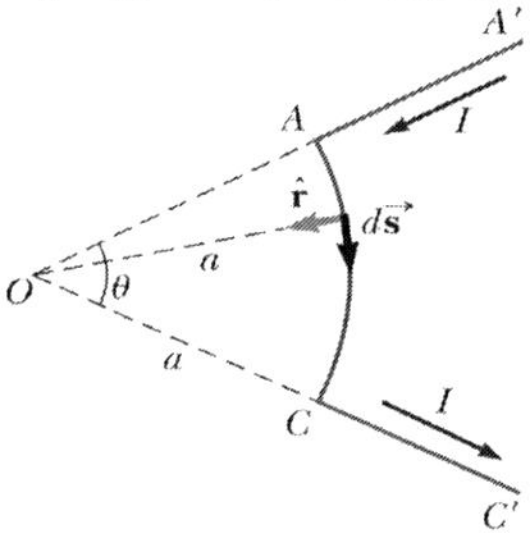

[그림 12–10] 원호의 자기장

$$B = \int dB = \int_0^\phi \frac{\mu_0}{4\pi} \frac{ia\,d\theta}{a^2} = \frac{\mu_0}{4\pi} \frac{i}{a} \int_0^\phi d\theta = \frac{\mu_0 i \phi}{4\pi a} \quad \leftarrow ds = a\,d\theta$$

12-2-2 두 평행도선 사이에 작용하는 힘

– 전류 i_a 와 i_b 가 흐르며 d 만큼 떨어진 두 도선에서 전류 i_a 에
의해 도선 b 에 작용하는 힘

$$\vec{F}_{ba} = i_b \vec{L} \times \vec{B}_a \quad \leftarrow \quad B_a = \frac{\mu_0 i_a}{2\pi d},$$

$$\vec{F}_{ba} = i_b L B_a \sin 90^\circ = \frac{\mu_0 L i_a i_b}{2\pi d}$$

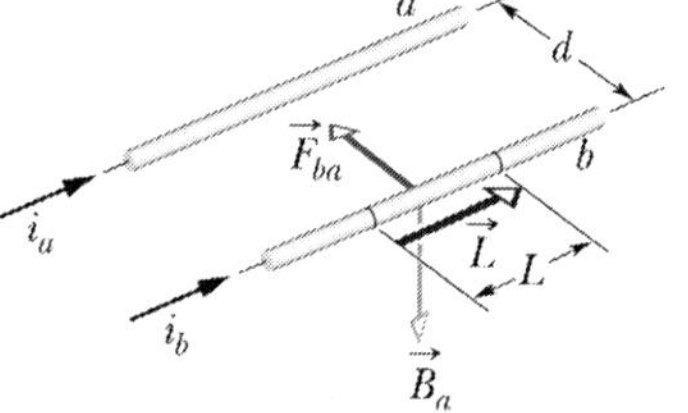

[그림 12–11] 두 평행도선에 자기력

두 평행도선에 흐르는 전류의 방향이 같으면 두 도선은 서로 당기고, 반대면 서로 밀어낸다.

12-2-3 암페어(Ampere)의 법칙

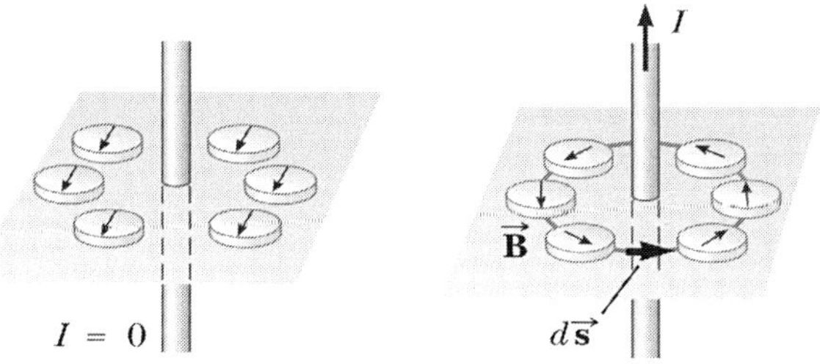

[그림 12-12] 암페어 법칙

$$\oint \vec{B} \cdot d\vec{s} = B\oint ds = \frac{\mu_0 I}{2\pi r}(2\pi r) = \mu_0 I \; :$$

폐경로에서 $\vec{B} \cdot d\vec{s}$ 의 선적분은 $\mu_0 \cdot I$ 와 같다.

$$\boxed{\oint \vec{B} \cdot d\vec{s} = \mu_0 i_{enc}} \; \text{암페어법칙} \leftrightarrow \varepsilon_o \oint_S \vec{E} \bullet d\vec{a} = q \; \text{가우스법칙}$$

■ 전류가 흐르는 긴 직선도선에 생기는 자기장

(i) $r \geq R$ 인 경우, 적분경로 1 을 선택

$$\oint \vec{B} \cdot d\vec{s} = \oint B \cos\theta \, ds = B\oint ds = B(2\pi r)$$

$$B(2\pi r) = \mu_0 i \; \rightarrow \; B = \frac{\mu_0 I}{2\pi r}$$

(ii) $r < R$ 인 경우, 적분경로 2 을 선택

$$i_{enc} = \frac{\pi r^2}{\pi R^2} I \; , \; \oint \vec{B} \cdot d\vec{s} = \mu_0 i_{enc}$$

$$\rightarrow \; B(2\pi r) = \mu_0 \frac{r^2}{R^2} I$$

$$\rightarrow \; B = \frac{\mu_0 I}{2\pi R^2} r$$

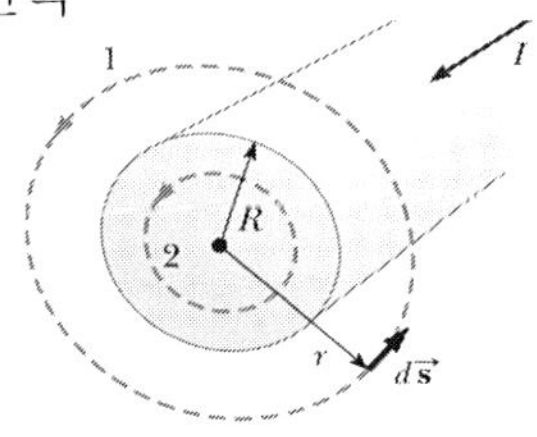

[그림 12-13] 긴 도선의 자기장

12-2-4 솔레노이드

■ 솔레노이드의 자기장: 나선형으로 감은 긴 도선으로 균일한 자기장을 만드는 장치. 외부: 매우 약한 자기장, 내부: 강한 자기장 [균일]

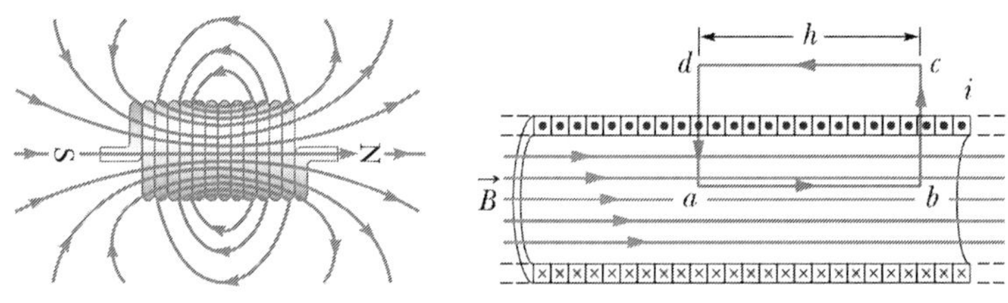

[그림 12-14] 솔레노이드

$$\oint_C \vec{B} \cdot d\vec{s} = \int_a^b \vec{B} \cdot d\vec{s} + \int_b^c \vec{B}\!\!\!/\,d\vec{s} + \int_c^d \vec{B}\!\!\!/\,d\vec{s} + \int_d^a \vec{B}\!\!\!/\,d\vec{s}$$

$$\therefore \mathbf{B} \perp d\mathbf{s} \qquad \therefore \mathbf{B} = 0 \qquad \therefore \mathbf{B} \perp d\mathbf{s}$$

$$\rightarrow \int_a^b \vec{B} \cdot d\vec{s} = B\,h = \mu_0 N\,i \rightarrow \boxed{B = \mu_0 \frac{N}{h} i = \mu_0 n\,i}.$$

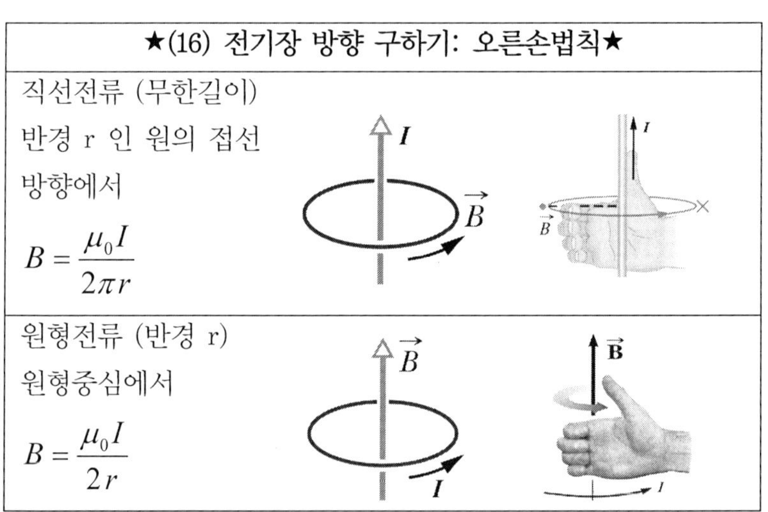

★(16) 전기장 방향 구하기: 오른손법칙★	
직선전류 (무한길이) 반경 r 인 원의 접선 방향에서 $B = \dfrac{\mu_0 I}{2\pi r}$	
원형전류 (반경 r) 원형중심에서 $B = \dfrac{\mu_0 I}{2 r}$	

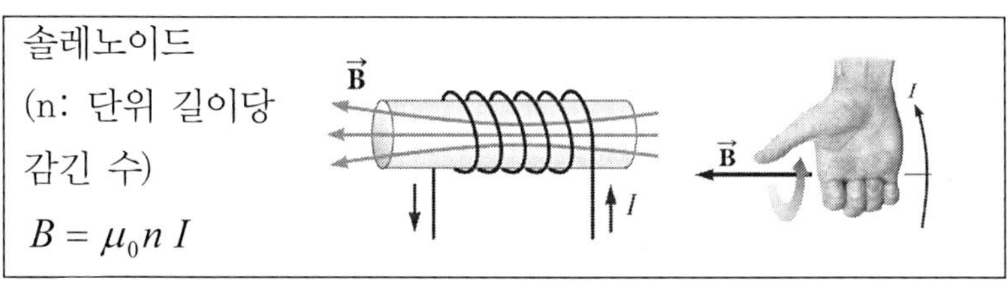

12-3 유도와 유도용량

12-3-1 전자기 유도법칙

■ 전자기 유도

– 자기장의 변화 → 유도 기전력 발생 → 유도전류 발생

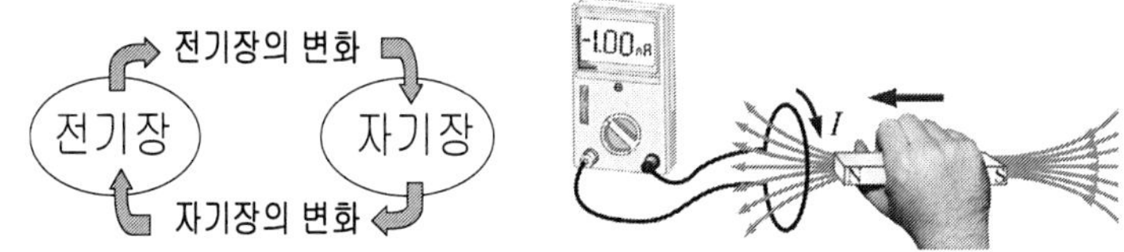

[그림 12-15] 자석를 회로에 가까이 또는 멀리 하거나, 회로를 자석에 가까이 또는 멀리할 때 회로에는 아무런 기전력 장치가 없더라도 유도 전류가 생긴다.

– 폐 회로를 통과하는 자기력선의 수 (자기선속)

$$\Phi_B = \int_S \vec{B} \bullet d\vec{A} = BA \cos \theta$$

(B: 면적 A 에 걸처있는 자기장 세기, θ: 면적 $d\vec{A}$ 와 자기장 $\vec{B}$ 가 이루는 각.)

■ 패러데이 (Faraday) 유도법칙

– 자기선속의 변화가 기전력 ε 를 유도한다. 따라서 유노기전력은

$$\varepsilon = -N\frac{\Delta \Phi_B}{\Delta t} \rightarrow \boxed{\varepsilon = -\frac{d\Phi_B}{dt}} \leftarrow \frac{d\Phi_B}{dt} \propto I \propto V$$

N: 코일의 감은 수, (−) 음의 부호: 기전력 ε 가 자기선속의 변화 $\Delta \Phi$ 를 방해하는 방향이다. (렌쯔의 법칙).

■ 유도 전기장: 유도 기전력은 전압이므로

$$\oint \vec{E} \cdot d\vec{S} = -N\frac{\Delta \Phi_B}{\Delta t} \leftarrow V = \left| -\oint \vec{E} \cdot d\vec{S} \right|, \quad \varepsilon = -\frac{d\Phi_B}{dt}$$

12-3-2 유도 기전력

− 자기장 내에서 움직이는 도선에 유도되는 기전력

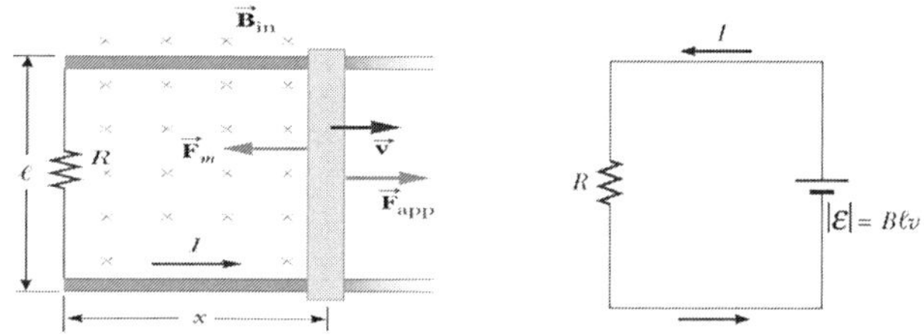

[그림 12-16] 자기장 내에서 움직이는 도선: 도체 막대가 외부에서 가한 $\vec{F}_{app}$ 힘 에 의해 두개의 도체 레일을 따라 $\vec{v}$ 속도로 미끄러진다. 자기력 $\vec{F}_m$ 은 운동을 억제하여 고리에는 시계 반대 방향으로 전류가 유도된다.

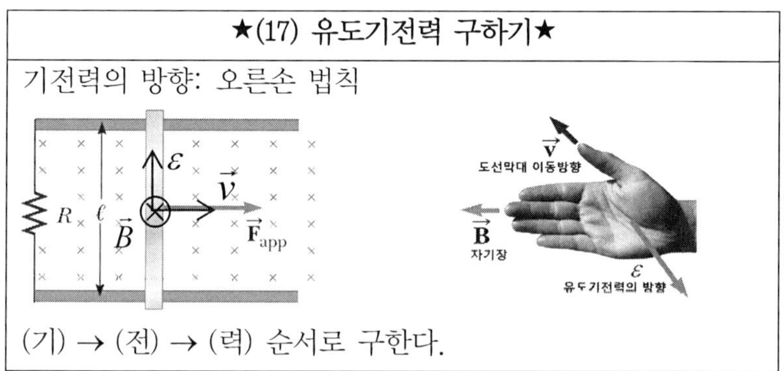

[1 단계] (기) 자속 $\Phi_B = \int_S \vec{B} \bullet d\vec{A}$ 을 구하고, 패러데이

법칙으로 기전력 $\varepsilon = -N \dfrac{\Delta \Phi_B}{\Delta t}$ 을 구한다.

[그림 12-16] 에서 균일한 자기장 B 내에서 거리 ℓ

떨어져 있는 한 쌍의 전기전도 레일 위에서 금속막대가 속력

v 로 움직이고 있다.

$\varepsilon = -N \dfrac{\Delta \Phi_B}{\Delta t}$, 코일에 감은수 N = 1 ,

$\Phi_B = \int_S \vec{B} \bullet d\vec{A} \ \rightarrow \Delta \Phi = \left| B \cdot \Delta A \right| = \left| B \Delta A \cos(180°) \right| = B \Delta A$,

$\varepsilon = -\dfrac{B \Delta A}{\Delta t} = -B \dfrac{\ell \Delta x}{\Delta t} = -B \ell v \ \leftarrow \ \Delta A = \ell \Delta x \ \left(B \perp \ell \perp v \right)$.

[2 단계] (전) 전류를 구한다.

전류는 $i = \left| \dfrac{\varepsilon}{R} \right| = \dfrac{B \ell v}{R}$,

[3 단계] (력) 전류가 받는 힘 (자기력)을 구한다.

자기력 $\vec{F}_B = i\vec{\ell} \times \vec{B} = i\ell B = \dfrac{B^2 \ell^2 v}{R}$,

일률 $P = Fv = \dfrac{B^2 \ell^2 v^2}{R}$.

12-3-3 렌쯔의 법칙

☐ 렌쯔(Lenz)의 법칙: 자속의 증가를 방해하는 방향으로 유도
기전력이 발생한다.

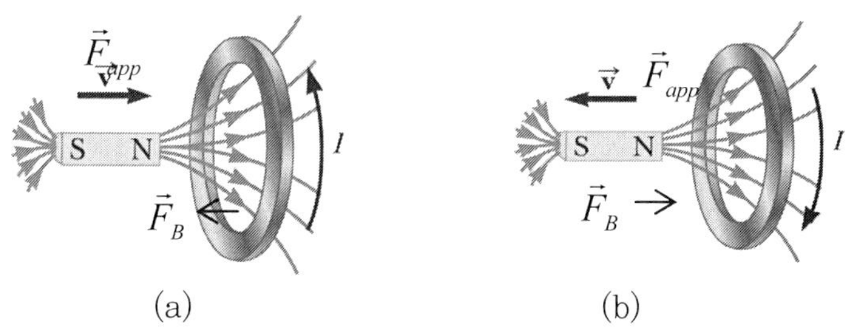

(a)   (b)

[그림 12-17] (a) 막대자석을 코일에 밀어 넣으면 코일 안의 자기장의 세기가 증가한다. 이때 자기장의 증가를 방해하는 또 다른 자기장이 생성되도록 코일에 전류가 유도된다. (b) 막대자석을 코일 에서 멀리할 때 발생되는 전류.

12-3-4 자체 유도와 상호 유도

◻ 자체 유도: 회로의 전류가 시간에 따라 변하면, 원래 전류 흐름에 일으킨 기전력과 반대 방향의 유도 기전력이 발생하는 현상.

$$\varepsilon_L = -\frac{d\Phi_B}{dt} = -L\frac{dI}{dt} \quad , \quad \rightarrow \text{인덕턴스 } L = -\frac{\varepsilon_L}{dI/dt} ,$$

단위: 1 H (Henry) = 1 $\Omega \bullet$ s = V $\bullet$ s / A

◻ 솔레노이드의 자체 유도 계수: 조밀하게 N 회 감긴 코일에 전류 I 가 흐르는 경우.

$$\varepsilon_L = -N\frac{d\Phi_B}{dt} = -L\frac{dI}{dt} \rightarrow N\Phi_B = LI \rightarrow L = \frac{N\Phi}{I}$$

◻ 상호 유도: 두 회로의 상호 작용에 의하여 발생하는 현상. 코일 1 에 대한 코일 2 의 상호 유도 계수 M_{12} : $\rightarrow$

$$M_{12} = \frac{N_2\Phi_{12}}{I_1}$$

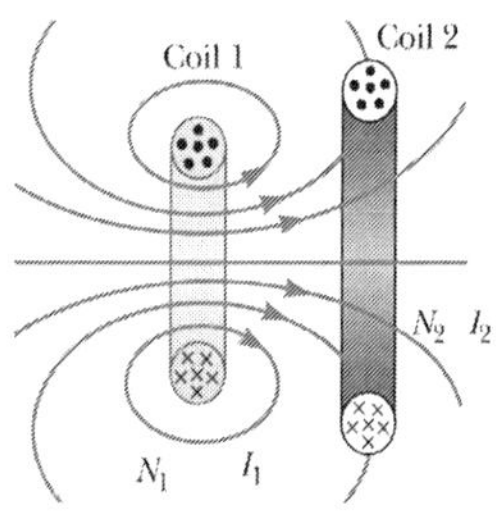

[그림 12-18] 상호 인덕턴스

유도기전력 ε_1 와 ε_2 은

$$\varepsilon_2 = -N_2 \frac{d\Phi_{12}}{dt} = -N_2 \frac{d}{dt}\left(\frac{M_{12}I_1}{N_2}\right) = -M_{12}\frac{dI_1}{dt}$$

$$\varepsilon_1 = -N_1 \frac{d\Phi_{21}}{dt} = -N_1 \frac{d}{dt}\left(\frac{M_{21}I_2}{N_1}\right) = -M_{21}\frac{dI_2}{dt}$$

상호 유도에서 한 코일에 유도되는 기전력은 항상 다른 코일의 전류 변화율에 비례한다.

$$M_{12} = M_{21} = M \;\rightarrow\; \varepsilon_2 = -M\frac{dI_1}{dt}, \quad \varepsilon_1 = -M\frac{dI_2}{dt}$$

◻ 변압기의 원리

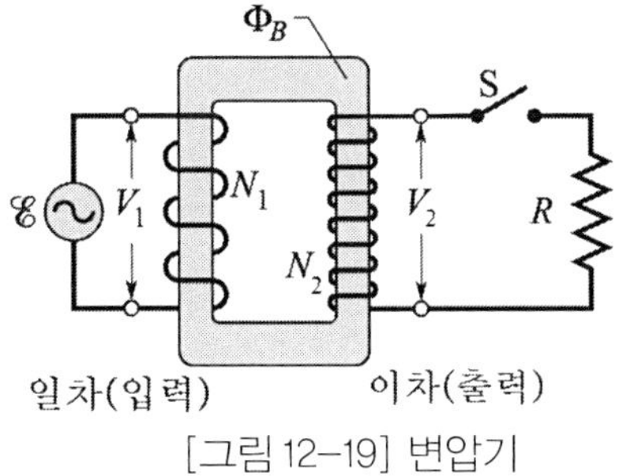

[그림 12-19] 변압기

유도된 전압 (출력전압) 은 Faraday 의 유도법칙에 의해

$$V_2 = -N_2 \frac{d\Phi}{dt}, \quad V_1 = -N_1 \frac{d\Phi}{dt} \;\rightarrow\; \boxed{\frac{V_1}{V_2} = \frac{N_1}{N_2}} \quad 변압기 공식$$

에너지 보존 법칙에 따라 $P = I_1 V_1 = I_2 V_2$ 따라서

$$\frac{I_2}{I_1} = \frac{V_1}{V_2} = \frac{N_1}{N_2}$$

전압이 증가하면 전류가 감소한다.

자기장

자기력 $\vec{F}_B = q\,\vec{v}\times\vec{B}$, B: 자기장, v: 전하 q 의 속력

로렌쯔 힘 $\vec{F}_B = q\vec{E} + q\,\vec{v}\times\vec{B}$

홀 효과: 전하 운반자 밀도 $n = \dfrac{i}{v_d e A} = \dfrac{Bi}{V_H te}$

자기장내의 도선 $d\vec{F}_B = i\,d\vec{L}\times\vec{B}$

비오–사브로 법칙: 도선 주위의 자기장

$$d\vec{B} = \frac{\mu_0}{4\pi}\frac{i\,d\vec{s}\times\hat{r}}{r^2}$$

암페어의 법칙 $\oint \vec{B}\cdot d\vec{s} = \mu_0 i_{enc}$

솔레노이드 $\vec{B} = \mu_0 n i$

패러데이 유도법칙 $\varepsilon = -\dfrac{d\Phi_B}{dt}$

변압기의 원리 $\dfrac{V_1}{V_2} = \dfrac{N_1}{N_2}$

12-1. (2012 MEET/DEET) 그림과 같이 원형 코일 A 와 B 를 각각 신호(교류) 발생기의 출력 단자와 교류 전압계의 입력 단자에 연결하고 두 코일의 중심 축을 일치시켰다. 신호 발생기의 전원을 켜면 전압계에서 전압이 측정된다.

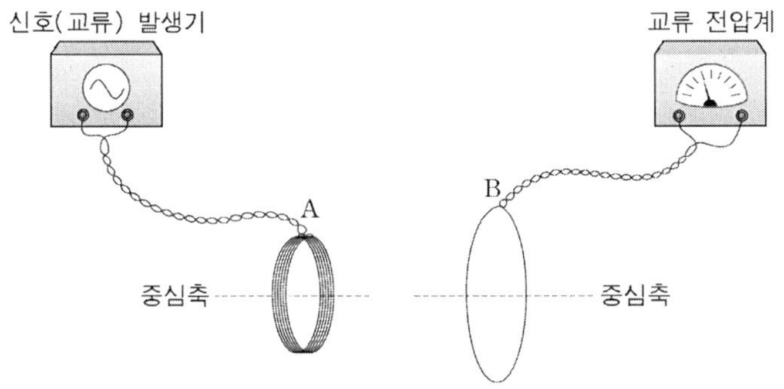

다른 조건은 그대로 두고 [보기]와 같이 조건을 바꾸었을 때, 전압값이 커지는 것만을 [보기]에서 있는 대로 고른 것은?

[보 기]

ㄱ. A 와 B 를 서로 가까이 한다.
ㄴ. B 의 감은 수를 2 배로 증가시킨다.
ㄷ. A 와 B 의 중심축이 서로 수직이 되도록 한다

① ㄱ   ② ㄴ   ③ ㄱ, ㄴ   ④ ㄱ, ㄷ   ⑤ ㄴ, ㄷ

변압기의 원리에서 B 에 유도된 전압 (출력전압) 은 페러데이의 유도법칙에 의해 $V_B = -N_B \dfrac{d\Phi_A}{dt}$ 이다. N_B 는 B 코일 감은 수이다.

(ㄱ) A 와 B 을 가까이 가면 A 에서 자속(Φ)이 B 에 전달되므로 B 의 전압이 증가한다.

(ㄴ) B 의 감은 수를 2 배로 증가시키면 N_2 가 증가 전압이 증가한다.

(ㄷ) A 와 B 가 수직이 되면 A 의 전기장 흐름이 B 에 전달될 수 없으므로 전압이 감소한다.

답 (3)

IV

12-2. (2005 예비시험 MEET/DEET) 그림은 균일한 자기장 B에 수직으로 놓여 있는 폭 w 의 도체에 전류 I가 흐를 때, 점 a 와 b 에서의 전위 V_a 와 V_b 의 차이 $V(=V_a-V_b)$ 를 측정하는 것을 나타낸다.

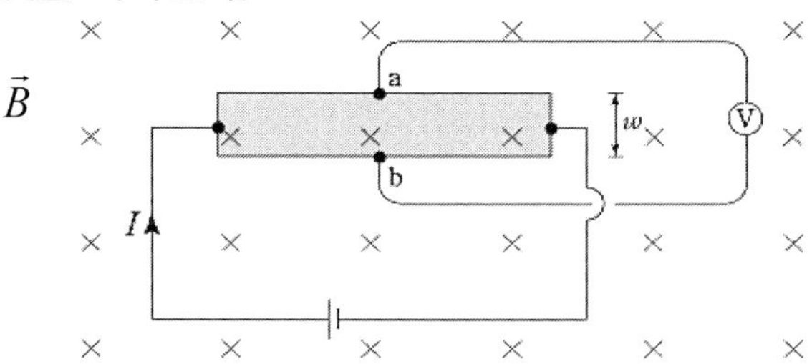

이에 대한 [보기]의 설명 중 옳은 것을 모두 고른 것은? (단, 자기장은 지면 안쪽을 향한다.)

[보 기]

ㄱ. 전하 운반체가 음(−)전하이면 $V > 0$ 이다.

ㄴ. 자기장의 방향을 반대로 하면 V 의 부호가 바뀐다.

ㄷ. 전하 운반체의 유동속도를 구하기 위해서는 B 의 크기, V, w 를 측정해야 한다.

① ㄴ   ② ㄴ   ③ ㄷ   ④ ㄱ, ㄴ   ⑤ ㄴ, ㄷ

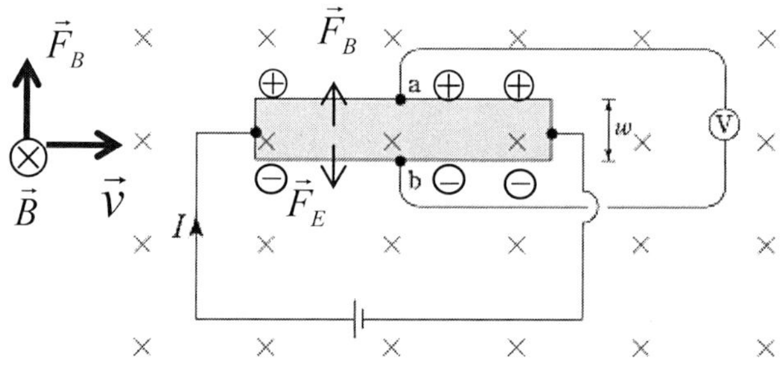

자기장 안에 도체를 지나는 전하는 방향은 오른손 법칙으로 윗 방향이고, 자기력 $\vec{F}_B = q\,\vec{v}\times\vec{B}$ 을 갖는다. 또한 자기력과 크기가 같고 방향이 반대인 전기력 $\vec{F}_E$ 이 발생한다.

(ㄱ) (+) 전하 경우 전기력의 방향은 높은 전압 V_a 에서 낮은 전압 V_b 으로 방향이지만, 음(−) 전하는 반대로 이므로

$$\Delta V = V_a - V_b < 0 \ \ \text{이다.}$$

(ㄴ) $\vec{F}_B = q\,\vec{v}\times\vec{B}$ 에서 전기장의 방향이 반대이면 자기력의 방향이 반대이고 전기력의 방향이 반대이므로 ΔV 전압의 방향도 바꾼다.

(ㄷ) $\vec{F}_E = -\vec{F}_B \ \rightarrow \ eE = ev_d B \ \rightarrow \ v_d = \dfrac{E}{B} = \dfrac{1}{B}\dfrac{V_H}{w}$

따라서 v_d 를 구하기 위해서 B , ΔV , w 를 구해야 한다.

답 (5)

12-3. (2005 예비시험 MEET/DEET) 그림은 무한히 긴 직선 도선 A, 금속 막대 B 가 놓인 ㄷ자형 도선이 같은 평면상에 나란히 있는 것을 나타낸다. A 에는 일정한 전류 I 가 흐르고, B 는 일정한 속력 v 로 운동하고 있다.

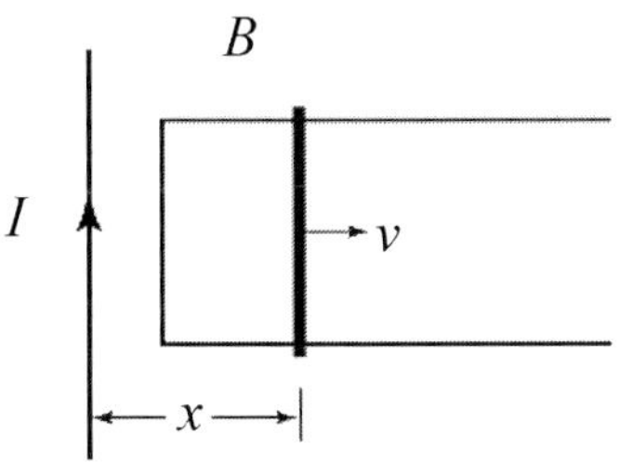

이 때 유도되는 기전력 ε 의 크기를 A 로부터의 거리 x 에 따라 개략적으로 나타낸 것 중 가장 적당한 것은? (단, 유도기전 력은 도선 A 의 전류에 의한 것만 있다고 가정한다.)

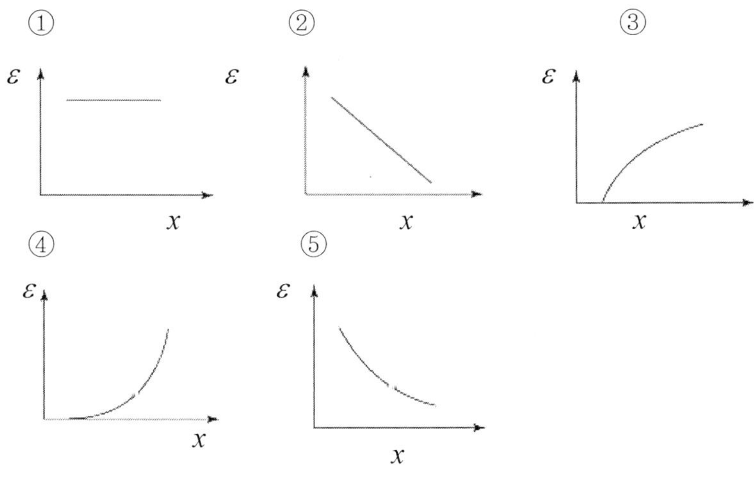

★유도기전력 구하기★

[1단계] (ㄱ) 자기선속을 구하여 패레디이 법칙으로 유도기전력을 구한다.
자기장은 표면에 들어가는 방향이고, 금속막대의 방향은 오른쪽 방향으로
오른손 법칙으로 유도기전력의 방향은 윗 방향이다.

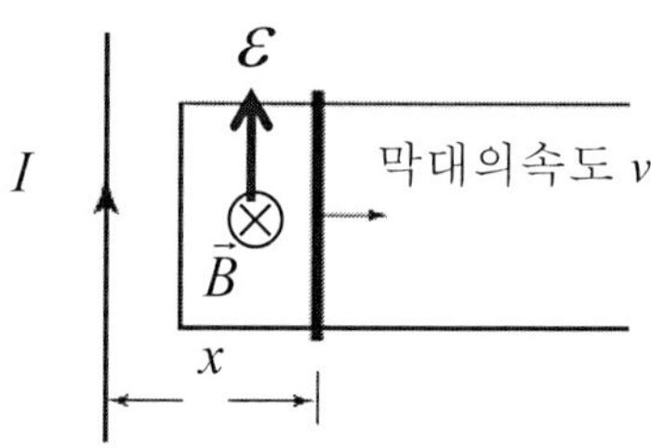

도선 A 에 의한 자기장은 균일하지 않고 거리에 반비례한다. ㄷ자형
도선에서의 전자기 유도는

$$\varepsilon = -N\frac{\Delta\phi}{\Delta t} = -B\frac{\Delta A}{\Delta t} = -B\frac{\ell\Delta x}{\Delta t} = -B\ell v \quad -(1)$$

직선전류와 자기장 공식에서 $B = \dfrac{\mu_0 i}{2\pi r}$ $-(2)$

식 (1)와 (2)에서 유도기전력의 크기는 $\varepsilon = \dfrac{\mu_0 i}{2\pi r}\ell v \;\rightarrow\; \varepsilon = \dfrac{\mu_0 i}{2\pi r}\ell v \;\rightarrow\; \varepsilon \propto \dfrac{1}{r}$

답 (5)

IV

12-4. (2011 PEET) 그림 (가)와 같이 무한히 긴 직선 도선과 구리로 만든 원형 도선의 중심이 거리 d_0 만큼 떨어져 있다. 직선 도선에는 일정한 전류가 흐르고 있다. 그림 (나)는 x 축을 따라 운동하는 원형 도선의 중심 위치를 시간 t 에 따라 나타낸 그래프이다.

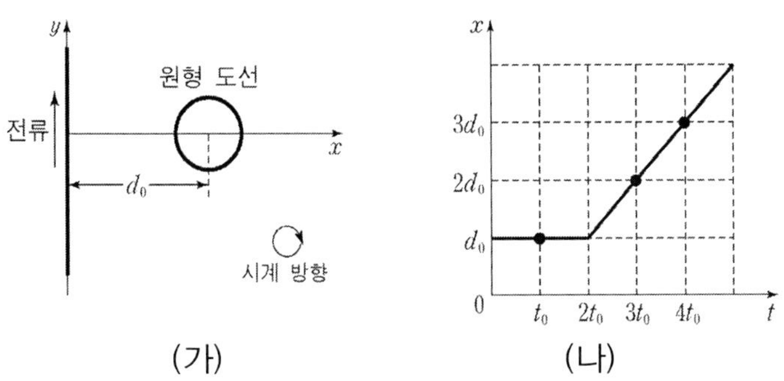

이에 대한 설명으로 옳은 것만을 [보기]에서 있는 대로 고른 것은? (단, 직선 도선은 y 축 상에 고정되어 있고, 원형 도선은 회전하지 않는다.)

[보 기]

ㄱ. t_0 일 때 원형 도선에 유도되는 기전력은 없다.

ㄴ. $3t_0$ 일 때 유도 기전력에 의한 원형 도선의 전류 방향은 시계 방향이다.

ㄷ. 원형 도선에 유도되는 기전력의 크기는 $3t_0$ 일 때와 $4t_0$ 일 때가 서로 같다.

① ㄱ   ② ㄷ   ③ ㄱ, ㄴ   ④ ㄱ, ㄷ   ⑤ ㄴ, ㄷ

★유도기전력 구하기★

[1 단계] (ㄱ) 자기선속을 구하여 패레디이 법칙으로 유도기전력을 구한다.

자기장은 표면에 들어가는 방향이고, 금속막대의 방향은 x-축 방향으로 오른손 법칙으로 유도기전력의 방향은 y-축 방향이다. 따라서 전류의 방향도 y-축 방향이다. 원형도선에 유도 전류는 오른손 법칙에 의해서 시계 방향이다.

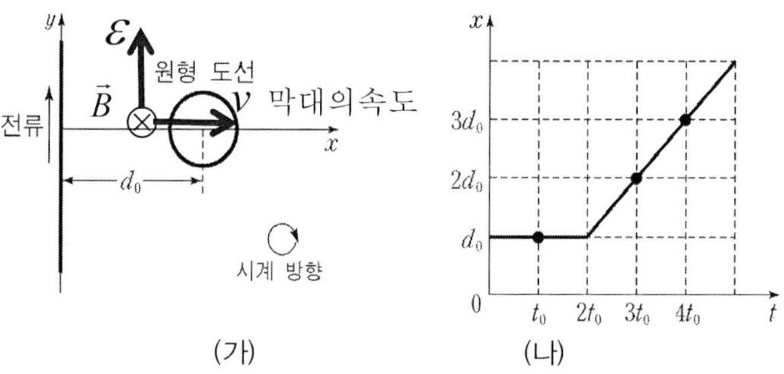

전류에 의한 기전력은

$$\varepsilon = -N\frac{\Delta\phi}{\Delta t} = -B\frac{\Delta A}{\Delta t} = -B\frac{\ell\Delta x}{\Delta t} = -B\ell v \quad -(1)$$

직선전류에 의한 자기장은 $B = \dfrac{\mu_0 i}{2\pi r} \quad --(2)$

식 (1)와 (2)에서 전류에 의한 기전력의 크기는 $\varepsilon = \dfrac{\mu_0 i}{2\pi r}\ell v$ 이다.

(ㄱ) t_0 일 때 원형도선의 속도는 $v = 0$ 으로 기전력이 없다.

(ㄴ) 원형도선에 유도 전류는 오른손 법칙에 의해서 시계 방향이다.

(ㄷ) 전류에 의한 기전력은

$$\varepsilon = \frac{\mu_0 i}{2\pi r}\ell v \;\rightarrow\; \varepsilon \propto \frac{1}{r}, \; t = 3t_0 \; 와 \; t = 4t_0 \; 에서 \; 거리가 \; 다르므로 \; 기전력$$
의 크기가 다르다.

답 (3)

12-5. (2006 MEET/DEET) 그림은 용수철에 연결된 막대도선이 종이면에 수직으로 들어가는 균일한 자기장 속에서 단진동하는 것을 모식적으로 나타낸 것이다. 용수철의 한쪽 끝은 벽에 고정되어 있고, O 는 P 와 Q 사이에서 단진동하는 막대도선의 평형 위치이며, a 와 b 는 막대도선 양 끝의 두 점이다.

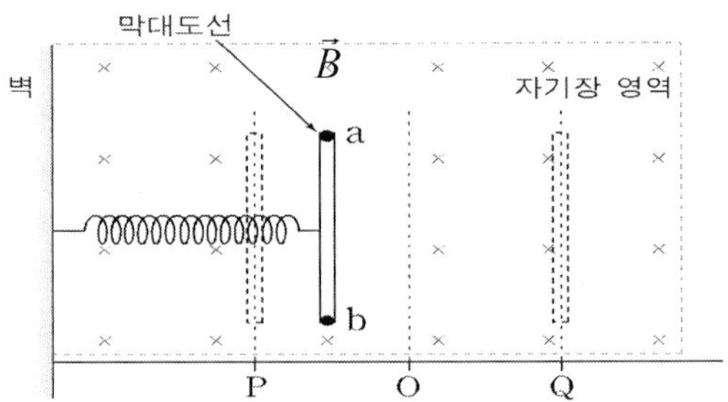

이에 대한 설명으로 옳은 것을 [보기]에서 모두 고른 것은?
(단, 용수철은 부도체이고, 막대도선의 운동에 따른 전자기파 발생은 무시한다.)

[보 기]

ㄱ. 막대도선이 P 에서 O 로 운동할 때 a 의 전위는 b 의 전위보다 높다.

ㄴ. 막대도선이 O 를 통과할 때 a 와 b 사이의 전위차는 0 이다.

ㄷ. a 와 b 사이의 전위차는 진동수의 제곱에 비례한다.

① ㄱ　　　② ㄴ　　　③ ㄷ　　　④ ㄱ, ㄴ　　　⑤ ㄴ, ㄷ

★유도기전력 구하기★

[1 단계] (ㄱ) 자기선속을 구하여 패레디이 법칙으로 유도기전력을 구한다. 자기장은 표면에 들어가는 방향이고, 금속막대의 방향은 x-축 방향으로 오른손 법칙으로 유도기전력 ε 의 방향은 y-축 방향이다. 따라서 양전하의 방향은 y-축 방향으로 a 지점에는 양전하가 b 지점에는 음전하가 이동한다.

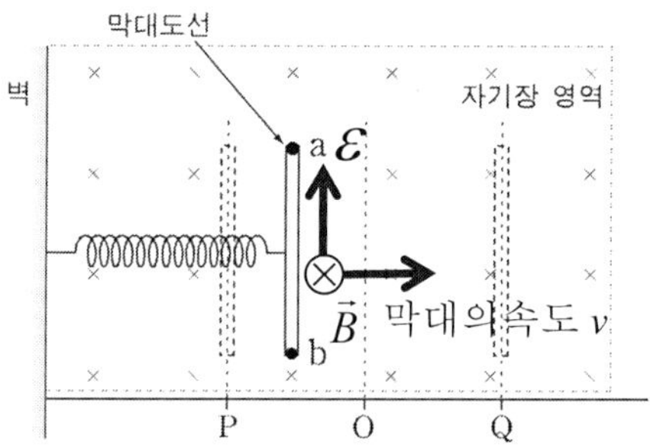

유도기전력은

$$\varepsilon = -N\frac{\Delta\phi}{\Delta t} = -B\frac{\Delta A}{\Delta t} = -B\frac{\ell\Delta x}{\Delta t} = -B\ell v \quad , \quad \ell : 막대\ 길이.$$

(ㄱ) 막대도선이 P → O 로 움직이면, 유도기전력 a → b 로 발생하여 a 지점에는 양전하가, b 지점에는 음전하가 모여 있게 되어 a 전위가 b 전위보다 높다.

(ㄴ) O 점에서 막대의 속도는 최대이므로 전위차가 최대이다.

(ㄷ) 유도 기전력은 $\varepsilon = B\ell v = B\ell(\omega r) = B\ell(2\pi f)r$

$\rightarrow \varepsilon \propto f$ 이다.

답 (1)

12-6. (2007 MEET/DEET) 그림은 초기에 저장된 전하량이 0 인 원형 평행판 축전기에 전류 I 가 흘러 충전되고 있는 것을 나타낸 것이다. 점 a 는 축전기 외부에 있고, 점 b 는 반지름이 r 인 두 도체판 사이에 있다.

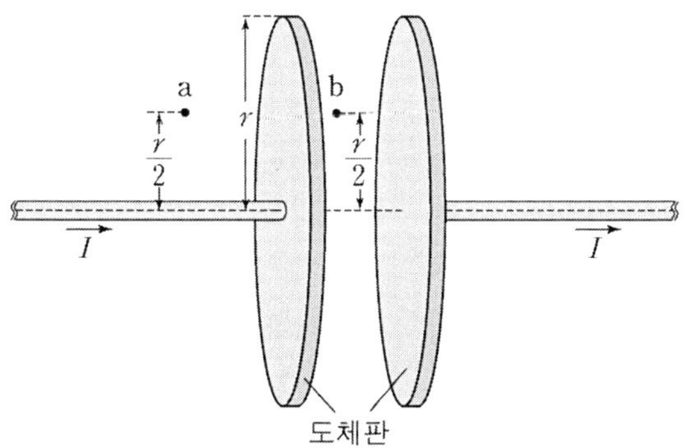

충전되는 동안 a, b 에서의 자기장과 전기장에 대한 설명으로 옳은 것을 [보기]에서 모두 고른 것은? (단, 지구 자기장의 영향은 무시하며, 각 도체판의 중심에 수직으로 연결된 두 도선은 일직선 상에 있다.)

[보 기]

ㄱ. a 에서 자기장의 방향은 도선과 평행하다.
ㄴ. b 에서 자기장의 세기는 0 이다.
ㄷ. b 에서 전기장의 세기는 증가하고 있다.

① ㄱ　　　② ㄴ　　　③ ㄷ　　　④ ㄴ, ㄷ　　　⑤ ㄱ, ㄴ, ㄷ

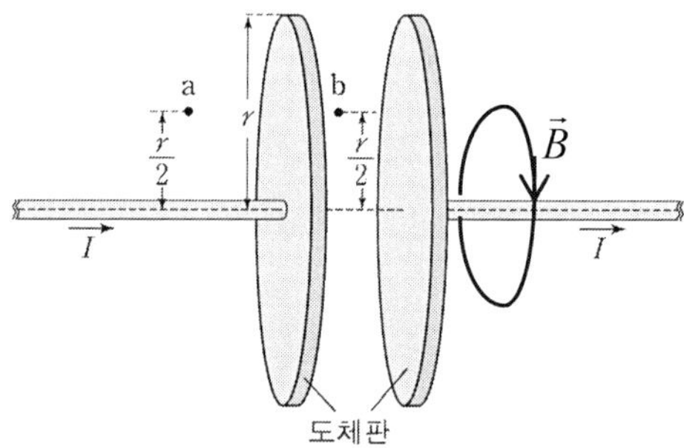

(ㄱ) 점a 에서 자기장의 방향 (자기력 $\vec{F}_B = I\,\vec{L} \times \vec{B}$) 은 오른속 법칙에 의해서 도선을 휘감은 방향이다.

(ㄴ) 점 b 에서 전기장의 세기가 점점 증가하면 전자기 유도에 의해 자기장이 발생한다.

(ㄷ) 도체판이 충전되면 도체판 사이에 전위차와 전기장 관계는

$$V = \left| -\oint \vec{E} \cdot d\vec{S} \right| \;\rightarrow\; E = \frac{V}{d}$$ 이다. 따라서 전위차 (V) 가 증가하면 전기장 (E) 의 세기도 증가한다.

답 (3)

IV

12-7. (2008 MEET/DEET) 그림은 균일한 자기장 속에서 +x 방향으로 일정한 속력 v 로 운동하는 물체 1 이, 정지해 있는 양(+)으로 대전된 전하량 q 인 물체 2 와 충돌하는 것을 나타낸 것이다. 충돌 후 물체 1 은 $-x$ 방향으로 일정한 속력 $\frac{1}{3}v$ 로 운동하고, 물체 2 는 반지름이 r 인 원궤도를 따라 운동한다. 물체 1, 2 의 질량은 각각 m, $2m$ 이고, 자기장의 방향은 xy 평면에 수직으로 들어가는 방향이며, 자기장의 세기는 B 이다.

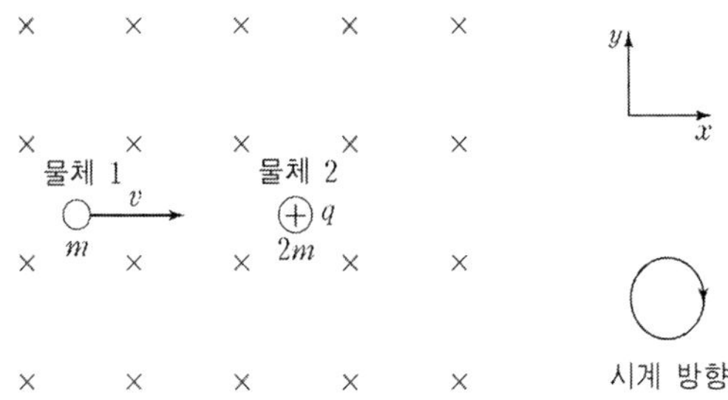

충돌 후 물체 2 의 운동에 대한 설명으로 옳은 것을 [보기]에서 모두 고른 것은? (단, 충돌 전후 물체 2 의 전하량은 변화가 없고, 물체의 크기와 전자기파 발생은 무시한다.)

[보 기]

ㄱ. 속력은 $\frac{2}{3}v$ 이다.

ㄴ. 시계 방향으로 원운동한다.

ㄷ. r 는 $\frac{2mv}{3qB}$ 이다.

① ㄱ　　　② ㄷ　　　③ ㄱ, ㄴ　　　④ ㄱ, ㄷ　　　⑤ ㄴ, ㄷ

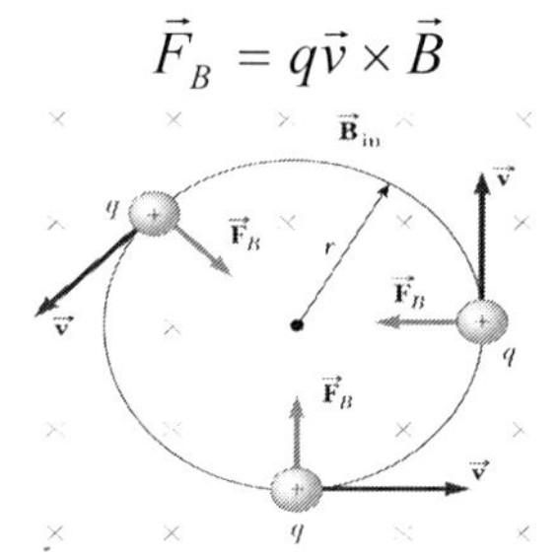

(ㄱ) 운동량 보전법칙에서 $m_1 v_{1i} + m_2 v_{2i} = m_1 v_{1f} + m_2 v_{2f}$ —(1)

에서 $m_1 = m$, $m_2 = 2m$, $v_{1i} = v$, $v_{2i} = 0$, $v_{1f} = \dfrac{v}{3}$ 이므로

식(1) 에서 $mv = m\left(-\dfrac{v}{3}\right) + 2mv_{2f}$ → $\dfrac{4}{3}v = 2v_{2f}$

→ $v_{2f} = \dfrac{2}{3}v$ —(2)

$$\vec{F}_B = q\vec{v} \times \vec{B}$$

(ㄴ) 자기장 ($\vec{B}$) 은 표면에서 들어가는 방향이고, 잘량 m_2 의 속도는 x-축 방향 이므로 질량 m_2 가 받는 자기력의 방향은 오른손 법칙으로 y-축 방향으로 양전하는 반시계 방향으로 움직인다.

(ㄷ) 등속원운동에서 자기력과 원심력은 같으므로

자기력 $\vec{F}_B = q\vec{v} \times \vec{B} = Bqv_{2f}$, 원심력 $\vec{F} = 2m\dfrac{v_{2f}^2}{r}$ 에서

$\vec{F}_B = \vec{F}$ → $Bqv_{2f} = 2m\dfrac{v_{2f}^2}{r}$ →

식(2) 에서 $r = \dfrac{2mv_{2f}}{Bq} = \dfrac{4mv}{3Bq}$ 이다.

답 (1)

12-8. (2013 MEET/DEET) 그림은 전하 q 인 입자가 xy 평면에서 y 축과 45°의 각으로 원점에서 세기 B 인 자기장 영역으로 입사되어 원궤도를 따라 운동한 후, $(0, -\ell)$ 인 곳에서 자기장 영역을 벗어나 일정한 속력 v 로 운동하는 것을 나타낸 것이다. 자기장은 $x \geq 0$ 인 영역에 있고, 방향은 xy 평면에 수직으로 들어가는 방향이다.

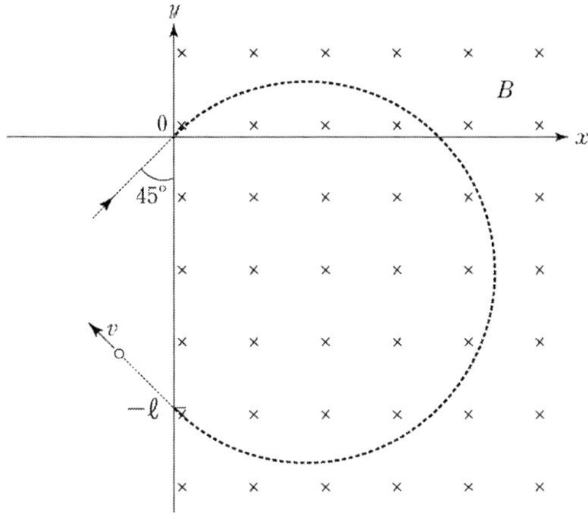

이에 대한 설명으로 옳은 것만을 [보기]에서 있는 대로 고른 것은? [2.5점]

[보 기]

ㄱ. 입자는 양(+)으로 대전되어 있다.

ㄴ. 자기장 속에서 입자의 속력은 v 이다.

ㄷ. 입자의 질량은 $\dfrac{q\ell B}{\sqrt{2}\,v}$ 와 같다.

① ㄱ   ② ㄷ   ③ ㄱ, ㄷ   ④ ㄴ, ㄷ   ⑤ ㄱ, ㄴ, ㄷ

(ㄱ) 자기력은 $\vec{F}_B = q\,\vec{v}\times\vec{B}$ 이다.

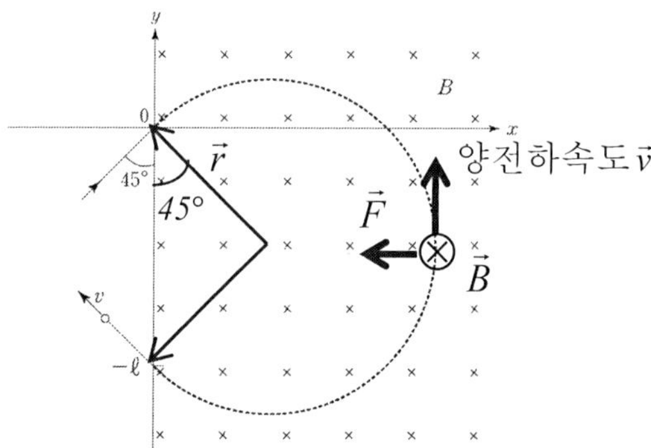

그림은 양전하 $+q$ 인 자기력의 방향이다. 전하는 그림의 속도와 반대
방향이므로 전하는 음전하가 되어야 한다.

(ㄴ) 자기장에서 전하의 속도는 일정하므로 $-\ell$ 지점의 속력 v 가 자기장에서
전하의 속도이다.

(ㄷ) 자기장 속에서 (자기력 $\vec{F}_B$) = (원심력 $\vec{F}$) $\rightarrow$ $qvB = \dfrac{mv^2}{r}$

$m = \dfrac{qvBr}{v^2} = \dfrac{qBr}{v}$, 그림에서 $2r\cos(45°) = \ell \rightarrow r = \dfrac{\ell}{\sqrt{2}}$,

$m = \dfrac{qB}{v}\dfrac{\ell}{\sqrt{2}}$ 이다.

답 (4)

IV

12-9. (2013 PEET) 그림은 평면에서 대전 입자가 자기장이 없는 영역에서 직선운동 하고 자기장 영역 Ⅰ, Ⅱ 에 번갈아 들어가 원 궤도를 따라 운동 하는 모습을 나타낸 것이다. 영역 Ⅰ, Ⅱ 의 자기장은 각각 균일하고, 영역 Ⅰ에서의 원 궤도 반지름은 영역 Ⅱ에서 보다 크다.

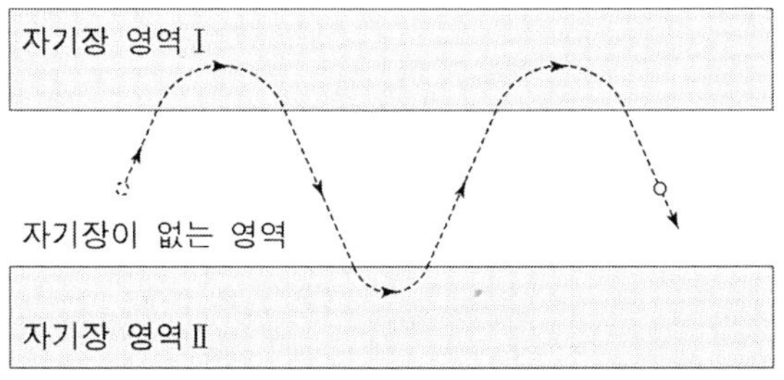

이에 대한 설명으로 옳은 것만을 [보기]에서 있는 대로 고른 것은? (단, 자기력 이외의 힘은 무시한다.) [4점]

[보 기]

ㄱ. 입자의 가속도 크기는 영역 Ⅰ 에서가 영역 Ⅱ에서보다 크다.
ㄴ. 자기장 세기는 영역 Ⅰ 에서가 영역 Ⅱ 에서보다 크다.
ㄷ. 영역 Ⅰ, Ⅱ 의 자기장 방향은 서로 반대이다.

① ㄱ　　② ㄷ　　③ ㄱ, ㄴ　　④ ㄴ, ㄷ　　⑤ ㄱ, ㄴ, ㄷ

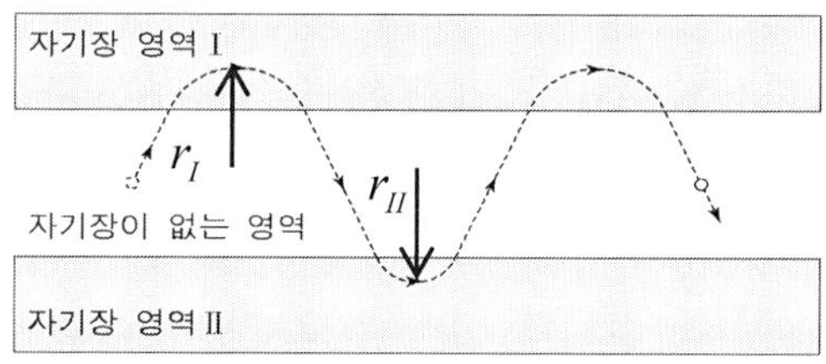

(ㄱ) 자기장 안에서 전하는 원운동을 하므로, 원심력은 $\vec{F} = ma = m\dfrac{v^2}{r}$ 즉,

$a = \dfrac{v^2}{r}$ 로 전기장 영역 I 에 전하 궤도 반지름은 r_I 이고 전기장 영역 II 에

전하 궤도 반지름은 r_{II} 로 $r_I > r_{II} \rightarrow a_I < a_{II}$ 이다.

(ㄴ) 자기장 속에서 (자기력 = 원심력) $\rightarrow qvB = \dfrac{mv^2}{r} \rightarrow B = \dfrac{mv}{qr}$

이므로 $r_I > r_{II} \rightarrow B_I < B_{II}$ 이다.

(ㄷ) 전하의 속도 방향이 일정할 때, 전하의 받는 힘의 방향이 영역 I 에서 윗

방향이고 영역 II 에서 아래 방향이므로, 자기력 공식 $\vec{F}_B = q\vec{v} \times \vec{B}$ 에서

자기력의 방향이 영역 I 과 영역 II 에서 서로 반대가 되어야 한다.

답 (2)

12-10. (2011 MEET/DEET) 그림과 같이 무한히 긴 직선 도선 a 는 x 축 상에 고정되어 있고, 무한히 긴 직선 도선 b 는 원점에서 $+z$ 방향으로 거리 d 만큼 떨어져 y 축과 평행하게 고정되어 있다. a 에는 세기가 I_1 인 전류가 $+x$ 방향으로 흐르고, b 에는 세기가 I_2 전류가 종이 면에 들어가는 방향인 $+y$ 방향으로 흐른다.

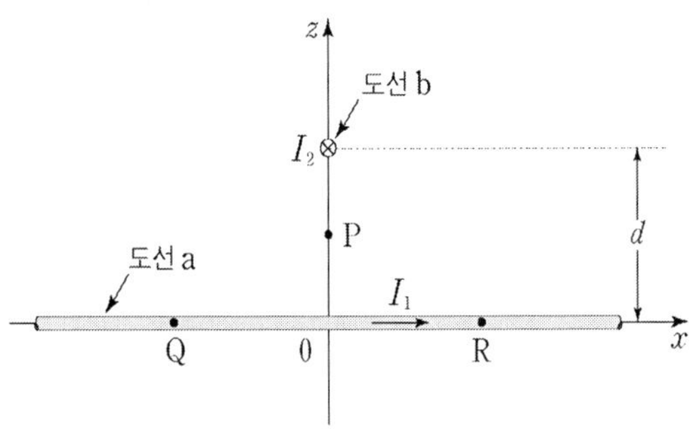

세 점 P, Q, R 의 좌표는 각각 $\left(0,0,\dfrac{d}{2}\right)$, $(-d,0,0)$, $(d,0,0)$ 이다. 이에 대한 설명으로 옳은 것만을 [보기]에서 있는 대로 고른 것은?

[보 기]

ㄱ. a 와 b 가 P 에 만드는 자기장의 세기는 $\sqrt{I_1^2 + I_2^2}$ 에 비례한다

ㄴ. b가 Q와 R에 만드는 자기장의 방향은 서로 반대이다.

ㄷ. b 가 a 의 $x < 0$ 인 영역에 작용하는 힘의 방향은 $+y$ 방향이다

① ㄱ　　② ㄴ　　③ ㄱ, ㄴ　　④ ㄱ, ㄷ　　⑤ ㄴ, ㄷ

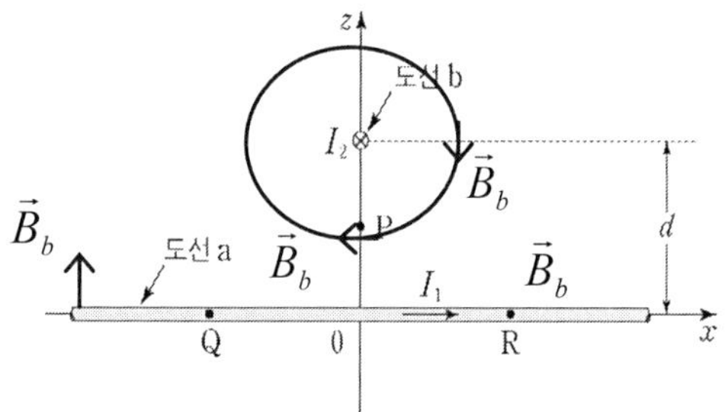

(ㄱ) 긴 직선 도선에 흐르는 전류가 만드는 자기장은

$B = \dfrac{\mu_0 I}{2\pi r} = k\dfrac{I}{r}$ 로 도선 a 가 P 점에서 만드는 자기장은 크기가 $k\dfrac{I_1}{d}$ 이고

$-y$축 방향이고 도선 b 가 만드는 자기장의 크기는 $k\dfrac{I_2}{d}$ 이고 $-x$축 방향이다.

P 점에서 자기장은 두 자기장을 벡터 합한 값이므로 $\sqrt{I_1^2 + I_2^2}$ 에 비례한다.

(ㄴ) Q 와 R 지점에 도선 b 에 만드는 자기장은 오른손 법칙에 구할 수 있으며 자기장의 범위에 따라 달라 질 수 있다. 자기장의 크기가 큰 도선 b 에 가까운 자기장인 경우 Q 와 R 지점에서 $-x$축 방향으로 서로 같다.

(ㄷ) 도선 b 가 도선 a 의 $x < 0$ 영역에 작용하는 힘은 I_1 의 전류는 $+x$방향, I_2 에 의한 자기장은 Q 점에서 z방향으로 $\vec{F}_B = I_x \vec{\ell} \times \vec{B}_z$ 로 $-y$축 방향이다.

답 (1)

12-11. (2008 MEET/DEET) 그림은 평면상에 있는 ㄱ 모양의
무한히 긴 도선에 일정한 전류 I 가 흐르는 것을 나타낸 것이다.
점 p, q, r 는 도선과 동일 평면상에 있는 정사각형 격자상의
지점을 나타낸다.

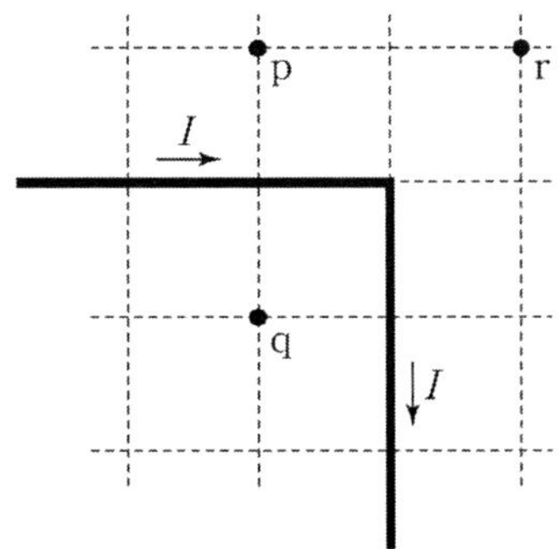

p, q, r 에서의 전류 I 에 의한 자기장에 대한 설명으로 옳은
것을 [보기]에서 모두 고른 것은?

[보 기]

ㄱ. p 에서 자기장의 방향은 평면에 수직으로 들어가는 방향
   이다.
ㄴ. p 에서 자기장의 세기는 q 에서보다 작다.
ㄷ. r 에서 자기장의 세기는 0 이다.

① ㄱ   ② ㄴ   ③ ㄷ   ④ ㄱ, ㄷ   ⑤ ㄴ, ㄷ

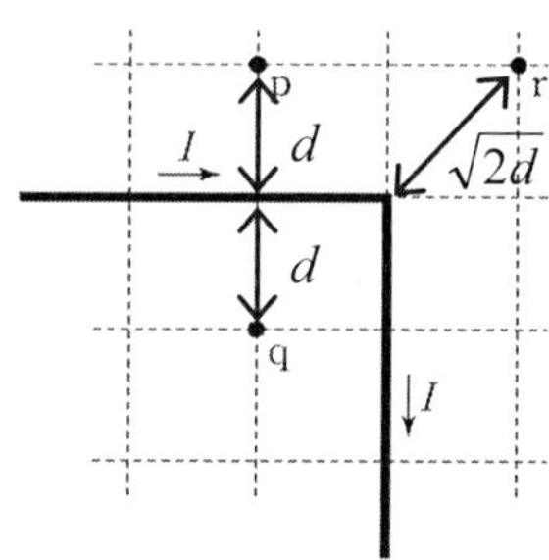

(ㄱ) p 점에서 자기장의 방향은 오른손 법칙에 의해서 평면에 수직으로 나오는 방향이다.

(ㄴ) 격자의 거리가 d 이면, 긴 직선 도선에 흐르는 전류가 만드는 자기장은 $B = \dfrac{\mu_0 I}{2\pi r} = k\dfrac{I}{r}$ 으로 p 점에서 자기장은 $B_p = k\dfrac{I}{d}$ 이고, q 점에서 자기장은 $B_q = k\dfrac{I}{d} + k\dfrac{I}{d}$ 이므로 $B_q > B_p$ 이다.

(ㄷ) r 점에서 전기장은 $B_r = k\dfrac{2I}{\sqrt{2}d}$ 이다.

답 (1)

IV

12-12. (2012 MEET/DEET) 그림은 y 축 상에 고정되어 +y 방향으로 일정한 전류 I 가 흐르는 무한 직선 도선과, $t = 0$ 일 때 xy 평면에서 +x 방향으로 운동하는 음(−)의 전하를 나타낸 것이다.

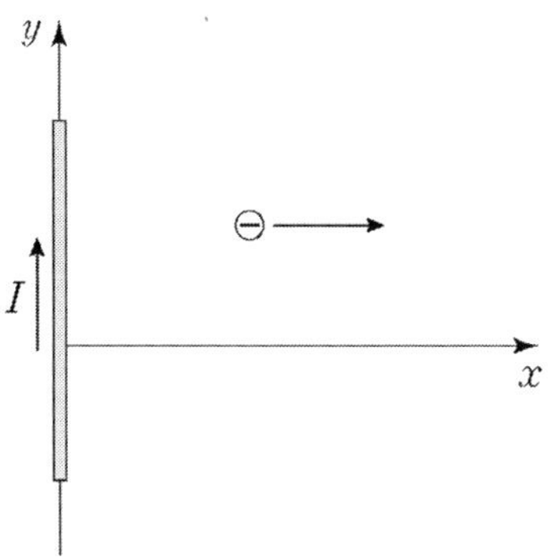

이에 대한 설명으로 옳은 것만을 [보기]에서 있는 대로 고른 것은? (단, 전자기파의 발생과 도선의 전류에 의한 자기력 이외의 힘은 무시한다.)

[보 기]

ㄱ. $t = 0$ 일 때 전하에 작용하는 자기력의 방향은 −y 방향이다
ㄴ. 도선에서 멀어질수록 전하의 운동에너지는 증가한다.
ㄷ. 전하에 작용하는 자기력의 크기는 도선으로부터 전하까지의 거리에 반비례한다.

① ㄱ   ② ㄴ   ③ ㄱ, ㄷ   ④ ㄴ, ㄷ   ⑤ ㄱ, ㄴ, ㄷ

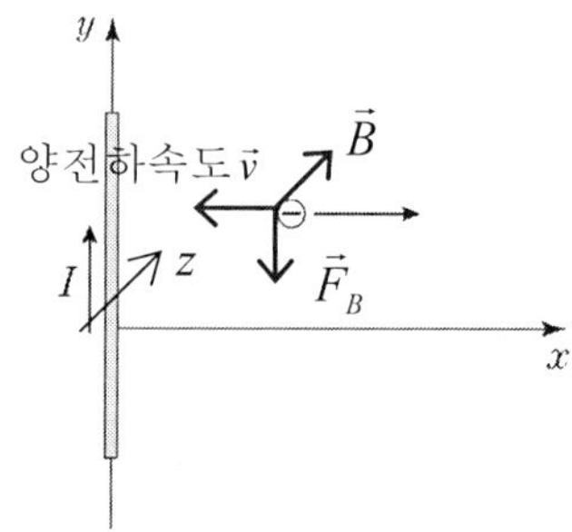

(ㄱ) 음전하의 속도는 x 방향으로 양전하는 $-x$ 방향, 자기장은 z 방향으로 자기력 $F_B = q\vec{v} \times \vec{B}$ 방향은 $-y$ 방향이다.

(ㄴ) 도선에서 멀어질수록 자기력이 감소하고 전자의 속도가 감소 운동에너지가 감소한다.

(ㄷ) 비오-사브로 법칙에서 전류에 의한 자기장은 $B = \dfrac{\mu_0 I}{2\pi r} = k\dfrac{I}{r}$ 이고,

자기력 의 크기는 $F_B = q\vec{v} \times \vec{B} = qv\left(k\dfrac{I}{r}\right)$, 자기력 크기는 거리에 반비례한다.

답 (3)

IV

12-13. (2009 MEET/DEET) 그림 (가)는 호흡정지 감지기를 차고 있는 어린 아이를 나타낸 것이며, 그림 (나)는 호흡정지 감지기의 원리를 도식적으로 나타낸 것이다. 코일 1은 일정한 기전력 ε, 저항 r 에 연결되어 있고 지점 a와 b사이를 진동수 f 로 단순조화 진동한다. 길이 ℓ, 같은 수 N 인 코일 2는 저항 R 과 연결되어 코일 1과 같은 중심축 상에 고정되어 있다.

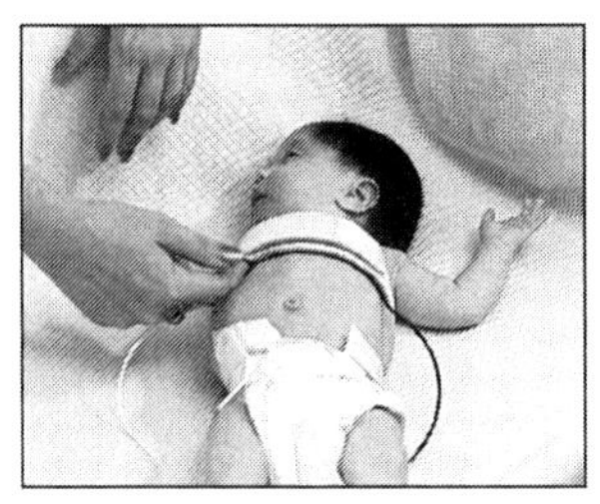
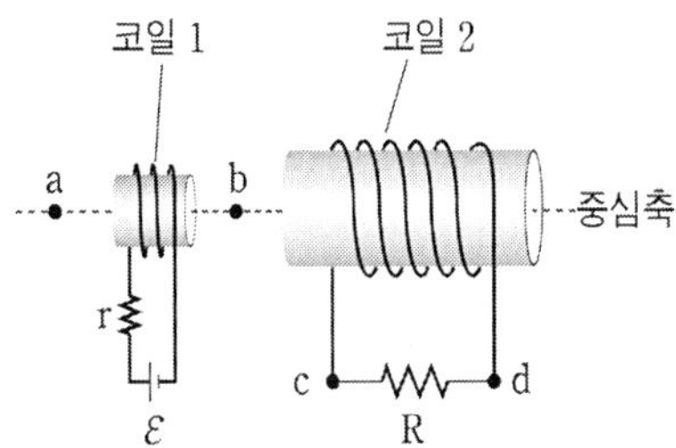

코일 1 이 a 에서 b 이동하는 동안, 이에 대한 설명으로 옳은 것만을 [보기]에서 있는 대로 고른 것은? (단, 코일 1 에 유도되는 기전력은 무시한다.)

[보 기]

ㄱ. 저항 R 에 흐르는 전류의 방향은 c → R → d 방향이다.
ㄴ. 코일 1 에 의한 코일 2 의 유도기전력의 최대값은 N 이 클수록 크다.
ㄷ. 코일 1 에 의한 코일 2 의 유도기전력의 최대값은 f 가 클수록 크다.

① ㄱ　　② ㄷ　　③ ㄱ, ㄴ　　④ ㄴ, ㄷ　　⑤ ㄱ, ㄴ, ㄷ

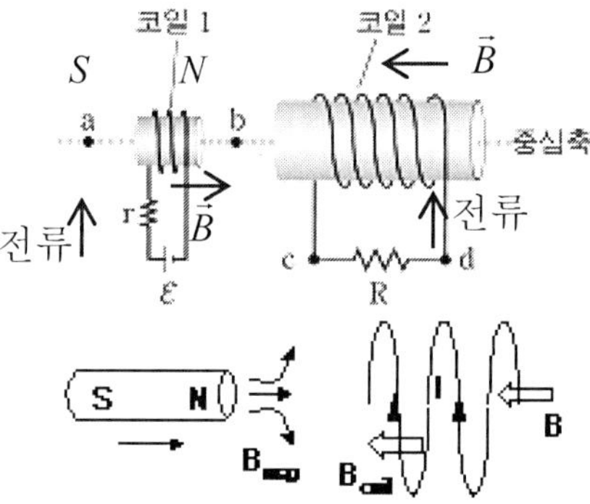

렌쯔의 법칙은 자속의 증가를 방해하는 방향으로 유도기전력 (ε)이 발생한다

(ㄱ) 코일 1 에 전류가 발생하면 오른손 법칙에 의해 자기장이 발생 S 극과 N 극이 생성되고, 코일 2 방향으로 자기장이 형성되고 코일 2 는 유도자기장이 코일 1 방향으로 발생하여, 오른손 법칙에 의해서 전류는 c $\rightarrow$ R $\rightarrow$ d 방향으로 흐른다.

(ㄴ) 패라데이법칙에 의해서 유도기전력은

$$\varepsilon = -N\frac{\Delta\Phi_B}{\Delta t} \, , \quad N \text{은 감은 수이다. 유도기전력의 크기는 감은 수에 비례한다.}$$

(ㄷ) 자속은 $\Delta\Phi = B\Delta A = B\ell\Delta x$ 로 유도기전력의 크기는

$$\varepsilon = \left| -N\frac{\Delta\Phi_B}{\Delta t} \right| = NB\ell v = NB\ell(\omega r) = NB\ell r(2\pi f) \text{ 으로 진동수 } f \text{가 증가하면}$$

유도기전력 (ε) 이 증가한다.

답 (5)

12-14. (2012 PEET) 그림 (가)는 종이면에 수직인 균일한 자기장 영역에 감은 수 5, 반경 r 인 솔레노이드를 종이면에 고정한 것을 나타낸 것이고, 그림 (나)는 종이면에 수직인 균일한 자기장 영역에 감은 수 10, 반경 $2r$ 인 솔레노이드를 종이면에 고정한 것을 나타낸 것이다. (가) 와 (나)에서 자기장의 세기 B 는 모두 그림 (다) 와 같이 시간 t 에 따라 변한다.

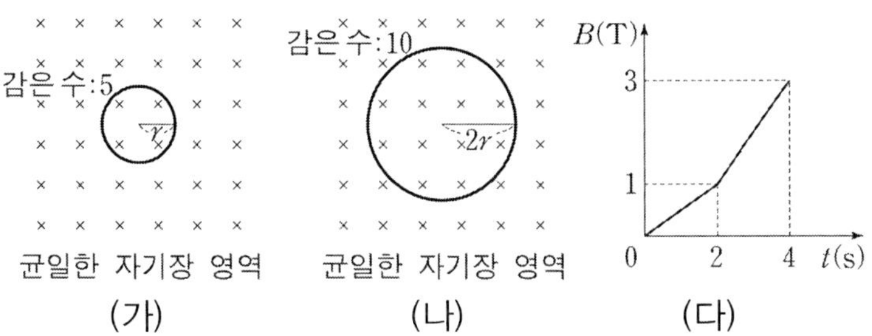

(가) 와 (나)의 솔레노이드에 유도되는 유도 기전력의 크기 ε 를 시간 t 에 따라 그린 그래프의 개형으로 가장 적절한 것은? (단, 유도 전류에 의한 자기장은 무시한다.)

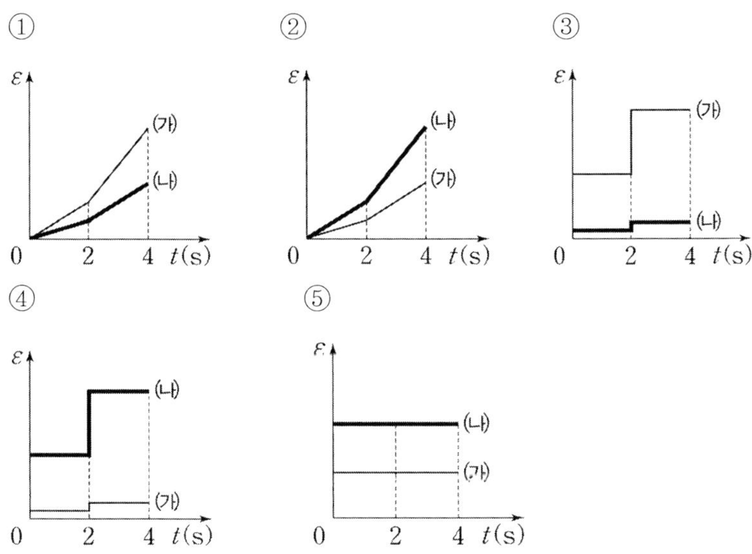

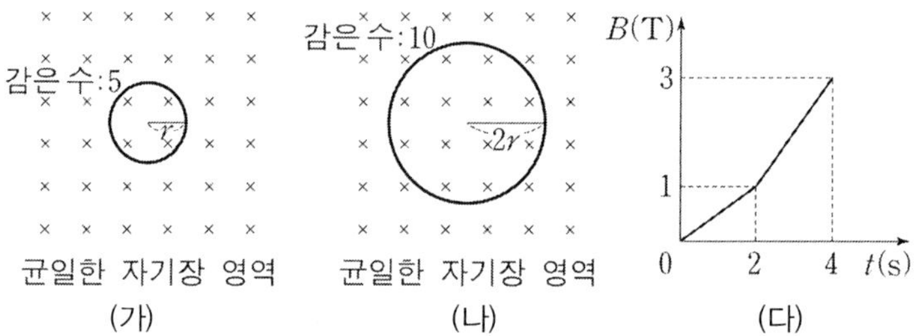

$$\varepsilon = -N\frac{\Delta\phi}{\Delta t} = -N \cdot B\frac{\Delta A}{\Delta t} \quad -(1)$$

유도 기전력의 크기 $\varepsilon_{가} = 5B\dfrac{\pi r^2}{\Delta t}$ $-(2)$, $\varepsilon_{나} = 10B\dfrac{\pi(2r)^2}{\Delta t}$ $-(3)$

그림 (다)의 기울기에서 $0 \le t \le 2$ 일 때, $\dfrac{B}{\Delta t} = \dfrac{1}{2}$ 이고

식(2) 에서, 식(3) 에서 $\varepsilon_{가} = \dfrac{5}{2}\pi r^2$, $\varepsilon_{나} = 5 \cdot \dfrac{\pi(2r)^2}{2} = 10\pi r^2$

$2 \le t \le 4$ 일 때, $\dfrac{B}{\Delta t} = 1$ 이다.

식(2) 에서 $\varepsilon_{나} = 5\pi r^2$, 식(3 에서 $\varepsilon_{가} = 5\pi(2r)^2 = 20\pi r^2$

답 (4)

IV

12-15. (2005 MEET/DEET) 다음은 전류천칭 장치를 이용하여 공기의 투자율 μ 의 값을 구하는 실험 과정의 일부를 나타낸 것이다.

[실험 과정]

(1) 전원을 끈 상태에서 조절나사를 조정하여 절연판이 수평이 되게 한다.

(2) 무게가 mg 인 가는 철사 줄을 절연판 끝에 걸쳐 놓아 절연판이 선분 ab 를 회전축으로 하여 기울어지게 한다.

(3) 전원을 켠 후, 가변 저항기 R_1 과 R_2 를 조절하여 절연판이 수평이 되게 한다.

(4) 단위 길이당 도선의 감은 수가 n 인 솔레노이드의 전류 I_s 를 측정하여 솔레노이드 내부에 생기는 자기장의 세기 $B = \mu n I_s$ 를 구한다.

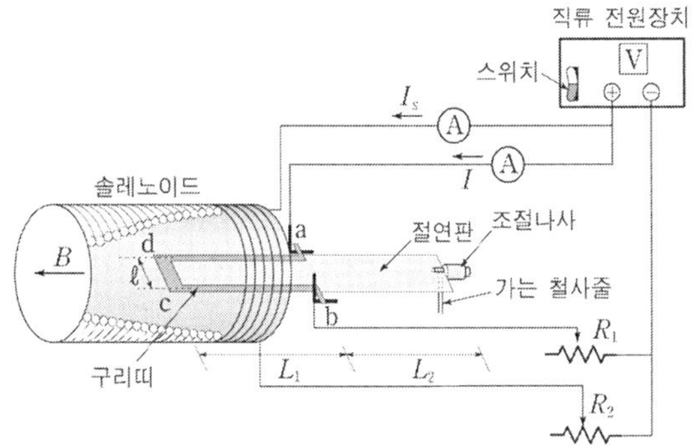

이 실험은 자기장 B 에 의해 c 와 d 사이의 구리띠가 받는 힘에 의한 돌림힘(토크)과 가는 철사줄의 무게에 의한 돌림힘이 평형을 이루는 조건을 이용한다.

공기의 투자율 μ 를 구하기 위해 더 측정해야 하는 물리량이 아닌 것은?

① c 와 d 사이의 거리 ℓ

② 질연판의 질량 M

③ 구리띠에 흐르는 전류 I

④ 선분 ab 에서 선분 cd 까지의 거리 L_1

⑤ 선분 ab 에서 가는 철사 줄까지의 거리 L_2

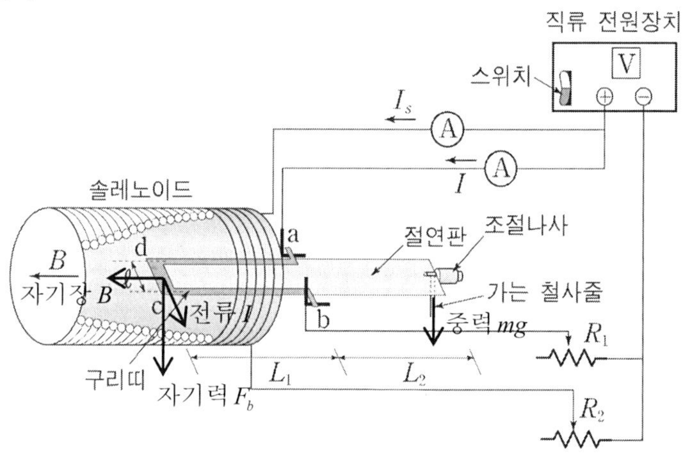

물체는 정지하므로 수평이 되기 위해서

τ (자기력 토크) = τ (중력 토크) → $F_b L_1 = m g L_2$ −(1) 이다. ㄷ 자 도선에

자기력은 $\vec{F}_b = I\,\vec{\ell} \times \vec{B} = I\,\ell\,B$ −(2) 이고, 전류 I 는 d → c 에서 흐르는

전류이다. 솔레노이드 자기장은 $B = \mu n I_s$. −(3),

I_S 는 솔레노이드 전류이다. 식(2)를 식(1)에 대입하면,

$(B \ell I)L_1 = (m g)L_2$ −(4)

식(3)을 식(4)에 대입하면, $(\mu n I_s \ell I)L_1 = (m g)L_2$ → $\mu = \dfrac{m g L_2}{n I_s I \ell L_1}$

답 (2)

12-16. (2010 MEET/DEET) 다음은 전류 천칭 장치를 이용하여 질량을 측정하는 실험 과정과 결과의 일부를 나타낸 것이다.

[실험과정]

(1) 그림과 같이 솔레노이드에 ㄷ자판을 설치하고, 조정나사를 조절하여 ㄷ자판이 수평이 되도록 한다.

(2) 솔레노이드에 흐르는 전류를 측정한 후, 0.10 mg 의 실을 걸어 ㄷ자판이 기울어지게 한다.

(3) 스위치 S 를 닫고 가변 저항을 조절하여 ㄷ자판이 다시 수평이 되었을 때 ㄷ자판에 흐르는 전류를 측정한다.

(4) 0.10 mg 의 실을 0.20 mg 의 실로 바꾸어 과정 (3)을 반복한다.

(5) ㄷ자판에 흐르는 전류와 실의 질량 사이의 관계를 그래프로 나타낸다.

(6) 0.20 mg 의 실을 미지의 물체로 바꾸어 과정 (3)을 반복 한다.

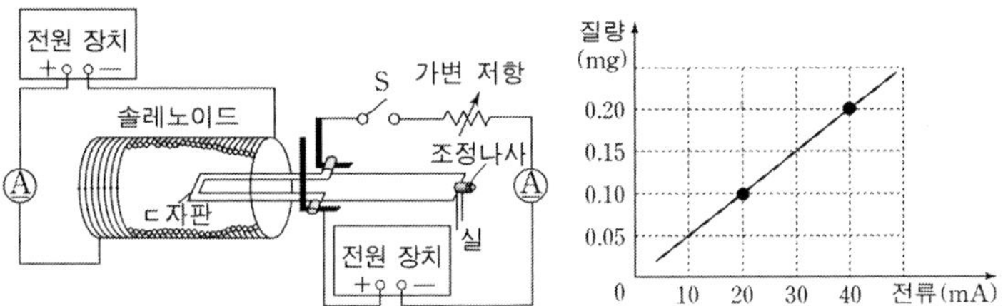

이 실험에 대한 설명으로 옳은 것만을 [보기] 에서 있는 대로 고른 것은?

[보 기]

ㄱ. 과정(3) 에서 ㄷ자판이 수평이 되었을 때 ㄷ자판에 작용하는 자기력과 실에 작용하는 중력은 방향이 서로 같다.

ㄴ. 과정(6) 에서 측정된 ㄷ자판에 흐르는 전류가 30 mA 일 때 물체의 질량은 0.25 mg 이다.

ㄷ. 솔레노이드에 흐르는 전류를 증가시키면 그래프의 기울기가 증가한다.

① ㄱ   ② ㄴ   ③ ㅣ, ㄷ   ④ ㄴ, ㄷ   ⑤ ㄱ, ㄴ, ㄷ

(ㄱ) 자기력 $F_b = I\,\vec{\ell} \times \vec{B}$ 에 의해서

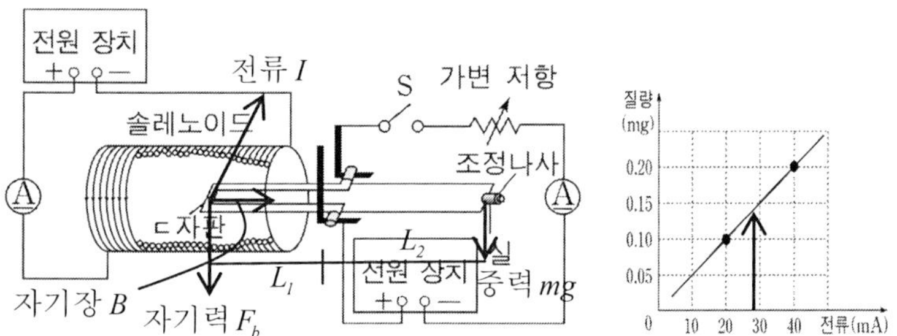

(ㄱ) ㄷ자 도선에 자기력 크기는 $F_b = I\,\vec{\ell} \times \vec{B} = I\,\ell\,B$ –(1)

방향은 아래방향으로 실에 작용하는 중력과 같은 방향이다.

(ㄴ) 그래프에서 전류가 30 mA 일 때 물체의 질량은 0.15 mg 이다.

(ㄷ) 수평을 이루기 위해서는 중력에 의한 토크와 자기력에 의한 토크가 같아야
한다.

$F_b L_1 = mgL_2 \;\rightarrow\;$ 식(1)에 의해 $\left(B\,\ell\,I\right)L_1 = m\,g\,L_2$ –(2).

솔레노이드 전류가 I_S 이면, 솔레노이드의 자기장은 $B = \mu\,n\,I_s$ 으로
식(2)에 대입하면, $\left(\mu\,n\,I_s\,\ell\,I\right)L_1 = m\,g\,L_2$ 로 I_S 가 증가하면 I 가 감소한다

또한 그래프의 기울기 $\left(\dfrac{m}{I}\right)$ 는 증가한다.

답 (3)

13장
직류 전류와 교류 전류

· 13-1   직류 전류   · 13-2   교류 전류

13-1 직류 전류

13-1-1 RC 직류 전압회로

■ RC 회로

(1) 충전회로 (전원이 있을 때):

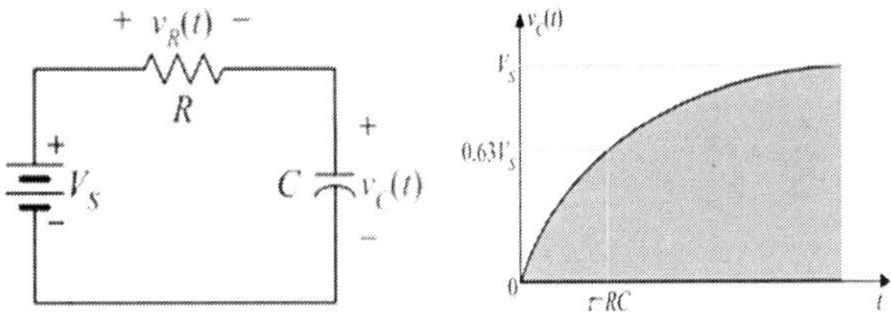

[그림 13-1] RC 의 충전회로

저항 전압 $V_R = IR$, 축전기 전압 $V_C = \dfrac{q}{C}$

$$V_S = V_C + V_R \ \rightarrow \ V_S - iR - \frac{q}{C} = 0 \ \rightarrow \ V_S - R\frac{dq}{dt} - \frac{q}{C} = 0$$

$$\frac{dq}{q - CV_S} = -\frac{dt}{RC} \ \rightarrow \ \left[ln(q - CV_S) \right]_0^q = -\frac{1}{RC}t \ ,$$

$$\boxed{q(t) = CV_S(1 - e^{-t/\tau})}, \ \ \tau \equiv RC \ , \ \boxed{v_C(t) = \frac{q}{C} = V_S(1 - e^{-t/\tau})}$$

(2) 방전회로 (전원이 없을 때):

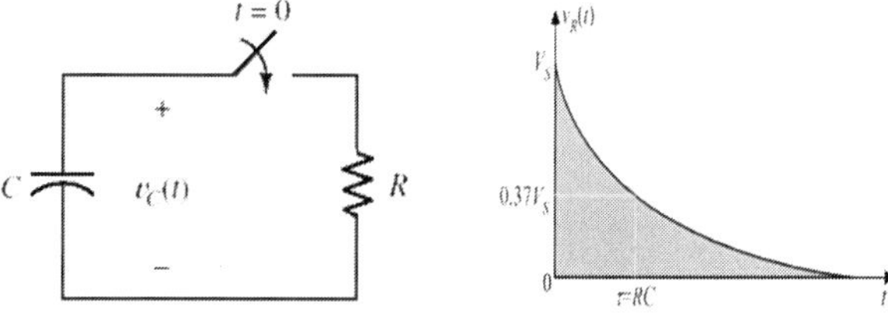

[그림 13-2] 직렬 RC 의 방전회로

$$V_C + V_R = 0 \rightarrow iR + \frac{q}{C} = 0 \rightarrow R\frac{dq}{dt} + \frac{q}{C} = 0$$

$$\frac{dq}{q} = -\frac{dt}{RC} \rightarrow \left[ln(q)\right]_Q^q = -\frac{1}{RC}t \, , \quad Q: \text{ 초기 전하량,}$$

$$\boxed{q(t) = Qe^{-t/\tau}} \, , \quad \tau = RC \, , \quad \boxed{v_C(t) = \frac{q}{C} = V_i e^{-t/RC}}$$

저항에 사인(sine)형 교류전압이 걸렸을 때, 전압과 전류의 위상들은 동일하다. 즉, 전압과 전류 사이의 위상각은 0° 이다.

13-1-2 RL 직류 전압회로

◻ RL 회로

– 전원이 있을 때:

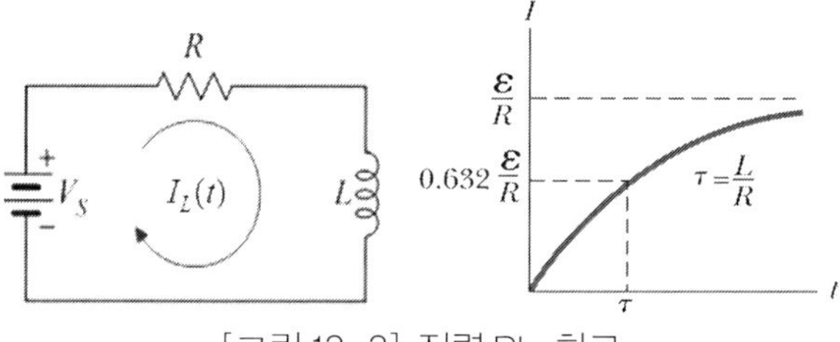

[그림 13-3] 직렬 RL 회로

인덕터 전압 $v_L(t) = L\dfrac{dI(t)}{dt}$

← 코일에 유도기전력 $\varepsilon_L = -\dfrac{d\Phi_B}{dt} = -L\dfrac{dI}{dt}$,

L(자체 유도 계수 또는 인덕턴스): 회로의 기하학적인 모양과 물리적인 특성에 따라 정해진다.

저항전압 $v_R(t) = RI(t)$, $v_R(t) + v_L(t) = V_s \rightarrow L\dfrac{dI(t)}{dt} + RI(t) = V_s$

$$\frac{dI}{I - V_S/R} = -\frac{R}{L}dt \rightarrow \left[\ln\left(I - \frac{V_S}{R}\right)\right]_0^I = -\frac{R}{L}t \ ,$$

$$\boxed{I_L(t) = \frac{V_S}{R}(1 - e^{-t/\tau})} \ , \ \tau \equiv \frac{L}{R} \ ,$$

－전원이 없을 때:

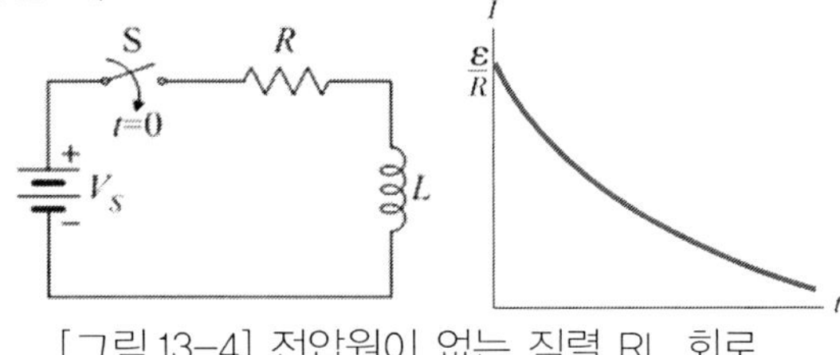

[그림 13-4] 전압원이 없는 직렬 RL 회로

$$v_R(t) + v_L(t) = 0 \ \rightarrow \ IR + L\frac{dI}{dt} = 0 \ \rightarrow \ \frac{dI}{I} = -\frac{R}{L}dt$$

$$\rightarrow \ \left[ln(I)\right]_{I_i}^I = -\frac{R}{L}t \ , \ \boxed{I = I_i e^{-t/\tau} = \frac{V_S}{R}e^{-t/\tau}} \ , \ \tau \equiv \frac{L}{R} \ .$$

13-1-3 LC 직류 전압회로의 진동

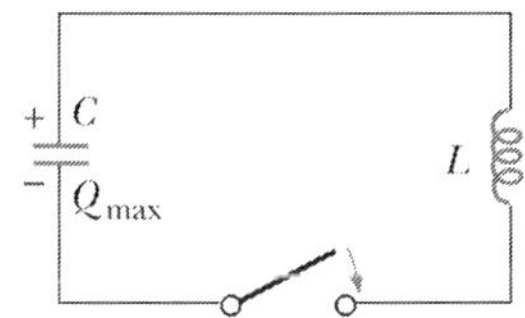

[그림 13-5] 전압원이 없는 직렬 LC 회로

축전기에 저장되었던 전기장 형태의 에너지가 자기장 형태로 바뀌어 인덕터에 저장되고, 다시 자기장 형태에서 전기장 형태로 변환된다.

◼ 축전기에 저장되는 전기퍼텐셜 에너지

$$\frac{dU}{dt} = P = VI = I\left(\frac{Q}{C}\right) \rightarrow U_C = \frac{1}{2}CQ^2$$

◼ 인덕터에 저장되는 전기퍼텐셜 에너지

$$\frac{dU}{dt} = P = VI = I\left(L\frac{dI}{dt}\right) \rightarrow U_L = \frac{1}{2}LI^2$$

◼ 전기 퍼텐셜 에너지 변환

$$U = U_C + U_L = \frac{Q^2}{2C} + \tfrac{1}{2}LI^2$$

$$\frac{dU}{dt} = 0 \rightarrow \frac{dU}{dt} = \frac{d}{dt}\left(\frac{Q^2}{2C} + \frac{1}{2}LI^2\right) = \frac{Q}{C}\frac{dQ}{dt} + LI\frac{dI}{dt} = 0 ,$$

$$L\frac{d^2Q}{dt^2} + \frac{Q}{C} = 0 \rightarrow Q = Q_{\max}\cos(\omega t + \phi) , \quad \boxed{\omega = \frac{1}{\sqrt{LC}}} ,$$

에너지변환: $\dfrac{Q_{\max}^2}{2C} = \dfrac{1}{2}LI_{\max}^2$.

★(18) 용수철진동과 전기진동 비교★	
위치 x 속도 v 질량 m 탄성계수 k	전하량 q 전류 I 인덕턴스 L 전기용량의 역수 $1/C$
주기 $T = 2\pi\sqrt{\dfrac{m}{k}}$ 운동에너지 $K = \dfrac{1}{2}mv^2$ 위치에너지 $U = \dfrac{1}{2}kx^2$	주기 $T = 2\pi\sqrt{LC}$ 코일(인덕터) 의 전기에너지 $U_L = \dfrac{1}{2}LI^2$ 축전기의 전기에너지 $U_C = \dfrac{1}{2}\dfrac{q^2}{C}$

13-1-4 RLC 직류 전압회로

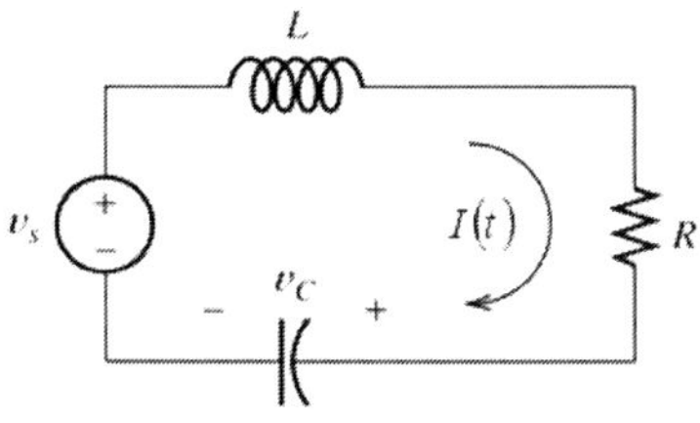

[그림 13-6] 직류 전압원을 갖는 RLC 직렬 회로

$$v_R = I\,R\ ,\ \ v_C = \frac{q}{C} = \frac{1}{C}\int I(t)dt\ ,\ \ v_L = L\frac{dI}{dt}\ ,$$

$$v_L + v_R + v_C = v_S\ \rightarrow\ L\frac{dI(t)}{dt} + RI(t) + \frac{1}{C}\int_0^t I(t)dt = v_s\ ,$$

$$\frac{d^2I(t)}{dt^2} + \frac{R}{L}\frac{dI(t)}{dt} + \frac{1}{LC}I(t) = 0 \rightarrow \frac{d^2I(t)}{dt^2} + 2\alpha\frac{dI(t)}{dt} + \omega_0^2 I(t) = 0$$

감쇠 계수: $\alpha = \dfrac{R}{2L}$, 비감쇠 공진 주파수: $\omega_0 = \dfrac{1}{\sqrt{LC}}$,

해 $i(t) = Ke^{st}$ 을 방정식에 대입, $s^2 + 2\alpha s + \omega_0^2 = 0$

$$s_1 = -\alpha + \sqrt{\alpha^2 - \omega_0^2}\ ,\ \ s_2 = -\alpha - \sqrt{\alpha^2 - \omega_0^2}\ ,\ \ \zeta = \alpha / \omega_0$$

1. 과감쇠(overdamped) 경우 (α 〉 ω_0 또는 ζ 〉 1),

   $$i(t) = K_1 e^{s_1 t} + K_2 e^{s_2 t}$$

2. 임계감쇠(critically damped) 경우 (α = ω_0 또는 ζ = 1).

   $$i(t) = K_1 e^{s_1 t} + K_2 t e^{s_1 t} \leftarrow\ s_1 = -\alpha$$

3. 미급감쇠(underdamped) 경우 (α 〈 ω_0 뜨는 ζ 〈 1).

   $$s_1 = -\alpha + j\omega_n\ ,\ \ s_2 = -\alpha - j\omega_n\ ,\ \ \omega_n = \sqrt{\alpha^2 - \omega_0^2}$$

   $$i(t) = K_1 e^{-\alpha t}\cos(\omega_n t) + K_2 e^{-\alpha t}\sin(\omega_n t)$$

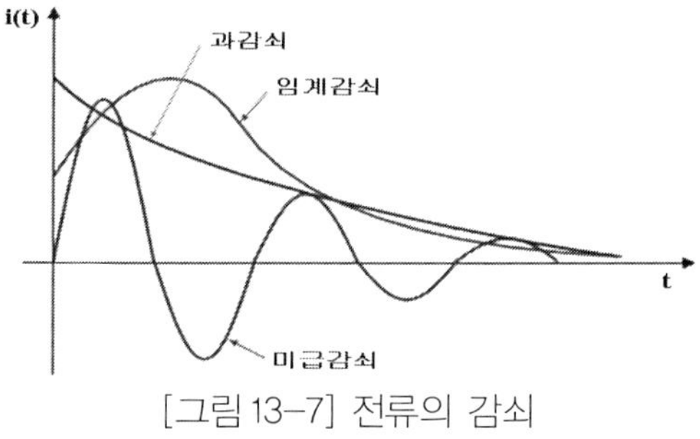

[그림 13-7] 전류의 감쇠

13-2 교류 전류

13-2-1 R 교류 전압회로

◻ 저항만 있는 교류전압 회로

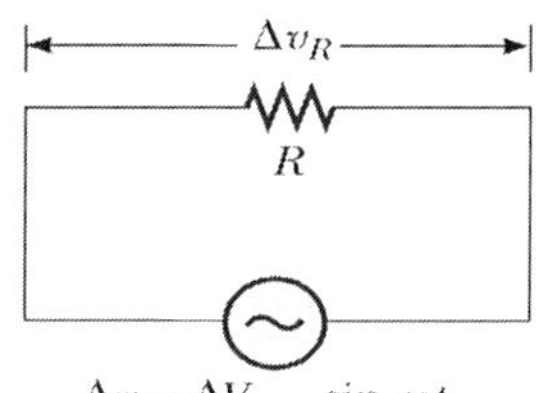

[그림 13-8] 저항 R 과 교류 전압원

전압 $\Delta v = \Delta V_{max} \sin \omega t$, $\Delta v_R = \Delta v \rightarrow$

$$i_R = \frac{\Delta v_R}{R} = \frac{\Delta V_{max}}{R} \sin \omega t , \quad I_{max} = \frac{\Delta V_{max}}{R}$$

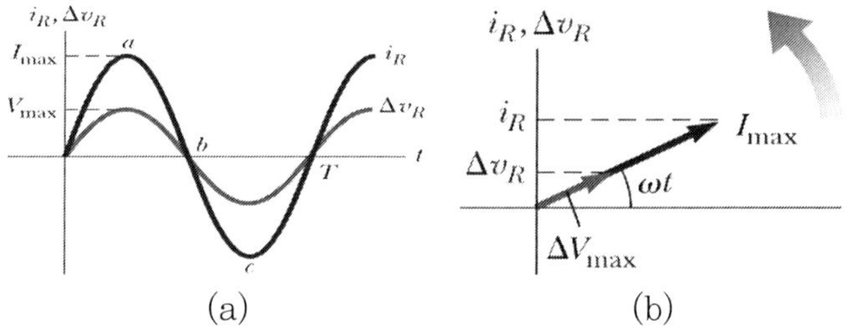

[그림 13-9] (a) 전류와 전압의 위상과 (b) 위상자 도표

저항의 전압과 전류의 위상은 동일하다. 즉, 전압과 전류
사이의 위상각은 0° 이다.

13-2-2 L 교류 전압회로

■ 코일 (인덕터)에 의한 교류전압 회로:

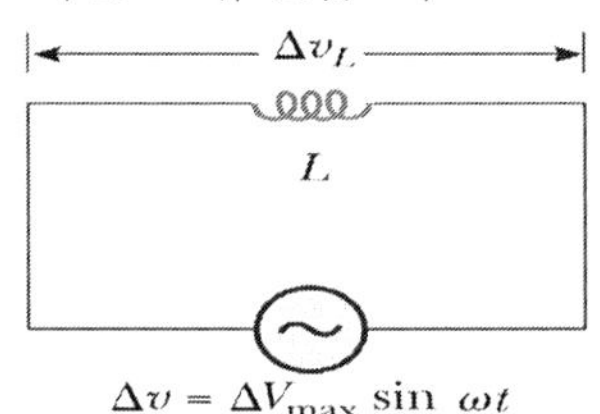

[그림 13-10] 인덕턴스 L 과 교류 전압원

전압 $\Delta v = \Delta V_{max} \sin \omega t$,

전압 $\Delta v_L = L \dfrac{d i_L}{dt} = \Delta V_{max} \sin \omega t \; \leftarrow \Delta v_L = \Delta v$,

$$i_L = \frac{\Delta V_{max}}{L} \int \sin \omega t \, dt = -\frac{\Delta V_{max}}{\omega L} \cos \omega t = \frac{\Delta V_{max}}{\omega L} \sin\left(\omega t - \frac{\pi}{2} \right)$$

유도 반응저항 (리액턴스) $X_L = \dfrac{V_L}{i_L} = \omega L = 2\pi f L$,

여기서 f : 교류전압의 주파수

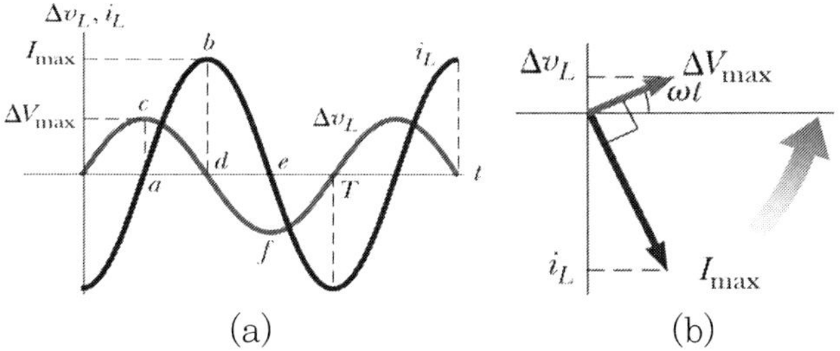

[그림 13-11] (a) 전류와 전압의 위상과 (b) 위상자 도표

코일의 전압이 전류보다 90° 빠르다. 즉, 코일이 전류 변화를
방해하므로 전류가 전압에 뒤쳐진다. 직류회로에서는 코일의
저항성분은 0 이다.

13-2-3 C 교류 전압회로

■ 축전기 교류 전압회로

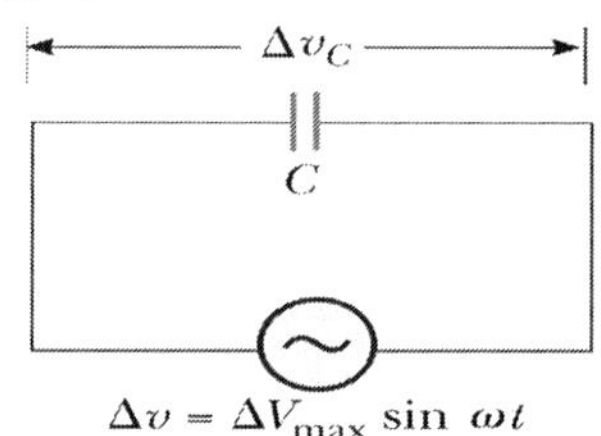

[그림 13-12] 축전기 C 와 교류 전압원

전압 $\Delta v = \Delta V_{max} \sin \omega t$, $\Delta v = \Delta v_C$,

축전기에 전하량 $q = C\Delta v_C = C\Delta V_{max} \sin \omega t$,

$$i_C = \frac{dq}{dt} = C\frac{d\left(V_m \sin \omega t\right)}{dt} = \omega C V_m \cos \omega t = \omega C V_m \sin\left(\omega t + \frac{\pi}{2}\right)$$

전기용량 반응저항 $X_C = \dfrac{V_C}{i_C} = \dfrac{1}{\omega C} = \dfrac{1}{2\pi f C}$

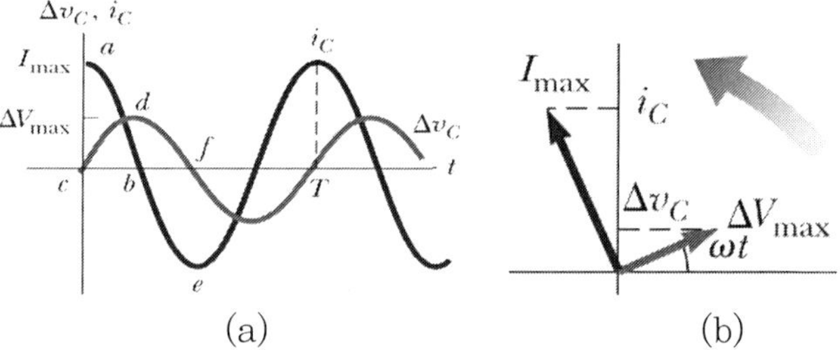

[그림 13-13] (a) 전류와 전압의 위상과 (b) 위상자 도표

축전기 전류가 전압보다 90° 빠르다. 직류에서 축전기의 저항
성분은 거의 무한대이다.

13-2-4 RC 교류 전압회로

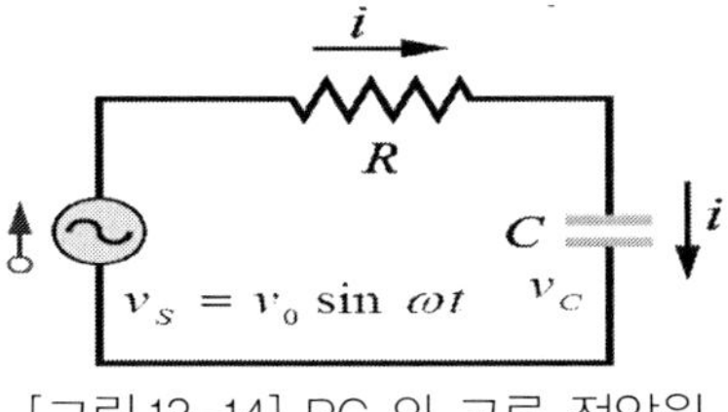

[그림 13-14] RC 와 교류 전압원

$$v_S = v_R + v_C \;\rightarrow\; v_S = iR + v_C, \quad -(1)$$

$$q = Cv_C \;\rightarrow\; i = C\frac{dv_C}{dt}, \quad -(2)$$

식(1)에 식(2)를 대입하여, $C\dfrac{dv_C(t)}{dt} + \dfrac{v_C(t) - V_S}{R} = 0 \rightarrow$

$$RC\frac{dv_C(t)}{dt} + v_C(t) = v_0 \sin \omega t$$

특수해는 $v_C(t) = C_1 \sin \omega t + C_2 \cos \omega t$ 을 대입하면

$$(C_1 - R\omega C_2)\sin \omega t + (C_2 + R\omega C_1)\cos \omega t = v_0 \sin \omega t$$

계수비교법을 이용하면,

$$C_1 - R\omega C_2 = v_0, \;\; C_2 + R\omega C_1 = 0$$

$$C_1 = \frac{v_0}{1 + (R\omega)^2}, \;\; C_2 = -\frac{R\omega}{1 + (R\omega)^2} \;\; 따라서$$

$$v_C(t) = C_1 \sin \omega t + C_2 \cos \omega t = \sqrt{C_1 + C_2}\,\sin\!\left(\omega t + \tan^{-1}\frac{C_2}{C_1}\right)$$

축전기의 전류는

$$i_C = \frac{dq_C}{dt} = \frac{d(Cv_C)}{dt} = \omega C \sqrt{C_1 + C_2}\,\cos\!\left(\omega t - \tan^{-1}\frac{C_2}{C_1}\right)$$

축전기 전압은 사인 함수이고 전류는 코사인 함수로 위상차가
만들어진다.

13-2-5 RLC 회로

◼ RLC 회로

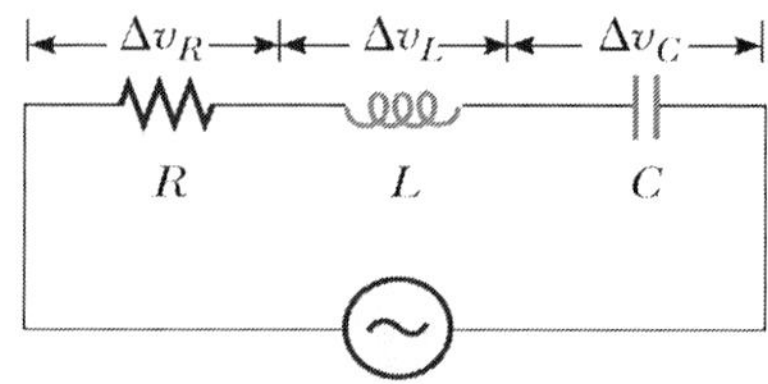

[그림 13-15] RLC 와 교류 전압원

순간 전압: $\Delta v = \Delta V_{max} \sin(\omega t + \phi)$

순간 전류: $i = I_{max} \sin \omega t$

$$\Delta v - iR - L\frac{di_L}{dt} - \frac{q}{C} = 0$$

$$\boxed{L\frac{d^2 q}{dt^2} + R\frac{dq}{dt} + \frac{q}{C} = \Delta V_{max} \sin(\omega t + \phi)}$$

◼ 위상자

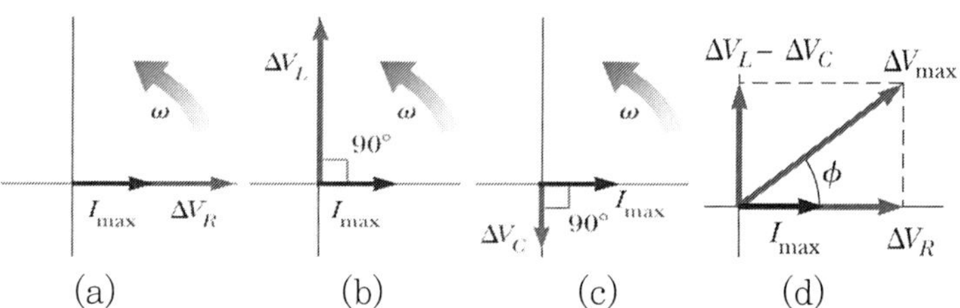

(a) (b) (c) (d)

[그림 13-16] (a) 저항, (b) 인덕터, (c) 축전기, (d) 합성 위상자

$$\Delta V_{max} = \sqrt{\Delta V_R^2 + (\Delta V_L - \Delta V_C)^2} = \sqrt{(I_{max}R)^2 + (I_{max}X_L - I_{max}X_C)^2}$$

$$\Delta V_{max} = I_{max}\sqrt{R^2 + (X_L - X_C)^2}$$

$$\rightarrow I_{max} = \frac{\Delta V_{max}}{\sqrt{R^2 + (X_L - X_C)^2}} = \frac{\Delta V_{max}}{Z}$$

온저항 또는 임피던스(impedance): $\boxed{Z \equiv \sqrt{R^2 + (X_L - X_C)^2}}$

여기서 $X_L = \omega L$ 그리고 $X_C = \dfrac{1}{\omega C}$ 이다.

■ 전류와 전압 사이의 위상각: 그림 13-16 (d) 에서

$$\phi = \tan^{-1}\left(\frac{\Delta V_L - \Delta V_C}{\Delta V_R}\right) = \tan^{-1}\left(\frac{I_{max}X_L - I_{max}X_C}{I_{max}R}\right)$$

$$\boxed{\phi = \tan^{-1}\left(\frac{X_L - X_C}{R}\right)}$$

■ 공명주파수: 구동 진동수를 조절하여 전류가 최대값을 갖도록 하면, RLC 회로는 공명 상태 (resonance)에 있다고 말한다. 이 때의 주파수가 공명주파수이다.

$$I_{rms} = \frac{\Delta V_{rms}}{Z} = \frac{\Delta V_{rms}}{\sqrt{R^2 + (X_L - X_C)^2}} \; ,$$

$X_L - X_C = 0$ 일 때가 전류가 최대가 된다.

즉, $\omega L = \dfrac{1}{\omega C} \rightarrow$ 공명 각진동수 $\omega_0 = \dfrac{1}{\sqrt{LC}}$,

공명주파수: $\boxed{f = \dfrac{1}{2\pi\sqrt{LC}}}$

■ 평균 전력:

$$\mathcal{P}_{avg} = I_{rms}^2 R = \frac{(\Delta V_{rms})^2}{Z^2} R = \frac{(\Delta V_{rms})^2 R}{R^2 + (X_L - X_C)^2} \; ,$$

$$(X_L - X_C)^2 = \left(\omega L - \frac{1}{\omega C}\right)^2 = \frac{L^2}{\omega^2}(\omega^2 - \omega_0^2)^2 \; ,$$

$$\mathcal{P}_{avg} = \frac{(\Delta V_{rms})^2 R \omega^2}{R^2\omega^2 + L^2(\omega^2 - \omega_0^2)^2} \; , \quad \omega - \omega_0 \; \text{일 때 최대이다.}$$

<table>
<tr><td colspan="2" align="center">★(19) 직류와 교류회로 구하기★</td></tr>
<tr><td>직렬회로</td><td>병렬회로</td></tr>
<tr><td>[1단계] 공통 전류 I 를 가정한다.</td><td>[1단계] 공통 전압 V 을 가정한다.</td></tr>
<tr><td>[2단계] 코일과 축전기의 교류를 나타내고 각 부분의 전압을 구한다.</td><td>[2단계] 코일과 축전기의 교류를 보고 각 부분의 전류를 구한다.</td></tr>
<tr><td>[3단계] 각부분의 전압으로 전체 전압을 구한다.</td><td>[3단계] 각 부분의 전류로 전체 전류를 구한다.</td></tr>
</table>

수식요약

직류 전압원

RC 회로: 충전회로 $v_C(t) = V_S(1 - e^{-t/\tau})$, $\tau \equiv RC$,

방전회로 $v_C(t) = V_i e^{-t/RC}$

RL 회로:

전압원이 있을 때: $i_L(t) = \dfrac{V_S}{R}(1 - e^{-t/\tau})$, $\tau \equiv \dfrac{L}{R}$,

전압원이 없을 때: $i_L(t) = \dfrac{V_S}{R} e^{-t/\tau}$

LC 회로의 진동:

$$Q = Q_{max}\cos(\omega t + \phi) \, , \quad \omega = \frac{1}{\sqrt{LC}} \, , \quad U_L = \frac{1}{2}LI_{max}^2$$

교류 전압원

R 회로: $i_R = \dfrac{\Delta V_{max}}{R}\sin \omega t$,

L 회로: $i_L = \dfrac{\Delta V_{max}}{\omega L}\sin\left(\omega t - \dfrac{\pi}{2}\right)$, $X_L = \omega L = 2\pi f L$.

C 회로: $i_C = \omega C V_m \sin\left(\omega t + \dfrac{\pi}{2}\right)$, $\quad X_C = \dfrac{1}{\omega C} = \dfrac{1}{2\pi f C}$.

RLC 회로:

임피던스: $Z \equiv \sqrt{R^2 + (X_L - X_C)^2} = \sqrt{R^2 + \left(wL - \dfrac{1}{wC}\right)^2}$,

전류와 전압 사이의 위상각 $\phi = tan^{-1}\left(\dfrac{X_L - X_C}{R}\right)$,

공명주파수 $f = \dfrac{1}{2\pi\sqrt{LC}}$,

단일소자들의 회로

교류소자	저항 R	코일 L	축전기 C
저항성분	저항	유도전류 방해	주파수 반비례
저항성분의 명칭	저항 R	유도리액턴스 X_L	용량리엑턴스 X_C
저항성분의 크기	R	$X_L = \omega L = 2\pi f L$	$X_C = \dfrac{1}{\omega C} = \dfrac{1}{2\pi f C}$
교류회로에서 옴의 법칙	$I = \dfrac{V}{R}$	$I = \dfrac{V}{X_L = 2\pi f L}$	$I = \dfrac{V}{X_C = \dfrac{1}{2\pi f C}}$
교류회로에서 주파수영향	무관	주파수와 전류는 반비례	주파수와 전류는 비례
전류전압의 위상	동일	전압이 90° 빠르다	전류가 90° 빠르다
교류에너지	수비	축적	축적
에너지크기	전력 $P = VI$	$E = \dfrac{1}{2} L I^2$	$E = \dfrac{1}{2} C V^2$

회로소자들의 조합에 따른 임피던스의 값과 위상각

회로소자	임피던스 Z	위상각
─\/\/\─	R	$0°$
─┤├─	X_C	$-90°$
─οοοο─	X_L	$90°$
─\/\/\─┤├─	$\sqrt{R^2 + X_C^2}$	$-90°$ 와 $0°$ 사이의 음의값
─\/\/\─οοοο─	$\sqrt{R^2 + X_L^2}$	$0°$ 와 $90°$ 사이의 양의값
─\/\/\─οοοο─┤├─	$\sqrt{R^2 + (X_L - X_C)^2}$	$X_C > X_L$ 일 때 음의 값, $X_C < X_L$ 일 때 양의 값.

13-1. (2012 MEET/DEET) 그림과 같은 RC 회로에서 시간 $t = 0$ 일 때 스위치 S 를 닫았다.

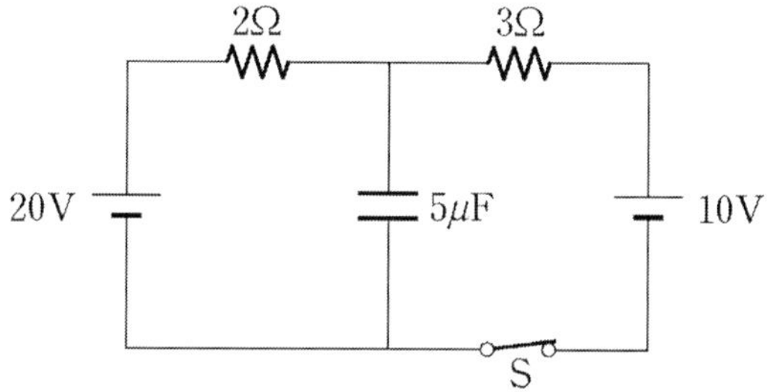

$t = \infty$ 일 때, 저항 값이 3Ω 인 저항에 흐르는 전류는?

① 1A   ② 2A   ③ 4A   ④ 5A   ⑤ 6A

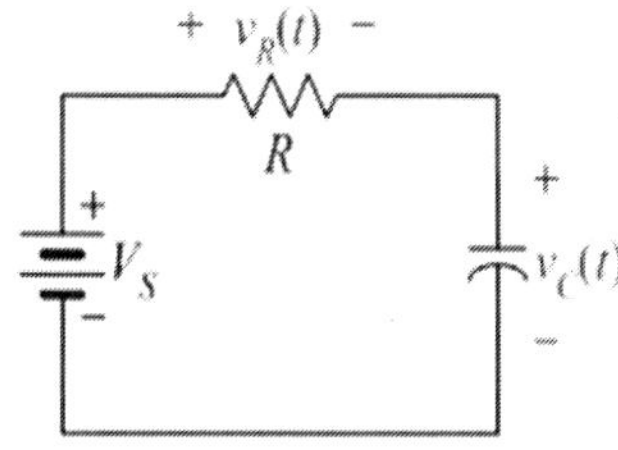

그림의 RC 회로의 경우에 회로에 흐르는 전류는 구하면,

★직류회로 구하기 – 직렬회로★

[1 단계] 공통 전류 I 를 가정한다.

[2 단계] 코일과 축전기의 교류를 나타내고 각 부분의 전압을 구한다.

저항 전압 $V_R = IR$, 축전기 전압 $V_C = \dfrac{q}{C}$

[3 단계] 각부분의 전압으로 전체 전압을 구한다.

$$V_S = V_C + V_R \;\rightarrow\; V_S - iR - \frac{q}{C} = 0 \;\rightarrow\; V_S - R\frac{dq}{dt} - \frac{q}{C} = 0$$

$$\frac{dq}{q - CV_S} = -\frac{dt}{RC} \;\rightarrow\; \left[ln(q - CV_S) \right]_0^q = -\frac{1}{RC}t \;\;,\;\; \tau \equiv RC$$

$$q(t) = CV_S(1 - e^{-t/\tau}) \;,\; 전류는 \;\; i = \frac{dq}{dt} = CV_S e^{-t/RC}$$

$t = \infty$ 일 때 축전기에 흐르는 전류는 0 이다. 회로는 아래로 나타낼 수 있다.

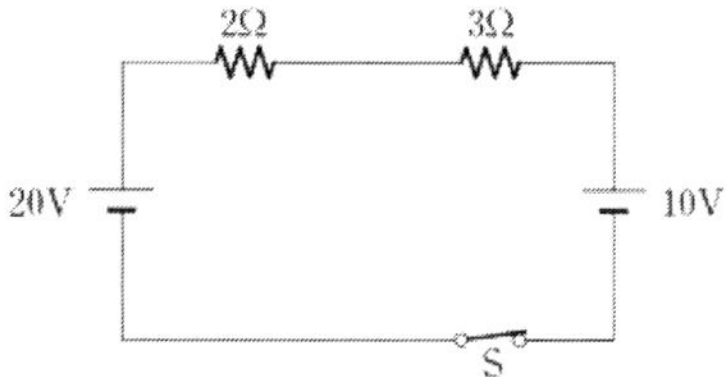

★직류회로 구하기★

[1 단계] 각 저항에 전류를 정한다 (옴의 법칙을 이용). 키르히 호프의 전류법칙을 이용 전류 방정식을 만든다.

$$\sum_{junction} I = 0 \;\rightarrow\; 전류는 하나로 방정식이 없다.$$

[2 단계] 각 닫힌 회로에 대해 키르히호프의 전압법칙을 적용하여 전압 방정식을 만든다. 처음 전압원의 부호는 (−) 로, 2 번째 전압원은 처음과 같은 방향이면 전압의 부호를 (−) 로, 다른 방향이면 (+) 로 정한다.

$$\sum_{closed\ loop} \Delta V = 0 \;\rightarrow 회로에서 \; -20 + i \times 5 + 10 = 0 \;\rightarrow\; i = 2A \;\; 이다.$$

답 (2)

13-2. (2013 PEET) 그림은 저항값이 R 인 저항 2개, 자체 유도 계수가 L 인 코일, 전기용량이 C 인 축전기 2개, 교류 전원으로 구성한 회로를 나타낸 것이다. 교류 전원의 각진동수는 ω 이고 전압의 실효값은 일정하다. 회로상의 점 p, q, r 에서의 전위는 각각 V_p, V_q, V_r 이고, 이 회로의 공명 각진동수는 ω_0 이다.

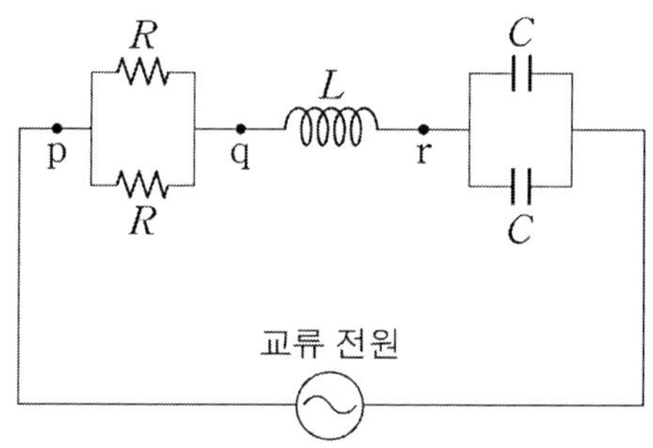

이에 대한 설명으로 옳은 것만을 [보기]에서 있는 대로 고른 것은? [5점]

[보 기]

ㄱ. $\omega_0 = \dfrac{1}{\sqrt{2LC}}$ 이다.

ㄴ. 저항을 통해 p 에서 q 로 흐르는 전류의 위상은 저항 양단의 전위차 $V_p - V_q$ 의 위상과 같다.

ㄷ. 코일 양단의 전위차 $V_p - V_r$ 의 진폭은 $\omega = \dfrac{\omega_0}{2}$ 일 때가 $\omega = \omega_0$ 일 때보다 크다.

① ㄴ   ② ㄷ   ③ ㄱ, ㄴ   ④ ㄱ, ㄷ   ⑤ ㄱ, ㄴ, ㄷ

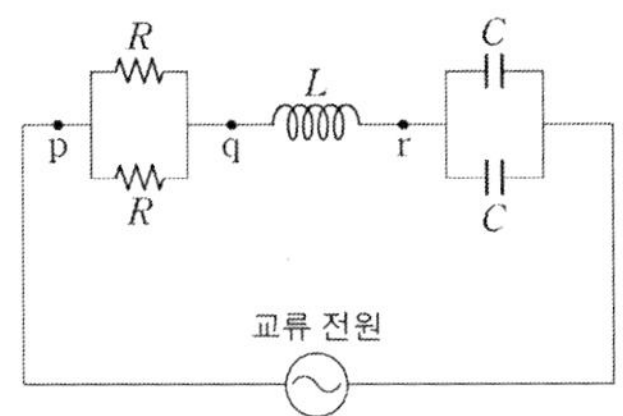

RLC 회로의 위상차는

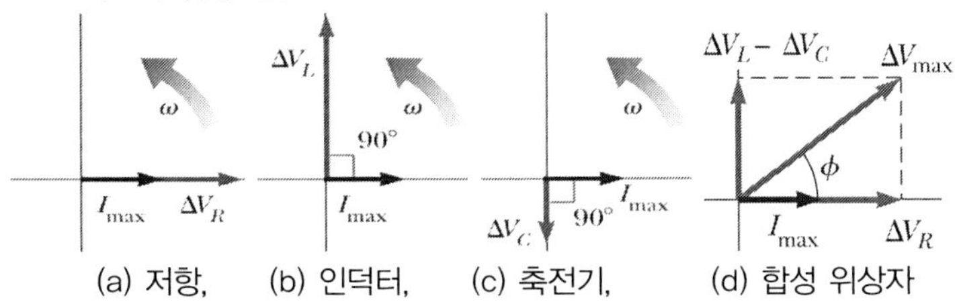

(a) 저항,　(b) 인덕터,　(c) 축전기,　(d) 합성 위상자

$$\Delta V_{max} = \sqrt{\Delta V_R^2 + (\Delta V_L - \Delta V_C)^2} = I_{max}\sqrt{R^2 + (X_L - X_C)^2}$$

$$\rightarrow I_{max} = \frac{\Delta V_{max}}{\sqrt{R^2 + (X_L - X_C)^2}} = \frac{\Delta V_{max}}{Z} \quad -(1)$$

임피던스 $Z \equiv \sqrt{R^2 + (X_L - X_C)^2}$, 여기서 $X_L = \omega L$ 그리고 $X_C = \frac{1}{\omega C}$ 이다.

구동 진동수를 조절하여 전류가 최대값을 갖을 때, 주파수가 공명주파수이다. 식(1)에서 $X_L - X_C = 0$ 일 때가 전류가 최대가 된다. 즉,

$$\omega L = \frac{1}{\omega C} \rightarrow \text{공명 각진동수 } \omega_0 = \frac{1}{\sqrt{LC}} ,$$

(ㄱ) 그림에서 등가 전기용량은 $C' = 2C$ 이므로 공명주파수는 $\dfrac{1}{\sqrt{2LC}}$.

(ㄴ) $V_R = IR'$ 로 저항은 전압과 전류의 위상에 변화를 주지 않는다.

(ㄷ) 인덕턴스 L 의 전압은 $V_L = IX_L$ 이고 RLC 회로에서 임피던스 $Z \equiv \sqrt{(R')^2 + (X_L - X_C)^2}$ 이다.

$$V_L = X_L \frac{V_S}{Z} = X_L \frac{V_S}{\sqrt{(R')^2 + (X_C - X_L)^2}} \; , \; R' = \frac{R}{2} \; , \; X_L = \omega L \; ,$$

$$X_C = \frac{1}{2\omega C} \; , \; \omega_0 = \frac{1}{\sqrt{2LC}} \; \text{을 대입하여}$$

$$(X_L - X_C)^2 = \left(\omega L - \frac{1}{2\omega C} \right)^2 = \frac{L^2}{\omega^2} (\omega^2 - \omega_0^2)^2$$

$$V_L = \omega L \frac{V_S}{\sqrt{(R/2)^2 + \dfrac{L^2}{\omega^2} \left(\omega^2 - \omega_0^2\right)^2}}$$

$\omega = \omega_0$ 일 때 $V_L = \dfrac{2\omega_0 L V_S}{R}$, $\omega = \dfrac{\omega_0}{2}$ 일 때

$$V_L = \frac{\omega_0}{2} L \frac{V_S}{\sqrt{(R/2)^2 + \dfrac{4L^2}{\omega_0^2} \left(\dfrac{\omega_0^2}{4} - \omega_0^2 \right)^2}} = \frac{\omega_0}{2} L \frac{V_S}{\sqrt{(R/2)^2 + \dfrac{9L^2 \omega_0^2}{4}}}$$

$$= \omega_0 L \frac{V_S}{\sqrt{R^2 + 9L^2 \omega_0^2}} \; ,$$

코일 양단의 전위차의 진폭은 $\omega = \dfrac{\omega_0}{2}$ 일 때가 $\omega = \omega_0$ 일 때 보다 작다.

답 (3)

IV

13-3. (2011 MEET/DEET) 그림은 각 진동수가 ω 이고 전압의 진폭이 일정한 교류 전원에 연결된 RC 직렬 회로를 나타낸 것이다. 이에 대한 설명으로 옳은 것만을 [보기]에서 있는 대로 고른 것은?

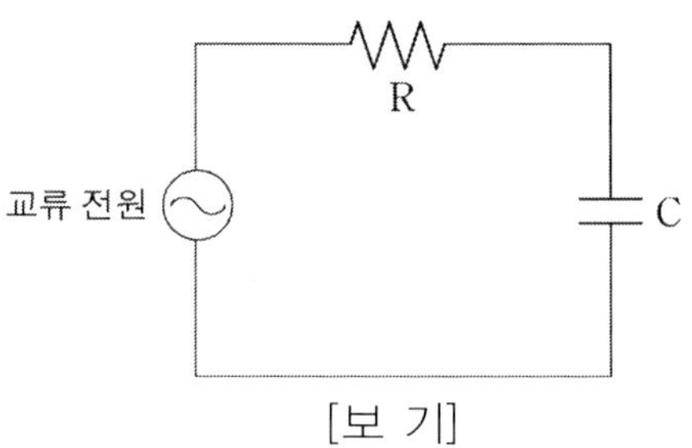

[보 기]

ㄱ. 회로에 흐르는 전류와 축전기 양단에 걸리는 전압의 위상차는 없다.

ㄴ. 회로에 흐르는 전류의 진폭은 ω 가 커질수록 감소한다.

ㄷ. 축전기 양단에 걸리는 전압의 진폭은 ω가 커질수록 감소한다

① ㄱ   ② ㄴ   ③ ㄷ   ④ ㄱ, ㄴ   ⑤ ㄴ, ㄷ

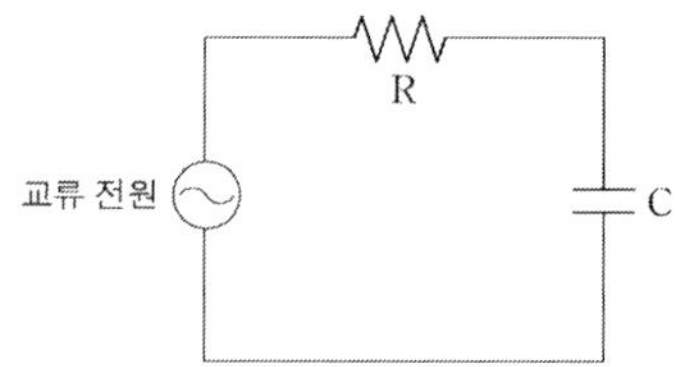

★RC 교류 전원회로 구하기 – 직렬회로★

[1 단계] 공통 전류 I 를 가정한다.

[2 단계] 코일과 축전기의 교류를 나타내고 각 부분의 전압은

저항 전압 $v_R = I R$, 축전기 전압 v_C

[3 단계] 각 부분의 전압으로 전체 전압을 구한다.

$$v_S = v_R + v_C \rightarrow v_S = iR + v_C, \quad -(1)$$

축전기 전하 $q = Cv_C \rightarrow i = \dfrac{dq}{dt} = C\dfrac{dv_C}{dt}, \quad -(2)$

식(1)에 식(2)를 대입하여, $C\dfrac{dv_C(t)}{dt} + \dfrac{v_C(t) - V_S}{R} = 0 \rightarrow$

$$RC\frac{dv_C(t)}{dt} + v_C(t) = v_0 \sin \omega t$$

(ㄱ) 축전기의 전압이 $V_C = A\sin(\omega t)$ 이라면 전류는

$$i_C = \frac{dq_C}{dt} = \frac{d(Cv_C)}{dt} = C\omega A \cos(\omega t) \quad -(3)$$로 전압은 사인 함수이고 전류는

코사인 함수로 위상차가 만들어진다.

(ㄴ) RC 회로의 위상차는

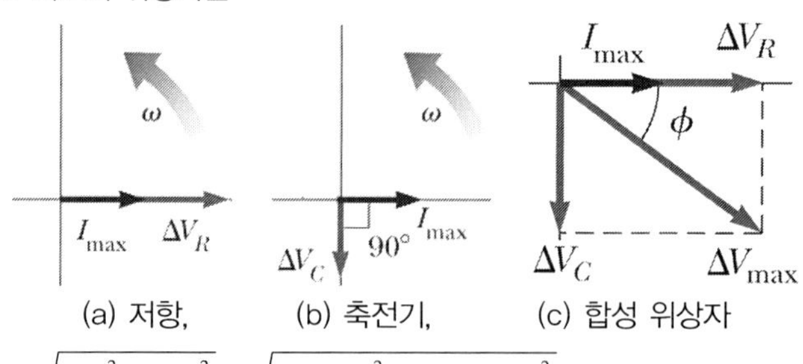

$$\Delta V_{max} = \sqrt{\Delta V_R^2 + \Delta V_C^2} = \sqrt{(I_{max}R)^2 + (I_{max}X_C)^2}$$

$$\Delta V_{max} = I_{max}\sqrt{R^2 + X_C^2} \quad \rightarrow \quad I_{max} = \frac{\Delta V_{max}}{\sqrt{R^2 + X_C^2}} = \frac{\Delta V_{max}}{Z},$$

임피던스 $Z \equiv \sqrt{R^2 + X_C^2}$ 이다.

식(3)에서 용량 리액턴스는 $X_C = \dfrac{1}{\omega C}$ 이다.

전류는 $I = \dfrac{\Delta V_{max}}{Z} = \dfrac{V_S}{\sqrt{R^2 + X_C^2}} = \dfrac{V_S}{\sqrt{R^2 + (1/(\omega C))^2}}$ 이다. ω 가 증가하면

X_C 가 감소한다. 따라서 전류는 I 는 증가한다.

(ㄷ) 축전기 C 에 출력전압은 $V_C = X_C I$ 이므로

$$V_C = X_C \frac{V_S}{\sqrt{R^2 + X_C^2}} = \frac{V_S}{\sqrt{1 + R^2 / X_C^2}}$$ 이다. $X_C = \dfrac{1}{\omega C}$ 에서 ω 가 증가하면

X_C 가 감소하므로 V_C 는 감소한다.

답 (3)

13-4. (2011 PEET) 그림은 전압의 진폭이 V 로 일정한 교류 전원에 연결된 RC 회로를 나타낸 것이다. V_R 와 V_C 는 각각 저항 R 와 축전기 C 양단에 걸리는 전압의 진폭이다.

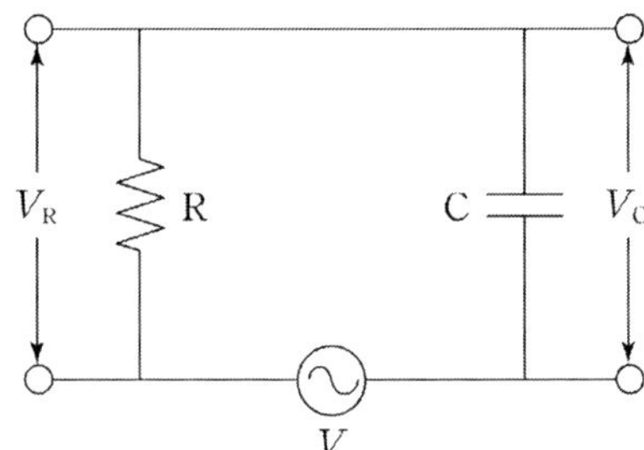

교류 전원의 진동수를 증가시킬 때, V_R 와 V_C 의 변화에 대한 설명으로 옳은 것은?

	V_R	V_C			
①	증가한다	증가한다.	②	증가한다	감소한다
③	변화 없다	감소한다.	④	감소한다	증가한다
⑤	감소한다	변화 없다			

RC 회로의 위상차는

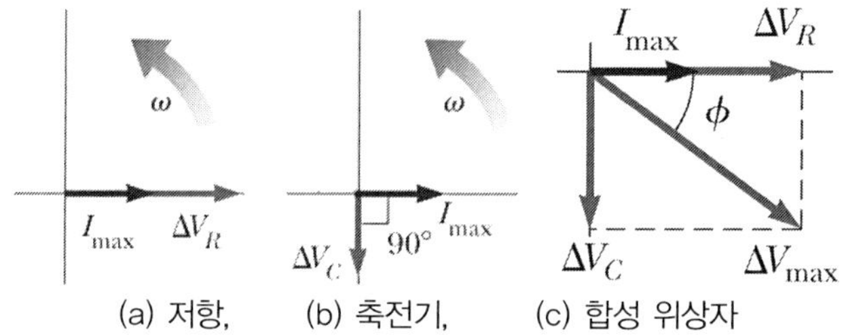

(a) 저항,   (b) 축전기,   (c) 합성 위상자

$$\Delta V_{\max} = \sqrt{\Delta V_R^2 + \Delta V_C^2} = \sqrt{(I_{\max}R)^2 + (I_{\max}X_C)^2}$$

$$\Delta V_{\max} = I_{\max}\sqrt{R^2 + X_C^2} \;\rightarrow\; I_{\max} = \frac{\Delta V_{\max}}{\sqrt{R^2 + X_C^2}} = \frac{\Delta V_{\max}}{Z},$$

임피던스 $Z \equiv \sqrt{R^2 + X_C^2}$, 용량 리액턴스 $X_C = \dfrac{1}{\omega C} = \dfrac{1}{2\pi f C}$.

$$V_R = RI = R\frac{V_S}{\sqrt{R^2 + X_C^2}} = \frac{V_S}{\sqrt{1 + X_C^2/R^2}} == \frac{V_S}{\sqrt{1 + 1/(2\pi f CR)^2}} ,$$

$$V_C = X_C I = X_C \frac{V_S}{\sqrt{R^2 + X_C^2}} = \frac{V_S}{\sqrt{1 + R^2/X_C^2}} = \frac{V_S}{\sqrt{1 + (2\pi f CR)^2}}$$

진동수 f 가 증가하면 저항 전압 V_R 은 증가하고 축전기 전압 V_C 는 감소한다.

답 (2)

IV

13-5. (2011 PEET) 그림 (가)는 전압이 V 로 일정한 직류 전원, 저항값이 R 인 저항, 전기용량이 C 인 축전기, 스위치 S 가 직렬로 연결된 회로를 나타낸 것이다. 축전기 내부의 유전율은 ε 이다. 그림 (나), (다), (라)는 S 를 닫았을 때 축전기에 충전되는 전하량 Q, 회로에 흐르는 전류 I, 축전기 양단의 전위차 V_C 를 각각 시간 t 에 따라 나타낸 그래프이다. a, b, c 는 각각 Q, I, V_C 의 최대값이다.

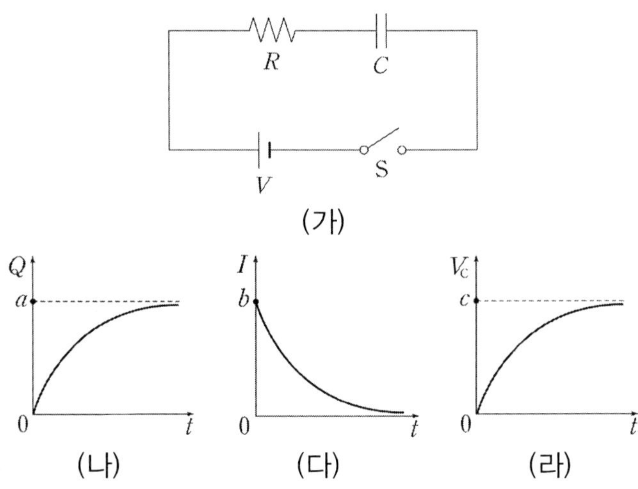

다른 조건은 그대로 두고 축전기의 내부를 유전율이 ε 보다 더 큰 유전체로 바꾸었을 때 a, b, c 의 변화에 대한 설명으로 옳은 것만을 [보기]에서 있는 대로 고른 것은?

[보 기]

ㄱ. a 는 증가한다.
ㄴ. b 는 증가한다.
ㄷ. c 는 증가한다.

① ㄱ   ② ㄴ   ③ ㄷ   ④ ㄱ, ㄴ   ⑤ ㄴ, ㄷ

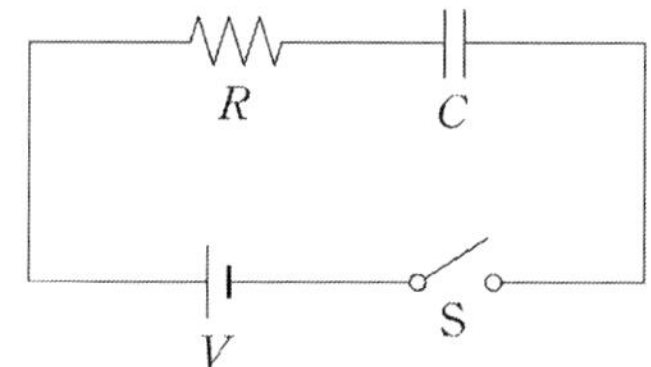

★RC 직류회로 구하기 – 직렬회로★

[1 단계] 공통 전류 I 를 가정한다.

[2 단계] 코일과 축전기의 교류를 나타내고 각 부분의 전압을 구한다.

저항 전압 $V_R = IR$, 축전기 전압 $V_C = \dfrac{q}{C}$

[3 단계] 각 부분의 전압으로 전체 전압을 구한다.

$$V = V_C + V_R \rightarrow V - IR - \frac{q}{C} = 0 \rightarrow V - R\frac{dq}{dt} - \frac{q}{C} = 0$$

$$\frac{dq}{q - CV} = -\frac{dt}{RC} \rightarrow \left[\ln(q - CV)\right]_0^q = -\frac{1}{RC}t \ , \ \tau \equiv RC$$

$$q(t) = CV(1 - e^{-t/\tau}), \ \text{전류는} \ I = \frac{dq}{dt} = CVe^{-t/RC} - (1)$$

유전율 ε_0 이 증가하면 축전기 $C = \varepsilon_0 \dfrac{A}{d}$ 로 C 가 증가한다.

(ㄱ) 축전기의 전하량은 $Q = CV$ 에서 C 가 증가하면 Q 가 증가한다.

(ㄴ) 직류 RC 회로에서 충전시 전류는 식(1) 에서 $I = CV_S e^{-t/RC}$ 이다. C 가 증가하더라도 $t = 0$ 일 때 I 은 일정하다.

(ㄷ) 충전시 축전기 전압은 $V_C = \dfrac{I}{C} = V_S\left(1 - e^{-t/RC}\right)$ 이다. C 가 증가하더라도 $t = \infty$ 일 때 V_C 값은 일정하다.

답 (1)

13-6. (2013 PEET) 다음은 축전기 충전실험의 과정과 결과의 일부를 나타낸 것이다.

[실험 과정]

(1) 전압이 10 V 로 일정한 전원 장치, 전기 용량이 C_1 인 축전기, 저항값이 R 인 저항을 이용하여 그림과 같은 회로를 구성한다.

(2) 스위치를 닫는 순간부터 1초 간격으로 전압계에서 측정한 전압을 기록한다.

(3) 스위치를 열고, 축전기를 전기 용량이 C_2 인 축전기로 교체한다.

(4) 과정 (2)를 반복한다.

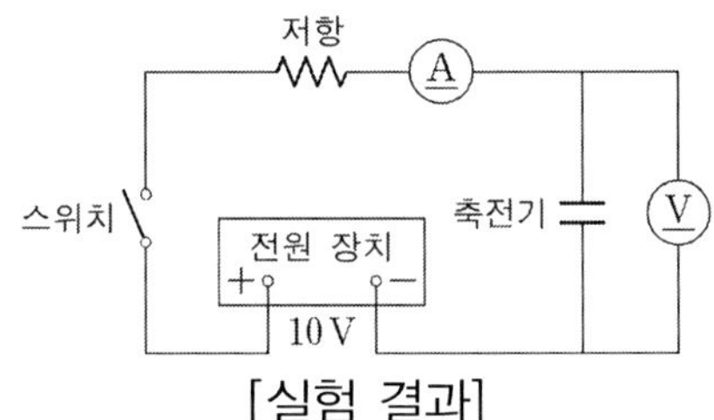

[실험 결과]

전기 용량	전압계에서 측정한 전압					
	0초	1초	2초	3초	4초	5초
C_1	0.0 V	6.3 V	8.6 V	9.5 V	9.8 V	9.9 V
C_2	0.0 V	3.9 V	6.3 V	7.8 V	8.6 V	9.2 V

이에 대한 설명으로 옳은 것만을 [보기]에서 있는 대로 고른 것은? [6점]

[보 기]

ㄱ. 전기 용량이 C_1 인 축전기를 연결한 경우, 이 회로의 시간 상수는 3초보다 크다

ㄴ. 전기 용량이 C_2 인 축전기를 연결한 경우, 전류계에 흐르는 전류의 세기는 1초일 때가 3초일 때보다 크다.

ㄷ. C_1은 C_2보다 작다.

① ㄴ   ② ㄷ   ③ ㄱ, ㄴ   ④ ㄱ, ㄷ   ⑤ ㄴ, ㄷ

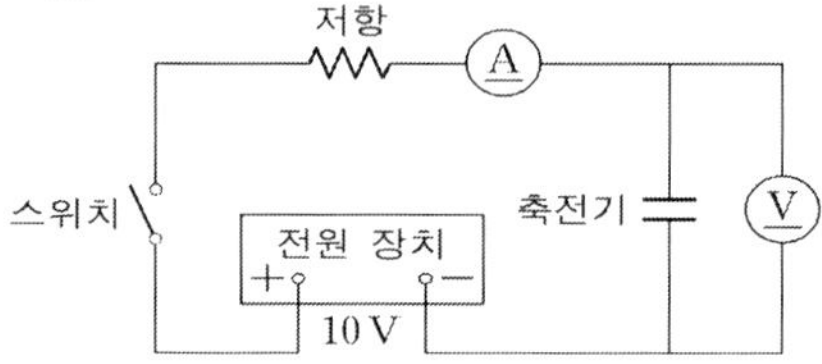

★RC 직류회로 구하기 – 직렬회로★

[1 단계] 공통 전류 I 를 가정한다.

[2 단계] 코일과 축전기의 교류를 나타내고 각 부분의 전압을 구한다.

저항 전압 $V_R = IR$, 축전기 전압 $V_C = \dfrac{q}{C}$

[3 단계] 각 부분의 전압으로 전체 전압을 구한다.

$$V = V_C + V_R \;\rightarrow\; V - IR - \frac{q}{C} = 0 \;\rightarrow\; V - R\frac{dq}{dt} - \frac{q}{C} = 0$$

$$\frac{dq}{q - CV} = -\frac{dt}{RC} \;\rightarrow\; \left[\ln(q - CV)\right]_0^q = -\frac{1}{RC}t \;,$$

시간상수 $\tau \equiv RC$, $q(t) = CV(1 - e^{-t/\tau})$, 전류는 $I = \dfrac{dq}{dt} = CVe^{-t/RC}$ —(1)

(ㄱ) 직류 RC 회로에서 충전기 전압은

$v_C(t) = V_S(1 - e^{-t/\tau})$, 시간 상수 $\tau \equiv RC$ 이므로 $t = 1$ s 인 실험결과에

대입하면, $6.3 = 10(1 - e^{-1/\tau}) \;\rightarrow\; 0.37 = e^{-1/\tau} \;\rightarrow\; -\dfrac{1}{\tau} = ln\left(\dfrac{37}{100}\right)$,

$\tau = \dfrac{1}{ln(100) - ln(37)}$ 으로 시간상수 $\tau < 1$ 이다.

(ㄴ) 회로의 전압은 $10 - RI + V_C(t) \;\rightarrow\; I = \dfrac{10 - V_{C_2}(t)}{R}$ 이므로

($t = 1$ 초 일 때 $I = \dfrac{10 - 3.9}{R}$) 〉 ($t = 3$ 초 일 때 $I = \dfrac{10 - 7.8}{R}$) 이다.

(ㄷ) $Q = CV$ 에서 $V_1 > V_2$ 이므로 $C_1 < C_2$ 이다.

답 (5)

13-7. (2013 MEET/DEET) 그림 (가), (나)와 같이 진동수 f, 진폭 V_0 인 교류 전원에 연결된 RC 회로에서 출력 단자를 각각 축전기와 저항에 연결하였다. $V_{출력}$ 은 출력 전압의 진폭이다.

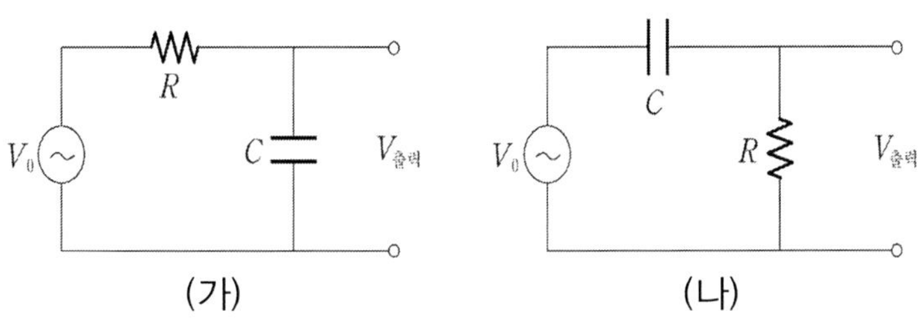

이에 대한 설명으로 옳은 것만을 [보기]에서 있는 대로 고른 것은? [1.5 점]

[보 기]

ㄱ. f 가 증가하면 (가)의 $V_{출력}$ 은 증가한다.

ㄴ. $f = \dfrac{1}{2\pi RC}$ 이면 (가)와 (나)의 $\dfrac{V_{출력}}{V_0}$ 은 서로 같다.

ㄷ. $f \ll \dfrac{1}{2\pi RC}$ 일 때 $V_{출력} \ll V_0$ 의 회로는 (나) 이다.

① ㄱ   ② ㄴ   ③ ㄱ, ㄷ   ④ ㄴ, ㄷ   ⑤ ㄱ, ㄴ, ㄷ

(ㄱ) 축전기 C 에 출력전압은 $V_C = X_C I$ 이고 RC 회로의 임피던스

$Z = \sqrt{R^2 + X_C^2}$ 이므로 전류는 $I = \dfrac{V_S}{Z} = \dfrac{V_S}{\sqrt{R^2 + X_C^2}}$ 이다.

따라서 $V_C = X_C \dfrac{V_S}{\sqrt{R^2 + X_C^2}} = \dfrac{V_S}{\sqrt{1 + R^2/X_C^2}}$,

$X_C = \dfrac{1}{2\pi f C}$ 이므로 $V_C = \dfrac{V_S}{\sqrt{1 + \left(2\pi f C R\right)^2}}$ $-(1)$ 이다.

진동수 f 가 증가하면 출력 전압 V_C 는 감소한다.

(ㄴ) $f = \dfrac{1}{2\pi RC}$ 이면 (가) 에서 출력전압은 식(1) 에서

$V_C = \dfrac{V_S}{\sqrt{1 + \left(2\pi f C R\right)^2}} = \dfrac{V_S}{\sqrt{2}}$ 이고 (나)에서 출력전압은

$V_R = RI = R \dfrac{V_S}{\sqrt{R^2 + X_C^2}} = \dfrac{V_S}{\sqrt{1 + X_C^2/R^2}} = = \dfrac{V_S}{\sqrt{1 + 1/\left(2\pi f C R\right)^2}}$ $-(2)$

$f = \dfrac{1}{2\pi RC}$ 이면 $V_R = \dfrac{V_S}{\sqrt{2}}$ 이다. $V_C = V_R$

(ㄷ) $f \ll \dfrac{1}{2\pi RC} \rightarrow 2\pi f RC \ll 1$ 일 때 식 (1) 에서

$V_C \gg \dfrac{V_S}{\sqrt{2}}$ 이고 식(2) 에서 $V_C \ll \dfrac{V_S}{\sqrt{2}}$ 이다. $V_{출력} \ll V_0$ 의 회로는 (나)

이다.

$$\text{답 (4)}$$

13-8. (2009 MEET/DEET) 그림 (가)는 진동수 10^4 Hz인 사인(sine) 파형의 교류 전압 ε 을 시간에 따라 나타낸 것이며, 그림 (나)는 이 교류 전원이 연결된 RLC 회로를 나타낸 것이다.

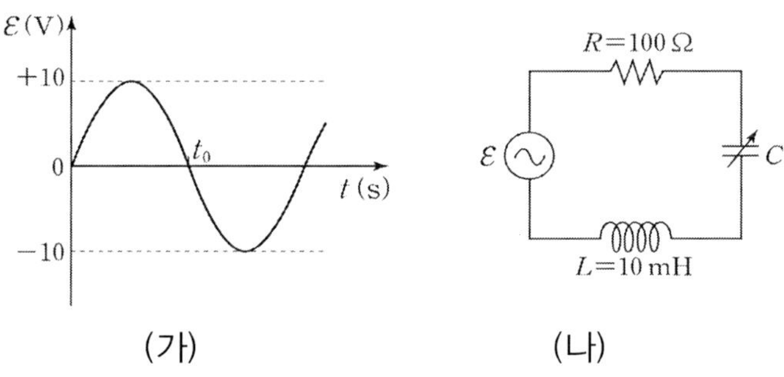

그림 (가)의 t_0 와 그림 (나)에서 공명이 일어나기 위한 전기 용량 C값을 옳게 짝지은 것은?

	t_0	C

① 5×10^{-5}, $\dfrac{1}{4\pi^2}\,\mu F$ ② 5×10^{-5}, $\dfrac{1}{2\pi^2}\,\mu F$

③ 2×10^{-4}, $\dfrac{1}{4\pi^2}\,\mu F$ ④ 2×10^{-4}, $\dfrac{1}{2\pi^2}\,\mu F$

⑤ 2×10^{-4}, $\dfrac{1}{\pi^2}\,\mu F$

RLC 회로의 위상차는

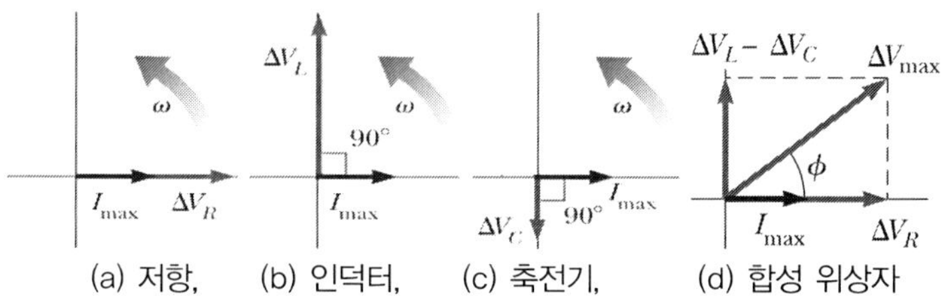

$$\Delta V_{max} = \sqrt{\Delta V_R^2 + (\Delta V_L - \Delta V_C)^2} = I_{max}\sqrt{R^2 + (X_L - X_C)^2}$$

$$\rightarrow I_{max} = \frac{\Delta V_{max}}{\sqrt{R^2 + (X_L - X_C)^2}} = \frac{\Delta V_{max}}{Z} \quad -(1)$$

임피던스 $Z \equiv \sqrt{R^2 + (X_L - X_C)^2}$

여기서 $X_L = \omega L$ 그리고 $X_C = \dfrac{1}{\omega C}$ 이다.

구동 진동수를 조절하여 전류가 최대값을 갖을 때, 주파수가 공명주파수이다.

식(1)에서 $X_L - X_C = 0$ 일 때가 전류가 최대가 된다. 즉, $\omega L = \dfrac{1}{\omega C} \rightarrow$

공명 각진동수 $\omega_0 = \dfrac{1}{\sqrt{LC}}$, 공명주파수 $f = \dfrac{1}{2\pi\sqrt{LC}}$ $-(2)$ 이다.

주기가 t이고 시간 $t_0 = \dfrac{t}{2} = \dfrac{1}{2f} = \dfrac{1}{2 \times 10^{-4}} = 5 \times 10^{-5}\,s$ 이고

식(2)에서 $C = \dfrac{1}{f^2 4\pi^2 L} = \dfrac{1}{(10^4)^2 4\pi^2 (10 \times 10^{-3})} = \dfrac{10^{-6}}{4\pi^2}$

답 (1)

IV

13-9. (2010 MEET/DEET) 그림 (가)는 교류기전력이 ε 인 전원에 연결된 RLC 회로를 나타낸 것이다. 점 a, b, c 에서의 전위는 각각 V_a, V_b, V_c 이고 $V_R(=V_a-V_b)$ 는 저항 양단의 전위차이다. 그림 (나)는 ε 과 V_R를 시간에 따라 나타낸 것이다.

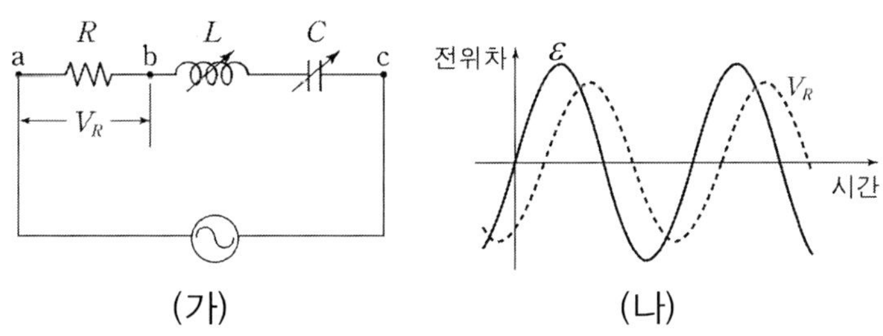

이 회로에 대한 설명으로 옳은 것만을 [보기]에서 있는 대로 고른 것은? (단, $\varepsilon = V_a - V_c$ 이다.)

[보 기]

ㄱ. 교류기전력의 진동수는 회로의 공명 진동수보다 크다.

ㄴ. 저항값과 전기용량을 그대로 두고 인덕턴스를 증가시키면 V_R의 진폭은 줄어든다.

ㄷ. 저항값과 인덕턴스를 그대로 두고 전기용량을 증가시키면 V_R의 진폭은 줄어든다.

① ㄱ   ② ㄴ   ③ ㄱ, ㄷ   ④ ㄴ, ㄷ   ⑤ ㄱ, ㄴ, ㄷ

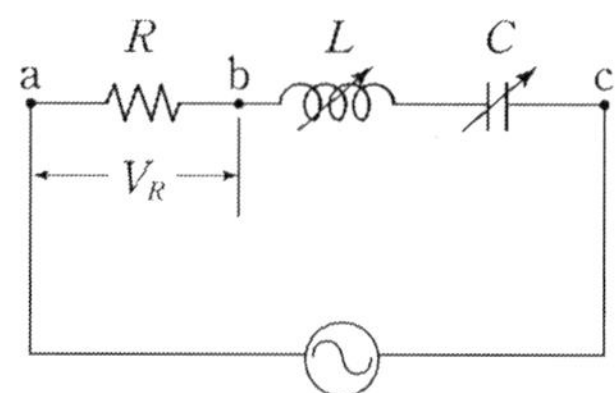

RLC 회로의 위상차 그래프에서 합성 전압은

$$\Delta V_{\max} = \sqrt{\Delta V_R^2 + (\Delta V_L - \Delta V_C)^2} = I_{\max}\sqrt{R^2 + (X_L - X_C)^2}$$

$$\rightarrow I_{\max} = \frac{\Delta V_{\max}}{\sqrt{R^2 + (X_L - X_C)^2}} = \frac{\Delta V_{\max}}{Z} \quad -(1)$$

임피던스 $Z \equiv \sqrt{R^2 + (X_L - X_C)^2}$ 여기서 $X_L = \omega L$ 그리고 $X_C = \dfrac{1}{\omega C}$ 이다.

(ㄱ) 전류가 최대값을 갖을 때, 주파수가 공명 주파수이므로 식(1)에서 $X_L - X_C = 0$ 일때 주파수가 공명주파수이다. 즉,

$$\omega L = \frac{1}{\omega C} \rightarrow \text{공명 각진동수} \ \omega_0 = \frac{1}{\sqrt{LC}} \ , \ f_0 = \frac{1}{2\pi\sqrt{LC}} \ .$$

교류기전력의 진동수는 식(1)에서 $X_L > X_C \rightarrow 2\pi f L > \dfrac{1}{2\pi f C}$

$$\rightarrow f > \frac{1}{2\pi\sqrt{LC}} \rightarrow f > f_0$$

(ㄴ) 식(1)을 적용하여

$$V_R = RI = R\frac{\Delta V_{\max}}{\sqrt{R^2 + (X_L - X_C)^2}} = \frac{\Delta V_{\max}}{\sqrt{1 + \left[(\omega L - (1/\omega C))^2 / R^2\right]}} \ , -(2)$$

R = 일정, C = 일정하면 인덕턴스 L 을 증가하면 V_R 이 감소한다.

(ㄷ) 식(2) 에서 R = 일정, L = 일정하면 C 를 증가시키면 V_R 이 감소한다.

답 (5)

13-10. (2012 PEET) 그림은 저항값이 R 인 저항, 자체 유도
계수가 L 인 코일, 전기용량이 C 인 축전기, 교류 전원으로 구
성된 회로를 나타낸 것이다. 교류 전원의 각진동수는 ω 이고,
전압의 실효값은 일정하다. 시간 t 일 때, 점 p 에 흐르는
전류는 $I_0 \sin \omega t$ 이다.

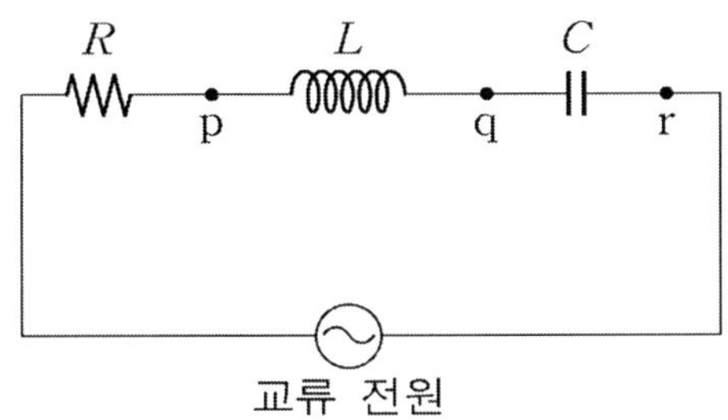

이에 대한 설명으로 옳은 것만을 [보기]에서 있는 대로 고른 것
은?

[보 기]

ㄱ. 점 q 에 흐르는 전류는 $I_0 \sin \omega t$ 이다.

ㄴ. 저항에서 소비되는 평균 전력은 $\dfrac{1}{2} R I^2$ 이다.

ㄷ. 점 p 와 r 양단의 전위차의 최대값은 $\left| I_0 \left(\omega L - \dfrac{1}{\omega C} \right) \right|$ 이다.

① ㄱ   ② ㄷ   ③ ㄱ, ㄴ   ④ ㄴ, ㄷ   ⑤ ㄱ, ㄴ, ㄷ

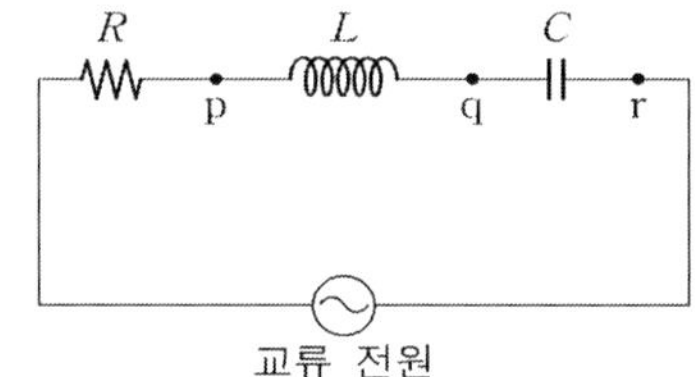

(ㄱ) 인덕터 L 에 대해서 $V_L = L\dfrac{dI}{dt}$ 로 전압과 전류의 위상차가 있지만 전류의 위상은 변하지 않는다. 따라서 점 p 에 흐르는 전류 $I_0 \sin \omega t$ 면 코일을 통과할 때 점 q 에 흐르는 전류도 $I_0 \sin \omega t$ 형태 이다.

(ㄴ) 평균전류는 $I_{rms} = \dfrac{I_{max}}{\sqrt{2}}$ 이므로 평균전력은 $P = R\left(\dfrac{I}{\sqrt{2}}\right)^2 = \dfrac{1}{2}RI^2$ 이다.

(ㄷ) 점 p 와 점 r 사이의 직렬 LC 회로의 임피던스(Z) 를 LC 회로의 위상차 그래프에서 합성 전압에서 구하면,

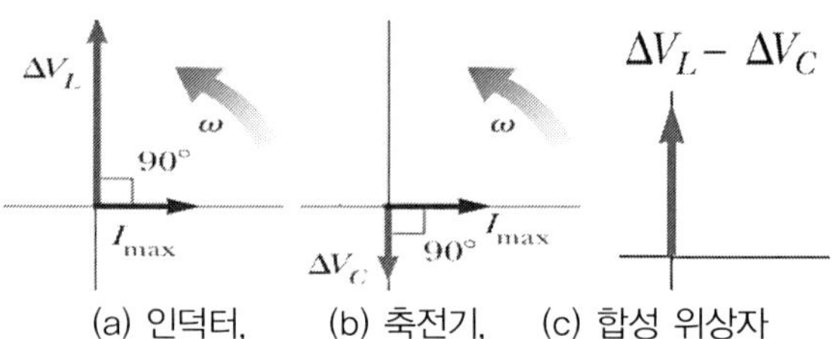

$$\Delta V_{max} = \Delta V_L - \Delta V_C = I_{max}(X_L - X_C) = I_{max}Z \quad -(1)$$

임피던스 $Z = X_L - X_C$, 여기서 $X_L = \omega L$ 그리고

$X_C = \dfrac{1}{\omega C}$ 이다. 점 p 와 r 양단의 전위차의 최대값은 식(1)에서

$$\Delta V_{max} = I_0 \left| \omega L - \frac{1}{\omega C} \right|$$

답 (5)

V.

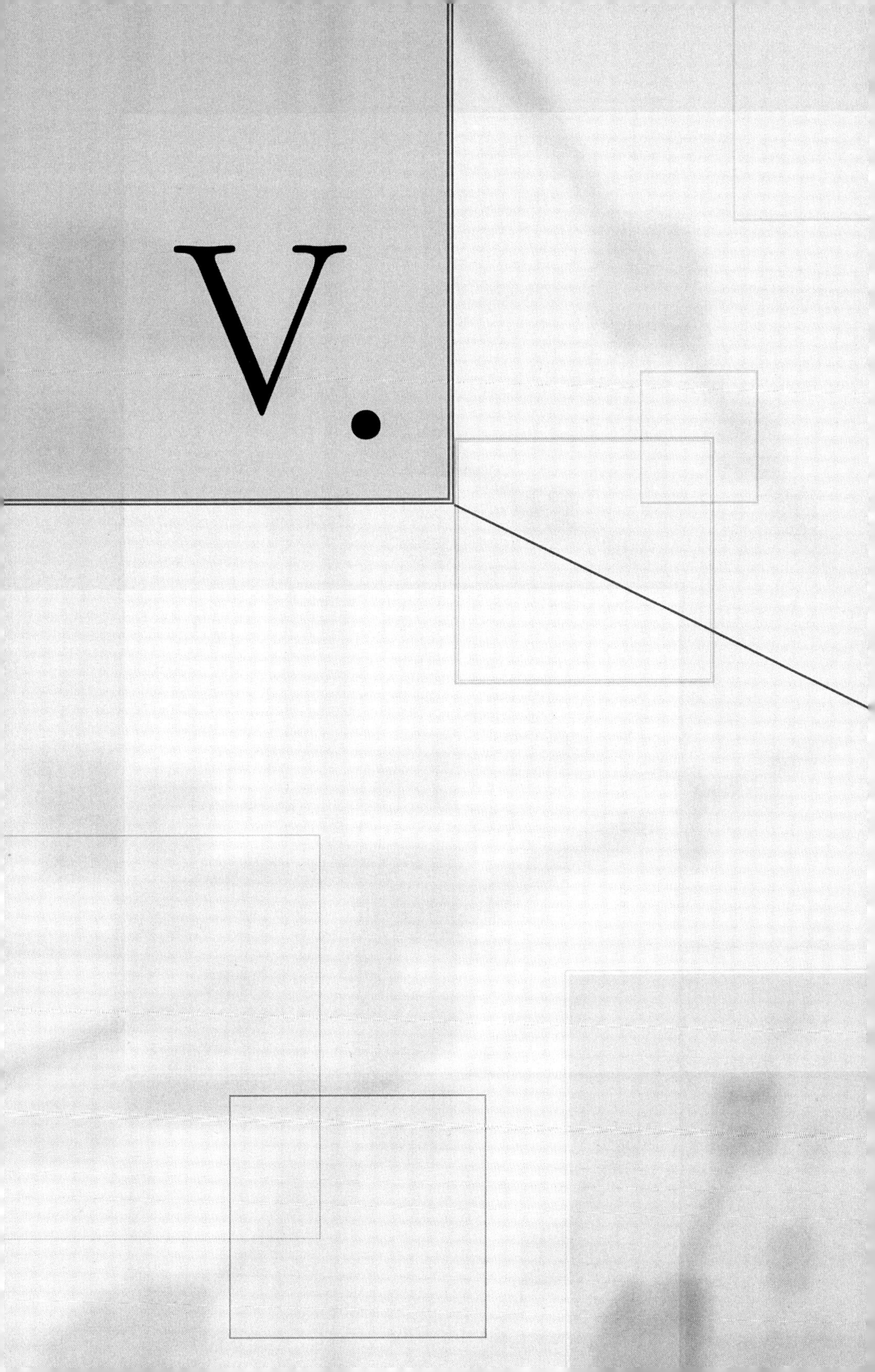

전자기파, 현대물리

14장 / 전자기파

14-1 전자기파

14-1-1 진행하는 전자기파의 정성적 이해

◻ 전자기파의 특성

(1) 전자기파의 진행 방향 $\vec{E} \times \vec{B}$ 은 전기장 $\vec{E}$ 와 전기장 $\vec{B}$ 에 대해 수직하다.

(2) 전기장은 자기장에 대해 항상 수직이다. $\vec{E} \perp \vec{B}$

(3) 전기장과 자기장은 가로파동과 같이 $\sin \theta$ 모양으로 변화한다. 같은 진동수와 같은 위상을 갖는다.

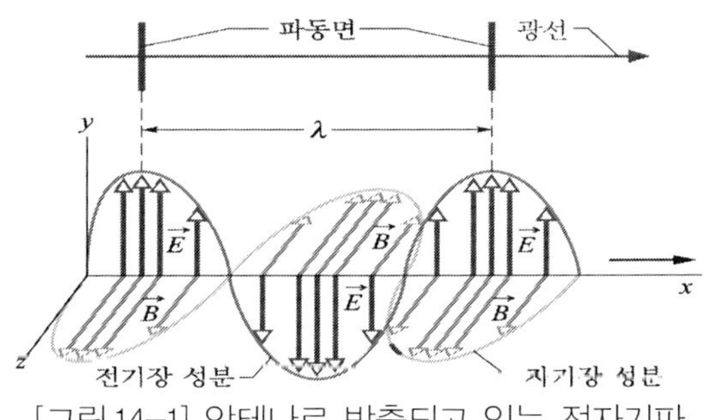

[그림 14-1] 안테나로 방출되고 있는 전자기파

◻ 전자기파가 양의 x 축 방향으로 신행하고, 전기장 $\vec{E}$ 이 y 축 방향으로 진동하며, 자기장 $\vec{B}$ 이 z 축을 따라 진동한다고

가정하면, 전기장 $E = E_y \sin(kx - \omega t)$,

자기장 $B = B_z \sin(kx - \omega t)$, 여기서 E_y : 전기장 진폭,

   B_z : 자기장 진폭, ω : 각진동수, k : 각주파수.

■ 파동속력과 전기장 및 자기장의 진폭

파동속력 $\boxed{c = \dfrac{1}{\sqrt{\mu_o \varepsilon_o}} = 3 \times 10^8 \, m}$,

$\dfrac{\text{전기장 진폭}}{\text{자기장 진폭}} = c \;\rightarrow\; \dfrac{|E|}{|B|} = c$ (크기의 비)

14-1-2 에너지 수송과 포인팅 벡터

■ 전자기파의 세기

빛의 세기 $I = \left(\dfrac{\text{에너지/시간}}{\text{넓이}}\right)_{avg} = \left(\dfrac{\text{일률}}{\text{넓이}}\right)_{avg}$,

포인팅 벡터 $S = \dfrac{1}{\mu_0} \vec{E} \times \vec{B} = \dfrac{1}{c\mu_o} \left[E^2\right]_{avg} = \dfrac{1}{c\mu_o} \left[E_m^2 \sin^2(kx - \omega t)\right]_{avg}$

$I = S \;\rightarrow\; \boxed{I = \dfrac{1}{c\mu_o} E_{rms}^2 \approx E^2}$

여기서 $\sin^2 \theta$ 의 평균값은 $1/2$ 이고, 전기장의 제곱평균

제곱근(rms) 값: $E_{rms} = \dfrac{E_m}{\sqrt{2}}$

V

14-1-3 편광

■ 편광 (polarized): 파에서
진동이 확정된 방향일 때
전자기 파에서 편광방향은
전기장과 나란한 방향이다.

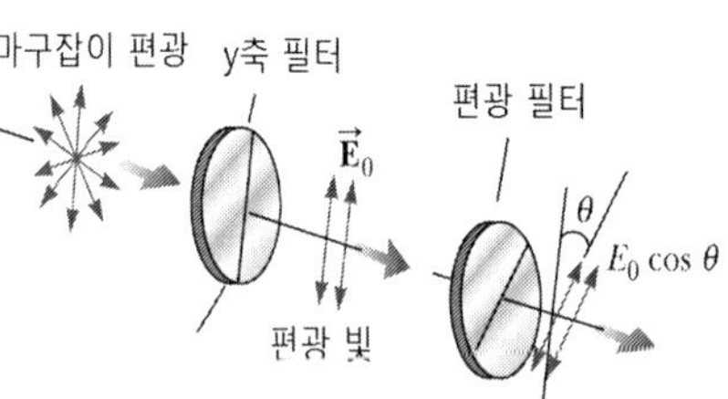

[그림 14-2] 편광된 빛의 광선

절반법칙: 비편광 → 편광될 때 공식 $\boxed{I = \dfrac{1}{2}I_0}$,

코사인 제곱법칙: 편광 → 편광될 때 공식,

$I = (\text{진폭의 제곱})^2 = (E_o \cos\theta)^2 = E_o^2 \cos^2\theta = I_o \cos^2\theta$,

$$\boxed{I = I_0 cos^2\theta}$$

14-1-4 반사와 굴절

◘ 반사 법칙: $\theta_1' = \theta_1$

◘ 굴절의 법칙: $n_2 \sin\theta_2 = n_1 \sin\theta_1$ (스넬(Snell) 법칙)

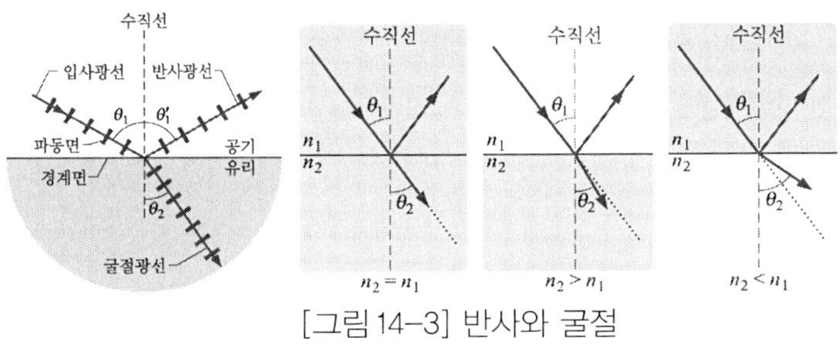

[그림 14-3] 반사와 굴절

14-1-5 내부 전반사

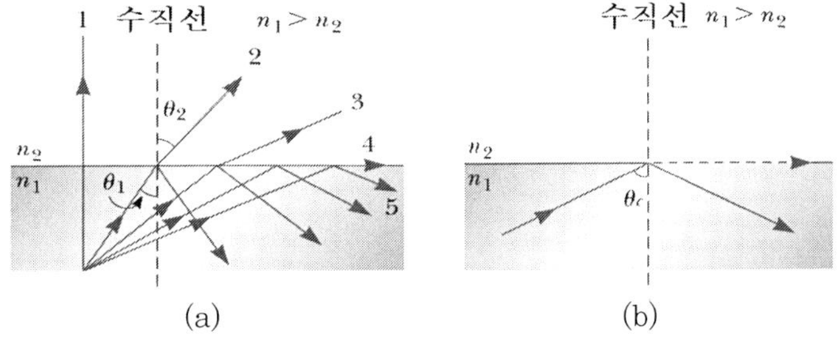

[그림 14-4] 안테나로 방출되고 있는 전자기파: (a) 4 광선은 임계각, 5 번 광선은 내부전반사 이다. 5 번 광선의 입사각은 4 번 광선 임계각보다 크다. (b) 내부 전반사의 임계각.

◻ 입사매질의 굴절률이 굴절매질의 굴절률 보다 큰 경우:

$$n_2 \sin \theta_2 = n_1 \sin \theta_1 \;\rightarrow\; n_1 \sin \theta_C = n_2 \;\rightarrow\; \theta_C = \sin^{-1}\left(\frac{n_2}{n_1}\right)$$

임계각 (θ_c): 굴절각이 90° 가 되는 입사각,

내부 전반사: (입사각 θ_1) 〉 (임계각 θ_C) 인 경우, 모든 빛은
　굴절이 일어나지 않는다.

<table>
<tr><td colspan="1" align="center">★ (20) 반사와 굴절 구하기 ★</td></tr>
</table>

[1 단계] 광선에 따라 입사각, 반사각, 굴절각을 그린다.

[2 단계] 굴절법칙을 적용한다.

$$n_1 \sin \theta_1 = n_2 \sin \theta_2 \;\rightarrow\; \frac{\sin \theta_1}{\sin \theta_2} = \frac{n_2}{n_1} = \frac{v_1}{v_2} = \frac{\lambda_1}{\lambda_2} \;,$$

$$\text{전반사입사각} \;\; \theta > \text{임계각} \;\; \theta_C = \sin^{-1}\left(\frac{n_2}{n_1}\right) .$$

14-2 기하광학

14-2-1 두 종류의 상

◻ 상 (image): 물체와 동일한 모습이며 단지 크기만 다름.
　허상 (virtual image): 거울 속의 물체, 물 속의 동전.
　실상 (real image): 사진필름, 스크린의 강의록.

14-2-2 평면거울

허상을 만들며, $\boxed{i = -p}$,

p : 거울로부터 물체까지 거리,

i : 거울로부터 상까지 거리로
　서로 반대쪽에 위치.

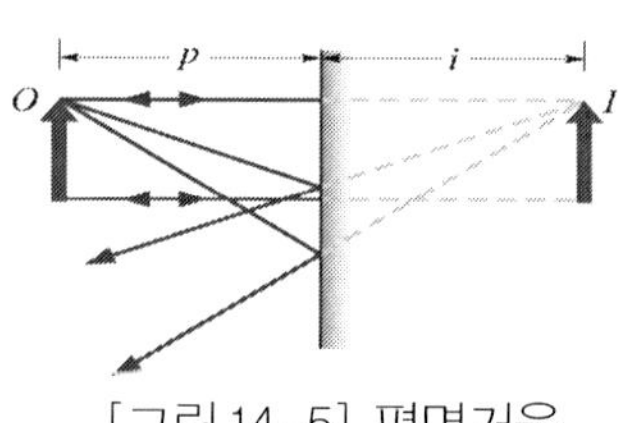

[그림 14-5] 평면거울

14-2-3 구면거울

오목거울: 곡률반경이 물체와 같은 쪽으로 빛을 모은다.

볼록거울: 곡률반경이 물체와 반대 쪽에 넓은 범위를 본다.

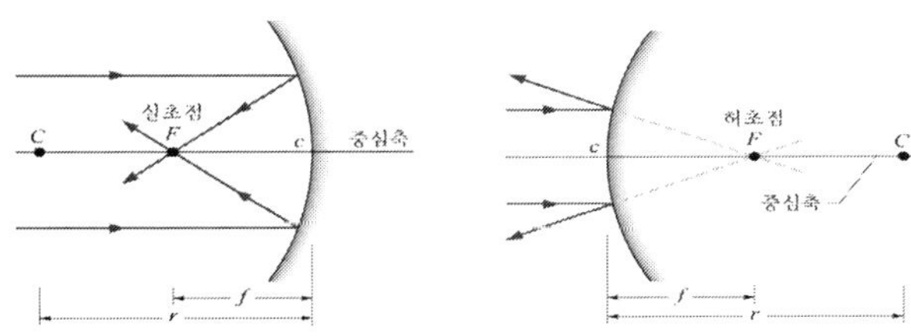

[그림 14-6] 안테나로 방출되고 있는 전자기파

$$f = \frac{1}{2}r$$, f : 초점거리, r : 거울의 곡률반지름.

14-2-4 구면거울이 만드는 영상

■ 오목거울과 볼록거울

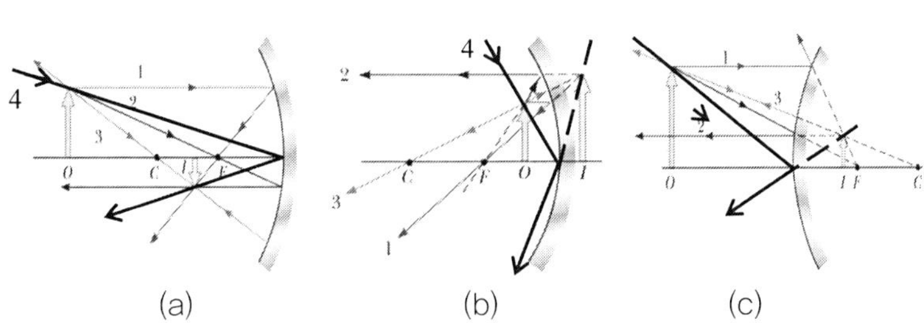

(a)　　　　　(b)　　　　　(c)

[그림 14-7] (a) 오목거울 $p < f$, 물체보다 큰 정립허상, (b) 오목거울 $p > f$, 작은 도립 실상 ($p = f$, 상이 없다). (c) 볼록 거울: 상은 물체보다 작은 정립 허상.

$$\frac{1}{p} + \frac{1}{i} = \frac{1}{f} = \frac{2}{r}$$ (구면거울) , $$\frac{h'}{h} = -\frac{i}{p} = m$$ (가로배율)

14-2-5 얇은 렌즈

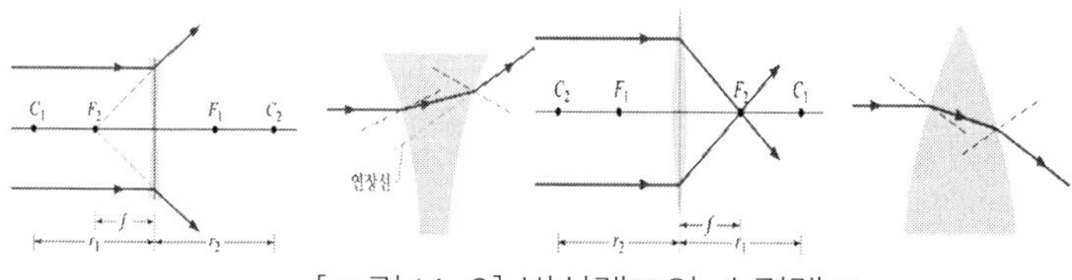

[그림 14-9] 발산렌즈와 수렴렌즈

■ 얇은 렌즈: 렌즈를 통과하는 광선에 거의 영향을 주지 않는 두께를 가진 렌즈

$$\frac{1}{f} = \frac{1}{p} + \frac{1}{i} \ , \quad \frac{h'}{h} = -\frac{i}{p} = m \ , \quad p : 물체의 \ 거리, \quad i : 상의 \ 거리$$

$$\boxed{\frac{1}{f} = (n-1)\left(\frac{1}{r_1} - \frac{1}{r_2}\right)} \ , \ (공기중의 \ 얇은 \ 렌즈)$$

n : 렌즈 굴절률, r_1 : 앞면의 곡률반경, r_2 : 뒷면의 곡률반경.

■ 발산 렌즈: 렌즈의 중심이 얇은 경우 ($f < 0$).
  수렴 렌즈: 렌즈의 중심이 두꺼운 경우 ($f > 0$).

■ 빛살 추적법으로 상의 위치 찾기
1번 광선: 렌즈 축에 평행하게 입사해서 반대쪽에 있는 초점을
  지난다.
2번 광선: 초점 부근을 지나 렌즈로 입사한 후 중심축에
  평행하게 진행한다.
3번 광선: 렌즈의 중심을 향한 빛살은 경로 변화없이 진행한다.

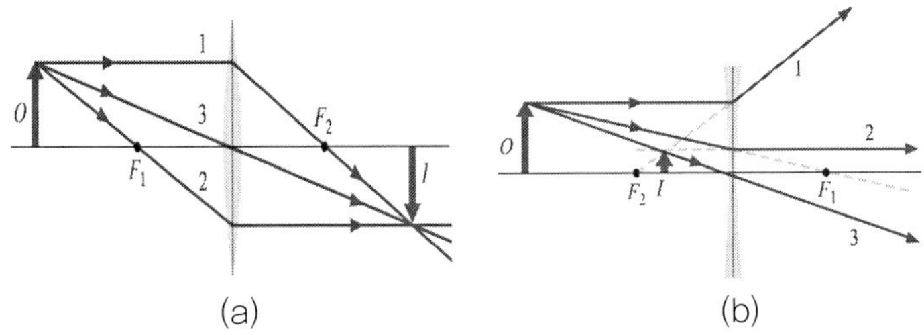

[그림 14-10] (a) 수렴 렌즈의 광추적, (b) 발산렌즈의 광추적.

■ 수렴렌즈와 발산렌즈

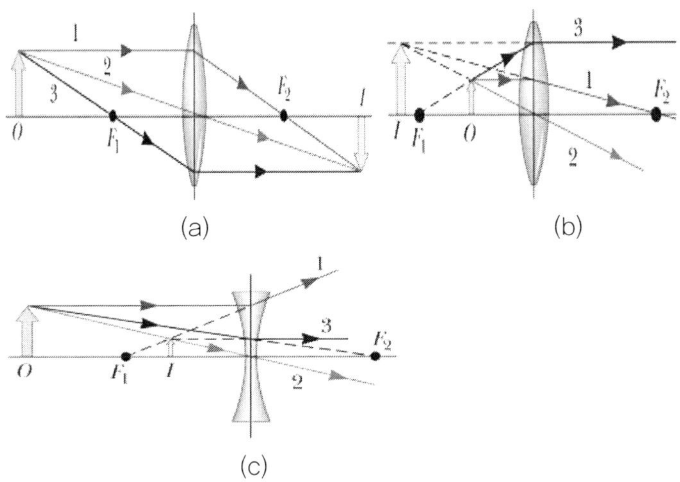

[그림 14-11] (a) 수렴렌즈 $p < f$: 도립 실상 (b) 수렴렌즈 $p > f$: 물체보다 큰 정립 허상, (c) 발산렌즈, 향상 물체보다 작은 정립 허상.

★(21) 거울과 렌즈 구하기★

[1 단계] 광선의 광추적으로 상의 위치를 그린다.
광추적은 2 개의 광선을 이용한다.

[2 단계] 렌즈 (또는 거울) 법칙을 적용하여 문제를 푼다.

렌즈 초점 $\dfrac{1}{f} = (n-1)\left(\dfrac{1}{r_1} - \dfrac{1}{r_2}\right)$,

n : 렌즈 굴절률, r_1 : 앞면 곡률반경, r_2 : 뒷면 곡률반경.

거울의 초점 $f = \dfrac{1}{2}r$, r : 거울의 곡률반지름.

렌즈와 거울 공식: $\dfrac{1}{f} = \dfrac{1}{p} + \dfrac{1}{i}$,

p : 물체 거리, i : 상 거리, f : 초점 거리

배율 공식 $\dfrac{h'}{h} = -\dfrac{i}{p} = m$,

초점의 부호: 수렴렌즈 초점 $f > 0$, 발산렌즈 초점 $f < 0$,

상의 부호: 렌즈는 물체와 반대편에 있을 때 $i > 0$,

거울은 물체와 같은 편에 있을 때 $i < 0$ 이다.

[3 단계] 광추적 결과와 계산결과를 비교한다.

14-3 광학적 간섭

14-3-1 빛은 파동이다.

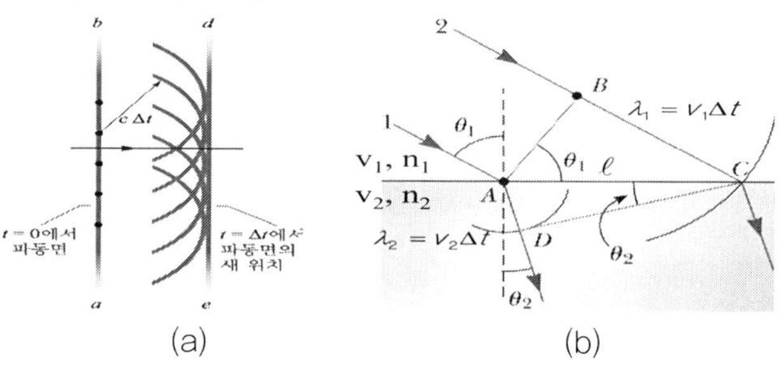

[그림 14-12] (a) 호이겐스 원리, (b) 전자기파의 굴절

□ 호이겐스 (Huygens)의 원리: 회절 (에돌이)

파동면의 모든 점은 이차 구면파의 점샘이 된다. 시간 파면 t 후의 파동면은 이차파동들의 접면이 된다.

■ 파동의 굴절의 법칙: ΔABC 에서, $\overline{AC} = \ell$, $\overline{BC} = \lambda_1$, $\overline{AD} = \lambda_2$, $\sin \theta_1 = \dfrac{\lambda_1}{\ell}$, $\sin \theta_2 = \dfrac{\lambda_2}{\ell}$,

$$\frac{\sin \theta_1}{\sin \theta_2} = \frac{\lambda_1}{\lambda_2} = \frac{v_1 \Delta t}{v_2 \Delta t} = \frac{v_1}{v_2} = \frac{c/n_1}{c/n_2} = \frac{n_2}{n_1} \quad \leftarrow 굴절률 \ \ n = \frac{c}{v}$$

$$\boxed{n_1 \sin \theta_1 = n_2 \sin \theta_2}$$

■ 파장과 굴절률

– 매질내의 파장: 매질의 굴절률이 클수록 빛의 파장이 짧아진다.

$$c = f\lambda, \ v = f\lambda_n \ \rightarrow \ \frac{c}{n} = v \ \rightarrow \ \frac{\lambda f}{n} = f\lambda_n \ \rightarrow \ \boxed{\lambda_n = \frac{\lambda}{n}}$$

v : 매질에서 광속, c : 진공에서 광속,

λ : 진공 중에서 단색광의 파장.

– 매질 내의 진동수: 매질의 진동수는 진공 중에서 와 같은 값을 갖는다.

$$f_n = \frac{v}{\lambda_n} = \frac{c/n}{\lambda/n} = \frac{c}{\lambda} = f$$

■ 파동이 서로 다른 굴절률을 갖은 매질을 통과하면 두 파동 거리의 위상차가 달라진다.

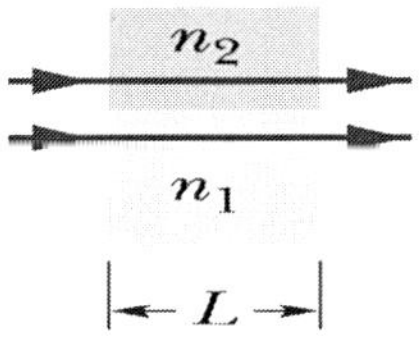

매질 1 에서 파장의 개수

$$N_1 = \frac{L}{\lambda_{n1}} = \frac{Ln_1}{\lambda} \ , \ N_2 - \frac{L}{\lambda_{n2}} = \frac{Ln_2}{\lambda}$$

[그림 14–13] 매질의 위상자

위상차: $N_2 - N_1 = \dfrac{Ln_2}{\lambda} - \dfrac{Ln_1}{\lambda} = \dfrac{L}{\lambda}(n_2 - n_1)$

14-3-2 영 (young)의 간섭실험

☐ 결맞음 (coherence): 두 파동들의 위상들이 같다는 것

  ↔ incoherence (결안맞음).

☐ 이중 슬릿에 대한 보강과 상쇄 간섭

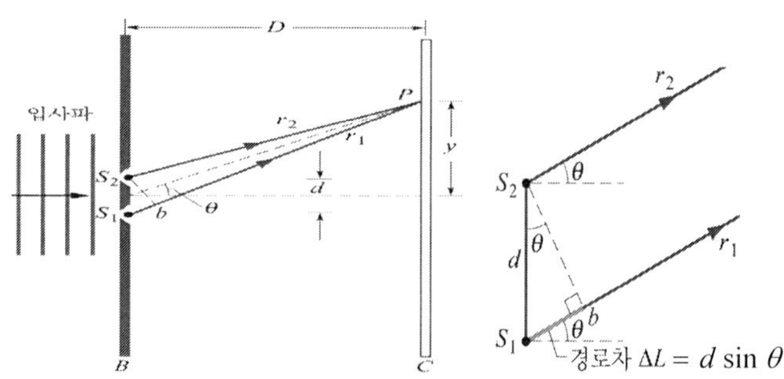

[그림 14-14] 이중 슬릿

경로차 $d \sin \theta = m\lambda$, $m = 1,2,3...$ (보강: 같은 위상)

경로차 $d \sin \theta = \left(m + \dfrac{1}{2}\right)\lambda$ (상쇄: 파장 위상이 π만큼 차이)

$\tan \theta = \dfrac{y}{D} \rightarrow y_{bright} = D \tan \theta_{bright}$, $\tan \theta \approx \sin \theta_{bright} = \dfrac{y_{bright}}{D}$,

중심에서부터 밝은 무늬 거리 $y_{bright} = \dfrac{D}{d} m\lambda$

중심에서부터 어두운 무늬 거리 $y_{dark} = \dfrac{D}{d}\left(m + \dfrac{1}{2}\right)\lambda$

★(22) 영의 이중슬릿 구하기★

[1 단계] 파장 λ , 슬릿 사이 거리 d , 슬릿과 스크린 거리 L 를 구한다.

[2 단계] 간섭의 상쇄와 보강에 따라 경로차 공식과
슬릿에 무늬 공식들을 적용한다.

보강: $d \sin \theta = m\lambda$, 상쇄: $d \sin \theta = \left(m + \dfrac{1}{2} \right)\lambda$,

중심에서 슬릿 무늬 거리:

밝은 무늬 $y_{bright} = \dfrac{D}{d} m\lambda$,

어두운 무늬 $y_{dark} = \dfrac{D}{d}\left(m + \dfrac{1}{2} \right)\lambda$.

14-3-3 박막 간섭

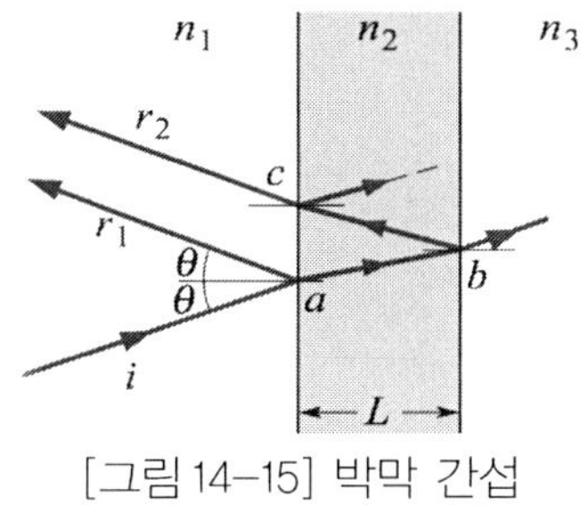

[그림 14-15] 박막 간섭

■ 박막의 다른 표면들에서부터 반사된 빛들 사이의 간섭:
박막에 부딪히는 빛은 윗면에서 일부가 반사되고 (광선 r_1),
일부가 굴절된다. 굴절된 광선은 박막 밑면에서 다시 일부가
반사되어 광선 r_2 가 나온다.

■ 그림 14-15 에서 $n_1 < n_2 > n_3$ 인 경우에 보강 조건과 상쇄
조건:

(1) 굴절률에 대한 위상차 변화:

$n_1 > n_2$: 반사파와 입사파의 위상차는 λ 이다.

$n_1 < n_2$: 반사파와 입사파의 위상차는 $\lambda/2$ 이다.

따라서 r_1 은 $n_1 < n_2$ 이므로 입사파 r 과 반사파 r_1 의 위상차는 $\lambda/2$ 이다. $n_2 > n_3$ 이므로 입사파 r 과 반사파 r_2 의 위상차는 λ 이다. 즉, 반사파 r_1 과 반사파 r_2 의 위상차는 $\lambda/2$ 이다.

(2) 두께에 대한 보강의 박막 조건은

$$2L = \frac{1}{2}\lambda_{n_2} \;\rightarrow\; 2L = \left(m + \frac{1}{2}\right)\frac{\lambda}{n_2}, \quad m = 0,1,2\ldots\;,$$

상쇄의 박막 조건은 $2L = \lambda_{n_2} \;\rightarrow\; 2L = m\,\dfrac{\lambda}{n_2}$,

★(23) 박막 간섭 구하기★
[1 단계] 반사파의 간섭이 상쇄인지 보강인지를 확인한다.
[2 단계] 굴절률에 대한 위상차 구한다. 입사면 n_1 > 굴절면 n_2 : 위상차는 λ . 입사면 n_1 < 굴절면 n_2 : 위상차는 $\lambda/2$ 이다.
[3 단계] 박막두께(L)에 대한 위상차 구한다. 굴절률 위상차에 따라 박막 두께의 위상차는 $2L = \dfrac{1}{2}\lambda_{n_2} = \dfrac{\lambda}{2n_2}$, $\quad 2L = \lambda_{n_2} = \dfrac{\lambda}{n_2}$

14-3-4 분산과 프리즘

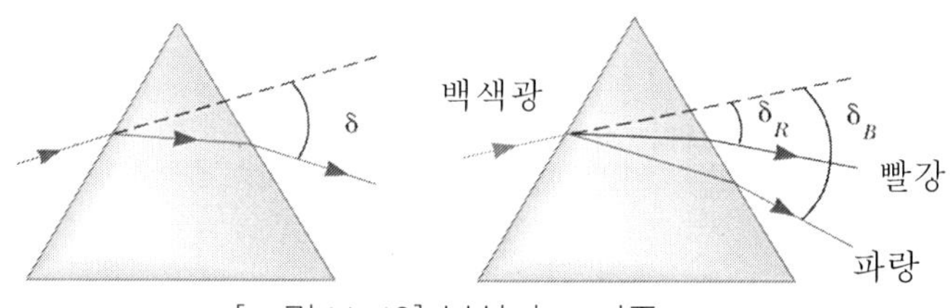

[그림 14-16] 분산과 프리즘

■ 분산: 진공을 제외한 모든 물질에서 빛의 파장에 따라 굴절률이 다르다. 굴절률이 파장에 따라 달라지는 것을

분산이라고 한다. 스넬 법칙에 따라, 빛이 물질에 입사할 때 형성되는 굴절각은 빛의 파장에 따라 달라진다.

◩ 프리즘의 분산: 프리즘 내부에 파장(λ/n)이 크면 굴절률이

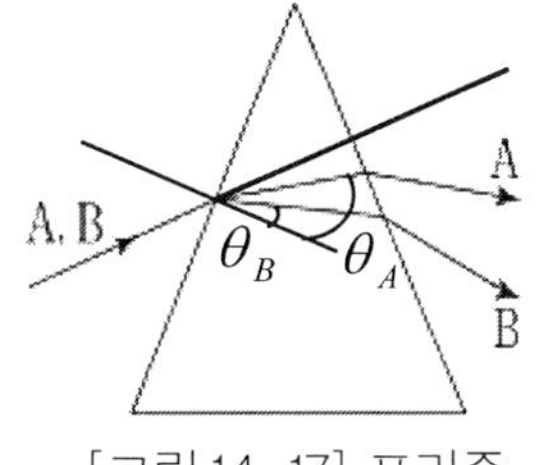

작다. 빛이 프리즘을 입사하는 경계에서
$n_1 = 1$ 일 때, $n_1 \sin \theta_1 = n_2 \sin \theta_2$

$\rightarrow \sin \theta_1 = n_2 \sin \theta_2$

$\rightarrow n_2 = \dfrac{\sin \theta_1}{\sin \theta_2}$ 이다.

[그림 14-17] 프리즘

빛이 프리즘에 입사하는 경계에서 A 와 B 에서 굴절각 θ_2 는 $\theta_A > \theta_B \rightarrow n_A < n_B$ 이므로 $\lambda_A > \lambda_B$ 이다.

프리즘에 입사한 단일 파장의 광선은 편향각 δ 만큼 꺾여서 나온다. 파랑색 빛 $(\lambda \simeq 470 \text{ nm})$ 이 빨간색 빛 $(\lambda \simeq 650 \text{ nm})$ 보다 더 많이 꺾인다.

14-4 광학적 회절

14-4-1 단일실틈이 만드는 회절: 극소 위치

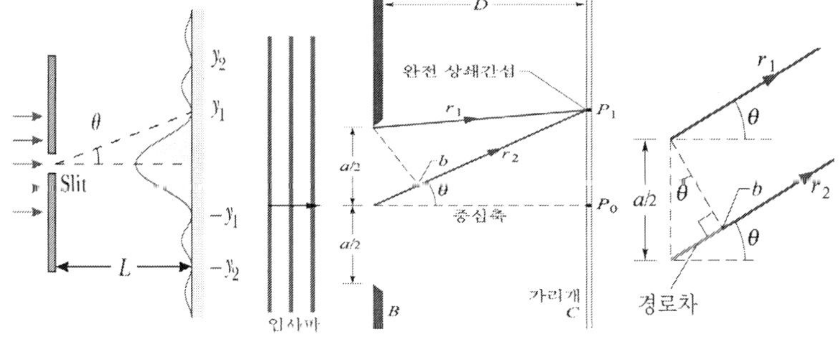

[그림 14-18] 단일 실틈

◘ 슬릿의 중앙의 빛은 강하므로 중앙의 빛과 가장자리 빛 사이의 경로차 계산하면, 상쇄조건은 $\dfrac{a}{2}\sin\theta = \dfrac{\lambda}{2}$ 이다.

$a\sin\theta = m\lambda$, $m = 1,2,3...$ (상쇄 조건)

a : 슬릿의 너비, λ : 빛의 파장,

θ : 빛의 원래의 방향에 대한 각, m : 극소의 차수

14-4-3 원형구멍이 만드는 회절

◘ 원형구멍이 만드는 회절

지름 d 의 원형구멍이 만드는 에돌이 무늬에서 첫번째 극소가 일어나는 각도

$$\boxed{sin\,\theta = 1.22\,\dfrac{\lambda}{d}}$$ (첫번째 극소: 원형구멍) ,

$$\sin\theta = \dfrac{\lambda}{a}$$ (첫번째 극소: 단일실틈)

◘ 분해의 한계: 레이레이 (Rayleigh) 기준

한쪽의 회절무늬의 중심이 다른 쪽의 회절무늬의 첫번째 극소와 겹쳐질 때 두 상들은 겨우 분해 될 수 있는 한계에 있다.

$$\boxed{\theta_R = 1.22\,\dfrac{\lambda}{D}}$$, λ: 빛의 파장, D: 렌즈의 직경, θ: 라디안 단위

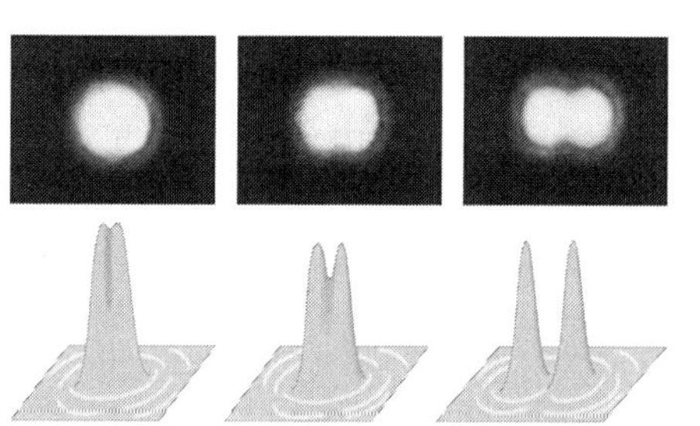
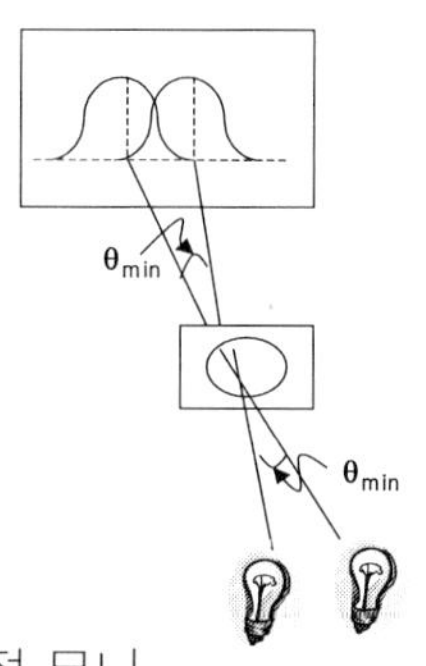

[그림 14-19] 원형 슬릿의 회절 무늬

전자기파

파동속력 $c = \dfrac{1}{\sqrt{\mu_o \varepsilon_o}}$, $\dfrac{|E|}{|B|} = c$,

전자기파의 세기 $I = \dfrac{1}{c\mu_o} E_{rms}^2 \approx E^2$

편광법칙

절반법칙: 비편광 마구잡이 편광 $I = \dfrac{1}{2} I_0$

코사인 제곱법칙: 필터를 통과한 빛의 세기 $I = I_0 cos^2 \theta$

반사와 굴절

반사 법칙: $\theta_1' = \theta_1$, 굴절의 법칙: $n_2 \sin \theta_2 = n_1 \sin \theta_1$

내부 전반사

임계각: 굴절각이 90° 일 때 입사각 $\theta_C = \sin^{-1}\left(\dfrac{n_2}{n_1}\right)$

평면거울: 상까지 거리 $i = -p$

구면거울

초점 거리 $f = \dfrac{1}{2} r$, r: 거울의 곡률반경

거울공식 $\dfrac{1}{p} + \dfrac{1}{i} = \dfrac{1}{f} = \dfrac{2}{r}$, 배율공식 $\dfrac{h'}{h} = -\dfrac{i}{p} = m$

거울의 형태	물체의 위치	상			부호		
		위치	종류	모양	f	r	m
평면	임의위치	반대	허상	정립	∞	∞	1
오목	초점안쪽	같은	허상	정립	+	+	+
	초점바깥쪽	같은	실상	도립	+	+	−
볼록	임의위치	반대	허상	정립	−	−	+

cf. 물체와 같은 편 위치에서 부호가 (+) 이다.

얇은 렌즈

렌즈의 초점: $\dfrac{1}{f} = (n-1)\left(\dfrac{1}{r_1} - \dfrac{1}{r_2}\right)$

렌즈공식 $\dfrac{1}{f} = \dfrac{1}{p} + \dfrac{1}{i}$, 배율공식 $\dfrac{h'}{h} = -\dfrac{i}{p} = m$

렌즈의 형태	물체의 위치	상			부호		
		위치	종류	모양	f	r	m
수렴	초점안쪽	같은	허상	정립	+	+	+
	초점바깥쪽	반대	실상	도립	+	+	−
발산	초점안쪽	같은	허상	정립	−	−	+
	초점바깥쪽	같은	허상	정립	−	−	+

cf. 물체와 반대편 위치일 때 부호가 (+) 이다.

매질에서 전자기파

매질내의 파장 $\lambda_n = \dfrac{\lambda}{n}$, 매질내의 진동수 $f_n = f$

두매질의 위상차: 파장의 갯수 $N_2 - N_1 = \dfrac{L}{\lambda}(n_2 - n_1)$

영의 간섭실험: 이중 슬릿에 대한

보강조건 $d \sin\theta = m\lambda$, 상쇄조건 $d \sin\theta = \left(m + \dfrac{1}{2}\right)\lambda$

박막 간섭

빛의 경로로 의한 위상차, 박막 굴절률 차이에 의한 위상차

단일실틈 회절: 상쇄조건 $a \sin\theta = m\lambda$

분해의 한계: Rayleigh 기준: $\theta_R = 1.22 \dfrac{\lambda}{D}$

14-1. (2005 예비시험 MEET/DEET) 그림은 파장이 λ 인 두 빛이 두 매질 A, B 에 입사하여 나란히 통과 한 후, 한 점에 모이는 것을 나타낸다. 두 매질의 길이는 20 λ 로 같고, 매질 A 와 매질 B 의 굴절률은 각각 1.3 과 1.8 이다.

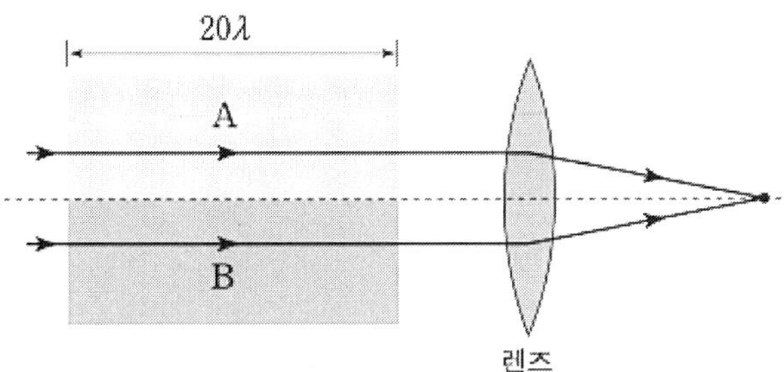

두 빛에 대한 [보기]의 설명 중 옳은 것을 모두 고른 것은? (단, 입사할 때 두 빛의 위상은 같고, 매질을 통과한 후 두 빛의 경로차는 생기지 않는다.)

[보 기]

ㄱ. 빛의 파장은 매질 A 에서가 매질 B 에서보다 크다.
ㄴ. 빛의 속력은 매질 A 에서가 매질 B 에서보다 작다.
ㄷ. 한 점에 모인 두 빛은 보강 간섭을 한다.

① ㄱ　　② ㄴ　　③ ㄱ, ㄷ　　④ ㄱ, ㄷ　　⑤ ㄱ, ㄴ, ㄷ,

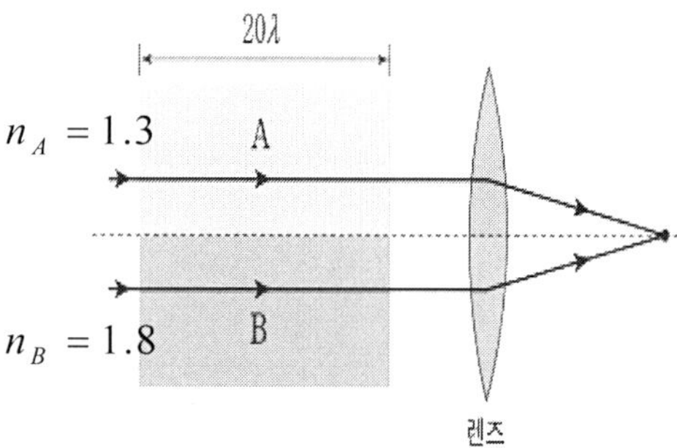

(ㄱ) 매질에서 파장은 $\lambda_n = \dfrac{\lambda}{n}$ 으로 $\lambda_A > \lambda_B$

(ㄴ) $v = \dfrac{c}{n} \rightarrow v_A = \dfrac{c}{1.3}$, $v_B = \dfrac{c}{1.8}$ 으로 $v_A > v_B$ 이다.

(ㄷ) 매질 통과 후 두 빛의 경로차가 없으므로 한 점에 모인 빛은 보강된다.

답 (3)

14-2. (2013 PEET) 그림은 영의 이중슬릿 실험장치에서 광원
으로 사용하는 단색광의 파장이 400 nm 일 때 눈금이 있는
스크린에 나타난 간섭무늬이다.

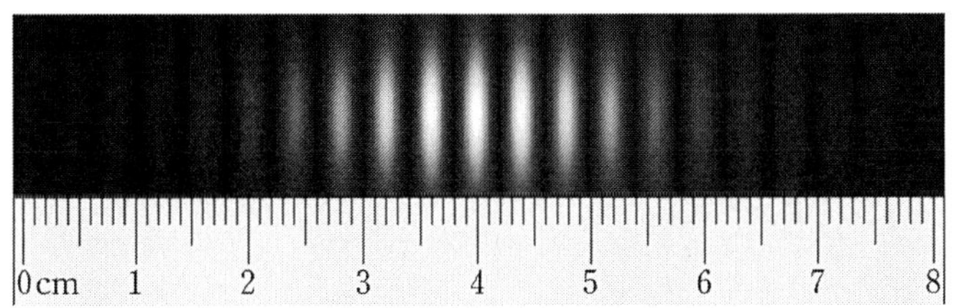

다른 조건은 동일하게 하고 단색광의 파장을 500 nm 로 바꾸
었을 때, 관측되는 이웃한 두 밝은 간섭무늬의 중심 사이의
거리로 가장 적절한 것은? [5점]

① 3.2mm ② 4.0mm ③ 5.0mm ④ 6.4mm ⑤ 8.0mm

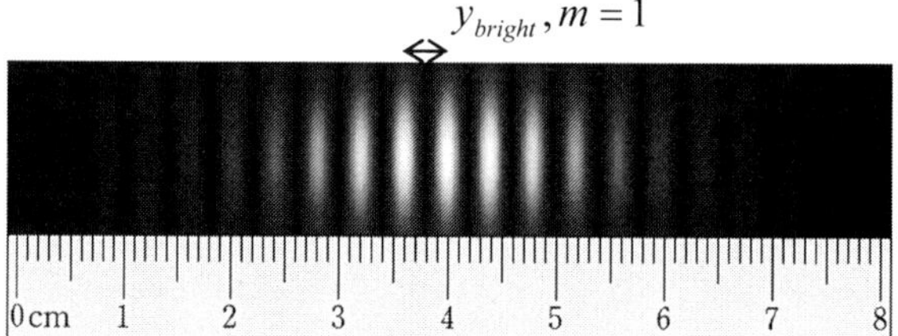

★영의 실험 이중슬릿 구하기★

[1 단계] 파장 $\lambda = 400\,nm$, 슬릿 간격 d , 슬릿과 스크린 거리 L 이다.

[2 단계] 문제에 맞게 간섭의 상쇄와 보강에 따라 경로차 공식 또는 슬릿에 무늬 공식들을 적용한다.

간섭무늬 간격은 슬릿 중심에서 밝은 무늬 거리는 그림에서 $y = 4 \times 10^{-3}\,m$ 이고,

공식에서 $y_{bright} = \dfrac{L}{d}\lambda \;\rightarrow\; \dfrac{L}{d} = \dfrac{y}{\lambda} = \dfrac{4 \times 10^{-3}}{4 \times 10^{-7}} = 10^4$

$\lambda = 500\,nm$ 일 때

$$y = \frac{L}{d}\lambda = 10^4 \times \left(5 \times 10^{-7}\right) = 5 \times 10^{-3}\,m$$

답 (3)

V

14-3. (2005 예비시험 MEET/DEET) 그림은 점 $A(-d_1, 0)$ 에 있는 구조원이 점 $B(d_2, s)$ 에 있는 물에 빠진 사람을 구하러 가는 것을 나타낸다.

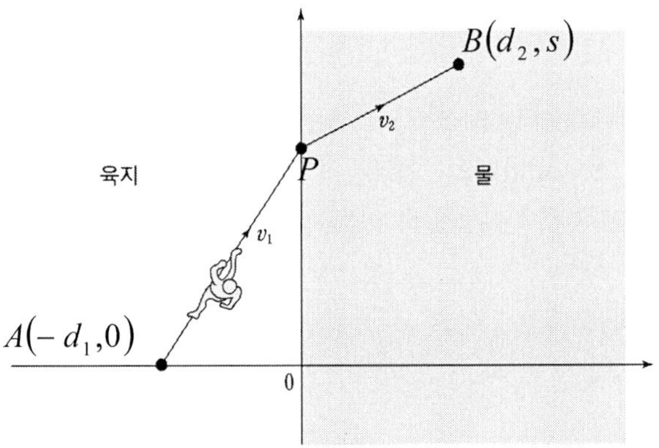

구조원의 속력이 육지와 물에서 각각 v_1 , v_2 $(< v_1)$ 일 때, 가장 빨리 B 에 도달하기 위해 지나야 할 점 P 의 좌표가 만족하는 식은? (단, v_1 과 v_2 는 일정하고, 물은 정지해 있다고 가정한다.)

① $y = s$

② $\dfrac{y}{d_1} = \dfrac{s-y}{d_2}$

③ $\dfrac{v_1}{\sqrt{y^2 + d_1^2}} = \dfrac{v_2}{\sqrt{(s-y)^2 + d_2^2}}$

④ $\dfrac{d_1}{v_1\sqrt{y^2 + d_1^2}} = \dfrac{d_2}{v_2\sqrt{(s-y)^2 + d_2^2}}$

⑤ $\dfrac{y}{v_1\sqrt{y^2 + d_1^2}} = \dfrac{s-y}{v_2\sqrt{(s-y)^2 + d_2^2}}$

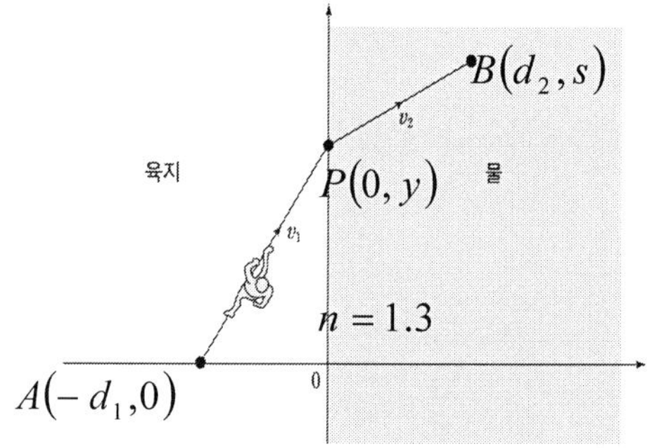

전체 시간 $t = t_{육지} + t_{물} = \dfrac{\sqrt{d_1^2 + y^2}}{v_1} + \dfrac{\sqrt{d_2^2 + (s-y)^2}}{v_2}$

시간 t 가 최소가 되는 지점에서 조건은 $\dfrac{dt}{dy} = 0$

$$\frac{dt}{dy} = \frac{2y}{2v_1\sqrt{d_1^2 + y^2}} + \frac{-2(s-y)}{2v_2\sqrt{d_2^2 + (s-y)^2}} = 0$$

답 (5)

V

14-4. (2011 MEET/DEET) 그림 (가)는 공기 중에 물체 A 가 얇은 볼록 렌즈로부터 15 cm 앞에 있는 모습을 나타낸 것이다. 공기는 굴절률이 n_a 이고, 렌즈는 굴절률이 n 이며 초점 거리가 10 cm 이다. 그림 (나)는 (가)에서 다른 조건은 그대로 두고 공기만 굴절률 n_m 인 매질로 바꾼 모습이다. 굴절률의 크기는 $n_a < n < n_m$ 이다.

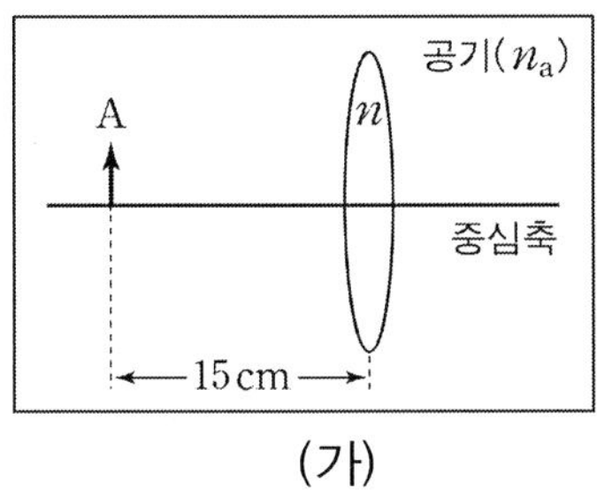

(가)

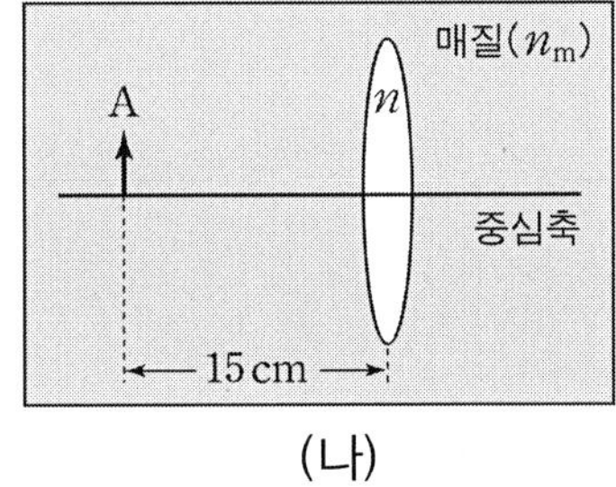

(나)

이에 대한 설명으로 옳은 것만을 [보기]에서 있는 대로 고른 것은?

[보 기]

ㄱ. (가) 에서 A 의 상은 실상이다.
ㄴ. (나) 에서 중심축에 평행하게 렌즈로 들어오는 모든 빛은 렌즈 뒤 중심축 위의 한 점을 지난다.
ㄷ. (나) 에서 A 의 상은 허상이다.

① ㄱ   ② ㄴ   ③ ㄱ, ㄴ   ④ ㄱ, ㄷ   ⑤ ㄴ, ㄷ

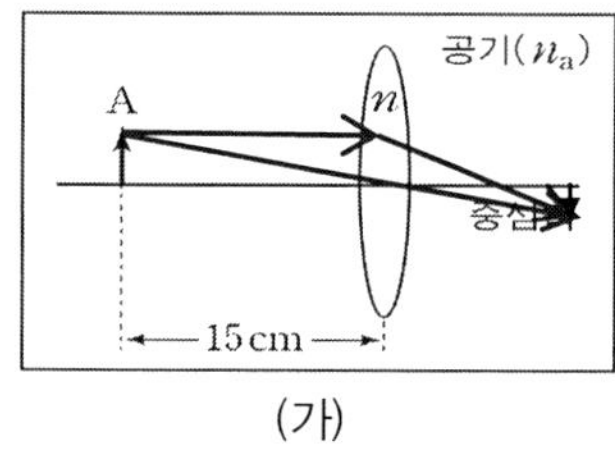

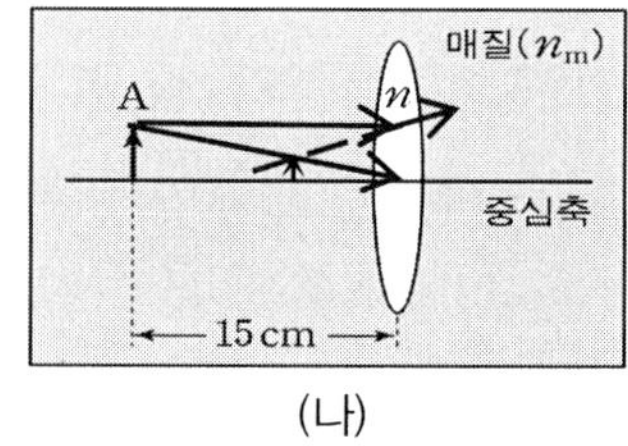

(ㄱ) (가) 에서 수렴렌즈에서 물체가 초점밖에 있으므로 상은 도립 실상이다.

(ㄴ) (나) 에서 렌즈 굴절률은 $n_m > n$ 이므로

$n_m \sin \theta_m = n \sin \theta$ → (입사각 θ_m) 〈 (굴절각 θ) 으로

중심축에 평행하게 렌즈로 들어오는 모든 빛은 렌즈 통과 후 발산한다.

(ㄷ) 렌즈 통과 후 빛들은 발산하여 렌즈 앞에 허상이 생긴다.

답 (4)

14-5. (2011 PEET) 그림 (가)는 두 단색광 A, B 가 프리즘에서 굴절하는 것을 모식적으로 나타낸 것이다. 그림 (나)는 볼록렌즈의 중심축 상의 점 P 에 놓인 점광원에서 나온 A 가 렌즈를 통과하여 평행광이 되는 것을 모식적으로 나타낸 것이다. 프리즘과 렌즈는 같은 재질로 만들어졌고, 공기 중에 놓여 있다.

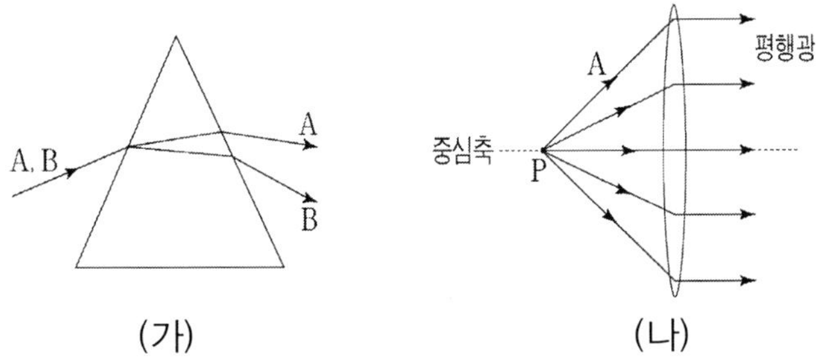

이에 대한 설명으로 옳은 것만을 [보기]에서 있는 대로 고른 것은?

[보 기]

ㄱ. (가) 의 프리즘 내부에서 빛의 속력은 A 가 B 보다 크다.
ㄴ. (나) 에서 P 에 놓인 점광원을 렌즈쪽으로 중심축을 따라 이동시키면, 렌즈를 통과한 A는 발산한다.
ㄷ. (나) 에서 P 에 놓인 A 의 점광원을 B 의 점광원으로 바꾸면, 렌즈를 통과한 B는 발산한다.

① ㄴ　　　② ㄷ　　　③ ㄱ, ㄴ　　　④ ㄱ, ㄷ　　　⑤ ㄱ, ㄴ, ㄷ

(ㄱ) 그림 (가)에서 빛이 프리즘을 입사하는 경계에서 $n_1 = 1$ 일 때,

$$n_1 \sin \theta_1 = n_2 \sin \theta_2$$

$$\rightarrow \sin \theta_1 = n_2 \sin \theta_2$$

$$\rightarrow n_2 = \frac{\sin \theta_1}{\sin \theta_2} \text{ 이다.}$$

빛이 프리즘에 입사하는 경계에서 A 와 B 에서 굴절각 θ_2 는

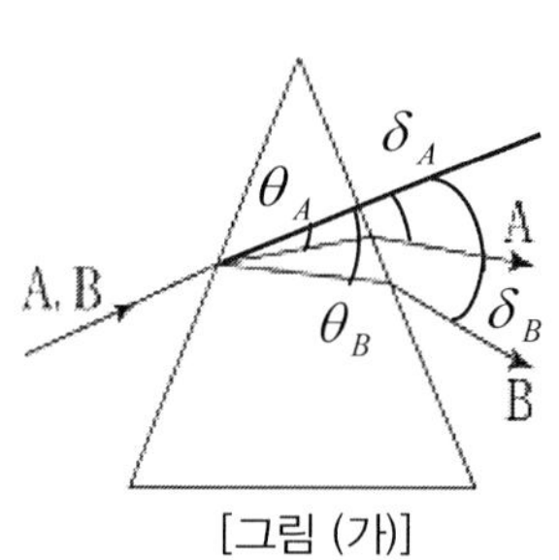

[그림 (가)]

$$\theta_A > \theta_B \rightarrow n_A < n_B \rightarrow \frac{c}{v_A} < \frac{c}{v_B} \rightarrow v_B < v_A \rightarrow \lambda_B < \lambda_A$$

이므로 편향각이 작은 A 가 파장이 크다. 따라서 파장이 클수록 빛의 속도가 크다. 따라서 A 가 B 보다 속도가 크다.

(ㄴ) 그림 (나) 에서 P 점은 수렴렌즈의 초점으로 렌즈를 통과한 빛은 초점을 지나고 편향각 δ 은 일정하므로 P 점이 렌즈 안쪽으로 이동하면 P' 점을 통과하는 빛은 렌즈를 통과한 후 빛은 분산된다.

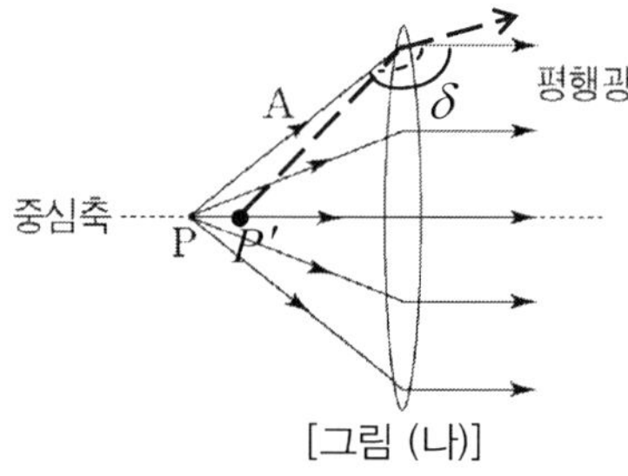

[그림 (나)]

(ㄷ) 파장 크기에 관계없이 초점을 지나는 빛은 렌즈를 통과한 빛은 중심축에 평행하게 지난다.

답 (3)

14-6. (1012 PEET) 그림과 같이 파장이 다른 두 레이저 빛 a, b 는 공기 중에서 같은 경로로 진행하다가 직각 프리즘으로 입사하여 서로 다른 경로를 따라 프리즘에서 공기로 나온다. 프리즘으로 입사하는 a, b 의 입사 각은 θ_i 로 같고, 프리즘으로부터 공기로 나오는 a, b 의 굴절각은 각각 θ_a, θ_b 이다. 프리즘의 굴절률은 빛의 파장이 클수록 작아진다.

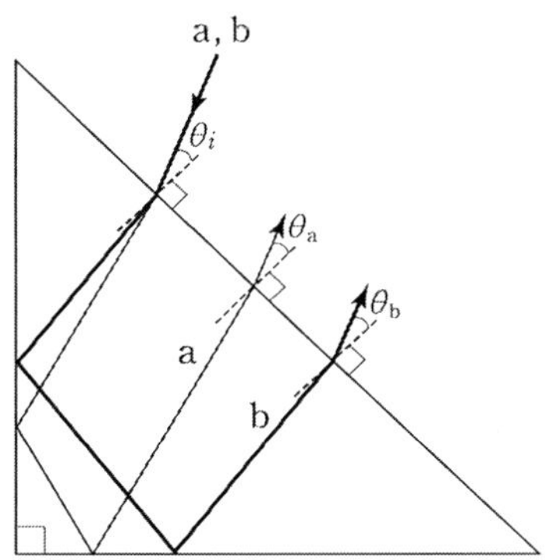

이에 대한 설명으로 옳은 것만을 [보기]에서 있는 대로 고른 것은? (단, 프리즘은 종이 면에 놓여 있고, a, b의 경로는 종이 면에 평행하다.)

[보 기]

ㄱ. 공기에서의 빛의 파장은 a 가 b 보다 크다.
ㄴ. 프리즘에서의 빛의 속력은 a 가 b 보다 작다.
ㄷ. $\theta_a > \theta_b$ 이다.

① ㄱ   ② ㄴ   ③ ㄱ, ㄷ   ④ ㄴ, ㄷ   ⑤ ㄱ, ㄴ, ㄷ

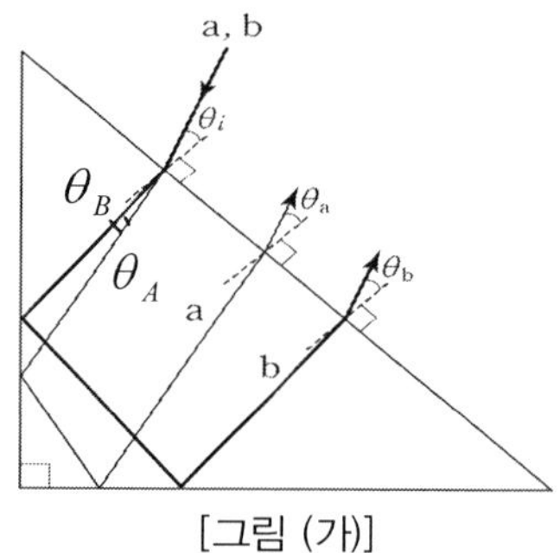

[그림 (가)]

(ㄱ) 빛이 프리즘을 입사하는 경계에서 $n_1 = 1$ 일 때,

$$n_1 \sin \theta_1 = n_2 \sin \theta_2 \;\rightarrow\; \sin \theta_1 = n_2 \sin \theta_2 \;\rightarrow\; n_2 = \frac{\sin \theta_1}{\sin \theta_2} \;\text{이다.}$$

빛이 프리즘에 입사하는 경계에서 A 와 B 에서 굴절각 θ_2 는 $\theta_A > \theta_B \;\rightarrow$

$$n_A < n_B \;\rightarrow\; \frac{c}{v_A} < \frac{c}{v_B} \;\rightarrow\; v_B < v_A \;\rightarrow\; \lambda_B < \lambda_A \;\text{이다.}$$

(ㄴ) 빛의 속도는 $\lambda_A > \lambda_B \;\rightarrow\; v_a t < v_b t \;\rightarrow\; v_a > v_b$ 이다.

(ㄷ) 빛이 프리즘을 나가는 경계에서 $n_2 = 1$ 일 때,

$$n_1 \sin \theta_1 = \sin \theta_2 \;\rightarrow\; \theta_2 = \sin^{-1}\left(n_1 \sin \theta_1\right) \;\text{이다.}$$

따라서 $n_a < n_b \;\rightarrow\; \theta_a < \theta_b$ 이다.

답 (1)

14-7. (2006 MEET/DEET) 그림은 파장이 λ 인 가시광선이 유리로 만든 직각프리즘의 OA 면에 수직으로 입사하여 진행하는 것을 나타낸 것이다.

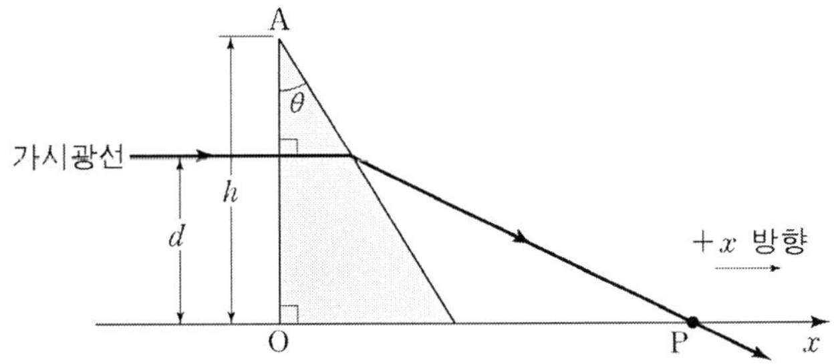

θ 는 OA 면과 빗면 사이의 각, d 는 입사 광선과 축 사이의 거리, h 는 직각 프리즘의 높이, 점 P 는 프리즘을 통과한 광선이 X 축과 만나는 점이다. 이에 대한 설명으로 옳은 것을 [보기]에서 모두 고른 것은? (단, OA 면의 위치, 프리즘의 재질, 는 변하지 않는다.)

[보 기]

ㄱ. λ 와 θ 가 일정할 때, d 가 감소하면 P 는 +x 방향으로 이동한다.

ㄴ. λ 와 θ 가 일정할 때, θ 가 감소하면 P 는 +x 방향으로 이동한다.

ㄷ. θ 와 d 가 일정할 때, λ 가 변하여도 P 의 위치는 변하지 않는다.

① ㄱ   ② ㄴ   ③ ㄱ, ㄴ   ④ ㄱ, ㄷ   ⑤ ㄴ, ㄷ

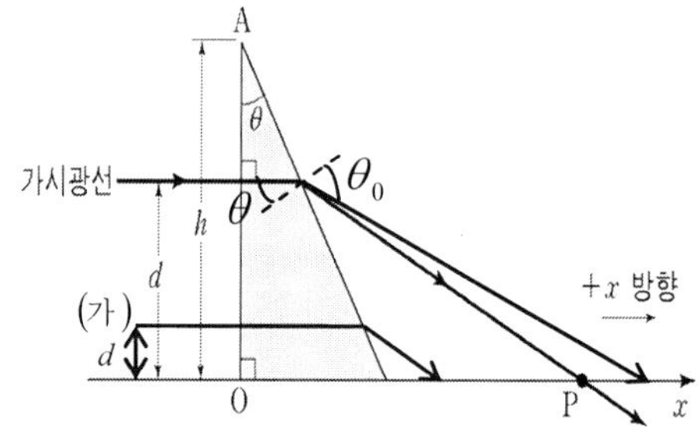

굴절에 대한 스넬법칙에 의해서 $n \sin \theta = n_0 \sin \theta_0$ 따라서

$$\frac{\sin \theta}{\sin \theta_0} = \frac{n_0}{n} = \left(\frac{c}{v_0}\right)\left(\frac{v}{c}\right) = \frac{v}{v_0} = \frac{\lambda}{\lambda_0} \quad -(1)$$

(ㄱ) λ 와 θ 가 일정할 때, d 가 감소하면, 굴절각은 일정하므로 P 는 $-x$ 방향으로 이동한다.

(ㄴ) λ 와 d 가 일정할 때, θ 가 감소하면, 식(1) 에서 θ_0 도 감소, P 는 x 방향으로 이동한다.

(ㄷ) θ 와 d 가 일정할 때, λ 가 증가하면, 식(1) 에서 θ_0 도 감소하여 P 는 x방향으로 이동한다.

답 (2)

14-8. (2008 MEET/DEET) 그림은 광섬유를 이용하여 단색광을 인체 내의 체액에 입사시키는 것을 단면도로 나타낸 것이다. 단색광은 광섬유 내부에서 직진하다가 각 ϕ 로 절단된 절단면에서 굴절각 θ 로 굴절한다. 광섬유의 굴절률 n_1 은 체액의 굴절률 n_2 보다 크다.

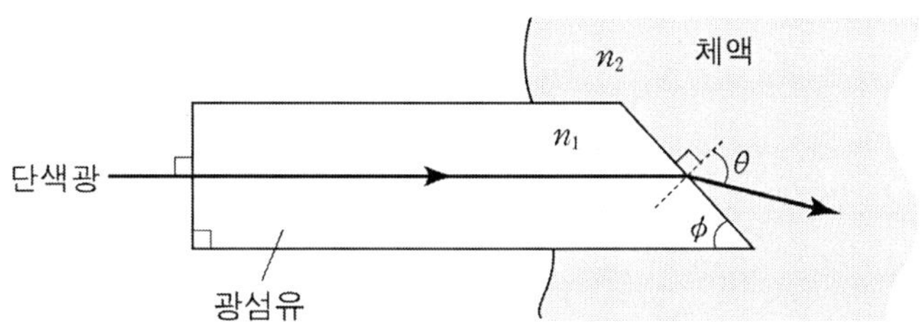

이에 대한 설명으로 옳은 것을 [보기]에서 모두 고른 것은?

(단, $0 < \phi < \dfrac{\pi}{2}$ 이다.)

[보 기]

ㄱ. 광섬유 내부에서 단색광의 파장은 체액에서보다 짧다.

ㄴ. $n_2 \cos\phi = n_1 \sin\theta$ 이다.

ㄷ. $0 < \cos\phi < \dfrac{n_2}{n_1}$ 이면 단색광은 절단면에서 전반사한다.

① ㄱ　　② ㄴ　　③ ㄷ　　④ ㄱ, ㄷ　　⑤ ㄱ, ㄴ, ㄷ

(ㄱ) 굴절률 안에서 파장은 $\lambda_n = \dfrac{\lambda}{n}$ 이고

n_1 (광섬유) $>$ n_2 (체액) 이므로 λ_1 (광섬유) $<$ λ_2 (체액) 이다.

(ㄴ) 반사와 굴절 법칙에서

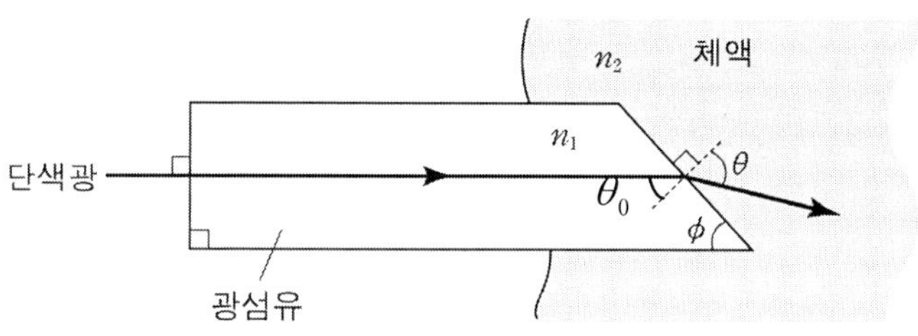

$$n_1 \sin\theta_0 = n_2 \sin\theta \;\rightarrow\; n_1 \sin\left(\frac{\pi}{2} - \phi\right) = n_2 \sin\theta$$

$$\rightarrow\; n_1 \cos\phi = n_2 \sin\theta \;\text{ 이다.}$$

(ㄷ) 전반사 조건은 $\theta = 90°$ 로 $n_1 \cos\phi = n_2 \sin\theta \;\rightarrow\; n_1 \cos\phi_c = n_2$

$\cos\phi_c = \dfrac{n_2}{n_1}$ 여기서 임계각은 ϕ_c 이다. 따라서 전반사가 될 조건은

$\phi > \phi_c$ 이므로 $\dfrac{n_1}{n_2} < \cos\phi < 1$ 이다.

답 (1)

14-9. (2009 MEET/DEET) 그림은 단색광이 굴절률 n_1 인 매질에서 각 θ 로 입사한 후 굴절률 n_2 인 매질의 경계면에서 굴절과 반사, n_3 인 매질의 경계면에서 전반사하는 것을 나타낸 것이다. 매질의 두 경계면은 서로 나란하다.

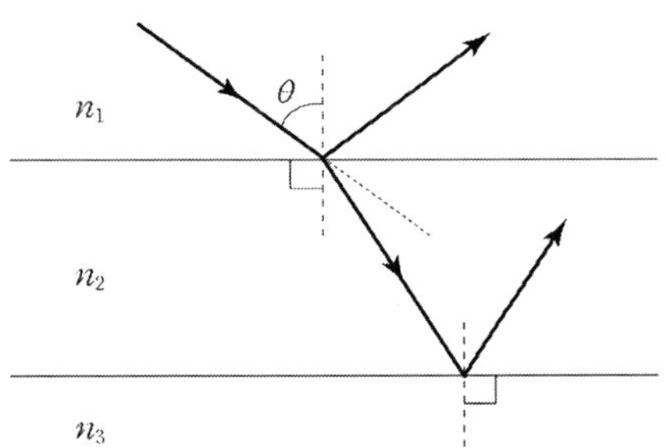

이에 대한 설명으로 옳은 것만을 [보기] 에서 있는 대로 고른 것은?

[보 기]

ㄱ. 굴절률의 크기는 $n_2 > n_1 > n_3$ 이다.

ㄴ. $\sin\theta < \dfrac{n_3}{n_2}$ 이다.

ㄷ. 단색광의 속력은 굴절률 n_3 인 매질에서보다 굴절률 n_2 인 매질에서 더 작다.

① ㄱ　②ㄴ　③ ㄱ, ㄷ　④ ㄴ, ㄷ　⑤ ㄱ, ㄴ, ㄷ

★반사와 굴절 구하기★

[1 단계] 광선에 따라 입사각, 반사각, 굴절각을 정한다.

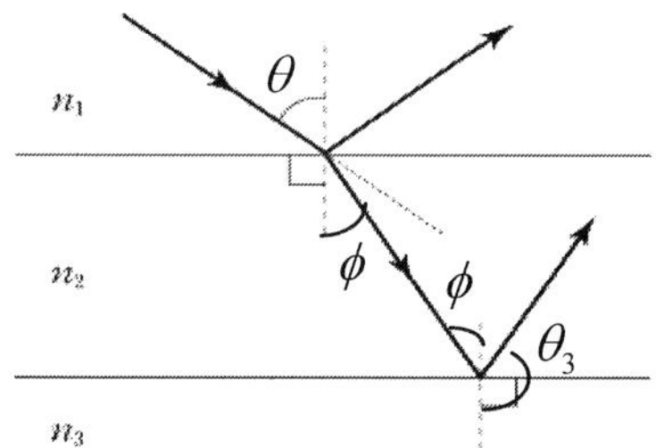

[2 단계] 굴절법칙을 적용한다.

$$n_1 \sin \theta_1 = n_2 \sin \theta_2 \ \ -(1) \ \ \rightarrow \ \ \frac{\sin \theta_1}{\sin \theta_2} = \frac{n_2}{n_1} = \frac{v_1}{v_2} = \frac{\lambda_1}{\lambda_2} \ \ -(2) \ ,$$

(ㄱ) (i) n_1 와 n_2 경계에서, 식(1) 에서 $n_1 \sin \theta = n_2 \sin \phi$, $\frac{n_1}{n_2} = \frac{\sin \phi}{\sin \theta}$,

그림에서 $\theta > \phi$ 이므로 $n_2 > n_1$ 이다.

(ii) n_2 와 n_3 경계에서, $n_2 \sin \phi = n_3 \sin \theta_3$ 으로 임계각의 조건은

$\theta_3 = 90°$ 일 때, $n_2 \sin \phi_c = n_3$. $\frac{n_3}{n_2} = \sin \phi_c < 1$ 이므로 $n_3 < n_2$ 이다.

만일 $n_1 = n_3$ 이면 전반사가 일어나지 않는다. 따라서 $n_1 > n_3$ 이다. 따라서 $n_2 > n_1 > n_3$ 이다.

(ㄴ) 식(1) 에서 $\frac{\sin \phi}{\sin \theta} = \frac{n_1}{n_2}$, 내부전반사 조건 $\sin \phi > \sin \phi_c = \frac{n_3}{n_2}$ 이므로

$$\sin \theta \frac{n_1}{n_2} = \sin \phi > \frac{n_3}{n_2} \ \text{이므로} \ \sin \theta > \frac{n_3}{n_2}$$

(ㄷ) 식(?) 에서 $\frac{\sin \phi}{\sin \theta_3} = \frac{n_3}{n_2} = \frac{v_2}{v_3} = \frac{\lambda_2}{\lambda_3}$, $n_3 < n_2 \rightarrow v_2 < v_3$.

답 (3)

14-10. (2012 MEET/DEET) 그림과 같이 굴절률 n_1 인 액체에 잠긴 굴절률 n_2 인 광섬유의 윗면 중심에 단색광이 입사각 θ_i 로 들어가 진행한 후, 아랫면에서 굴절각 θ_r 로 나온다. 단색광은 광섬유 옆면에서 각 θ 로 반사되면서 진행하고, 공기 굴절률은 n_0 이며, $n_0 < n_1 < n_2$ 이다.

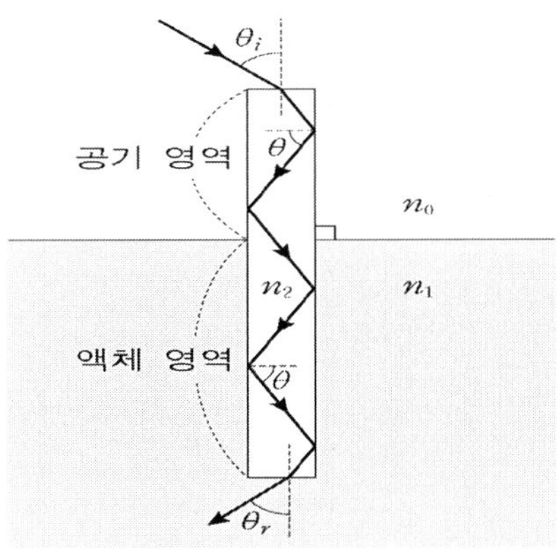

이에 대한 설명으로 옳은 것만을 [보기]에서 있는 대로 고른 것은? (단, 광섬유의 윗면과 아랫면은 액체 표면과 나란하다.)

[보 기]

ㄱ. θ_r 는 θ_i 보다 크다.

ㄴ. 광섬유 내부에서 전반사의 임계각은 공기 영역보다 액체 영역에서 더 크다.

ㄷ. n_1 이 감소하면 액체 영역의 광섬유 내부에서 전반사가 일어나기 위한 θ_i 의 최대값은 증가한다.

① ㄴ　　② ㄷ　　③ ㄱ, ㄴ　　④ ㄱ, ㄷ　　⑤ ㄴ, ㄷ

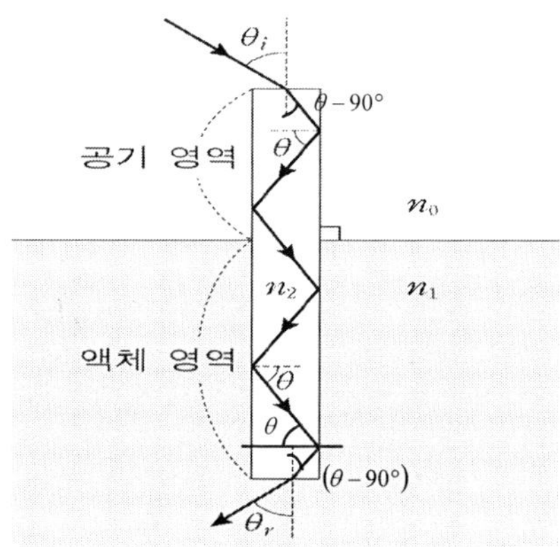

(ㄱ) $n_0 \sin \theta_i = n_2 \sin(90 - \theta)$ –(1),

$n_2 \sin(90 - \theta) = n_1 \sin \theta_r$ –(2) 에서 $n_0 \sin \theta_i = n_1 \sin \theta_r$ 이다.

$n_0 < n_1 \rightarrow \sin \theta_i > \sin \theta_r$ 으로 $\theta_i > \theta_r$ 이다.

(ㄴ) 전반사 임계각은 굴절각이 $\theta_i = 90°$ 일 때, 식(1) 에서 공기

$\theta_C = \sin^{-1}\left(\dfrac{n_2}{n_0}\right)$, 식(2) 에서 액체 $\theta_C = \sin^{-1}\left(\dfrac{n_1}{n_2}\right)$ 이다. $\dfrac{n_2}{n_0} > \dfrac{n_1}{n_2}$

이므로 공기 $\theta_C >$ 액체 θ_C 이다.

(ㄷ) n_1 이 감소하면 액체 $\theta_C = \sin^{-1}\left(\dfrac{n_1}{n_2}\right)$ 에서 액체 θ_C 가 작아진다.

θ_C 가 작아지면 전반사를 일으키는 입사각 영역이 커진다. 즉, 최대값 영역이 커진다.

답 (5)

14-11. (2013 PEET) 그림은 단색광이 굴절률 n_1 인 매질에서 굴절률 n_2 이고 반지름 R 인 구형의 매질을 향해 입사하여 전반사하는 것을 나타낸 것이다. 이 때, 입사경로에 평행한 구의 축과 입사경로 사이의 거리는 d_0 이다. 구의 축과 입사경로 사이의 거리를 d_0 에서부터 변화시켜 d_C 가 될 때, 입사각이 전반사의 임계각이 된다.

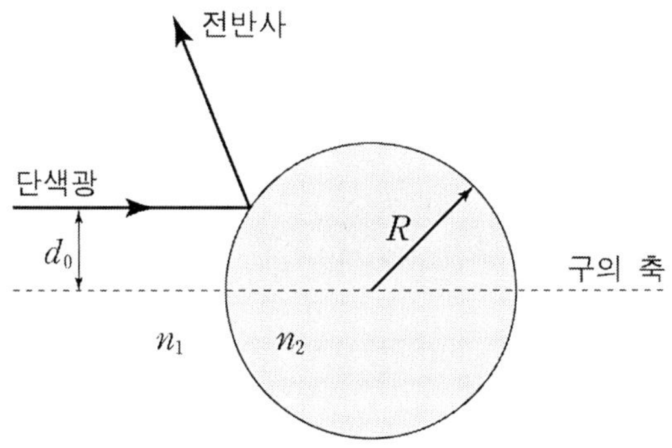

이에 대한 설명으로 옳은 것만을 [보기]에서 있는 대로 고른 것은? (단, R 는 입사광의 파장에 비해 매우 크다.) [5점]

[보 기]

ㄱ. $n_1 < n_2$ ㄴ. $d_0 < d_C$ ㄷ. $d_0 = \dfrac{n_2}{n_1} R$

① ㄱ   ② ㄴ   ③ ㄱ, ㄴ   ④ ㄱ, ㄷ   ⑤ ㄴ, ㄷ

(ㄱ) 전반사의 임계각 조건은

$n_1 \sin \theta_1 = n_2 \sin \theta_2$ 에서 굴절각이 $\theta_2 = 90°$ 일 때 전반사 임계각은

$\theta_C = \sin^{-1}\left(\dfrac{n_2}{n_1}\right)$ —(1) 으로 전반사 조건은 $n_1 > n_2$ 이다.

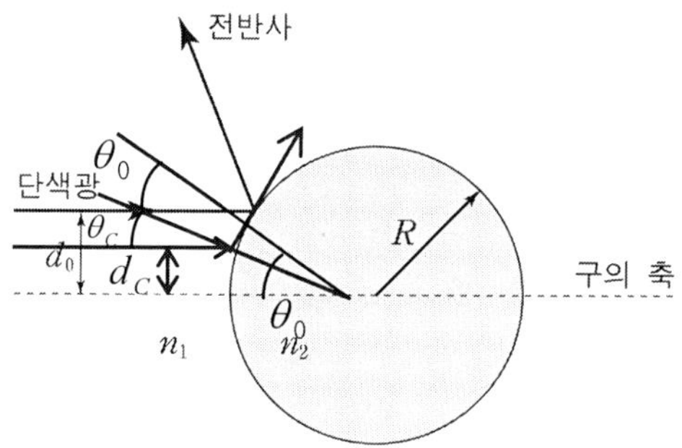

(ㄴ) 전반사 조건은 $\theta_0 > \theta_C \;\rightarrow\; R \sin \theta_0 > R \sin \theta_C$

따라서 $d_0 > d_C$ 이다.

(ㄷ) $R \sin \theta_C = d_C$, 식(1)을 적용하면 $R \dfrac{n_2}{n_1} = d_C$ 이다.

답 (4)

14-12. (2005 MEET/DEET) 그림 (가)는 유리로 만든 정사각형 기둥의 중심에 정사각 기둥 모양의 구멍이 뚫려 있는 물체가 수평면에 서 있는 것을 나타낸 것이다. 그림 (나)는 이 유리 기둥을 수평으로 자른 단면을 나타낸 것이다. 단면의 유리와 가운데 빈 공간은 한 변의 길이가 각각 $3d$ 와 d 인 정사각형을 이룬다. 파장이 λ_0 인 가시광선이 입사각 θ_0 로 수평면과 평행 하게 P점으로 입사할 때, 이 광선은 Q점에 도달한다.

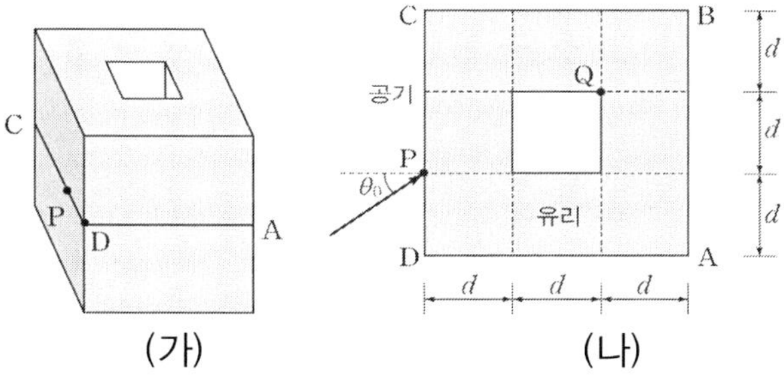

입사광선의 진행 경로는 입사각, 입사광선의 파장, 유리의 재질에 따른 굴절률에 따라 변한다. [보기]는 이들 세 가지 중 한 가지가 달라지는 경우를 나타낸 것이다.

[보 기]

ㄱ. 입사광선의 λ_0 파장와 유리의 재질은 변화하지 않고, 입사각이 1.5θ 로 작아졌을 때
ㄴ. 입사각 θ_0 와 유리의 재질은 변화하지 않고, 입사광선의 파장이 $1.5\lambda_0$ 로 길어졌을 때
ㄷ. 입사각 θ_0 와 입사광선의 파장 λ_0 는 변화하지 않고, 유리의 재질이 바뀌어 굴절률이 1.2 배로 커졌을 때

P 점을 통과한 광선이 선분 AB 를 지나는 경우를 [보기]에서 모두 고른 것은? (단, 모든 반사광선은 무시한다.)

① ㄴ　②ㄷ　③ ㄱ, ㄷ　④ ㄴ, ㄷ　⑤ ㄱ, ㄴ, ㄷ,

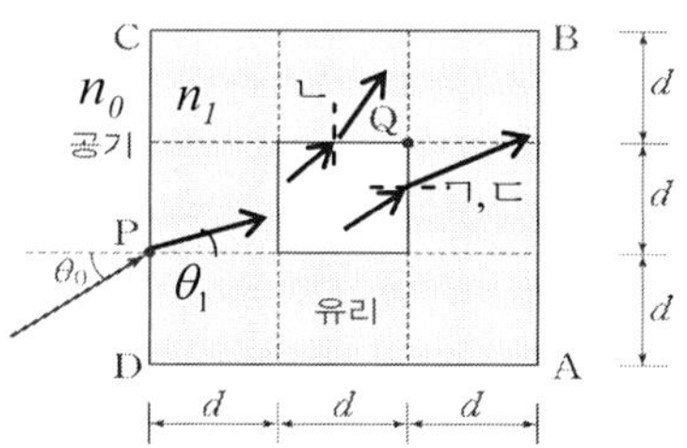

굴절에 대한 스넬법칙 $n_0 \sin \theta_0 = n_1 \sin \theta_1$ 에서

$$\frac{\sin \theta_0}{\sin \theta_1} = \frac{n_1}{n_0} = \frac{c/v_1}{c/v_0} = \frac{v_0}{v_1} = \frac{\lambda_0}{\lambda_1} \quad -(1)$$

(ㄱ) λ_0 와 n_1 가 일정할 때, 식(1)에서 입사각 θ_0 이 작아지면 구멍으로 입사할 때 약간 아래쪽으로 들어간다. 구멍을 나갈 때는 Q 점 아래로 진행하여 선분 AB 를 지난다.

(ㄴ) θ_0 와 n_1 가 일정할 때, 식(1)에서 파장 λ_0 이 길어지면 파장 $\lambda(= \lambda_0 / n_1)$ 도 길어져 굴절각 θ_1 은 변화가 없다. 따라서 광선은 Q 점을 지나 $n_0 < n_1$ 이므로 선분 BC 를 지난다.

(ㄷ) θ_0 와 λ_0 가 일정할 때, 식(1)에서 굴절률 n_1 이 커지면 P 점에서 굴절각 θ_1 이 작아진다. 구멍을 나갈 때에 Q 점 아래로 진행하여 선분 AB 를 지난다.

답 (3)

14-13. (2011 MEET/DEET) 그림은 파장 λ 인 단색광이 공기 중에서 두께가 d 이고 굴절률이 n_0 인 유리판에 각 θ 로 입사하여 진행하는 모습을 나타낸 것이다. R_1 , R_2 는 반사된 빛이고, T_1 , T_2 는 투과된 빛이며, 각각의 경로는 그림과 같다.

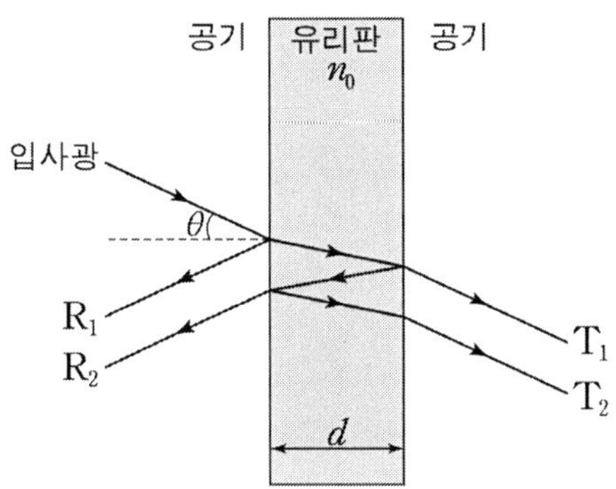

이에 대한 설명으로 옳은 것만을 [보기]에서 있는 대로 고른 것은? (단, 공기의 굴절률은 1 이다.)

[보 기]

ㄱ. 입사광은 경계면에서 R_1 의 경로로 반사될 때 위상이 180°
   바뀐다.

ㄴ. $\theta = 0°$ 일 때, $d = \dfrac{\lambda}{2n_0}$ 이면 R_1 과 R_2 는 상쇄 간섭을 한다.

ㄷ. $\theta = 0°$ 일 때, $d = \dfrac{\lambda}{2n_0}$ 이면 T_1 과 T_2 는 보강 간섭을 한다.

① ㄱ　　② ㄷ　　③ ㄱ, ㄴ　　④ ㄴ, ㄷ　　⑤ ㄱ, ㄴ, ㄷ

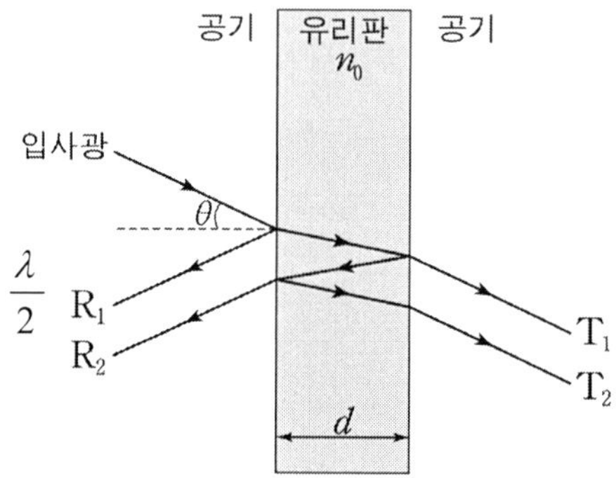

(ㄱ) $n_{공기} = 1 < n_0$ 이므로 굴절률에 의한 반사 위상은 $\dfrac{\lambda}{2}$ 이다. 즉, 180° 가 된다.

(ㄴ) $d = \dfrac{\lambda}{2n_0}$ 이면 파장 길이의 차는 $2d = \dfrac{\lambda}{n_0}$ 로 위상차는 λ 이다. 굴절률에 의한 반사 위상이 $\dfrac{\lambda}{2}$ 이므로 2 개의 반사파의 간섭은 상쇄된다.

(ㄷ) 2 개의 투과파는 같은 두께를 지나므로 경로차는 없다. 따라서 투과파 T_1 과 T_2 의 간섭은 보강된다.

답 (5)

14-14. (2013 MEET/DEET) 그림은 매질 Ⅰ에서 Ⅱ로 진행하는 파동을 나타낸 것이다. 파동이 지점 A 에서부터 지점 B까지 15 m 의 거리를 진행하는 데 걸리는 시간은 1초 이고, Ⅰ에 대한 Ⅱ의 상대 굴절률은 1.5 이다.

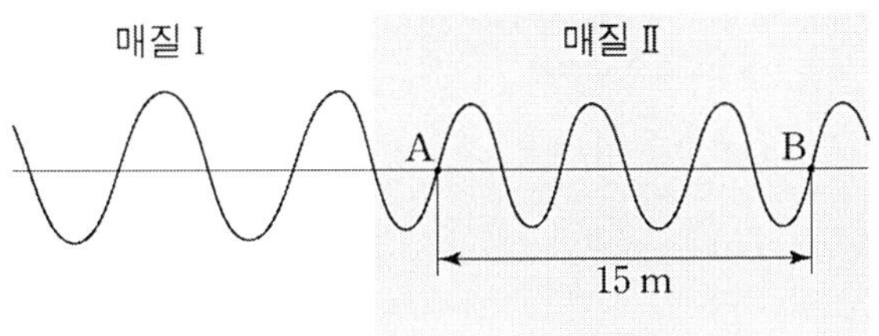

매질 Ⅰ에서의 파동에 대한 설명으로 옳은 것만을 [보기] 에서 있는 대로 고른 것은? [1.5점]

[보 기]

ㄱ. 속력은 18 m/s 이다.

ㄴ. 파장은 6 m 이다.

ㄷ. 진동수는 3 Hz 이다.

① ㄱ   ② ㄷ   ③ ㄱ, ㄴ   ④ ㄴ, ㄷ   ⑤ ㄱ, ㄴ, ㄷ

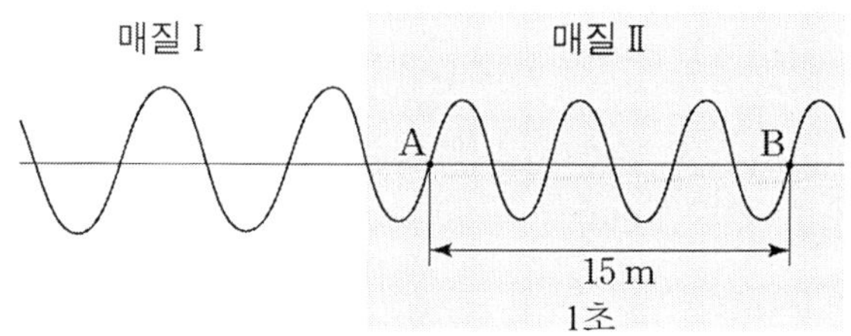

(ㄱ) 매질 I 의 굴절률 $n = 1$ 이면 매질 II 에서 굴절률은 $n_2 = 1.5$ 이다.

매질 II 에서 파장은

$$3\lambda_n = 15\,m \;\rightarrow\; 3\frac{\lambda}{n} = 15\,m \;\rightarrow\; 3\frac{\lambda}{1.5} = 15\,m$$

λ = 7.5 m 이다. 속력 $v = \lambda \times t = 7.5\,m/s$

(ㄴ) 파장은 λ = 7.5 m 이다.

(ㄷ) 진동수는 $f = \dfrac{1}{T}$ 에서 주기 $T = \dfrac{1}{3}$ 초 이므로 $f = 3\,Hz$ 이다.

답 (2)

V

14-15 (2010 MEET/DEET) 그림은 단일 슬릿의 S 와 이중 슬릿의 D_1 , D_2 를 통과한 단색광에 의해 스크린에 간섭 무늬가 생긴 것을 모식적으로 나타낸 것이다. S 로부터 D_1 , D_2 까지의 거리는 서로 같고, 스크린 중심부의 가장 밝은 무늬와 이에 인접한 밝은 무늬 사이의 간격은 Δx 이다.

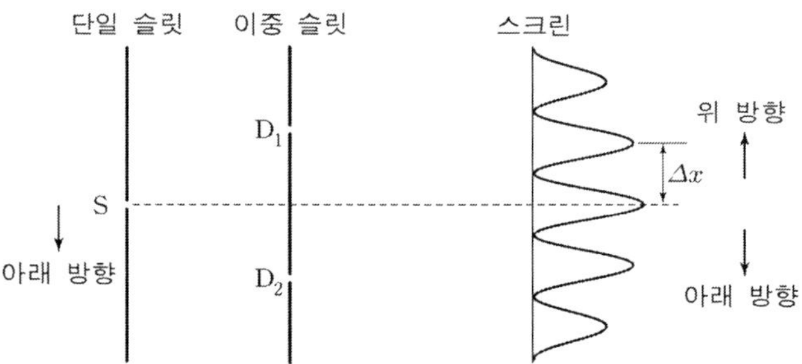

S 를 아래 방향으로 이동시켜 스크린에 생긴 간섭 무늬가 $\dfrac{\Delta x}{4}$ 만큼 이동할 때에 대한 설명으로 옳은 것만을 [보기]에서 있는 대로 고른 것은〉 (단, D_1 과 D_2 사이의 간격은 이중 슬릿과 스크린 사이의 거리보다 매우 작다.)

[보 기]

ㄱ. 가장 밝은 무늬는 위 방향으로 이동한다. .
ㄴ. Δx 는 작아진다.
ㄷ. D_1 과 D_2 에서 단색광의 위상은 같다.

① ㄱ   ② ㄷ   ③ ㄱ, ㄴ   ④ ㄴ, ㄷ   ⑤ ㄱ, ㄴ, ㄷ

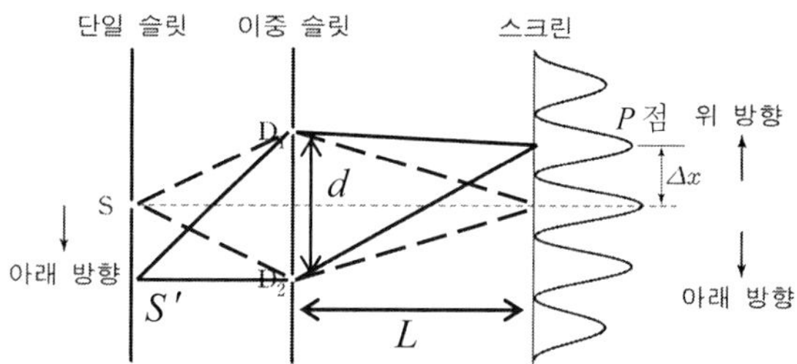

(ㄱ) 단일 슬릿 S 가 아래로 이동하면 이중 슬릿까지 경로는 $\overline{S'D_1} > \overline{S'D_2}$ 이고, 이중 슬릿에서 스크린까지 경로는 두 경로가 같을 때 가장 밝은 무늬는 $\overline{D_1P} < \overline{D_2P}$ 이 되어야 한다. 따라서 가장 밝은 무늬는 위 방향으로 이동한다.

(ㄴ) ★영의 실험 이중슬릿 구하기★

[1 단계] 파장 λ , 슬릿 간격 d , 슬릿과 스크린 거리 L 이다.

[2 단계] 간섭무늬 간격은 슬릿 중심에서 밝은 무늬 거리는

공식 $y_{bright} = \dfrac{L}{d}\lambda \rightarrow \Delta x = \dfrac{L}{d}\lambda$ 에서 단일 슬릿 S 가 아래로 이동하면 d , L , λ 에는 변화가 없으므로 Δx 변화는 없다.

(ㄷ) 슬릿 S 가 아래로 이동하면 D_1 과 D_2 에서 빛의 경로가 다르므로 위상이 다르다.

답 (1)

14-16. (2012 PEET) 그림은 파장이 λ 인 평면 단색광이 폭이 w 인 단일 슬릿을 통과하여 스크린에 회절 무늬를 만든 것을 모식적으로 나타낸 것이다. 점 P 는 회절 무늬의 첫 번째 극소점이다.

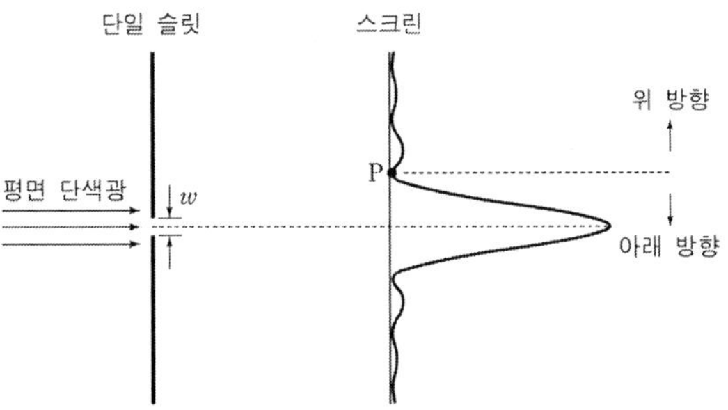

이에 대한 설명으로 옳은 것만을 [보기]에서 있는 대로 고른 것은?

[보 기]

ㄱ. P 는 단일 슬릿의 중앙과 가장자리를 통과한 단색광 사이의 경로차가 λ 인 지점이다.

ㄴ. 다른 조건은 그대로 두고 λ 를 크게 하면, P 는 위 방향으로 이동한다.

ㄷ. 다른 조건은 그대로 두고 w 를 작게 하면, P 는 위 방향으로 이동한다.

① ㄱ   ② ㄷ   ③ ㄱ, ㄴ   ④ ㄴ, ㄷ   ⑤ ㄱ, ㄴ, ㄷ

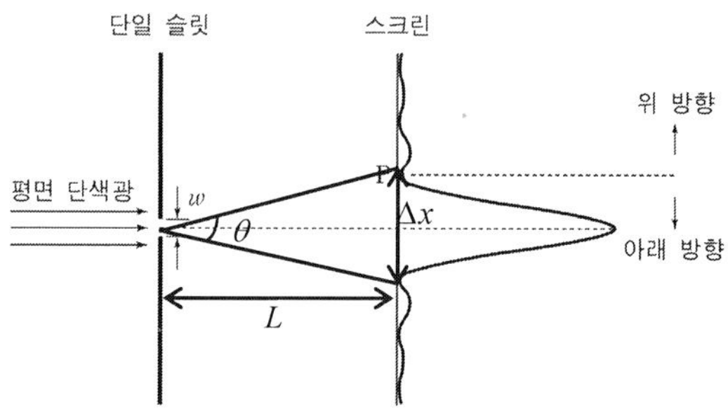

(ㄱ) P 점은 회절의 상쇄되는 점이다. 단일 슬릿 조건은

$$\frac{w}{2}\sin\theta = \frac{\lambda}{2} \rightarrow w\sin\theta = \lambda$$ 이다. 즉, 단색광 사이의 경로차가 $\frac{\lambda}{2}$ 지점이다.

(ㄴ) 첫번째 상쇄인 P 점의 위치는 $L\cdot\theta = \Delta x$ 로 θ 값에 비례한다. 즉, θ 값이 크면 P 점이 올라간다. 경로차 상쇄조건 ($w\sin\theta = \lambda$) 에서 λ 가 크면 $\sin\theta$ 가 커진다. 따라서 P 의 위치가 올라간다.

(ㄷ) 경로차 상쇄조건 ($w\sin\theta = \lambda$) 에서 w 가 감소하면 $\sin\theta$ 가 증가 P 점의 위치가 위로 올라간다.

답 (4)

14-17. (2012 MEET/DEET) 그림은 질량 m, 전하량 $-e$ 인 정지 상태의 전자들이 전위차 ΔV 에 의해 가속되어 동일한 속도로 간격 d 인 이중 슬릿에 입사할 때, 스크린에서 검출되는 전자 수 N 을 모식적으로 나타낸 것이다. 슬릿과 스크린은 서로 나란하며, 슬릿에 도달한 전자의 드브로이 파장은 λ 이다.

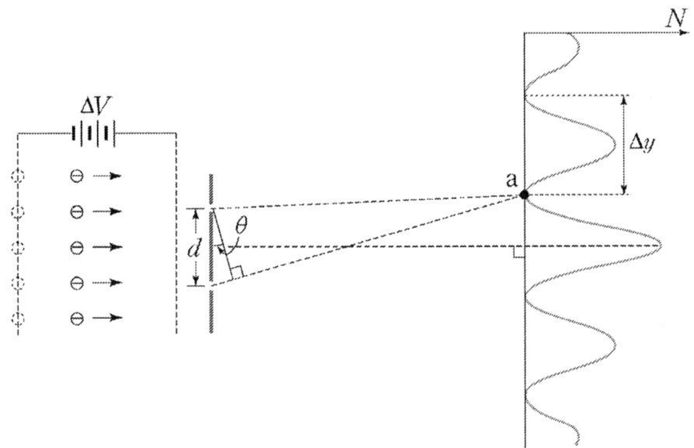

이에 대한 설명으로 옳은 것만을 [보기]에서 있는 대로 고른 것은? (단, h 는 플랑크 상수이고, 슬릿과 스크린 사이의 거리는 d 보다 매우 크다.)

[보 기]

ㄱ. $\lambda = \dfrac{h}{\sqrt{2\,m e\,\Delta V}}$ 이다.

ㄴ. 점 a 는 $d \sin \theta = \dfrac{\lambda}{2}$ 가 만족되는 지점이다.

ㄷ. ΔV 를 증가시키면 Δy 가 증가한다

① ㄱ   ② ㄴ   ③ ㄷ   ④ ㄱ, ㄴ   ⑤ ㄴ, ㄷ

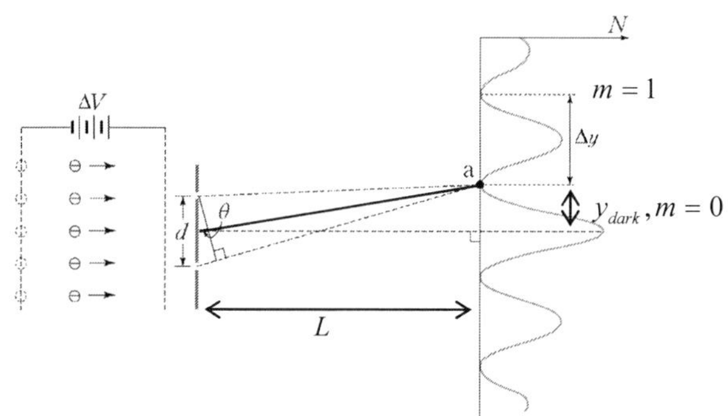

(ㄱ) 운동량은 $E = \dfrac{P^2}{2m} \rightarrow P = \sqrt{2mE}$ 이고 전자의 에너지는

$E = e\Delta V$ 이다. 따라서 $P = \sqrt{2me\Delta V}$, 물질파 파장은

$\lambda = \dfrac{h}{P} = \dfrac{h}{\sqrt{2me\,\Delta V}}$ −(1) 이다.

(ㄴ) ★영의 실험 이중슬릿 구하기★

[1 단계] 파장 λ , 슬릿 간격 d , 슬릿과 스크린 거리 L 이다.

[2 단계] 점 a 는 두 경로길이의 첫번째 상쇄 이므로

상쇄 조건: $d \sin \theta = \dfrac{\lambda}{2}$ 이다.

(ㄷ) [단계 2] 슬릿 중심에서부터 어두운 무늬 거리 무늬 공식은

$$y_{dark} = \dfrac{L}{d}\left(m + \dfrac{1}{2}\right)\lambda \rightarrow \Delta y = \dfrac{L}{d}\left(0 + \dfrac{1}{2}\right)\lambda - \dfrac{L}{d}\left(1 + \dfrac{1}{2}\right)\lambda$$

$$\Delta y = \dfrac{L}{d}\lambda = \dfrac{L}{d}\dfrac{h}{\sqrt{2me\Delta V}} \quad \Delta V \text{ 가 증가하면 } \Delta y \text{ 가 감소한다.}$$

답 (4)

14-18. (2012 PEET) 그림 (가)는 전자빔 발생장치에서 나와 슬릿 간격이 d 인 이중 슬릿을 통과하여 스크린의 각 지점에 도달하는 전자의 수를 측정하는 것을 모식적으로 나타낸 것이다. 그림 (나)는 (가)의 전자빔 발생장치에서 나오는 운동에 너지가 E 인 전자들을 사용하여 스크린의 각 지점에서 일정한 시간 동안 검출기로 측정한 전자의 수를 개략적으로 나타낸 것이다. 이중 슬릿과 스크린 사이의 거리는 L, 전자빔의 간섭 무늬의 간격은 y 이다.

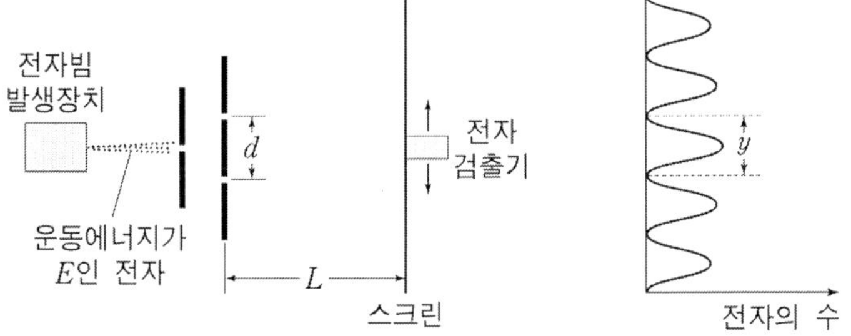

E 는? (단, d 는 L 보다 아주 작고, 플랑크 상수는 h 이며 전자의 질량은 m 이다.)

① $\dfrac{h^2}{2m}\left(\dfrac{d}{yL}\right)^2$ ② $\dfrac{h^2}{2m}\left(\dfrac{L}{yd}\right)^2$ ③ $\dfrac{h^2}{2m}\left(\dfrac{y}{Ld}\right)^2$ ④ $\dfrac{h^2}{2m}\dfrac{d}{y^2L}$ ⑤ $\dfrac{h^2}{2m}\dfrac{L}{y^2d}$

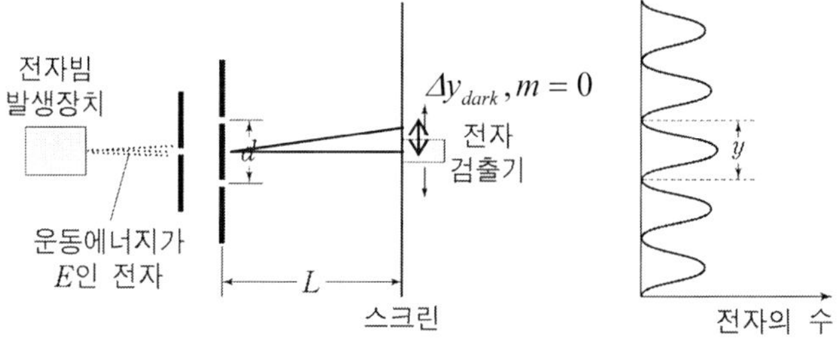

★영의 실험 이중슬릿 구하기★

[1 단계] 파장 λ , 슬릿 간격 d , 슬릿과 스크린 거리 L 이다.

[2 단계] 슬릿 중심에서부터 어두운 무늬 거리 무늬 공식은

$$y_{dark} = \frac{L}{d}\left(m + \frac{1}{2}\right)\lambda \;\rightarrow\; y = 2\,y_{m=0} = 2\,\frac{L}{2d}\lambda = \frac{L}{d}\lambda$$

$$\rightarrow \lambda = \frac{yd}{L},$$

에너지는 $E = \dfrac{p^2}{2m} = \dfrac{1}{2m}\left(\dfrac{h}{\lambda}\right)^2 = \dfrac{h^2}{2m}\left(\dfrac{L}{yd}\right)^2$

답 (2)

V

14-19. (2013 MEET/DEET) 그림 (가)는 단색광을 이용한 영의 이중 슬릿 실험에서 스크린에 생긴 간섭 무늬를 모식적으로 나타낸 것이다. 점 P는 가장 밝은 무늬의 위치이고, Δx 는 이웃한 밝은 무늬 사이의 거리이다. 그림 (나)는 굴절률이 n_1, n_2 이고 두께가 d 인 두 투명판을 (가)의 슬릿 S₁, S₂ 뒤에 놓았을 때, P 가 위로 이동한 것을 나타낸 것이다.

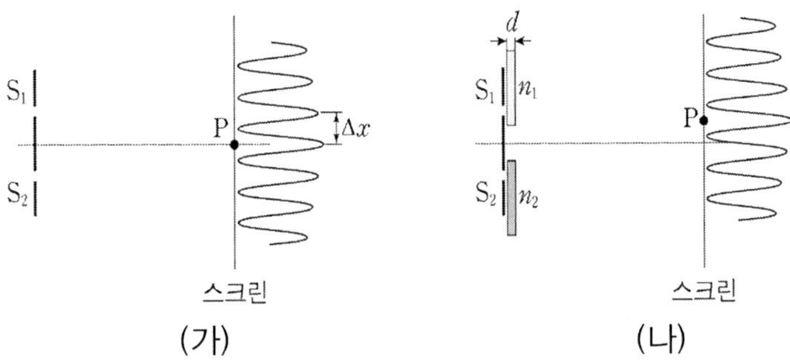

이에 대한 설명으로 옳은 것만을 [보기]에서 있는 대로 고른 것은? [2.5점]

[보 기]

ㄱ. (가) 에서 S₁ 과 S₂ 의 간격을 좁히면 Δx 는 커진다.

ㄴ. (나) 에서 $n_1 > n_2$ 이다.

ㄷ. (나) 에서 두 투명판의 두께를 $2d$ 로 바꾸어도 P 는 이동하지 않는다.

① ㄴ　　② ㄷ　　③ ㄱ, ㄴ　　④ ㄱ, ㄷ　　⑤ ㄱ, ㄴ, ㄷ

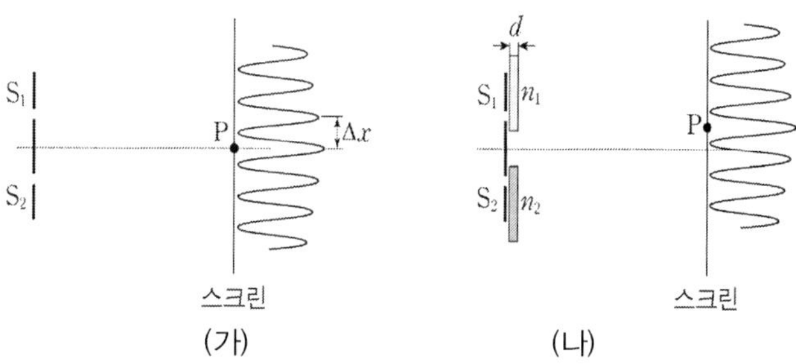

(ㄱ) 그림 (가) 에서

★영의 실험 이중슬릿 구하기★

[1 단계] 파장 λ , 슬릿 간격 ΔS , 슬릿과 스크린 거리 L 이다.

[2 단계] 간섭무늬 간격은 슬릿 중심에서 밝은 무늬 거리 Δx 는

$\Delta x = \dfrac{L}{\Delta S}\lambda$ 에서 ΔS 가 작아지면 Δx 가 커진다.

(ㄴ) 그림 (나)에서 투명판을 통과한 후, 두 파장의 위상차는

$N_2 - N_1 = \dfrac{d}{\lambda}\left(n_2 - n_1\right)$ 이다. P 점이 올라갔으면

(λ_1 의 파의 길이) 〈 (λ_2 의 파의 길이) 이다. 따라서 P 점에서 파의 길이가

같아야 하므로 $\dfrac{d}{\lambda}n_1 > \dfrac{d}{\lambda}n_2$ 가 되어야 한다. 즉, $n_1 > n_2$ 이다.

(다) 투명판을 놓았을 때 위상차는 $N_2 - N_1 = \dfrac{d}{\lambda}\left(n_2 - n_1\right)$ 에서 두께 $2d$

가 증가하면 위상차가 달라지므로 P 점이 2 배 위쪽으로 올라간다.

답 (3)

15장 / 현대물리

15-1 빛알과 물질파

15-1-1 흑체 복사

흑체에서 방출되는 전자기 복사이다. 흑체란 흑체에 입사하는 모든 복사를 흡수하는 이상적인 계이다.

◻ 실험적 발견:

- 슈테판의 법칙(Stefan's law)에 의해 한 물체에서 복사되는 단위 면적당 단위 시간당 에너지는

$$\boxed{I(T) = \sigma T^4}\ (\sigma = 5.670 \times 10^{-8}\ W/m^2 \cdot K^4)$$

- 파장 분포의 최고점은 온도 증가에 따라 짧은 파장 쪽으로 이동한다. 즉, 빈의 변위 법칙(Wien's displacement law):

$$\boxed{\lambda_{max} T = 2.898 \times 10^{-3}\ m \cdot K},\ \lambda_{max}:\ \text{복사세기가 최대일 때 파장.}$$

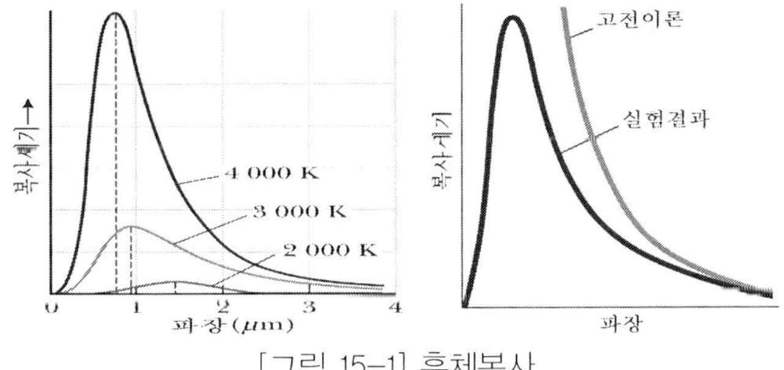

[그림 15-1] 흑체복사

◻ 레일리-진스의 법칙(Rayleigh-Jeans law): 실험적 발견을 이론적으로 설명하려는 시도:

$$I(\lambda, T) = \frac{8\pi kT}{\lambda^4}$$, 짧은 파장 영역에서는 불일치 한다.

◻ 플랑크(Max Planck)의 흑체 복사 이론: 복사가 원자 진동에 의한 것으로 가정.

진동자의 에너지 $E_n = nhf \rightarrow E = nhf - (n-1)hf = hf$

– 볼츠만 분포 법칙에 따라서 에너지가 E 인 어떤 상태가 점유될 확률은 $e^{-E/k_B T}$ 에 비례한다.

$$\boxed{I(\lambda, T) = \frac{2\pi hc^2}{\lambda^5 (e^{hc/\lambda k_B T} - 1)}}$$, $\text{h} = 6.626 \times 10^{-34} \text{J} \cdot \text{s}$

15-1-2 광자: 빛의 양자

빛알의 에너지: $\boxed{E = hf}$, $f = \dfrac{c}{\lambda}$,

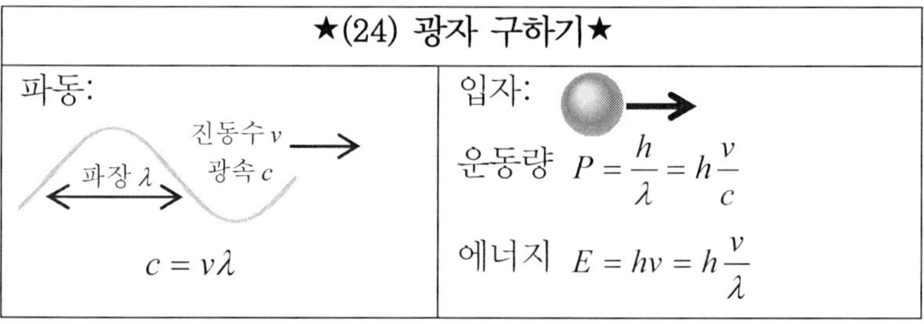

15-1-3 광전 효과

금속에 빛을 비출 때 표면에서 광전자가 튀어나오는 현상.

– 광전 효과 방정식: $\boxed{hf = K_{\max} + \Phi}$

– 일함수(Φ): 금속에서 광전자를 방출시키는데 최소 에너지

$$\Phi = hf_0 = h\frac{c}{\lambda_0}$$ (f_0 : 한계 진동수, λ_0 : 한계 파장)

– 최대 운동 에너지: $K_{\max} = \dfrac{1}{2}mv^2 = hf - \Phi = hf - hf_o$

★ (25) 광전효과 구하기 ★

$$hv = \Phi + \frac{1}{2}mv^2_{\max}, \quad \Phi = hv_0$$

광자에너지 = 일함수 + 전자의 운동에너지

15-1-4 광자의 운동량

◻ 콤프턴(Compton) 효과

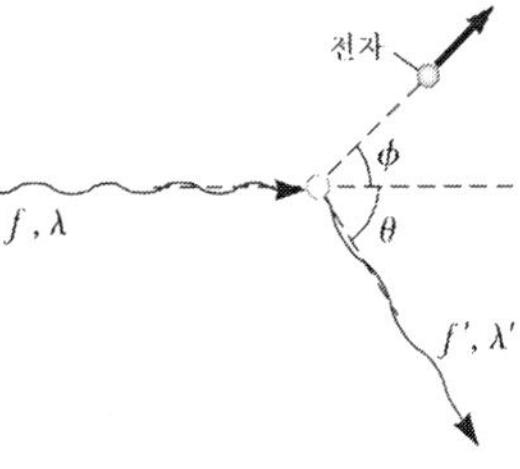

X 선을 물체에 비추었을 때 산란되어
나오는 X 선의 파장이 입사하는 파장
보다 길어지는 현상.
빛알과 물질이 충돌하여 에너지와 운
동량이 전달.

[그림 15-2] 광자의 충돌

빛알의 운동량: $P = \dfrac{hf}{c} = \dfrac{h}{\lambda}$

에너지 보존법칙: $hf = hf' + \dfrac{1}{2}mv^2 \quad -(1)$

운동량 보존법칙: x 축: $\dfrac{h}{\lambda_0} = \dfrac{h}{\lambda'}\cos\theta + mv\cos\phi \quad -(2)$

y 축: $0 = \dfrac{h}{\lambda'}\sin\theta - mv\sin\phi \quad -(3)$

식(2) 에서 $mv\cos\phi = \dfrac{h}{\lambda'}\cos\theta - \dfrac{h}{\lambda_0} \quad -(4)$

식(3) 에서 $mv\sin\phi = \dfrac{h}{\lambda'}\sin\theta \quad -(5)$

$\left(식(4)^2 + 식(5)^2\right) \div 2m$ 하면,

$$\frac{1}{2}mv^2 = \frac{h^2}{2m}\left\{\left(\frac{1}{\lambda}\right)^2 + \left(\frac{1}{\lambda'}\right)^2 - 2\frac{1}{\lambda\lambda'}\cos\theta\right\} \quad -(6)$$

식(6) 를 식(1) 에 대입하면,

$$\frac{hc}{\lambda} = \frac{hc}{\lambda'} + \frac{h^2}{2m}\left\{\left(\frac{1}{\lambda}\right)^2 + \left(\frac{1}{\lambda'}\right)^2 - 2\frac{1}{\lambda\lambda'}\cos\theta\right\}$$

$$hc\frac{\lambda'-\lambda}{\lambda\lambda'} = \frac{h^2}{2m}\left\{\left(\frac{1}{\lambda}\right)^2 + \left(\frac{1}{\lambda'}\right)^2 - 2\frac{1}{\lambda\lambda'}\cos\theta\right\}$$

$$\lambda'-\lambda = \frac{h^2}{2mc}\left(\frac{\lambda'}{\lambda} + \frac{\lambda}{\lambda'} - 2\cos\theta\right) \approx \frac{h}{mc}(1-\cos\theta)$$

콤프턴 파장이동: $\boxed{\Delta\lambda = \lambda'-\lambda = \dfrac{h}{mc}(1-\cos\theta)}$

★(26) 콤프턴 효과 구하기★

X 선을 물체에 비추었을 때

에너지 보존: $hf = hf' + \dfrac{1}{2}mv^2$,

산란된 X 선 파장의 증가 $\Delta\lambda = \lambda'-\lambda = \dfrac{h}{mc}(1-\cos\theta)$

15-1-5 확률파동의 빛

◻ 빛의 이중성: 빛은 입자성과 파동성을 동시에 갖고 있다.

– 빛의 파동성: 반사, 굴절, 회절 간섭, 편광, 영(Young) 실험

– 빛의 입자성: 광전 효과, 컴프턴 효과

◻ 영(Young) 실험: 단위시간 동안 어떤 곳에서 빛알이 검출될 확률은 그 곳에 도달한 파동의 전기장 벡터의 진폭을 제곱한 값에 비례한다. 확률 $P = \left[진폭\right]^2$.

15-1-6 전자와 물질파

◼ 물질파 (드브로이파)

1924 년 드브로이는 파동인 빛이 입자적 성질을 가지는 것과 마찬가지로 물질 입자도 파동성이 있다고 주장. 1927 년 데이비슨과 거머 실험에서 입증.

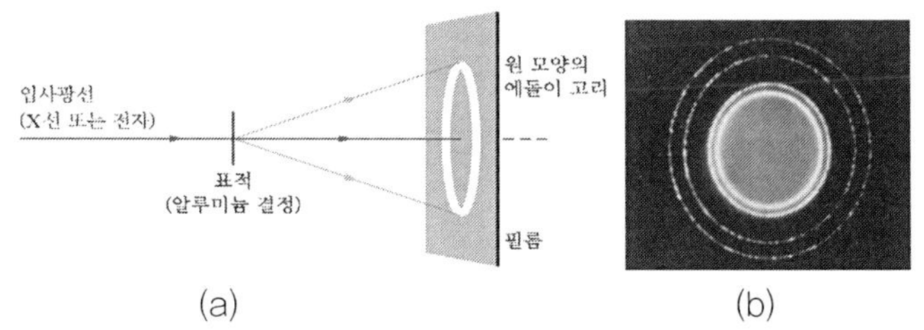

[그림 15-3] (a) 에돌이 현상을 이용하여 입사한 입자선속의 파동성을 보여주는 실험장치, (b) X 선 일 때 에돌이 간섭 무늬 사진.

– 입자의 물질 파장: 질량이 m 인 입자가 속도 v 로 운동할 때, 이 입자의 물질 파장 λ 는 $\lambda = \dfrac{h}{mv} = \dfrac{h}{p}$ (de Broglie 파장)

15-1-7 광자

◼ X 선과 원소의 배열

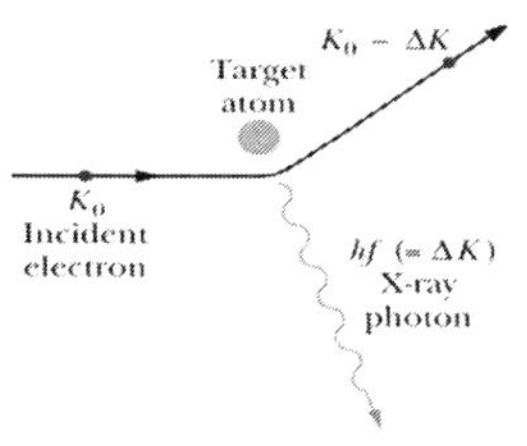

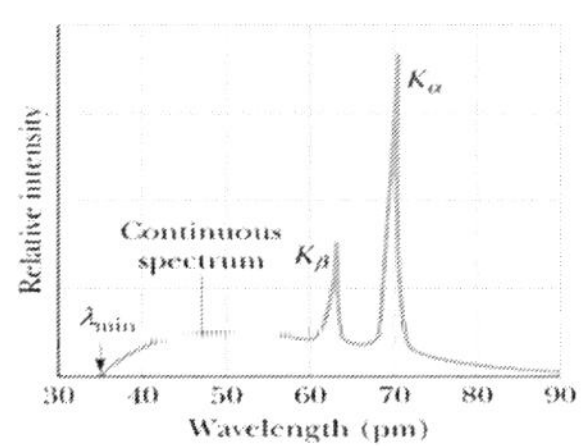

[그림 15-4] X 선 광자발생

[그림 15-5] 에너지 35 keV 전자가 몰리브덴 표적과 충돌할 때 X 선

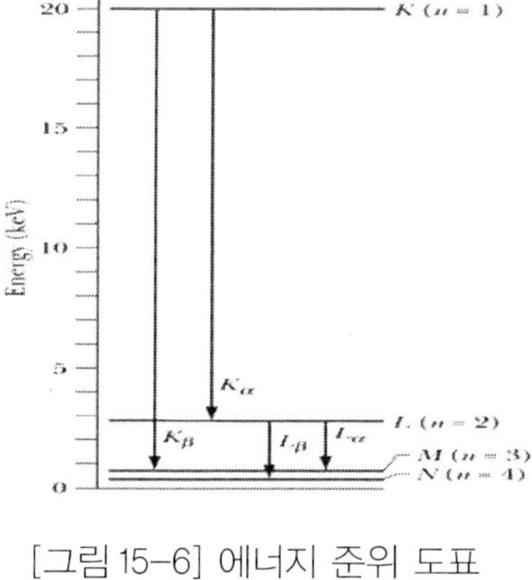

[그림 15-6] 에너지 준위 도표

수 킬로 eV 전자가 구리나 텅스텐에 충돌하면 X 선 전자기파를 방출한다.

$K(n=1) \rightarrow L(n=2)$이면 K_α 방출, $K(n=1) \rightarrow M(n=3)$ 이면 K_β 방출한다.

충돌로 운동에너지 K_0를 잃은 때 X 선 파장의 최소값은

$$K_0 = hf = \frac{hc}{\lambda_{min}} \rightarrow \lambda_{min} = \frac{hc}{K_0}$$

15-2 원자핵

15-2-1 원자핵의 구성

◻ 원자핵의 구성 입자 (= 핵자)

– 양성자: 전자의 전하량과 같은 양전하 (+e) 를 가지고 전자 질량의 약 1836 배의 질량을 갖는다.

– 중성자: 전기적으로 중성이며, 질량은 양성자와 거의 같다.

◻ 원자핵의 표시

$\boxed{{}^A_Z X}$, Z: 원자번호(양성자수), A:질량수(양성자수+중성자 수)

◻ 원자핵의 반지름

$\boxed{R = R_o \sqrt[3]{A}}$, A: 질량수, $R_0 = 1.2 \times 10^{-15}\, m$.

15-2-2 동위 원소와 원자량

◻ 동위원소: 원자 번호 Z 는 같고 실량수 A 가 다른 원소.

화학적 성질은 같고 물리적 성질이 다르다.

◼ 원자 질량 단위 (atomic mass unit: amu)

질량수가 12 인 탄소 원자 질량의 1/12 를 1 원자 질량 단위 (1 amu 또는 $1u$) 로 정하고 이것을 기준으로 다른 원자의 질량을 나타낸다. $1u \equiv 1.660539 \times 10^{-27} kg$

◼ 원자량: 원자번호가 같은 원소들의 존재비에 따른 평균 질량.

15-2-3 핵에너지

◼ 핵력과 결합 에너지

– 핵력: 핵자들 사이에 작용하는 힘.

– 질량 결손: 원자핵이 형성되기 전에 핵자들의 질량의 합보다 이들이 핵을 형성하고 난 후 원자핵의 질량은 적다.

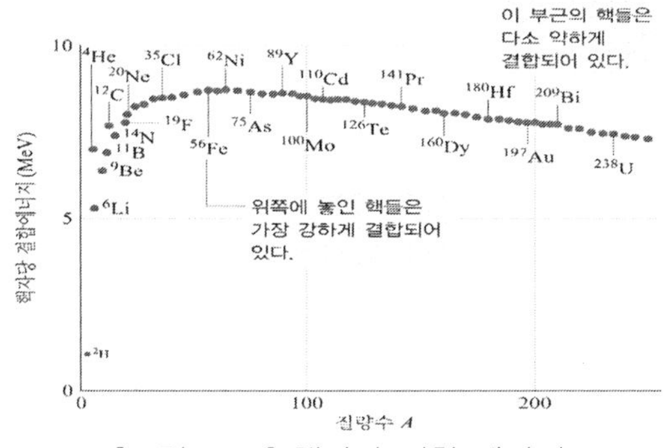

[그림 15-7] 핵자당 결합 에너지

– 결합 에너지 (binding energy): 질량결손에 대한 에너지로 속박된 핵의 정지에너지는 각각이 핵자들의 징지 에너시를 모두 합한 것보다 작다. 에너지의 이런 차이를 결합 에너지라 한다.

$$\Delta E_{be} = \sum \left(mc^2\right) \quad Mc^2,$$

M : 핵의 질량, $\sum m$: 양성자와 중성자 총 질량.

15-2-4 핵반응

– 핵분열: 질량수가 큰 원자핵이 질량수가 비슷한 2 개의 가벼운 원자핵으로 분열되는 현상.

– 핵융합: 가벼운 원자핵이 무거운 원자핵으로 되는 반응으로, 방출되는 에너지는 질량 결손에 해당하는 에너지이다.

– 핵반응 (nuclear reactions): 인위적으로는 어떤 핵에 에너지가 매우 높은 다른 입자를 충돌시켜서 핵의 구조를 바꾸게 할 수도 있다. 표적 핵의 본질을 바꾸는 이런 충돌을 핵반응이라고 한다.

– 반응 에너지(reaction energy) Q : 핵반응의 결과로 나타나는 정지 에너지의 전체 변화. 핵반응이 $a + X \rightarrow Y + b$ 인 경우, $Q = (M_a + M_X - M_Y - M_b)c^2$.

15-2-5 방사능 붕괴

◼ 방사능 붕괴의 유형

– 알파붕괴: ${}^{A}_{Z}X \rightarrow {}^{A-4}_{Z-2}Y + {}^{4}_{2}He$, 예) ${}^{238}_{92}U \rightarrow {}^{234}_{90}Th + {}^{4}_{2}He$

붕괴 에너지 $Q = (M_X - M_Y - M_\alpha)c^2$

– 베타붕괴: 반중성 미자 $\overline{\nu}$, 중성 미자 ν ,

(1) e^- 붕괴와 전자 포획:

e^- 붕괴: ${}^{A}_{Z}X \rightarrow {}^{A}_{Z+1}Y + e^- + \overline{\nu}$, 예) ${}^{14}_{6}C \rightarrow {}^{14}_{7}N + e^- + \overline{\nu}$

전자포획: ${}^{A}_{Z}X + {}^{0}_{-1}e \rightarrow {}^{A}_{Z-1}Y + \nu$, 예) ${}^{7}_{4}B + {}^{0}_{-1}e \rightarrow {}^{7}_{3}Li + \nu$

붕괴 에너지 $Q = (M_X - M_Y)c^2$

(2) e^+ 붕괴: ${}^{A}_{Z}X \rightarrow {}^{A}_{Z-1}Y + e^+ + \nu$ 예) ${}^{12}_{7}N \rightarrow {}^{12}_{6}C + e^+ + \nu$

붕괴 에너지 $Q = (M_X - M_Y - 2m_e)c^2$

– 감마붕괴: 거의 모든 경우 방사성 붕괴를 하는 핵은 들뜬 에너지 상태에 있게 된다. 그 다음에 핵은 낮은 에너지 상태인 바닥 상태로 두 번째의 붕괴를 하게 되는데, 이때 고에너지의 광자를 방출한다.

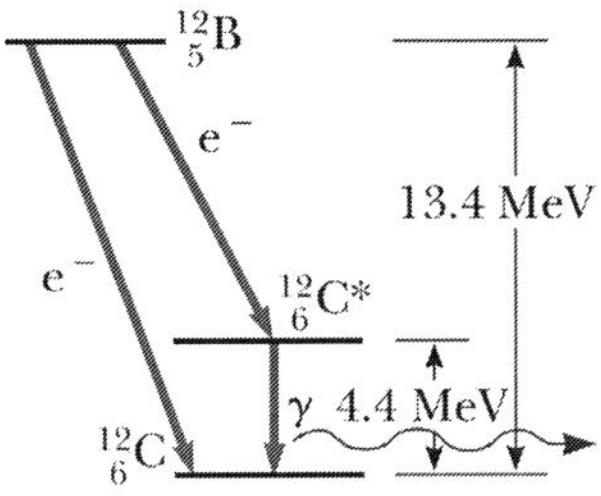

$$_Z^A X^* \rightarrow {}_Z^A Y + \gamma$$

예) $_5^{12}B \rightarrow {}_6^{12}C^* + e^- + v$, $_6^{12}C^* \rightarrow {}_6^{12}C + \gamma$

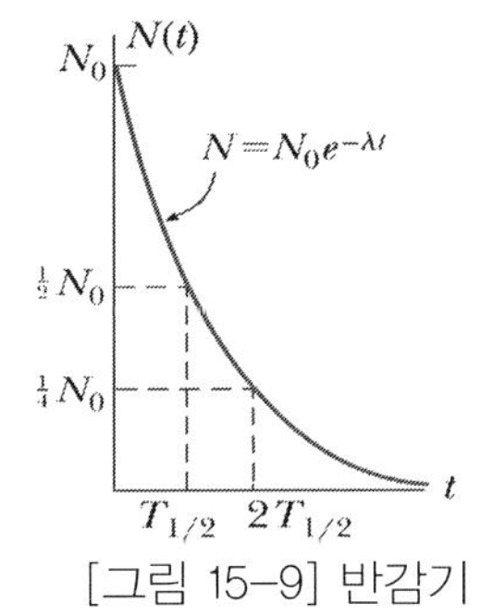

[그림 15–8] 감마붕괴

	방출물질	원자번호	질량수	중성자수
α 붕괴	헬륨의 원자핵	2 개감소	4 개감소	2 개감소
β 붕괴	핵속에서 방출된 전자 (e-)	1 개증가	불변	1 개감소
β+붕괴	파장이 짧은 전자기파 (e+)	1 개감소	불변	1 개증가
γ 붕괴	핵 속에 있던 에너지	불변	불변	불변

◘ 방사성 붕괴

N 개의 방사성 핵이 있다면,

$$-\frac{dN}{dt} = \lambda N \rightarrow \frac{dN}{N} = -\lambda dt$$

$$\rightarrow \ln\frac{N}{N_0} = -\lambda t \rightarrow \boxed{N = N_0 e^{-\lambda t}}$$

여기서 λ 는 붕괴상수이다.

– 붕괴율 (decay rate): 단위 시간당 붕괴의 수

[그림 15–9] 반감기

$$R = \left| \frac{dN}{dt} \right| = \lambda N = \lambda N_0 e^{-\lambda t} = R_0 e^{-\lambda t}$$

– 반감기 (T) : 방사선 원소가 붕괴하여 처음 양의 반으로 줄어드는데 걸리는 시간.

$$\frac{N_0}{2} = N_0 e^{-\lambda T_{1/2}} \rightarrow \boxed{T_{1/2} = \frac{ln2}{\lambda} = \frac{0.693}{\lambda}}$$

15-3 수소원자

15-3-1 수소원자

◻ 보어의 이론으로 에너지의 양자화

보어의 수소 원자 모형에서 수소원자 궤도는

$$2\pi r = n\lambda = n\frac{h}{p} \rightarrow 2\pi r = n \times \frac{h}{mv} , \ \text{따라서} \ mvr = \frac{nh}{2\pi} \rightarrow$$

각 운동량은 $\vec{L} = \vec{r} \times \vec{p} = rmv = n\hbar$, $n = 1,2.3...$ 이다.

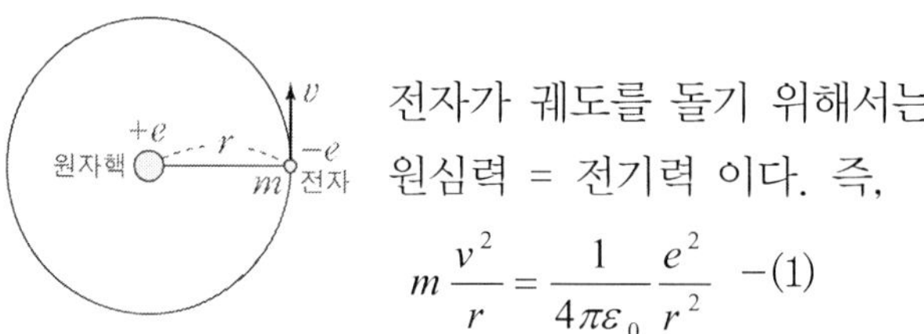

전자가 궤도를 돌기 위해서는 원심력 = 전기력 이다. 즉,

$$m\frac{v^2}{r} = \frac{1}{4\pi\varepsilon_0}\frac{e^2}{r^2} \quad -(1)$$

[그림 15-10] 수소원자

식(1) 에서 $r = \frac{1}{4\pi\varepsilon_0}\frac{e^2}{mv^2} = \frac{4\pi\varepsilon_0}{e^2 m}(rmv)^2 = \frac{4\pi\varepsilon_0}{e^2 m}(L)^2$,

양자화된 궤도 반지름은

$$r = \frac{4\pi\varepsilon_0}{e^2 m}(n\hbar)^2 \rightarrow r_n = \frac{4\pi\varepsilon_0 \hbar^2}{e^2 m}n^2 = an^2 , \ n = 1,2.3... \quad -(2)$$

n = 1 일 때, $r = a = \dfrac{4\pi\varepsilon_0 \hbar^2}{e^2 m} = 0.0529\,nm$ (보어 반지름),

$$E = K + U = \frac{1}{2}mv^2 - \frac{1}{4\pi\varepsilon_0}\frac{e^2}{r} \quad \leftarrow \text{식(1)에서} \quad \frac{1}{2}mv^2 = \frac{1}{8\pi\varepsilon_0}\frac{e^2}{r}$$

$$E = \frac{1}{8\pi\varepsilon_0}\frac{e^2}{r} - \frac{1}{4\pi\varepsilon_0}\frac{e^2}{r} = -\frac{1}{8\pi\varepsilon_0}\frac{e^2}{r} \quad ,$$

식(2)을 적용하면,

$$E_n = -\frac{1}{8\pi\varepsilon_0}\frac{e^2}{r_n} = -\frac{e^2}{8\pi\varepsilon_0}\frac{e^2 m}{4\pi\varepsilon_0 \hbar^2 n^2} \quad ,$$

$$= -\frac{e^4 m}{8\varepsilon_0^2 h^2 n^2} = -\frac{13.6 eV}{n^2} \quad , \quad eV = 1.6 \times 10^{-19}\,J \; .$$

◼ 에너지 전이

– 이온화 에너지: 원자의 이온화는 원자의 에너지가 바닥 상태에서 0 보다 크게 증가하는 경우로 이때 필요한 최소 에너지.

– 전자가 높은 에너지 준위 (E_i) 에서 낮은 에너지 준위 (E_f) 로 전이하면 에너지가 감소하면, 그 에너지 차이 만큼 빛을 방출한다. 빛의 에너지는

$$E = hf = E_f - E_i = -\frac{e^4 m}{8\varepsilon_0^2 h^2}\left(\frac{1}{n_f^2} - \frac{1}{n_i^2}\right)$$

따라서 방출되는 빛의 파장은

$$\boxed{\frac{1}{\lambda} = -\frac{me^4}{8\varepsilon_0^2 h^3 c}\left(\frac{1}{n_f^2} - \frac{1}{n_i^2}\right) = R\left(\frac{1}{n_i^2} - \frac{1}{n_f^2}\right)}$$

여기서 R 은 리드베리 상수 (Rydberg constant) 이다.

$$\bigstar (27)\ \text{보어의 수소원자} \bigstar$$

궤도양자화 $2\pi r = n\lambda$

각운동량 $L = n\hbar$ $(n = 1,2,3...)$

양자화된 궤도 반지름 $r_n = an^2$, $a = 0.0529\,nm$

에너지 $E_n = -\dfrac{13.6eV}{n^2}$

방출되는 에너지 $E = E_f - E_i = -\alpha\left(\dfrac{1}{n_f^2} - \dfrac{1}{n_i^2}\right)$, $\alpha = \dfrac{e^4 m}{8\varepsilon_0^2 h^2}$

수식요약

흑체복사

$$I(T) = \sigma T^4 \quad (\sigma = 5.670 \times 10^{-8}\,W\big/m^2 \cdot K^4)$$

플랑크의 파장 분포 함수

$$I(\lambda, T) = \frac{2\pi hc^2}{\lambda^5 (e^{hc/\lambda k_B T} - 1)}$$

광전 효과

$$hf = K_{max} + \Phi ,\ \ \text{일 함수}\ \Phi = hf_o = h\frac{c}{\lambda_o}$$

광전자 최대 운동에너지

$$K_{max} = \frac{1}{2}mv^2 = hf - \Phi = hf - hf_o$$

콤프턴 효과

파장 이동 $\Delta\lambda = \lambda' - \lambda = \dfrac{h}{mc}(1 - \cos\phi)$

전자의 물질파 $\lambda = \dfrac{h}{mv} = \dfrac{h}{p}$

방사능 붕괴

알파붕괴	$^A_Z X \rightarrow {}^{A-4}_{Z-2} Y + {}^4_2 He$
베타붕괴$\left(e^-\right)$	$^A_Z X \rightarrow {}^A_{Z+1} Y + e^- + \bar{v}$
베타붕괴$\left(e^+\right)$	$^A_Z X \rightarrow {}^A_{Z-1} Y + e^+ + v$
전자포획	$^A_Z X + {}^0_{-1} e \rightarrow {}^A_{Z-1} Y + v$
감마붕괴	$^A_Z X^* \rightarrow {}^A_Z X + \gamma$

방사성 원소 $N = N_0 e^{-\lambda t}$, λ : 붕괴상수.

반감기 $T_{1/2} = \dfrac{\ln 2}{\lambda} = \dfrac{0.693}{\lambda}$

수소원자:

보어 이론에서 각 운동량 $L = n\hbar$, $n = 1,2.3...$

양자화된 궤도 반지름 $r_n = \dfrac{4\pi\varepsilon_0 \hbar^2}{e^2 m} n^2 = a n^2$, $n = 1,2.3...$

전체 에너지 $E_n = -\dfrac{e^4 m}{8\varepsilon_0^2 h^2 n^2} = -\dfrac{13.6 eV}{n^2}$

에너지 전이 $\dfrac{1}{\lambda} = -\dfrac{me^4}{8\varepsilon_0^2 h^3 c}\left(\dfrac{1}{n_f^2} - \dfrac{1}{n_i^2}\right) = R\left(\dfrac{1}{n_i^2} - \dfrac{1}{n_f^2}\right)$

15-1. (2011 MEET/DEET) 그림은 온도 T_0 인 흑체에서 복사되는 빛의 단위 파장 당 세기 I 를 파장 λ 에 따라 나타낸 그래프이다. I 는 파장이 λ_0 일 때 최대값 I_0 을 갖고, 파장이 각각 λ_1, λ_2 일 때 I_1 로 서로 같다.

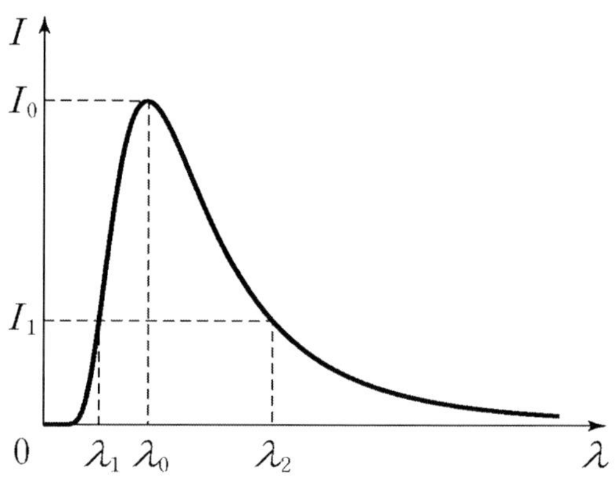

이에 대한 설명으로 옳은 것만을 [보기]에서 있는 대로 고른 것은?

[보 기]

ㄱ. 파장 λ_1 인 광자 한 개의 에너지는 파장 λ_2 인 광자 한 개의 에너지와 같다.
ㄴ. 온도가 T_0 보다 높은 흑체에서 I 가 최대인 빛의 파장은 λ_0 보다 작다.
ㄷ. 그래프의 곡선과 λ 축 사이의 면적은 온도가 높을수록 커진다.

① ㄱ   ② ㄷ   ③ ㄱ, ㄴ   ④ ㄴ, ㄷ   ⑤ ㄱ, ㄴ, ㄷ,

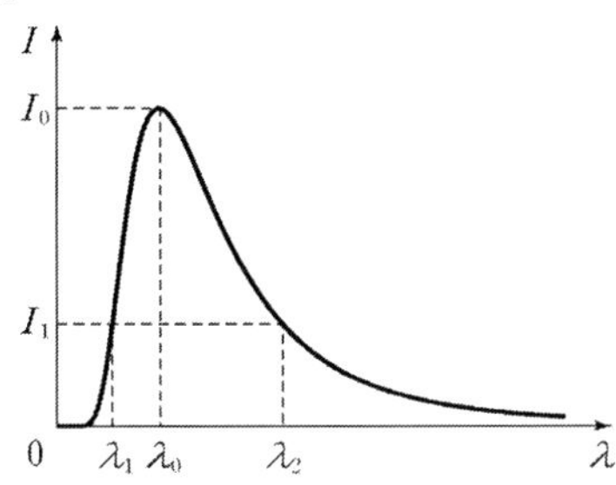

($ㄱ$) $E = hf = h\dfrac{c}{\lambda} \rightarrow \lambda_1 \neq \lambda_2$ 이면 $E_1 \neq E_2$ 이다.

($ㄴ$) $\lambda_{max}T = $ 상수 에서 높은 온도에서 최대파장은 작아진다.

($ㄷ$) $I(\lambda, t) = \dfrac{8\pi kT}{\lambda^4}$ 에서 $I \propto T$ 이므로 온도가 커지면 빛의 세기 (I) 도

커서 면적도 커진다.

답 (4)

15-2. (2005 예비시험 MEET/DEET) 다음은 양성자($_1^1 H$)로부터 (가), (나), (다)의 핵융합 반응에 의해 헬륨의 핵($_2^4 He$)이 생성되는 것을 나타낸다.

(가) $_1^1 H + _1^1 H \rightarrow _1^2 H + e^+ + v + 0.42 MeV$

(나) $_1^1 H + _1^2 He \rightarrow _2^3 He + \gamma + 5.49 MeV$

(다) $_2^3 He + _2^3 He \rightarrow _2^4 He + _1^1 H + _1^1 H + 12.86 MeV$

이 반응에 의해 헬륨의 핵 한 개가 생성될 때 발생하는 에너지는? (단, 쌍소멸은 고려하지 않는다.)

① 18.77 MeV   ② 24.68 MeV   ③ 25.26 MeV

④ 25.72 MoV   ⑤ 37.12 McV

(가) $_1^1H + _1^1H \rightarrow _1^2H + e^+ + v + 0.42\,MeV$

(나) $_1^1H + _1^2H \rightarrow _2^3He + \gamma + 5.49\,MeV$

(다) $_2^3He + _2^3He \rightarrow _2^4He + _1^1H + _1^1H + 12.86\,MeV$

(다) 에서 헬륨의 핵($_2^4He$)을 만드는데 $12.86\,MeV$ 가 발생한다. (다)의 2 개 $_2^3He$ 을 만드는데는 (나)에서 $2 \times 5.49\,MeV$ 가 발생한다. (나) 에서 2 개 $_2^3He$ 을 만드는 데는 2 개의 양성자 ($_1^1H$) 와 2 개의 $_1^2H$ 필요하다. 따라서 (가) 에서 2 개의 $_1^2H$ 를 만드는데 $2 \times 0.42\,MeV$ 가 발생한다. 따라서 전체 발생되는 에너지는

$$E = 2 \times 0.42\,MeV + 2 \times 5.49\,MeV + 12.86\,MeV = 24.68\,MeV$$

답 (2)

15-3. (2013 MEET/DEET) 그림은 금속판 A, B 에 단색광을 비출 때 방출되는 광전자의 최대 운동 에너지를 빛의 진동수에 따라 나타낸 것이다. A, B 의 한계(문턱) 진동수는 f_0 , $3f_0$ 이고, A 의 일함수는 ϕ_0 이다. 진동수 $3f_0$ 인 빛을 비출 때 A 에서 방출되는 광전자의 최대 운동 에너지는 E_0 이다.

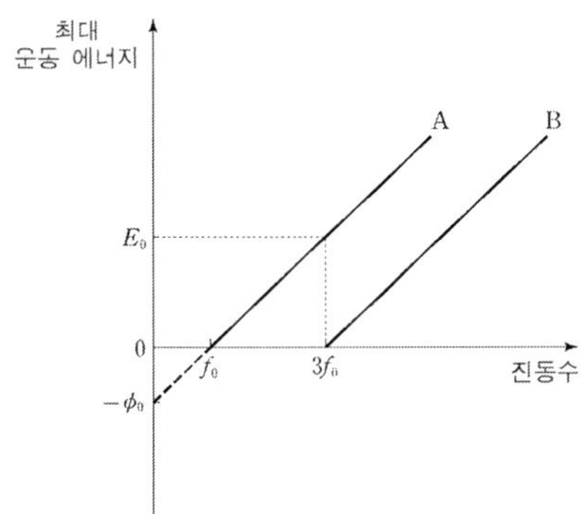

이에 대한 설명으로 옳은 것만을 [보기]에서 있는 대로 고른 것은?

[보 기]

ㄱ. 플랑크 상수는 $\dfrac{E_0}{2f_0}$ 과 같다.

ㄴ. B 의 일함수는 $3\phi_0$ 이다.

ㄷ. B 에 진동수 $6f_0$ 의 빛을 비출 때 방출되는 광전자의 최대 운동 에너지는 $2E_0$ 이다.

① ㄱ　　② ㄷ　　③ ㄱ, ㄴ　　④ ㄴ, ㄷ　　⑤ ㄱ, ㄴ, ㄷ

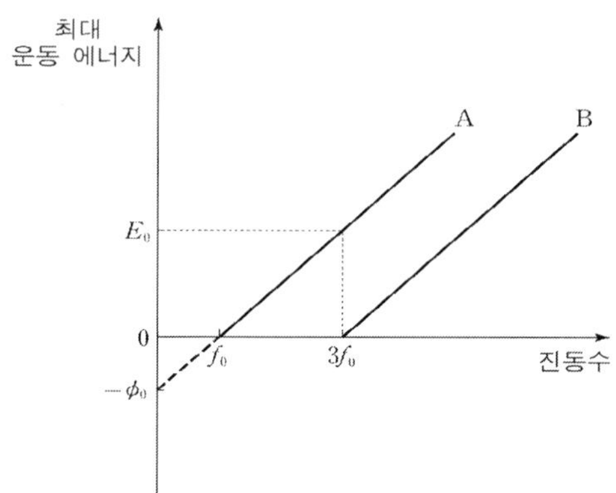

(ㄱ) ★광전효과 구하기★

광전효과 공식에서 $hf = K_{max} + \Phi = h v_0$ ―(1)

그래프에서 최대운동에너지 $K_{max} = E_0$ 일 때 $f = 3f_0$ 이고 일함수 $\Phi = hf_0$ 이다. 식(1) 에서

$$E_0 = h(3f_0) - hf_0 = 2hf_0 \rightarrow h = \frac{E_0}{2f_0} \quad 이다.$$

(ㄴ) B 의 일함수는 $\Phi_B = h(3f_0) = 3\Phi_0$ 이다.

(ㄷ) B 에 대한 광전효과 관계식은

$$K_{max} = hf - \Phi_B = h(6f_0) - h(3f_0) = 3hf_0 = \frac{3}{2}hf_0 = \frac{3}{4}E_0$$

답 (3)

15-4. (2005 예비시험 MEET/DEET) 그래프는 몰리브덴 표적에 $35\,keV$ 의 전자 빔을 쪼였을 때 방출되는 X 선의 상대 강도를 파장에 따라 나타낸 것이다. 그래프에서 K_α 와 K_β 는 특성 X 선을 나타낸다.

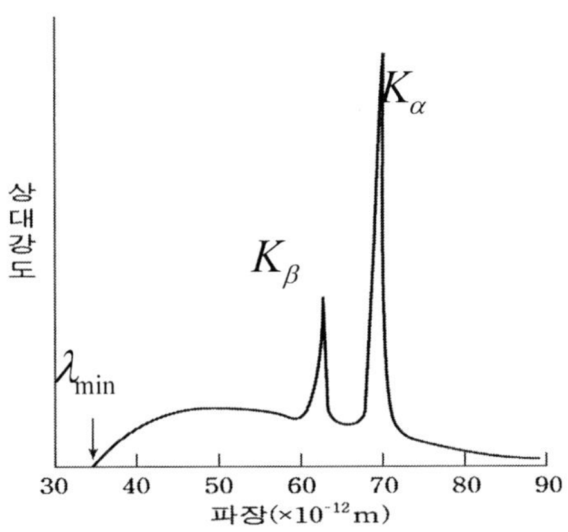

그래프에 대한 [보기]의 설명 중 옳은 것을 모두 고른 것은?

[보 기]

ㄱ. X 선의 에너지는 K_α 가 K_β 보다 크다.

ㄴ. K_α 와 K_β 는 원자내 전자가 바닥상태로 천이하면서 발생한다.

ㄷ. 입사 전자가 표적과 충돌하여 운동에너지를 가장 많이 잃었을 때 방출되는 X 선의 파장은 λ_{min} 이다.

① ㄱ   ② ㄴ   ③ ㄱ, ㄷ   ④ ㄱ, ㄴ   ⑤ ㄱ, ㄴ, ㄷ

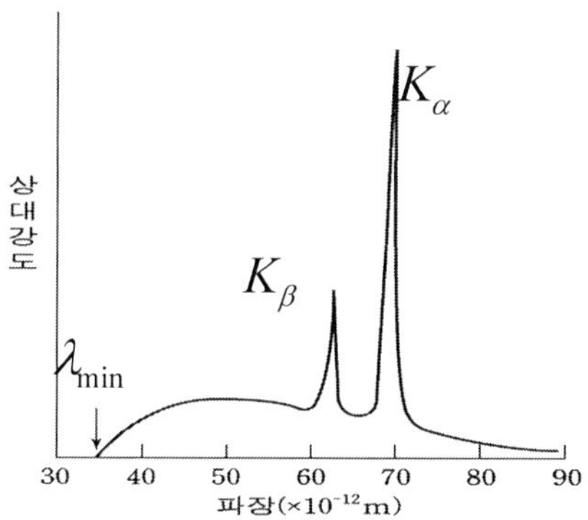

(ㄱ) 프랑크 열복사 이론

$$E = hf = h\,\frac{c}{\lambda},\ E \propto \frac{1}{\lambda} \rightarrow E\left(\lambda = k_\alpha\right) < E\left(\lambda = k_\beta\right)$$

(ㄴ) 광전효과와 반대로 X 선은 원자내 전자가 바닥상태에서 천이하면서 발생한다.

(ㄷ) ★광전효과 구하기★

$$hf = hf' + \frac{1}{2}mv^2 \rightarrow \frac{h}{\lambda} = \frac{h}{\lambda'} + \frac{1}{2}mv^2$$ 에서 운동에너지가 크면 $\dfrac{h}{\lambda}$ 가

최소값으로 λ_{min} 이 된다.

답 (4)

V

15-5. (2009 MEET/DEET) 그림 (가) 파장 λ 인 X 선을 흑연에 입사시켜 입사 방향에 대해 $\theta = 45°$, $90°$ 방향으로 나오는 산란광을 검출하는 콤프턴 산란실험을 모식적으로 나타낸 것이고, 그림 (나)는 각 검출기에서 측정한 산란광의 세기를 파장에 따라 나타낸 것이다. 산란광의 세기가 최대인 파장이 λ' 일 때 $\lambda' - \lambda = \dfrac{h}{mc}\left(1 - \cos\phi\right)$ 의 관계를 만족한다.

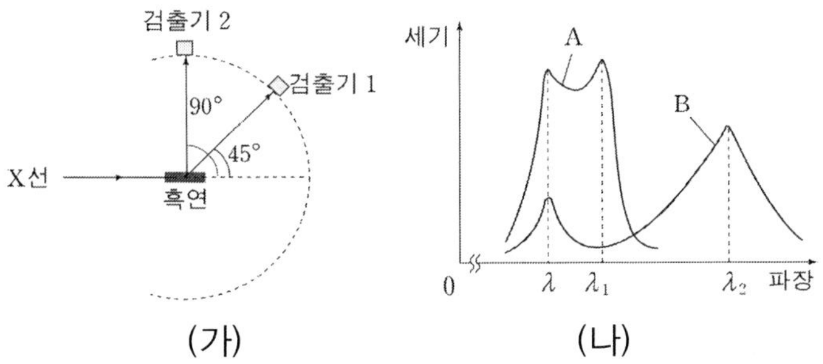

(가)　　　　　(나)

이에 대한 설명으로 옳은 것만을 [보기]에서 있는 대로 고른 것은? (단, h 는 플랑크 상수, m 은 전자의 정지질량, c 는 빛의 속력이다.)

[보 기]

ㄱ. λ 가 클수록 $\lambda_1 - \lambda_2$ 은 크다.

ㄴ. (나)에서 스펙트럼 A 는 검출기 1 에서 측정된 것이다.

ㄷ. 파장이 λ_2 인 광자 에너지는 입사한 X 선의 광자 에너지보다 작다.

① ㄱ　② ㄴ　③ ㄷ　④ ㄱ, ㄴ　⑤ ㄴ, ㄷ

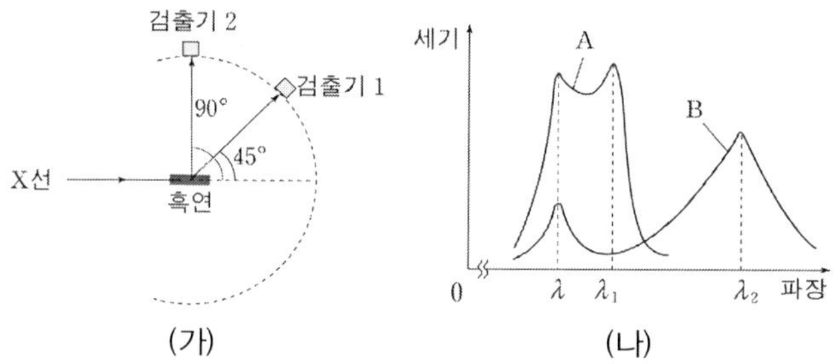

(ㄱ) ★콤프턴 효과 구하기★

콤프턴 효과는 $\Delta\lambda = \lambda' - \lambda = \dfrac{h}{mc}(1 - \cos\phi)$ 에서 파장의변화 ($\Delta\lambda$) 는 파장 λ 의 크기와 무관하다.

(ㄴ) (나) 에서 $\cos(45°) > \cos(90°)$ 이므로 $\lambda' - \lambda = \dfrac{h}{mc}(1 - \cos\phi)$ 에서 $\Delta\lambda$ (검출기1) 〈 $\Delta\lambda$ (검출기 2) 따라서 스펙트럼 A 는 검출기 1 이다.

(ㄷ) (입사 전 X 선 에너지) = (산란 후 X 선 에너지) + (전자의 운동에너지) 이므로 (입사 전 X 선 에너지) 〉 (산란 후 X 선 에너지) 이다.

답 (5)

V

15-6. (2013 PEET) 그림은 정지한 전자에 파장이 λ_0 인 X 선을 입사시켰을 때, X 선 광자가 전자와 탄성 충돌하는 것을 모식적으로 나타낸 것이다. 충돌 후 X 선의 파장은 λ 로 변하였다.

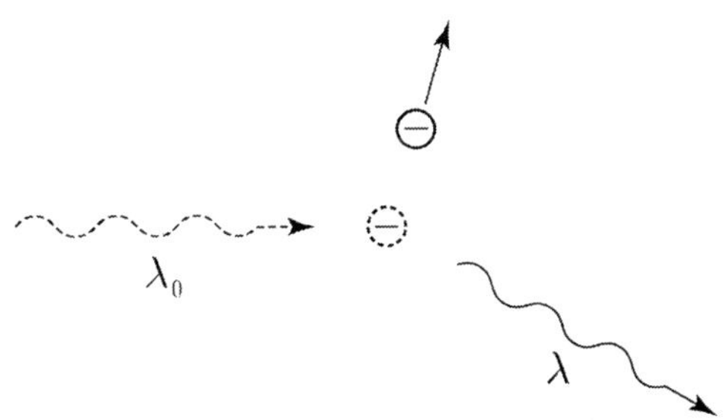

이에 대한 설명으로 옳은 것만을 [보기]에서 있는 대로 고른 것은? (단, h 는 플랑크 상수이고 c 는 진공에서 빛의 속력이다.) [5점]

[보 기]

ㄱ. 충돌 전 광자의 운동량의 크기는 $\dfrac{h}{\lambda_0}$ 이다.

ㄴ. 광자가 잃은 에너지는 $hc\left|\dfrac{1}{\lambda_0}-\dfrac{1}{\lambda}\right|$ 이다.

ㄷ. λ 는 λ_0 보다 작다.

① ㄴ　　② ㄷ　　③ ㄱ, ㄴ　　④ ㄱ, ㄷ　　⑤ ㄴ, ㄷ

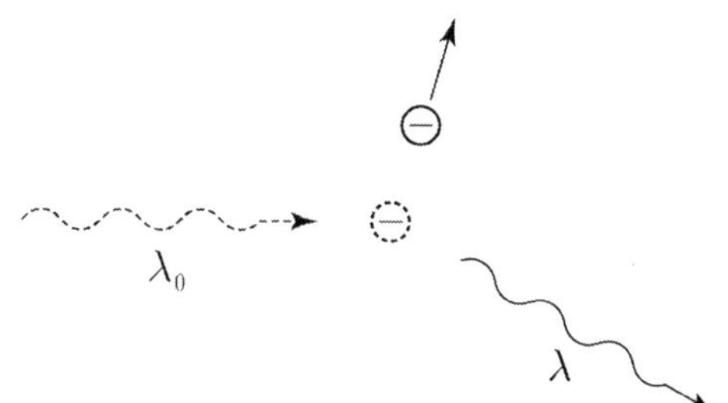

(ㄱ) 물질파의 운동량은 $p = \dfrac{h}{\lambda}$ 이므로 충돌전 광자의 운동량은 $p = \dfrac{h}{\lambda_0}$ 이다.

(ㄴ) $E = hf = \dfrac{hc}{\lambda}$ 에서 충돌전 광자의 에너지는 $E = \dfrac{hc}{\lambda_0}$ 이고 충돌후 에너지는 $E = \dfrac{hc}{\lambda}$ 으로 광자가 잃은 에너지는 $E_0 - E = hc \left| \dfrac{1}{\lambda_0} - \dfrac{1}{\lambda} \right|$ 이다.

(ㄷ) $\Delta E = E_0 - E > 0$ 이므로 $hc \left(\dfrac{1}{\lambda_0} - \dfrac{1}{\lambda} \right) > 0$ 이므로 $\lambda > \lambda_0$ 이다.

답 (3)

V

15-7. (2006 MEET/DEET) 그림은 파장이 λ 인 X 선이 정지해 있는 전자와 탄성 충돌하여 파장이 λ' 으로 변하는 현상을 모식적으로 나타낸 것이다.

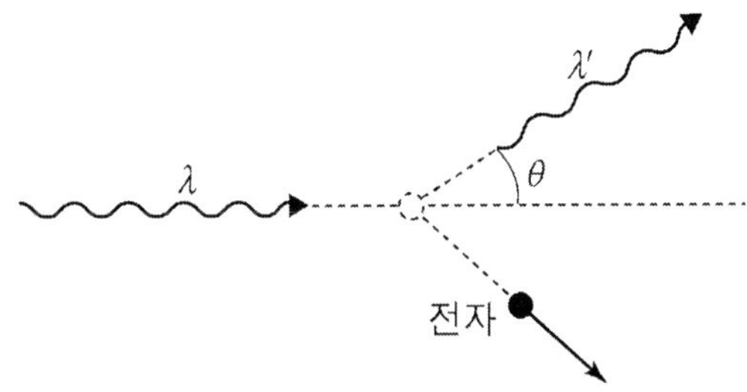

X 선의 산란각이 θ 일 때, 파장의 변화량 $\Delta\lambda$ 는 $\Delta\lambda = \dfrac{h}{mc}(1-\cos\theta)$ 로 주어진다. 이 때 h 는 플랑크 상수, m 은 전자의 정지질량, c 는 빛의 속력이다. 이에 대한 설명으로 옳은 것을 [보기]에서 모두 고른 것은?

[보 기]

ㄱ. λ' 이 λ 보다 더 작은 경우는 관측되지 않는다.
ㄴ. 입사하는 X 선의 에너지가 변하여도 $\Delta\lambda$ 는 변하지 않는다.
ㄷ. $\Delta\lambda$ 는 $\theta = 90°$ 일 때 가장 크다.

① ㄱ　② ㄴ　③ ㄱ, ㄴ　④ ㄱ, ㄷ　⑤ ㄴ, ㄷ

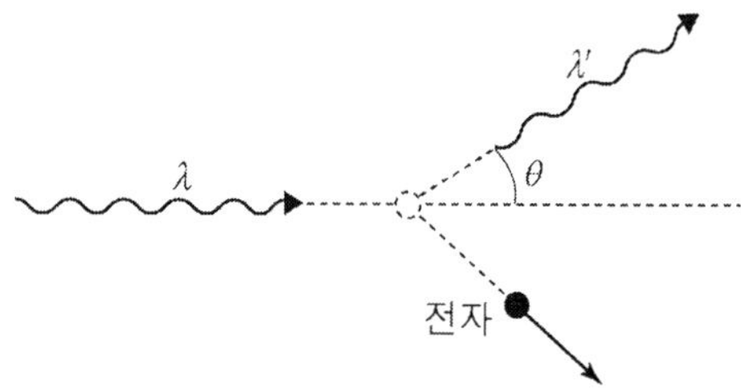

★콤프턴 효과 구하기★

$$\Delta \lambda = \lambda' - \lambda = \frac{h}{mc}\left(1 - \cos \phi\right)\ -(1)$$

(ㄱ) 식(1) 에서 $\lambda' - \lambda = \Delta \lambda < 0 \rightarrow 1 - \cos \phi < 0$ 에서 $1 < \cos \phi$ 일 수 없다.

(ㄴ) 입사하는 X 선의 에너지가 변하여도, $\Delta \lambda$ 은 파장의 차이이므로 변하지 않는다.

(ㄷ) 식(1) 에서 $\phi = 180°$ 일 때 가장 크다.

답 (3)

15-8. (2009 MEET/DEET) 그림은 등속 운동하던 질량 m, 양(+) 전하 q 인 입자가 세기 B 인 균일한 자기장에 수직으로 입사하여 반지름 r 인 원 궤도를 따라 운동한 후 등속 운동하는 것을 나타낸 것이다.

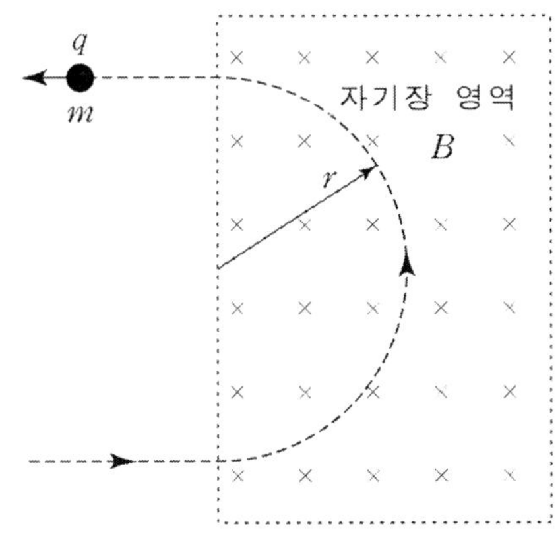

이 입자의 드브로이 파장은? (단, h 는 플랑크 상수이며, 상대론적 효과는 무시한다.)

① $\dfrac{h}{Brq}$ ② $\dfrac{mh}{Brq}$ ③ $\dfrac{rh}{Bmq}$ ④ $\dfrac{hr}{Bq}$ ⑤ $\dfrac{h}{Bmq}$

자기장내에서 자기장과 수직으로 운동하는 대전입자는 원운동을 한다.

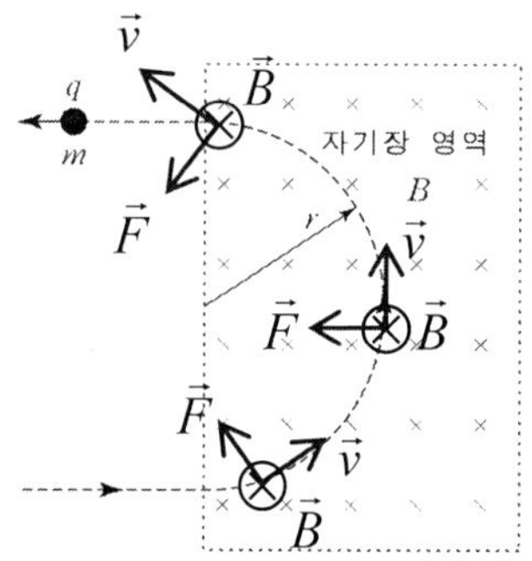

$\vec{F}_B = q\,\vec{v} \times \vec{B}$ 에서 자기력은 지면으로 들어가는 방향으로 전하는 반시계 방향으로 움직인다. 원심력 = 자기력 에서

$$m\frac{v^2}{r} = \vec{F}_B = Bqv \;\rightarrow\; mv = Bqr\,,$$

물질파의 운동량은 $P = \dfrac{h}{\lambda} \rightarrow \lambda = \dfrac{h}{P} = \dfrac{h}{Bqr}$

답 (1)

V

15-9. (2005 MEET/DEET) 그래프는 원자핵의 질량수에 따른 핵자당 결합 에너지를 개략적으로 나타낸 것이다.

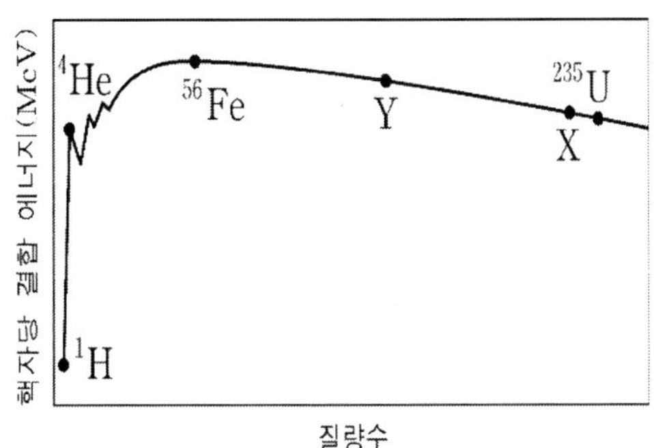

이 그래프에 대한 설명 중 옳은 것을 [보기]에서 모두 고른 것은?

[보 기]

ㄱ. X 핵이 자연 방사성 붕괴를 하여 Y 핵으로 변환될 때, 핵자당 결합 에너지는 커진다.

ㄴ. 일정 질량의 ^1H 핵이 핵융합하여 ^4He 핵이 될 때 발생하는 에너지가, 같은 질량의 ^{235}U 핵이 핵분열하여 ^{141}Ba 핵과 ^{92}Kr 핵이 될 때 발생하는 에너지보다 작다.

ㄷ. ^{56}Fe 핵은 ^{235}U 핵보다 핵자당 결합 에너지가 커서 ^{235}U 핵보다 자연 방사성 붕괴를 하기 쉽다.

① ㄱ   ② ㄴ   ③ ㄱ, ㄷ   ④ ㄱ, ㄷ   ⑤ ㄱ, ㄴ, ㄷ,

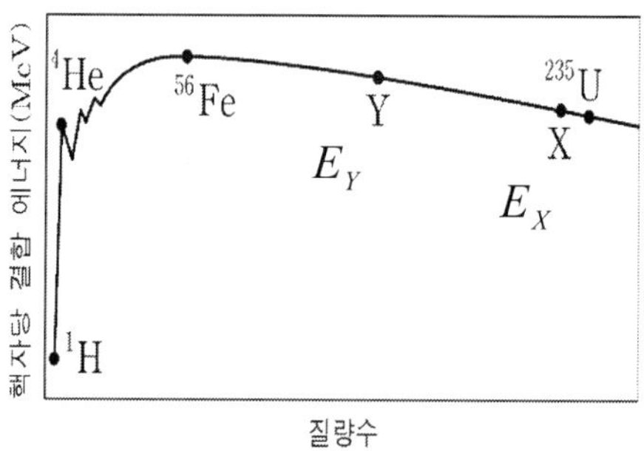

(ㄱ) 그래프에서 (점 X 의 에너지 E_X) 〈 (점 Y 의 에너지 E_Y) 이다.

(ㄴ) 그래피에서 수소가 헬륨이 되는 것보다 결합에너지의 차가 더 큰 원소는 없다.

(ㄷ) 핵자당 결합에너지가 클수록 더욱 안정되고 핵을 변환시키는데 필요한 에너지가 더 크다. 따라서 붕괴하기 어렵다.

답 (1)

15-10. (2010 MEET/DEET) 그림은 어떤 불안정한 원자력 N_0 개가 붕괴하기 시작해서 시간 t 가 지났을 때 붕괴하지 않고 남아 있는 원자핵의 개수 N 을 나타낸 그래프이다. 단위 시간 동안에 원자핵이 붕괴하는 개수인 붕괴율은 N 에 비례하고, 비례 상수는 a 이다.

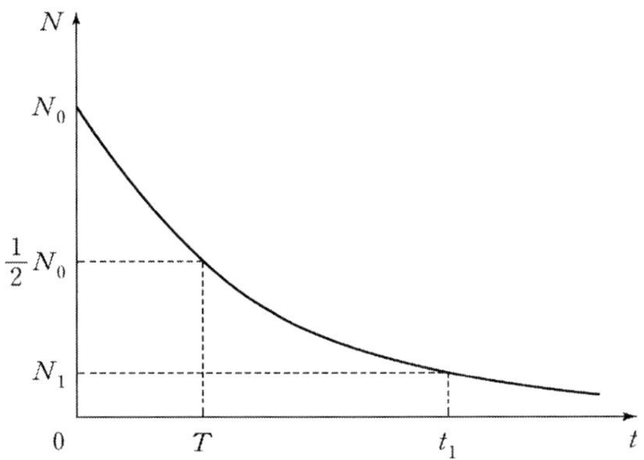

이에 대한 설명으로 옳은 것만을 [보기]에서 있는 대로 고른 것은?

[보 기]

ㄱ. $T = \dfrac{\ln 2}{a}$ 이다.

ㄴ. $t = 3T$ 일 때 $N = \dfrac{1}{6} N_0$ 이다.

ㄷ. $N = N_1$ 일 때 $t_1 = \dfrac{1}{a}\ln\left(\dfrac{N_0}{N_1}\right)$ 이다.

① ㄱ   ② ㄴ   ③ ㄷ   ④ ㄱ, ㄷ   ⑤ ㄴ, ㄷ

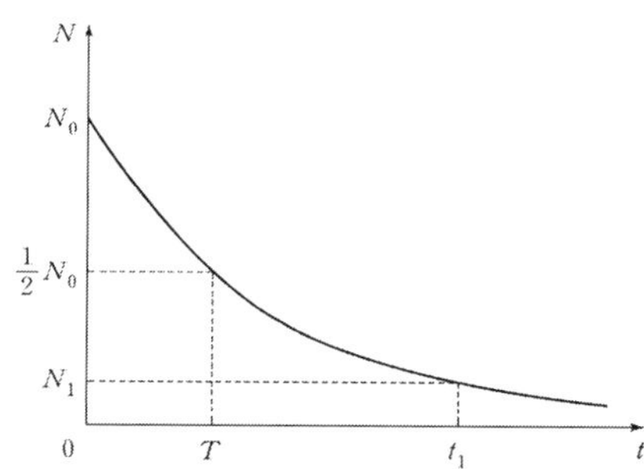

붕괴율 $\dfrac{dN}{dt} = -aN \rightarrow$ 반감기의 원자수는 $N = N_0 e^{-at}$ –(1) 이다.

(ㄱ) 그래프에서 $t = T$ 일 때 $N = \dfrac{1}{2} N_0$ 이므로 식(1) 에서

$$\dfrac{1}{2} N_0 = N_0 e^{-aT} \rightarrow T = \dfrac{\ln 2}{a}$$

(ㄴ) $t = 3T$ 일 때 식(1) 에서

$$N = N_0 e^{-a3T} = N_0 e^{-3\ln 2} = N_0 \left(\dfrac{1}{2}\right)^3 = \dfrac{1}{8} N_0 \,,$$

(ㄷ) 식(1) 에서 $N_1 = N_0 e^{-at_1} \rightarrow \dfrac{N_1}{N_0} = e^{-at_1} \rightarrow t_1 = \dfrac{1}{a} \ln\left(\dfrac{N_0}{N_1}\right)$

답 (4)

15-11. (2012 PEET) 표는 우라늄(U)과 라듐(Ra)이 각각 동일한 입자를 방출하며 토륨(Th)과 라돈(Rn)으로 변하는 핵반응식과 반응에 관련된 핵의 질량을 나타낸 것이다.

핵반응식	핵의 질량	
$^{238}_{92}U \rightarrow\ ^{234}_{90}Th + \boxed{(가)}$	$^{238}_{92}U$	238.05079u
	$^{234}_{90}Th$	234.04363u
$^{226}_{88}Ra \rightarrow\ ^{222}_{86}Rn + \boxed{(가)}$	$^{226}_{88}Ra$	226.02540u
	$^{222}_{86}Rn$	222.01757u

이 핵반응에 대한 설명으로 옳은 것만을 [보기]에서 있는 대로 고른 것은? (단, u 는 원자 질량 단위이다.)

[보 기]

ㄱ. (가)는 베타 입자이다.

ㄴ. 핵 안의 중성자수는 $^{238}_{92}U$ 이 $^{226}_{88}Ra$ 보다 8개 많다.

ㄷ. 질량 결손에 의해 나오는 에너지는 $^{238}_{92}U$ 이 $^{226}_{88}Ra$ 보다 작다.

① ㄱ　　② ㄴ　　③ ㄱ, ㄷ　　④ ㄴ, ㄷ　　⑤ ㄱ, ㄴ, ㄷ

핵반응식	핵의 질량	
$^{238}_{92}U \rightarrow \ ^{234}_{90}Th + \boxed{(가)}$	$^{238}_{92}U$	$238.05079u$
	$^{234}_{90}Th$	$234.04363u$
$^{226}_{88}Ra \rightarrow \ ^{222}_{86}Rn + \boxed{(가)}$	$^{226}_{88}Ra$	$226.02540u$
	$^{222}_{86}Rn$	$222.01757u$

$^{A}_{Z}X$, Z: 원자번호(=양성자수), A: 질량수(=양성자수+중성자수)

(ㄱ) (가)는 A = 238 − 234 = 4, Z = 92 − 90 = 2, $^{4}_{2}X$ 으로 알파입자이다.

(ㄴ) 핵 안의 중성자수는 $^{238}_{92}U$ 은 238 − 92 = 46 이고 $^{226}_{88}Ra$ 은 226 − 88 = 38 로 차이는 8 이다.

(ㄷ) 질량 결손에 의해 나오는 에너지는 $\Delta E = mc^2$ 로 질량에 비례한다. ($^{238}_{92}U$ 의 질량은 238.05079u) 〉 ($^{226}_{88}Ra$ 의 질량은 226.02540u) 으로 $^{238}_{92}U$ 이 크다.

답 (4)

15-12. (2005 MEET/DEET) 그림은 보어의 수소 원자 모형을 나타낸 것이다. 질량이 m 인 전자가 원자핵 주위를 속력 v 로 원운동하고 있다. 이 때 전자의 전하는 $-e$ 이고 원자핵의 전하는 $+e$ 이며, 원궤도의 반지름은 r 이다.

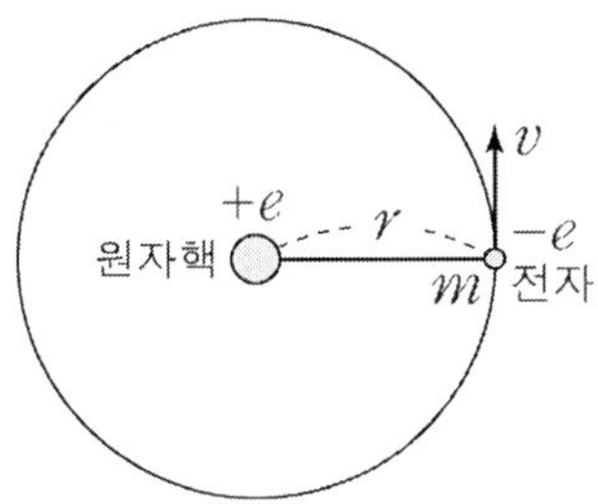

[표]는 보어의 수소 원자 모형에 관련된 식과 이 식에 대한 철수의 설명을 짝지어 놓은 것이다.

	식	식에 대한 철수의 설명
ㄱ	$k \dfrac{e^2}{r^2} = m \dfrac{v^2}{r}$	원자핵이 전자에 작용하는 전기력이 전자의 원운동을 유지시키는 구심력 역할을 한다.
ㄴ	$mvr = \dfrac{nh}{2\pi}$ (n 은 자연수이다.)	전자의 각운동량은 연속적인 값을 갖는다.
ㄷ	$v = \dfrac{E_i - E_f}{h}$	에너지가 E_i 인 높은 에너지 준위에서 에너지가 E_f 인 낮은 에너지 준위로 전자가 전이될 때, 진동수가 v 인 전자기파를 방출한다.

(단, k 는 쿨롱 상수이고 h 는 플랑크 상수이다.) 식에 대한 철수의 설명이 옳은 것을 [표]에서 모두 고른 것은?

① ㄱ　　② ㄴ　　③ ㄱ, ㄴ　　④ ㄱ, ㄷ　　⑤ ㄴ, ㄷ

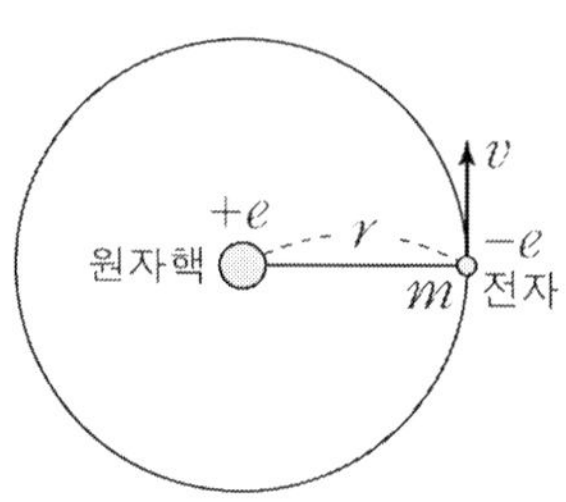

(ㄱ) 보어 이론에서 수소원자는 전자가 궤도를 유지하기 위해서는 구심력 =
전기력 이어야 한다. 즉, $k\dfrac{e^2}{r^2} = \dfrac{mv^2}{r}$.

(ㄴ) 보어의 수소 원자 모형에서 수소원자 궤도는

$$2\pi r = n\lambda = n\dfrac{h}{p} \rightarrow 2\pi r = n \times \dfrac{h}{mv}, \ 따라서\ mvr = \dfrac{nh}{2\pi} \rightarrow$$

각 운동량은 $\vec{L} = \vec{r} \times \vec{p} = rmv = n\hbar$, $n = 1,2.3...$ 이다. 즉 각운동량은
정수 n 에 대해 불연속적인 값을 갖는다.

(ㄷ) 전자가 높은 에너지 준위 (E_i) 에서 낮은 에너지 준위 (E_f) 로 전이하면
에너지가 감소하면 그 에너지 차이만큼 빛을 방출한다. 빛의 에너지는

$$E = hv = E_i - E_f \rightarrow v = \dfrac{E_i - E_f}{h}\ 이다.$$

답 (4)

V

15-13. (2011 PEET) 그림은 보어의 수소 원자 모형을 모식적으로 나타낸 것이다. 바닥 상태 ($n = 1$) 에서, 전자의 궤도 반지름과 물질파 파장은 각각 r_0 과 λ_0 이다.

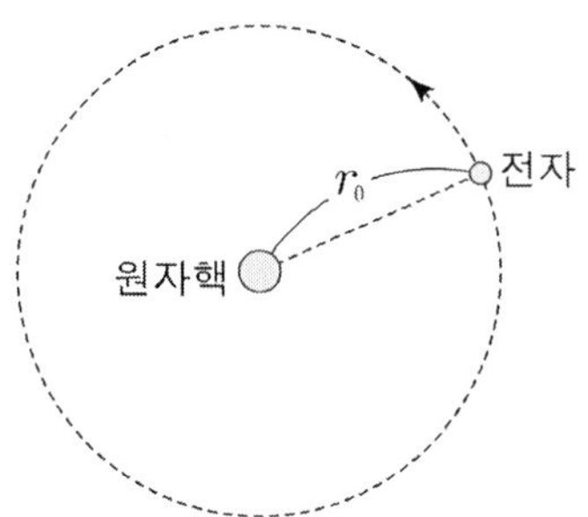

1 번째 들뜬 상태 ($n = 2$) 에서, 전자의 궤도 반지름과 물질파 파장으로 옳은 것은?

궤도 반지름　　물질파 파장

① $2r_0$ 　　　 $\dfrac{1}{2}\lambda_0$ 　　　　　② $2r_0$ 　　　 $2\lambda_0$

③ $2r_0$ 　　　 $4\lambda_0$ 　　　　　④ $4r_0$ 　　　 $\dfrac{1}{2}\lambda_0$

⑤ $4r_0$ 　　　 $2\lambda_0$

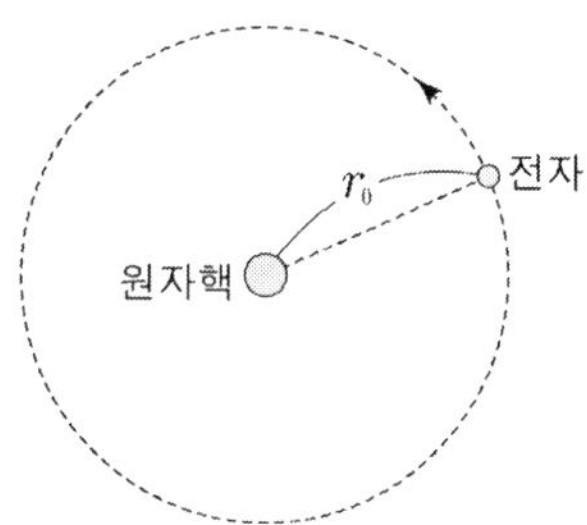

★보어의 수소원자★

전자의 궤도 반지름은 $r_n = \dfrac{4\pi\varepsilon_0 \hbar^2}{e^2 m} n^2 = an^2$ 이다.

$n = 1$ 일 때 $r_0 = a$, $n = 2$ 일 때, $r_2 = 4a = 4r_0$ ————(1) 이고

각운동량 $\vec{L} = \vec{r} \times \vec{p} = pr = n\hbar \;\rightarrow\; \dfrac{h}{\lambda} r_n = n\hbar \;\rightarrow\; \lambda_n = \left(\dfrac{h}{n\hbar}\right) r_n$,

$n = 1$ 일 때 $\lambda_0 = \left(\dfrac{h}{\hbar}\right) r_0$, $n = 2$ 일 때 $\lambda_2 = \left(\dfrac{h}{2\hbar}\right) r_2 = \left(\dfrac{h}{2\hbar}\right) 4r_0$,

따라서 $\lambda_2 = 2\lambda_0$.

답 (5)

V

15-14. (2010 MEET/DEET) 그림은 수소 원자에 대한 보어 모형에서 전자가 $n=2$ 인 에너지 준위와 $n=3$ 인 에너지 준위로부터 $n=1$ 인 바닥 상태로 전이하며 파장이 각각 λ_1, λ_2 인 광자를 방출하는 것을 나타낸 것이다. 에너지가 E_2, E_3 인 전자의 각운동량은 각각 L_2, L_3 이다.

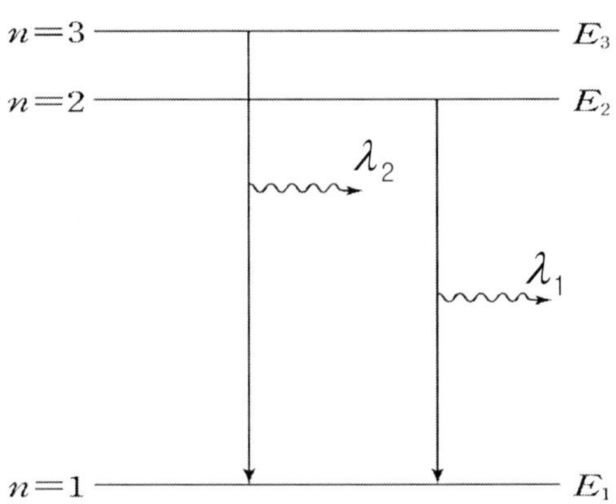

이에 대한 설명으로 옳은 것만을 [보기]에서 있는 대로 고른 것은? (단, h 는 플랑크 상수이다.)

[보 기]

ㄱ. $L_3 - L_2 = \dfrac{3h}{2\pi}$ 이다.

ㄴ. $E_3 - E_2 > E_2 - E_1$ 이다.

ㄷ. $\lambda_1 > \lambda_2$ 이다.

① ㄱ　　② ㄷ　　③ ㄱ, ㄴ　　④ ㄴ, ㄷ　　⑤ ㄱ, ㄴ, ㄷ

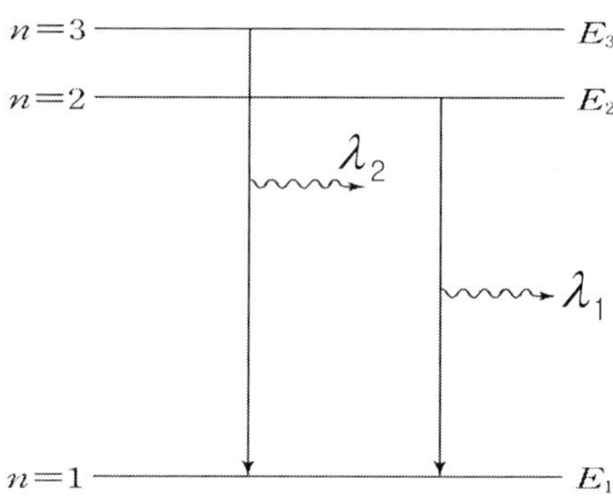

★보어의 수소원자★

전자의 각운동량은 $L_n = mvr = \dfrac{nh}{2\pi}$ 이고,

에너지는 $E_n = -\dfrac{13.6}{n^2}eV$ 이다.

(ㄱ) 각운동량에 대한 보어의 모델은

$$L_3 - L_2 = 3\frac{h}{2\pi} - 2\frac{h}{2\pi} = \frac{h}{2\pi}$$

(ㄴ) $E_f - E_i = R\left(\dfrac{1}{n_i^2} - \dfrac{1}{n_f^2}\right)$,

$$E_3 - E_2 = R\left(\frac{1}{2^2} - \frac{1}{3^2}\right) = R\,\frac{5}{36}\,,\quad E_2 - E_1 = R\left(\frac{1}{1^2} - \frac{1}{2^2}\right) = R\,\frac{3}{4}$$

따라서 $E_3 - E_2 < E_2 - E_1$ 이다.

(ㄷ) $E = hf = \dfrac{hc}{\lambda}$, $E_1 < E_2 \rightarrow \dfrac{hc}{\lambda_1} < \dfrac{hc}{\lambda_2} \rightarrow \lambda_1 > \lambda_2$

답 (2)

16장 / 양자역학

· 16-1 파동함수   · 16-2 고체의 전기전도

16-1 파동함수

16-1-1 양자역학 해석

☐ 확률밀도함수: 입자의 위치가 확률로 주어진다. 즉,
확률밀도함수 $|\psi(x)|^2$ 는 주어진 x 와 $x + dx$ 사이에 입자를
발견할 확률이다.

☐ 파동함수의 정규화: $\boxed{\displaystyle\int_{-\infty}^{\infty} |\psi(x)|^2\, dx = 1}$

16-1-2 슈뢰딩거 (Schrodinger) 방정식

☐ 파동함수: 파동함수 $\Psi(x, y, z, t)$ 는 입자의 양자역학적 상태
를 표시한다.

☐ 시간 독립인 슈뢰딩거 파동방정식

$$\frac{d^2\psi(x)}{dx^2} + \frac{2m}{\hbar^2}(E - V(x))\psi(x) = 0$$

m : 입자의 질량, $V(x)$: 위치에너지, E : 에너지

☐ 자유공간의 전자: $V(x) = 0$

$$\frac{d^2\psi(x)}{dx^2} + \frac{2m}{\hbar^2} E\psi(x) = 0$$

$$\rightarrow \psi(x) = Ae^{ikx} + Be^{-ikx}, \quad k - \sqrt{2mE}/\hbar$$

+ x 진행파만 가정하면 확률밀도함수 $\psi(x,t)\psi^*(x,t) = AA^*$

이고 위치에 무관한 상수이다. 즉, 결정된 운동량을 갖는 자유입자는 동일한 확률을 가지고 모든 위치에서 발견된다.

■ 상자 내의 입자:

위치 에너지 함수는

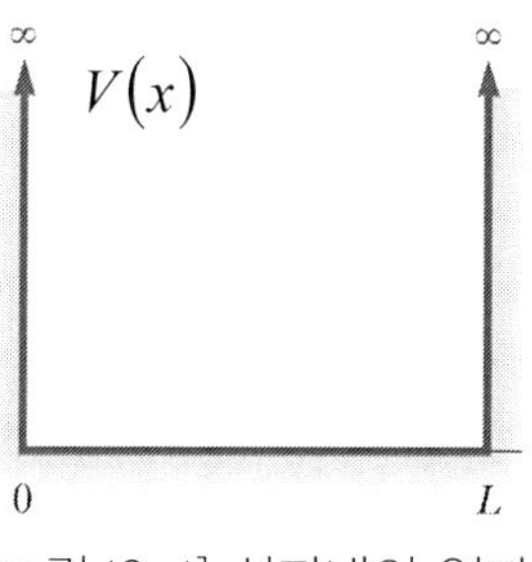

[그림 16-1] 상자내의 입자

$$V(x) = \begin{cases} \infty, & 0 < x, x > L \\ 0, & 0 \le x \le L \end{cases}$$

$x < 0, x > L$ 에서 $\psi(x,t) = 0$

$0 \le x \le L$ 에서 $\dfrac{d^2\psi(x)}{dx^2} + \dfrac{2m}{\hbar^2} E\psi(x) = 0$,

$\psi(x) = A\sin kx + B\cos kx \quad -(1), \quad k = \sqrt{2mE}/\hbar$

(a) 첫 번째 경계조건: $\psi(0) = A\sin(0°) + B\cos(0°) = B = 0$

식(1)에서 $\psi(x) = A\sin kx \quad -(2)$

(b) 두 번째 경계조건:

$\psi(L) = A\sin kL = 0 \;\rightarrow\; kL = \dfrac{\sqrt{2mE}}{\hbar}L = n\pi$

입자의 에너지: $\boxed{E_n = \dfrac{\hbar^2 n^2 \pi^2}{2mL^2}}$ (n = 1, 2, 3...)

규격화조건: $\displaystyle\int_0^a A^2 \sin^2 kx\,dx = 1 \rightarrow A = \sqrt{2/L} \quad -(3)$

식(3)을 식(2)에 대입하면,

파동함수: $\boxed{\psi(x) = \sqrt{\dfrac{2}{L}}\sin kx}$, $k = \dfrac{n\pi}{L}$

◪ 유한한 높이의 우물에 갇힌 입자

위치 에너지 함수는

$$V(x) = \begin{cases} U & x < 0 \\ 0, & 0 \le x \le L \\ U, & x > L \end{cases}$$

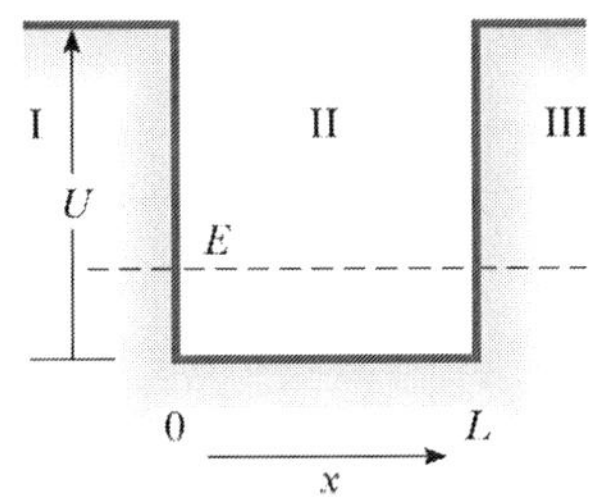

[그림 16-2] 우물 안의 입자

영역 I 과 III 에서 ($U > E$ 이라면)

$$\frac{d^2\psi}{dx^2} = \frac{2m(U-E)}{\hbar^2}\psi = C^2\psi , \; (C > 0)$$

일반해: $\psi = Ae^{Cx} + Be^{-Cx}$, $C = \sqrt{2m(U-E)}/\hbar$

$\psi_I = Ae^{Cx}$, $(x < L)$, $\psi_{III} = Be^{-Cx}$, $(x > L)$,

영역 II 에서 $V(x) = 0$ 이므로 슈뢰딩거 방정식은

$$\frac{d^2\psi(x)}{dx^2} + \frac{2m}{\hbar^2} E\psi(x) = 0 ,$$

일반해: $\psi_{II}(x) = A_1 \sin kx + A_2 \cos kx$, $k = \sqrt{2mE}/\hbar$

경계조건은

x = 0 에서 $\psi_I = \psi_{II}$, $\dfrac{d\psi_I}{dx} = \dfrac{d\psi_{II}}{dx}$,

x = L 에서 $\psi_{II} = \psi_{III}$, $\dfrac{d\psi_{II}}{dx} = \dfrac{d\psi_{III}}{dx}$

일반해의 계수들을 구할 수 있다.

16-1-3 퍼텐셜 에너지 장벽의 터널링

입자를 찾을 확률은 파동 함수의 제곱에 비례하기 때문에, 영역 III 에서 장벽 넘어 입자가 존재할 확률은 영이 아니다.

장벽의 반대편으로 입자가 이동하는 현상을 터널링
(tunneling) 또는 장벽 투과 (barrier penetration) 라고 한다.

퍼텐셜 에너지 함수는

$$V(x) = \begin{cases} 0 & x < 0 \\ U, & 0 \le x \le L \\ 0, & x > L \end{cases}$$

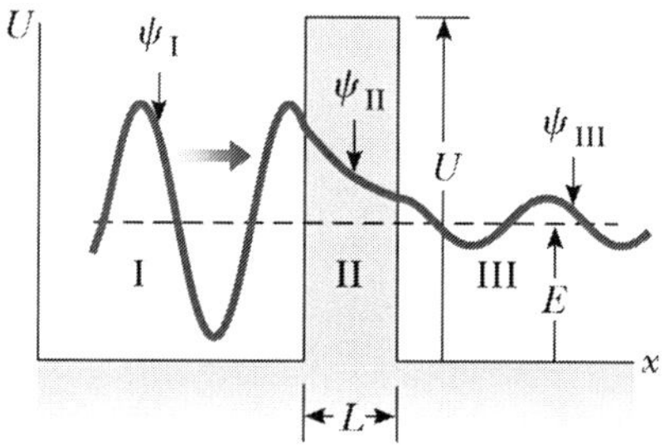

[그림 16-3] 터널링 현상

$0 < E < U$ 이라면,

(a) $x < 0$, $x > L$ 인 영역 I 과 III 에서 슈뢰딩거 방정식은

$$\frac{d^2\psi(x)}{dx^2} + \frac{2m}{\hbar^2} E\psi(x) = 0, \quad k = \sqrt{2mE}/\hbar$$

일반해: $\psi_I(x) = e^{ikx} + \mathrm{Re}^{-ikx}$, $\psi_{III}(x) = Te^{ikx}$

(b) $0 \le x \le L$ 인 영역 II 에서

$$\frac{d^2\psi}{dx^2} = \frac{2m(U-E)}{\hbar^2}\psi = C^2\psi, \quad C = \sqrt{2m(U-E)}/\hbar$$

일반해: $\psi_{II} = Ae^{Cx} + Be^{-Cx}$

경계조건은

x = 0 에서 $\psi_I = \psi_{II}$, $\dfrac{d\psi_I}{dx} = \dfrac{d\psi_{II}}{dx}$,

x = L 에서 $\psi_{II} = \psi_{III}$, $\dfrac{d\psi_{II}}{dx} = \dfrac{d\psi_{III}}{dx}$

파동함수는 I 과 III 영역에서는 사인파 형태가 II 영역에서는
지수함수 형태이다. 즉, $E < U$ 이라도 터널링 효과로 III
영역에 입자가 존재한다.

16-2 고체의 전기전도

16-2-1 결정고체의 에너지 띠

□ 에너지 띠

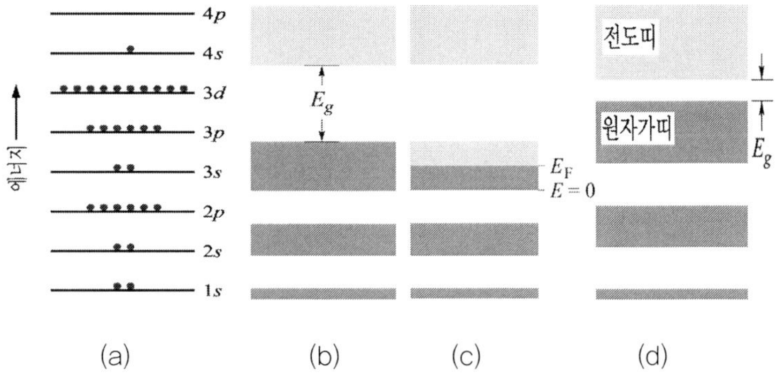

[그림 16-4] 에너지 띠-간격 구조: (a) 이상적인 결정고체, (b) 절연체, (c) 금속, 그리고 (d) 반도체.

응집물질에서 원자들이 서로 결합되어 있으면 원자들의 바깥쪽 에너지 준위가 띠로 퍼진다. 그림 16-4 에서 절연체에서 전자들이 도약하기 위해서는 많은 에너지가 필요하다. 도체에서 전자들은 적은 에너지로 도약할 수 있다. 반도체는 에너지 간격 (E_g) 가 작아 열적 요동으로 전자가 간격을 띄어 오를 확률이 있다.

□ 페르미 에너지(E_F) : 절대온도 0 에서 가장 높이 채워진 에너지 준위가 페르미 준위이ㄱ ㄱ 에너지 값.

16-2-2 자유전자모형

선사들은 노제 안에서 완전히 자유로운 입자로 취급된다.

◻ 3 차원 무한 퍼텐셜 에너지 장벽

상자의 변의 길이는 L 인 3 차원 파동함수는

$$\psi(x, y, z) = A \sin \frac{n_x \pi x}{L} \sin \frac{n_y \pi y}{L} \sin \frac{n_z \pi z}{L} ,$$

(n_x, n_y, n_z): 정수로 된 양자수의 집합이다. 에너지 함수는

$$E_n = \frac{\left(n_x^2 + n_y^2 + n_z^2\right)\pi^2 \hbar^2}{2mL^2} .$$

◻ 상태밀도

상태밀도는 전자들이 점유할 수 있는 양자상태의 밀도이다.

좌표 (n_x, n_y, n_z) 를 가진 3 차원 공간에서 공간의 원점을 중심으로 하는 구의 반지름 $n_{re}\left(= \sqrt{n_x^2 + n_y^2 + n_z^2}\right)$ 일 때, 전자 상태들의 총 수 (n) 는 구의 부피의 1/8 이고 스핀 양자수로 2 를 곱하면, $n = 2\frac{1}{8}\left(\frac{4}{3}\pi n_{re}^3\right) = \frac{\pi n_{re}^3}{3}$, 에너지 함수는

$$E_n = \frac{\left(n_x^2 + n_y^2 + n_z^2\right)\pi^2 \hbar^2}{2mL^2} = \frac{n_{re}^2 \pi^2 \hbar^2}{2mL^2} = \frac{\left(3n/\pi\right)^{2/3}\pi^2 \hbar^2}{2mL^2} , V = L^3 ,$$

$$\rightarrow n = \frac{(2m)^{2/3} V E^{3/2}}{3\pi^2 \hbar^3} \rightarrow dn = \frac{(2m)^{2/3} V E^{1/2}}{2\pi^2 \hbar^3} dE$$

에너지 간격 dE 안에 있는 양자 상태 수인 상태밀도는

$$g(E) = \frac{dn}{dE} = \frac{(2m)^{3/2} V}{2\pi^2 h^3} E^{1/2} :$$

◻ 페르미−디랙 분포

배타원리에 의해 에너지 E 를 가진 특별한 상태가 전자에 의해 점유될 확률은

$$\boxed{f_F(E) = \frac{1}{1 + exp\left(\dfrac{E - E_F}{kT}\right)}} , \quad E_F : 페르미 에너지$$

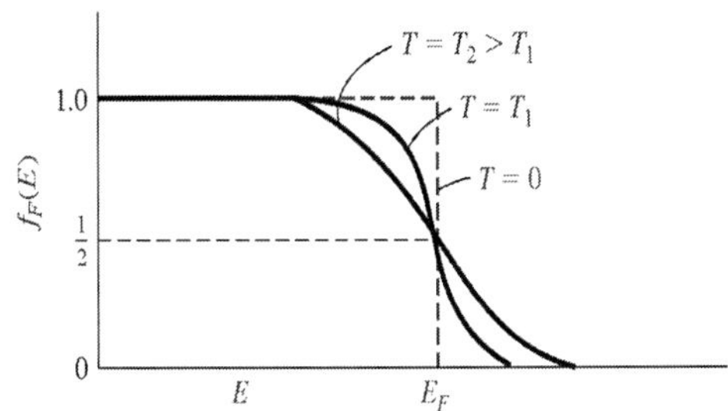

[그림 16-5] 여러 온도에 대한 Fermi 확률함수 대 에너지

◼ 전자농도와 페르미 에너지

영역 dE 속의 에너지를 갖는 전자의 수는

$$dN = g(E)f(E)dE = \frac{(2m)^{3/2}V}{2\pi^2 h^3}E^{1/2}\frac{1}{1+exp\left(\dfrac{E-E_F}{kT}\right)}dE$$

절대 온도 0 도에서 전자의 개수 N

$$N = \int_0^\infty g(E)f(E)dE = \int_0^{E_F} g(E)(1)dE + \int_{E_F}^\infty g(E)(0)dE$$

$$= \int_0^{E_F} g(E)dE = \int_0^{E_F} \frac{(2m)^{3/2}V}{2\pi^2\hbar^3}E^{1/2}dE = \frac{(2m)^{3/2}V}{2\pi^2\hbar^3}\frac{2}{3}E_F^{3/2}$$

절대온도 0 도에서 페르미 에너지 E_F 는

$$E_F = \frac{3^{2/3}\pi^{4/3}\hbar^2}{2m}\left(\frac{N}{V}\right)^{2/3}.$$

◼ 반도체

반도체는원자가 띠와 전도띠 사이에 1eV 정도의 작은 에너지 간격이 존재한다. 주개 (도너) 불순물을 첨가하여 n 형 반도체를 만들거나, 받개 (억셉터) 불순물을 첨가하여 p 형 반도체를 만드는 경우, 아주 작은 농도의 불순물만 첨가하여도 전기적 특성은 급격하게 변화한다.

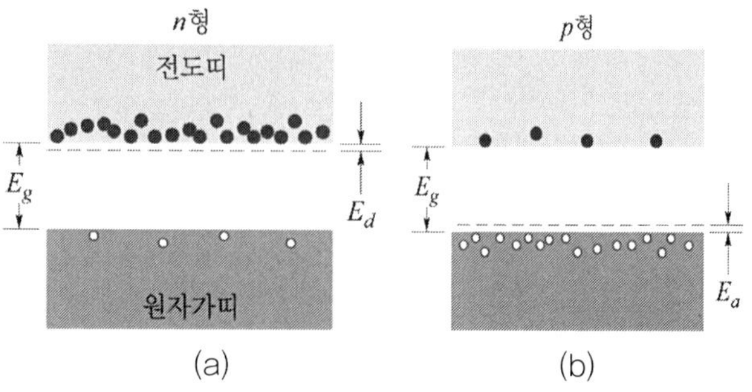

[그림 16-6] (a) n형 반도체와 (b) p형 반도체

그림 16(a) 에서 n 형 반도체는 주개에서 제공된 전자들의 에너지 준위가 전도띠의 바닥으로부터 E_d 만큼 조금 아래쪽으로 떨어진 곳에 놓여있다. 주개 전자들은 쉽게 전도띠로 들뜨게 되어 전도띠에는 많은 전자가 있게 된다. 그림 16(b) 에서 p 형 반도체는 받개 (억셉터) 에너지 준위가 원자가띠의 맨 위로부터 조금 위쪽으로 E_a 만큼 떨어진 곳에 놓여 있다. 그 결과 상당히 많은 양공 (홀) 들이 원자가띠에 있게 된다.

수식요약

확률밀도함수

$|\psi(x)|^2$: 주어진 x 와 $x + dx$ 사이에 입자를 발견할 확률 또는 확률밀도함수이다.

슈뢰딩거 방정식

$$\frac{\partial^2 \psi(x)}{\partial x^2} + \frac{2m}{\hbar^2}(E - V(x))\psi(x) = 0 \text{ , 자유공간의 전자: } V(x) = 0$$

$$\psi(x) = Ae^{ikx} + Be^{-ikx} \text{ , } k = \sqrt{2mE}/\hbar$$

상자 내의 입자:

$$V(x) = \infty \,, \;\; x < 0 \,, \;\; x > L \,, \;\; V(x) = 0 \,, \;\; 0 \leq x \leq L$$

$$\psi(x) = \sqrt{\frac{2}{L}} \sin Kx \,, \;\; E_n = \frac{\hbar^2 n^2 \pi^2}{2mL^2}$$

유한한 높이의 우물에 갇힌 입자:

$$V(x) = U \,, \;\; x < 0 \,, \;\; V(x) = U \,, \;\; x > L \,,$$

$$\psi = Ae^{Cx} + Be^{-Cx} \,, \;\; C = \sqrt{2m(U-E)}\big/\hbar$$

$$V(x) = 0 \,, \;\; 0 \leq x \leq L \,,$$

$$\psi_{II}(x) = A_1 \sin kx + A_2 \cos kx \,, \;\; k = \sqrt{2mE}\big/\hbar$$

퍼텐셜 에너지 장벽의 터널링

$$V(x) = 0 \,, \;\; x < 0 \,, \;\; x > L \,,$$

$$\psi_I(x) = e^{ikx} + \mathrm{R}e^{-ikx} \,, \;\; \psi_{III}(x) = Te^{ikx} \,, \;\; k = \sqrt{2mE}\big/\hbar$$

$$V(x) = U \,, \;\; 0 \leq x \leq L$$

$$\psi_{II} = Ae^{Cx} + Be^{-Cx} \,, \;\; C = \sqrt{2m(U-E)}\big/\hbar$$

결정의 자유전자모형

3 차원 무한 퍼텐셜 에너지 장벽:

$$\psi(x,y,z) = A \sin \frac{n_x \pi x}{L} \sin \frac{n_y \pi y}{L} \sin \frac{n_z \pi z}{L} \,, \;\; E_n = \frac{\left(n_x^2 + n_y^2 + n_z^2\right)\pi^2 \hbar^2}{2mL^2}$$

상태밀도 $\; g(E) = \dfrac{dn}{dE} = \dfrac{(2m)^{3/2}V}{2\pi^2 h^3} E^{1/2}$

페르미–디랙 분포

$$f_F(E) = \frac{1}{1 + exp\left(\dfrac{E - E_F}{kT}\right)} \,, \;\; E_F : \text{페르미 에너지}$$

전자농도와 페르미 에너지 $\; E_{F_0} = \dfrac{3^{2/3}\,\pi^{4/3} h^2}{2m}\left(\dfrac{N}{V}\right)^{2/3}$

16-1. (2013 PEET) 그림은 물질 A 와 물질 B 의 에너지띠 구조를 모식적으로 나타낸 것이다. A 와 B 중에서 한 물질은 반도체이고 다른 한 물질은 금속 이다. 에너지띠의 어두운 부분과 밝은 부분은 절대온도 $T = 0\,K$ 일 때 전자가 존재하는 점유 상태와 존재하지 않는 비점유 상태를 각각 나타낸다.

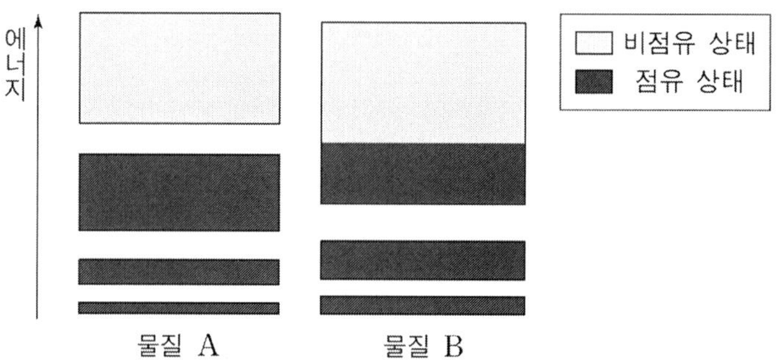

물질 A, B 에 대한 설명으로 옳은 것만을 [보기]에서 있는 대로 고른 것은? [5점]

[보 기]

ㄱ. 상온에서 전기 전도에 기여하는 전자의 밀도는 A 가 B 보다 크다.
ㄴ. 상온에서 비저항은 A 가 B 보다 크다.
ㄷ. A 가 반도체이고 B 가 금속이다.

① ㄱ　　② ㄴ　　③ ㄱ, ㄷ　　④ ㄴ, ㄷ　　⑤ ㄱ, ㄴ, ㄷ

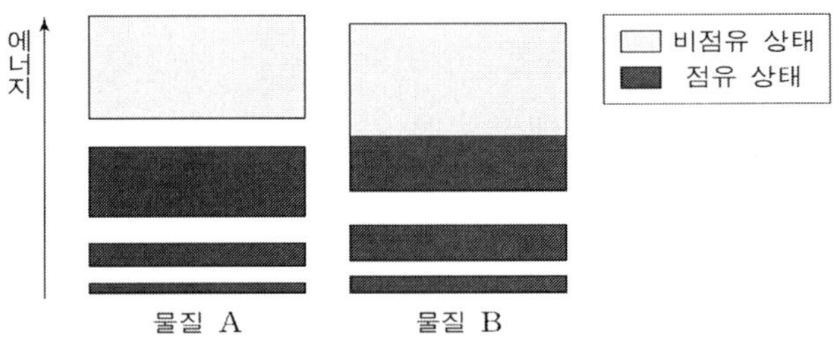

(ㄱ) 원자가띠에서 전도띠까지 거리가 물질 B 가 물질 A 보다 가깝게 있어 상온에서 전기 전도에 기여하는 전자의 밀도는 물질 B 가 물질 A 보다 더 크다.

(ㄴ) 비저항은 저항에 비례관계에 있어 비저항이 크면 전하가 잘 이동하지 않는다. 따라서 전하의 이동이 어려운 물질 A 가 물질 B 보다 크다.

(ㄷ) 원자가띠와 전도띠 사이 에너지 간격에 의해서 물질 B 는 금속이 되고, 물질 A 는 에너지 간격이 좁아 반도체가 될 수 있다.

답 (4)

16-2. L 떨어진 두 개의 투과할 수 없는 벽 사이에 갇혀 있는 전자가 있다. 전자의 최소 속력을 구하라.

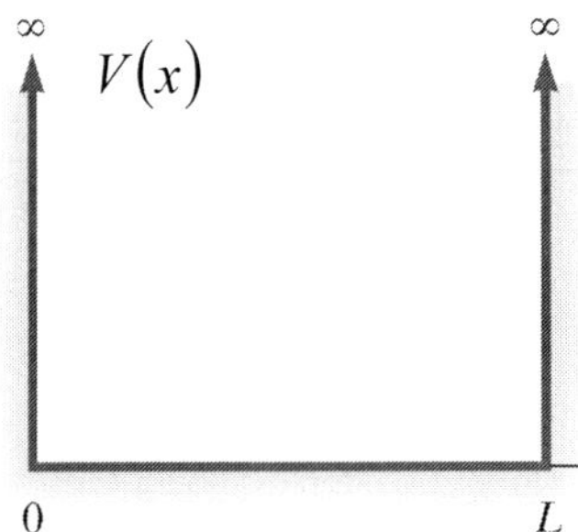

① $\sqrt{\dfrac{h^2}{2m_e^2 L^2}}$ ② $\sqrt{\dfrac{h^2}{4m_e^2 L^2}}$ ③ $\sqrt{\dfrac{h^2}{8m_e^2 L^2}}$

④ $\sqrt{\dfrac{h^2}{16m_e^2 L^2}}$ ⑤ $\sqrt{\dfrac{h^2}{32m_e^2 L^2}}$

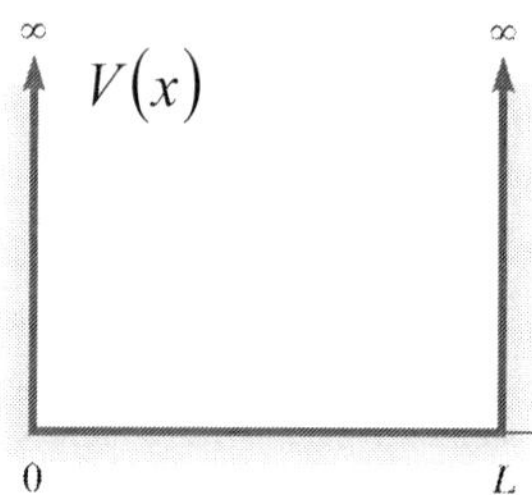

퍼텐셜 에너지 함수는

$$V(x) = \begin{cases} \infty, & 0 < x, x > L \\ 0, & 0 \le x \le L \end{cases}$$

$x < 0$, $x > L$ 에서 $\psi(x,t) = 0$

$0 \le x \le L$ 에서 슈뢰딩거 방정식은 $\dfrac{\partial^2 \psi(x)}{\partial x^2} + \dfrac{2m}{\hbar^2} E\psi(x) = 0$

$\psi(x) = A\sin kx + B\cos kx$, $k = \sqrt{2mE}\big/\hbar$

$\psi(0) = 0 \;\rightarrow\; \psi(x) = A\sin kx$, $B = 0$

$\psi(L) = 0 \;\rightarrow\; \psi(L) = A\sin kL = 0$

$kL = \dfrac{\sqrt{2mE}}{\hbar}L = n\pi \;\rightarrow\; E_n = \dfrac{\hbar^2 n^2 \pi^2}{2mL^2}$

최소 에너지는 $n = 1$ 일 때로 $E_n = \dfrac{\hbar^2 \pi^2}{2mL^2} = \dfrac{h^2}{8mL^2}$ 이다.

고전적인 운동에너지 공식에서

$$K = \frac{1}{2}m_e u^2 \;\rightarrow\; u = \sqrt{\frac{2K}{m_e}} = \sqrt{\frac{h^2}{4m_e^2 L^2}}$$

답 (2)

16-3. (2006 MEET/DEET) 그림은 x 축 위에 있는 어떤 입자의 파동함수 $\psi(x)$ 를 나타낸 것이다. $x \le 0$ 인 영역과 $x \ge L$ 인 영역에서 $\psi(x) = 0$ 이다.

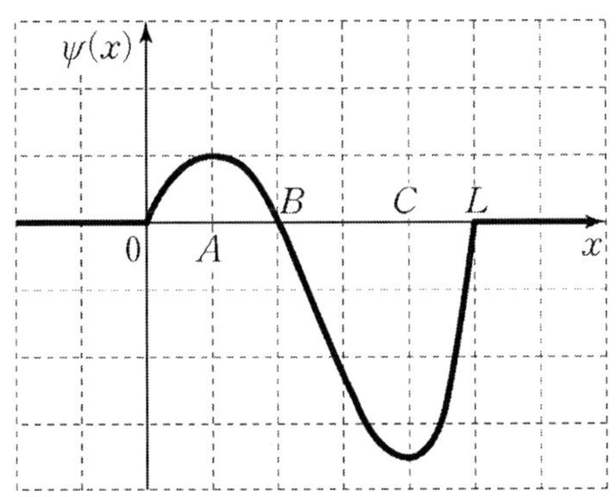

이에 대한 설명으로 옳은 것을 [보기]에서 모두 고른 것은?
(단, 확률밀도는 시간에 무관하다.)

[보 기]

ㄱ. 이 입자는 $0 < x < L$ 인 영역에 갇혀 있다.

ㄴ. 이 입자의 확률밀도가 최대인 위치는 $x = A$ 인 지점이다.

ㄷ. $0 < x < B$ 인 영역에서 입자가 발견될 확률은 $B \le x < L$ 인 영역에서 입자가 발견될 확률보다 작다.

① ㄱ   ② ㄴ   ③ ㄱ, ㄴ   ④ ㄱ, ㄷ   ⑤ ㄴ, ㄷ

입자를 발견할 수 있는 확률은 진폭제곱에 비례한다. $P = \left|\psi\right|^2 \Delta x$

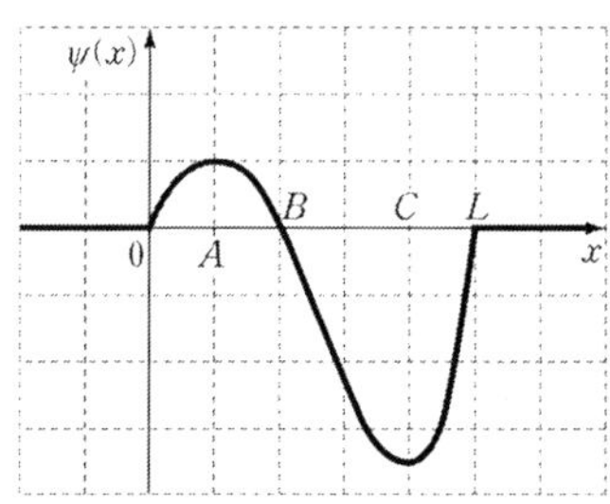

(ㄱ) 입자가 $x < 0$ 와 $x > L$ 일 때, $\left|\psi\right|^2 = 0$ 이므로 입자는 $0 < x < L$ 인 영역에 갇혀있다.

(ㄴ) 확률밀도가 최대인 위치는 $\left|\psi_A\right|^2 < \left|\psi_C\right|^2$ 이므로 $x = C$ 인 지점이다.

(ㄷ) $\left|\psi_{0 \to B}\right|^2 < \left|\psi_{B \to L}\right|^2$ 이므로 $0 < x < B$ 인 영역에서 입자가 발견될 확률은 $B \leq x < L$ 인 영역에서 입자가 발견될 확률보다 작다.

답 (4)

16-4. (2007 MEET/DEET) 그림은 역학적 에너지가 $100\,eV$ 인 전자가 x 축을 따라 1 차원 운동할 때, 전자의 퍼텐셜 에너지 (위치 에너지) U 를 나타낸 것이다. $x<0$ 영역에서 $U=0$ 이고 $x\geq0$ 영역에서 $U=36\,eV$ 이다.

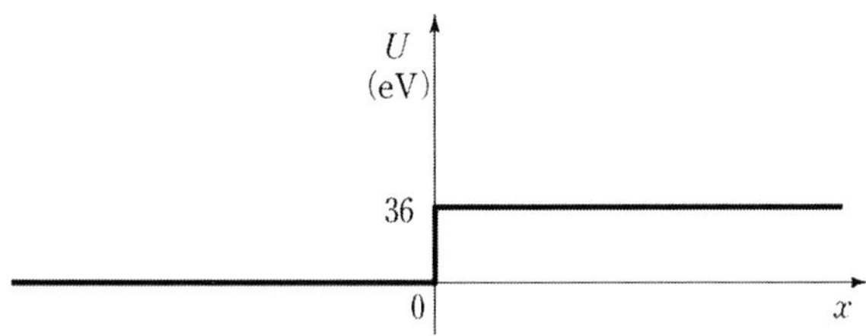

이 전자의 물리량에 대한 설명으로 옳은 것을 [보기]에서 모두 고른 것은?

[보 기]

ㄱ. $x>0$ 영역에서 운동 에너지는 $36\,eV$ 이다.

ㄴ. 운동량은 $x>0$ 영역과 $x<0$ 영역에서 서로 같다.

ㄷ. 물질파 파장 (드브로이 파장)은 $x<0$ 영역보다 $x>0$ 영역에서 더 길다.

① ㄱ   ② ㄷ   ③ ㄱ, ㄴ   ④ ㄱ, ㄷ   ⑤ ㄴ, ㄷ

$E = K$

$K = 100\ eV$

U
(eV)

36

0

x

$E = K + U$

$K = 64\ eV$

(ㄱ) $x>0$ 에서 운동에너지는 $K = E - U = 100 - 36 = 64 eV$

(ㄴ) 운동 에너지 $K = \dfrac{P^2}{2m}$ 에서 그림에서 운동에너지

$K(x<0) > E(x>0) \;\rightarrow\; P(x<0) > P(x>0)$ 이다.

(ㄷ) 드브로이 파는 $P = \dfrac{h}{\lambda}$ 이므로

$P(x<0) > P(x>0) \;\rightarrow\; \lambda(x<0) < \lambda(x>0)$ 이다.

답 (2)

16-5. (2008 MEET/DEET) 그림은 1 차원 공간에 있는 질량 m 인 입자의 퍼텐셜 에너지 U 를 위치 x 에 따라 나타낸 것이다. $-L < x < L$ 영역에서 $U = 0$ 이고, 그 외의 영역에서는 $U = \infty$ 이다.

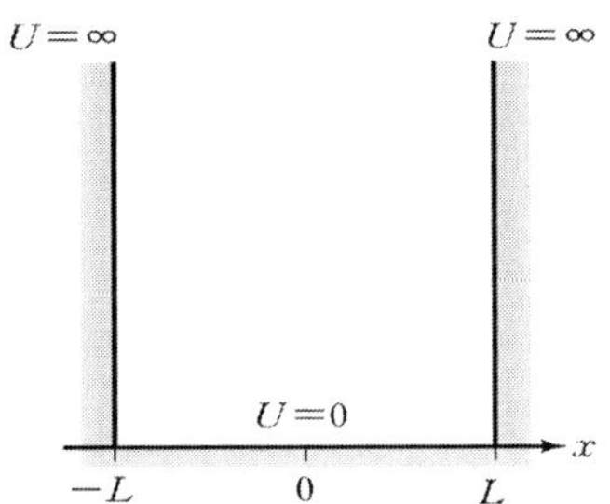

철수는 이 입자의 에너지 준위를 다음과 같은 계산 과정으로 구하였다.

[계산 과정]

(1) 입자의 물질파는 정상파 (standing wave)를 이룬다고 가정한다.

(2) 입자의 물질파 파장을 λ 라 할 때, 양자수 n 인 상태에서 정상파를 이루는 조건은 $\lambda = \boxed{(가)}$ 이다. $(n = 1,2,3,...)$

(3) λ 와 운동량의 관계를 이용하여 양자수 n 인 상태에 있는 입자의 에너지를 구하면 $E_n = \boxed{(나)}$ 이다.

(가) 와 (나)에 들어갈 내용을 바르게 짝지은 것은? (단, λ 는 플랑크 상수이다.)

　(가)　　　　(나)

① $\dfrac{L}{n}$　　$\dfrac{h^2}{8mL^2}n^2$　　　　② $\dfrac{2L}{n}$　　$\dfrac{h^2}{16mL^2}n^2$

③ $\dfrac{2L}{n}$　　$\dfrac{h^2}{32mL^2}n^2$　　　　④ $\dfrac{4L}{n}$　　$\dfrac{h^2}{16mL^2}n^2$

⑤ $\dfrac{4L}{n}$　　$\dfrac{h^2}{32mL^2}n^2$

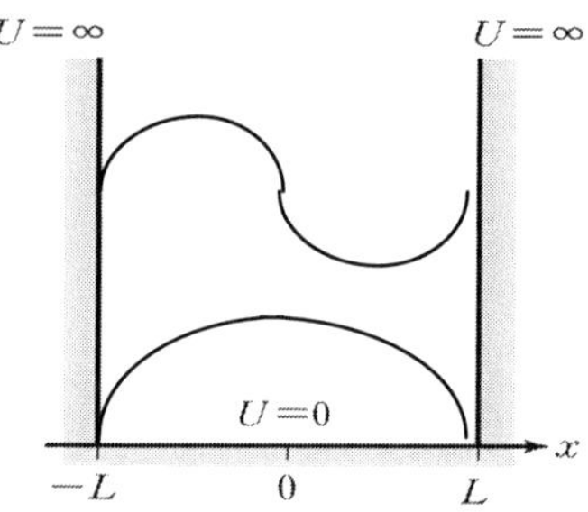

퍼텐셜 에너지 함수는

$$V(x) = \begin{cases} \infty, & 0 < x, x > L \\ 0, & 0 \le x \le L \end{cases}$$

$0 \le x \le L$ 에서 $V = 0$ $\rightarrow$ $\dfrac{\partial^2 \psi(x)}{\partial x^2} + \dfrac{2m}{\hbar^2} E\psi(x) = 0$,

$E > 0$ 일 때 $k^2 = \dfrac{2mE}{\hbar^2}$ ---(1), $\dfrac{\partial^2 \psi(x)}{\partial x^2} + k^2 \psi(x) = 0$,

$\psi(x) = A\cos kx + B\sin kx = U^+(x) + U^-(x)$

$U^+(x) = A\cos kx$ $\rightarrow$ $U^+(L) = A\cos kL = 0$, $kL = \dfrac{2n-1}{2}\pi$ ---(2)

$U^-(x) = B\sin kx$ $\rightarrow$ $U^-(L) = B\sin kL = 0$, $kL = n\pi$ ---(3)

(가) 식(2)과 식(3)에서 최소값은

$$kL = \frac{1}{2}\pi \rightarrow k = \frac{2\pi}{\lambda} = \frac{n\pi}{2L} \rightarrow \lambda = \frac{4L}{n}$$

(나) 식(1)에서 $E = \dfrac{k^2\hbar^2}{2m} = \dfrac{\hbar^2}{2m}\left(\dfrac{n\pi}{2L}\right)$, $E = \dfrac{h^2 n^2}{32mL^2}$

답 (5)

16-6. (2011 PEET) 그림은 에너지 E 인 전자가 높이 U 인 퍼텐셜 장벽에 입사하는 것을 나타낸 것이다. E 가 U 보다 작아도 전자는 퍼텐셜 장벽을 투과할 수 있다.

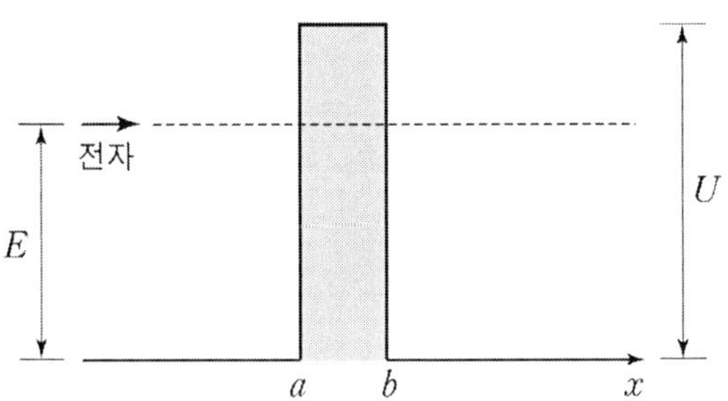

전자의 파동 함수 Ψ 의 개형으로 가장 적절한 것은?

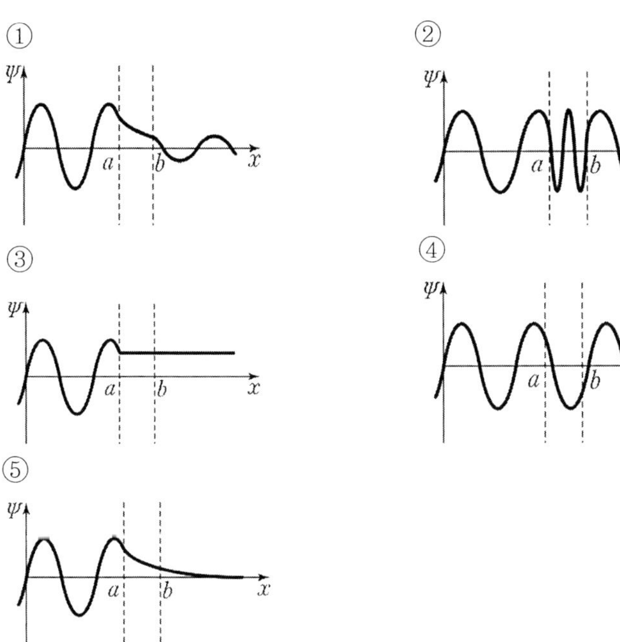

퍼텐셜 에너지 함수는

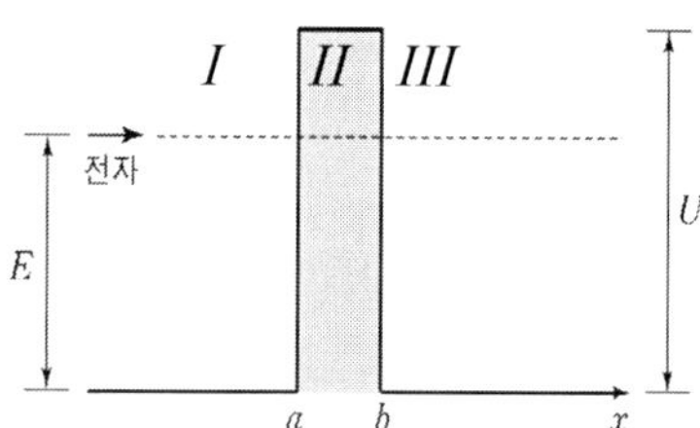

$$V(x) = \begin{cases} 0, & x < a, \\ U, & a \leq x \leq b, \\ 0, & x > b, \end{cases}$$

$0 < E < U$ 이라면,

(a) $x < a$, $x > b$ 인 영역 I 과 III 에서 슈뢰딩거 방정식은

$$\frac{\partial^2 \psi(x)}{\partial x^2} + \frac{2m}{\hbar^2} E\psi(x) = 0 , \quad k = \frac{\sqrt{2mE}}{h}$$

일반해: $\psi_I(x) = e^{ikx} + \mathrm{R}e^{-ikx}$, $\psi_{III}(x) = Te^{ikx}$

(b) $a \leq x \leq b$ 인 영역 II 에서

$$\frac{d^2\psi}{dx^2} = \frac{2m(U-E)}{\hbar^2}\psi = C^2\psi , \quad C = \frac{\sqrt{2m(U-E)}}{\hbar}$$

일반해: $\psi_{II} = Ae^{Cx} + Be^{-Cx}$

파동함수는 I 과 III 영역에서는 사인파 형태가 II 영역에서는 지수함수 형태이다.

답 (1)

16-7. (2013 PEET) 그림 (가)는 일차원 유한 우물 퍼텐셜 $U(x)$를 위치 x 에 따라 나타낸 것이다. 우물 깊이는 U_0 이고 폭은 $2L$ 이다. 그림 (나)는 (가)의 퍼텐셜에 속박된 입자의 어떤 에너지 고유상태를 나타내는 파동함수 ψ_A 를 나타낸 것이다.

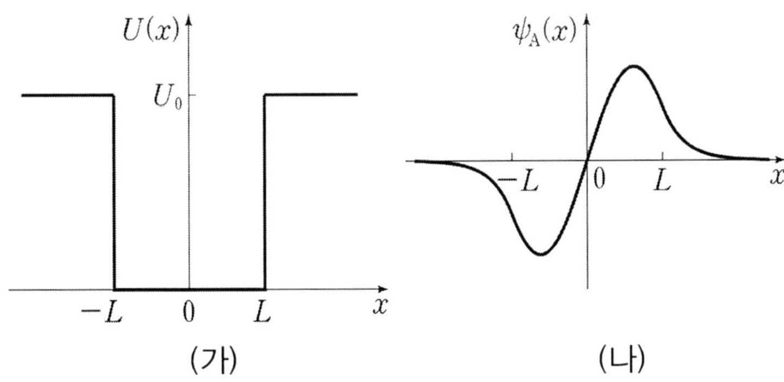

입자가 (나)의 고유상태에 있을 때, 이에 대한 설명으로 옳은 것만을 [보기]에서 있는 대로 고른 것은? [5점]

[보 기]

ㄱ. ψ_A 의 고유에너지는 U_0 보다 작다.

ㄴ. 위치에 따른 입자의 확률밀도는 $x = 0$ 에서가 $x = -L$ 에서 보다 크다.

ㄷ. 입자는 $|\psi| > L$ 인 영역에서는 발견될 수 없다.

① ㄱ   ② ㄷ   ③ ㄱ, ㄴ   ④ ㄱ, ㄷ   ⑤ ㄴ, ㄷ

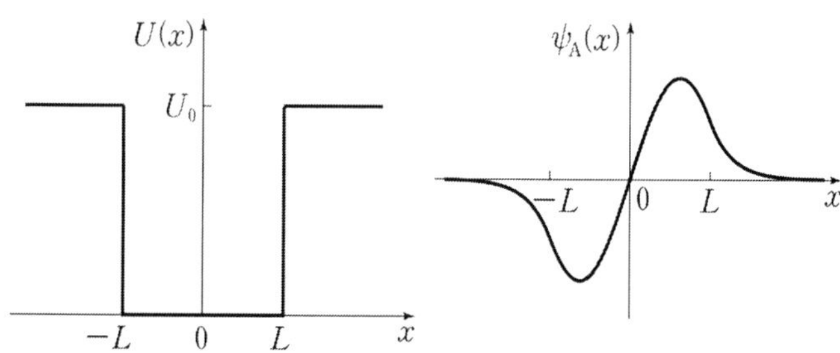

(ㄱ) 입자를 발견할 수 있는 확률은 진폭제곱에 비례한다.

$P = |\psi|^2 \Delta x$ 이다. 그림 (나)에서 $-L < x < L$ 인 영역에 갇혀 있으므로 입자의 고유에너지는 U_0 에너지보다 작다.

(ㄴ) 입자의 확률밀도는 $P = |\psi|^2 \Delta x$ 이므로

$|\psi(-L)|^2 = |\psi(L)|^2$ 이다.

(ㄷ) 그림 (나) 에서 입자가 $|x| < L$ 영역에서 $|\psi|^2 \neq 0$ 이므로 입자가 발견될 확률 있다.

답 (1)

V

VI.

별첨

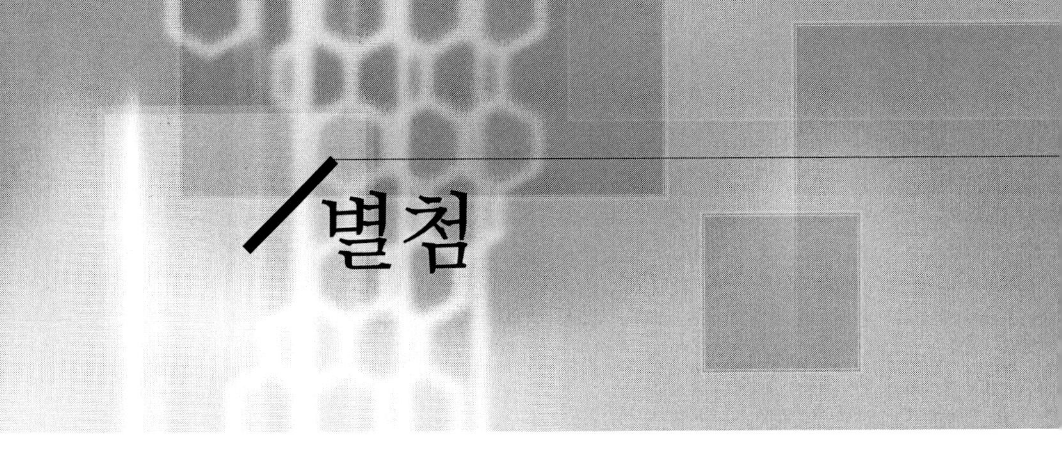

1. 인용·참고자료

1) Halliday, Resnick, Walker: Principles of physics, John Wilery & Sons, Inc. (2011).
2) (번역본) 경상대학교, 고려대학교, 부산대학교, 서강대학교, 연세대학교, 이화여자대학교, 충남대학교, 한양대학교 (물리학과 공역) 일반물리학 9 판, 범한서적 (2011).
3) Raymond A. Serway, John W. Jewett: Physics for Scientists and Engineers with Modern Physics.
4) (번역본) 대학물리교재편찬위원회: 대학물리학 7 판, 북스힐 (2011).
5) Raymond A. Serway, Jerry S. Faughn, Chris Vuille: College Physcis, 8th, Cengage Learning Korea Ltd. (2010).
6) 신윤기: 전기전자공학의 길라집이 3 판, 인터비젼 (2005).
7) (번역본) 김용은: 현대물리학, 청문각 (2009).
8) (번역본) 권순재, 권현규, 박경석, 석종원, 정영석: 전기전자공학개론, 영 (2006).
9) 의·치학 교육 입문검사 (MEET 와 DEET), www.mdeet.org .
10) 약학대학 입문자격 시험 (PEET), www.kpeet.or.kr .

2. 기출문제분석

단원	세부사항	예	05	06	07	08	09	10	11	12	13	11	12	13
				MEET, DEET								PEET		
서론	단위													
	유효숫자		●											
1 차원 운동	속력과 속도													
	상대속도													
	가속도													
2 차원 운동	2 차원 등가속도 운동				●									
	자유낙하 운동		●									●		
	중력장내의 속도 저항													
	포물선 운동						●	●		●				●
	등속원운동											●		
운동 의 법칙	뉴턴의 운동법칙			●										
	힘의 평형,장력	●						●						
	마찰력												●	
	탄성력								●					
에너지	힘과 일													
	일과 에너지				●		●							
	일률													
	역학적 에너지								●	●				●
운동량과 충돌	운동량과 충격량					●								
	선운동량 보존	●												
	충돌	●	●	●		●		●				●	●	
	단진동													
	용수철진자와 단진자													
	단순조화 운동에너지													
강체 의 회전	각속력과 각가속도													
	돌림힘								●					
	무게중심													
	관성모멘트		●			●	●		●			●	●	
	회전 운동에너지							●						●
	평행축의 정리													
	각운동량		●											
	굴림 운동													

<table>
<tr>
<th rowspan="2">단원</th>
<th rowspan="2">세부사항</th>
<th colspan="10">MEET, DEET</th>
<th colspan="3">PEET</th>
</tr>
<tr>
<th>예</th><th>05</th><th>06</th><th>07</th><th>08</th><th>09</th><th>10</th><th>11</th><th>12</th><th>13</th>
<th>11</th><th>12</th><th>13</th>
</tr>
<tr>
<td rowspan="6">유체역학</td>
<td>밀도와 비중</td>
<td></td><td></td><td></td><td></td><td></td><td></td><td></td><td></td><td></td><td></td>
<td>●</td><td></td><td></td>
</tr>
<tr>
<td>압력</td>
<td></td><td></td><td></td><td></td><td></td><td></td><td></td><td></td><td></td><td></td>
<td></td><td></td><td></td>
</tr>
<tr>
<td>파스칼의 원리</td>
<td></td><td></td><td></td><td>●</td><td></td><td></td><td></td><td></td><td></td><td></td>
<td></td><td></td><td></td>
</tr>
<tr>
<td>부력</td>
<td></td><td></td><td>●</td><td></td><td>●</td><td>●</td><td>●</td><td>●</td><td></td><td></td>
<td></td><td></td><td></td>
</tr>
<tr>
<td>표면장력</td>
<td></td><td></td><td></td><td></td><td></td><td></td><td></td><td></td><td></td><td></td>
<td></td><td></td><td></td>
</tr>
<tr>
<td>베르누이 방정식</td>
<td>●</td><td></td><td></td><td></td><td></td><td></td><td></td><td></td><td>●</td><td>●</td>
<td></td><td>●</td><td>●</td>
</tr>
<tr>
<td rowspan="4">파동</td>
<td>단진자 운동</td>
<td>●</td><td></td><td></td><td>●</td><td></td><td></td><td></td><td></td><td>●</td><td></td>
<td></td><td>●</td><td></td>
</tr>
<tr>
<td>중첩과 간섭</td>
<td></td><td></td><td></td><td></td><td></td><td></td><td></td><td></td><td></td><td></td>
<td></td><td>●</td><td></td>
</tr>
<tr>
<td>공명진동수, 맥놀이</td>
<td></td><td>●</td><td>●</td><td></td><td></td><td></td><td></td><td></td><td>●</td><td></td>
<td>●</td><td></td><td>●</td>
</tr>
<tr>
<td>도플러 효과</td>
<td></td><td></td><td></td><td></td><td></td><td>●</td><td></td><td></td><td></td><td></td>
<td></td><td></td><td>●</td>
</tr>
<tr>
<td rowspan="9">열역학</td>
<td>온도와 열</td>
<td></td><td></td><td></td><td></td><td></td><td></td><td></td><td></td><td></td><td></td>
<td></td><td></td><td></td>
</tr>
<tr>
<td>열량보존의 법칙</td>
<td></td><td></td><td></td><td></td><td></td><td>●</td><td></td><td></td><td></td><td></td>
<td></td><td></td><td></td>
</tr>
<tr>
<td>열이동, 열팽창</td>
<td>●</td><td></td><td></td><td></td><td></td><td></td><td></td><td></td><td></td><td></td>
<td></td><td></td><td>●</td>
</tr>
<tr>
<td>이상기체 상태방정식</td>
<td></td><td></td><td>●</td><td>●</td><td>●</td><td>●</td><td>●</td><td></td><td>●</td><td></td>
<td></td><td>●</td><td>●</td>
</tr>
<tr>
<td>기체분자의 운동</td>
<td></td><td></td><td></td><td></td><td></td><td></td><td></td><td></td><td></td><td></td>
<td></td><td></td><td></td>
</tr>
<tr>
<td>열역학 1법칙</td>
<td></td><td></td><td></td><td></td><td>●</td><td>●</td><td></td><td></td><td>●</td><td>●</td>
<td>●</td><td></td><td></td>
</tr>
<tr>
<td>열역학 2법칙</td>
<td></td><td></td><td></td><td></td><td></td><td></td><td></td><td>●</td><td>●</td><td></td>
<td>●</td><td>●</td><td></td>
</tr>
<tr>
<td>카르노기관, 열효율</td>
<td></td><td>●</td><td></td><td></td><td></td><td></td><td></td><td></td><td></td><td></td>
<td></td><td></td><td></td>
</tr>
<tr>
<td>엔트로피</td>
<td></td><td></td><td>●</td><td></td><td>●</td><td></td><td></td><td></td><td></td><td></td>
<td></td><td></td><td></td>
</tr>
<tr>
<td rowspan="12">전기</td>
<td>쿨롱의법칙</td>
<td></td><td></td><td>●</td><td></td><td></td><td></td><td></td><td></td><td></td><td></td>
<td></td><td></td><td></td>
</tr>
<tr>
<td>점전하 전기장</td>
<td></td><td></td><td></td><td></td><td></td><td></td><td></td><td></td><td>●</td><td></td>
<td>●</td><td></td><td></td>
</tr>
<tr>
<td>전기쌍극자의 전기장</td>
<td>●</td><td></td><td></td><td></td><td></td><td></td><td></td><td></td><td></td><td></td>
<td></td><td></td><td></td>
</tr>
<tr>
<td>가우스법칙과 응용</td>
<td>●</td><td>●</td><td></td><td></td><td>●</td><td>●</td><td>●</td><td>●</td><td>●</td><td></td>
<td></td><td></td><td>●</td>
</tr>
<tr>
<td>전기쌍극자</td>
<td></td><td></td><td></td><td></td><td></td><td></td><td></td><td></td><td></td><td></td>
<td></td><td></td><td></td>
</tr>
<tr>
<td>균일한 전기장의 전위</td>
<td></td><td></td><td></td><td>●</td><td></td><td></td><td></td><td></td><td></td><td></td>
<td></td><td></td><td></td>
</tr>
<tr>
<td>축전기</td>
<td></td><td></td><td></td><td></td><td></td><td></td><td></td><td></td><td></td><td></td>
<td>●</td><td></td><td></td>
</tr>
<tr>
<td>유전체 있는축전기</td>
<td></td><td></td><td></td><td></td><td></td><td></td><td></td><td></td><td></td><td></td>
<td></td><td></td><td></td>
</tr>
<tr>
<td>저항과 옴의 법칙</td>
<td></td><td></td><td></td><td></td><td></td><td></td><td></td><td></td><td></td><td></td>
<td></td><td></td><td></td>
</tr>
<tr>
<td>전류계, 전압계</td>
<td>●</td><td></td><td>●</td><td></td><td></td><td></td><td></td><td></td><td></td><td></td>
<td></td><td></td><td></td>
</tr>
<tr>
<td>저항 회로</td>
<td></td><td></td><td></td><td></td><td></td><td></td><td>●</td><td></td><td></td><td></td>
<td>●</td><td>●</td><td></td>
</tr>
<tr>
<td>전기에너지, 전력</td>
<td></td><td></td><td></td><td></td><td></td><td></td><td></td><td></td><td></td><td></td>
<td></td><td></td><td></td>
</tr>
</table>

단원	세부사항	MEET, DEET										PEET		
		예	05	06	07	08	09	10	11	12	13	11	12	13
자기	자기장, 자기력					●			●		●			●
	홀 효과	●												
	도선의 자기력				●									
	비오-사브로법칙					●								
	암페어법칙													
	솔레노이드		●				●						●	
	상호유도와 자체유도													
	유도기전력	●										●		
	렌츠법칙			●			●							
	변압기원리								●					
직류 와 교류 전류	R, L, C 회로											●		
	직류/교류 RC 회로	●							●	●	●	●		●
	직렬/교류 RL 회로													
	직렬/교류 LC 회로													
	직렬/교류 RLC 회로					●	●				●		●	●
전자 기파	반사와굴절	●	●	●		●								
	편광													
	내부전반사						●		●					●
	거울													
	렌즈							●						
	분산, 프리즘											●		
	영의 간섭						●		●		●	●	●	
	박막 간섭							●		●				
	단일 실틈											●		
현대 물리	흑체복사, 플랑크이론							●						
	물질파			●										
	광전효과								●					
	X-선	●												
	컴프턴 효과			●			●							●
	원자핵													
	반감기, 핵반능	●					●							
	방사능붕괴												●	●
	결합에너지			●										
	보어의 수소원자			●			●					●		

VI

단원	세부사항	MEET, DEET									PEET		
		예 05	06	07	08	09	10	11	12	13	11	12	13
양자 역학	파동함수			●									
	확률밀도	●										●	
	상자내 입자												
	무한우물내입자				●								
	터널링효과										●		
	고체에너지띠												●
	자유전자모형												

3. 물리에서 필요한 수학공식

벡터

단위벡터

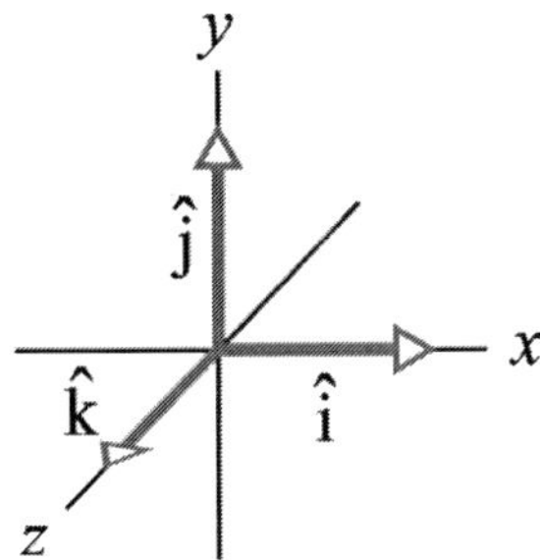

차원이 없고 크기가 1인 벡터, 주어진 방향을 표시하기 위해 사용. 좌표계인 x, y, z 축의 단위벡터 $\hat{i}, \hat{j}, \hat{k}$ 이다.

$$|\hat{i}| = |\hat{j}| = |\hat{k}| = 1$$

단위벡터 표기법

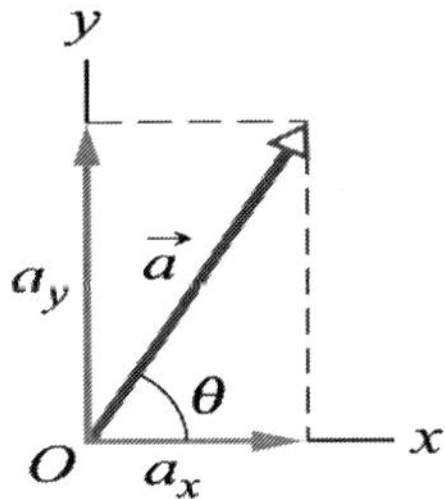

단위벡터 표기법

$$\vec{a} = a_x\hat{i} + a_y\hat{j} \ ,$$

$$a_x = a\cos\theta \ , \ a_x = a\sin\theta$$

크기와 각도

$$a = \sqrt{a_x^2 + a_y^2} \ , \ \theta = tan^{-1}\left(a_y/a_x\right)$$

스칼라 곱

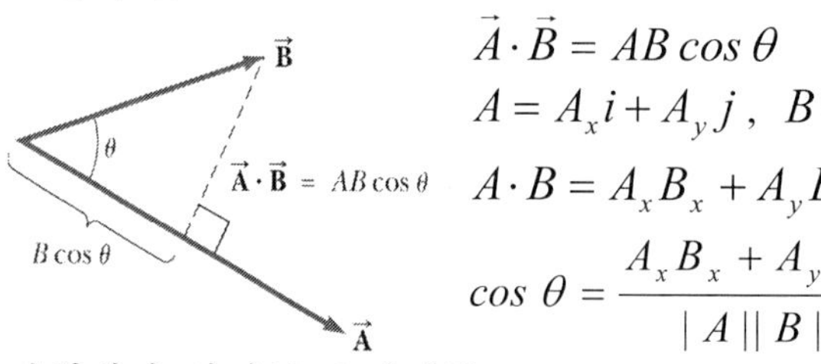

$$\vec{A}\cdot\vec{B} = AB\cos\theta$$
$$A = A_x i + A_y j ,\ \ B = B_x i + B_y j$$
$$A\cdot B = A_x B_x + A_y B_y$$
$$\cos\theta = \frac{A_x B_x + A_y B_y}{|A||B|}$$

단위벡터 사이의 스칼라곱

$$\hat{i}\cdot\hat{i} = \hat{j}\cdot\hat{j} = \hat{k}\cdot\hat{k} = 1,\ \ \hat{i}\cdot\hat{j} = \hat{i}\cdot\hat{k} = \hat{j}\cdot\hat{k} = 0$$

벡터 곱

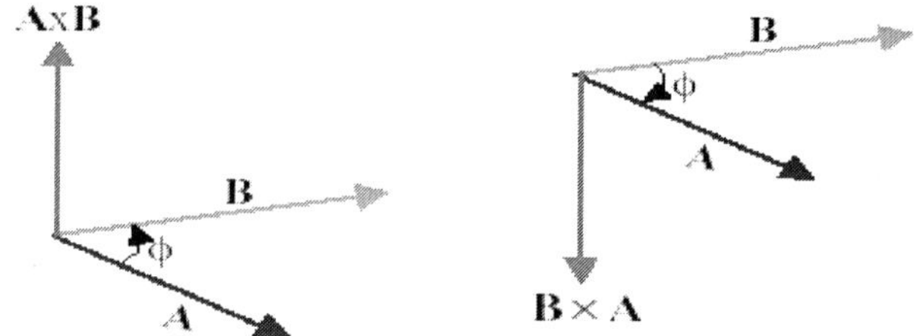

$$\vec{A}\times\vec{B} = AB\sin\phi \quad \text{크기, 방향은 AB 평면에 수직방향}$$

$$\vec{A}\times\vec{B} = \begin{vmatrix} \hat{i} & \hat{j} & \hat{k} \\ A_x & A_y & A_z \\ B_s & B_y & B_z \end{vmatrix} = \hat{i}\begin{vmatrix} A_y & A_z \\ B_y & B_z \end{vmatrix} + \hat{j}\begin{vmatrix} A_z & A_x \\ B_z & B_x \end{vmatrix} + \hat{k}\begin{vmatrix} A_x & A_y \\ B_x & B_y \end{vmatrix}$$

$$= \hat{i}(A_y B_z - A_z A_y) + \hat{j}(A_z B_x - A_x B_z) + \hat{k}(A_x B_y - A_y B_x)$$

단위벡터 사이의 벡터곱

$$\hat{i}\times\hat{i} = \hat{j}\times\hat{j} = \hat{k}\times\hat{k} = 0,\ \ \hat{i}\times\hat{j} = \hat{k},\ \ \hat{j}\times\hat{k} = \hat{i},\ \ \hat{k}\times\hat{i} = \hat{j}$$

2 차 방정식 해

$$ax^2 + bx + c = 0,\ \text{근의 공식}\ \ x = \frac{-b \pm \sqrt{b^2 - 4ac}}{2a}$$

VI

삼각함수

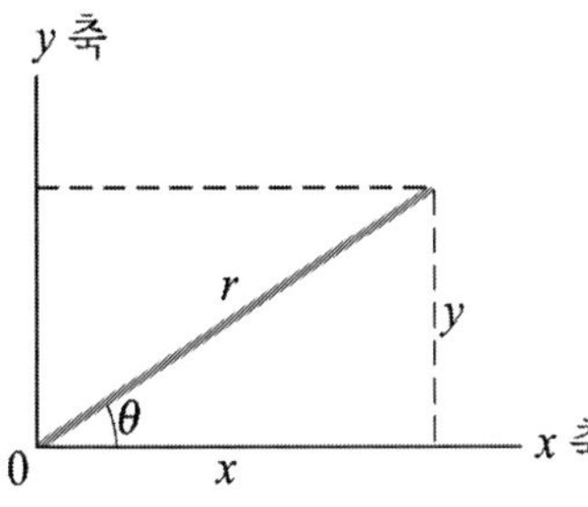

$$\sin \theta = \frac{y}{r} \quad , \quad \cos \theta = \frac{x}{r} \quad ,$$

$$\tan \theta = \frac{y}{x} , \quad x^2 + y^2 = r^2$$

$$\csc \theta = \frac{1}{\sin \theta} \quad \sec \theta = \frac{1}{\cos \theta} \quad ,$$

$$\cot \theta = \frac{1}{\tan \theta}$$

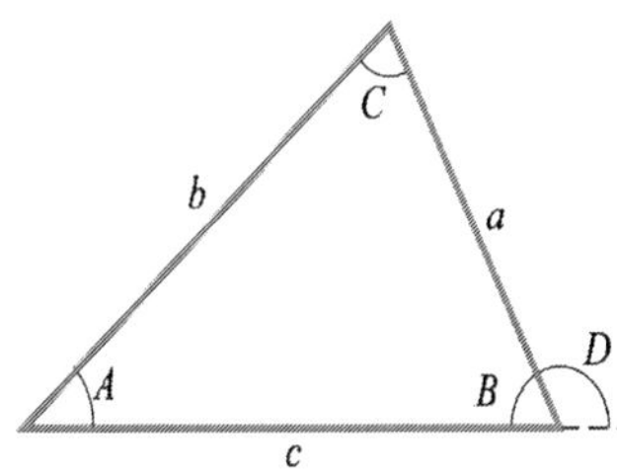

$$A + B + C = 180^\circ$$
$$a^2 = b^2 + c^2 - 2bc \cos A$$
$$b^2 = a^2 + c^2 - 2ac \cos B$$
$$c^2 = a^2 + b^2 - 2ab \cos C$$
$$\frac{a}{\sin A} = \frac{b}{\sin B} = \frac{c}{\sin C}$$

로그

$$y = \log_{10} x , \quad \left(x = 10^y\right), \quad y = \ln x , \quad \left(x = e^y\right)$$

$$\log(ab) = \log a + \log b , \quad \log(a/b) = \log a - \log b$$

$$\log(a^n) = n \log a ,$$

삼각함수의 관계식

$$\sin(90^\circ - \theta) = \cos \theta , \quad \cos(90^\circ - \theta) = \sin \theta ,$$

$$\frac{\sin \theta}{\cos \theta} = \tan \theta ,$$

$$\sin^2 \theta + \cos^2 \theta = 1 , \quad \sec^2 \theta - \tan^2 \theta = 1$$

$$\csc^2 \theta - \cot^2 \theta = 1 , \quad \sin 2\theta = 2 \sin \theta \cos \theta$$

$$\cos 2\theta = \cos^2 \theta - \sin^2 \theta = 2 \cos^2 \theta - 1 = 1 - 2 \sin^2 \theta$$

$$\sin^2 \frac{\theta}{2} = \frac{1}{2} (1 \ \cos \theta) , \quad \cos^2 \frac{\theta}{2} = \frac{1}{2}(1 + \cos \theta)$$

$$\tan 2\theta = \frac{2 \tan \theta}{1 - \tan^2 \theta} , \quad \tan \frac{\theta}{2} = \sqrt{\frac{1 - \cos \theta}{1 + \cos \theta}}$$

$$\sin(\alpha \pm \beta) = \sin \alpha \cos \beta \pm \cos \alpha \sin \beta$$

$$\cos(\alpha \pm \beta) = \cos \alpha \cos \beta \mp \sin \alpha \sin \beta$$

$$tan\left(\alpha \pm \beta\right) = \frac{tan\ \alpha \pm tan\ \beta}{1 \mp tan\ \alpha\ tan\ \beta}$$

$$sin\ \alpha \pm sin\ \beta = 2\,sin\frac{1}{2}(\alpha \pm \beta)cos\frac{1}{2}(\alpha \mp \beta)$$

$$cos\ \alpha + cos\ \beta = 2\,cos\frac{1}{2}(\alpha + \beta)cos\frac{1}{2}(\alpha - \beta)$$

$$cos\ \alpha - cos\ \beta = -2\,sin\frac{1}{2}(\alpha + \beta)sin\frac{1}{2}(\alpha - \beta)$$

지수함수와 로그함수

$$e^{i\theta} = \cos\theta + i\sin\theta\ ,\quad e^{-i\theta} = \cos\theta - i\sin\theta$$

$$\sin\theta = \frac{e^{i\theta} - e^{-i\theta}}{2i}\ ,\quad \cos\theta = \frac{e^{i\theta} + e^{-i\theta}}{2}$$

$$\tan\theta = \frac{e^{i\theta} - e^{-i\theta}}{i\left(e^{i\theta} + e^{-i\theta}\right)}$$

쌍곡선 함수

$$\sinh\theta = \frac{e^{x} - e^{-x}}{2}\ ,\quad \cosh\theta = \frac{e^{x} + e^{-x}}{2}\ ,$$

$$\tanh x = \frac{e^{x} - e^{-x}}{e^{x} + e^{-x}}$$

급수전개

$$(a+b)^n = a^n + \frac{n}{1!}a^{n-1}b + \frac{n(n-1)}{2!}a^{n-2}b^2 + \cdots$$

$$(1+x)^n = 1 + \frac{nx}{1!} + \frac{n(n-1)x^2}{2!} + \cdots,\quad (x^2 < 1)$$

$$e^x = 1 + x + \frac{x^2}{2!} + \frac{x^3}{3!} + \cdots$$

$$ln(1+x) = x - \frac{1}{2}x^2 + \frac{1}{3}x^3 + \cdots,\quad (x^2 < 1)$$

$$sin\ \theta = \theta - \frac{\theta^3}{3!} + \frac{\theta^5}{5!} - \cdots,\quad cos\ \theta = 1 - \frac{\theta^2}{2!} + \frac{\theta^4}{4!} - \cdots$$

VI

$$tan\,\theta = \theta + \frac{\theta^3}{3} + \frac{2\theta^5}{5} - \cdots , \quad |x| < \frac{\pi}{2}$$

미분

$$\frac{d}{dx} x^m = mx^{x-1} ,$$

$$\frac{d}{dx} e^x = e^x , \qquad \frac{d}{dx} e^u = e^u \frac{du}{dx}$$

$$\frac{d}{dx} sin\,x = cos\,x , \qquad \frac{d}{dx} cos\,x = -sin\,x$$

$$\frac{d}{dx} tan\,x = sec^2 x , \qquad \frac{d}{dx} cot\,x = -csc^2 x$$

$$\frac{d}{dx} sec\,x = tan\,x\,sec\,x \qquad \frac{d}{dx} csc\,x = -cot\,x\,csc\,x$$

$$\frac{d}{dx} sin\,u = cos\,u \frac{du}{dx}$$

$$\frac{d}{dx} sin^{-1} ax = \frac{a}{\sqrt{1 - a^2 x^2}} \quad , \quad \frac{d}{dx} cos^{-1} ax = \frac{-a}{\sqrt{1 - a^2 x^2}}$$

$$\frac{d}{dx} tan^{-1} ax = \frac{a}{1 + a^2 x^2}$$

적분

$$\int x^m dx = \frac{1}{m+1} x^{m+1} , \qquad \int \frac{1}{x} dx = ln|x|$$

$$\int u \frac{dv}{dx} dx = uv - \int v \frac{du}{dx} dx , \quad \int e^x dx = e^x$$

$$\int \frac{1}{a + bx} dx = \frac{1}{b} ln(a + bx)$$

$$\int \frac{x}{a + bx} dx = \frac{x}{b} - \frac{a}{b^2} ln(a + bx)$$

$$\int \frac{1}{x(x + a)} dx = -\frac{1}{a} ln \frac{x + a}{x} \quad ,$$

$$\int \frac{1}{(a + bx)^2} dx = -\frac{1}{b(a + bx)} \quad , \quad \int \frac{1}{a^2 + x^2} dx = \frac{1}{a} tan^{-1} \frac{x}{a}$$

$$\int \frac{1}{a^2 - x^2}\,dx = \frac{1}{2a} \ln \frac{a+x}{a-x} \quad , \quad \left(a^2 - x^2 > 0\right)$$

$$\int \frac{x}{a^2 \pm x^2}\,dx = \pm \frac{1}{2} \ln\left(a^2 \pm x^2\right)$$

$$\int \frac{1}{\sqrt{x^2 + a^2}}\,dx = \ln\left(x + \sqrt{x^2 + a^2}\right)$$

$$\int \frac{1}{\sqrt{a^2 - x^2}}\,dx = \sin^{-1}\frac{x}{a} = -\cos^{-1}\frac{x}{a} \quad , \quad \left(a^2 - x^2\right) > 0$$

$$\int \frac{1}{\sqrt{x^2 \pm a^2}}\,dx = \sqrt{x^2 \pm a^2}$$

$$\int \sqrt{a^2 - x^2}\,dx = \frac{1}{2}\left(x\sqrt{a^2 - x^2} + a^2 \sin^{-1}\frac{x}{a} \right)$$

$$\int x\sqrt{a^2 - x^2}\,dx = -\frac{1}{3}\left(a^2 - x^2\right)^{3/2}$$

$$\int \sqrt{a^2 \pm x^2}\,dx = \frac{1}{2}\left[x\sqrt{a^2 \pm x^2} \pm a^2 \ln\left(x + \sqrt{x^2 \pm a^2}\right)\right]$$

$$\int \frac{x\,dx}{\left(x^2 + a^2\right)^{3/2}} = -\frac{1}{\left(x^2 + a^2\right)^{1/2}} \, ,$$

$$\int \frac{dx}{\left(x^2 + a^2\right)^{3/2}} = \frac{x}{a^2 \left(x^2 + a^2\right)^{1/2}}$$

$$\int e^{-ax}\,dx = -\frac{1}{a} e^{-ax} \, , \quad \int x e^{-ax}\,dx = -\frac{1}{a^2}\left(ax + 1\right)e^{-ax}$$

$$\int x^2 e^{-ax}\,dx = -\frac{1}{a^3}\left(a^2 x^2 + 2ax + 2\right)e^{-ax}$$

$$\int x^{2n} e^{-ax^2}\,dx = \frac{1 \cdot 3 \cdot 5 \cdots \left(2n-1\right)}{2^{n+1} a^n}\sqrt{\frac{\pi}{a}}$$

$$\int_0^\infty x^{2n+1} e^{-ax^2}\,dx = \frac{n!}{2a^{n+1}} \, , \quad \left(a > 0\right)$$

$$\int \sin ax\,dx = -\cos x \, , \quad \int \cos x\,dx = \sin x$$

$$\int \tan x\,dx = \ln|\sec x| \, , \quad \int \sin^2 x\,dx = \frac{1}{2}x - \frac{1}{4}\sin 2x$$

VI

4. 문제풀이 방법 정리

5. 인덱스

VI

일반물리 이해

초판 1쇄 인쇄 2013년 06월 14일
초판 1쇄 발행 2013년 06월 21일

지은이 김 상 곤
펴낸이 손 형 국
펴낸곳 (주)북랩
출판등록 2004. 12. 1(제2012-000051호)
주소 153-786 서울시 금천구 가산디지털 1로 168,
우림라이온스밸리 B동 B113, 114호
홈페이지 www.book.co.kr
전화번호 (02)2026-5777
팩스 (02)2026-5747

ISBN 978-89-98666-53-8 93420

이 도서의 국립중앙도서관 출판시도서목록(CIP)은 서지정보유통지원시스템 홈페이지(http://seoji.nl.go.kr)와
국가자료공동목록시스템(http://www.nl.go.kr/kolisnet)에서 이용하실 수 있습니다.
(CIP제어번호 : 2013007932)

일반물리 이해

KB231195